高等学校信息工程类系列教材

电磁场、微波技术与天线

（第三版）

黄 冶 张建华 宋 铮 唐 伟 编著

西安电子科技大学出版社

内容简介

本书包含电磁场与电磁波、微波技术基础、天线与电波传播三部分内容。电磁场与电磁波部分介绍了矢量分析、电磁场基本方程、平面电磁波等内容；微波技术基础部分介绍了传输线理论、微波传输线、微波网络基础、微波元件等内容；天线与电波传播部分介绍了天线基础知识、简单线天线、宽频带天线、微带天线、面天线、电波传播等内容。每章末均附有习题，书末附录给出了一些常用的矢量恒等式和一些微波材料的参数，以便读者查阅。

本书内容丰富，自成体系，图文并茂，习题的详细解答以及配套的动画等数字资源可通过扫二维码轻松获取，对读者学习掌握教材内容会有极大的帮助。本书可作为有关学科的本科教材，亦可作为有关科技人员的参考书。

图书在版编目(CIP)数据

电磁场、微波技术与天线/黄冶等编著. —3版.
—西安：西安电子科技大学出版社，2021.8(2023.4 重印)
ISBN 978-7-5606-6155-1

Ⅰ.①电…　Ⅱ.①黄…　Ⅲ.①电磁场—高等学校—教材　②微波技术—高等学校—教材　③微波天线—高等学校—教材　Ⅳ.①O441.4　②TN015　③TN822

中国版本图书馆 CIP 数据核字(2021)第 149464 号

策　　划　马乐惠
责任编辑　雷鸿俊
出版发行　西安电子科技大学出版社(西安市太白南路 2 号)
电　　话　(029)88202421　88201467　　邮　　编　710071
网　　址　www.xduph.com　　电子邮箱　xdupfxb001@163.com
经　　销　新华书店
印刷单位　陕西天意印务有限责任公司
版　　次　2021年8月第3版　2023年4月第3次印刷
开　　本　787毫米×1092毫米　1/16　印　张　23
字　　数　548千字
印　　数　6001~8000册
定　　价　54.00元
ISBN 978-7-5606-6155-1/O

XDUP 6457003-3

前　言

“电磁场、微波技术与天线”课程是电子信息类本科生的一门专业基础课，它所涉及的内容贯穿了“场”类理论在电子信息系统中的完整应用过程，为电子信息类本科生提供了必要的“场”类知识。通过对该课程的学习，学生能够应用电磁场基本理论分析无线电系统中微波器件以及天线与电波传播的基本特性，培养学生的科学思维方法，构建更为完整的知识结构。

本书分为三篇，共 13 章。第一篇为电磁场与电磁波，介绍了矢量分析、电磁场基本方程、平面电磁波，为后续内容奠定了理论基础；第二篇为微波技术基础，介绍了传输线理论、微波传输线、微波网络基础、微波元件；第三篇为天线与电波传播，介绍了天线基础知识、简单线天线、宽频带天线、微带天线、面天线、电波传播。每章末均附有习题，书末附录给出了一些常用的矢量恒等式和一些微波材料的参数，以便读者查阅。

本书是在第二版的基础上修订而成的。本次修订主要是增补、更新了少量内容，并对第二版中的一些疏漏进行了弥补。再次修订后的教材更加完善，也更加实用。本书将教材配套的视频、动画以及习题解答等资源以二维码的形式与章节的知识点一一对应，便于读者学习、掌握书中知识。

本书配套的习题涉及电磁场、微波技术与天线的基本理论和应用，解答这些习题可以起到更加深入理解基本概念的作用。因此，本书的数字资源中给出了所有习题的详细解答，期望以此来帮助学生更好地掌握教材的内容，或者有利于其他读者自学。

本书由黄冶、张建华、宋铮和唐伟合作编写，其中第一篇由张建华、黄冶编写，第二篇由唐伟、黄冶编写，第三篇由宋铮、黄冶编写，每章后面的习题解答部分由黄冶负责，最后由黄冶、宋铮负责全书的统稿工作。

在本书的编写过程中，作者参阅了大量的参考文献，得到了许多同志的大力支持与帮助，西安电子科技大学出版社也给予了全程帮助，作者在此一并表示衷心的感谢。

由于作者水平有限，书中难免存在一些不足，敬请广大读者批评指正。

作　者

2021 年 5 月于合肥

目　录

第一篇　电磁场与电磁波

第二篇　微波技术基础

第三篇　天线与电波传播

第一篇 电磁场与电磁波

研究宏观电磁现象和现代工程电磁问题的理论基础是麦克斯韦方程组。麦克斯韦理论表明，时变磁场将激发时变电场，而时变电场又将激发时变磁场，电场和磁场互为激发源，相互激发。电场和磁场不再相互独立，而是相互关联，构成一个整体——电磁场，电场和磁场分别为电磁场的两个分量。在离开辐射源（如天线）的无源空间中，电荷和电流为零，电场和磁场仍然可以相互激发，从而在空间形成电磁振荡并传播，这就是电磁波。我们所知道的无线电波、电视信号、雷达波束、激光、X射线和γ射线等都是电磁波。

第一篇“电磁场与电磁波”包括三章内容。第1章“矢量分析”是电磁场与电磁波的数学基础，比较系统地介绍了有关矢量分析的基本知识，主要包括梯度、散度、旋度、散度定理、斯托克斯定理、矢量恒等式等。掌握矢量分析工具将为学习本课程奠定必要的基础。第2章“电磁场基本方程”以大学物理中的麦克斯韦方程组的积分形式为基础，引入麦克斯韦方程组的微分形式，介绍了电磁场的边界条件、时谐场的复数表示、电磁场中的能量关系。在时变电磁场中，由场源求解出电场和磁场的一个相对简单的方法，就是引入辅助的位函数，它能使问题的分析简化，因此第2章还介绍了电磁场的位函数、达朗伯方程和滞后位。第3章“平面电磁波”，介绍了平面波在无限大的无耗媒质和有耗媒质中的传播特性、平面电磁波的极化、平面电磁波的反射和折射。平面波是一种最简单、最基本的电磁波，因此，平面波是研究电磁波的基础，有着十分重要的理论价值。

通过电磁场与电磁波基础理论的学习，让学生能够掌握宏观电磁现象的基本规律和基本性质，建立电磁场的完整概念；能够运用场论数学定量分析电磁场问题；能够应用“场”的观点对电子工程中的电磁现象进行定性分析和初步判断。学好电磁场理论将帮助学生形成科学的知识结构，为后续课程的学习提供必要的理论基础。

第1章　矢 量 分 析

电场和磁场都是矢量，因此矢量分析是研究电磁场理论的重要数学工具。本章中将系统地介绍矢量分析的基本知识，重点是梯度、散度、旋度及相关的重要定理和恒等式。

1.1　三种常用的坐标系

为了研究某一物理量在空间的分布和变化规律，常常根据被研究对象的几何形状的不同而采用不同的坐标系，以使问题得以简化。在电磁场理论中，用得最多的是直角坐标系、圆柱坐标系和球坐标系。

1.1.1　坐标系的构成

1. 直角坐标系

直角坐标系中的三个坐标变量是 x、y、z，如图1-1-1所示，它们的变化范围是

$$\begin{cases} -\infty < x < \infty \\ -\infty < y < \infty \\ -\infty < z < \infty \end{cases}$$

空间任一点 $M(x, y, z)$ 的 x 坐标变量是点 M 到平面 yOz 的垂直距离，y 坐标变量是点 M 到平面 xOz 的垂直距离，z 坐标变量是点 M 到平面 xOy 的垂直距离。

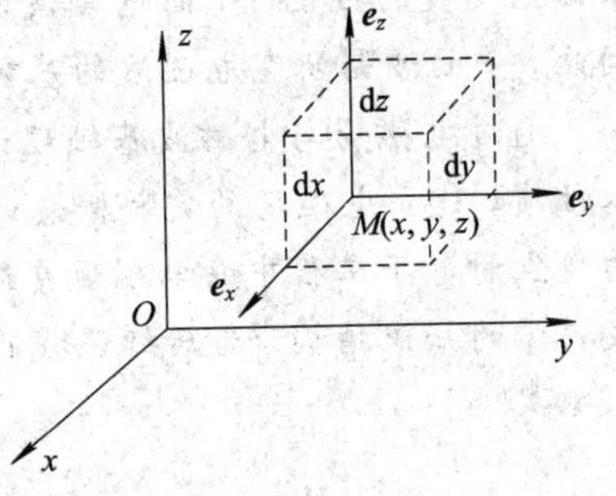

图1-1-1　直角坐标系

过空间任意点的坐标矢量记为 $\boldsymbol{e}_x$、$\boldsymbol{e}_y$、$\boldsymbol{e}_z$，它们相互正交，而且遵循 $\boldsymbol{e}_x \times \boldsymbol{e}_y = \boldsymbol{e}_z$ 的右手螺旋法则。$\boldsymbol{e}_x$、$\boldsymbol{e}_y$、$\boldsymbol{e}_z$ 的方向不随 M 点位置的变化而变化，这是直角坐标系的一个很重要的特征。在直角坐标系内的任一矢量 **A** 可表示为

$$\mathbf{A} = \boldsymbol{e}_x A_x + \boldsymbol{e}_y A_y + \boldsymbol{e}_z A_z \tag{1-1-1}$$

其中，A_x、A_y、A_z 分别是矢量 **A** 在 $\boldsymbol{e}_x$、$\boldsymbol{e}_y$、$\boldsymbol{e}_z$ 方向上的投影。

由点 $M(x, y, z)$ 沿 $\boldsymbol{e}_x$、$\boldsymbol{e}_y$、$\boldsymbol{e}_z$ 方向分别取微分长度元 $\mathrm{d}x$、$\mathrm{d}y$、$\mathrm{d}z$。由 x，$x+\mathrm{d}x$；y，$y+\mathrm{d}y$；z，$z+\mathrm{d}z$ 这六个面决定一个直角六面体，它的各个面的面积元是

$$\begin{cases} \mathrm{d}S_x = \mathrm{d}y\,\mathrm{d}z & (与\ \boldsymbol{e}_x\ 垂直) \\ \mathrm{d}S_y = \mathrm{d}x\,\mathrm{d}z & (与\ \boldsymbol{e}_y\ 垂直) \\ \mathrm{d}S_z = \mathrm{d}x\,\mathrm{d}y & (与\ \boldsymbol{e}_z\ 垂直) \end{cases} \tag{1-1-2}$$

体积元是：$\mathrm{d}\tau=\mathrm{d}x\,\mathrm{d}y\,\mathrm{d}z$。

2. 圆柱坐标系

圆柱坐标系(简称柱坐标系)中的三个坐标变量是ρ、φ、z，如图1-1-2所示。z变量与直角坐标系的相同，是点M到xOy平面的垂直距离；ρ是点M到z轴的垂直距离；将点M在xOy平面投影为M'，φ是OM'与x轴的夹角。各变量的变化范围是

$$\begin{cases} 0\leqslant\rho<\infty \\ 0\leqslant\varphi\leqslant 2\pi \\ -\infty<z<\infty \end{cases}$$

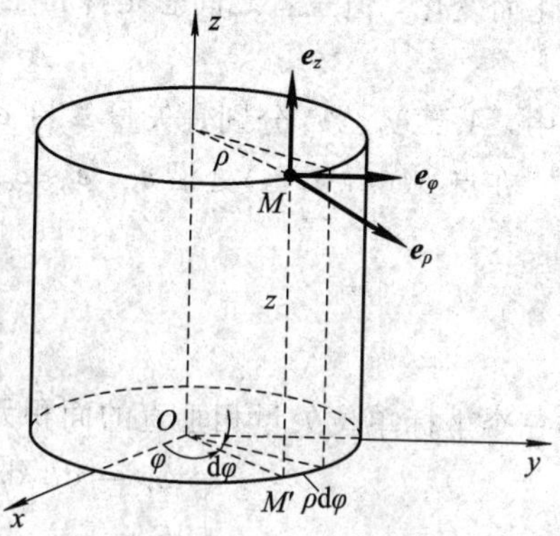

图1-1-2　柱坐标系

过空间任意点$M(\rho,\varphi,z)$的坐标单位矢量为$\boldsymbol{e}_\rho$、$\boldsymbol{e}_\varphi$、$\boldsymbol{e}_z$，如图1-1-2所示，它们相互正交，并遵循$\boldsymbol{e}_\rho\times\boldsymbol{e}_\varphi=\boldsymbol{e}_z$的右手螺旋法则。值得注意的是，除$\boldsymbol{e}_z$外，$\boldsymbol{e}_\rho$、$\boldsymbol{e}_\varphi$的方向都随$M$点位置的变化而变化，但三者之间总是保持上述正交关系。在M点的任一矢量$\boldsymbol{A}$可表示为

$$\boldsymbol{A}=\boldsymbol{e}_\rho A_\rho+\boldsymbol{e}_\varphi A_\varphi+\boldsymbol{e}_z A_z \tag{1-1-3}$$

其中，A_ρ、A_φ、A_z分别是矢量$\boldsymbol{A}$在$\boldsymbol{e}_\rho$、$\boldsymbol{e}_\varphi$、$\boldsymbol{e}_z$方向上的投影。

在点$M(\rho,\varphi,z)$处沿$\boldsymbol{e}_\rho$、$\boldsymbol{e}_\varphi$、$\boldsymbol{e}_z$方向的长度元分别是

$$\begin{cases} \mathrm{d}l_\rho=\mathrm{d}\rho \\ \mathrm{d}l_\varphi=\rho\,\mathrm{d}\varphi \\ \mathrm{d}l_z=\mathrm{d}z \end{cases} \tag{1-1-4}$$

与三个坐标单位矢量相垂直的面积元分别是

$$\begin{cases} \mathrm{d}S_\rho=\mathrm{d}l_\varphi\,\mathrm{d}l_z=\rho\,\mathrm{d}\varphi\,\mathrm{d}z & (与\ \boldsymbol{e}_\rho\ 垂直) \\ \mathrm{d}S_\varphi=\mathrm{d}l_\rho\,\mathrm{d}l_z=\mathrm{d}\rho\,\mathrm{d}z & (与\ \boldsymbol{e}_\varphi\ 垂直) \\ \mathrm{d}S_t=\mathrm{d}l_\rho\,\mathrm{d}l_\varphi=\rho\,\mathrm{d}\rho\,\mathrm{d}\varphi & (与\ \boldsymbol{e}_z\ 垂直) \end{cases} \tag{1-1-5}$$

体积元是：

$$\mathrm{d}\tau=\mathrm{d}l_\rho\,\mathrm{d}l_\varphi\,\mathrm{d}l_z=\rho\,\mathrm{d}\rho\,\mathrm{d}\varphi\,\mathrm{d}z \tag{1-1-6}$$

3. 球坐标系

球坐标系中的三个坐标变量是r、θ、φ，如图1-1-3所示，r是点M到原点的直线距离，θ是正方向z轴与连线OM之间的夹角，θ称为极角，φ与柱坐标系的相同，φ称为方位角。它们的变化范围是

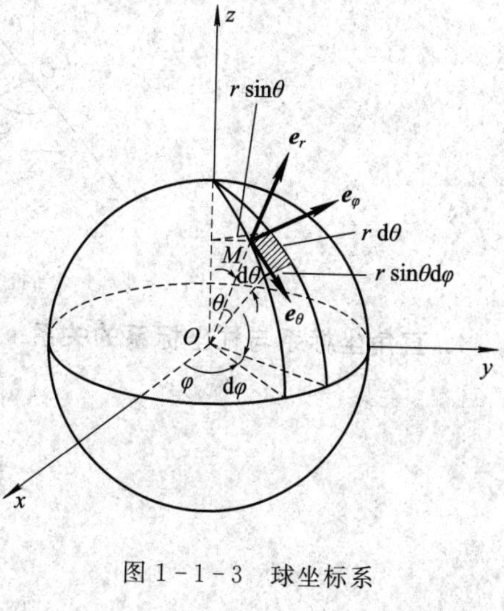

图1-1-3　球坐标系

$$\begin{cases} 0 \leqslant r < \infty \\ 0 \leqslant \theta \leqslant \pi \\ 0 \leqslant \varphi \leqslant 2\pi \end{cases}$$

过空间任意点 $M(r, \theta, \varphi)$ 的坐标单位矢量为 $\boldsymbol{e}_r$、$\boldsymbol{e}_\theta$、$\boldsymbol{e}_\varphi$，如图 1-1-3 所示，它们相互正交，并遵循 $\boldsymbol{e}_r \times \boldsymbol{e}_\theta = \boldsymbol{e}_\varphi$ 的右手螺旋法则。必须注意，$\boldsymbol{e}_r$、$\boldsymbol{e}_\theta$ 和 $\boldsymbol{e}_\varphi$ 的方向都因 M 点位置的变化而变化，但三者之间总是保持上述正交关系。在点 M 的任一矢量 $\mathbf{A}$ 可表示为

$$\mathbf{A} = \boldsymbol{e}_r A_r + \boldsymbol{e}_\theta A_\theta + \boldsymbol{e}_\varphi A_\varphi \tag{1-1-7}$$

其中，A_r、A_θ、A_φ 分别是矢量 $\mathbf{A}$ 在 $\boldsymbol{e}_r$、$\boldsymbol{e}_\theta$、$\boldsymbol{e}_\varphi$ 方向上的投影。

在点 $M(r, \theta, \varphi)$ 处沿 $\boldsymbol{e}_r$、$\boldsymbol{e}_\theta$、$\boldsymbol{e}_\varphi$ 方向的长度元分别是

$$\begin{cases} \mathrm{d}l_r = \mathrm{d}r \\ \mathrm{d}l_\theta = r\,\mathrm{d}\theta \\ \mathrm{d}l_\varphi = r\sin\theta\,\mathrm{d}\varphi \end{cases} \tag{1-1-8}$$

与三个坐标单位矢量相垂直的面积元分别是

$$\begin{cases} \mathrm{d}S_r = \mathrm{d}l_\theta\,\mathrm{d}l_\varphi = r^2\sin\theta\,\mathrm{d}\theta\,\mathrm{d}\varphi & (\text{与 } \boldsymbol{e}_r \text{ 垂直}) \\ \mathrm{d}S_\theta = \mathrm{d}l_r\,\mathrm{d}l_\varphi = r\sin\theta\,\mathrm{d}r\,\mathrm{d}\varphi & (\text{与 } \boldsymbol{e}_\theta \text{ 垂直}) \\ \mathrm{d}S_\varphi = \mathrm{d}l_r\,\mathrm{d}l_\theta = r\,\mathrm{d}r\,\mathrm{d}\theta & (\text{与 } \boldsymbol{e}_\varphi \text{ 垂直}) \end{cases} \tag{1-1-9}$$

体积元是

$$\mathrm{d}\tau = \mathrm{d}l_r\,\mathrm{d}l_\theta\,\mathrm{d}l_\varphi = r^2\sin\theta\,\mathrm{d}r\,\mathrm{d}\theta\,\mathrm{d}\varphi \tag{1-1-10}$$

1.1.2　三种坐标系坐标变量之间的关系

由图 1-1-4 所示的几何关系，可直接写出三种坐标系的坐标变量之间的关系。

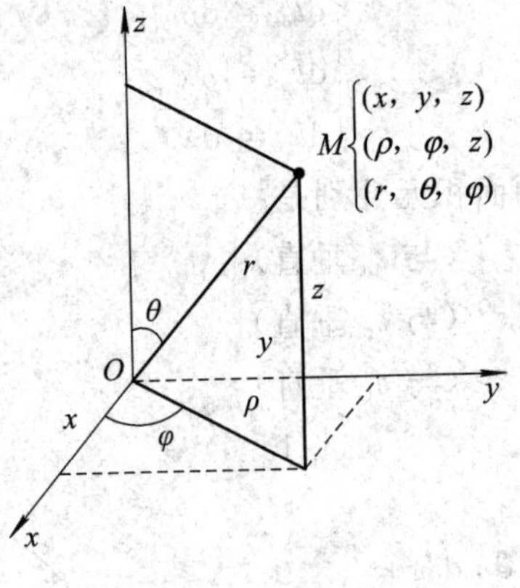

图 1-1-4　三种坐标系的坐标变量之间的关系

1. 直角坐标系与柱坐标系的关系

$$\begin{cases} x = \rho\cos\varphi \\ y = \rho\sin\varphi \\ z = z \end{cases} \tag{1-1-11}$$

$$\begin{cases}\rho=\sqrt{x^2+y^2}\\ \varphi=\arctan\dfrac{y}{x}=\arcsin\dfrac{y}{\sqrt{x^2+y^2}}=\arccos\dfrac{x}{\sqrt{x^2+y^2}}\\ z=z\end{cases}\tag{1-1-12}$$

2. 直角坐标系与球坐标系的关系

$$\begin{cases}x=r\sin\theta\cos\varphi\\ y=r\sin\theta\sin\varphi\\ z=r\cos\theta\end{cases}\tag{1-1-13}$$

$$\begin{cases}r=\sqrt{x^2+y^2+z^2}\\ \theta=\arccos\dfrac{z}{\sqrt{x^2+y^2+z^2}}=\arcsin\dfrac{\sqrt{x^2+y^2}}{\sqrt{x^2+y^2+z^2}}\\ \varphi=\arctan\dfrac{y}{x}=\arcsin\dfrac{y}{\sqrt{x^2+y^2}}=\arccos\dfrac{x}{\sqrt{x^2+y^2}}\end{cases}\tag{1-1-14}$$

3. 柱坐标系与球坐标系的关系

$$\begin{cases}\rho=r\sin\theta\\ \varphi=\varphi\\ z=r\cos\theta\end{cases}\tag{1-1-15}$$

$$\begin{cases}r=\sqrt{\rho^2+z^2}\\ \theta=\arcsin\dfrac{\rho}{\sqrt{\rho^2+z^2}}=\arccos\dfrac{z}{\sqrt{\rho^2+z^2}}\\ \varphi=\varphi\end{cases}\tag{1-1-16}$$

1.1.3　三种坐标系坐标单位矢量之间的关系

直角坐标系和柱坐标系都有一个 z 变量，有一个共同的坐标单位矢量 $\boldsymbol{e}_z$，其他坐标矢量都落在 xOy 平面内。因此，这两种坐标系的坐标矢量及其关系可以用图 1-1-5 表示出来，这种变换关系写成矩阵形式为

$$\begin{bmatrix}\boldsymbol{e}_\rho\\ \boldsymbol{e}_\varphi\\ \boldsymbol{e}_z\end{bmatrix}=\begin{bmatrix}\cos\varphi & \sin\varphi & 0\\ -\sin\varphi & \cos\varphi & 0\\ 0 & 0 & 1\end{bmatrix}\begin{bmatrix}\boldsymbol{e}_x\\ \boldsymbol{e}_y\\ \boldsymbol{e}_z\end{bmatrix}\tag{1-1-17}$$

$$\begin{bmatrix}\boldsymbol{e}_x\\ \boldsymbol{e}_y\\ \boldsymbol{e}_z\end{bmatrix}=\begin{bmatrix}\cos\varphi & -\sin\varphi & 0\\ \sin\varphi & \cos\varphi & 0\\ 0 & 0 & 1\end{bmatrix}\begin{bmatrix}\boldsymbol{e}_\rho\\ \boldsymbol{e}_\varphi\\ \boldsymbol{e}_z\end{bmatrix}\tag{1-1-18}$$

柱坐标系和球坐标系都有一个 φ 变量，有一个共同的坐标单位矢量 $\boldsymbol{e}_\varphi$，而其他坐标矢量都落在过 z 轴的平面内。因此，这两种坐标系的坐标矢量及其关系可以用图 1-1-6 表示出来，将这种变换关系写成矩阵形式为

$$\begin{bmatrix}\boldsymbol{e}_r\\ \boldsymbol{e}_\theta\\ \boldsymbol{e}_\varphi\end{bmatrix}=\begin{bmatrix}\sin\theta & 0 & \cos\theta\\ \cos\theta & 0 & -\sin\theta\\ 0 & 1 & 0\end{bmatrix}\begin{bmatrix}\boldsymbol{e}_\rho\\ \boldsymbol{e}_\varphi\\ \boldsymbol{e}_z\end{bmatrix}\tag{1-1-19}$$

$$\begin{bmatrix} \boldsymbol{e}_\rho \\ \boldsymbol{e}_\varphi \\ \boldsymbol{e}_z \end{bmatrix} = \begin{bmatrix} \sin\theta & \cos\theta & 0 \\ 0 & 0 & 1 \\ \cos\theta & -\sin\theta & 0 \end{bmatrix} \begin{bmatrix} \boldsymbol{e}_r \\ \boldsymbol{e}_\theta \\ \boldsymbol{e}_\varphi \end{bmatrix} \tag{1-1-20}$$

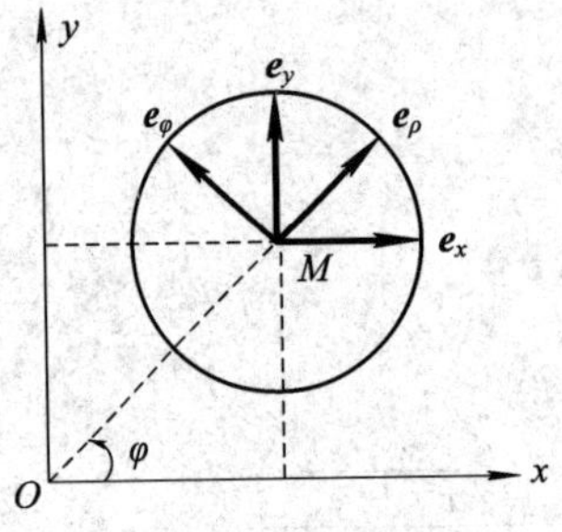

图 1-1-5　直角坐标系与柱坐标系的坐标单位矢量之间的关系

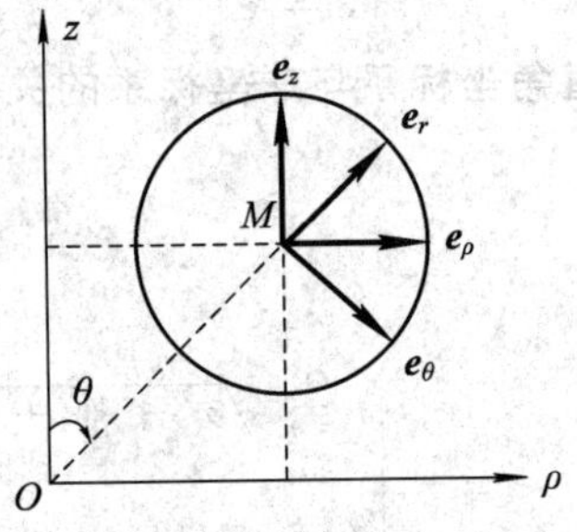

图 1-1-6　柱坐标系与球坐标系的坐标单位矢量之间的关系

直角坐标系和球标系的坐标单位矢量间关系要用三维空间图形才能表示出来，其图解要复杂一些。但利用前面得到的坐标单位矢量之间的相互转换关系，将式(1-1-17)代入式(1-1-19)，将式(1-1-20)代入式(1-1-18)可以得到

$$\begin{bmatrix} \boldsymbol{e}_r \\ \boldsymbol{e}_\theta \\ \boldsymbol{e}_\varphi \end{bmatrix} = \begin{bmatrix} \sin\theta\cos\varphi & \sin\theta\sin\varphi & \cos\theta \\ \cos\theta\cos\varphi & \cos\theta\sin\varphi & -\sin\theta \\ -\sin\varphi & \cos\varphi & 0 \end{bmatrix} \begin{bmatrix} \boldsymbol{e}_x \\ \boldsymbol{e}_y \\ \boldsymbol{e}_z \end{bmatrix} \tag{1-1-21}$$

$$\begin{bmatrix} \boldsymbol{e}_x \\ \boldsymbol{e}_y \\ \boldsymbol{e}_z \end{bmatrix} = \begin{bmatrix} \sin\theta\cos\varphi & \cos\theta\cos\varphi & -\sin\varphi \\ \sin\theta\sin\varphi & \cos\theta\sin\varphi & \cos\varphi \\ \cos\theta & -\sin\theta & 0 \end{bmatrix} \begin{bmatrix} \boldsymbol{e}_r \\ \boldsymbol{e}_\theta \\ \boldsymbol{e}_\varphi \end{bmatrix} \tag{1-1-22}$$

从前面的公式可以看出，式(1-1-17)与式(1-1-18)、式(1-1-19)与式(1-1-20)、式(1-1-21)与式(1-1-22)的转换系数矩阵互为逆矩阵，不难看出，这些转换矩阵也互为转置矩阵。这是因为，这些转换矩阵都是酉矩阵，酉矩阵具有 $\boldsymbol{A}^{-1}=\boldsymbol{A}^{\mathrm{T}}$ 的性质。

例 1-1-1　如果有一矢量在柱坐标系下的表达式为 $\boldsymbol{A}=A_\rho\boldsymbol{e}_\rho+A_\varphi\boldsymbol{e}_\varphi+A_z\boldsymbol{e}_z$，试求出它在直角坐标系下的各分量大小。

解　利用式(1-1-17)，可得

$$A_x=\boldsymbol{A}\cdot\boldsymbol{e}_x=A_\rho\boldsymbol{e}_\rho\cdot\boldsymbol{e}_x+A_\varphi\boldsymbol{e}_\varphi\cdot\boldsymbol{e}_x+A_z\boldsymbol{e}_z\cdot\boldsymbol{e}_x=A_\rho\cos\varphi-A_\varphi\sin\varphi$$
$$A_y=\boldsymbol{A}\cdot\boldsymbol{e}_y=A_\rho\boldsymbol{e}_\rho\cdot\boldsymbol{e}_y+A_\varphi\boldsymbol{e}_\varphi\cdot\boldsymbol{e}_y+A_z\boldsymbol{e}_z\cdot\boldsymbol{e}_y=A_\rho\sin\varphi+A_\varphi\cos\varphi$$
$$A_z=\boldsymbol{A}\cdot\boldsymbol{e}_z=A_\rho e_\rho\cdot\boldsymbol{e}_z+A_\varphi\boldsymbol{e}_\varphi\cdot\boldsymbol{e}_z+A_z\boldsymbol{e}_z\cdot\boldsymbol{e}_z=A_z$$

将上式写成简明矩阵形式为

$$\begin{bmatrix} A_x \\ A_y \\ A_z \end{bmatrix} = \begin{bmatrix} \cos\varphi & -\sin\varphi & 0 \\ \sin\varphi & \cos\varphi & 0 \\ 0 & 0 & 1 \end{bmatrix} \begin{bmatrix} A_\rho \\ A_\varphi \\ A_z \end{bmatrix}$$

显然，上式与式(1-1-18)一致。其他坐标系的矢量变换可以类似得到，它们与坐标单位矢量的变换是一致的。

例 1-1-2　写出空间任一点在直角坐标系下的位置矢量表达式，然后将此位置矢量转换成在柱坐标系和球坐标系下的矢量。

解　在空间任一点 $P(x, y, z)$的位置矢量为

$$\boldsymbol{A}=x\boldsymbol{e}_x+y\boldsymbol{e}_y+z\boldsymbol{e}_z$$

利用例 1-1-1 中的结论，得

$$A_\rho=x\cos\varphi+y\sin\varphi$$
$$A_\varphi=-x\sin\varphi+y\cos\varphi$$
$$A_z=z$$

代入 $x=\rho\cos\varphi$，$y=\rho\sin\varphi$，得

$$A_\rho=\rho$$
$$A_\varphi=0$$
$$A_z=z$$

于是，位置矢量在柱坐标系下得表达式为

$$\boldsymbol{A}=\rho\boldsymbol{e}_\rho+z\boldsymbol{e}_z$$

同理可得，在球坐标系下得位置矢量表达式为

$$\boldsymbol{A}=r\boldsymbol{e}_r$$

可见，位置矢量在不同坐标系下得到的表达式是不同的。

例 1-1-3　试判断下列矢量场 $\boldsymbol{E}$ 是否为均匀矢量场：

(1) 在柱坐标系中 $\boldsymbol{E}=\boldsymbol{e}_\rho E_1\sin\varphi+\boldsymbol{e}_\varphi E_1\cos\varphi+\boldsymbol{e}_z E_2$，其中 E_1、E_2都是常数。

(2) 在球坐标系中 $\boldsymbol{E}=\boldsymbol{e}_r E_0$，其中 E_0 是常数。

解　均匀矢量场 $\boldsymbol{E}$ 的定义是：在场中所有点上，$\boldsymbol{E}$ 的模处处相等，$\boldsymbol{E}$ 的方向彼此平行。只要这两个条件中有一个不符合就称为非均匀矢量场。

因为只有在直角坐标系中各点的坐标单位矢量方向是固定的，而在柱坐标系和球坐标系中的各单位坐标矢量的方向随空间点位置的变化而变化，所以为了判断场是否均匀，最好将柱、球坐标系的矢量转换为直角坐标系的矢量。

(1) 由式(1-1-18)得

$$\begin{bmatrix}E_x\\E_y\\E_z\end{bmatrix}=\begin{bmatrix}\cos\varphi & -\sin\varphi & 0\\ \sin\varphi & \cos\varphi & 0\\ 0 & 0 & 1\end{bmatrix}\begin{bmatrix}E_\rho\\E_\varphi\\E_z\end{bmatrix}=\begin{bmatrix}\cos\varphi & -\sin\varphi & 0\\ \sin\varphi & \cos\varphi & 0\\ 0 & 0 & 1\end{bmatrix}\begin{bmatrix}E_1\sin\varphi\\E_1\cos\varphi\\E_2\end{bmatrix}=\begin{bmatrix}0\\E_1\\E_2\end{bmatrix}$$

即

$$\boldsymbol{E}=\boldsymbol{e}_y E_1+\boldsymbol{e}_z E_2$$

$\boldsymbol{E}$ 的模 $|\boldsymbol{E}|=\sqrt{E_1{}^2+E_2{}^2}=$常数，$\boldsymbol{E}$ 与 y 轴的夹角为

$$\alpha=\arctan\frac{E_2}{E_1}=\text{常数}$$

所以 $\boldsymbol{E}$ 是均匀矢量场。

(2) $\boldsymbol{E}=\boldsymbol{e}_r E_0$，虽然这一矢量场在各点的模是一个常数，但它的方向是 $\boldsymbol{e}_r$ 的方向。显然在不同点，$\boldsymbol{e}_r$ 的方向是不同的，所以它不是均匀矢量场。利用式(1-1-22)，将球坐标单位矢量转换为直角坐标单位矢量后得

$$\boldsymbol{E}=\boldsymbol{e}_r\cdot E_0=\boldsymbol{e}_x E_0\sin\theta\cos\varphi+\boldsymbol{e}_y E_0\sin\theta\sin\varphi+\boldsymbol{e}_z E_0\cos\theta$$

可以看出，$\theta=0°$时，$\boldsymbol{E}$ 的方向是沿 z 轴的；而当 $\theta=90°$时，则没有 z 轴分量，这清楚地说明 $\boldsymbol{E}$ 在不同点有不同的方向。

1.2　矢量函数的微积分

1.2.1　矢量函数的导数

若一个矢量，无论是模还是方向，或两者都是一个自变量或是几个自变量的函数，则称其为矢量函数。

设 $\boldsymbol{F}(u)$ 是单变量 u 的矢量函数，矢量函数 $\boldsymbol{F}(u)$ 对 u 的导数定义为

$$\frac{\mathrm{d}\boldsymbol{F}}{\mathrm{d}u}=\lim_{\Delta u\to 0}\frac{\Delta\boldsymbol{F}}{\Delta u}=\lim_{\Delta u\to 0}\frac{\boldsymbol{F}(u+\Delta u)-\boldsymbol{F}(u)}{\Delta u}\tag{1-2-1}$$

这里假定此极限存在。在一般情况下，矢量的增量 $\Delta\boldsymbol{F}$ 不一定与矢量 $\boldsymbol{F}$ 的方向相同，如图 1-2-1 所示，一阶导数 $\mathrm{d}\boldsymbol{F}/\mathrm{d}u$ 仍然是一个矢量函数。逐次求导，就可得到 $\boldsymbol{F}$ 的二阶导数 $\mathrm{d}^2\boldsymbol{F}/\mathrm{d}u^2$ 以及更高阶导数。

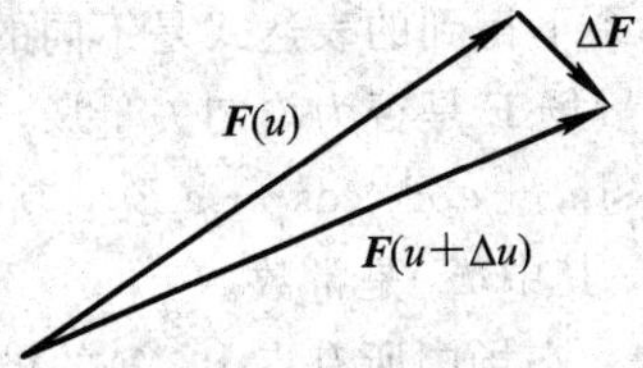

图 1-2-1　矢量微分示意图

如果 f 和 $\boldsymbol{F}$ 分别是变量的标量函数和矢量函数，则它们的积的导数由式(1-2-1)可得

$$\frac{\mathrm{d}(f\boldsymbol{F})}{\mathrm{d}u}=\lim_{\Delta u\to 0}\frac{(f+\Delta f)(\boldsymbol{F}+\Delta\boldsymbol{F})-f\boldsymbol{F}}{\Delta u}=f\lim_{\Delta u\to 0}\frac{\Delta\boldsymbol{F}}{\Delta u}+\boldsymbol{F}\lim_{\Delta u\to 0}\frac{\Delta f}{\Delta u}+\lim_{\Delta u\to 0}\frac{\Delta\boldsymbol{F}}{\Delta u}\Delta f$$

当 $\Delta u\to 0$ 时，上式右端第三项趋向于零。因此有

$$\frac{\mathrm{d}(f\boldsymbol{F})}{\mathrm{d}u}=f\frac{\mathrm{d}\boldsymbol{F}}{\mathrm{d}u}+\boldsymbol{F}\frac{\mathrm{d}f}{\mathrm{d}u}\tag{1-2-2}$$

可见，f 和 $\boldsymbol{F}$ 之积的导数在形式上与两个标量函数之积的导数运算法则相同。

如果 $\boldsymbol{F}$ 是多变量(如 u_1，u_2，u_3)的函数，则对一个变量 u_1 的偏导数的定义是

$$\frac{\partial\boldsymbol{F}(u_1,u_2,u_3)}{\partial u_1}=\lim_{\Delta u_1\to 0}\frac{\boldsymbol{F}(u_1+\Delta u_1,u_2,u_3)-\boldsymbol{F}(u_1,u_2,u_3)}{\Delta u_1}\tag{1-2-3}$$

对其余变量的偏导数有相同的表达式。由式(1-2-3)可以证明

$$\frac{\partial(f\boldsymbol{F})}{\partial u_1}=f\frac{\partial\boldsymbol{F}}{\partial u_1}+\boldsymbol{F}\frac{\partial f}{\partial u_1}\tag{1-2-4}$$

对 $\frac{\partial\boldsymbol{F}}{\partial u_1}$ 再次取偏微分又可以得到诸如 $\frac{\partial^2\boldsymbol{F}}{\partial u_1^2}$、$\frac{\partial^2\boldsymbol{F}}{\partial u_1\partial u_2}$ 等这样一些矢量函数。若 $\boldsymbol{F}$ 至少有连续的二阶偏导数，则有

$$\frac{\partial^2\boldsymbol{F}}{\partial u_1\partial u_2}=\frac{\partial^2\boldsymbol{F}}{\partial u_2\partial u_1}$$

在直角坐标系中，坐标单位矢量都是常矢量，其导数为零。利用式(1-2-4)则有

$$\frac{\partial \boldsymbol{E}}{\partial x}=\frac{\partial}{\partial x}(\boldsymbol{e}_x E_x+\boldsymbol{e}_y E_y+\boldsymbol{e}_z E_z)$$

$$=E_x\frac{\partial \boldsymbol{e}_x}{\partial x}+\boldsymbol{e}_x\frac{\partial E_x}{\partial x}+E_y\frac{\partial \boldsymbol{e}_y}{\partial x}+\boldsymbol{e}_y\frac{\partial E_y}{\partial x}+E_z\frac{\partial \boldsymbol{e}_z}{\partial x}+\boldsymbol{e}_z\frac{\partial E_z}{\partial x}$$

$$=\boldsymbol{e}_x\frac{\partial E_x}{\partial x}+\boldsymbol{e}_y\frac{\partial E_y}{\partial x}+\boldsymbol{e}_z\frac{\partial E_z}{\partial x}$$

由此可以得出结论：在直角坐标系中，矢量函数对某一坐标变量的偏导数(或导数)仍然是个矢量，它的各个分量等于原矢量函数各分量对该坐标变量的偏导数(或导数)的矢量和。简单地说，只要把坐标单位矢量提到微分号外就可以了。

在柱坐标和球坐标系中，由于一些坐标单位矢量不是常矢量，在求导数时，不能把坐标单位矢量提到微分符号之外。在柱坐标系中，各坐标单位矢量对空间坐标变量的偏导数是：

$$\frac{\partial \boldsymbol{e}_\rho}{\partial \rho}=\frac{\partial \boldsymbol{e}_\rho}{\partial z}=\frac{\partial \boldsymbol{e}_\varphi}{\partial \rho}=\frac{\partial \boldsymbol{e}_\varphi}{\partial z}=\frac{\partial \boldsymbol{e}_z}{\partial \rho}=\frac{\partial \boldsymbol{e}_z}{\partial \varphi}=\frac{\partial \boldsymbol{e}_z}{\partial z}=0 \tag{1-2-5a}$$

$$\frac{\partial \boldsymbol{e}_\rho}{\partial \varphi}=\boldsymbol{e}_\varphi \tag{1-2-5b}$$

$$\frac{\partial \boldsymbol{e}_\varphi}{\partial \varphi}=-\boldsymbol{e}_\rho \tag{1-2-5c}$$

上式可用作图法或解析法证明，下面以解析法为例，根据柱坐标系的坐标单位矢量 $\boldsymbol{e}_\rho$、$\boldsymbol{e}_\varphi$、$\boldsymbol{e}_z$ 与直角坐标系中的坐标单位矢量 $\boldsymbol{e}_x$、$\boldsymbol{e}_y$、$\boldsymbol{e}_z$ 的关系式(1-1-17)，有

$$\boldsymbol{e}_\rho=\cos\varphi\,\boldsymbol{e}_x+\sin\varphi\,\boldsymbol{e}_y$$

$$\boldsymbol{e}_\varphi=-\sin\varphi\,\boldsymbol{e}_x+\cos\varphi\,\boldsymbol{e}_y$$

利用上式可得

$$\frac{\partial \boldsymbol{e}_\rho}{\partial \varphi}=\frac{\partial}{\partial \varphi}(\cos\varphi\,\boldsymbol{e}_x+\sin\varphi\,\boldsymbol{e}_y)=-\sin\varphi\,\boldsymbol{e}_x+\cos\varphi\,\boldsymbol{e}_y=\boldsymbol{e}_\varphi$$

$$\frac{\partial \boldsymbol{e}_\varphi}{\partial \varphi}=\frac{\partial}{\partial \varphi}(-\sin\varphi\,\boldsymbol{e}_x+\cos\varphi\,\boldsymbol{e}_y)=-\cos\varphi\,\boldsymbol{e}_x-\sin\varphi\,\boldsymbol{e}_y=-\boldsymbol{e}_\rho$$

在上式推导中，使用了直角坐标系中的坐标单位矢量是常矢量这一特性。在柱坐标系下，$\boldsymbol{e}_z$ 是常矢量，它对任何一个坐标变量求导都为零，$\boldsymbol{e}_\rho$、$\boldsymbol{e}_\varphi$、$\boldsymbol{e}_z$ 都不随 ρ、z 的变化而变化，也就是说它们对 ρ、z 求导也为零。

在球坐标系中，各坐标单位矢量对空间坐标变量的偏导数是

$$\frac{\partial \boldsymbol{e}_r}{\partial r}=0,\ \frac{\partial \boldsymbol{e}_r}{\partial \theta}=\boldsymbol{e}_\theta,\ \frac{\partial \boldsymbol{e}_r}{\partial \varphi}=\boldsymbol{e}_\varphi\sin\theta \tag{1-2-6a}$$

$$\frac{\partial \boldsymbol{e}_\theta}{\partial r}=0,\ \frac{\partial \boldsymbol{e}_\theta}{\partial \theta}=-\boldsymbol{e}_r,\ \frac{\partial \boldsymbol{e}_\theta}{\partial \varphi}=\boldsymbol{e}_\varphi\cos\theta \tag{1-2-6b}$$

$$\frac{\partial \boldsymbol{e}_\varphi}{\partial r}=0,\ \frac{\partial \boldsymbol{e}_\varphi}{\partial \theta}=0,\ \frac{\partial \boldsymbol{e}_\varphi}{\partial \varphi}=-\boldsymbol{e}_\theta\cos\theta-\boldsymbol{e}_r\sin\theta \tag{1-2-6c}$$

在柱、球坐标系中，求矢量函数对坐标变量的偏导数时，必须考虑式(1-2-5)和式(1-2-6)中的各个关系式。例如，在柱坐标系中，矢量函数可表示为

$$\boldsymbol{E}(\rho,\varphi,z)=\boldsymbol{e}_\rho E_\rho+\boldsymbol{e}_\varphi E_\varphi+\boldsymbol{e}_z E_z$$

$\boldsymbol{E}$ 对坐标变量 φ 的偏导数是

$$\frac{\partial \boldsymbol{E}}{\partial \varphi}=\boldsymbol{e}_\rho\left(\frac{\partial E_\rho}{\partial \varphi}-E_\varphi\right)+\boldsymbol{e}_\varphi\left(\frac{\partial E_\varphi}{\partial \varphi}+E_\rho\right)+\boldsymbol{e}_z\frac{\partial E_z}{\partial \varphi}$$

又如在球坐标系中矢量函数可表示为

$$\boldsymbol{E}(r,\theta,\varphi)=\boldsymbol{e}_r E_r+\boldsymbol{e}_\theta E_\theta+\boldsymbol{e}_\varphi E_\varphi$$

$\boldsymbol{E}$ 对坐标变量 θ 的偏导数为

$$\frac{\partial \boldsymbol{E}}{\partial \theta}=\boldsymbol{e}_r\left(\frac{\partial E_r}{\partial \theta}-E_\theta\right)+\boldsymbol{e}_\theta\left(\frac{\partial E_\theta}{\partial \theta}+E_r\right)+\boldsymbol{e}_\varphi\frac{\partial E_\varphi}{\partial \theta}$$

也就是说，直角坐标系下的坐标单位矢量 $\boldsymbol{e}_x$、$\boldsymbol{e}_y$、$\boldsymbol{e}_z$ 不是空间位置的函数；而柱坐标系、球坐标系下的坐标单位矢量 $\boldsymbol{e}_\rho$、$\boldsymbol{e}_\varphi$、$\boldsymbol{e}_r$、$\boldsymbol{e}_\theta$ 是随空间位置变化而变化的，是空间位置的函数。

1.2.2　矢量函数的积分

矢量函数的积分，包括不定积分和定积分两种。例如，已知 $\boldsymbol{B}(u)$是$\boldsymbol{A}(u)$的一个原函数，则有不定积分

$$\int \boldsymbol{A}(u)\mathrm{d}u=\boldsymbol{B}(u)+\boldsymbol{C} \tag{1-2-7}$$

式中矢量函数 $\boldsymbol{A}$、$\boldsymbol{B}$、$\boldsymbol{C}$ 也可以是多个变量的函数，但 $\boldsymbol{C}$ 不随 u 变化。

由于矢量函数的积分和一般函数的积分在形式上类似，所以一般函数积分的基本法则对矢量函数积分也都适用。但在柱坐标系和球坐标系中求矢量函数的积分时，仍然要注意式(1-2-5)和式(1-2-6)中的关系，不能在任何情况下都将坐标单位矢量提到积分运算符号之外。因为在一般情况下，坐标单位矢量可能是积分变量的函数。例如，对于在柱坐标系中的积分

$$\int_0^{2\pi}\boldsymbol{e}_\rho\,\mathrm{d}\varphi\neq\boldsymbol{e}_\rho\int_0^{2\pi}\mathrm{d}\varphi=2\pi\boldsymbol{e}_\rho$$

应当根据式(1-1-17)中的关系，将 $\boldsymbol{e}_\rho=\boldsymbol{e}_x\cos\varphi+\boldsymbol{e}_y\sin\varphi$ 代入后再进行积分。此时由于 $\boldsymbol{e}_x$、$\boldsymbol{e}_y$ 与坐标变量无关，可以提到积分符号之外，因而得

$$\begin{aligned}\int_0^{2\pi}\boldsymbol{e}_\rho\,\mathrm{d}\varphi&=\int_0^{2\pi}(\boldsymbol{e}_x\cos\varphi+\boldsymbol{e}_y\sin\varphi)\mathrm{d}\varphi\\&=\boldsymbol{e}_x\int_0^{2\pi}\cos\varphi\mathrm{d}\varphi+\boldsymbol{e}_y\int_0^{2\pi}\sin\varphi\,\mathrm{d}\varphi\\&=0\end{aligned}$$

1.3　标量函数的梯度

为了研究标量场在空间的分布和变化规律，引入等值面、方向导数和梯度的概念。

1.3.1　方向导数

一个标量场，可以用一个标量函数 $u=u(x,y,z)$来表示，在下面的讨论中，我们都假定 $u(x,y,z)$是坐标变量的连续可微函数。方程

$$u(x, y, z)=C(C\text{为任意常数}) \tag{1-3-1}$$

随着 C 的取值不同，给出一组曲面。在每一个曲面上的各点，虽然坐标值 x、y、z 不同，但函数值相等，这样的曲面称为标量场 u 的等值面。例如，温度场的等温面、电位场中的等位面等。式(1-3-1)称为等值面方程。

在标量场中，空间的每一点上只对应一个场函数的确定值。因此，充满整个标量场所在空间的许许多多等值面互不相交，或者说场中的一个点只能在一个等值面上。

标量场的等值面或等值线，可以形象地帮助我们了解物理量在场中总的分布情况，但在研究标量场时，还常常需要了解标量函数 $u(x, y, z)$ 在场中各个点的邻域内沿每一方向的变化情况。为此，引入方向导数。

如图1-3-1所示，设 M_0 为标量场 $u(x,y,z)$ 中的一点，从点 M_0 出发朝任一方向引一条射线 $\boldsymbol{l}$ 并在该方向上靠近点取一动点 M，点 M_0 到点 M 的距离表示为 Δl，定义

$$\left.\frac{\partial u}{\partial l}\right|_{M_0}=\lim_{\Delta l\to 0}\frac{u(M)-u(M_0)}{\Delta l} \tag{1-3-2}$$

其中，$\left.\dfrac{\partial u}{\partial l}\right|_{M_0}$ 称为函数 $u(x, y, z)$ 在点 M_0 沿 $\boldsymbol{l}$ 方向的方向导数。方向导数是函数 $u(x, y, z)$ 在给定点沿某一方向对距离的变化率。$\dfrac{\partial u}{\partial l}>0$，说明函数 $u(x, y, z)$ 沿 $\boldsymbol{l}$ 方向是增加的；$\dfrac{\partial u}{\partial l}<0$，说明函数 $u(x, y, z)$ 沿 $\boldsymbol{l}$ 方向是减小的；$\dfrac{\partial u}{\partial l}=0$，说明函数 $u(x, y, z)$ 沿 $\boldsymbol{l}$ 方向无变化。在直角坐标系中，$\dfrac{\partial u}{\partial x}$、$\dfrac{\partial u}{\partial y}$、$\dfrac{\partial u}{\partial z}$ 就是函数 u 沿三个坐标轴方向的方向导数。

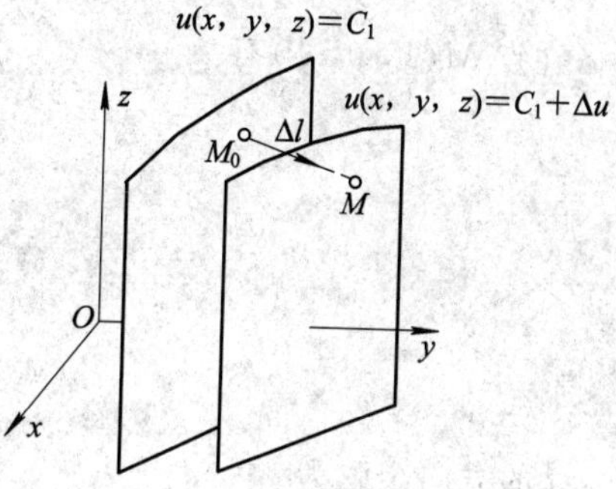

图1-3-1　等值面示意图

下面我们推导直角坐标系中方向导数 $\dfrac{\partial u}{\partial l}$ 的计算公式。在图1-3-2中可得

$$\Delta l=\sqrt{(\Delta x)^2+(\Delta y)^2+(\Delta z)^2}$$

式中，$\Delta x=\Delta l\cos\alpha$，$\Delta y=\Delta l\cos\beta$，$\Delta z=\Delta l\cos\gamma$，$\cos\alpha$、$\cos\beta$、$\cos\gamma$ 是 $\boldsymbol{l}$ 的方向余弦。

根据多元函数的全增量和全微分的关系，有

$$\begin{aligned}\Delta u&=u(M)-u(M_0)\\&=\left.\frac{\partial u}{\partial x}\right|_{M_0}\Delta x+\left.\frac{\partial u}{\partial y}\right|_{M_0}\Delta y+\left.\frac{\partial u}{\partial z}\right|_{M_0}\Delta z+\omega\Delta l\end{aligned}$$

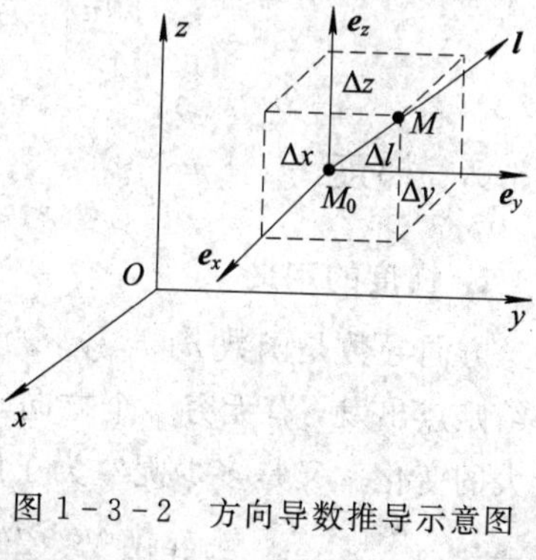

图1-3-2　方向导数推导示意图

其中，当 $\Delta l\to 0$ 时，$\omega\to 0$。上式两端除以 Δl，并令 $\Delta l\to 0$ 取极限得

$$\lim_{\Delta l\to 0}\frac{u(M)-u(M_0)}{\Delta l}=\left.\frac{\partial u}{\partial x}\right|_{M_0}\cos\alpha+\left.\frac{\partial u}{\partial y}\right|_{M_0}\cos\beta+\left.\frac{\partial u}{\partial z}\right|_{M_0}\cos\gamma$$

由方向导数的定义式(1-3-2)，略去下标 M_0，即得到直角坐标系中任意点上沿 $\boldsymbol{l}$ 方向的方向导数的表达式为

$$\frac{\partial u}{\partial l}=\frac{\partial u}{\partial x}\cos\alpha+\frac{\partial u}{\partial y}\cos\beta+\frac{\partial u}{\partial z}\cos\gamma \tag{1-3-3}$$

例 1-3-1　求函数 $u=\sqrt{x^2+y^2+z^2}$ 在点 $M(1, 0, 1)$ 沿 $\boldsymbol{l}=\boldsymbol{e}_x+2\boldsymbol{e}_y+2\boldsymbol{e}_z$ 方向的方向导数。

解

$$\frac{\partial u}{\partial x}=\frac{x}{\sqrt{x^2+y^2+z^2}}$$

$$\frac{\partial u}{\partial y}=\frac{y}{\sqrt{x^2+y^2+z^2}}$$

$$\frac{\partial u}{\partial z}=\frac{z}{\sqrt{x^2+y^2+z^2}}$$

在点 $M(1, 0, 1)$ 有

$$\frac{\partial u}{\partial x}=\frac{1}{\sqrt{2}}$$

$$\frac{\partial u}{\partial y}=0$$

$$\frac{\partial u}{\partial z}=\frac{1}{\sqrt{2}}$$

$\boldsymbol{l}$ 的方向余弦为

$$\cos\alpha=\frac{1}{\sqrt{1^2+2^2+2^2}}=\frac{1}{3}$$

$$\cos\beta=\frac{2}{3}$$

$$\cos\gamma=\frac{2}{3}$$

由式(1-3-3)得

$$\left.\frac{\partial u}{\partial l}\right|_{M_0}=\frac{1}{\sqrt{2}}\times\frac{1}{3}+0\times\frac{2}{3}+\frac{1}{\sqrt{2}}\times\frac{2}{3}=\frac{1}{\sqrt{2}}$$

1.3.2　梯度

1. 梯度的定义

方向导数是函数 $u(x, y, z)$ 在给定点沿某个方向对距离的变化率。但是，从标量场中的给定点出发，有无穷多个方向。函数 $u(x, y, z)$ 沿其中哪个方向的变化率最大呢？这个最大的变化率又是多少呢？为了解决这个问题，我们首先分析在直角坐标系中的方向导数公式式(1-3-3)，把式中 $\frac{\partial u}{\partial x}$、$\frac{\partial u}{\partial y}$、$\frac{\partial u}{\partial z}$ 看做一个矢量 $\boldsymbol{G}$ 沿三个坐标方向的分量，表示为

$$\boldsymbol{G}=\frac{\partial u}{\partial x}\boldsymbol{e}_x+\frac{\partial u}{\partial y}\boldsymbol{e}_y+\frac{\partial u}{\partial z}\boldsymbol{e}_z \tag{1-3-4}$$

$\boldsymbol{l}$ 方向的单位矢量是

$$\boldsymbol{l}^0=\cos\alpha\,\boldsymbol{e}_x+\cos\beta\,\boldsymbol{e}_y+\cos\gamma\,\boldsymbol{e}_z \tag{1-3-5}$$

很明显，矢量 $\boldsymbol{G}$ 与 $\boldsymbol{l}^0$ 的标量积(或称点乘)恰好与式(1-3-3)相等。即

$$\frac{\partial u}{\partial l} = \boldsymbol{G} \cdot \boldsymbol{l}^0 = |\boldsymbol{G}| \cos(\boldsymbol{G}, \boldsymbol{l}^0) \tag{1-3-6}$$

式(1-3-4)确定的矢量 $\boldsymbol{G}$ 只与函数 $u(x, y, z)$ 有关，而 $\boldsymbol{l}^0$ 则是在给定点引出的任一方向上的单位矢量，它与函数 $u(x, y, z)$ 无关。

式(1-3-6)说明，矢量 $\boldsymbol{G}$ 在方向 $\boldsymbol{l}$ 上的投影等于函数 $u(x, y, z)$ 在该方向上的方向导数。更为重要的是，当选择 $\boldsymbol{l}$ 的方向与 $\boldsymbol{G}$ 的方向一致时，$\cos(\boldsymbol{G}, \boldsymbol{l}^0)=1$，则方向导数取最大值，即

$$\left.\frac{\partial u}{\partial l}\right|_{\max} = |\boldsymbol{G}| \tag{1-3-7}$$

因此，矢量 $\boldsymbol{G}$ 的方向就是函数 $u(x, y, z)$ 在给定点的变化率最大的方向，矢量 $\boldsymbol{G}$ 的模也正好就是它的最大变化率。矢量 $\boldsymbol{G}$ 被称做函数 $u(x, y, z)$ 在给定点的梯度。

定义：标量场 $u(x, y, z)$ 在点 M 处的梯度(gradient)是一个矢量，记作

$$\mathrm{grad}u = \boldsymbol{G} \tag{1-3-8}$$

它的大小等于场在点 M 所有方向导数中的最大值，它的方向等于取到这个最大值所沿的方向。梯度在直角坐标系中的计算公式就是式(1-3-4)，利用式(1-3-6)可以得出任何坐标系中梯度的公式。柱坐标系中的梯度计算公式为

$$\mathrm{grad}u = \frac{\partial u}{\partial \rho}\boldsymbol{e}_\rho + \frac{1}{\rho}\frac{\partial u}{\partial \varphi}\boldsymbol{e}_\varphi + \frac{\partial u}{\partial z}\boldsymbol{e}_z \tag{1-3-9}$$

球坐标系中的梯度计算公式为

$$\mathrm{grad}u = \frac{\partial u}{\partial r}\boldsymbol{e}_r + \frac{1}{r}\frac{\partial u}{\partial \theta}\boldsymbol{e}_\theta + \frac{1}{r\sin\theta}\frac{\partial u}{\partial \varphi}\boldsymbol{e}_\varphi \tag{1-3-10}$$

2. 梯度的性质

(1) 一个标量函数 u 的梯度是一个矢量函数。在给定点，梯度的方向就是函数 u 变化率最大的方向，它的模恰好等于函数 u 在该点的最大变化率的数值。又因函数 u 沿梯度方向的方向导数 $\left.\frac{\partial u}{\partial l}\right|_{\max} = |\mathrm{grad}u|$ 恒大于零，说明梯度总是指向函数 $u(x, y, z)$ 增大的方向。

(2) 函数 u 在给定点沿任意 $\boldsymbol{l}$ 方向的方向导数等于函数 u 的梯度在 $\boldsymbol{l}$ 方向上的投影。

(3) 在任一点 M，标量场 $u(x, y, z)$ 的梯度垂直于过该 M 点的等值面，也就是垂直于过该点的等值面的切平面。证明这一点是不难的，根据解析几何知识，过等值面 M 点切平面的法线矢量为

$$\boldsymbol{n} = \left(\boldsymbol{e}_x\frac{\partial u}{\partial x} + \boldsymbol{e}_y\frac{\partial u}{\partial y} + \boldsymbol{e}_z\frac{\partial u}{\partial z}\right)_M \tag{1-3-11}$$

将上式与式(1-3-4)比较，可见法线矢量 $\boldsymbol{n}$ 刚好等于在点 M 函数 $u(x, y, z)$ 的梯度。因此，在点 M，u 的梯度垂直于过点 M 的等值面。

根据这一性质，曲面 $u(x, y, z)=C$ 上任一点的单位法线矢量 $\boldsymbol{n}^0$ 可以用梯度表示，即

$$\boldsymbol{n}^0 = \frac{\mathrm{grad}u}{|\mathrm{grad}u|} \tag{1-3-12}$$

3. 哈密顿(Hamilton)算子

为了方便，我们引入一个算子

$$\nabla = \boldsymbol{e}_x \frac{\partial}{\partial x} + \boldsymbol{e}_y \frac{\partial}{\partial y} + \boldsymbol{e}_z \frac{\partial}{\partial z} \tag{1-3-13}$$

称为哈密顿算子。▽读作“del(德尔)”或“nabla(那勃拉)”。“▽”既是一个微分算子，又可以看作是一个矢量，所以称它为一个矢量性微分算子。

算子▽对标量函数作用产生一矢量函数。在直角坐标系中有

$$\nabla u = \left(\boldsymbol{e}_x \frac{\partial}{\partial x} + \boldsymbol{e}_y \frac{\partial}{\partial y} + \boldsymbol{e}_z \frac{\partial}{\partial z}\right) u = \boldsymbol{e}_x \frac{\partial u}{\partial x} + \boldsymbol{e}_y \frac{\partial u}{\partial y} + \boldsymbol{e}_z \frac{\partial u}{\partial z} \tag{1-3-14}$$

上式右边刚好是 $\mathrm{grad}u$，所以用哈密顿算子可将梯度记为

$$\mathrm{grad}u = \nabla u \tag{1-3-15}$$

4. 梯度运算基本公式

$$\nabla C = 0 \ (C\text{ 为常数}) \tag{1-3-16}$$

$$\nabla (Cu) = C\nabla u \ (C\text{ 为常数}) \tag{1-3-17}$$

$$\nabla (u \pm v) = \nabla u \pm \nabla v \tag{1-3-18}$$

$$\nabla (uv) = v\nabla u + u\nabla v \tag{1-3-19}$$

$$\nabla \left(\frac{u}{v}\right) = \frac{1}{v^2}(v\nabla u - u\nabla v) \tag{1-3-20}$$

$$\nabla f(u) = f'(u)\nabla u \tag{1-3-21}$$

这些公式与对一般函数求导数的法则类似。这里仅以式(1-3-21)为例，证明如下：

$$\begin{aligned}
\nabla f(u) &= \boldsymbol{e}_x \frac{\partial f(u)}{\partial x} + \boldsymbol{e}_y \frac{\partial f(u)}{\partial y} + \boldsymbol{e}_z \frac{\partial f(u)}{\partial z} \\
&= \boldsymbol{e}_x \left[\frac{\partial f(u)}{\partial u} \cdot \frac{\partial u}{\partial x}\right] + \boldsymbol{e}_y \left[\frac{\partial f(u)}{\partial u} \cdot \frac{\partial u}{\partial y}\right] + \boldsymbol{e}_z \left[\frac{\partial f(u)}{\partial u} \cdot \frac{\partial u}{\partial z}\right] \\
&= \frac{\mathrm{d}f(u)}{\mathrm{d}u}\left[\boldsymbol{e}_x \frac{\partial u}{\partial x} + \boldsymbol{e}_y \frac{\partial u}{\partial y} + \boldsymbol{e}_z \frac{\partial u}{\partial z}\right]
\end{aligned}$$

所以 $\nabla f(u) = f'(u)\nabla u$。

例 1-3-2 $R = \sqrt{(x-x')^2 + (y-y')^2 + (z-z')^2}$，试证明 $\nabla\left(\frac{1}{R}\right) = -\nabla'\left(\frac{1}{R}\right)$。$R$ 表示空间点 (x, y, z) 和 (x', y', z') 点之间的距离，符号 ∇' 表示对 x'、y'、z' 微分，即

$$\nabla' = \left(\boldsymbol{e}_x \frac{\partial}{\partial x'} + \boldsymbol{e}_y \frac{\partial}{\partial y'} + \boldsymbol{e}_z \frac{\partial}{\partial z'}\right)$$

解

$$\begin{aligned}
\nabla\left(\frac{1}{R}\right) &= \nabla\left[(x-x')^2 + (y-y')^2 + (z-z')^2\right]^{-\frac{1}{2}} \\
&= \frac{\partial}{\partial x}\left[(x-x')^2 + (y-y')^2 + (z-z')^2\right]^{-\frac{1}{2}} \boldsymbol{e}_x \\
&\quad + \frac{\partial}{\partial y}\left[(x-x')^2 + (y-y')^2 + (z-z')^2\right]^{-\frac{1}{2}} \boldsymbol{e}_y \\
&\quad + \frac{\partial}{\partial z}\left[(x-x')^2 + (y-y')^2 + (z-z')^2\right]^{-\frac{1}{2}} \boldsymbol{e}_z \\
&= \frac{-\left[(x-x')\boldsymbol{e}_x + (y-y')\boldsymbol{e}_y + (z-z')\boldsymbol{e}_z\right]}{\left[(x-x')^2 + (y-y')^2 + (z-z')^2\right]^{\frac{3}{2}}}
\end{aligned}$$

所以

$$\nabla\left(\frac{1}{R}\right)=-\frac{\boldsymbol{R}}{R^3}=-\frac{\boldsymbol{R}^0}{R^2} \tag{1-3-22}$$

$$\begin{aligned}\nabla'\left(\frac{1}{R}\right)&=\nabla'[(x-x')^2+(y-y')^2+(z-z')^2]^{-\frac{1}{2}}\\&=\frac{\partial}{\partial x'}[(x-x')^2+(y-y')^2+(z-z')^2]^{-\frac{1}{2}}\boldsymbol{e}_x\\&\quad+\frac{\partial}{\partial y'}[(x-x')^2+(y-y')^2+(z-z')^2]^{-\frac{1}{2}}\boldsymbol{e}_y\\&\quad+\frac{\partial}{\partial z'}[(x-x')^2+(y-y')^2+(z-z')^2]^{-\frac{1}{2}}\boldsymbol{e}_z\end{aligned}$$

所以

$$\nabla'\left(\frac{1}{R}\right)=\frac{\boldsymbol{R}}{R^3}=\frac{\boldsymbol{R}^0}{R^2} \tag{1-3-23}$$

从式(1-3-22)和式(1-3-23)可以看出

$$\nabla\left(\frac{1}{R}\right)=-\nabla'\left(\frac{1}{R}\right) \tag{1-3-24}$$

1.4　矢量函数的散度

为了考察矢量场在空间的分布和变化规律，引入通量和散度的概念。

1.4.1　通量

一个矢量场，可以用一个矢量函数 $\boldsymbol{F}=\boldsymbol{F}(x, y, z)$ 来表示，或用分量表示为

$$\boldsymbol{F}=\boldsymbol{F}(x, y, z)=\boldsymbol{e}_xF_x(x, y, z)+\boldsymbol{e}_yF_y(x, y, z)+\boldsymbol{e}_zF_z(x, y, z) \tag{1-4-1}$$

其中，$F_x(x, y, z)$、$F_y(x, y, z)$、$\boldsymbol{F}_z(x, y, z)$ 分别是矢量 $\boldsymbol{F}(x, y, z)$ 在三个坐标轴上的投影。我们假定它们都是坐标变量的单值函数，且具有连续偏导数。

为了形象地描绘矢量场在空间的分布状况，引入矢量线的概念。矢量线是这样的一些曲线，线上每一点的切线方向都代表该点的矢量场的方向。一般说来，矢量场的每一点均有唯一的一条矢量线通过，所以矢量线充满了整个矢量场所在的空间。电场中的电力线和磁场中的磁力线等，都是矢量线的例子。

矢量 $\boldsymbol{F}$ 在场中某一个曲面 S 上的面积分，称为该矢量场通过此曲面的通量，记作

$$\Psi=\int_S\boldsymbol{F}\cdot d\boldsymbol{S}=\int_S\boldsymbol{F}\cdot\boldsymbol{n}^0 dS \tag{1-4-2}$$

如图 1-4-1 所示，在场中任意曲面 S 上的点 M 周围取一小面积元 dS，它有两个方向相反的单位法线矢量 $\pm\boldsymbol{n}^0$。对于开曲面上的面元，设这个开曲面是由封闭曲线 $\boldsymbol{l}$ 所围成的，则当选定绕行 $\boldsymbol{l}$ 的方向后，沿绕行方向按右手螺旋的拇指方向就是 $\boldsymbol{n}^0$ 方向，如图 1-4-1 所示。对于封闭曲面上的面元，

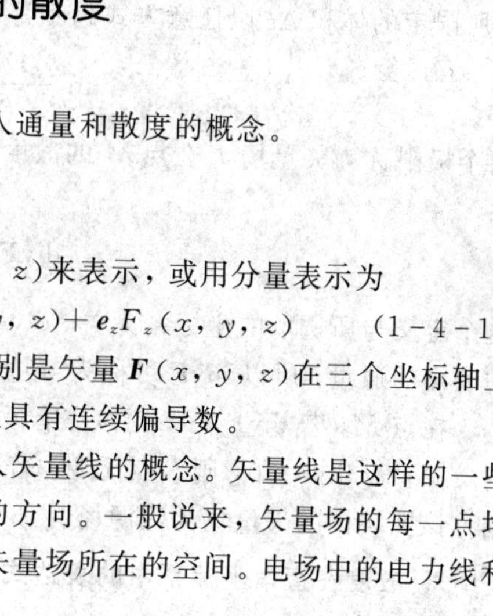

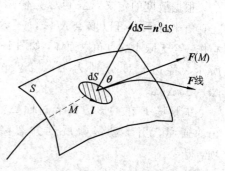

图 1-4-1　矢量场通量

$\boldsymbol{n}^0$ 取为封闭曲面的外法线方向。

如果 S 是限定一定体积的闭合面，则通过闭合面的总通量可表示为

$$\Psi=\oint_S \boldsymbol{F}\cdot \mathrm{d}\boldsymbol{S}=\oint_S \boldsymbol{F}\cdot \boldsymbol{n}^0\,\mathrm{d}S \tag{1-4-3}$$

若 $\Psi>0$，表示有净通量流出，这说明 S 内必有矢量场的源，我们称它为正源；若 $\Psi<0$，表示有净通量流入，这说明 S 内必有负源；若 $\Psi=0$，流入等于流出，这时 S 内正源与负源的代数和为零，或者 S 内没有源。例如，静电场中的正电荷发出电力线，在包围它的任意闭合面上的通量为正值；负电荷吸收电力线，在包围它的任意闭合面上的通量为负值；闭合面里的电荷电量的代数和为零，或无电荷时，闭合面上的通量等于零。

1.4.2　散度

矢量场在闭合面 S 上的通量是由 S 内的通量源决定的。但是，通量只能描绘这种关系的较大范围的情况。我们还希望通过对矢量场的分析，了解场中每点上的场与源之间的关系。为此，需要引入矢量场散度的概念。

1. 散度的定义

在连续函数的矢量场 $\boldsymbol{F}$ 中，任一点 M 的邻域内，作一包围该点的任意闭合面 S，并使 S 所限定的体积 $\Delta\tau$ 以任意方式趋于零(即缩至 M 点)。取下列极限

$$\lim_{\Delta\tau\to 0}\frac{\oint_S \boldsymbol{F}\cdot \mathrm{d}\boldsymbol{S}}{\Delta\tau}=\lim_{\Delta\tau\to 0}\frac{\oint_S \boldsymbol{F}\cdot \boldsymbol{n}^0\,\mathrm{d}S}{\Delta\tau}$$

这个极限称为矢量场 $\boldsymbol{F}$ 在点 M 的散度(Divergence)，记作 $\mathrm{div}\boldsymbol{F}$(读作散度 $\boldsymbol{F}$)。即

$$\mathrm{div}\boldsymbol{F}=\lim_{\Delta\tau\to 0}\frac{\oint_S \boldsymbol{F}\cdot \boldsymbol{n}^0\,\mathrm{d}S}{\Delta\tau} \tag{1-4-4}$$

这个定义与所选取的坐标系无关。$\mathrm{div}\boldsymbol{F}$ 表示在场中任意一点处，通过包围该点的单位体积的表面的通量，所以 $\mathrm{div}\boldsymbol{F}$ 可称为“通量源密度”。

在点 M，若 $\mathrm{div}\boldsymbol{F}>0$，则该点有发出的通量的正源；若 $\mathrm{div}\boldsymbol{F}<0$，则该点有吸收的通量的负源；若 $\mathrm{div}\boldsymbol{F}=0$，则该点无源。若在某一区域内的所有点上的矢量场的散度都等于零，则称该区域内的矢量场为无源场。

2. 散度在直角坐标系中的表达式

根据散度的定义，$\Delta\tau$ 可以是任意形状，在直角坐标系中可以取点 $M(x, y, z)$ 为中心作一个无限小的直角六面体，如图 1-4-2 所示，各边长度分别为 Δx、Δy 和 Δz，$\Delta\tau=\Delta x\Delta y\Delta z$。

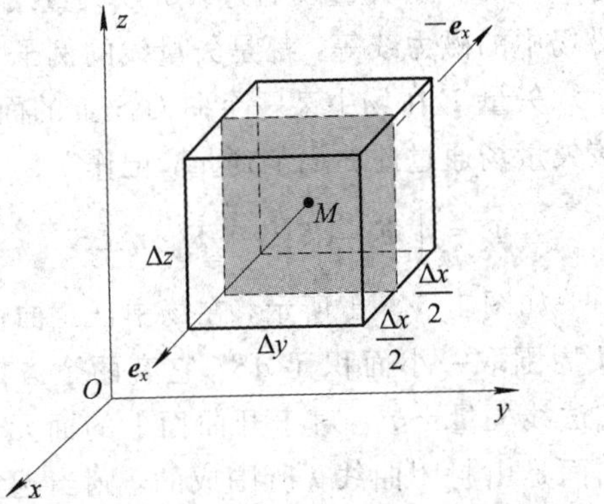

图 1-4-2　推导散度在直角坐标系中的表达式

矢量场 $\boldsymbol{F}$ 在正 x 方向经过面 $\Delta y\Delta z$ 穿出的通量，用泰勒级数展开并忽略高阶项，得

$$\left[F_x+\frac{\partial F_x}{\partial x}\frac{\Delta x}{2}\right]\Delta y\Delta z \tag{1-4-5}$$

同理可得$-x$方向穿出的通量为

$$-\left[F_x+\frac{\partial F_x}{\partial x}\left(-\frac{\Delta x}{2}\right)\right]\Delta y\Delta z \tag{1-4-6}$$

所以，矢量场$\boldsymbol{F}$在x方向穿出前后两个面的净通量为

$$\frac{\partial F_x}{\partial x}\Delta x\Delta y\Delta z=\frac{\partial F_x}{\partial x}\Delta\tau \tag{1-4-7}$$

类似地可以得到$\boldsymbol{F}$在y和z方向穿过相应表面的净通量，由此可求得穿出六面体闭合面的总净通量的

$$\oint_S \boldsymbol{F}\cdot \mathrm{d}\boldsymbol{S}=\left(\frac{\partial F_x}{\partial x}+\frac{\partial F_y}{\partial y}+\frac{\partial F_z}{\partial z}\right)\Delta\tau \tag{1-4-8}$$

根据式(1-4-4)便可得到散度在直角坐标系中的表达式为

$$\mathrm{div}\boldsymbol{F}=\frac{\partial F_x}{\partial x}+\frac{\partial F_y}{\partial y}+\frac{\partial F_z}{\partial z} \tag{1-4-9}$$

可以看出，div$\boldsymbol{F}$刚好等于哈密顿算子∇与矢量$\boldsymbol{F}$的标积，即

$$\nabla\cdot\boldsymbol{F}=\left(\boldsymbol{e}_x\frac{\partial}{\partial x}+\boldsymbol{e}_y\frac{\partial}{\partial y}+\boldsymbol{e}_z\frac{\partial}{\partial z}\right)\cdot(\boldsymbol{e}_xF_x+\boldsymbol{e}_yF_y+\boldsymbol{e}_zF_z)=\frac{\partial F_x}{\partial x}+\frac{\partial F_y}{\partial y}+\frac{\partial F_z}{\partial z}=\mathrm{div}\boldsymbol{F} \tag{1-4-10}$$

可见，一个矢量函数的散度是一个标量函数。在场中任一点，矢量场$\boldsymbol{F}$的散度等于$\boldsymbol{F}$在各坐标轴上的分量对各自坐标变量的偏导数之和。

另外，还可得到柱坐标系和球坐标系中的散度表示式分别如下所示。在柱坐标系中，散度表式为

$$\nabla\cdot\boldsymbol{F}=\frac{1}{\rho}\cdot\frac{\partial}{\partial\rho}(\rho F_\rho)+\frac{1}{\rho}\cdot\frac{\partial F_\varphi}{\partial\varphi}+\frac{\partial F_z}{\partial z} \tag{1-4-11}$$

而在球坐标系中，散度表式为

$$\nabla\cdot\boldsymbol{F}=\frac{1}{r^2\sin\theta}\left[\frac{\partial}{\partial r}(r^2\sin\theta F_r)+\frac{\partial}{\partial\theta}(r\sin\theta F_\theta)+\frac{\partial}{\partial\varphi}(rF_\varphi)\right] \tag{1-4-12}$$

3. 散度的基本运算公式

$$\nabla\cdot\boldsymbol{C}=0\quad(\boldsymbol{C}\text{为常矢量}) \tag{1-4-13}$$

$$\nabla\cdot(C\boldsymbol{F})=C\nabla\cdot\boldsymbol{F}\quad(C\text{为常数}) \tag{1-4-14}$$

$$\nabla\cdot(\boldsymbol{F}\pm\boldsymbol{G})=\nabla\cdot\boldsymbol{F}\pm\nabla\cdot\boldsymbol{G} \tag{1-4-15}$$

$$\nabla\cdot(u\boldsymbol{F})=u\nabla\cdot\boldsymbol{F}+\boldsymbol{F}\cdot\nabla u\quad(u\text{为标量函数}) \tag{1-4-16}$$

以上各式与所取坐标系无关。在直角坐标系中，利用式(1-4-9)可以很容易地证明以上诸式。

1.4.3　高斯(Gauss)散度定理

根据散度的定义，$\nabla\cdot\boldsymbol{F}$等于空间某一点上，从包围该点的单位体积内穿出的$\boldsymbol{F}$通量。所以从空间任一体积$\tau$内穿出的$\boldsymbol{F}$通量应等于$\nabla\cdot\boldsymbol{F}$在$\tau$内的体积分，即

$$\Psi=\int_\tau\nabla\cdot\boldsymbol{F}\,\mathrm{d}\tau$$

这个通量也就是从限定体积的闭合面上穿出的净通量，所以

$$\int_\tau\nabla\cdot\boldsymbol{F}\,\mathrm{d}\tau=\oint_S\boldsymbol{F}\cdot\mathrm{d}\boldsymbol{S} \tag{1-4-17}$$

这就是高斯散度定理。它的意义是：任意矢量场 $\boldsymbol{F}$ 的散度在场中任意一个体积内的体积分等于矢量场 $\boldsymbol{F}$ 在限定该体积的闭合面上的法向分量沿闭合面的积分。这种矢量场中的积分变换关系，在电磁场理论中将经常用到。

高斯散度定理证明如下：划分体积 τ 成 n 个单元体积，根据散度的定义得

$$\int_{\tau} \nabla \cdot \boldsymbol{F}\,\mathrm{d}\tau = \lim_{n\to\infty}\sum_{i=1}^{n}\oint_{S_i}\boldsymbol{F}\cdot \mathrm{d}\boldsymbol{S}$$

上式等号右边包含许多个小的面积分。因相邻两单元体积分界面上来自两边的净通量相互抵消，因而总和中只剩下属于外表面 S 对应于最外一层面积分的项，于是可得式(1-4-17)。

例 1-4-1　点电荷 q 位于坐标原点，在离其 r 处产生的电通量密度为

$$\boldsymbol{D}=\frac{q}{4\pi r^3}\boldsymbol{r}$$

其中 $\boldsymbol{r}=x\boldsymbol{e}_x+y\boldsymbol{e}_y+z\boldsymbol{e}_z$，求任意点处电通量密度的散度 $\nabla\cdot\boldsymbol{D}$，并求穿出以 r 为半径的球面的电通量 Ψ。

解

$$\boldsymbol{D}=\frac{q}{4\pi}\frac{x\boldsymbol{e}_x+y\boldsymbol{e}_y+z\boldsymbol{e}_z}{(x^2+y^2+z^2)^{\frac{3}{2}}}=D_x\boldsymbol{e}_x+D_y\boldsymbol{e}_y+D_z\boldsymbol{e}_z$$

$$\begin{aligned}\frac{\partial D_x}{\partial x}&=\frac{q}{4\pi}\frac{\partial}{\partial x}\left[\frac{x}{(x^2+y^2+z^2)^{\frac{3}{2}}}\right]\\&=\frac{q}{4\pi}\left[\frac{1}{(x^2+y^2+z^2)^{\frac{3}{2}}}-\frac{3x^2}{(x^2+y^2+z^2)^{\frac{5}{2}}}\right]\\&=\frac{q}{4\pi}\frac{r^2-3x^2}{r^5}\end{aligned}$$

同理可得

$$\frac{\partial D_y}{\partial y}=\frac{q}{4\pi}\frac{r^2-3y^2}{r^5},\ \frac{\partial D_z}{\partial z}=\frac{q}{4\pi}\frac{r^2-3z^2}{r^5}$$

所以

$$\nabla\cdot\boldsymbol{D}=\frac{\partial D_x}{\partial x}+\frac{\partial D_y}{\partial y}+\frac{\partial D_z}{\partial z}=\frac{q}{4\pi}\frac{3r^2-3(x^2+y^2+z^2)}{r^5}=0$$

可见，除点电荷所在源点($r=0$)外，空间各点得电通量密度散度均为 0。

$$\begin{aligned}\Psi&=\oint_S\boldsymbol{D}\cdot\mathrm{d}\boldsymbol{S}=\frac{q}{4\pi r^3}\oint_S\boldsymbol{r}\cdot\boldsymbol{r}^0\,\mathrm{d}S\\&=\frac{q}{4\pi r^2}\oint_S\mathrm{d}S=\frac{q}{4\pi r^2}4\pi r^2=q\end{aligned}$$

这证明在此球面上所穿过的电通量的源正是点电荷 q。

例 1-4-2　在 $\boldsymbol{E}=\boldsymbol{e}_x\dfrac{3}{8}x^3y^2$ 的矢量场中，假设有一个边长为 $2a$，中心在直角坐标系原点，各表面与三个坐标面平行的正六面体。试求从正六面体内穿出的电场净通量 Ψ，并验证高斯散度定理。

解　先用公式 $\Psi=\oint_S\boldsymbol{E}\cdot\mathrm{d}\boldsymbol{S}$ 计算通量。

因为 $\boldsymbol{E}$ 只有 $\boldsymbol{x}$ 分量，在六面体的上、下、左、右四个表面上 $\boldsymbol{E}$ 和 $\mathrm{d}\boldsymbol{S}$ 垂直，面积分为

零。所以

$$\begin{aligned}\Psi &= \oint_S \boldsymbol{E}\cdot d\boldsymbol{S} = \int_{S前} \boldsymbol{E}\cdot d\boldsymbol{S} + \int_{S后} \boldsymbol{E}\cdot d\boldsymbol{S} \\ &= \int_{S前}\left(\boldsymbol{e}_x \frac{3}{8}x^3y^2\right)\cdot(\boldsymbol{e}_x dS) + \int_{S后}\left(\boldsymbol{e}_x \frac{3}{8}x^3y^2\right)\cdot(-\boldsymbol{e}_x dS) \\ &= \int_{-a}^{a}\frac{3}{8}a^3y^2\,dy\int_{-a}^{a}dz - \int_{-a}^{a}\frac{3}{8}(-a)^3y^2\,dy\int_{-a}^{a}dz \\ &= a^7\end{aligned}$$

再用公式$\int_\tau \nabla\cdot\boldsymbol{E}\,d\tau$计算通量，即

$$\nabla\cdot\boldsymbol{E} = \frac{\partial}{\partial x}\left(\frac{3}{8}x^3y^2\right) = \frac{9}{8}x^2y^2$$

$$\int_\tau \nabla\cdot\boldsymbol{E}\,d\tau = \int_\tau \frac{9}{8}x^2y^2\,dx\,dy\,dz = \int_{-a}^{a}\frac{9}{8}x^2\,dx\int_{-a}^{a}y^2\,dy\int_{-a}^{a}dz = a^7$$

所以

$$\Psi = \oint_S \boldsymbol{F}\cdot d\boldsymbol{S} = \int_\tau \nabla\cdot\boldsymbol{F}\,d\tau$$

从而验证了高斯散度定理。

1.5　矢量函数的旋度

由上节可知，一个具有通量源的矢量场，可以采用通量与散度来描述场与源之间的关系。而对于具有另一种源(即旋涡源)的矢量场，为了描述场与源之间的关系，就必须引入环量和旋度的概念。

1.5.1　环量

定义：矢量 $\boldsymbol{F}$ 沿某一闭合曲线(路径)的线积分，称为该矢量沿此闭曲线的环量。记作

$$\Gamma = \oint_l \boldsymbol{F}\cdot d\boldsymbol{l} = \oint_l F\cos\theta\,dl \tag{1-5-1}$$

式中的 $\boldsymbol{F}$ 是闭合积分路径上任一点的矢量；$d\boldsymbol{l}$ 是该路径的切向长度元矢量，它的方向取决于该曲线的环绕方向；θ 是在该点上 $\boldsymbol{F}$ 与 $d\boldsymbol{l}$ 的夹角，如图 1-5-1 所示。

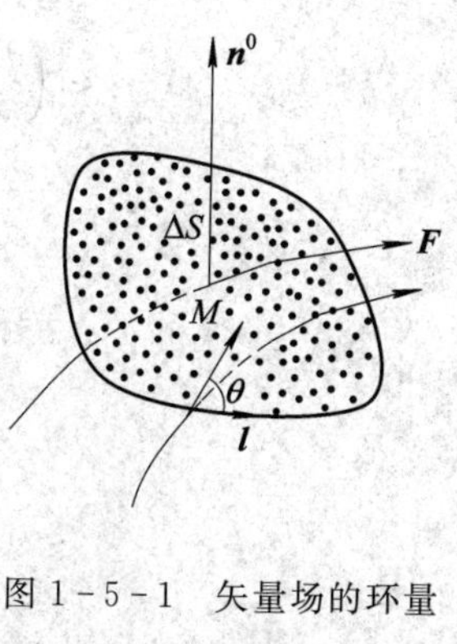

图 1-5-1　矢量场的环量

从式(1-5-1)看出，环量是一个代数量，它的大小、正负不仅与矢量场 $\boldsymbol{F}$ 的分布有关，而且与所取的积分环绕方向有关。如果某一矢量场的环量不等于零，我们就认为场中必定有产生这种场的漩涡源。例如在磁场中，沿围绕电流的闭合路径的环量不等于零，电流就是产生磁场的旋涡源。如果在一个矢量场中沿任何闭合路径上的环量恒等于零，则在这个场中不可能有旋涡源，这种类型的场称为保守场或无旋场，例如静电场和重力场等。

1.5.2　旋度

矢量场沿某一闭合曲线的环量与矢量场在那个区域的旋涡源分布有关，同时也与闭合曲线的取法有关。环量只能描绘这种关系的较大范围的情况，我们还希望通过对矢量场的分析，了解场中每点上的场与旋涡源之间的关系。为此，需要引入矢量场旋度的概念。

1. 旋度的定义

定义：如图 1-5-1 所示，矢量场 $\boldsymbol{F}$ 中，在任意点 M 的邻域内，取任意有向闭合路径 $\boldsymbol{l}$，限定曲面为 ΔS，取 ΔS 的单位法向矢量为 $\boldsymbol{n}^0$，周界 $\boldsymbol{l}$ 的环绕方向与 $\boldsymbol{n}^0$ 方向成右手螺旋关系，如果不论曲面 ΔS 的形状如何，只要 ΔS 无限收缩于 M 点时下列极限存在

$$\lim_{\Delta S\to 0}\frac{\oint_l \boldsymbol{F}\cdot \mathrm{d}\boldsymbol{l}}{\Delta S} \tag{1-5-2}$$

称此极限为场 $\boldsymbol{F}$ 在点 M 处绕 $\boldsymbol{l}$ 方向的涡量(或称环量密度)。并且把这些涡量的最大值以及取到最大值的方向所构成的一个矢量，称为场在点 M 处的旋度(curl)，记作 rot$\boldsymbol{F}$ 或 curl$\boldsymbol{F}$，读作旋度 $\boldsymbol{F}$。

从上述定义可以看出，环量面密度是一个标量，而旋度是个矢量。矢量场 $\boldsymbol{F}$ 中点 M 处的旋度，在任一方向 $\boldsymbol{n}^0$ 上的投影就等于 M 点以 $\boldsymbol{n}^0$ 为法向的 ΔS 上的环量面密度。即

$$(\mathrm{rot}\boldsymbol{F})\cdot\boldsymbol{n}^0=\lim_{\Delta S\to 0}\frac{\oint_l \boldsymbol{F}\cdot \mathrm{d}\boldsymbol{l}}{\Delta S}\bigg|_{n^0} \tag{1-5-3}$$

旋度的定义显示它与坐标系无关。

2. 旋度在直角坐标系中的表示式

下面我们利用式(1-5-3)来求解旋度在直角坐标系下的表达式。首先计算旋度的 x 分量，即取 $\boldsymbol{n}^0=\boldsymbol{e}_x$，在与 x 轴垂直的一个平面上取一个很小的长方形环路，如图 1-5-2 所示，环路的边长分别为 Δy 和 Δz，计算 $\boldsymbol{F}$ 沿这个小环路的线积分，得

$$\begin{aligned}\oint_l \boldsymbol{F}\cdot\mathrm{d}\boldsymbol{l}&=\int_{l_1}\boldsymbol{F}\cdot\boldsymbol{e}_y\,\mathrm{d}y+\int_{l_2}\boldsymbol{F}\cdot\boldsymbol{e}_z\,\mathrm{d}z+\int_{l_3}\boldsymbol{F}\cdot(-\boldsymbol{e}_y\,\mathrm{d}y)+\int_{l_4}\boldsymbol{F}\cdot(-\boldsymbol{e}_z\,\mathrm{d}z)\\&\approx F_y\Delta y+\left(F_z+\frac{\partial F_z}{\partial y}\Delta y\right)\Delta z-\left(F_y+\frac{\partial F_y}{\partial z}\Delta z\right)\Delta y-F_z\Delta z\\&\approx\left(\frac{\partial F_z}{\partial y}-\frac{\partial F_y}{\partial z}\right)\Delta y\Delta z\end{aligned} \tag{1-5-4}$$

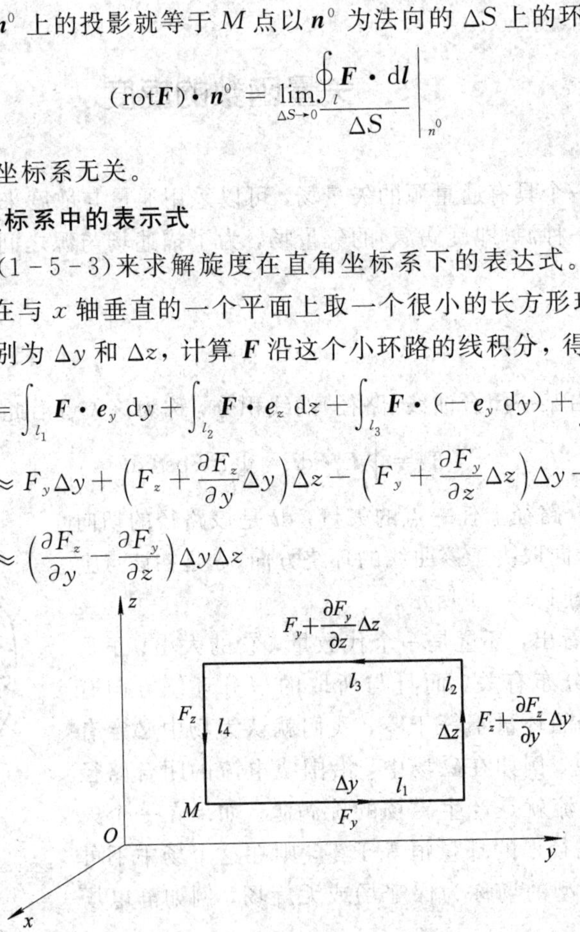

图 1-5-2　推导旋度在直角坐标系中的表达式

代入式(1-5-3)，其中面积元 $\Delta S=\Delta y\Delta z$，因此可得

$$(\mathrm{rot}\boldsymbol{F})_x \approx \left(\frac{\partial F_z}{\partial y}-\frac{\partial F_y}{\partial z}\right) \tag{1-5-5}$$

同理可得

$$(\mathrm{rot}\boldsymbol{F})_y \approx \left(\frac{\partial F_x}{\partial z}-\frac{\partial F_z}{\partial x}\right) \tag{1-5-6}$$

$$(\mathrm{rot}\boldsymbol{F})_z \approx \left(\frac{\partial F_y}{\partial x}-\frac{\partial F_x}{\partial y}\right) \tag{1-5-7}$$

由以上各式便得到旋度在直角坐标系中的表示式为

$$\mathrm{rot}\boldsymbol{F}=\left(\frac{\partial F_z}{\partial y}-\frac{\partial F_y}{\partial z}\right)\boldsymbol{e}_x+\left(\frac{\partial F_x}{\partial z}-\frac{\partial F_z}{\partial x}\right)\boldsymbol{e}_y+\left(\frac{\partial F_y}{\partial x}-\frac{\partial F_x}{\partial y}\right)\boldsymbol{e}_z \tag{1-5-8}$$

由上式看出，rot$\boldsymbol{F}$ 刚好等于哈密顿算子 ∇ 与矢量 $\boldsymbol{F}$ 的矢积，即

$$\begin{aligned}\nabla\times\boldsymbol{F}&=\left(\boldsymbol{e}_x\frac{\partial}{\partial x}+\boldsymbol{e}_y\frac{\partial}{\partial y}+\boldsymbol{e}_z\frac{\partial}{\partial z}\right)\times(\boldsymbol{e}_xF_x+\boldsymbol{e}_yF_y+\boldsymbol{e}_zF_z)\\&=\begin{vmatrix}\boldsymbol{e}_x & \boldsymbol{e}_y & \boldsymbol{e}_z\\ \frac{\partial}{\partial x} & \frac{\partial}{\partial y} & \frac{\partial}{\partial z}\\ F_x & F_y & F_z\end{vmatrix}=\mathrm{rot}\boldsymbol{F}\end{aligned} \tag{1-5-9}$$

可以看出一个矢量函数的旋度仍然是一个矢量函数，它可以用来描述场在空间的变化规律。以后讨论磁场的例子时会看到，旋度描述的是空间各点上场与旋涡源的关系。

旋度在柱坐标系中的表示式是：

$$\nabla\times\boldsymbol{F}=\frac{1}{\rho}\begin{vmatrix}\boldsymbol{e}_\rho & \rho\boldsymbol{e}_\varphi & \boldsymbol{e}_z\\ \frac{\partial}{\partial\rho} & \frac{\partial}{\partial\varphi} & \frac{\partial}{\partial z}\\ F_\rho & \rho F_\varphi & F_z\end{vmatrix} \tag{1-5-10}$$

在球坐标系中的表示式是

$$\nabla\times\boldsymbol{F}=\frac{1}{r^2\sin\theta}\begin{vmatrix}\boldsymbol{e}_r & r\boldsymbol{e}_\theta & r\sin\theta\boldsymbol{e}_\varphi\\ \frac{\partial}{\partial r} & \frac{\partial}{\partial\theta} & \frac{\partial}{\partial\varphi}\\ F_r & rF_\theta & r\sin\theta F_\varphi\end{vmatrix} \tag{1-5-11}$$

3. 旋度与散度的区别

(1) 一个矢量场的旋度是一个矢量函数，一个矢量场的散度是一个标量函数。

(2) 旋度表示场中各点的场与旋涡源的关系。如果在矢量场所存在的全部空间里，场的旋度处处等于零，则这种场不可能有旋涡源，因而称它为无旋场或保守场。散度表示场中各点的场与通量源的关系。如果在矢量场所充满的空间里，场的散度处处为零，则这种场不可能有通量源，因而被称为管形场或无源场。后面将会讲到，静电场是无旋场，而磁场是管形场。

(3) 从旋度公式即式(1-5-8)看出，矢量场 $\boldsymbol{F}$ 的 x 分量 F_x 只对 y、z 求偏导数，F_y 和 F_z 也类似地只对与其垂直方向的坐标变量求偏导数，所以旋度描述的是场分量沿着与它相垂直的方向上的变化规律。而从散度公式即式(1-4-9)看出，场分量 F_x、F_y、F_z 分别

对 x、y、z 求偏导数，所以散度描述的是场分量沿着各自方向上的变化规律。

4. 旋度的基本运算公式

$$\nabla\times\boldsymbol{C}=0 \quad (\boldsymbol{C}\text{ 为常矢量}) \tag{1-5-12}$$

$$\nabla\times(C\boldsymbol{F})=C\nabla\times\boldsymbol{F} \quad (C\text{ 为常数}) \tag{1-5-13}$$

$$\nabla\times(\boldsymbol{F}\pm\boldsymbol{G})=\nabla\times\boldsymbol{F}\pm\nabla\times\boldsymbol{G} \tag{1-5-14}$$

$$\nabla\times(u\boldsymbol{F})=u\nabla\times\boldsymbol{F}+\nabla u\times\boldsymbol{F} \quad (u\text{ 为标量函数}) \tag{1-5-15}$$

$$\nabla\cdot(\boldsymbol{F}\times\boldsymbol{G})=\boldsymbol{G}\cdot\nabla\times\boldsymbol{F}-\boldsymbol{F}\cdot\nabla\times\boldsymbol{G} \tag{1-5-16}$$

1.5.3　斯托克斯(Stokes)定理

对于矢量场 $\boldsymbol{F}$ 所在的空间中任一个以 l 为周界的曲面 S，存在以下关系

$$\int_S(\nabla\times\boldsymbol{F})\cdot\mathrm{d}\boldsymbol{S}=\oint_l\boldsymbol{F}\cdot\mathrm{d}\boldsymbol{l} \tag{1-5-17}$$

这就是斯托克斯定理。它的意义是：任意矢量场 $\boldsymbol{F}$ 的旋度沿场中任意一个以 l 为周界的曲面的面积分，等于矢量场 $\boldsymbol{F}$ 沿此周界 l 的线积分。换句话说，$\nabla\times\boldsymbol{F}$ 在任意曲面 S 的通量等于 $\boldsymbol{F}$ 沿该曲面的周界 l 的环量。同高斯散度定理一样，斯托克斯定理表示的积分变换关系在电磁场理论中也是经常要用到的。

斯托克斯定理的证明同高斯散度定理的证明十分相似。如图 1-5-3 所示，在矢量场 $\boldsymbol{F}$ 中，任取一个非闭合曲面 S，它的周界长度是 l，把 S 分成许多面积元 $\boldsymbol{n}_1^0\Delta S_1$，$\boldsymbol{n}_2^0\Delta S_2$，…，对于其中任一个面积元 $\boldsymbol{n}_i^0\Delta S_i=\Delta\boldsymbol{S}_i$，其周界为 Δl_i，应用旋度的定义式(1-5-3)有

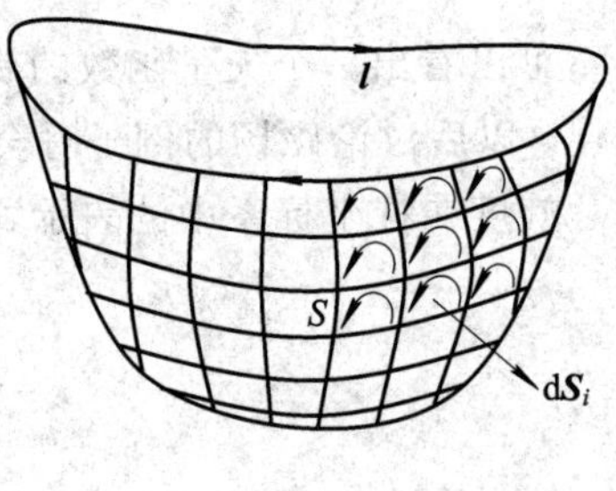

图 1-5-3　斯托克斯定理的证明

$$\lim_{\Delta S_i\to 0}\frac{\oint_{\Delta l_i}\boldsymbol{F}\cdot\mathrm{d}\boldsymbol{l}}{\Delta S_i}=(\nabla\times\boldsymbol{F})\cdot\boldsymbol{n}_i^0$$

在 $\Delta S_i\to 0$ 的条件下，下式成立

$$\oint_{\Delta l_i}\boldsymbol{F}\cdot\mathrm{d}\boldsymbol{l}=\lim_{\Delta S_i\to 0}(\nabla\times\boldsymbol{F})\cdot\boldsymbol{n}_i^0\Delta S_i=\lim_{\Delta S_i\to 0}(\nabla\times\boldsymbol{F})\cdot\Delta\boldsymbol{S}_i$$

上式右端表示($\nabla\times\boldsymbol{F}$)在面积元 ΔS_i 上的通量，左端表示 $\boldsymbol{F}$ 在 ΔS_i 的周界 Δl_i 上的环量。曲面 S 上 $\nabla\times\boldsymbol{F}$ 的环量，就是把上式两端分别求和，即

$$\sum_{i=1}^{N}\oint_{\Delta l_i}\boldsymbol{F}\cdot\mathrm{d}\boldsymbol{l}=\sum_{i=1}^{N}\lim_{\Delta S_i\to 0}(\nabla\times\boldsymbol{F})\cdot\Delta\boldsymbol{S}_i \tag{1-5-18}$$

注意上式左端求和时，各面积元之间的公共边上都经过两次积分，但因公共边上的 $\boldsymbol{F}$ 相同而积分元 $\mathrm{d}\boldsymbol{l}$ 方向相反即 $\mathrm{d}\boldsymbol{l}_i=-\mathrm{d}\boldsymbol{l}_j$，所以两者的积分值相互抵消。只有曲面 S 的周界 l 上的各个线元的积分值不被抵消，即

$$\sum_{i=1}^{N}\oint_{\Delta l_i}\boldsymbol{F}\cdot\mathrm{d}\boldsymbol{l}=\oint_l\boldsymbol{F}\cdot\mathrm{d}\boldsymbol{l}$$

式(1-5-18)右端的求和在 N 趋近无限大时即为 $\nabla\times\boldsymbol{F}$ 在曲面 S 上的面积分，表示为

$$\sum_{i=1}^{N\to\infty}\lim_{\Delta S_i\to 0}(\nabla\times\boldsymbol{F})\cdot\Delta\boldsymbol{S}_i=\int_S(\nabla\times\boldsymbol{F})\cdot\mathrm{d}\boldsymbol{S}$$

于是得

$$\int_S (\nabla \times \boldsymbol{F}) \cdot \mathrm{d}\boldsymbol{S} = \oint_l \boldsymbol{F} \cdot \mathrm{d}\boldsymbol{l}$$

这就证明了斯托克斯定理。

1.6 场函数的微分算子和恒等式

场函数包括标量函数和矢量函数。对标量函数只可作梯度运算，但对所得出的梯度矢量还可作散度或旋度运算。矢量函数的散度是标量函数，对它可再作梯度运算。矢量函数的旋度是矢量函数，对它还可作散度或旋度运算。引进一些微分算子可使上述运算简化，并能导出许多在电磁理论中很有用的恒等式。

1.6.1 哈密顿一阶微分算子及恒等式

我们已经在 1.3 节中把式(1－3－13)作为直角坐标系中哈密顿一阶微分算子的定义，即

$$\nabla = \boldsymbol{e}_x \frac{\partial}{\partial x} + \boldsymbol{e}_y \frac{\partial}{\partial y} + \boldsymbol{e}_z \frac{\partial}{\partial z}$$

这个算子既是三个标量微分算子$\frac{\partial}{\partial x}$、$\frac{\partial}{\partial y}$、$\frac{\partial}{\partial z}$的线性组合，又是一个三个分量的矢量，所以算子$\nabla$在计算中具有矢量和微分的双重性质。但必须注意，算子∇必须作用在标量函数或矢量函数上时才有意义，而且这些函数必须具有连续的一阶偏导数。从前面几节已经发现，算子∇与标量函数 u 相乘的积∇u 就是这个标量函数的梯度，算子∇与矢量函数 $\boldsymbol{F}$ 的标积($\nabla \cdot \boldsymbol{F}$)就是这个矢量函数的散度，算子$\nabla$与矢量函数 $\boldsymbol{F}$ 的矢积($\nabla \times \boldsymbol{F}$)就是这个矢量函数的旋度。

为了方便，还可补充下面的算子运算公式

$$\boldsymbol{A} \cdot \nabla = (\boldsymbol{e}_x A_x + \boldsymbol{e}_y A_y + \boldsymbol{e}_z A_z) \cdot \left(\boldsymbol{e}_x \frac{\partial}{\partial x} + \boldsymbol{e}_y \frac{\partial}{\partial y} + \boldsymbol{e}_z \frac{\partial}{\partial z}\right) = A_x \frac{\partial}{\partial x} + A_y \frac{\partial}{\partial y} + A_z \frac{\partial}{\partial z} \tag{1-6-1}$$

例如

$$(\boldsymbol{A} \cdot \nabla)\boldsymbol{B} = A_x \frac{\partial \boldsymbol{B}}{\partial x} + A_y \frac{\partial \boldsymbol{B}}{\partial y} + A_z \frac{\partial \boldsymbol{B}}{\partial z}$$

注意

$$\boldsymbol{A} \cdot \nabla \neq \nabla \cdot \boldsymbol{A}$$

当算子∇作用到两个函数(标量函数或矢量函数)的乘积上时，如果注意到∇的微分性质和矢量性质，可以使一些矢量恒等式的证明大为简化。根据算子∇的微分性质和矢量性质以及分部微分法，不难发现有下列规则：

规则 1 对任何∇运算，可将∇看做矢量进行恒等变换，所得结果不变，但在变换时不可将∇后面的函数搬到∇前面(微分时视为常数的函数例外)，而在把∇前面的函数搬到后面时，则要注上表示微分时视为常数的脚注 c。

规则 2　如果∇后面有两个函数的乘积(数积、标量积或矢量积)，那么算式可表示为两项之和：在一项中，一个函数视为常数，不受微分影响；而在另一项中，另一个函数视为常数，不受微分影响。

下面对这些规则的运用进行举例说明。

例 1-6-1　试证明

$$\nabla(uv)=u\nabla v+v\nabla u \tag{1-6-2}$$

其中，u 和 v 是两个标量函数。

证：可以利用∇的定义式直接证明，但比较麻烦。如果根据∇的微分性质，即服从乘积的微分法则，那么

$$\nabla(uv)=\nabla(u_c v)+\nabla(uv_c)$$

在上式右端，我们把注有下标 c 的函数暂时看成常量，待运算结束后再去掉，即

$$\nabla(uv)=u_c\nabla v+v_c\nabla u=u\nabla v+v\nabla u$$

例 1-6-2　试证明

$$\nabla\cdot(\boldsymbol{A}\times\boldsymbol{B})=\boldsymbol{B}\cdot(\nabla\times\boldsymbol{A})-\boldsymbol{A}\cdot(\nabla\times\boldsymbol{B})$$

其中 $\boldsymbol{A}$ 和 $\boldsymbol{B}$ 是两个矢量函数。

证：根据算子∇的微分性质，并按乘积的微分法则，有

$$\nabla\cdot(\boldsymbol{A}\times\boldsymbol{B})=\nabla\cdot(\boldsymbol{A}_c\times\boldsymbol{B})+\nabla\cdot(\boldsymbol{A}\times\boldsymbol{B}_c)$$

再根据算子∇的矢量性质，把上式右端两项都看成三个矢量的混合积。但要注意混合积公式有几种不同的写法，在把算子∇也作为一个矢量时，必须把常矢都轮换到∇的前面，把变矢都留在∇的后面。利用三个矢量的混合积公式

$$\boldsymbol{a}\cdot(\boldsymbol{b}\times\boldsymbol{c})=\boldsymbol{c}\cdot(\boldsymbol{a}\times\boldsymbol{b})=\boldsymbol{b}\cdot(\boldsymbol{c}\times\boldsymbol{a}) \tag{1-6-3}$$

则

$$\nabla\cdot(\boldsymbol{A}_c\times\boldsymbol{B})=-\nabla\cdot(\boldsymbol{B}\times\boldsymbol{A}_c)=-\boldsymbol{A}_c\cdot(\nabla\times\boldsymbol{B})$$

$$\nabla\cdot(\boldsymbol{A}\times\boldsymbol{B}_c)=\boldsymbol{B}_c\cdot(\nabla\times\boldsymbol{A})$$

去掉下标 c 即得

$$\nabla\cdot(\boldsymbol{A}\times\boldsymbol{B})=\boldsymbol{B}\cdot(\nabla\times\boldsymbol{A})-\boldsymbol{A}\cdot(\nabla\times\boldsymbol{B}) \tag{1-6-4}$$

例 1-6-3　试证明

$$\nabla\times(\boldsymbol{A}\times\boldsymbol{B})=(\boldsymbol{B}\cdot\nabla)\boldsymbol{A}-(\boldsymbol{A}\cdot\nabla)\boldsymbol{B}-\boldsymbol{B}(\nabla\cdot\boldsymbol{A})+\boldsymbol{A}(\nabla\cdot\boldsymbol{B})$$

证：根据算子∇的微分性质，有

$$\nabla\times(\boldsymbol{A}\times\boldsymbol{B})=\nabla\times(\boldsymbol{A}_c\times\boldsymbol{B})+\nabla\times(\boldsymbol{A}\times\boldsymbol{B}_c)$$

再根据算子∇的矢量性质，将上式右端两项都看成三个矢量的矢量积。使用公式时也要注意例 1-6-2 中的问题。利用矢量三重积公式

$$\boldsymbol{A}\times(\boldsymbol{B}\times\boldsymbol{C})=\boldsymbol{B}(\boldsymbol{A}\cdot\boldsymbol{C})-\boldsymbol{C}(\boldsymbol{A}\cdot\boldsymbol{B}) \tag{1-6-5}$$

上式右边为“BAC−CAB”，故称为“Back-Cab”法则，以便记忆。可得

$$\nabla\times(\boldsymbol{A}_c\times\boldsymbol{B})=\boldsymbol{A}_c(\nabla\cdot\boldsymbol{B})-(\boldsymbol{A}_c\cdot\nabla)\boldsymbol{B}$$

$$\nabla\times(\boldsymbol{A}\times\boldsymbol{B}_c)=(\boldsymbol{B}_c\cdot\nabla)\boldsymbol{A}-\boldsymbol{B}_c(\nabla\cdot\boldsymbol{A})$$

去掉下标 c 即得

$$\nabla\times(\boldsymbol{A}\times\boldsymbol{B})=(\boldsymbol{B}\cdot\nabla)\boldsymbol{A}-(\boldsymbol{A}\cdot\nabla)\boldsymbol{B}-\boldsymbol{B}(\nabla\cdot\boldsymbol{A})+\boldsymbol{A}(\nabla\cdot\boldsymbol{B}) \tag{1-6-6}$$

由一阶微分算子∇构成的恒等式还有许多，详见附录 I。

1.6.2 二阶微分算子及恒等式

对具有连续二阶偏导数的场函数可以做二阶微分运算。一阶算子∇与∇相乘构成多种二阶微分算子，我们只讨论电磁场理论中最常用的几种。

1. $\nabla\times\nabla u\equiv 0$

证明：因为

$$\nabla u=\boldsymbol{e}_x\frac{\partial u}{\partial x}+\boldsymbol{e}_y\frac{\partial u}{\partial y}+\boldsymbol{e}_z\frac{\partial u}{\partial z}$$

所以

$$\begin{aligned}\nabla\times\nabla u&=\begin{vmatrix}\boldsymbol{e}_x & \boldsymbol{e}_y & \boldsymbol{e}_z\\ \dfrac{\partial}{\partial x} & \dfrac{\partial}{\partial y} & \dfrac{\partial}{\partial z}\\ \dfrac{\partial u}{\partial x} & \dfrac{\partial u}{\partial y} & \dfrac{\partial u}{\partial z}\end{vmatrix}\\ &=\boldsymbol{e}_x\left(\frac{\partial^2 u}{\partial y\partial z}-\frac{\partial^2 u}{\partial z\partial y}\right)+\boldsymbol{e}_y\left(\frac{\partial^2 u}{\partial z\partial x}-\frac{\partial^2 u}{\partial x\partial z}\right)+\boldsymbol{e}_z\left(\frac{\partial^2 u}{\partial x\partial y}-\frac{\partial^2 u}{\partial y\partial x}\right)\\ &\equiv 0\end{aligned}\tag{1-6-7}$$

结论是，标量函数的梯度的旋度恒等于零。因为∇u是一矢量函数，所以可得出下面的推论。

推论　如果任一矢量函数的旋度恒等于零，则这个矢量函数可以用一个标量函数的梯度来表示。

这也说明，如果仅仅已知一个矢量场$\boldsymbol{F}$的旋度，不可能唯一地确定这个矢量场。因为，已知$\nabla\times\boldsymbol{F}=\boldsymbol{V}$，如果$\boldsymbol{F}_1$是该方程的一个解，那么$\boldsymbol{F}_1+\nabla u$也是它的解。

2. $\nabla\cdot(\nabla\times\boldsymbol{F})\equiv 0$

证明：由直角坐标系下的旋度公式可得

$$\nabla\cdot(\nabla\times\boldsymbol{F})=\frac{\partial}{\partial x}\left(\frac{\partial F_z}{\partial y}-\frac{\partial F_y}{\partial z}\right)+\frac{\partial}{\partial y}\left(\frac{\partial F_x}{\partial z}-\frac{\partial F_z}{\partial x}\right)+\frac{\partial}{\partial z}\left(\frac{\partial F_y}{\partial x}-\frac{\partial F_x}{\partial y}\right)\equiv 0\tag{1-6-8}$$

结论是，矢量函数的旋度的散度恒等于零。因为$\nabla\times\boldsymbol{F}$仍是一矢量函数，同样可以得出以下推论。

推论　任一矢量函数的散度恒等于零，则这个矢量函数可以用另外一个矢量函数的旋度来表示。

这也说明，如果仅仅已知一个矢量场$\boldsymbol{F}$的散度，不可能唯一地确定这个矢量场。因为，已知$\nabla\cdot\boldsymbol{F}=u$，如果$\boldsymbol{F}_1$是该方程的一个解，那么$\boldsymbol{F}_1+\nabla\times\boldsymbol{A}$也是它的解。

3. $\nabla\cdot\nabla u\equiv\nabla^2 u$

$$\begin{aligned}\nabla\cdot\nabla u&=\left(\boldsymbol{e}_x\frac{\partial}{\partial x}+\boldsymbol{e}_y\frac{\partial}{\partial y}+\boldsymbol{e}_z\frac{\partial}{\partial z}\right)\cdot\left(\boldsymbol{e}_x\frac{\partial u}{\partial x}+\boldsymbol{e}_y\frac{\partial u}{\partial y}+\boldsymbol{e}_z\frac{\partial u}{\partial z}\right)\\ &=\frac{\partial^2 u}{\partial x^2}+\frac{\partial^2 u}{\partial y^2}+\frac{\partial^2 u}{\partial z^2}=\nabla^2 u\end{aligned}\tag{1-6-9}$$

算子∇^2表示标量函数的梯度的散度，称为拉普拉斯(Laplace)算子。$\nabla^2 u$读作拉普拉斯(Laplacian)u。

因为在矢量运算中，不难看出下列恒等式成立

$$\boldsymbol{A}\times\boldsymbol{A}u\equiv 0,\quad \boldsymbol{A}\cdot(\boldsymbol{A}\times\boldsymbol{F})\equiv 0,\quad \boldsymbol{A}\cdot\boldsymbol{A}u\equiv A^2u \tag{1-6-10}$$

如果我们将式(1-6-10)中的 $\boldsymbol{A}$ 换成 ∇ 算子，即可得到上面证明的三个恒等式(1-6-7)～式(1-6-9)。因此，可以得到下列规则。

规则 3　对连续二重算子(∇，∇)，可将其看成普通矢量进行矢量代数恒等变换，所得结果不变，但应注意，不要把(∇，∇)后面的函数搬到任何一个 ∇ 的前面来。

4. $\nabla^2\boldsymbol{F}=\nabla(\nabla\cdot\boldsymbol{F})-\nabla\times(\nabla\times\boldsymbol{F})$

证明：由直角坐标系下的旋度公式

$$\nabla\times\boldsymbol{F}=\left(\frac{\partial F_z}{\partial y}-\frac{\partial F_y}{\partial z}\right)\boldsymbol{e}_x+\left(\frac{\partial F_x}{\partial z}-\frac{\partial F_z}{\partial x}\right)\boldsymbol{e}_y+\left(\frac{\partial F_y}{\partial x}-\frac{\partial F_x}{\partial y}\right)\boldsymbol{e}_z$$

所以

$$\begin{aligned}\nabla\times\nabla\times\boldsymbol{F}=&\left[\frac{\partial}{\partial y}\left(\frac{\partial F_y}{\partial x}-\frac{\partial F_x}{\partial y}\right)-\frac{\partial}{\partial z}\left(\frac{\partial F_x}{\partial z}-\frac{\partial F_z}{\partial x}\right)\right]\boldsymbol{e}_x\\&+\left[\frac{\partial}{\partial z}\left(\frac{\partial F_z}{\partial y}-\frac{\partial F_y}{\partial z}\right)-\frac{\partial}{\partial x}\left(\frac{\partial F_y}{\partial x}-\frac{\partial F_x}{\partial y}\right)\right]\boldsymbol{e}_y\\&+\left[\frac{\partial}{\partial x}\left(\frac{\partial F_x}{\partial z}-\frac{\partial F_z}{\partial x}\right)-\frac{\partial}{\partial y}\left(\frac{\partial F_z}{\partial y}-\frac{\partial F_y}{\partial z}\right)\right]\boldsymbol{e}_z\end{aligned}\tag{1-6-11}$$

上式中的第一项展开为

$$\left(\frac{\partial^2 F_x}{\partial x^2}+\frac{\partial^2 F_y}{\partial y\partial x}+\frac{\partial^2 F_z}{\partial x\partial z}\right)-\left(\frac{\partial^2 F_x}{\partial x^2}+\frac{\partial^2 F_x}{\partial y^2}+\frac{\partial^2 F_x}{\partial z^2}\right)=\frac{\partial}{\partial x}(\nabla\cdot\boldsymbol{F})-\nabla^2F_x$$

同理，第二项和第三项分别是 $\frac{\partial}{\partial y}(\nabla\cdot\boldsymbol{F})-\nabla^2F_y$ 和 $\frac{\partial}{\partial z}(\nabla\cdot\boldsymbol{F})-\nabla^2F_z$，将它们代入式(1-6-11)，得

$$\begin{aligned}\nabla\times\nabla\times\boldsymbol{F}&=\left[\boldsymbol{e}_x\frac{\partial}{\partial x}(\nabla\cdot\boldsymbol{F})+\boldsymbol{e}_y\frac{\partial}{\partial y}(\nabla\cdot\boldsymbol{F})+\boldsymbol{e}_z\frac{\partial}{\partial z}(\nabla\cdot\boldsymbol{F})\right]\\&\quad-[\boldsymbol{e}_x\nabla^2F_x+\boldsymbol{e}_y\nabla^2F_y+\boldsymbol{e}_z\nabla^2F_z]\\&=\nabla(\nabla\cdot\boldsymbol{F})-\nabla^2\boldsymbol{F}\end{aligned}$$

所以

$$\nabla^2\boldsymbol{F}=\nabla(\nabla\cdot\boldsymbol{F})-\nabla\times(\nabla\times\boldsymbol{F})\tag{1-6-12}$$

在直角坐标系中有

$$\nabla^2\boldsymbol{F}=\boldsymbol{e}_x\nabla^2F_x+\boldsymbol{e}_y\nabla^2F_y+\boldsymbol{e}_z\nabla^2F_z\tag{1-6-13}$$

算子 ∇^2 作用在标量函数上时，称为标性拉普拉斯算子，表示标量函数的梯度的散度；算子 ∇^2 作用在矢量函数上时，称为矢性拉普拉斯算子。特别要指出的是，只有在直角坐标系中，$\nabla^2\boldsymbol{F}$ 才有式(1-6-13)那样简单的表示式，即与标性拉普拉斯算子具有相同的运算意义。这是因为直角坐标的单位矢量 $\boldsymbol{e}_x$、$\boldsymbol{e}_y$、$\boldsymbol{e}_z$ 都是与坐标变量无关的常矢。在柱坐标和球坐标系中，$\nabla^2\boldsymbol{F}$ 有非常复杂的表示形式，但它的定义仍是式(1-6-12)。

1.7　亥姆霍兹定理

1.4 节和 1.5 节分别研究了矢量函数的散度和旋度，散度唯一地确定矢量场中任一点

的通量源密度，旋度唯一地确定矢量场中任一点的旋涡源密度。如果仅仅已知一个矢量场的散度，则不能唯一地确定这个矢量场。同样的，如果仅仅已知一个矢量场的旋度，也不能唯一地确定这个矢量场。那么，如果同时给定一个矢量场的散度和旋度，能否唯一地确定这个矢量场？亥姆霍兹定理(Helmholtz Theorem)解决了这一关键问题。

亥姆霍兹定理指出：在有限的区域 τ 内，任一矢量场由它的散度、旋度和边界条件(即限定区域 τ 的闭合面 S 上的矢量场的分布)唯一地确定，且可表示为一个保守场($\boldsymbol{F}=-\nabla\phi$)和一个管形场 $\boldsymbol{F}_2=\nabla\times\boldsymbol{A}$ 之和，即

$$\boldsymbol{F}=\boldsymbol{F}_1+\boldsymbol{F}_2=-\nabla\phi+\nabla\times\boldsymbol{A} \tag{1-7-1}$$

其中

$$\phi(\boldsymbol{r})=\frac{1}{4\pi}\int_{\tau}\frac{\nabla'\cdot\boldsymbol{F}(r')}{|r-r'|}\mathrm{d}\tau'-\frac{1}{4\pi}\oint_{S}\frac{\boldsymbol{F}(r')\cdot\mathrm{d}S'}{|r-r'|} \tag{1-7-2}$$

$$A(\boldsymbol{r})=\frac{1}{4\pi}\int_{\tau}\frac{\nabla'\times\boldsymbol{F}(r')}{|r-r'|}\mathrm{d}\tau'-\frac{1}{4\pi}\oint_{S}\frac{\boldsymbol{F}(r')\times\mathrm{d}S'}{|r-r'|} \tag{1-7-3}$$

显然，如果在区域 τ 内矢量场的散度与旋度均处处为零，则矢量场由其在边界面 S 上的场分布完全确定。

对于无界空间，只要矢量场满足

$$|\boldsymbol{F}|\propto\frac{1}{|r-r'|^{1+\delta}}\quad(\delta>0) \tag{1-7-4}$$

则式(1-7-2)与式(1-7-3)中的面积分项为零，此时矢量场由其散度和旋度完全确定。因此，在无界空间中，散度与旋度均处处为零的矢量场是不存在的，因为任何一个物理量都必须有源，场是同源一起出现的，源是产生场的起因。

亥姆霍兹定理给出了唯一确定有界区域中矢量场的条件，这就是区域中的源和区域边界上矢量场的法向分量或切向分量。既然这些条件可以决定区域中矢量场的唯一性，那么，在区域中这些条件相同的两个矢量场一定相同，而不论两种情况下区域外的条件是否相同。了解这一点，对有限区域中矢量场的求解是十分有利的。

矢量场的唯一性条件包括两类：一类是区域中矢量场的散度和旋度，这是显然的，因为该区域中的通量源和旋涡源要在此区域中产生矢量场；另一类条件是矢量场在边界上的法向分量或切向分量，称之为边界条件(Boundary Condition)，边界条件对矢量场的影响实际反映了区域外面的源在区域中所产生的场。当区域外的多种分布形式的源产生的矢量场在区域边界上的边界条件相同时，则它们在区域内产生的矢量场也就相同。

必须指出，只有在矢量场连续的区域内，散度和旋度才有意义，因为它们都包含着对空间坐标的导数。在区域内如果存在矢量场不连续的表面，则在这些表面上就不存在矢量场的导数，因而也就不能使用散度和旋度来分析表面附近的场的性质。

亥姆霍兹定理给出了确定任一矢量场的唯一性条件，是分析矢量场的基础。分析矢量场时，总是从研究它的散度和旋度着手，得到的散度方程和旋度方程组成了矢量场基本方程的微分形式，或者从矢量场沿闭合曲面的通量和沿闭合路径的环量着手，得到矢量场基本方程的积分形式。亥姆霍兹定理是研究电磁场理论的主线，电磁场的麦克斯韦(Maxwell)方程组就给出了电场和磁场的散度和旋度，这将在第2章中进行讨论。

习 题

1-1 在球坐标系中，试求点 $M\left(6, \frac{2\pi}{3}, \frac{2\pi}{3}\right)$ 与点 $N\left(4, \frac{\pi}{3}, 0\right)$ 之间的距离(提示：换至直角坐标系下求解)。

1-2 证明球坐标单位矢量的微分：

(1) $\frac{\partial \boldsymbol{e}_\theta}{\partial \theta} = -\boldsymbol{e}_r$；

(2) $\frac{\partial \boldsymbol{e}_r}{\partial \varphi} = \sin\theta \boldsymbol{e}_\varphi$。

1-3 设 $\boldsymbol{F} = -\boldsymbol{e}_x a \sin\theta + \boldsymbol{e}_y b \cos\theta + \boldsymbol{e}_z c$，式中 a、b、c 为常数，求积分

$$\boldsymbol{S} = \frac{1}{2}\int_0^{2\pi}\left(\boldsymbol{F} \times \frac{\mathrm{d}\boldsymbol{F}}{\mathrm{d}\theta}\right)\mathrm{d}\theta$$

1-4 若 $\boldsymbol{D} = (1 + 16r^2)\boldsymbol{e}_z$，在半径为 2 和 $0 \leqslant \theta \leqslant \frac{\pi}{2}$ 的半球面上计算 $\int_S \boldsymbol{D} \cdot \mathrm{d}\boldsymbol{S}$。

1-5 设 $\boldsymbol{r} = x\boldsymbol{e}_x + y\boldsymbol{e}_y + z\boldsymbol{e}_z$，$r = |\boldsymbol{r}|$，$n$ 为整数，试求 ∇r，∇r^n，$\nabla f(r)$。

1-6 矢量 $\boldsymbol{A}$ 的分量是 $A_x = y\frac{\partial f}{\partial z} - z\frac{\partial f}{\partial y}$，$A_y = z\frac{\partial f}{\partial x} - x\frac{\partial f}{\partial z}$，$A_z = x\frac{\partial f}{\partial y} - y\frac{\partial f}{\partial x}$，其中 f 是 x、y、z 的函数，还有 $\boldsymbol{r} = x\boldsymbol{e}_x + y\boldsymbol{e}_y + z\boldsymbol{e}_z$。证明：$\boldsymbol{A} = \boldsymbol{r} \times \nabla f$，$\boldsymbol{A} \cdot \boldsymbol{r} = 0$，$\boldsymbol{A} \cdot \nabla f = 0$。

1-7 求函数 $\psi = x^2 yz$ 的梯度及 ψ 在点 $M(2, 3, 1)$ 沿一个指定方向的方向导数，此方向上的单位矢量 $\boldsymbol{l}^0 = \boldsymbol{e}_x\frac{3}{\sqrt{50}} + \boldsymbol{e}_y\frac{4}{\sqrt{50}} + \boldsymbol{e}_z\frac{5}{\sqrt{50}}$。

1-8 在球坐标系中，已知 $\Phi = \frac{P_e \cos\theta}{4\pi\varepsilon_0 r^2}$，$P_e$，$\varepsilon_0$ 为常数，试求矢量场 $\boldsymbol{E} = -\nabla\Phi$。

1-9 设 S 是上半平面 $x^2 + y^2 + z^2 = a^2 (z \geqslant 0)$，它的单位法线矢量 $\boldsymbol{e}_n$ 与 oz 轴的夹角是锐角，求矢量场 $\boldsymbol{r} = x\boldsymbol{e}_x + y\boldsymbol{e}_y + z\boldsymbol{e}_z$ 向 $\boldsymbol{e}_n$ 所指的一侧穿过 S 的通量。

1-10 求 $\nabla \cdot \boldsymbol{A}$ 在以下给定点的值：

(1) $\boldsymbol{A} = x^3\boldsymbol{e}_x + y^3\boldsymbol{e}_y + z^3\boldsymbol{e}_z$ 在点 $M(1, 0, -1)$；

(2) $\boldsymbol{A} = 4x\boldsymbol{e}_x - 2xy\boldsymbol{e}_y + z^2\boldsymbol{e}_z$ 在点 $M(1, 1, 3)$；

(3) $\boldsymbol{A} = xyz\boldsymbol{r}$ 在点 $M(1, 3, 2)$，式中的 $\boldsymbol{r} = x\boldsymbol{e}_x + y\boldsymbol{e}_y + z\boldsymbol{e}_z$。

1-11 已知 $\boldsymbol{r} = x\boldsymbol{e}_x + y\boldsymbol{e}_y + z\boldsymbol{e}_z$，$\boldsymbol{e}_r = \frac{\boldsymbol{r}}{r}$，试求 $\nabla \cdot \boldsymbol{r}$，$\nabla \cdot \boldsymbol{e}_r$，$\nabla \cdot \frac{\boldsymbol{e}_r}{r}$，$\nabla \cdot \frac{\boldsymbol{e}_r}{r^2}$ 以及 $\nabla \cdot (\boldsymbol{C}r)$($\boldsymbol{C}$ 为常矢量)。

1-12 在球坐标系中，设矢量场 $\boldsymbol{F} = f(r)\boldsymbol{r}$，试证明当 $\nabla \cdot \boldsymbol{F} = 0$ 时，$f(r) = \frac{C}{r^3}$(C 为任意常数)。

1-13 求矢量场 $\boldsymbol{A} = xyz(\boldsymbol{e}_x + \boldsymbol{e}_y + \boldsymbol{e}_z)$ 在点 $M(1, 3, 2)$ 的旋度以及在这点沿方向 $\boldsymbol{n} = \boldsymbol{e}_x + 2\boldsymbol{e}_y + 2\boldsymbol{e}_z$ 的环量面密度。

1-14 设 $\boldsymbol{r} = x\boldsymbol{e}_x + y\boldsymbol{e}_y + z\boldsymbol{e}_z$，$r = |\boldsymbol{r}|$，$\boldsymbol{C}$ 为常矢量，求：

(1) $\nabla\times\boldsymbol{r}$;

(2) $\nabla\times[f(r)\boldsymbol{r}]$;

(3) $\nabla\times[f(r)\boldsymbol{C}]$;

(4) $\nabla\cdot[\boldsymbol{r}\times f(r)\boldsymbol{C}]$。

1-15 如果电场强度 $\boldsymbol{E}=E_0\cos\theta\,\boldsymbol{e}_r-E_0\sin\theta\,\boldsymbol{e}_\theta$，求 $\nabla\cdot\boldsymbol{E}$ 和 $\nabla\times\boldsymbol{E}$。

1-16 试用斯托克斯定理证明矢量场 ∇f 沿任意闭合路径的线积分恒等于零，即 $\oint_l\nabla f\cdot d\boldsymbol{l}\equiv 0$。

1-17 试证明：如果仅仅已知一个矢量场 $\boldsymbol{F}$ 的旋度，不可能唯一地确定这个场。

1-18 试证明：如果仅仅已知一个矢量场 $\boldsymbol{F}$ 的散度，不可能唯一地确定这个场。

1-19 证明：$\int_V\nabla f\,dv=\oint_S f\,d\boldsymbol{S}$，其中 f 是坐标的函数，S 是限定体积 τ 的闭合面。

1-20 证明：$\int_V\nabla\times\boldsymbol{F}\,dv=-\oint_S\boldsymbol{F}\times d\boldsymbol{S}$，$S$ 是限定体积 τ 的闭合面。

1-21 证明：$\oint_l u\,d\boldsymbol{l}=-\int_S\nabla u\times d\boldsymbol{S}$，$l$ 是限定曲面 S 的周界。

1-22 证明：$\nabla\cdot(\nabla^2\boldsymbol{A})=\nabla^2(\nabla\cdot\boldsymbol{A})$。

1-23 设有标量函数 u，v，证明：$\nabla^2(uv)=u\nabla^2 v+v\nabla^2 u+2(\nabla u)\cdot(\nabla v)$。

1-24 试证明格林第一定理

$$\int_\tau(\phi\nabla^2\varphi+\nabla\varphi\cdot\nabla\varphi)d\tau=\oint_S(\phi\nabla\varphi)\cdot d\boldsymbol{S}$$

S 是限定体积 τ 的闭合面，式中标量函数 ϕ 和 φ 在体积 τ 内具有二阶连续偏导数。

1-25 试证明格林第二定理

$$\int_\tau(\varphi\nabla^2\phi-\phi\nabla^2\varphi)d\tau=\oint_S(\varphi\nabla\phi-\phi\nabla\varphi)\cdot d\boldsymbol{S}$$

S 是限定体积 τ 的闭合面，式中标量函数 ϕ 和 φ 在体积 τ 内具有二阶连续偏导数。

习题解答

第 2 章　电磁场基本方程

以麦克斯韦方程组为核心的电磁理论，是研究宏观电磁现象和现代工程电磁问题的理论基础。本章首先介绍麦克斯韦方程组，然后讨论电磁场的边界条件、时谐电磁场的复数表示，以及电磁场中的坡印廷矢量、电磁场的位函数、达朗伯方程和滞后位等。

2.1　麦克斯韦方程组

麦克斯韦通过对客观电磁现象的总结，特别是受到法拉第电磁感应定律的启示，即由变化的磁场可以产生电场的客观事实，提出了变化的电场可以产生磁场的假说，再用数学的方法引入了位移电流，使时变电场和时变磁场构成了相互对称、相互联系的两个部分，并于 1864 年建立了全面描述电磁现象基本规律的麦克斯韦方程组。之后的赫兹实验和近代无线电技术的广泛应用，完全证实了麦克斯韦方程组的正确性。麦克斯韦方程组的建立，是对电磁理论、物理学和人类科学技术进步的重大贡献。

麦克斯韦方程组有两种基本形式：积分形式和微分形式，下面分别介绍。

2.1.1　麦克斯韦方程组的积分形式

在“大学物理”的电磁学部分，我们已经学习了麦克斯韦方程组的积分形式为

$$\oint_l \boldsymbol{H}\cdot \mathrm{d}\boldsymbol{l} = I + \int_S \frac{\partial \boldsymbol{D}}{\partial t}\cdot \mathrm{d}\boldsymbol{S} \tag{2-1-1a}$$

$$\oint_l \boldsymbol{E}\cdot \mathrm{d}\boldsymbol{l} = -\int_S \frac{\partial \boldsymbol{B}}{\partial t}\cdot \mathrm{d}\boldsymbol{S} \tag{2-1-1b}$$

$$\oint_S \boldsymbol{B}\cdot \mathrm{d}\boldsymbol{S} = 0 \tag{2-1-1c}$$

$$\oint_S \boldsymbol{D}\cdot \mathrm{d}\boldsymbol{S} = q \tag{2-1-1d}$$

其中：$\boldsymbol{E}$——电场强度，单位是伏每米(V/m)；

$\boldsymbol{D}$——电位移矢量(或称为电通量密度)，单位是库仑每平方米($\mathrm{C/m^2}$)；

$\boldsymbol{B}$——磁感应强度，单位是特斯拉(T)，或韦伯每平方米($\mathrm{Wb/m^2}$)；

$\boldsymbol{H}$——磁场强度，单位是安培每米(A/m)；

q——电荷电量，单位是库仑(C)；

I——电流，单位是安培(A)。

S——一曲面，它的边界是封闭曲线 l，$\mathrm{d}\boldsymbol{l}$ 的方向与 $\mathrm{d}\boldsymbol{S}$ 的方向成右手螺旋关系。

麦克斯韦四个方程的简称和物理意义如下：

第一方程为全电流定律：电流和时变电场将激发磁场；

第二方程为法拉第定律：时变磁场将激发电场；

第三方程为磁通连续性原理：穿过任一封闭面的磁通量恒等于零；

第四方程为高斯定律：穿过任一封闭面的电通量等于该面所包围的自由电荷电量。

把前两个方程结合起来便得出如下结论：时变磁场将激发时变电场，而时变电场又将激发时变磁场，电场和磁场互为激发源，相互激发。电场和磁场不再相互独立，而是相互关联，构成一个整体——电磁场，电场和磁场分别为电磁场的两个分量。在离开辐射源(如天线)的无源空间中，电荷和电流为零，电场和磁场仍然可以相互激发，从而在空间形成电磁振荡并传播，这就是电磁波。麦克斯韦方程组预言了电磁波的存在，这一著名预见后来在 1887 年由德国年轻学者赫兹的实验所证实。意大利工程师马可尼和俄罗斯物理学家波波夫在 1895 年分别成功地进行了无线电报传送实验，开创了人类无线电应用的新纪元。

2.1.2　麦克斯韦方程组的微分形式

为了得到麦克斯韦方程组的微分形式，引入电荷密度和电流密度概念。定义电荷密度为

$$\rho=\lim_{\Delta\tau\to 0}\frac{\Delta q}{\Delta\tau}=\frac{\mathrm{d}q}{\mathrm{d}\tau}\quad (\mathrm{C/m^3}) \tag{2-1-2}$$

式中，Δq 是小体积元 $\Delta\tau$ 所包含的电量，则体积 τ 内包含的电量 q 与电荷密度 ρ 的关系为

$$q=\int_\tau \rho\ \mathrm{d}\tau \tag{2-1-3}$$

电荷的定向运动便形成电流，电流强度是指单位时间内通过某导体横截面的电荷量，即

$$I=\lim_{\Delta t\to 0}\frac{\Delta q}{\Delta t}=\frac{\mathrm{d}q}{\mathrm{d}t} \tag{2-1-4}$$

电流的单位为安培(A)，它是标量。习惯上，规定正电荷运动的方向为电流的方向。电流描述的是某一截面上电荷流动的总情况，它不能描述截面上任意点处电荷的流动情况。为此，引入电流密度矢量 $\boldsymbol{J}$，它的方向就是所在点上正电荷流动的方向，其大小是与正电荷运动方向垂直的单位面积上的电流强度成比例，即

$$\boldsymbol{J}=\lim_{\Delta S\to 0}\frac{\Delta I}{\Delta S}\boldsymbol{n}=\frac{\mathrm{d}I}{\mathrm{d}S}\boldsymbol{n} \tag{2-1-5}$$

式中，$\boldsymbol{n}$ 为该点正电荷运动的方向，亦即电流密度的方向。电流密度的单位是安培每平方米($\mathrm{A/m^2}$)。

由电流密度 $\boldsymbol{J}$ 可以求出流过任意面积 S 的电流 I，即

$$I=\int_S \boldsymbol{J}\cdot\mathrm{d}\boldsymbol{S} \tag{2-1-6}$$

将式(2-1-3)和式(2-1-6)代入式(2-1-1)，并利用斯托克斯定理和散度定理，可得麦克斯韦方程组的微分形式为

$$\nabla\times\boldsymbol{H}=\boldsymbol{J}+\frac{\partial\boldsymbol{D}}{\partial t} \tag{2-1-7a}$$

$$\nabla \times \boldsymbol{E} = -\frac{\partial \boldsymbol{B}}{\partial t} \tag{2-1-7b}$$

$$\nabla \cdot \boldsymbol{B} = 0 \tag{2-1-7c}$$

$$\nabla \cdot \boldsymbol{D} = \rho \tag{2-1-7d}$$

方程中电荷密度和电流密度是相关的，满足电荷守恒定律。电荷守恒定律表明，任一封闭系统内的电荷总量不变。因此，从任一封闭曲面 S 流出的电流，应等于曲面 S 所包围的体积 τ 内，单位时间内电荷的减少量，即

$$\oint_S \boldsymbol{J} \cdot \mathrm{d}\boldsymbol{S} = -\frac{\mathrm{d}q}{\mathrm{d}t} \tag{2-1-8}$$

这就是电荷守恒的数学表达式，亦称为电流连续性方程的积分形式。

将式(2-1-3)代入上式，并应用散度定理，可得

$$\int_\tau \nabla \cdot \boldsymbol{J}\, \mathrm{d}\tau = -\frac{\mathrm{d}}{\mathrm{d}t}\int_\tau \rho\, \mathrm{d}\tau = -\int_\tau \frac{\partial \rho}{\partial t}\, \mathrm{d}\tau \tag{2-1-9}$$

要使这个积分对任意体积 τ 均成立，两边被积函数必定相等，于是有

$$\nabla \cdot \boldsymbol{J} = -\frac{\partial \rho}{\partial t} \tag{2-1-10}$$

上式是电荷守恒的微分表达式，亦称为电流连续性方程的微分形式。

麦克斯韦第一方程右端 $\partial \boldsymbol{D}/\partial t$ 的量纲是 $(\mathrm{C/m^2})/\mathrm{s} = \mathrm{A/m^2}$，具有电流密度的量纲，称之为位移电流密度 $\boldsymbol{J}_D$，即

$$\boldsymbol{J}_D = \frac{\partial \boldsymbol{D}}{\partial t} \tag{2-1-11}$$

位移电流的引入扩大了电流的概念。平常所说的电流有两种：在导体中，电流就是自由电子的定向运动，称为传导电流；在真空或气体中，带电粒子的定向运动也形成电流(如电视机显像管中的电子束)，称为运流电流。

位移电流密度不但具有电流密度的量纲，而且能激发磁场，就这一意义上说，它与传导电流和运流电流是等效的。我们把传导电流、运流电流和位移电流三者之和称为全电流。

对式(2-1-7a)两边取散度，可得

$$\nabla \cdot \left(\boldsymbol{J} + \frac{\partial \boldsymbol{D}}{\partial t}\right) = 0 \tag{2-1-12}$$

上式称为全电流连续性方程。

由于传导电流和运流电流分别存在于不同媒质中，而通常研究的是导电媒质，则此时只有传导电流，式(2-1-12)中的 $\boldsymbol{J}$ 通常指传导电流。

2.1.3 本构关系

用 $\boldsymbol{E}$、$\boldsymbol{D}$、$\boldsymbol{B}$、$\boldsymbol{H}$ 四个场量写出的方程称为麦克斯韦方程的非限定形式，因为它没有限定 $\boldsymbol{D}$ 与 $\boldsymbol{E}$ 之间及 $\boldsymbol{B}$ 与 $\boldsymbol{H}$ 之间的关系，故适用于任何媒质。

对于线性和各向同性媒质，有

$$\boldsymbol{D} = \varepsilon \boldsymbol{E} = \varepsilon_r \varepsilon_0 \boldsymbol{E} \tag{2-1-13a}$$

$$\boldsymbol{B} = \mu \boldsymbol{H} = \mu_r \mu_0 \boldsymbol{H} \tag{2-1-13b}$$

$$\boldsymbol{J} = \sigma \boldsymbol{E} \tag{2-1-13c}$$

式(2-1-13)称为媒质的本构关系，式中 ε 是介电常数，单位是法拉每米(F/m)；ε_r 是相对介电常数；ε_0 是真空的介电常数，其取值为

$$\varepsilon_0 = \frac{1}{36\pi} \times 10^{-9} \approx 8.854 \times 10^{-12}\,(\mathrm{F/m}) \tag{2-1-14}$$

式中 μ 是磁导率，单位是亨利每米(H/m)；μ_r 是相对磁导率；μ_0 是真空的磁导率，取值为

$$\mu_0 = 4\pi \times 10^{-7}\,(\mathrm{H/m}) \tag{2-1-15}$$

σ 是导电媒质的电导率，单位是西门子每米(S/m)。式(2-1-13c)称为欧姆定律的微分形式。通常的欧姆定律 $U=RI$，称为欧姆定律的积分形式。积分形式的欧姆定律是描述一段导线上的导电规律，而微分形式的欧姆定律是描述导体内任一点电流密度与电场强度的关系，它比积分形式更能细致地描述导体的导电规律。

ε、μ、σ 称为媒质参数，通常研究的媒质是均匀、线性、各向同性的媒质，其定义如下：

(1) 若媒质参数与位置无关，称为均匀媒质；

(2) 若媒质参数与场强大小无关，称为线性媒质；

(3) 若媒质参数与场强方向无关，称为各向同性媒质，反之称为各向异性媒质；

(4) 若媒质参数与场强频率无关，称为非色散媒质，反之称为色散媒质；

(5) $\sigma=0$ 的介质称为理想介质；

(6) $\sigma\to\infty$ 的导体称为理想导体；

(7) σ 介于 0 和 ∞ 之间的媒质称为导电媒质或有耗媒质。

利用本构关系，对于均匀、线性、各向同性媒质，麦克斯韦方程组可用 $\boldsymbol{E}$ 和 $\boldsymbol{H}$ 两个场量如下表示

$$\nabla \times \boldsymbol{H} = \boldsymbol{J} + \frac{\partial \boldsymbol{D}}{\partial t} = \sigma \boldsymbol{E} + \varepsilon \frac{\partial \boldsymbol{E}}{\partial t} \tag{2-1-16a}$$

$$\nabla \times \boldsymbol{E} = -\mu \frac{\partial \boldsymbol{H}}{\partial t} \tag{2-1-16b}$$

$$\nabla \cdot \boldsymbol{H} = 0 \tag{2-1-16c}$$

$$\nabla \cdot \boldsymbol{E} = \frac{\rho}{\varepsilon} \tag{2-1-16d}$$

以上公式称为麦克斯韦方程的限定形式。

麦克斯韦方程表征了宏观电磁现象的总规律，静电场与恒定磁场的基本方程是麦克斯韦方程的特例。

例 2-1-1　证明导电媒质内部电荷密度 $\rho=0$。

解　对麦克斯韦第一方程(2-1-16a)两边取散度，并将第四方程(2-1-16d)代入，可得

$$\frac{\sigma}{\varepsilon}\rho + \frac{\partial \rho}{\partial t} = 0$$

其解为

$$\rho = \rho_0 e^{-(\sigma/\varepsilon)t}$$

式中，ρ_0 为 $t=0$ 时刻的电荷密度。由上式可见，电荷密度随时间按指数减小。衰减至 ρ_0 的 $1/e$ 即 36.8%的时间称为弛豫时间 $t_s=\varepsilon/\sigma$。对于铜，$\sigma=5.8\times10^7$ S/m，$\varepsilon=\varepsilon_0$，计算得

$t_s = 1.5 \times 10^{-19}$ s；对于石墨，$t_s = 3.68 \times 10^{-10}$ s($\sigma = 0.12$ S/m，$\varepsilon_r = 5$)。可见，导电媒质内部的电荷极快地衰减，使得其中的 ρ 可看作零。

2.2　电磁场的边界条件

在电磁场中，空间常常存在着两种或两种以上的不同媒质，为此需要知道两种媒质分界面处电磁场应满足的关系，即边界条件。由于分界面两侧媒质参数 ε、μ、σ 有突变，因此在边界上麦克斯韦方程组的微分形式失去意义，必须应用麦克斯韦方程的积分形式导出边界条件。

为了使导出的边界条件不受所取坐标系的限制，可将电场、磁场在分界面上分成垂直于分界面的法向分量和平行于分界面的切向分量。法向分量用下标 n 表示，规定法向单位矢量 $\boldsymbol{n}$ 的方向总是从第二媒质指向第一媒质；切向分量用下标 t 表示。

2.2.1　E 的切向边界条件

如图 2-2-1 所示，跨越边界两侧作小回路，长边 Δl(Δl 足够短)紧贴边界，并与界面平行，短边 Δh 趋于零，且与界面垂直。把积分形式的麦克斯韦第二方程(2-1-1b)应用于闭合路径，得

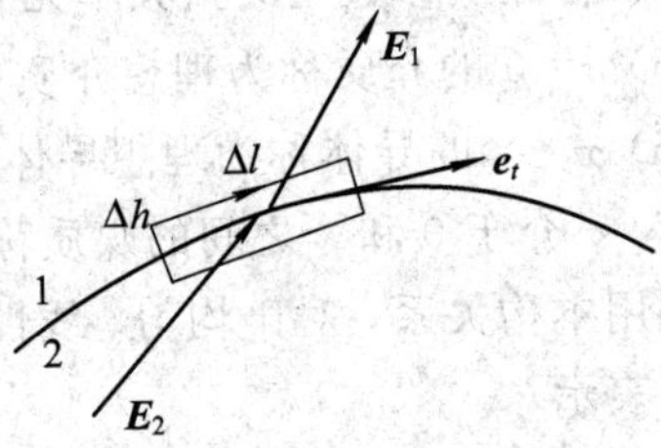

图 2-2-1　E 的切向边界条件

$$\oint_l \boldsymbol{E} \cdot \mathrm{d}\boldsymbol{l} \approx E_{1t}\Delta l - E_{2t}\Delta l \approx -\lim_{\Delta h \to 0} \left| \frac{\partial \boldsymbol{B}}{\partial t} \right| \Delta h \Delta l$$

式中的$\frac{\partial \boldsymbol{B}}{\partial t}$是有限量，当 $\Delta h \to 0$ 时，$\lim_{\Delta h \to 0} \left| \frac{\partial \boldsymbol{B}}{\partial t} \right| \Delta h \approx 0$，于是得出切向分量的边界条件为

$$E_{1t} = E_{2t} \tag{2-2-1}$$

上式说明，在分界面上 $\boldsymbol{E}$ 的切向分量总是连续的。

2.2.2　H 的切向边界条件

设分界面上的面电流密度 $\boldsymbol{J}_S$ 的方向垂直于纸面向内，则磁场矢量在纸平面上。在分界面上取一个无限靠近分界面的无穷小闭合路径，如图 2-2-2 所示，即长为无穷小量 Δl，宽为高阶无穷小量 Δh。把积分形式的麦克斯韦第一方程(2-1-1a)应用于此闭合路径，得

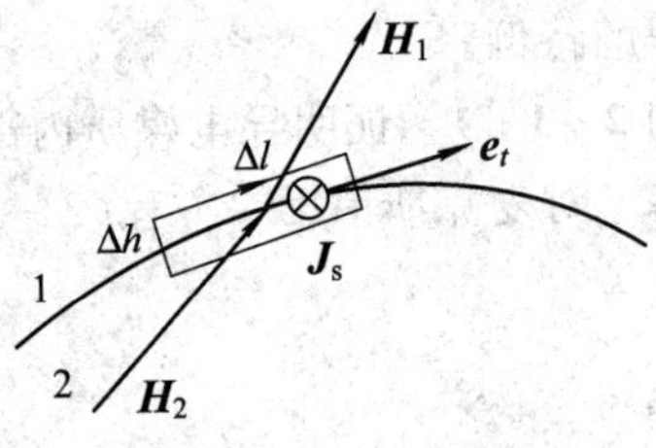

图 2-2-2　H 的切向边界条件

$$H_{1t}\Delta l - H_{2t}\Delta l = \Delta I + \left| \frac{\partial \boldsymbol{D}}{\partial t} \right| \Delta l \Delta h$$

式中，$\frac{\partial \boldsymbol{D}}{\partial t}$是有限量，当 $\Delta h \to 0$ 时，$\lim_{\Delta h \to 0} \left| \frac{\partial \boldsymbol{D}}{\partial t} \right| \Delta h \approx 0$。当分界面上有面电流时(理想导体的集

肤深度趋于零，其电流分布在表面处极薄一层内），则小回路包围电流 $\Delta I = J_S \Delta l$，其中 J_S 是与小回路面相垂直方向上的极薄表面层内单位宽度上的传导电流面密度(A/m)。于是得 $\boldsymbol{H}$ 的切向分量边界条件为

$$H_{1t} - H_{2t} = J_S \tag{2-2-2}$$

若分界面上不存在传导面电流，即 $\boldsymbol{J}_S = 0$，则 $\boldsymbol{H}$ 的切向分量是连续的。

2.2.3　$\boldsymbol{D}$ 和 $\boldsymbol{B}$ 的法向边界条件

如图 2-2-3 所示，在分界面两侧各取与分界面平行的小面元 ΔS，两者相距 Δh，它是高阶小量，因此穿出侧壁的通量可忽略。对此闭合面应用积分形式的麦克斯韦第四方程(2-1-1d)可得

$$D_{1n}\Delta S - D_{2n}\Delta S = \Delta Q_S$$

式中，ΔQ_S 是小圆柱内电量。当 $\Delta h \to 0$ 时，定义分界面上自由电荷的面密度 $\rho_S = \lim\limits_{\Delta S \to 0} \dfrac{\Delta Q_S}{\Delta S}$，单位是($C/m^2$)，于是有

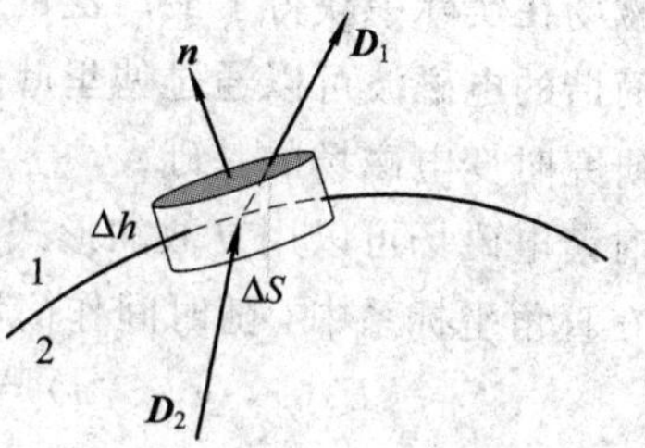

图 2-2-3　法向边界条件

$$D_{1n} - D_{2n} = \rho_S \tag{2-2-3}$$

同理由积分形式的麦克斯韦第三方程可得

$$B_{1n} = B_{2n} \tag{2-2-4}$$

这说明在分界面上 $\boldsymbol{B}$ 的法向分量总是连续的。

在研究电磁场问题时，常用到以下两种特殊情况。

1）两种理想介质的分界面

此时两种媒质的电导率为零，在分界面上一般不存在自由电荷和面电流，即 $\rho_S = 0$、$\boldsymbol{J}_S = 0$，则边界条件为

$$H_{1t} = H_{2t} \tag{2-2-5a}$$

$$E_{1t} = E_{2t} \tag{2-2-5b}$$

$$B_{1n} = B_{2n} \tag{2-2-5c}$$

$$D_{1n} = D_{2n} \tag{2-2-5d}$$

2）理想介质和理想导体的分界面

设媒质 1 为理想介质($\sigma_1 = 0$)，媒质 2 为理想导体($\sigma_2 \to \infty$)，理想导体中电场强度为零，否则将产生无限大的电流密度 $\boldsymbol{J} = \sigma \boldsymbol{E}$，所以 $\boldsymbol{E}_2 = 0$、$\boldsymbol{D}_2 = 0$。理想导体中也不存在磁场，否则将产生感应电动势，从而形成极大的电流，所以 $\boldsymbol{B}_2 = 0$、$\boldsymbol{H}_2 = 0$。此时的边界条件为

$$H_{1t} = J_S \tag{2-2-6a}$$

$$E_{1t} = 0 \tag{2-2-6b}$$

$$B_{1n} = 0 \tag{2-2-6c}$$

$$D_{1n} = \rho_S \tag{2-2-6d}$$

在理想导体表面上，电场始终垂直于导体表面，而磁场平行于导体表面。这些边界条件可用于实际工程问题，因为大多数金属如银、铜、金、铝等，它们的 σ 都在 10^7 S/m 量

级，因此可认为$\sigma\to\infty$；而一般射频介质材料的损耗角的正切值$\tan\delta$都在10^{-3}量级，空气的$\tan\delta$更低，因而都可以处理为理想介质。

2.3 时谐电磁场的复数表示

随时间按正弦(或余弦)规律作简谐变化的电磁场，称为时谐电磁场或正弦电磁场。时谐电磁场在实际中获得了最广泛的应用，广播、电视和通信的载波，都是正弦电磁波。一些非简谐的电磁波可以通过傅里叶变换变换成正弦电磁波来研究，所以研究时谐电磁场问题是研究时变电磁场的基础。

时谐电磁场可以用复数的形式来表示，使问题得以简化。

在直角坐标系中，随时间作简谐变化的电场强度的三个分量可以用余弦形式表示为

$$E_x(x,y,z,t)=E_{xm}(x,y,z)\cos[\omega t+\psi_x(x,y,z)] \tag{2-3-1a}$$

$$E_y(x,y,z,t)=E_{ym}(x,y,z)\cos[\omega t+\psi_y(x,y,z)] \tag{2-3-1b}$$

$$E_z(x,y,z,t)=E_{zm}(x,y,z)\cos[\omega t+\psi_z(x,y,z)] \tag{2-3-1c}$$

用复数的实部表示为

$$E_x=\mathrm{Re}[E_{xm}\mathrm{e}^{\mathrm{j}(\omega t+\psi_x)}]=\mathrm{Re}[\dot{E}_{xm}\mathrm{e}^{\mathrm{j}\omega t}] \tag{2-3-2a}$$

$$E_y=\mathrm{Re}[E_{ym}\mathrm{e}^{\mathrm{j}(\omega t+\psi_y)}]=\mathrm{Re}[\dot{E}_{ym}\mathrm{e}^{\mathrm{j}\omega t}] \tag{2-3-2b}$$

$$E_z=\mathrm{Re}[E_{zm}\mathrm{e}^{\mathrm{j}(\omega t+\psi_z)}]=\mathrm{Re}[\dot{E}_{zm}\mathrm{e}^{\mathrm{j}\omega t}] \tag{2-3-2c}$$

式中，$\mathrm{j}=\sqrt{-1}$；Re 表示复数取实部；$\dot{E}_{xm}=E_{xm}\mathrm{e}^{\mathrm{j}\psi_x}$、$\dot{E}_{ym}=E_{ym}\mathrm{e}^{\mathrm{j}\psi_y}$、$\dot{E}_{zm}=E_{zm}\mathrm{e}^{\mathrm{j}\psi_z}$称为复数振幅，故

$$\boldsymbol{E}=\mathrm{Re}[(\boldsymbol{e}_x\dot{E}_{xm}+\boldsymbol{e}_y\dot{E}_{ym}+\boldsymbol{e}_z\dot{E}_{zm})\mathrm{e}^{\mathrm{j}\omega t}]=\mathrm{Re}[\dot{\boldsymbol{E}}\mathrm{e}^{\mathrm{j}\omega t}] \tag{2-3-3}$$

式中，$\dot{\boldsymbol{E}}=\boldsymbol{e}_x\dot{E}_{xm}+\boldsymbol{e}_y\dot{E}_{ym}+\boldsymbol{e}_z\dot{E}_{zm}$称为电场强度复矢量。

时谐电场矢量对时间的一阶、二阶导数可用复数表示为

$$\frac{\partial\boldsymbol{E}}{\partial t}=\frac{\partial}{\partial t}\mathrm{Re}[\dot{\boldsymbol{E}}\mathrm{e}^{\mathrm{j}\omega t}]=\mathrm{Re}\left[\frac{\partial}{\partial t}(\dot{\boldsymbol{E}}\mathrm{e}^{\mathrm{j}\omega t})\right]=\mathrm{Re}[\mathrm{j}\omega\dot{\boldsymbol{E}}\mathrm{e}^{\mathrm{j}\omega t}] \tag{2-3-4a}$$

$$\frac{\partial^2\boldsymbol{E}}{\partial t^2}=\mathrm{Re}\left[\frac{\partial^2}{\partial t^2}(\dot{\boldsymbol{E}}\mathrm{e}^{\mathrm{j}\omega t})\right]=\mathrm{Re}[-\omega^2\dot{\boldsymbol{E}}\mathrm{e}^{\mathrm{j}\omega t}] \tag{2-3-4b}$$

下面导出复数形式的麦克斯韦方程组。将场矢量都按上述规则表示，则麦克斯韦第一方程(2-1-7a)可写成

$$\nabla\times[\mathrm{Re}(\dot{\boldsymbol{H}}\mathrm{e}^{\mathrm{j}\omega t})]=\mathrm{Re}[\dot{\boldsymbol{J}}\mathrm{e}^{\mathrm{j}\omega t}]+\mathrm{Re}[\mathrm{j}\omega\dot{\boldsymbol{D}}\mathrm{e}^{\mathrm{j}\omega t}]$$

式中，∇是对空间坐标的微分运算，它与取实部符号 Re 可调换运算顺序。省略等式两边的 Re，同时为了简便，约定不写出时间因子$\mathrm{e}^{\mathrm{j}\omega t}$，可得麦克斯韦方程的复数形式为

$$\nabla\times\dot{\boldsymbol{H}}=\dot{\boldsymbol{J}}+\mathrm{j}\omega\dot{\boldsymbol{D}} \tag{2-3-5a}$$

同理可得

$$\nabla\times\dot{\boldsymbol{E}}=-\mathrm{j}\omega\dot{\boldsymbol{B}} \tag{2-3-5b}$$

$$\nabla \cdot \dot{\boldsymbol{B}} = 0 \tag{2-3-5c}$$

$$\nabla \cdot \dot{\boldsymbol{D}} = \dot{\rho} \tag{2-3-5d}$$

采用复数形式后，各场量都换成了复矢量，对时间变量的偏导($\partial/\partial t$)则换成简单的因子 $\mathrm{j}\omega$。由于复数形式的麦克斯韦方程没有时间因子，所以变量也就减少了一个。

例 2-3-1　在无源无耗的理想介质中，试由麦克斯韦方程导出时谐电磁场满足的复数形式的波动方程

$$\nabla^2 \dot{\boldsymbol{E}} + k^2 \dot{\boldsymbol{E}} = 0 \tag{2-3-6a}$$

$$\nabla^2 \dot{\boldsymbol{H}} + k^2 \dot{\boldsymbol{H}} = 0 \tag{2-3-6b}$$

其中

$$k = \omega\sqrt{\mu\varepsilon} \tag{2-3-6c}$$

解　在无源无耗的理想介质中，复数形式的麦克斯韦方程组是

$$\nabla \times \dot{\boldsymbol{H}} = \mathrm{j}\omega\varepsilon\dot{\boldsymbol{E}}$$

$$\nabla \times \dot{\boldsymbol{E}} = -\mathrm{j}\omega\mu\dot{\boldsymbol{H}}$$

$$\nabla \cdot \dot{\boldsymbol{H}} = 0$$

$$\nabla \cdot \dot{\boldsymbol{E}} = 0$$

对麦克斯韦第二方程两边取旋度，得

$$\nabla \times \nabla \times \dot{\boldsymbol{E}} = -\mathrm{j}\omega\mu\nabla \times \dot{\boldsymbol{H}}$$

利用矢量恒等式 $\nabla \times \nabla \times \dot{\boldsymbol{E}} = \nabla(\nabla \cdot \dot{\boldsymbol{E}}) - \nabla^2 \dot{\boldsymbol{E}}$，将麦克斯韦第一和第四方程代入上式，整理得

$$\nabla^2 \dot{\boldsymbol{E}} + k^2 \dot{\boldsymbol{E}} = 0$$

其中，$k=\omega\sqrt{\mu\varepsilon}$。对麦克斯韦第一方程两边取旋度，用同样的方法可导出式(2-3-6b)。在第 3 章中我们将看到，它们的解是一种电磁波动，其传播速度就是媒质中的光速 $v=1/\sqrt{\mu\varepsilon}$。

2.4　坡印廷定理

电磁场是具有能量的，例如我们日常使用的微波炉，正是利用微波所携带的能量给食品加热。下面从麦克斯韦方程出发，导出时变场中电磁能量的守恒关系——坡印廷定理。

用 $\boldsymbol{H}$ 点乘式(2-1-16b)，用 $\boldsymbol{E}$ 点乘式(2-1-16a)，将所得的两式相减，可得

$$\boldsymbol{H} \cdot (\nabla \times \boldsymbol{E}) - \boldsymbol{E} \cdot (\nabla \times \boldsymbol{H}) = -\mu\boldsymbol{H} \cdot \frac{\partial \boldsymbol{H}}{\partial t} - \sigma\boldsymbol{E} \cdot \boldsymbol{E} - \varepsilon\boldsymbol{E} \cdot \frac{\partial \boldsymbol{E}}{\partial t} \tag{2-4-1}$$

利用矢量恒等式

$$\nabla \cdot (\boldsymbol{E} \times \boldsymbol{H}) = \boldsymbol{H} \cdot (\nabla \times \boldsymbol{E}) - \boldsymbol{E} \cdot (\nabla \times \boldsymbol{H})$$

由 $\boldsymbol{E} \cdot \boldsymbol{E} = E^2$、$\boldsymbol{H} \cdot \boldsymbol{H} = H^2$ 的关系，式(2-4-1)可写为

$$\nabla \cdot (\boldsymbol{E} \times \boldsymbol{H}) = -\frac{\partial}{\partial t}\left(\frac{1}{2}\varepsilon E^2 + \frac{1}{2}\mu H^2\right) - \sigma E^2 \tag{2-4-2}$$

将上式两边对封闭面 S 所包围的体积 τ 进行积分，并利用散度定理，同时改变等式两边的符号，可得

$$-\oint_S (\boldsymbol{E} \times \boldsymbol{H}) \cdot \mathrm{d}\boldsymbol{S} = \frac{\mathrm{d}}{\mathrm{d}t}\int_\tau \left(\frac{1}{2}\varepsilon H^2 + \frac{1}{2}\mu E^2\right)\mathrm{d}\tau + \int_\tau \sigma E^2 \mathrm{d}\tau \tag{2-4-3}$$

式中右边各项被积函数的含义是：

$w_e = \frac{1}{2}\varepsilon E^2$——电场能量密度，单位是焦耳每立方米(J/m³)；

$w_m = \frac{1}{2}\mu H^2$——磁场能量密度，单位是焦耳每立方米(J/m³)；

$p_\sigma = \sigma E^2$——热损耗功率密度，单位是瓦特每立方米(W/m³)。

式(2-4-3)右边第一项是体积 τ 内每秒电场能量和磁场能量的增加量，第二项是体积 τ 内焦耳热损耗功率(即单位时间内以热能形式损耗在体积内的能量)。根据能量守恒原理，这两项能量之和，只有靠流入体积的能量来补偿，因此等式左边应是单位时间流入封闭面 S 的能量。式(2-4-3)就是时变电磁场中的能量守恒定律，称为坡印廷定理。

式(2-4-3)左边的被积函数 $\boldsymbol{E}\times\boldsymbol{H}$ 表示单位时间内通过单位面积的能量，因此定义坡印廷矢量为

$$\boldsymbol{S} = \boldsymbol{E} \times \boldsymbol{H} \tag{2-4-4}$$

$\boldsymbol{S}$ 的单位为瓦特每平方米(W/m²)，$\boldsymbol{S}$ 也称为功率流密度矢量或能流密度矢量，其方向就是功率流的方向。

例 2-4-1　设同轴线内外导体半径分别为 a、b，它们都是理想导体，两导体间填充介电常数为 ε、磁导率为 μ_0 的理想介质，内外导体分别通过电流 I 和 $-I$，其间电压为 U。(1) 试求同轴线内的坡印廷矢量；(2) 证明内外导体间向负载传送的功率为 UI。

解　(1) 电场垂直于导体表面沿径向，其大小沿圆周方向是轴对称的，设内外导体上单位长度的带电量分别为 ρ_l 和 $-\rho_l$，应用高斯定理，沿同轴线的轴线方向取长度为 l，半径为 $\rho(a<\rho<b)$ 的圆柱高斯面，可得

$$\oint_S \boldsymbol{D} \cdot \mathrm{d}\boldsymbol{S} = \varepsilon E \cdot 2\pi\rho\, l = \rho_l l$$

$$\boldsymbol{E} = e_\rho \frac{\rho_l}{2\pi\varepsilon\rho}$$

内外导体间电压为

$$U = \int_a^b E\, \mathrm{d}\rho = \int_a^b \frac{\rho_l}{2\pi\varepsilon\rho}\mathrm{d}\rho = \frac{\rho_l}{2\pi\varepsilon}\ln\frac{b}{a}$$

故

$$\boldsymbol{E} = \boldsymbol{e}_\rho \frac{U}{\rho \ln \frac{b}{a}}$$

由安培环路定律得

$$\int_0^{2\pi} H\rho\, \mathrm{d}\varphi = 2\pi\rho H = I$$

$$\boldsymbol{H} = \boldsymbol{e}_\varphi \frac{I}{2\pi\rho}$$

故坡印廷矢量为

$$\boldsymbol{S} = \boldsymbol{E} \times \boldsymbol{H} = \boldsymbol{e}_z \frac{UI}{2\pi\rho^2 \ln \frac{b}{a}}$$

（2）传输功率为

$$P = \int_a^b S \cdot 2\pi\rho \, \mathrm{d}\rho = \frac{UI}{2\pi \ln \frac{b}{a}} \cdot \int_a^b \frac{2\pi\rho \, \mathrm{d}\rho}{\rho^2} = UI$$

该例题说明传输线所传输的功率其实是通过内外导体间的电磁场传送的，导体结构只起着引导的作用。

对于时谐电磁场，坡印廷定理可以用复数表示，计算一周的平均功率流密度矢量更有意义，下面来求坡印廷矢量的平均值 $\boldsymbol{S}_{av}$。时谐电磁场用复数表示为

$$\boldsymbol{E} = \mathrm{Re}[\dot{\boldsymbol{E}} \mathrm{e}^{\mathrm{j}\omega t}] = \frac{1}{2}(\dot{\boldsymbol{E}} \mathrm{e}^{\mathrm{j}\omega t} + \dot{\boldsymbol{E}}^* \mathrm{e}^{-\mathrm{j}\omega t})$$

$$\boldsymbol{H} = \mathrm{Re}[\dot{\boldsymbol{H}} \mathrm{e}^{\mathrm{j}\omega t}] = \frac{1}{2}(\dot{\boldsymbol{H}} \mathrm{e}^{\mathrm{j}\omega t} + \dot{\boldsymbol{H}}^* \mathrm{e}^{-\mathrm{j}\omega t})$$

式中“ * ”表示取共轭。坡印廷矢量瞬时值为

$$\begin{aligned}\boldsymbol{S} &= \boldsymbol{E} \times \boldsymbol{H} \\ &= \frac{1}{4}(\dot{\boldsymbol{E}} \times \dot{\boldsymbol{H}}^* + \dot{\boldsymbol{E}}^* \times \dot{\boldsymbol{H}} + \dot{\boldsymbol{E}} \times \dot{\boldsymbol{H}} \mathrm{e}^{\mathrm{j}2\omega t} + \dot{\boldsymbol{E}}^* \times \dot{\boldsymbol{H}}^* \mathrm{e}^{-2\mathrm{j}\omega t}) \\ &= \frac{1}{2} \mathrm{Re}[\dot{\boldsymbol{E}} \times \dot{\boldsymbol{H}}^* + \dot{\boldsymbol{E}} \times \dot{\boldsymbol{H}} \mathrm{e}^{\mathrm{j}2\omega t}]\end{aligned}$$

上式第一项与时间无关，第二项在一个周期内的积分等于零，因此在一个周期 $T=2\pi/\omega$ 内坡印廷矢量的平均值为

$$\boldsymbol{S}_{av} = \frac{1}{T}\int_0^T \boldsymbol{S} \, \mathrm{d}t = \frac{1}{2} \mathrm{Re}[\dot{\boldsymbol{E}} \times \dot{\boldsymbol{H}}^*] \tag{2-4-5}$$

称为平均坡印廷矢量。令复坡印廷矢量为

$$\dot{\boldsymbol{S}}_{av} = \frac{1}{2} \dot{\boldsymbol{E}} \times \dot{\boldsymbol{H}}^* \tag{2-4-6}$$

复坡印廷矢量的实部等于平均功率流密度，即实功率密度。

2.5　电磁场的位函数

在时变电磁场中，由场源求解出电场和磁场的一个相对简单的方法，就是引入辅助的位函数，它能使问题的分析简化。

2.5.1　位函数的定义

由麦克斯韦第三方程 $\nabla \cdot \boldsymbol{B}=0$，又由于 $\nabla \cdot (\nabla \times \boldsymbol{A})=0$，因而可以引入矢量位函数 $\boldsymbol{A}$

$$\boldsymbol{B} = \nabla \times \boldsymbol{A} \tag{2-5-1}$$

$\boldsymbol{A}$ 的单位是韦伯每米(Wb/m)。将上式代入麦克斯韦第二方程，得

$$\nabla\times\boldsymbol{E}=-\frac{\partial}{\partial t}(\nabla\times\boldsymbol{A})=-\nabla\times\frac{\partial\boldsymbol{A}}{\partial t}$$

即

$$\nabla\times\left(\boldsymbol{E}+\frac{\partial\boldsymbol{A}}{\partial t}\right)=0 \tag{2-5-2}$$

这说明，$\boldsymbol{E}+\dfrac{\partial\boldsymbol{A}}{\partial t}$是无旋场，因而可以引入标量位函数 ϕ

$$\boldsymbol{E}+\frac{\partial\boldsymbol{A}}{\partial t}=-\nabla\phi \tag{2-5-3}$$

即

$$\boldsymbol{E}=-\nabla\phi-\frac{\partial\boldsymbol{A}}{\partial t} \tag{2-5-4}$$

ϕ 的单位是伏(V)。式中 $\nabla\phi$ 前加负号是为了使 $\partial\boldsymbol{A}/\partial t=0$ 时化为静电场的 $\boldsymbol{E}=-\nabla\phi$，$\phi$ 为静电场的电位，静电场的电场方向是从高电位指向低电位。

2.5.2　达朗伯方程

下面推导位函数满足的方程。将式(2-5-1)和式(2-5-4)代入麦克斯韦第一方程，得

$$\frac{1}{\mu}\nabla\times\nabla\times\boldsymbol{A}=\boldsymbol{J}+\varepsilon\frac{\partial}{\partial t}\left(-\nabla\phi-\frac{\partial\boldsymbol{A}}{\partial t}\right) \tag{2-5-5}$$

利用矢量恒等式 $\nabla\times\nabla\times\boldsymbol{A}=\nabla(\nabla\cdot\boldsymbol{A})-\nabla^2\boldsymbol{A}$，上式简化为

$$\nabla^2\boldsymbol{A}-\mu\varepsilon\frac{\partial^2\boldsymbol{A}}{\partial t^2}=-\mu\boldsymbol{J}+\nabla\left(\nabla\cdot\boldsymbol{A}+\mu\varepsilon\frac{\partial\phi}{\partial t}\right) \tag{2-5-6}$$

要唯一地确定矢量位 $\boldsymbol{A}$，除规定它的旋度外，还必须规定它的散度，为了使上式简化，可以规定

$$\nabla\cdot\boldsymbol{A}=-\mu\varepsilon\frac{\partial\phi}{\partial t} \tag{2-5-7}$$

上式称为洛伦兹条件，代入式(2-5-6)，得

$$\nabla^2\boldsymbol{A}-\mu\varepsilon\frac{\partial^2\boldsymbol{A}}{\partial t^2}=-\mu\boldsymbol{J} \tag{2-5-8}$$

对于标量位函数 ϕ，把式(2-5-4)代入第四麦克斯韦方程，并利用洛仑兹条件，可得

$$\nabla^2\phi-\mu\varepsilon\frac{\partial^2\phi}{\partial t^2}=-\frac{\rho}{\varepsilon} \tag{2-5-9}$$

式(2-5-8)和式(2-5-9)称为达朗伯方程，也称为 $\boldsymbol{A}$ 和 ϕ 的非其次波动方程。采用洛仑兹条件，矢量位 $\boldsymbol{A}$ 仅由电流分布 $\boldsymbol{J}$ 决定，标量位 ϕ 仅由电荷分布 ρ 决定，这对求解方程是特别有利的。当然，在时变场中 $\boldsymbol{J}$ 和 ρ 是相互联系的。

对于时谐场，可用复数表示达朗伯方程为

$$\nabla^2\dot{\boldsymbol{A}}+k^2\dot{\boldsymbol{A}}=-\mu\dot{\boldsymbol{J}},\ k^2=\omega^2\mu\varepsilon \tag{2-5-10a}$$

$$\nabla^2\dot{\phi}+k^2\dot{\phi}=-\frac{\dot{\rho}}{\varepsilon},\ k^2=\omega^2\mu\varepsilon \tag{2-5-10b}$$

2.5.3　滞后位

下面来求解达朗伯方程。在均匀、线性、各向同性的媒质中，达朗伯方程是线性微分方程，如果场源分布在有限空间，可以把它分解成无穷多个点源。解出点源的达朗伯方程后，任何分布场源的解将是各点源单独作用的解的叠加。

先求解点电荷的标量位的方程(2-5-10b)。设 $r=0$ 处有点电荷 $\dot{q}$，除该点之外，空间任意点的标量位满足齐次达朗伯方程

$$\nabla^2\dot{\phi}+k^2\dot{\phi}=0 \tag{2-5-11}$$

由于点电荷周围空间的场具有球对称性，$\dot{\varphi}$ 仅与 r 有关，在球坐标系中，上式可简化为

$$\frac{1}{r^2}\frac{\mathrm{d}}{\mathrm{d}r}\left(r^2\frac{\mathrm{d}\dot{\phi}}{\mathrm{d}r}\right)+k^2\dot{\phi}=0 \tag{2-5-12}$$

若设 $\dot{\phi}=\dot{u}/r$，则上式变为

$$\frac{\mathrm{d}^2\dot{u}}{\mathrm{d}r^2}+k^2\dot{u}=0 \tag{2-5-13}$$

其通解为

$$\dot{u}=C_1\mathrm{e}^{-\mathrm{j}kr}+C_2\mathrm{e}^{\mathrm{j}kr} \tag{2-5-14}$$

所以 $\dot{\phi}$ 的通解为

$$\dot{\phi}=C_1\frac{\mathrm{e}^{-\mathrm{j}kr}}{r}+C_2\frac{\mathrm{e}^{\mathrm{j}kr}}{r} \tag{2-5-15}$$

其中，C_1、C_2为待定常数。第一项相位连续滞后代表向外传输的波；第二项则反之，代表内向波。由于无界空间中从无穷远处无内向波，故第二项应为零，即 $C_2=0$，于是有

$$\dot{\phi}=C_1\frac{\mathrm{e}^{-\mathrm{j}kr}}{r} \tag{2-5-16}$$

常数 C_1 需由激励条件来确定。可与已有的静电场结果相比较来定出，我们知道，静电场是时变场的一个特例，对于静电场，$k=0$，由上式得

$$\phi_0=\frac{C_1}{r}$$

已知点电荷 q 的静电场的位函数为

$$\phi_0=\frac{q}{4\pi\varepsilon r}$$

比较上面两式得

$$C_1=\frac{q}{4\pi\varepsilon}$$

将 C_1 代入式(2-5-16)，得时谐场的标量位函数为

$$\dot{\phi}=\frac{\dot{q}\mathrm{e}^{-\mathrm{j}kr}}{4\pi\varepsilon r} \tag{2-5-17}$$

如果时谐电荷以密度 $\dot{\rho}(\boldsymbol{r}')$分布在体积 τ 中，可把分布电荷分解为许多点源，每个点源的电量是 $\dot{\rho}\,\mathrm{d}\tau$，利用叠加原理可得全部电荷在场点 $\boldsymbol{r}$ 处所产生的标量位为

$$\dot{\phi}(r)=\frac{1}{4\pi\varepsilon}\int_{\tau}\frac{\dot{\rho}(\boldsymbol{r}')\mathrm{e}^{-\mathrm{j}kR}}{R}\mathrm{d}\tau \tag{2-5-18}$$

式中，$R=|\boldsymbol{r}-\boldsymbol{r}'|$为场点$\boldsymbol{r}$与源点$\boldsymbol{r}'$之间的距离。上式就是达朗伯方程(2-5-10b)在无界空间的解。

对于矢量位，其方程(2-5-10a)可分解为三个标量方程，每个标量方程的形式都与式(2-5-10b)类似，因此解也相似，矢量位的解为

$$\dot{\boldsymbol{A}}(\boldsymbol{r})=\frac{\mu}{4\pi}\int_{\tau}\frac{\dot{\boldsymbol{J}}(\boldsymbol{r}')\mathrm{e}^{-\mathrm{j}kR}}{R}\mathrm{d}\tau \tag{2-5-19}$$

式(2-5-18)和式(2-5-19)表明，对于离开源点R距离处的场点，其位函数相位滞后于源的相位$kR=\omega R/v=\omega t_R$，其中$v=1/\sqrt{\mu\varepsilon}$，即滞后的时间为$t_R=R/v$，这正是电磁波传输$R$距离所需要的时间。也就是说，滞后的根本原因是场源的电磁效应是以有限速度v传输的，因此式(2-5-18)所表示的$\dot{\phi}$和式(2-5-19)所表示的$\dot{\boldsymbol{A}}$称为滞后位。

为了书写简便，从下章起不再在复矢量上面打点，由于复数公式中会出现j而不会有t，因此不难辨认它是复数方程还是瞬时值方程。

习　题

2-1　在直径为1 mm的铜导线中，若有$f=50$ Hz的电流1 A通过。假如电流在横截面上是均匀分布的，试求导线中位移电流密度振幅，以及传导电流密度振幅与位移电流密度振幅的比值(已知铜的$\varepsilon_r=1$，$\mu_r=1$，$\sigma=5.8\times10^7$ S/m)。

2-2　证明无源自由空间中仅随时间改变的场，如$\boldsymbol{B}=\boldsymbol{B}_m\sin\omega t$，不满足麦克斯韦方程。若将$t$换成$\left(t-\dfrac{y}{c}\right)$，其中$c=\dfrac{1}{\sqrt{\mu_0\varepsilon_0}}$，则它可以满足麦克斯韦方程。

2-3　证明在时变电磁场中的导体内部，假如时间为零时分布有电荷密度为ρ_0的初始电荷，则其随时间的变化规律是$\rho(t)=\rho_0\mathrm{e}^{-\left(\frac{\sigma}{\varepsilon}\right)t}$。若电荷密度减小到初始值的1/e时所经过的时间称为弛豫时间。试计算铜($\sigma=5.8\times10^7$，$\varepsilon_r=1$)和石墨($\sigma=0.121$，$\varepsilon_r=5$)的驰豫时间。

2-4　如题2-4图所示，在两个无限大的平面理想导电壁($z=0$和$z=d$)之间的空气中，已知电场强度为

$$E_y=E_0\sin\frac{\pi z}{d}\cos(\omega t-k_x x)$$

式中E_0和k_x为常数。试求：

(1) 磁场强度$\boldsymbol{H}$；

(2) 两导体表面上的电流密度J_S。

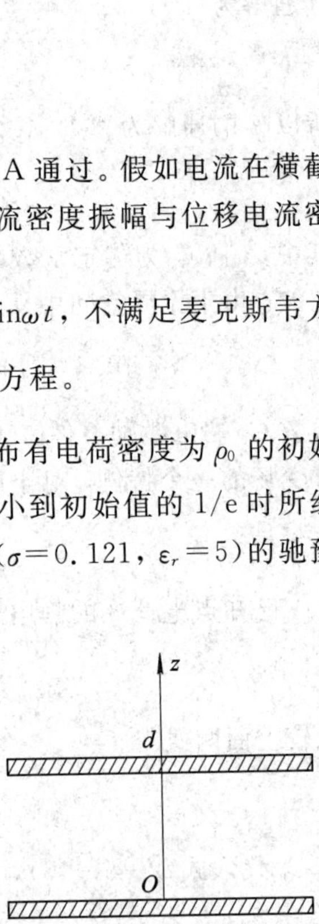

题2-4图

2-5　在由理想导电壁($\sigma\to\infty$)限定的区域$0\leqslant x\leqslant a$内存在一个如下的电磁场

$$E_y = H_0 \mu\omega\left(\frac{a}{\pi}\right)\sin\left(\frac{\pi x}{a}\right)\sin(kz-\omega t)$$

$$H_x = -H_0 k\left(\frac{a}{\pi}\right)\sin\left(\frac{\pi x}{a}\right)\sin(kz-\omega t)$$

$$H_z = H_0 \cos\left(\frac{\pi x}{a}\right)\sin(kz-\omega t)$$

这个电磁场满足的边界条件如何？导电壁上的电流密度值如何？

2-6　如题 2-6 图所示，同轴电缆的内导体半径 $a=1$ mm，外导体内半径 $b=4$ mm，内外导体间为空气介质，且电场强度为

$$\boldsymbol{E} = \boldsymbol{e}_\rho \frac{100}{\rho}\cos(10^8 t - 0.5z)\ \text{V/m}$$

(1) 求磁场强度 $\boldsymbol{H}$ 的表达式；

(2) 求内导体表面的电流密度；

(3) 计算 $0 \leqslant z \leqslant 1$ m 中的位移电流。

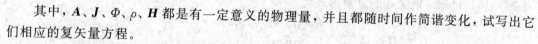

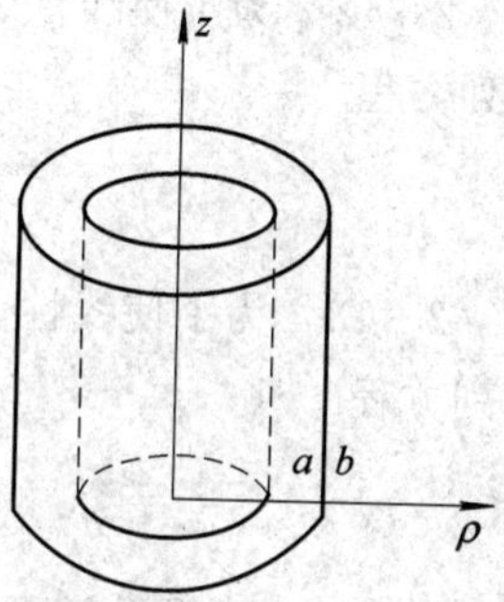

题 2-6 图

2-7　有下列方程：

(1) $\nabla^2 \boldsymbol{A} - \mu\varepsilon \dfrac{\partial^2 \boldsymbol{A}}{\partial t^2} = -\mu \boldsymbol{J}$；

(2) $\nabla \cdot \boldsymbol{A} = -\mu\varepsilon \dfrac{\partial \Phi}{\partial t}$；

(3) $\nabla \cdot \boldsymbol{J} = -\dfrac{\partial \rho}{\partial t}$；

(4) $\nabla^2 \boldsymbol{H} - \mu\varepsilon \dfrac{\partial^2 \boldsymbol{H}}{\partial t^2} = 0$。

其中，$\boldsymbol{A}$、$\boldsymbol{J}$、Φ、ρ、$\boldsymbol{H}$ 都是有一定意义的物理量，并且都随时间作简谐变化，试写出它们相应的复矢量方程。

2-8　证明均匀线性各向同性无源介质空间中，时谐电磁场的麦克斯韦方程组的四个方程不是独立的，即两个散度方程可以由两个旋度方程导出。

2-9　已知正弦电磁场的电场瞬时值为 $\boldsymbol{E} = \boldsymbol{E}_1(z, t) + \boldsymbol{E}_2(z, t)$，其中

$$\boldsymbol{E}_1(z, t) = 0.03\sin(10^8 \pi t - kz)\boldsymbol{e}_x$$

$$\boldsymbol{E}_2(z, t) = 0.04\cos\left(10^8 \pi t - kz - \frac{\pi}{3}\right)\boldsymbol{e}_x$$

试求：

(1) 电场的复矢量；

(2) 磁场的复矢量和瞬时值。

2-10　已知谐变电场中任一点的矢位，在球坐标系中为

$$\dot{\boldsymbol{A}} = \boldsymbol{e}_r \frac{A_0}{r}\cos\theta e^{-jkr} - \boldsymbol{e}_\theta \frac{A_0}{r}\sin\theta e^{-jkr}$$

式中，A_0 是常数。证明与之相应的电场强度和磁场强度分别为

$$\dot{\boldsymbol{E}} = \boldsymbol{e}_r \frac{A_0 \omega\cos\theta}{r}\left(\frac{2}{kr} - \frac{2j}{(kr)^2}\right)e^{-jkr} + \boldsymbol{e}_\theta \frac{A_0 \omega\sin\theta}{r}\left(j + \frac{1}{kr} - \frac{j}{(kr)^2}\right)e^{-jkr}$$

$$\dot{\boldsymbol{H}} = \boldsymbol{e}_\varphi \frac{A_0 \sin\theta}{\mu r}\left(\mathrm{j}k + \frac{1}{r}\right)\mathrm{e}^{-\mathrm{j}kr}$$

2-11　导出存在电荷 ρ 和电流密度 $\boldsymbol{J}$ 的无耗媒质中的 $\boldsymbol{E}$ 和 $\boldsymbol{H}$ 的波动方程

$$\nabla^2 \boldsymbol{H} - \mu\varepsilon \frac{\partial^2 \boldsymbol{H}}{\partial t^2} = -\nabla \times \boldsymbol{J}$$

$$\nabla^2 \boldsymbol{E} - \mu\varepsilon \frac{\partial^2 \boldsymbol{E}}{\partial t^2} = \mu \frac{\partial \boldsymbol{J}}{\partial t} + \frac{1}{\varepsilon}\nabla \rho$$

2-12　为了使线性、均匀、各向同性的无源导电区中存在电磁场，证明电场必须满足下列方程

$$\nabla^2 \boldsymbol{E} - \mu\varepsilon \frac{\partial^2 \boldsymbol{E}}{\partial t^2} - \mu\sigma \frac{\partial \boldsymbol{E}}{\partial t} = 0$$

2-13　为了使线性、均匀、各向同性的无源导电区中存在电磁场，证明磁场必须满足下列方程

$$\nabla^2 \boldsymbol{H} - \mu\varepsilon \frac{\partial^2 \boldsymbol{H}}{\partial t^2} - \mu\sigma \frac{\partial \boldsymbol{H}}{\partial t} = 0$$

2-14　证明无耗无源的时变参量（$\varepsilon=\varepsilon(t)$，$\mu_r=1$）媒质中磁场强度满足的偏微分方程是

$$\nabla^2 \boldsymbol{H} - \mu_0 \varepsilon(t) \frac{\partial^2 \boldsymbol{H}}{\partial t^2} = \mu_0 \frac{\partial \varepsilon(t)}{\partial t}\frac{\partial \boldsymbol{H}}{\partial t}$$

2-15　设电场强度和磁场强度分别为 $\boldsymbol{E}=\boldsymbol{E}_0\cos(\omega t+\phi_e)$ 和 $\boldsymbol{H}=\boldsymbol{H}_0\cos(\omega t+\phi_m)$，证明其平均坡印廷矢量为

$$\boldsymbol{S}_{\mathrm{av}} = \frac{1}{2}\boldsymbol{E}_0 \times \boldsymbol{H}_0 \cos(\phi_e - \phi_m)$$

2-16　已知一电磁场的复数形式为

$$\boldsymbol{E} = \mathrm{j}E_0 \sin(kz)\boldsymbol{e}_x$$

$$\boldsymbol{H} = \sqrt{\frac{\varepsilon_0}{\mu_0}} E_0 \cos(kz)\boldsymbol{e}_y$$

式中，$k=2\pi/\lambda=\omega/c$，c 是真空中的光速，λ 是波长。求：

（1）$z=0$，$\frac{\lambda}{8}$，$\frac{\lambda}{4}$ 各点处的坡印廷矢量的瞬时值；

（2）上述各点处的平均坡印廷矢量。

2-17　已知自由空间的电磁场为

$$\boldsymbol{E} = 1000\cos(\omega t - \beta z)\boldsymbol{e}_x \ \mathrm{V/m}$$

$$\boldsymbol{H} = 2.65\cos(\omega t - \beta z)\boldsymbol{e}_y \ \mathrm{A/m}$$

式中，$\beta=\omega\sqrt{\mu_0\varepsilon_0}=0.42\ \mathrm{rad/m}$，求：

（1）电磁波的频率；

（2）坡印廷矢量的瞬时值；

（3）平均坡印廷矢量。

2-18　在自由空间，如果已知谐变电磁场中的矢量 $\dot{\boldsymbol{A}}(r)$，证明其电场强度与 $\dot{\boldsymbol{A}}(r)$ 的关系是：

$$\dot{\boldsymbol{E}}(\boldsymbol{r})=\frac{k^2\dot{\boldsymbol{A}}+\nabla(\nabla\cdot\dot{\boldsymbol{A}})}{\mathrm{j}\omega\mu_0\varepsilon_0}$$

其中，$k^2=\omega^2\mu_0\varepsilon_0$。

2-19　在均匀无源的空间区域内，试根据麦克斯韦方程 $\nabla\cdot\dot{\boldsymbol{D}}=0$ 引进矢位 $\dot{\boldsymbol{A}}_m$ 和标位 $\dot{\Phi}_m$，假如矢位 $\dot{\boldsymbol{A}}_m$ 满足洛仑兹条件 $\nabla\cdot\dot{\boldsymbol{A}}_m=\mathrm{j}\omega\mu_0\varepsilon_0\dot{\Phi}_m$，证明矢位 $\dot{\boldsymbol{A}}_m$ 也满足亥姆霍茨方程

$$\nabla^2\dot{\boldsymbol{A}}_m+\omega^2\mu_0\varepsilon_0\dot{\boldsymbol{A}}_m=0$$

同时电场强度和磁场强度与矢位 $\dot{\boldsymbol{A}}_m$ 的关系是

$$\dot{\boldsymbol{E}}=\frac{1}{\varepsilon_0}\nabla\times\dot{\boldsymbol{A}}_m$$

$$\dot{\boldsymbol{H}}=\mathrm{j}\omega\dot{\boldsymbol{A}}_m-\frac{\nabla(\nabla\cdot\dot{\boldsymbol{A}}_m)}{\mathrm{j}\omega\mu_0\varepsilon_0}$$

2-20　证明在无源的自由空间中，电磁场作如下变换后，也满足麦克斯韦方程组。

$$\boldsymbol{E}(\boldsymbol{r},t)\rightarrow\sqrt{\frac{\mu_0}{\varepsilon_0}}\boldsymbol{H}(\boldsymbol{r},t),\ \boldsymbol{H}(\boldsymbol{r},t)\rightarrow\sqrt{\frac{\varepsilon_0}{\mu_0}}\boldsymbol{E}(\boldsymbol{r},t)$$

习题解答

第 3 章 平面电磁波

第 2 章的麦克斯韦理论表明，变化的电场激发变化的磁场，变化的磁场激发变化的电场，这种相互激发、在空间传播的变化的电磁场称为电磁波(Electromagnetic Wave)。我们所知道的无线电波、电视信号、雷达波束、激光、X 射线和 γ 射线等都是电磁波。

电磁波可以按等相位面的形状分为平面波、柱面波和球面波。等相位面是指空间振动相位相同的点所组成的面，等相位面是平面的电磁波称为平面波，均匀平面波是指等相位面上场强处处相等的平面波。平面波是一种最简单、最基本的电磁波，它具有电磁波的普遍性质和规律，实际存在的电磁波均可以分解成许多平面波。因此，平面波是研究电磁波的基础，有着十分重要的理论价值。

严格地说，理想的平面电磁波是不存在的，因为只有无限大的波源才能激励出这样的波。但是，如果场点离波源足够远，那么空间曲面的很小一部分就十分接近平面，在这一小范围内，波的传播特性近似为平面波的传播特性。例如，距离发射天线相当远的接收天线附近的电磁波，由于天线辐射的球面波的等相位球面非常大，其局部可近似为平面，因此可以近似地看成均匀平面波。

本章将首先介绍平面波在无限大的无耗媒质和有耗媒质中的传播特性；介绍平面电磁波极化的概念；分析平面电磁波的反射和折射。

学习这一章应重视不同媒质对平面波传播的影响。实际空间中充满了各种不同电磁特性的媒质，电磁波在不同媒质中传播表现出不同的特性，人们正是通过这些不同的特性获取介质或目标性质。平面波传播是无线通信、遥感、目标定位和环境监测的基础。

3.1 理想介质中的均匀平面波

理想介质是指电导率 $\sigma=0$，ε、μ 为实常数的媒质。本节介绍最简单的情况，即无源、均匀、线性、各向同性的无限大理想介质中的时谐平面波。为了书写简便，从本章起不再在复矢量上面打点。

3.1.1 波动方程的解

在无源($\rho=0$，$J=0$)的理想介质中，由第 2 章中的式(2-3-6)知道，时谐电磁场满足复数形式的波动方程

$$\nabla^2\boldsymbol{E}+k^2\boldsymbol{E}=0 \tag{3-1-1}$$

其中

$$k = \omega\sqrt{\mu\varepsilon} \tag{3-1-2}$$

下面我们研究该方程的一种最简单的解，即均匀平面波解。假设场量仅与坐标变量 z 有关，与 x、y 无关，即$\frac{\partial \boldsymbol{E}}{\partial x}=\frac{\partial \boldsymbol{E}}{\partial y}=0$，式(3-1-1)简化为

$$\frac{\mathrm{d}^2\boldsymbol{E}}{\mathrm{d}z^2} + k^2\boldsymbol{E} = 0 \tag{3-1-3}$$

其解为

$$\boldsymbol{E} = \boldsymbol{E}_0\mathrm{e}^{-\mathrm{j}kz} + \boldsymbol{E}_0'\mathrm{e}^{\mathrm{j}kz} \tag{3-1-4}$$

其中，$\boldsymbol{E}_0$、$\boldsymbol{E}_0'$ 是复常矢。为简单起见，考察电场的一个分量 E_x 对应的瞬时值为

$$E_x(z,t)=E_{xm}\cos(\omega t-kz+\varphi_x)+E_{xm}'\cos(\omega t+kz+\varphi_x')$$

观察第一项，其相位是 $\theta=\omega t-kz+\varphi_x$，若 t 增大时 z 也随之增大，就可保持 θ 为常数，场量值相同。换句话说，同一个场值随时间的增加向 z 增大的方向推移，因此上式第一项表示向正 z 方向传播的波。同理，第二项表示向负 z 方向传播的波。用复数形式表示，则式中含 $\mathrm{e}^{-\mathrm{j}kz}$ 因子的解，表示向正 z 方向传播的波，而含 $\mathrm{e}^{\mathrm{j}kz}$ 因子的解表示向负 z 方向传播的波。在无界的无穷大空间，反射波不存在(第3.4节将考虑有边界的情况，此时存在入射波与反射波)，这里我们只考虑向正 z 方向传播的行波(Travelling Wave，指没有反射波而只往一个方向传播的波)，因此可取 $\boldsymbol{E}_0'=0$，于是有

$$\boldsymbol{E} = \boldsymbol{E}_0\mathrm{e}^{-\mathrm{j}kz} \tag{3-1-5}$$

将上式代入 $\nabla\cdot\boldsymbol{E}=0$，可得

$$\nabla\cdot(\boldsymbol{E}_0\mathrm{e}^{-\mathrm{j}kz}) = \boldsymbol{E}_0\cdot\nabla\mathrm{e}^{-\mathrm{j}kz} = -\mathrm{j}k\boldsymbol{E}\cdot\boldsymbol{e}_z = 0 \tag{3-1-6}$$

上式表明电场矢量垂直于 $\boldsymbol{e}_z$，即 $E_z=0$，电场只存在横向分量，可得

$$\boldsymbol{E} = (E_{xm}\mathrm{e}^{\mathrm{j}\varphi_x}\boldsymbol{e}_x + E_{ym}\mathrm{e}^{\mathrm{j}\varphi_y}\boldsymbol{e}_y)\mathrm{e}^{-\mathrm{j}kz} = (E_x\boldsymbol{e}_x + E_y\boldsymbol{e}_y) \tag{3-1-7}$$

其中，$E_x=E_{xm}\mathrm{e}^{\mathrm{j}\varphi_x}\mathrm{e}^{-\mathrm{j}kz}$、$E_y=E_{ym}\mathrm{e}^{\mathrm{j}\varphi_y}\mathrm{e}^{-\mathrm{j}kz}$ 是电场强度各分量的相量。磁场强度可以由麦克斯韦第二方程 $\nabla\times\boldsymbol{E}=-\mathrm{j}\omega\mu\boldsymbol{H}$ 求得

$$\boldsymbol{H} = \frac{\nabla\times\boldsymbol{E}}{-\mathrm{j}\omega\mu} = \frac{\nabla\times(\boldsymbol{E}_0\mathrm{e}^{-\mathrm{j}kz})}{-\mathrm{j}\omega\mu} = \frac{\nabla\mathrm{e}^{-\mathrm{j}kz}\times E_0}{-\mathrm{j}\omega\mu} = \frac{-\mathrm{j}k\mathrm{e}^{-\mathrm{j}kz}\boldsymbol{e}_z\times\boldsymbol{E}_0}{-\mathrm{j}\omega\mu} = \sqrt{\frac{\varepsilon}{\mu}}\boldsymbol{e}_z\times\boldsymbol{E}$$

即

$$\boldsymbol{H} = \frac{1}{\eta}\boldsymbol{e}_z\times\boldsymbol{E} = \frac{1}{\eta}(-E_y\boldsymbol{e}_x + E_x\boldsymbol{e}_y) \tag{3-1-8}$$

式中，$\eta=\sqrt{\mu/\varepsilon}$ 具有阻抗的量纲，单位为欧姆(Ω)，它的值与媒质的参数有关，因此被称为媒质的波阻抗(Wave Impedance)或本征阻抗(Intrinsic Impedance)。在自由空间(Free Space，指 $\mu_r=1$、$\varepsilon_r=1$、$\sigma=0$ 的无限大空间)中，$\eta_0=\sqrt{\mu_0/\varepsilon_0}=120\pi=377(\Omega)$。由式(3-1-8)波阻抗 η 决定了电场与磁场之间的关系为

$$\eta = \frac{E_x}{H_y} = -\frac{E_y}{H_x} = \sqrt{\frac{\mu}{\varepsilon}} = 120\pi\sqrt{\frac{\mu_r}{\varepsilon_r}} \tag{3-1-9}$$

式(3-1-8)和式(3-1-6)说明均匀平面波的电场、磁场和传播方向 $\boldsymbol{e}_z$ 三者彼此正交，符合右手螺旋关系。既然电场强度和磁场强度之间有式(3-1-8)的简单关系，所以讨论均匀平面波问题时，只需讨论其电场(或磁场)即可。

3.1.2　均匀平面波的传播特性

基于上一小节的分析，在理想介质中传播的均匀平面波有以下传播特性：

(1) 电场强度 $\boldsymbol{E}$、磁场强度 $\boldsymbol{H}$、传播方向 $\boldsymbol{e}_z$ 三者相互垂直，成右手螺旋关系，传播方向上无电磁场分量，称为横电磁波，记为 TEM 波(Transverse Electro-Magnetic wave)。

(2) $\boldsymbol{E}$ 与 $\boldsymbol{H}$ 处处同相，两者复振幅之比为媒质的波阻抗 η，为实数，见式(3-1-9)。

(3) 为简单起见，我们考察电场的一个分量 E_x，由式(3-1-7)可写出其瞬时值表达式为

$$E_x(z, t) = E_{xm}\cos(\omega t - kz + \varphi_x) \tag{3-1-10}$$

其中，ωt 称为时间相位；kz 称为空间相位，φ_x 是 $z=0$ 处在 $t=0$ 时刻的初始相位。空间相位相同的点所组成的曲面称为等相位面(Plane of Constant Phase)、波前或波阵面。这里，z 为常数的平面就是等相位面，因此这种波称为平面波(Plane Wave)。又因为场量与 x、y 无关，在 z 为常数的等相位面上各点场强相等，这种等相位面上场强处处相等的平面波称为均匀平面波(Uniform Plane Wave)。

图 3-1-1 是式(3-1-10)所表达的均匀平面波在空间的传播情况。

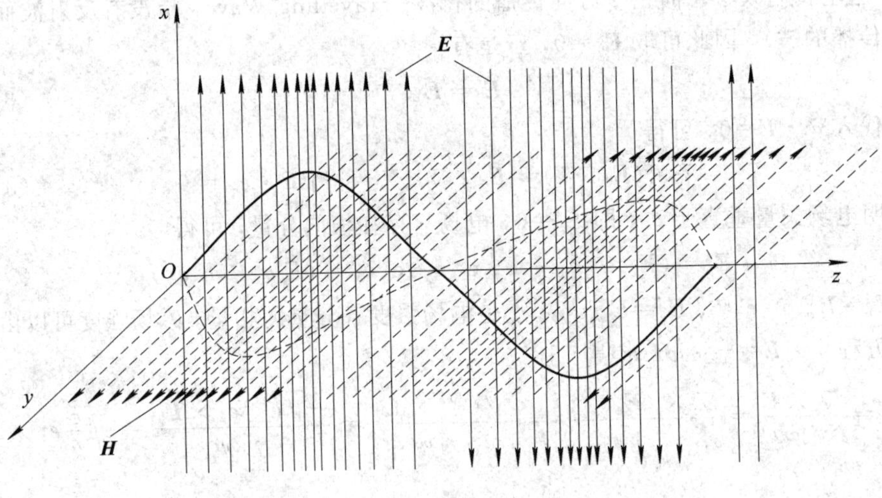

图 3-1-1　理想介质中均匀平面波的传播

等相位面传播的速度称为相速(Phase Speed)。等相位面方程为 $\omega t - kz + \varphi_x =$ 常数，由此可得 $\omega \mathrm{d}t - k\mathrm{d}z = 0$，故相速为

$$v_p = \frac{\mathrm{d}z}{\mathrm{d}t} = \frac{\omega}{k} = \frac{1}{\sqrt{\mu\varepsilon}} \tag{3-1-11}$$

在真空中电磁波的相速为

$$v_p = \frac{1}{\sqrt{\mu_0\varepsilon_0}} = \frac{1}{\sqrt{4\pi\times10^{-7}\times\dfrac{1}{36\pi}\times10^{-9}}} = 3\times10^8 \quad (\mathrm{m/s})$$

可见，电磁波在真空中的相速等于真空中的光速。由式(3-1-11)可得

$$k = \frac{\omega}{v_p} = \frac{2\pi f}{v_p} = \frac{2\pi}{\lambda} \tag{3-1-12}$$

式中 $\lambda=v_p/f$ 为电磁波的波长。k 称为波数(Wave-Number)，因为空间相位 kz 变化 2π 相当于一个全波，k 表示单位长度内具有的全波数。k 也称为相位常数(Phase Constant)，因为 k 表示单位长度内的相位变化。

(4) 均匀平面波传输的平均功率流密度矢量可由式(3-1-7)和式(3-1-8)得

$$\begin{aligned}\boldsymbol{S}_{\text{av}}&=\frac{1}{2}\operatorname{Re}(\boldsymbol{E}\times\boldsymbol{H}^*)\\&=\frac{1}{2\eta}\operatorname{Re}[\boldsymbol{E}\times(\boldsymbol{e}_z\times\boldsymbol{E}^*)]\\&=\frac{1}{2\eta}\operatorname{Re}[(\boldsymbol{E}\cdot\boldsymbol{E}^*)\boldsymbol{e}_z-(\boldsymbol{E}\cdot\boldsymbol{e}_z)\boldsymbol{E}^*]\\&=\frac{1}{2\eta}|\boldsymbol{E}|^2\boldsymbol{e}_z=\frac{1}{2\eta}(|E_x|^2+|E_y|^2)\boldsymbol{e}_z\end{aligned}\tag{3-1-13}$$

(5) 电磁场中电场能量密度、磁场能量密度的瞬时值为

$$\begin{aligned}w_e(z,t)&=\frac{1}{2}\varepsilon[E_x^2(z,t)+E_y^2(z,t)]\\w_m(z,t)&=\frac{1}{2}\mu[H_x^2(z,t)+H_y^2(z,t)]\\&=\frac{1}{2}\mu\frac{[E_x^2(z,t)+E_y^2(z,t)]}{\mu/\varepsilon}=w_e(z,t)\end{aligned}$$

说明空间中任一点、任一时刻的电场能量密度等于磁场能量密度。总电磁能量密度的平均值为

$$w_{\text{av}}=\frac{1}{T}\int_0^T[w_e(z,t)+w_m(z,t)]\mathrm{d}t=\frac{1}{2}\varepsilon(E_{xm}^2+E_{ym}^2)=\frac{1}{2}\mu(H_{xm}^2+H_{ym}^2)\tag{3-1-14}$$

式中，T 为电磁波周期。

电磁波能量传播的速度称为能速 v_e。如图 3-1-2 所示，在以单位面积为底、长度为 v_e 的柱体中储存的平均能量，将在单位时间内全部通过单位面积，所以这部分能量值应等于平均功率流密度，即 $S_{\text{av}}=v_e w_{\text{av}}$，由式(3-1-13)和式(3-1-14)可得能速为

$$v_e=\frac{S_{\text{av}}}{w_{\text{av}}}=\frac{1}{\varepsilon\eta}=\frac{1}{\sqrt{\mu\varepsilon}}=v_p\tag{3-1-15}$$

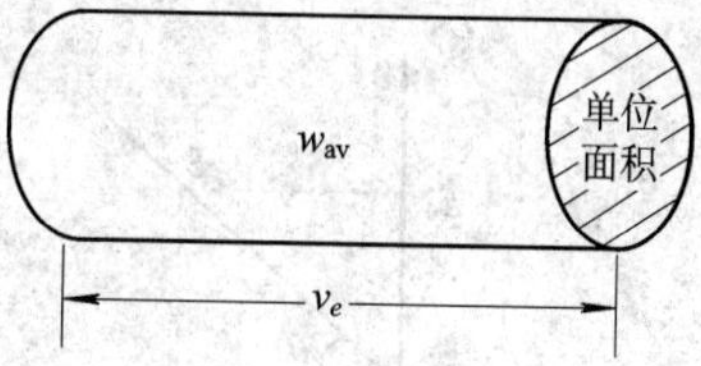

图 3-1-2　平面波的能量速度

即能速等于相速。

(6) 理想介质中与真空中的波数、波长、相速、波阻抗的关系如下所示：

$$k=\omega\sqrt{\mu\varepsilon}=k_0\sqrt{\mu_r\varepsilon_r}\tag{3-1-16a}$$

$$\lambda=\frac{2\pi}{k}=\frac{\lambda_0}{\sqrt{\mu_r\varepsilon_r}}\tag{3-1-16b}$$

$$v_p=\frac{1}{\sqrt{\mu\varepsilon}}=\frac{c}{\sqrt{\mu_r\varepsilon_r}}\tag{3-1-16c}$$

$$\eta=\sqrt{\frac{\mu}{\varepsilon}}=\eta_0\sqrt{\frac{\mu_r}{\varepsilon_r}}\tag{3-1-16d}$$

3.2　均匀平面波的极化

假设均匀平面波沿 z 方向传播，其电场矢量位于 xy 平面，一般情况下，电场有沿 x 方向及沿 y 方向的两个分量，可表示为

$$\boldsymbol{E}=E_{xm}\mathrm{e}^{\mathrm{j}\varphi_x}\mathrm{e}^{-\mathrm{j}kz}\boldsymbol{e}_x+E_{ym}\mathrm{e}^{\mathrm{j}\varphi_y}\mathrm{e}^{-\mathrm{j}kz}\boldsymbol{e}_y \tag{3-2-1}$$

其瞬时值为

$$E_x(z,t)=E_{xm}\cos(\omega t-kz+\varphi_x) \tag{3-2-2a}$$

$$E_y(z,t)=E_{ym}\cos(\omega t-kz+\varphi_y) \tag{3-2-2b}$$

这两个分量叠加(矢量和)的结果随 φ_x、φ_y、E_{xm}、E_{ym} 的不同而变化。

两个同频率、同传播方向的互相正交的电场强度(或磁场强度)，在空间任一点合成矢量的大小和方向随时间变化的方式，称为电磁波的极化(Polarization)，在物理学中称之为偏振。极化通常用合成矢量的端点随时间变化的轨迹来描述，可分为直线极化、圆极化和椭圆极化三种。

3.2.1　均匀平面波的三种极化形式

1. 直线极化

令 $\Delta=\varphi_x-\varphi_y$，当 $\Delta=0$ 或 $\Delta=\pi$ 时，$\boldsymbol{E}(z,t)$方向与 x 轴的夹角 θ 为

$$\tan\theta=\frac{E_y(z,t)}{E_x(z,t)}=\pm\frac{E_{ym}}{E_{xm}} \tag{3-2-3}$$

“+”对应于 $\Delta=0$，“-”对应于 $\Delta=\pi$。θ 与时间无关，即 $\boldsymbol{E}$ 的振动方向不变，轨迹是一条直线，故称之为直线极化或线极化(Linear Polarization)，如图 3-2-1 所示。

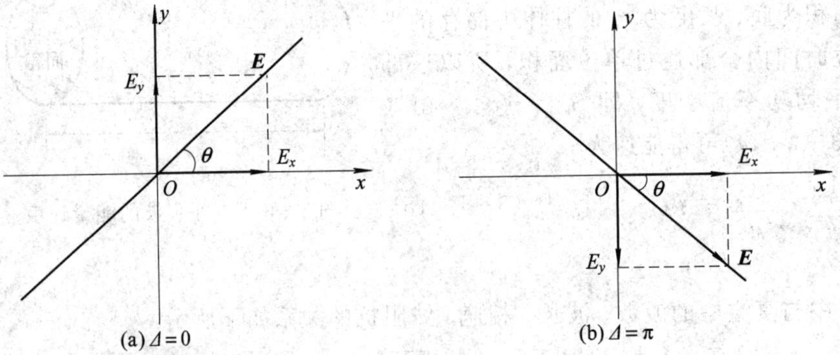

线极化

图 3-2-1　线极化波电场的振动轨迹

2. 圆极化

当 $\Delta=\pm\frac{\pi}{2}$ 且 $E_{xm}=E_{ym}=E$ 时，$\boldsymbol{E}(z,t)$的振幅为

$$|\boldsymbol{E}(z,t)|=\sqrt{E_x^2(z,t)+E_y^2(z,t)}=E \tag{3-2-4}$$

上式表明 $\boldsymbol{E}(z,t)$的大小不随时间变化。$\boldsymbol{E}(z,t)$的方向与 x 轴的夹角 θ 为

$$\theta = \arctan\frac{E_y(z,\ t)}{E_x(z,\ t)} = \arctan\frac{\cos\left(\omega t - kz + \varphi_x \mp \dfrac{\pi}{2}\right)}{\cos(\omega t - kz + \varphi_x)} = \pm(\omega t - kz + \varphi_x) \tag{3-2-5}$$

这表明，对于给定 z 值的某点，随着时间的增加，$\boldsymbol{E}(z,\ t)$的方向以角频率 ω 作等速旋转，其矢量端点轨迹为圆，故称为圆极化(Circular Polarization)。当 $\Delta=\pi/2$ 时，$\theta=\omega t-kz+\varphi_x$，$\boldsymbol{E}(z,\ t)$的旋向与波的传播方向 $\boldsymbol{e}_z$ 成右手螺旋关系，称为右旋圆极化波(Right-handed Circularly Polarized Wave)；当 $\Delta=-\pi/2$ 时，$\theta=-(\omega t-kz+\varphi_x)$，$\boldsymbol{E}(z,\ t)$的旋向与波的传播方向 $\boldsymbol{e}_z$ 成左手螺旋关系，称为左旋圆极化波(Left-handed Circularly Polarized Wave)，如图 3-2-2 所示。

右旋圆极化

左旋圆极化

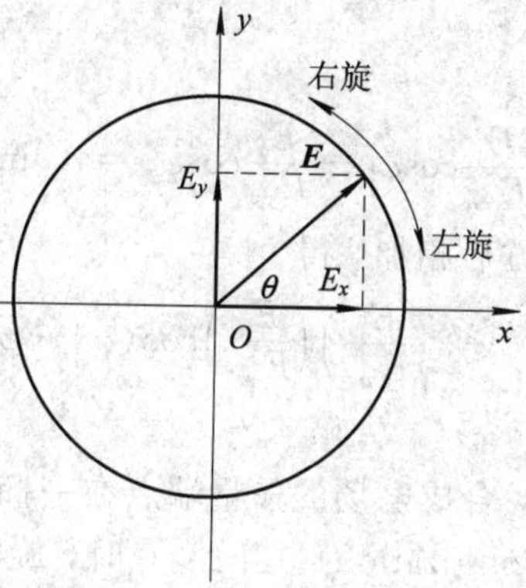

图 3-2-2　圆极化波电场的振动轨迹

以上考虑的是 z 固定，电场的大小和方向随时间变化的情况，称为时间极化。如果时间固定，电场的大小和方向随位置变化的情况称为空间极化。图 3-2-3(a)表示在某一固定时刻，右旋圆极化波的电场矢量随距离 z 的变化情况，图 3-2-3(b)是某一时刻左旋圆极化波的电场矢量随 z 的变化情况。

图 3-2-3(a)动画

图 3-2-3(b)动画

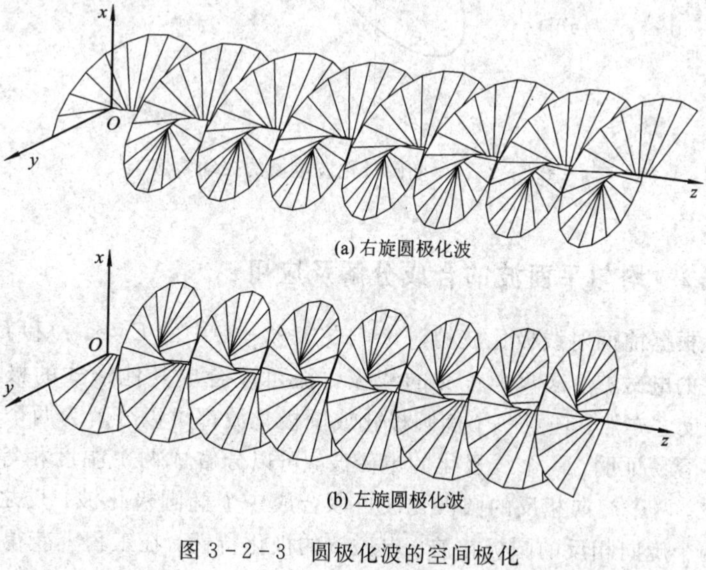

(a) 右旋圆极化波

(b) 左旋圆极化波

图 3-2-3　圆极化波的空间极化

3. 椭圆极化

最一般的情况是电场两个分量的振幅和相位为任意值。从式(3－2－2)中消去 $\omega t-kz$，可以得到电场变化的轨迹方程，把式(3－2－2)展开可得

$$\frac{E_x}{E_{xm}}=\cos(\omega t-kz)\cos\varphi_x-\sin(\omega t-kz)\sin\varphi_x$$

$$\frac{E_y}{E_{ym}}=\cos(\omega t-kz)\cos\varphi_y-\sin(\omega t-kz)\sin\varphi_y$$

把上两式分别乘 $\sin\varphi_y$ 和 $\sin\varphi_x$ 并相减，得

$$\frac{E_x}{E_{xm}}\sin\varphi_y-\frac{E_y}{E_{ym}}\sin\varphi_x=-\cos(\omega t-kz)\sin(\varphi_x-\varphi_y)$$

同理可得

$$\frac{E_x}{E_{xm}}\cos\varphi_y-\frac{E_y}{E_{ym}}\cos\varphi_x=-\sin(\omega t-kz)\sin(\varphi_x-\varphi_y)$$

把以上两式两边平方后相加，得

$$\left(\frac{E_x}{E_{xm}}\right)^2-2\left(\frac{E_x}{E_{xm}}\right)\left(\frac{E_y}{E_{ym}}\right)\cos(\varphi_x-\varphi_y)+\left(\frac{E_y}{E_{ym}}\right)^2=\sin^2(\varphi_x-\varphi_y) \tag{3-2-6}$$

这是一个椭圆方程，合成电场的矢量端点在一椭圆上旋转，如图 3－2－4 所示，称之为椭圆极化(Elliptical Polarization)。当 $\Delta>0$ 时，旋向与波的传播方向 $\boldsymbol{e}_z$ 成右手螺旋关系，称为右旋椭圆极化波；反之，当 $\Delta<0$ 时，称为左旋椭圆极化波。

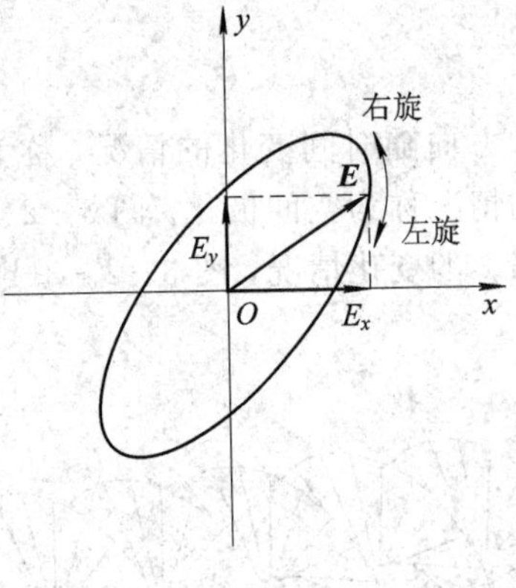

图 3－2－4　椭圆极化波电场的振动轨迹

右旋椭圆极化

左旋椭圆极化

3.2.2　均匀平面波的合成分解及应用

根据前面对线极化波的讨论，式(3－2－2)中的 $E_x(z, t)$ 和 $E_y(z, t)$ 可以看成是两个线极化的电磁波。这两个正交的线极化波可以合成其他形式的极化波，如椭圆极化和圆极化。反之亦然，任意一个椭圆极化或圆极化波都可以分解为两个线极化波。

容易证明，一个线极化的电磁波，可以分解成两个幅度相等、但旋转方向相反的圆极化波。两个旋向相反的圆极化波可以合成一个椭圆极化波；反之，一个椭圆极化波可分解为两个旋向相反的圆极化波。电磁波的极化特性，在工程上获得了非常广泛的实际应用。

无线电技术中，利用天线发射和接收电磁波的极化特性，实现无线电信号的最佳发射和接收。电场垂直于地面的线极化波沿地球表面传播时，其损耗小于电场平行于地面传播时的损耗，所以调幅电台发射的电磁波的电场强度矢量是与地面垂直的线极化波，收听者想得到最佳的收音效果，应将收音机的天线调整到与电场平行的位置，即与大地垂直。

在移动通信或微波通信中使用的极化分集接收技术，就是利用了极化方向相互正交的两个线极化的电平衰落统计特性的不相关性进行合成，以减少信号的衰落深度。

在军事上为了干扰和侦察对方的通信或雷达目标，需要应用圆极化天线，因为使用一副圆极化天线可以接收任意取向的线极化波。

如果通信的一方或双方处于方向、位置不定的状态，例如在剧烈摆动或旋转的运载体(如飞行器等)上，为了提高通信的可靠性，收发天线之一应采用圆极化天线。在人造卫星和弹道导弹的空间遥测系统中，信号穿过电离层传播后，将产生极化畸变，这也要求地面上安装圆极化天线作为发射或接收天线。

在无线电视中应用的是水平线极化波(电视信号为空间直接波传播，不是地面波传播，不同于上述水平极化波在地球表面传播损耗大的情况)，电视接收天线应调整到与地面平行的位置。而由国际通信卫星转发的卫星电视信号则是圆极化的。在雷达中，可利用圆极化波来消除云雨的干扰，因为水滴近似呈球形，对圆极化波的反射是反旋的，不会被雷达天线所接收；而雷达目标(如飞机、舰船等)一般是非简单对称体，其反射波是椭圆极化波，必有同旋向的圆极化成分，因而能接收到。在气象雷达中，可利用雨滴的散射极化的不同响应来识别目标。

此外，有些微波器件的功能就是利用电磁波的极化特性获得的，例如铁氧体环行器和隔离器等。在分析化学中，可利用某些物质对传播其中的电磁波具有改变极化方向的特性来实现物质结构的分析。

3.3　损耗媒质中的均匀平面波

电磁波在媒质中传播时要受到媒质的影响。在这一节中，我们研究平面波在均匀、线性、各向同性、无源的无限大有损耗媒质($\sigma\neq 0$)中的传播特性。

3.3.1　损耗媒质中的平面波场解

在无源的有损耗媒质中，时谐电磁场满足的麦克斯韦方程组为

$$\nabla\times\boldsymbol{H}=\sigma\boldsymbol{E}+\mathrm{j}\omega\varepsilon\boldsymbol{E}=\mathrm{j}\omega\tilde{\varepsilon}\boldsymbol{E} \tag{3-3-1a}$$

$$\nabla\times\boldsymbol{E}=-\mathrm{j}\omega\mu\boldsymbol{H} \tag{3-3-1b}$$

$$\nabla\cdot\boldsymbol{H}=0 \tag{3-3-1c}$$

$$\nabla\cdot\boldsymbol{E}=0 \tag{3-3-1d}$$

式中 $\tilde{\varepsilon}$ 为复介电常数，表示为

$$\tilde{\varepsilon}=\varepsilon-\mathrm{j}\frac{\sigma}{\omega}=\varepsilon\left(1-\mathrm{j}\frac{\sigma}{\omega\varepsilon}\right) \tag{3-3-2}$$

式(3-3-1d)利用了损耗媒质内部的自由电荷密度趋于零这一规律，其证明参见第2

章例 2-1-1。

将方程组(3-3-1)与理想介质中的麦克斯韦方程组相比较，仅有 ε 与 $\tilde{\varepsilon}$ 的区别，因此我们只要用 $\tilde{\varepsilon}$ 取代上一节方程中的 ε，即可得到有损耗媒质中的平面波的解为

$$\boldsymbol{E} = (E_{xm}\mathrm{e}^{\mathrm{j}\varphi_x}\boldsymbol{e}_x + E_{ym}\mathrm{e}^{\mathrm{j}\varphi_y}\boldsymbol{e}_y)\mathrm{e}^{-\gamma z} \tag{3-3-3a}$$

$$\boldsymbol{H} = \frac{1}{\eta}\boldsymbol{e}_z \times \boldsymbol{E} \tag{3-3-3b}$$

其中

$$\gamma = \mathrm{j}\omega\sqrt{\mu\tilde{\varepsilon}} \tag{3-3-3c}$$

$$\eta = \sqrt{\frac{\mu}{\tilde{\varepsilon}}} \tag{3-3-3d}$$

γ 称为传播常数(Propagation Constant)，γ 和 η 都是复数。式(3-3-3)说明，在损耗媒质中传播的平面波，电场、磁场和传播方向三者相互垂直，成右手螺旋关系，仍是 TEM 波。

3.3.2 传播常数和波阻抗的意义

有损耗媒质中电磁波的传播常数 γ 和波阻抗 η 都是复数。设 $\gamma=\alpha+\mathrm{j}\beta$，由式(3-3-3c)得

$$(\alpha+\mathrm{j}\beta)^2=\alpha^2-\beta^2+2\mathrm{j}\alpha\beta=-\omega^2\mu\varepsilon\left(1-\mathrm{j}\frac{\sigma}{\omega\varepsilon}\right)$$

上式两边虚、实部分别相等，可得

$$\alpha = \sqrt{\frac{\omega^2\mu\varepsilon}{2}}\sqrt{\sqrt{1+\left(\frac{\sigma}{\omega\varepsilon}\right)^2}-1} \tag{3-3-4a}$$

$$\beta = \sqrt{\frac{\omega^2\mu\varepsilon}{2}}\sqrt{\sqrt{1+\left(\frac{\sigma}{\omega\varepsilon}\right)^2}+1} \tag{3-3-4b}$$

为讨论方便起见，假设电场只有 x 方向分量，因而电磁波的解为

$$E_x = E_{xm}\mathrm{e}^{\mathrm{j}\varphi_x}\mathrm{e}^{-\gamma z} = E_{xm}\mathrm{e}^{-\alpha z}\mathrm{e}^{-\mathrm{j}\beta z+\mathrm{j}\varphi_x} \tag{3-3-5a}$$

$$H_y = \frac{E_{xm}\mathrm{e}^{\mathrm{j}\varphi_x}\mathrm{e}^{-\gamma z}}{\eta} = \frac{E_{xm}\mathrm{e}^{-\alpha z}\mathrm{e}^{-\mathrm{j}(\beta z+\psi)+\mathrm{j}\varphi_x}}{|\eta|} \tag{3-3-5b}$$

$$\eta = |\eta|\mathrm{e}^{\mathrm{j}\psi} \tag{3-3-5c}$$

式中，ψ 为波阻抗的幅角。电磁波的瞬时值为

$$E_x(z,\ t) = E_{xm}\mathrm{e}^{-\alpha z}\cos(\omega t - \beta z + \varphi_x) \tag{3-3-6a}$$

$$H_y(z,\ t) = \frac{E_{xm}\mathrm{e}^{-\alpha z}}{|\eta|}\cos(\omega t - \beta z - \psi + \varphi_x) \tag{3-3-6b}$$

上式说明：

(1) 在损耗媒质中，沿平面波的传播方向，平面波的振幅按指数衰减，故 α 称为衰减常数(Attenuation Constant)。工程上常用分贝(dB)或奈培(Np)来计算衰减量，其定义为

$$\alpha z = 20\ \lg\frac{E_{xm}}{|E_x|}\ (\mathrm{dB}) \tag{3-3-7a}$$

$$\alpha z = \ln\frac{E_{xm}}{|E_x|}\ (\mathrm{Np}) \tag{3-3-7b}$$

当 $E_{xm}/|E_x|=\mathrm{e}=2.7183$ 时，衰减量为 1 Np，或 20 lg2.7183＝8.686 dB，故 1 Np＝8.686 dB。衰减常数的单位是奈每米(Np/m)或分贝每米(dB/m)。

波的振幅不断衰减的物理原因是电导率 σ 引起的焦耳热损耗，有一部分电磁能量转换成了热能。

(2) 由式(3-3-6)还可得出，电磁波传播的相速是

$$v_p = \frac{\omega}{\beta} \tag{3-3-8}$$

其中，β 称为相位常数(Phase Constant)，即单位长度上的相移量。与理想介质中的波数 k 具有相同的意义。由于 β 是频率的复杂函数，因而相速也是频率的函数。电磁波传播的相速随频率而变化的现象称为色散(Dispersive)。色散的名称来源于光学，当一束太阳光入射至三棱镜上时，则在三棱镜的另一边就可看到散开的七色光，其原因是不同频率的光在同一媒质中具有不同的折射率，亦即具有不同的相速。

色散会使已调制的无线电信号波形发生畸变。一个调制波可认为是由许多不同频率的时谐波合成的波群，不同频率的时谐波相速不同，衰减也不同，传播一段距离后，必然会有新的相位和振幅关系，这时合成波将可能发生失真。色散是理想介质中所没有的现象。

(3) 波阻抗 $\eta = |\eta| e^{j\psi}$ 的振幅和幅角可导出如下：

$$|\eta| = \sqrt{\frac{\mu}{\varepsilon}}\left[1+\left(\frac{\sigma}{\omega\varepsilon}\right)^2\right]^{-1/4} \tag{3-3-9a}$$

$$\psi = \frac{1}{2}\arctan\left(\frac{\sigma}{\omega\varepsilon}\right) \tag{3-3-9b}$$

一般把 $\arctan\left(\frac{\sigma}{\omega\varepsilon}\right)$ 称为媒质的损耗角。

波阻抗的幅角表示磁场强度的相位比电场强度滞后 ψ，σ 越大则滞后越大。电磁波在有损耗媒质中的传播情况如图 3-3-1 所示。

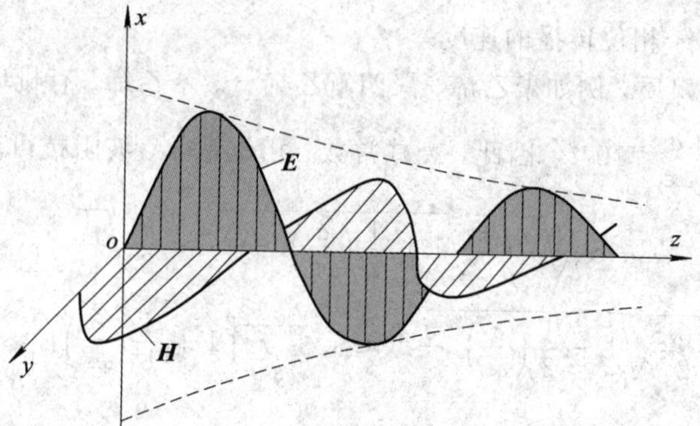

图 3-3-1　有损耗媒质中平面波的传播

(4) 损耗媒质中平均功率流密度矢量为

$$\boldsymbol{S}_{av} = \frac{1}{2}\mathrm{Re}(\boldsymbol{E}\times\boldsymbol{H}^*) = \frac{1}{2|\eta|}E_{xm}^2 e^{-2\alpha z}\cos\psi\,\boldsymbol{e}_z \tag{3-3-10}$$

随着波的传播，由于媒质的损耗，电磁波的功率流密度逐渐减小。

由衰减常数 α 的表达式可知：频率增大时，电磁波随距离的衰减变快，使波的传播距离变近；在相同的频率下，电导率越大，电磁波的衰减也越快，传播距离变近。含水的物质对微波具有较强的吸收作用，我们最熟知的一个应用是家庭中利用微波炉来烹制食物。微

波加热已广泛用于皮革、纸张、木材、粮食、食品和茶叶等的加热干燥工序中，微波加热还可用于血浆和冷藏器官的解冻等。对于加热频率的选择，考虑到若频率过高，则穿透深度小，不能对深部位加热；若频率过低，则物质吸收小，也不能有效地加热。同时，为了防止对雷达和通信等产生干扰，我国和世界大多数国家规定的工业、科学与医疗专用频率为915 MHz、2450 MHz、5800 MHz 和 22 125 MHz。目前我国主要使用 915 MHz 和 2450 MHz 频率。

(5) 储存在损耗媒质中的电磁波的电场能量密度和磁场能量密度的平均值分别为

$$(w_{av})_e = \frac{1}{4}\varepsilon E_{xm}^2 e^{-2\alpha z} \tag{3-3-11a}$$

$$(w_{av})_m = \frac{\mu}{4}\frac{E_{xm}^2}{|\eta|^2}e^{-2\alpha z} = \frac{1}{4}\varepsilon E_{xm}^2 e^{-2\alpha z}\sqrt{1+\left(\frac{\sigma}{\omega\varepsilon}\right)^2} \tag{3-3-11b}$$

由此可见，损耗媒质中磁场能量密度大于电场能量密度。这正是由于 $\sigma \neq 0$ 所引起的传导电流所致，因为它激发了附加的磁场。

(6) 能量的传播速度即能速为

$$v_e = \frac{S_{av}}{(w_{av})_e + (w_{av})_m} = \frac{2}{\sqrt{\mu\varepsilon}}\left[1+\left(\frac{\sigma}{\omega\varepsilon}\right)^2\right]^{\frac{1}{4}}\left\{\left[1+\left(\frac{\sigma}{\omega\varepsilon}\right)^2\right]^{\frac{1}{2}}+1\right\}^{-1}\cos\psi$$

由式(3-3-9)可得

$$\cos\psi = \cos\left[\frac{1}{2}\arctan^{-1}\left(\frac{\sigma}{\omega\varepsilon}\right)\right] = \frac{1}{\sqrt{2}}\left[1+\left(\frac{\sigma}{\omega\varepsilon}\right)^2\right]^{-\frac{1}{4}}\left\{\left[1+\left(\frac{\sigma}{\omega\varepsilon}\right)^2\right]^{\frac{1}{2}}+1\right\}^{\frac{1}{2}}$$

因此

$$v_e = \left(\frac{2}{\mu\varepsilon}\right)^{\frac{1}{2}}\left\{\left[1+\left(\frac{\sigma}{\omega\varepsilon}\right)^2\right]^{\frac{1}{2}}+1\right\}^{-\frac{1}{2}} = \frac{\omega}{\beta} = v_p \tag{3-3-12}$$

即能量传播的速度等于相位传播的速度。

(7) 对于低损耗媒质，例如聚乙烯、聚四氟乙烯、聚苯乙烯、有机玻璃和石英等，在高频和超高频以上均有 $\frac{\sigma}{\omega\varepsilon} < 10^{-2}$。因此，衰减常数、相位常数、波阻抗可近似为

$$\alpha \approx \sqrt{\frac{\omega^2\mu\varepsilon}{2}}\sqrt{\sqrt{1+\frac{1}{2}\left(\frac{\sigma}{\omega\varepsilon}\right)^2}-1} \approx \frac{\sigma}{2}\sqrt{\frac{\mu}{\varepsilon}} \tag{3-3-13a}$$

$$\beta \approx \sqrt{\frac{\omega^2\mu\varepsilon}{2}}\sqrt{\sqrt{1+\frac{1}{2}\left(\frac{\sigma}{\omega\varepsilon}\right)^2}+1} \approx \sqrt{\omega^2\mu\varepsilon}\left[1+\frac{1}{8}\left(\frac{\sigma}{\omega\varepsilon}\right)^2\right] \approx \omega\sqrt{\mu\varepsilon} \tag{3-3-13b}$$

$$\eta \approx \sqrt{\frac{\mu}{\varepsilon}} \tag{3-3-13c}$$

由此可见，在低损耗媒质中，平面波的传播特性，除了有微弱的损耗引起的衰减之外，其他特性和理想介质的相同。

3.3.3 良导电媒质中的平面波

良导电媒质(又称良导体)是指 σ 很大的媒质，如铜($\sigma = 5.8\times10^7$ S/m)、银($\sigma = 6.15\times10^7$ S/m)等金属，在整个无线电频率范围内满足 $\frac{\sigma}{\omega\varepsilon} > 100$。电磁波在良导电媒质中传播时，

能量将集中在表面一薄层内。

1. 传播常数和波阻抗的近似表达式

因为在良导电媒质中，$\frac{\sigma}{\omega\varepsilon}\geqslant 100$，式(3-3-4)和式(3-3-3d)可近似为

$$\alpha\approx\sqrt{\frac{\omega^2\mu\varepsilon}{2}}\sqrt{\frac{\sigma}{\omega\varepsilon}-1}\approx\sqrt{\frac{\omega\mu\sigma}{2}} \tag{3-3-14a}$$

$$\beta\approx\sqrt{\frac{\omega^2\mu\varepsilon}{2}}\sqrt{\frac{\sigma}{\omega\varepsilon}+1}\approx\sqrt{\frac{\omega\mu\sigma}{2}} \tag{3-3-14b}$$

$$\eta=\sqrt{\frac{\mu}{\varepsilon\left(1-\mathrm{j}\frac{\sigma}{\omega\varepsilon}\right)}}\approx\sqrt{\frac{\mathrm{j}\omega\mu}{\sigma}}=\sqrt{\frac{\omega\mu}{2\sigma}}(1+\mathrm{j}) \tag{3-3-14c}$$

2. 波在良导电媒质中的传播特性

良导电媒质中电磁波的相速为

$$v_p=\frac{\omega}{\beta}=\sqrt{\frac{2\omega}{\mu\sigma}} \tag{3-3-15}$$

其中，v_p与$\sqrt{\omega}$成正比，说明良导电媒质是色散媒质，且σ越大，v_p越慢。例如频率为10^6 Hz的电磁波，在铜中传播的相速v_p=415 m/s，与声音在空气中的传播速度在同一数量级上。通常把电磁波在自由空间的相速与在媒质中的相速之比定义为折射率n，表示为

$$n=\frac{c}{v_p}=\sqrt{\frac{\sigma}{2\omega\varepsilon}} \tag{3-3-16}$$

上式说明良导体的折射率很大，所以我们总是讨论垂直进入导体的情况。

由于良导体的电导率σ一般都在10^7数量级，随着频率的升高，α将很大，所以在良导体中高频电磁波只存在于导体表面，这个现象称为趋肤效应(Skin Effect)。为衡量趋肤程度，我们定义穿透深度(Depth of Penetration)δ：电磁波场强的振幅衰减到表面值的1/e时(即36.8%)所经过的距离。按其定义可得

$$\delta=\frac{1}{\alpha}=\sqrt{\frac{2}{\omega\mu\sigma}} \tag{3-3-17}$$

下面举例说明穿透深度的数量级。

例3-3-1　当电磁波的频率分别为50 Hz、464 kHz、10 GHz时，试计算电磁波在铜导体中的穿透深度。

解　利用式(3-3-17)，当电磁波频率为交流电频率即f_1=50 Hz时，可得

$$\delta_1=\left(\frac{2}{2\pi\times 50\times 4\pi\times 10^{-7}\times 5.8\times 10^7}\right)^{\frac{1}{2}}=9.34\ (\mathrm{mm})$$

当电磁波频率为中频即f_2=464 kHz时，可得

$$\delta_2=\left(\frac{2}{2\pi\times 464\times 10^3\times 4\pi\times 10^{-7}\times 5.8\times 10^7}\right)^{\frac{1}{2}}=97\ (\mu\mathrm{m})$$

当电磁波频率处于微波波段即$f_3=10^{10}$ Hz时，可得

$$\delta_3=\left(\frac{2}{2\pi\times 10^{10}\times 4\pi\times 10^{-7}\times 5.8\times 10^7}\right)^{\frac{1}{2}}=0.66\ (\mu\mathrm{m})$$

这些数据说明，一般厚度的金属外壳在无线电频段有很好的屏蔽作用，如中频变压器的铝罩、晶体管的金属外壳等都能很好地起到屏蔽作用，但对低频则无工程意义。低频时可采用铁磁性导体(如铁 $\sigma=10^7\,\mathrm{S/m}$，$\mu_r=10^4$，$\varepsilon_r=1$)进行屏蔽。

趋肤效应在工程上有重要的应用，例如用于表面热处理，用高频强电流通过一块金属，由于趋肤效应，它的表面首先被加热，迅速达到淬火的温度，而内部温度较低，这时立即淬火使之冷却，表面就会变得很硬，而内部仍保持原有的韧性。

例 3-3-2　当电磁波的频率分别为 50 Hz、10^5 Hz 时，试计算电磁波在海水中的穿透深度。已知海水的 $\sigma=4\,\mathrm{S/m}$，$\varepsilon_r=81$，$\mu_r=1$。

解　频率为 10^5 Hz 时，可得

$$\frac{\sigma}{\omega\varepsilon}=\frac{4}{2\pi\times10^5\times81\times8.854\times10^{-12}}=8.88\times10^3>10^2$$

显然频率越低越能满足上述表达式，于是有

$$\delta_1=\left(\frac{2}{2\pi\times50\times4\pi\times10^{-7}\times4}\right)^{\frac{1}{2}}=35.6\ (\mathrm{m})$$

$$\delta_2=\left(\frac{2}{2\pi\times10^5\times4\pi\times10^{-7}\times4}\right)^{\frac{1}{2}}=0.796\ (\mathrm{m})$$

数据结果说明，由于海水中电磁能量的损耗和趋肤效应，海底通信必须使用很低频率的无线电波，或者将收发天线上浮至海水表面附近。

良导电媒质中的波阻抗的近似值已由式(3-3-14c)给出，其电阻和电抗数值相等，幅角为 45°，说明良导电媒质中电场相位超前磁场 45°。波阻抗的模值是 $|\eta|=\sqrt{\omega\mu/\sigma}$，因此良导电媒质的波阻抗很小，说明电场强度远小于磁场强度。波阻抗在低频时更小，例如铜在 $f=50$ Hz 时，$|\eta|=2.6\times10^{-6}\,\Omega$，当 $f=3$ GHz 时 $|\eta|$ 也只有 0.02 Ω。理想导体的波阻抗则等于零，所以我们常说良导电媒质对电磁波有短路作用。电磁波在良导电媒质表面上大部分被反射掉，少部分进入表面薄层转化为焦耳热而被损耗掉。

3. 良导电媒质的表面阻抗

由于趋肤效应，电流集中于导体表面，导体内部的电流则随深度增加而迅速减小，在数个穿透深度后，电流近似地等于零。在高频情况下，导体的实际载流面积减少，不同于恒定电流均匀分布于导体截面的情况，因而导线的高频电阻比低频或直流电阻大得多。

下面计算导体平面的阻抗。如图 3-3-2 所示，在导体内有

$$J_x=\sigma E_0\mathrm{e}^{-\gamma z}$$

设导体在 z 方向的厚度远大于穿透深度，因而可认为厚度是无限大。则在宽为 h(如图 3-3-2 所示，指磁场方向的宽度)、z 方向无限深的截面流过的总电流为

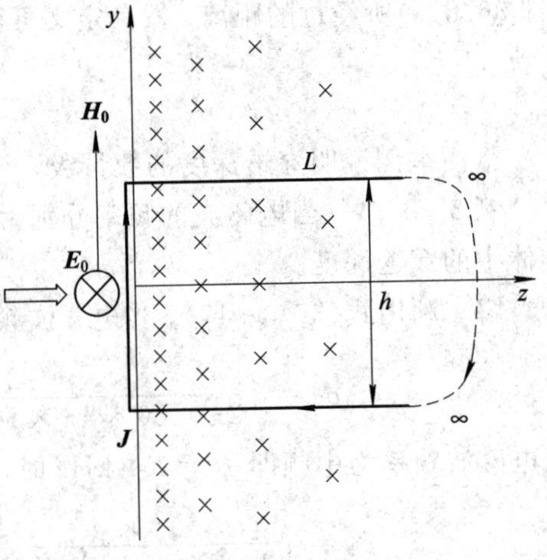

图 3-3-2　导体平面的表面阻抗

$$I_x = \int_S J_x \mathrm{d}S = \int_0^{\infty} h\sigma E_0 \mathrm{e}^{-\gamma z} \mathrm{d}z = \frac{h\sigma E_0}{\gamma}$$

电流实际上只在表面流动。我们定义：单位长度表面电压复振幅(即 x 方向的电场强度)与上述总电流的比值为导体的表面阻抗，即

$$Z_{hf} = \frac{E_0}{I_x} = \frac{\gamma}{h\sigma} = \frac{1}{h\sigma}\left(\frac{\omega\mu\sigma}{2}\right)^{\frac{1}{2}}(1+\mathrm{j}) \tag{3-3-18}$$

单位宽度、单位长度的表面阻抗称为导体的表面阻抗率(Surface Resistivity)，表示为

$$Z_s = \sqrt{\frac{\omega\mu}{2\sigma}}(1+\mathrm{j}) = \eta \tag{3-3-19}$$

它的实数部分称为表面电阻率 R_s，虚数部分称为表面电抗率 X_s，其计算表达式为

$$R_s = X_s = \sqrt{\frac{\omega\mu}{2\sigma}} = \frac{1}{\sigma\delta} \tag{3-3-20}$$

显然，频率越高，表面电阻率 R_s 越大，这进一步说明了高频率能量不能在导体内部传输。计算有限面积的表面阻抗，应等于 Z_s 乘以沿电场方向的长度、除以沿磁场方向的宽度。

从导体中电磁波的能量损耗也可以看出表面电阻率的意义。在图 3-3-2 所示的导体中，往 z 方向传输的电磁波为

$$H_y = H_0 \mathrm{e}^{-\gamma z}$$
$$E_x = \eta H_0 \mathrm{e}^{-\gamma z}$$

其中，H_0 是电磁波在导体表面上的磁场强度。通过单位面积传输进入导体的平均功率为

$$\begin{aligned}\boldsymbol{S}_{\mathrm{av}} &= \frac{1}{2}\mathrm{Re}(\boldsymbol{E}\times\boldsymbol{H}^*)\Big|_{z=0} \\ &= \frac{1}{2}|H_0|^2 \mathrm{Re}(\eta)\boldsymbol{e}_z \\ &= \frac{1}{2}|H_0|^2 R_s \boldsymbol{e}_z\,(\mathrm{W/m^2})\end{aligned} \tag{3-3-21}$$

上式就是单位表面积的导体中损耗的电磁功率。沿图 3-3-2 所示的路径 L 积分，可得全电流 $I_x = \oint_L \boldsymbol{H}\cdot\mathrm{d}\boldsymbol{l} = H_0 h$，这个电流也是传导电流，因为导体中位移电流远小于传导电流。由于这个电流绝大部分集中在导体的表面附近，所以称之为表面电流，其表面电流密度就是 $J_s = H_0$，因此可用下式计算单位表面积的导体中电磁波的损耗功率

$$S_{\mathrm{av}} = \frac{1}{2}|J_s|^2 R_s = \frac{1}{2}|J_s|^2 \frac{1}{\sigma\delta} \tag{3-3-22}$$

上式可设想为面电流 J_s 均匀地集中在导体表面 δ 厚度内，对应的导体直流电阻所吸收的功率就等于电磁波垂直传入导体所耗散的热损耗功率。

下面再以圆导线为例，计算表面电阻。在频率很高时 δ 很小，通常远小于导线半径 a，因此可把导线看成具有厚度是无限大、宽度是导线截面周长的平面导体，导线单位长度的表面电阻为

$$R_{hf} = \frac{R_s}{2\pi a} = \frac{1}{2\pi a\delta\sigma} \tag{3-3-23a}$$

上式说明在高频条件下导线的电阻会显著地随频率增加。而单位长度的导线的直流电阻为

$$R_0=\frac{1}{\pi a^2\sigma} \tag{3-3-23b}$$

对比以上两式，如上所述，可以设想频率很高时，电流均匀地集中在导体表面 δ 厚度内，导线的实际载流面积为 $2\pi a\delta$。

由以上两式可得，表面电阻与直流电阻的比值为

$$\frac{R_{hf}}{R_0}=\frac{a}{2\delta}$$

上式说明同一根导线高频时的电阻比直流电阻大得多。如何减少导体的高频电阻呢？可以采用多股漆包线或辫线，即用相互绝缘的细导线编织成束来代替同样总截面积的实心导线。在无线电技术中通常用它绕制高 Q 值电感。

3.4　均匀平面波对平面边界的垂直入射

前面讨论了均匀平面波在单一媒质中的传播规律。然而，电磁波在传播过程中不可避免地会碰到不同形状的分界面，为此需研究波在分界面上所遵循的规律和传播特性。

为分析简便，假设分界面为无限大的平面，如图 3-4-1 所示，在分界面上任取一点作为坐标原点，取 z 轴与分界面垂直，并由媒质Ⅰ指向媒质Ⅱ。我们把在第一种媒质中投射到分界面的波称为入射波(Incident Wave)，把透过分界面在第二种媒质中传播的波称为透射波(Transmitted Wave)，把从分界面上返回到第一种媒质中传播的波称为反射波(Reflected Wave)。

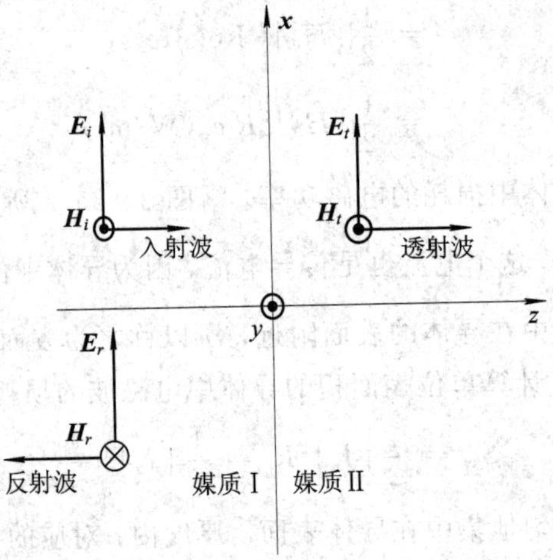

图 3-4-1　均匀平面波的垂直入射

3.4.1　对理想导体的垂直入射

设图 3-4-1 中媒质Ⅰ是理想介质($\sigma_1=0$)，媒质Ⅱ是理想导体($\sigma_2\to\infty$)，均匀平面波由媒质Ⅰ沿 z 轴方向向媒质Ⅱ垂直入射，由于电磁波不能穿入理想导体，全部电磁能量都将被边界反射回来。为简便起见，下面讨论线极化波，取电场强度的方向为 x 轴的正方向，

则入射波的一般表达式为

$$\boldsymbol{E}_i = \boldsymbol{E}_{i0}\mathrm{e}^{-\mathrm{j}k_1 z}\boldsymbol{e}_x \tag{3-4-1a}$$

$$\boldsymbol{H}_i = \frac{1}{\eta_1}\boldsymbol{e}_z \times \boldsymbol{E}_i = \frac{E_{i0}}{\eta_1}\mathrm{e}^{-\mathrm{j}k_1 z}\boldsymbol{e}_y \tag{3-4-1b}$$

式中，$k_1=\omega\sqrt{\mu_1\varepsilon_1}$；$\eta_1=\sqrt{\dfrac{\mu_1}{\varepsilon_1}}$；$E_{i0}$为分界面上入射电场的复振幅。在理想导体表面应满足电场切向分量为零的边界条件，因此反射波的电场也将是 x 方向线极化的，其电磁场表达式为

$$\boldsymbol{E}_r = E_{r0}\mathrm{e}^{\mathrm{j}k_1 z}\boldsymbol{e}_x \tag{3-4-2a}$$

$$\boldsymbol{H}_r = \frac{1}{\eta_1}(-\boldsymbol{e}_z) \times \boldsymbol{E}_r = -\frac{E_{r0}}{\eta_1}\mathrm{e}^{\mathrm{j}k_1 z}\boldsymbol{e}_y \tag{3-4-2b}$$

其中，E_{r0}为 $z=0$ 处的反射波的电场复振幅。注意上式中反射波向 $-z$ 方向传播，反射波磁场矢量指向 $-y$ 方向。利用理想导体表面的边界条件，在 $z=0$ 处由式(3-4-1)和式(3-4-2)可得

$$E_{i0}+E_{r0}=0 \quad 即 \quad E_{r0}=-E_{i0} \tag{3-4-3}$$

故在 $z<0$ 的媒质Ⅰ中合成波为

$$E_x = E_{i0}(\mathrm{e}^{-\mathrm{j}k_1 z}-\mathrm{e}^{\mathrm{j}k_1 z}) = -2\mathrm{j}E_{i0}\sin k_1 z \tag{3-4-4a}$$

$$H_y = \frac{2E_{i0}}{\eta_1}\cos k_1 z \tag{3-4-4b}$$

瞬时值为

$$E_x(z,t) = 2|E_{i0}|\sin k_1 z\cos\left(\omega t-\frac{\pi}{2}+\varphi_1\right) \tag{3-4-5a}$$

$$H_y(z,t) = \frac{2|E_{i0}|}{\eta_1}\cos k_1 z\cos(\omega t+\varphi_1) \tag{3-4-5b}$$

式中 φ_1 是 E_{i0}的初相角，电磁波的振幅为

$$|E_x| = |2E_{i0}\sin k_1 z| \tag{3-4-6a}$$

$$|H_y| = \left|\frac{2E_{i0}}{\eta_1}\cos k_1 z\right| \tag{3-4-6b}$$

由上式可知，在 $k_1 z=-n\pi(n=0, 1, 2, \cdots)$即 $z=-\dfrac{n\lambda_1}{2}$处，电场的振幅等于零，而且这些零点的位置都不随时间变化，称为电场的波节点(Nodal Point)。而在 $k_1 z=-(n\pi+\pi/2)$即 $z=-(n\lambda_1/2+\lambda_1/4)$处，电场的振幅最大，这些最大值的位置也不随时间变化，称为电场的波腹点(Loop Point)。

由式(3-4-6)画出电磁波的振幅分布如图 3-4-2 所示，理想导体表面为电场波节点，电场波腹点和波节点每隔 $\lambda_1/4$ 交替出现，两个相邻波节点之间的距离为 $\lambda_1/2$。磁场强度的波节点对应于电场的波腹点，而磁场强度的波腹点对应于电场的波节点。我们把波节点和波腹点的位置都固定不变的电磁波，称为驻波(Standing Wave)。从物理上看，驻波是振幅相等的两个反向波——入射波和反射波相互叠加的结果。在电场波腹点，两电场同相叠加，故呈现最大振幅 $2|E_{i0}|$；而在电场波节点，两电场反相叠加，故相抵消为零。

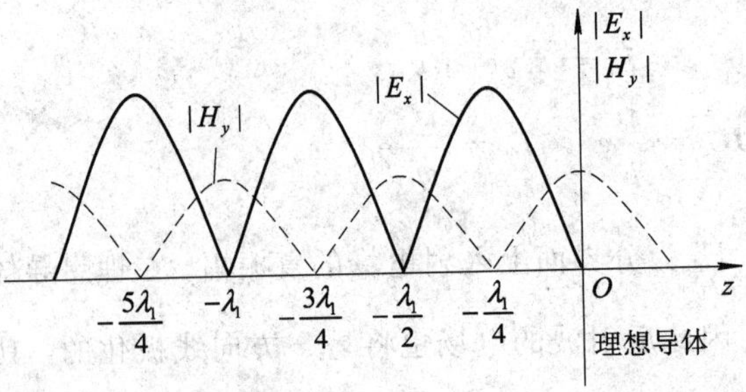

图 3-4-2　驻波的振幅分布示意图

对理想导体的垂直入射过程

媒质Ⅰ中的平均功率流密度矢量为

$$\boldsymbol{S}_{\mathrm{av}} = \frac{1}{2}\,\mathrm{Re}(\boldsymbol{E}\times\boldsymbol{H}^*) = \frac{1}{2}\,\mathrm{Re}\left[-\mathrm{j}\,\frac{4\,|E_{i0}|^2}{\eta_1}\sin(k_1 z)\cos(k_1 z)\boldsymbol{e}_z\right] = 0 \qquad (3-4-7)$$

可见，驻波不传输能量，只存在电场能和磁场能的相互转换。

由于媒质Ⅱ中无电磁场，在理想导体表面两侧的磁场切向分量不连续，因而交界面上存在面电流，根据边界条件得理想导体表面的面电流密度为

$$\boldsymbol{J}_s = \boldsymbol{n}\times\boldsymbol{H}\big|_{z=0} = \frac{2E_{i0}}{\eta_1}\boldsymbol{e}_x = 2H_{i0}\boldsymbol{e}_x \qquad (3-4-8)$$

它是入射场 H_{i0} 的 2 倍。

如果入射的平面波是圆极化的，以右旋圆极化为例，入射波的电场为

$$\boldsymbol{E}_i = E_m \mathrm{e}^{-\mathrm{j}k_1 z}(\boldsymbol{e}_x - \mathrm{j}\boldsymbol{e}_y) \qquad (3-4-9)$$

对理想导体垂直入射，由边界条件可得反射波电场为

$$\boldsymbol{E}_r = -E_m \mathrm{e}^{\mathrm{j}k_1 z}(\boldsymbol{e}_x - \mathrm{j}\boldsymbol{e}_y) \qquad (3-4-10)$$

反射波的传播方向是 $-z$ 方向，所以相对于反射波的传播方向，反射波变成了左旋圆极化波。合成电场为

$$\boldsymbol{E} = \boldsymbol{E}_i + \boldsymbol{E}_r = -2E_m \sin k_1 z(\mathrm{j}\boldsymbol{e}_x + \boldsymbol{e}_y) \qquad (3-4-11)$$

显然入射波是圆极化波，其合成电场也是驻波。

3.4.2　对理想介质的垂直入射

参考图 3-4-1，设媒质Ⅰ和媒质Ⅱ都是理想介质，即 $\sigma_1 = \sigma_2 = 0$，介电常数和磁导率分别是(ε_1、μ_1)和(ε_2、μ_2)。当 x 方向极化的平面波由媒质Ⅰ向媒质Ⅱ垂直入射时，在边界处既有向 z 方向传播的透射波，又有向 $-z$ 方向传播的反射波。由于电场的切向分量在边界面两侧是连续的，反射波和透射波的电场也只有 x 方向的分量。入射波和反射波的电磁场强度的表达式与式(3-4-1)和式(3-4-2)相同，媒质Ⅱ中的透射波为

$$\boldsymbol{E}_t = E_{t0}\mathrm{e}^{-\mathrm{j}k_2 z}\boldsymbol{e}_x \qquad (3-4-12\mathrm{a})$$

$$\boldsymbol{H}_t = \frac{E_{t0}}{\eta_2}\mathrm{e}^{-\mathrm{j}k_2 z}\boldsymbol{e}_y \qquad (3-4-12\mathrm{b})$$

式中，E_{t0} 为 $z=0$ 处透射波的复振幅。在分界面上，电场、磁场的切向分量连续，于是有

$$E_{i0} + E_{r0} = E_{t0}$$

$$\frac{E_{i0}}{\eta_1}-\frac{E_{r0}}{\eta_1}=\frac{E_{t0}}{\eta_2}$$

解得

$$\frac{E_{r0}}{E_{i0}}=\frac{\eta_2-\eta_1}{\eta_2+\eta_1} \tag{3-4-13a}$$

$$\frac{E_{t0}}{E_{i0}}=\frac{2\eta_2}{\eta_2+\eta_1} \tag{3-4-13b}$$

我们定义反射波电场复振幅与入射波电场复振幅的比值为反射系数(Reflection Coefficient)，用Γ 表示；透射波电场复振幅与入射波电场复振幅的比值为透射系数(Transmitted Coefficient)，用 T 表示。由式(3-4-13)得

$$\Gamma=\frac{E_{r0}}{E_{i0}}=\frac{\eta_2-\eta_1}{\eta_2+\eta_1} \tag{3-4-14a}$$

$$T=\frac{E_{t0}}{E_{i0}}=\frac{2\eta_2}{\eta_2+\eta_1} \tag{3-4-14b}$$

$$1+\Gamma=T \tag{3-4-14c}$$

于是媒质Ⅰ中合成电场和合成磁场分别为

$$\boldsymbol{E}_1=E_{i0}(\mathrm{e}^{-\mathrm{j}k_1z}+\Gamma\mathrm{e}^{\mathrm{j}k_1z})\boldsymbol{e}_x \tag{3-4-15a}$$

$$\boldsymbol{H}_1=\frac{E_{i0}}{\eta_1}(\mathrm{e}^{-\mathrm{j}k_1z}-\Gamma\mathrm{e}^{\mathrm{j}k_1z})\boldsymbol{e}_y \tag{3-4-15b}$$

在媒质Ⅱ中有

$$\boldsymbol{E}_t=E_{i0}T\mathrm{e}^{-\mathrm{j}k_2z}\boldsymbol{e}_x \tag{3-4-16a}$$

$$\boldsymbol{H}_t=\frac{E_{i0}}{\eta_2}T\mathrm{e}^{-\mathrm{j}k_2z}\boldsymbol{e}_y \tag{3-4-16b}$$

下面首先讨论电磁波振幅分布，由式(3-4-15)可得

$$|E_1|=|E_{i0}|\,|1+\Gamma\mathrm{e}^{2\mathrm{j}k_1z}|=|E_{i0}|\sqrt{1+|\Gamma|^2+2|\Gamma|\cos(2k_1z+\varphi_r)} \tag{3-4-17a}$$

$$|H_1|=\frac{|E_{i0}|}{\eta_1}\sqrt{1+|\Gamma|^2-2|\Gamma|\cos(2k_1z+\varphi_r)} \tag{3-4-17b}$$

其中，$\Gamma=|\Gamma|\mathrm{e}^{\mathrm{j}\varphi_r}$。若 $\eta_2>\eta_1$ 则 $\varphi_r=0$，若 $\eta_2<\eta_1$ 则 $\varphi_r=\pi$。电磁波振幅分布如图 3-4-3 所示，图中假设 $\eta_2<\eta_1$，在 $2k_1z=-2n\pi$ 即 $z=-\frac{n\lambda_1}{2}$($n=0, 1, 2, \cdots$)处，电场振幅达到最小值，为电场波节点，而磁场的振幅达到最大值，有

$$|E_1|_{\min}=|E_{i0}|(1-|\Gamma|) \tag{3-4-18a}$$

$$|H_1|_{\max}=\frac{|E_{i0}|}{\eta_1}(1+|\Gamma|) \tag{3-4-18b}$$

而在 $2k_1z=-2n\pi-\pi$ 即 $z=-\frac{n\lambda_1}{2}-\frac{\lambda_1}{4}$ 处，电场振幅最大，为电场波腹点，磁场振幅最小，有

$$|E_1|_{\max}=|E_{i0}|(1+|\Gamma|) \tag{3-4-18c}$$

$$|H_1|_{\min}=\frac{|E_{i0}|}{\eta_1}(1-|\Gamma|) \tag{3-4-18d}$$

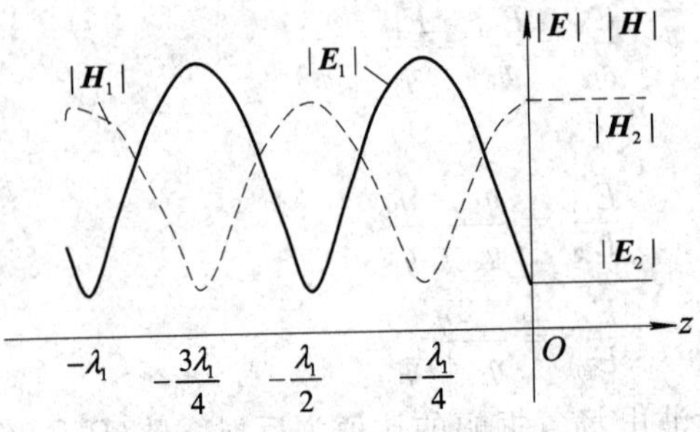

图 3-4-3　行驻波的振幅分布示意图

对理想介质的
垂直入射过程

在电场波腹点处，反射波和入射波的电场同相，因而合成场为最大。而在电场波节点处，反射波和入射波的电场反相，从而形成最小值。这些值的位置都不随时间而变化，具有驻波特性。但反射波的振幅比入射波的振幅小，反射波只与入射波的一部分形成驻波，因而电场振幅最小值不为零而最大值也不到 $2|E_{i0}|$，这时既有驻波成分，又有行波成分，故称之为行驻波，如下式所示

$$\begin{aligned} E_{x1} &= E_{i0}(\mathrm{e}^{-\mathrm{j}k_1 z}+\Gamma\mathrm{e}^{\mathrm{j}k_1 z}) \\ &= E_{i0}(1-\Gamma)\mathrm{e}^{-\mathrm{j}k_1 z}+E_{i0}\Gamma(\mathrm{e}^{-\mathrm{j}k_1 z}+\mathrm{e}^{\mathrm{j}k_1 z}) \\ &= E_{i0}(1-\Gamma)\mathrm{e}^{-\mathrm{j}k_1 z}+2E_{i0}\Gamma\cos k_1 z \end{aligned} \tag{3-4-19}$$

式中，第一项是向 z 方向传播的行波，第二项是驻波。为了反映行驻波状态的驻波成分大小，定义电场振幅的最大值与最小值之比为驻波比(Standing Wave Ratio)，用 ρ 表示为

$$\rho=\frac{E_{\max}}{E_{\min}}=\frac{1+|\Gamma|}{1-|\Gamma|} \tag{3-4-20}$$

也可以用驻波比表示反射系数为

$$|\Gamma|=\frac{\rho-1}{\rho+1} \tag{3-4-21}$$

下面讨论功率的传输。利用式(3-4-15)，在媒质Ⅰ中，向 z 方向传输的功率密度为

$$\boldsymbol{S}_{\mathrm{av1}}=\frac{1}{2}\operatorname{Re}(\boldsymbol{E}_1\times\boldsymbol{H}_1^*)=\frac{|E_{i0}|^2}{2\eta_1}(1-|\Gamma|^2)\boldsymbol{e}_z \tag{3-4-22a}$$

它等于入射波传输的功率减去反射波向相反方向传输的功率。在媒质Ⅱ中，向 z 方向透射的功率密度为

$$\boldsymbol{S}_{\mathrm{av2}}=\frac{1}{2}\operatorname{Re}(\boldsymbol{E}_t\times\boldsymbol{H}_t^*)=\frac{|E_{i0}|^2}{2\eta_2}\Gamma^2\boldsymbol{e}_z \tag{3-4-22b}$$

将反射系数和透射系数的计算公式代入以上两式，可以得出，媒质Ⅰ中向 z 方向传输的功率等于媒质Ⅱ中向 z 方向透射的功率，符合能量守恒定律。

前面学过波阻抗的概念，是针对电磁波向一个方向传播的情况。现在媒质Ⅰ中有双向传播的波同时存在，我们定义电场复振幅与磁场复振幅之比为等效波阻抗

$$\eta_{ef}=\frac{E_{x1}}{H_{y1}}=\eta_1\frac{\mathrm{e}^{-\mathrm{j}k_1 z}+\Gamma\mathrm{e}^{\mathrm{j}k_1 z}}{\mathrm{e}^{-\mathrm{j}k_1 z}-\Gamma\mathrm{e}^{\mathrm{j}k_1 z}}=\eta_1\frac{\eta_2-\mathrm{j}\eta_1\tan k_1 z}{\eta_1-\mathrm{j}\eta_2\tan k_1 z}\quad(z<0) \tag{3-4-23}$$

等效波阻抗是一个复数，说明电场和磁场相位一般不相同。等效波阻抗用于计算多层媒质的垂直入射问题并带来很大方便。

如果媒质Ⅰ和媒质Ⅱ是有损耗媒质，可用复介电常数 $\tilde{\varepsilon}$ 代替实数介电常数 ε，上述分析

方法仍然适用。例如电磁波由空气垂直入射于良导体表面，将式(3-3-14c)中的η代入式(3-4-14a)可得反射系数为

$$\Gamma=\frac{\sqrt{\frac{\omega\mu_r\varepsilon_0}{2\sigma}}(1+\mathrm{j})-1}{\sqrt{\frac{\omega\mu_r\varepsilon_0}{2\sigma}}(1+\mathrm{j})+1}$$

由该反射系数可求出透射进入导体的功率密度$\boldsymbol{S}_{\mathrm{av2}}$为

$$\boldsymbol{S}_{\mathrm{av2}}=(1-|\Gamma|^2)\boldsymbol{S}_{\mathrm{in}}=\frac{4\sqrt{\frac{\omega\mu_r\varepsilon_0}{2\sigma}}}{\left(1+\sqrt{\frac{\omega\mu_r\varepsilon_0}{2\sigma}}\right)^2+\frac{\omega\mu_r\varepsilon_0}{2\sigma}}\boldsymbol{S}_{\mathrm{in}}\approx 4\sqrt{\frac{\omega\mu_r\varepsilon_0}{2\sigma}}\boldsymbol{S}_{\mathrm{in}} \quad (3-4-24)$$

式中，$\boldsymbol{S}_{\mathrm{in}}$为入射波的功率流密度矢量。透射进入导体的功率被导体所损耗，由上式可见，频率越高，透射进入导体而损耗的功率越大，该功率由于趋肤效应将集中在导体表面；电导率σ越大，透射进入导体的损耗功率越小，大部分功率被反射掉，进入导体的功率也集中在导体表面，σ越大穿透深度越小。

3.5 均匀平面波对平面边界的斜入射

3.5.1 沿任意方向传播的平面波

向z方向传播的均匀平面波可表示为

$$\boldsymbol{E}=\boldsymbol{E}_0\mathrm{e}^{-\mathrm{j}kz} \quad (3-5-1\mathrm{a})$$

$$\boldsymbol{H}=\frac{1}{\eta}\boldsymbol{e}_z\times\boldsymbol{E} \quad (3-5-1\mathrm{b})$$

因为kz为常数就是z为常数，所以等相位面是垂直于z轴的平面，如图3-5-1(a)所示。等相位面上任一点的矢径为$\boldsymbol{r}=x\boldsymbol{e}_x+y\boldsymbol{e}_y+z\boldsymbol{e}_z$，则等相位面也可表示成$\boldsymbol{r}\cdot\boldsymbol{e}_z=$常数。因此沿$z$方向传播的电场可表示为

$$\boldsymbol{E}=\boldsymbol{E}_0\mathrm{e}^{-\mathrm{j}k\boldsymbol{e}_z\cdot\boldsymbol{r}} \quad (3-5-2)$$

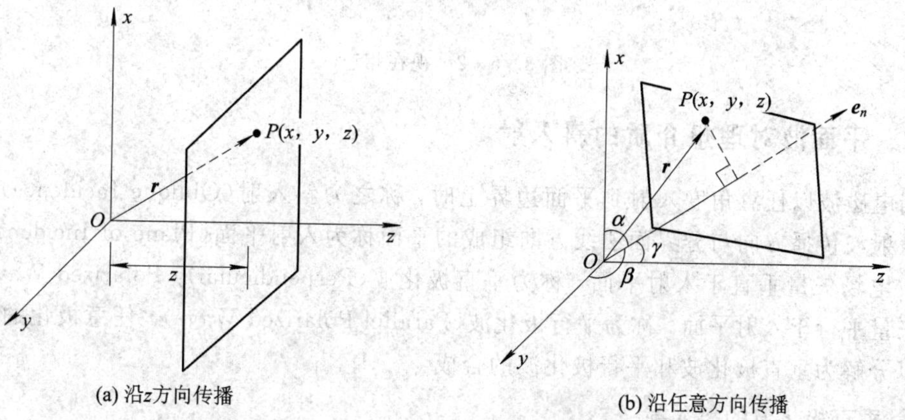

(a) 沿z方向传播　　(b) 沿任意方向传播

图3-5-1 平面波的等相位面

如果平面波沿任意方向 $\boldsymbol{e}_n$ 传播，如图 3-5-1(b)所示，等相位面是 $\boldsymbol{r}\cdot\boldsymbol{e}_n$ = 常数的平面与 $\boldsymbol{e}_n$ 垂直。仿照上式，可写出电磁波的表达式为

$$\boldsymbol{E}=\boldsymbol{E}_0\mathrm{e}^{-\mathrm{j}k\boldsymbol{e}_n\cdot\boldsymbol{r}}=\boldsymbol{E}_0\mathrm{e}^{-\mathrm{j}\boldsymbol{k}\cdot\boldsymbol{r}} \tag{3-5-3a}$$

$$\boldsymbol{H}=\frac{1}{\eta}\boldsymbol{e}_n\times\boldsymbol{E} \tag{3-5-3b}$$

其中

$$\boldsymbol{e}_n=\cos\alpha\boldsymbol{e}_x+\cos\beta\,\boldsymbol{e}_y+\cos\gamma\boldsymbol{e}_z \tag{3-5-3c}$$

$$\boldsymbol{k}=k\boldsymbol{e}_n \tag{3-5-3d}$$

$$\boldsymbol{E}_0\cdot\boldsymbol{e}_n=0 \tag{3-5-3e}$$

式中，$\cos\alpha$、$\cos\beta$、$\cos\gamma$ 是传播方向单位矢量 $\boldsymbol{e}_n$ 的方向余弦；$\boldsymbol{k}$ 称为传播矢量(Propagation Vector)或波矢量，其方向和模值分别表示电磁波的传播方向和传播常数。

由式(3-5-3a)，沿任意方向 $\boldsymbol{e}_n$ 传播的平面波可表示为

$$\boldsymbol{E}=\boldsymbol{E}_0\mathrm{e}^{-\mathrm{j}kx\cos\alpha}\cdot\mathrm{e}^{-\mathrm{j}ky\cos\beta}\cdot\mathrm{e}^{-\mathrm{j}kz\cos\gamma}$$

如果取沿 z 方向的传播常数为 $k\cos\gamma$，则有

$$v_z=\frac{\omega}{k\cos\gamma}=\frac{v}{\cos\gamma}\geqslant v \tag{3-5-4}$$

v_z 称为 z 方向的视在相速。v_z 只表示波的等相位面沿 z 轴移动的速度，并不表示能量的传播速度，如图 3-5-2 所示，P' 点的能量是由后面的 A 点按光速传播而来的，并不是由 P 点传来的。

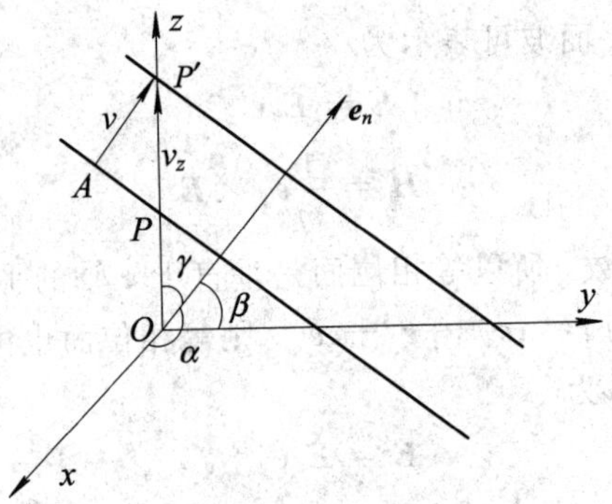

图 3-5-2 视在相速

3.5.2 平面波对理想介质的斜入射

当电磁波以任意角度入射到平面边界上时，称之为斜入射(Oblique Incidence)。我们把由入射波传播方向与分界面法线方向组成的平面称为入射平面(Plane of Incidence)。若入射波电场矢量垂直于入射平面，称为垂直极化波(Perpendicularly Polarized Wave)；若电场矢量平行于入射平面，称为平行极化波(Parallel Polarized Wave)。任意极化的平面波都可以分解为垂直极化波和平行极化波的合成。

1. 垂直极化波的斜入射

如图 3-5-3(a)所示，设媒质Ⅰ的介质参量为 ε_1、μ_1，媒质Ⅱ的介质参量为 ε_2、μ_2。入

射平面位于 xOz 平面，电场与入射平面垂直，以入射角 θ_i 入射到理想介质平面上，则入射波的传播方向为 $\boldsymbol{e}_i=\sin\theta_i\boldsymbol{e}_x+\cos\theta_i\boldsymbol{e}_z$，入射电磁波可表示为

$$\boldsymbol{E}_i = E_{i0}\mathrm{e}^{-\mathrm{j}k_1\boldsymbol{e}_i\cdot\boldsymbol{r}}\boldsymbol{e}_y = E_{i0}\mathrm{e}^{-\mathrm{j}k_1(x\sin\theta_i+z\cos\theta_i)}\boldsymbol{e}_y \tag{3-5-5a}$$

$$\boldsymbol{H}_i = \frac{1}{\eta_1}\boldsymbol{e}_i\times\boldsymbol{E}_i \tag{3-5-5b}$$

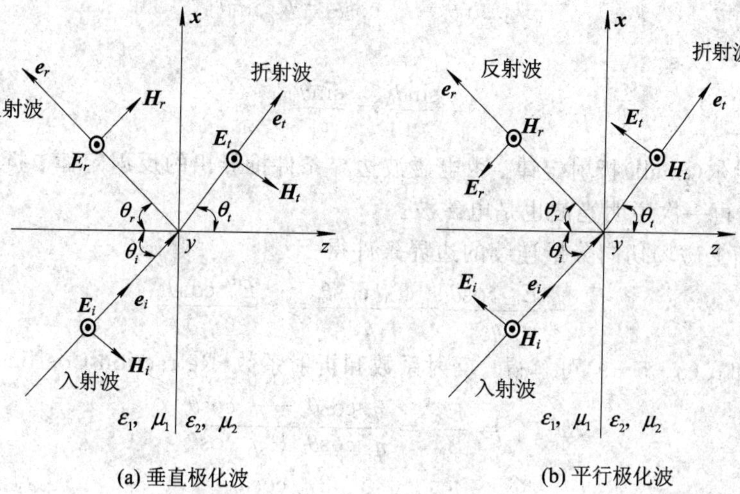

图 3-5-3 对理想介质平面的斜入射

反射波和折射波的电场和入射波一样只有 y 分量，这是由入射波和边界条件决定的，垂直极化的入射波只能产生垂直极化的反射波和折射波。反射波可表示为

$$\boldsymbol{E}_r = E_{r0}\mathrm{e}^{-\mathrm{j}k_1\boldsymbol{e}_r\cdot\boldsymbol{r}}\boldsymbol{e}_y \tag{3-5-6a}$$

$$\boldsymbol{H}_r = \frac{1}{\eta_1}\boldsymbol{e}_r\times\boldsymbol{E}_r \tag{3-5-6b}$$

其中，$\boldsymbol{e}_r$表示反射波的传播方向。媒质Ⅱ中的折射波(Refracted Wave)可表示为

$$\boldsymbol{E}_t = E_{t0}\mathrm{e}^{-\mathrm{j}k_2\boldsymbol{e}_t\cdot\boldsymbol{r}}\boldsymbol{e}_y \tag{3-5-7a}$$

$$\boldsymbol{H}_t = \frac{1}{\eta_2}\boldsymbol{e}_t\times\boldsymbol{E}_t \tag{3-5-7b}$$

其中，$\boldsymbol{e}_t$表示折射波传播方向。

在 $z=0$ 的分界面上，电场的切向分量连续，于是有

$$E_{i0}\mathrm{e}^{-\mathrm{j}k_1\boldsymbol{e}_i\cdot\boldsymbol{r}_0} + E_{r0}\mathrm{e}^{-\mathrm{j}k_1\boldsymbol{e}_r\cdot\boldsymbol{r}_0} = E_{t0}\mathrm{e}^{-\mathrm{j}k_2\boldsymbol{e}_t\cdot\boldsymbol{r}_0} \tag{3-5-8}$$

其中，$\boldsymbol{r}_0=x\boldsymbol{e}_x+y\boldsymbol{e}_y$。上式对分界面上任意的 x、y 都成立，即电场在 $z=0$ 处的电场变化必须相同，上式中的各指数必须相等，因而有

$$E_{i0}+E_{r0}=E_{t0} \tag{3-5-9}$$

$$k_1\boldsymbol{e}_i\cdot\boldsymbol{r}_0 = k_1\boldsymbol{e}_r\cdot\boldsymbol{r}_0 = k_2\boldsymbol{e}_t\cdot\boldsymbol{r}_0 \tag{3-5-10}$$

式(3-5-10)称为界面相位匹配条件。由式(3-5-10)前一个等式可得

$$x\sin\theta_i = x\cos\alpha_r + y\cos\beta_r$$

其中，$\cos\alpha_r$、$\cos\beta_r$是 $\boldsymbol{e}_r$的方向余弦。由于上式在分界面上的任意点都成立，于是有

$$\cos\beta_r=0，即\ \beta_r=\frac{\pi}{2} \tag{3-5-11a}$$

$$\sin\theta_i = \cos\alpha_r = \sin\theta_r，即\ \theta_i = \theta_r \tag{3-5-11b}$$

上式说明反射波也在入射平面内，反射角 θ_r 等于入射角 θ_i，此即反射定律。

由式(3-5-10)后一个等式可得

$$k_1 x \sin\theta_i = k_2 (x \cos\alpha_t + y \cos\beta_t)$$

同理有 $\cos\beta_t = 0$，即 $\beta_t = \pi/2$，说明折射波也在入射平面内。同时还有

$$k_1 \sin\theta_i = k_2 \cos\alpha_t = k_2 \sin\theta_t$$

即

$$\frac{\sin\theta_i}{v_1} = \frac{\sin\theta_t}{v_2} \tag{3-5-12}$$

上式称为斯耐尔(Snell)折射定律。由电磁波边界条件推导出的反射定律、折射定律与光学中的相同，这再一次说明光波也是电磁波。

由分界面上磁场切向分量连续的边界条件得

$$-\frac{E_{i0}\cos\theta_i}{\eta_1} + \frac{E_{r0}\cos\theta_i}{\eta_1} = -\frac{E_{t0}\cos\theta_t}{\eta_2}$$

由上式和式(3-5-9)可解得，反射系数和折射系数(Refraction Coefficient)分别为

$$\Gamma_\perp = \frac{E_{r0}}{E_{i0}} = \frac{\eta_2\cos\theta_i - \eta_1\cos\theta_t}{\eta_2\cos\theta_i + \eta_1\cos\theta_t} \tag{3-5-13a}$$

$$T_\perp = \frac{E_{t0}}{E_{i0}} = \frac{2\eta_2\cos\theta_i}{\eta_2\cos\theta_i + \eta_1\cos\theta_t} \tag{3-5-13b}$$

以上两式称为垂直极化波的菲涅尔(A. J. Fresnel)公式。两系数之间的关系如下：

$$1 + \Gamma_\perp = T_\perp \tag{3-5-13c}$$

2. 平行极化波的斜入射

如图 3-5-3(b)所示，入射波的电场与入射面平行，仿照垂直极化波的分析方法，利用边界条件可以得出相同的反射定律和折射定律。平行极化波的菲涅尔公式为

$$\Gamma_{/\!/} = \frac{\eta_1\cos\theta_i - \eta_2\cos\theta_t}{\eta_1\cos\theta_i + \eta_2\cos\theta_t} \tag{3-5-14a}$$

$$T_{/\!/} = \frac{2\eta_2\cos\theta_i}{\eta_1\cos\theta_i + \eta_2\cos\theta_t} \tag{3-5-14b}$$

$$1 + \Gamma_{/\!/} = \frac{\eta_1}{\eta_2} T_{/\!/} \tag{3-5-14c}$$

对于非铁磁性媒质有 $\mu_1 = \mu_2$，利用折射定律，反射系数、折射系数又可写为

$$\Gamma_{/\!/} = \frac{n^2\cos\theta_i - \sqrt{n^2 - \sin^2\theta_i}}{n^2\cos\theta_i + \sqrt{n^2 - \sin^2\theta_i}} \tag{3-5-15a}$$

$$T_{/\!/} = \frac{2n\cos\theta_i}{n^2\cos\theta_i + \sqrt{n^2 - \sin^2\theta_i}} \tag{3-5-15b}$$

式中，$n = \sqrt{\dfrac{\varepsilon_2}{\varepsilon_1}}$，称为相对折射率。

图 3-5-4 画出了 $n=3$ 时，反射系数的模值随入射角的变化曲线。由图可见，平行极化波的反射系数在某一入射角变为零，即发生全折射现象，无反射。发生全折射时的入射角称为布儒斯特角(Brewster Angle)，记为 θ_B。由式(3-5-15a)分子为零可得

$$\theta_B = \arctan n = \arctan(\sqrt{\varepsilon_2/\varepsilon_1}) \tag{3-5-16}$$

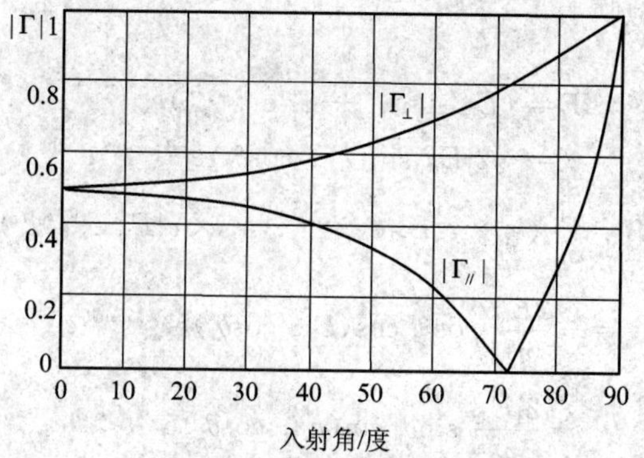

图 3-5-4　反射系数模值随入射角的变化

对于垂直极化波，若 $\mu_1=\mu_2$，由式(3-5-13a)可得反射系数为

$$\Gamma_\perp = \frac{\cos\theta_i - \sqrt{n^2 - \sin^2\theta_i}}{\cos\theta_i + \sqrt{n^2 - \sin^2\theta_i}} \tag{3-5-17}$$

可见，除非 $n=1$ 即 $\varepsilon_2=\varepsilon_1$，否则反射系数 $\Gamma_\perp$ 不为零。因此，只有平行极化波斜入射时才发生全折射现象(针对 $\mu_1=\mu_2$ 而言)。

当一个任意极化的波以 θ_B 入射时，反射波中将只存在垂直极化成分，这就是极化滤除效应。

3.5.3　平面波对理想导体的斜入射

1. 垂直极化波的斜入射

如图 3-5-5(a)所示，入射平面位于 xOz 平面，电场与入射平面垂直，以入射角 θ_i 入射到理想导体平面上，与理想介质分界面斜入射的区别只是在理想导体中电场等于零。由

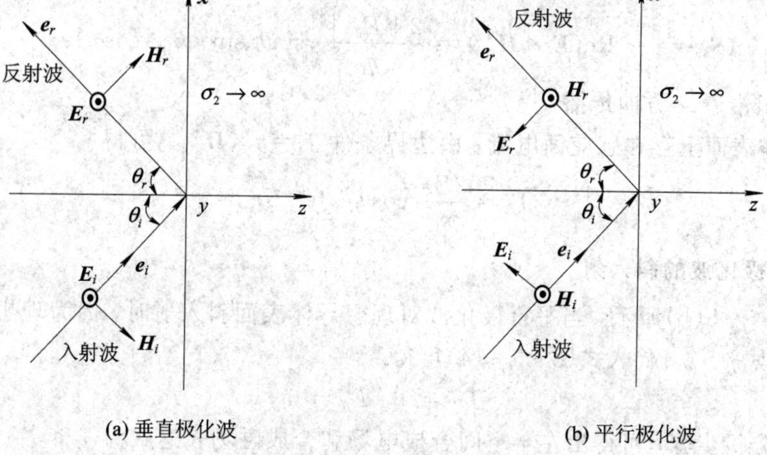

图 3-5-5　对理想导体平面的斜入射

边界条件 $E_{i0}+E_{r0}=0$，得

$$\Gamma_{\perp}=-1,\ T_{\perp}=0 \tag{3-5-18}$$

左半空间合成电磁波为

$$\begin{aligned}\boldsymbol{E}&=(E_{i0}\mathrm{e}^{-\mathrm{j}k_1\boldsymbol{e}_i\cdot\boldsymbol{r}}-E_{i0}\mathrm{e}^{-\mathrm{j}k_1\boldsymbol{e}_r\cdot\boldsymbol{r}})\boldsymbol{e}_y\\&=-2\mathrm{j}E_{i0}\sin(k_1z\cos\theta_i)\mathrm{e}^{-\mathrm{j}k_1x\sin\theta_i}\boldsymbol{e}_y\end{aligned} \tag{3-5-19a}$$

$$\begin{aligned}\boldsymbol{H}&=\frac{1}{\eta_1}(\boldsymbol{e}_i\times\boldsymbol{e}_yE_{i0}\mathrm{e}^{-\mathrm{j}k_1\boldsymbol{e}_i\cdot\boldsymbol{r}}-\boldsymbol{e}_r\times\boldsymbol{e}_yE_{i0}\mathrm{e}^{-\mathrm{j}k_1\boldsymbol{e}_r\cdot\boldsymbol{r}})\\&=-\frac{2E_{i0}}{\eta_1}\cos\theta_i\cos(k_1z\cos\theta_i)\mathrm{e}^{-\mathrm{j}k_1x\sin\theta_i}\boldsymbol{e}_x\\&\quad-\frac{2\mathrm{j}E_{i0}}{\eta_1}\sin\theta_i\sin(k_1z\cos\theta_i)\mathrm{e}^{-\mathrm{j}k_1x\sin\theta_i}\boldsymbol{e}_z\end{aligned} \tag{3-5-19b}$$

上式说明在媒质Ⅰ中合成波具有如下特点：

（1）合成电磁波是沿 x 方向传播的平面波，导体表面起着导行电磁波的作用。在传播方向上，无电场分量但存在磁场分量，这种波称为横电波（Transverse Electric Wave），记为 TE 波。它沿 x 方向的相位常数为 $k_1\sin\theta_i$，则其相速为

$$v_p=\frac{\omega}{k_1\sin\theta_i}=\frac{v_1}{\sin\theta_i}\geqslant v_1 \tag{3-5-20}$$

v_p大于媒质Ⅰ中的光速 v_1。其实 v_p是沿 x 方向观察时的“视在相速”，可以大于光速，但这个速度不是能量传播的速度，能速仍小于光速。由于其相速大于光速，我们称这种波为快波。

（2）合成波在 z 方向是一驻波。合成波电磁场分量是 z 的函数，是非均匀平面波。

（3）当 $\sin(k_1z\cos\theta_i)=0$ 时，$E_y=0$。因此，在 $z=-\dfrac{n\lambda_1}{2\cos\theta_i}$处插入一导体板，将不会改变原来的场分布，这就是构成平行板波导的原理。如果垂直于 y 轴再放置两块理想导体平板，由于电场 E_y 与该表面垂直，因此也满足边界条件。这样，四块理想导体平板形成矩形波导，传播 TE 波。

（4）合成波的平均功率流密度矢量为

$$\boldsymbol{S}_{av}=\frac{1}{2}\mathrm{Re}(\boldsymbol{E}\times\boldsymbol{H}^*)=\frac{2|E_{i0}|^2}{\eta_1}\sin\theta_i\sin^2(k_1z\cos\theta_i)\boldsymbol{e}_x \tag{3-5-21}$$

合成的能量只沿着 x 方向传播。

（5）导体表面上存在感应面电流。由边界条件 $\boldsymbol{J}_s=\boldsymbol{n}\times\boldsymbol{H}|_{z=0}$ 可得

$$\boldsymbol{J}_s=\frac{2E_{i0}}{\eta_1}\cos\theta_i\mathrm{e}^{-\mathrm{j}k_1x\sin\theta_i}\boldsymbol{e}_y \tag{3-5-22}$$

2. 平行极化波的斜入射

如图 3-5-5(b)所示，当平行极化波对理想导体表面斜入射时，因为理想导体的电导率 $\sigma_2\to\infty$，故 $\eta_2\to 0$，代入式(3-5-14)可得

$$\Gamma_{/\!/}=1,\ T_{/\!/}=0 \tag{3-5-23}$$

重复上面的分析步骤，可得出左半空间合成电场和合成磁场表达式为

$$E_x=-2\mathrm{j}E_{i0}\cos\theta_i\sin(k_1z\cos\theta_i)\mathrm{e}^{-\mathrm{j}k_1x\sin\theta_i} \tag{3-5-24a}$$

$$E_z=-2E_{i0}\sin\theta_i\cos(k_1z\cos\theta_i)\mathrm{e}^{-\mathrm{j}k_1x\sin\theta_i} \tag{3-5-24b}$$

$$H_y = \frac{2E_{i0}}{\eta_1}\cos(k_1 z\cos\theta_i)\mathrm{e}^{-\mathrm{j}k_1 x\sin\theta_i} \tag{3-5-24c}$$

这说明合成波仍然是向 x 方向传播的快波，在 z 方向是驻波。不过在传播方向上没有磁场分量，却有电场分量，称之为横磁波(Transverse Magnetic Wave)，记为 TM 波。

3.5.4　全反射

1. 全反射现象

对于非铁磁性媒质，若 $\varepsilon_1>\varepsilon_2$，即入射波从光密媒质入射到光疏媒质，由折射定律可以看出折射角大于入射角。随着入射角 θ_i 的增大，折射角 θ_t 将先于 θ_i 达到 90°，对应于 $\theta_t=90°$时的入射角称为临界角(Critical Angle)，记为 θ_c。由折射定律可得临界角为

$$\sin\theta_c = \sqrt{\frac{\varepsilon_2}{\varepsilon_1}} = n \tag{3-5-25}$$

当 $\theta_i\geqslant\theta_c$时，$\sin\theta_i\geqslant n$，由式(3-5-17)和式(3-5-15a)可得垂直极化波和平行极化波的反射系数是复数，模都是 1，说明发生了全反射(Total Reflection)现象。那么当 $\theta_i\geqslant\theta_c$时，媒质Ⅱ中还有电磁波吗？下面分析这个问题。

2. 表面波概念

下面以垂直极化波为例，分析折射波的场分布特点。当 $\theta_i<\theta_c$时，折射波为

$$\boldsymbol{E}_t = E_{t0}\mathrm{e}^{-\mathrm{j}k_2\boldsymbol{e}_t\cdot\boldsymbol{r}}\boldsymbol{e}_y = E_{t0}\mathrm{e}^{-\mathrm{j}k_2(x\sin\theta_t+z\cos\theta_t)}\boldsymbol{e}_y \tag{3-5-26a}$$

$$\boldsymbol{H}_t = \frac{1}{\eta_2}\boldsymbol{e}_t\times\boldsymbol{E}_t \tag{3-5-26b}$$

$$\boldsymbol{e}_t = \sin\theta_t\boldsymbol{e}_x + \cos\theta_t\boldsymbol{e}_z \tag{3-5-26c}$$

当 $\theta_i>\theta_c$时，θ_t无实数解，若 θ_t取复数值，折射定律仍成立。令

$$\sin\theta_t = \frac{1}{n}\sin\theta_i = M \tag{3-5-27a}$$

应用复数角的三角公式，则有

$$\cos\theta_t = -\mathrm{j}\sqrt{M^2-1} \tag{3-5-27b}$$

上式取负值是为了防止当 $z\to\infty$时，场强振幅趋于无穷大。因此在全反射条件下，折射波可表示为

$$\boldsymbol{E}_t = E_{t0}\mathrm{e}^{-k_2\sqrt{M^2-1}z}\mathrm{e}^{-\mathrm{j}k_2 Mx}\boldsymbol{e}_y \tag{3-5-28a}$$

$$\boldsymbol{H}_t = \frac{E_{t0}}{\eta_2}\mathrm{e}^{-k_2\sqrt{M^2-1}z}\mathrm{e}^{-\mathrm{j}k_2 Mx}(\mathrm{j}\sqrt{M^2-1}\boldsymbol{e}_x + M\boldsymbol{e}_z) \tag{3-5-28b}$$

由上式可得出以下结论：

(1) 发生全反射时，仍有折射波存在，折射波的传播方向是 x 方向，相速为

$$v_p = \frac{\omega}{k_2 M} = \frac{v_2}{M} < v_2 \tag{3-5-29}$$

即小于无界媒质Ⅱ中平面波的相速，称之为慢波。

(2) 慢波的振幅沿 z 方向指数衰减，这种波称为表面波(Surface Wave)。

(3) 该波的能量只沿着界面 x 方向传播，沿 z 方向无能量传播。折射波沿 z 方向的衰减与欧姆损耗引起的衰减不同，并没有能量损耗掉，媒质Ⅱ中的这种波称为凋落波

(Evanescent Wave)。

(4) 这种表面波是 TE 波。

还可以导出媒质Ⅰ中的合成波也是沿界面 x 方向传播，沿 z 方向呈驻波分布的。结合折射波只沿界面方向传播、能量只集中于界面附近的特点，说明介质分界面也可引导电磁波传播。对平行极化波也有类似的特点。

全反射理论在工程中有重要的应用。如图 3-5-6(a)所示，空气中有一介质板，在介质板内，当平面电磁波以 $\theta_i > \theta_c$ 入射到与空气交界的顶面和底面上时，必然会发生全反射。电磁波被约束在介质板内，不断反射前进，能量沿介质板传输；介质板外的场量沿垂直于板面的方向作指数规律衰减，没有辐射。介质板可引导电磁波的传播，称之为介质波导(Dielectric Waveguide)。将极低损耗介质做成细线状结构，用以引导光波的介质波导也称做光纤(Optical Fiber)。为了减小光纤外的表面波对光纤传播性能的影响，实际应用中的光纤通常都做成多层结构。光纤的一种简单结构如图 3-5-6(b)所示，其中心部分用介电常数 ε_1 较大的介质制成，称为核；核外部是介电常数 ε_2 较小的介质涂层，以便满足产生全反射的条件，最外层涂上吸收材料从而形成无反射条件。

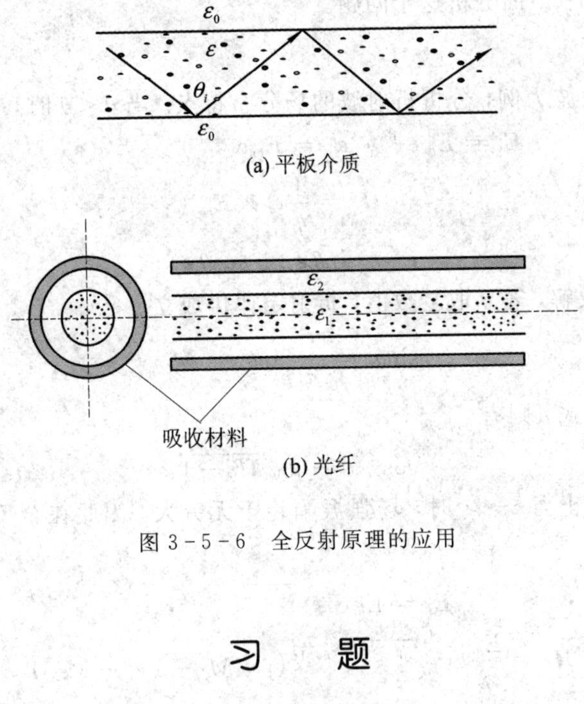

(a) 平板介质

(b) 光纤

图 3-5-6　全反射原理的应用

习　题

3-1　在 $\mu_r=1$、$\varepsilon_r=4$、$\sigma=0$ 的媒质中，有一个均匀平面波，其电场强度为

$$E(z,\ t)=E_m \sin\left(\omega t-kz+\frac{\pi}{3}\right)$$

若已知 $f=150$ MHz，该波在任意点的平均功率流密度为 0.265 μW/m^2，试求：

(1) 该电磁波的波数 k、相速 v_p、波长 λ、波阻抗 η 分别是多少？

(2) $t=0$，$z=0$ 的电场 $E(0,\ 0)$为多少？

(3) 经过 0.1 μs 之后电场 $E(0,\ 0)$值在什么地方？

(4) 时间在 $t=0$ 时刻之前的 0.1 μs，电场 $E(0, 0)$ 值在什么地方？

3-2　一个在自由空间传播的均匀平面波，电场强度的复振幅是

$$\boldsymbol{E}=10^{-4}\mathrm{e}^{-\mathrm{j}20\pi z}\boldsymbol{e}_x+10^{-4}\mathrm{e}^{\mathrm{j}\left(\frac{\pi}{2}-20\pi z\right)}\boldsymbol{e}_y\ \mathrm{V/m}$$

试求：

(1) 电磁波的传播方向？

(2) 电磁波的相速 v_p、波长 λ、频率 f 分别是多少？

(3) 磁场强度 $\boldsymbol{H}$ 是多少？

(4) 沿传播方向单位面积流过的平均功率是多少？

3-3　证明在均匀线性无界无源的理想介质中，不可能存在 $\boldsymbol{E}=E_0\mathrm{e}^{-\mathrm{j}kz}\boldsymbol{e}_z$ 的均匀平面电磁波。

3-4　在微波炉外面附近的自由空间某点测得泄漏电场有效值为 1 V/m，试问该点的平均电磁功率密度是多少？该电磁辐射对于一个站在此处的人的健康有危险吗？（根据环境保护部与国家质量监督检验检疫总局联合发布的 GB 8702—2014《电磁环境控制限值》，频率在 30 MHz～3 GHz 范围的公众暴露限值为 0.4。）

3-5　在自由空间中，有一波长为 12 cm 的均匀平面波，当该波进入到某无损耗媒质时，其波长变为 8 cm，且此时 $|\boldsymbol{E}|=31.41$ V/m，$|\boldsymbol{H}|=0.125$ A/m。求平面波的频率以及无损耗媒质的 ε_r 和 μ_r。

3-6　若有一个点电荷在自由空间以远小于光速的速度 v 运动，同时一个均匀平面波也沿 v 的方向传播。试求该电荷所受的磁场力与电场力的比值。

3-7　判断下列各式所表示的均匀平面波的传播方向和极化方式。

(1) $\boldsymbol{E}=\mathrm{j}E_1\mathrm{e}^{\mathrm{j}kz}\boldsymbol{e}_x+\mathrm{j}E_1\mathrm{e}^{\mathrm{j}kz}\boldsymbol{e}_y$

(2) $\boldsymbol{H}=H_1\mathrm{e}^{-\mathrm{j}kx}\boldsymbol{e}_y+H_2\mathrm{e}^{-\mathrm{j}kx}\boldsymbol{e}_z\ (H_1\neq H_2\neq 0)$

(3) $\boldsymbol{E}=E_0\mathrm{e}^{-\mathrm{j}kz}\boldsymbol{e}_x-\mathrm{j}E_0\mathrm{e}^{-\mathrm{j}kz}\boldsymbol{e}_y$

(4) $\boldsymbol{E}=\mathrm{e}^{-\mathrm{j}kz}(E_0\boldsymbol{e}_x+AE_0\mathrm{e}^{\mathrm{j}\varphi}\boldsymbol{e}_y)$（$A$ 为常数，$\varphi\neq 0,\ \pm\pi$）

(5) $\boldsymbol{H}=\left(\dfrac{E_m}{\eta}\mathrm{e}^{-\mathrm{j}ky}\boldsymbol{e}_x+\mathrm{j}\,\dfrac{E_m}{\eta}\mathrm{e}^{-\mathrm{j}ky}\boldsymbol{e}_z\right)$

(6) $\boldsymbol{E}(z, t)=E_m\sin(\omega t-kz)\boldsymbol{e}_x+E_m\cos(\omega t-kz)\boldsymbol{e}_y$

(7) $\boldsymbol{E}(z, t)=E_m\sin\left(\omega t-kz+\dfrac{\pi}{4}\right)\boldsymbol{e}_x+E_m\cos\left(\omega t-kz-\dfrac{\pi}{4}\right)\boldsymbol{e}_y$

3-8　证明一个直线极化波可以分解为两个振幅相等旋转方向相反的圆极化波。

3-9　证明任意一圆极化波的坡印廷矢量瞬时值是个常数。

3-10　有两个频率相同传播方向也相同的圆极化波，试问：

(1) 如果旋转方向相同振幅也相同，但初相位不同，其合成波是什么极化？

(2) 如果上述三个条件中只是旋转方向相反其他条件都相同，其合成波是什么极化？

(3) 如果在所述三个条件中只是振幅不相等，其合成波是什么极化波？

3-11　在一种对于同一频率的左、右旋圆极化波有不同传播速度的媒质中，两个等幅圆极化波同时向 z 方向传播，一个是右旋圆极化，即

$$\boldsymbol{E}_1=E_m\mathrm{e}^{-\mathrm{j}\beta_1 z}(\boldsymbol{e}_x-\mathrm{j}\boldsymbol{e}_y)$$

另一个是左旋圆极化，即

$$\boldsymbol{E}_2 = E_m \mathrm{e}^{-\mathrm{j}\beta_2 z}(\boldsymbol{e}_x + \mathrm{j}\boldsymbol{e}_y)$$

式中，$\beta_2 > \beta_1$，试求：

(1) $z=0$ 处合成电场的方向和极化形式。

(2) $z=l$ 处合成电场的方向和极化形式。

3-12　一个频率为 $f=3$ GHz，$\boldsymbol{e}_y$ 方向极化的均匀平面波在 $\varepsilon_r=2.5$，损耗角正切值为 10^{-2} 的非磁性媒质中，沿正 $\boldsymbol{e}_x$ 方向传播。

(1) 求波的振幅衰减一半时，传播的距离。

(2) 求媒质的波阻抗，波的相速和波长。

(3) 设在 $x=0$ 处的 $\boldsymbol{E}=50\sin\left(6\pi\times10^9 t+\dfrac{\pi}{3}\right)\boldsymbol{e}_y$，写出 $\boldsymbol{H}(x, t)$ 的表示式。

3-13　微波炉利用磁控管输出的 2.45 GHz 频率的微波加热食品，在该频率上，牛排的等效复介电常数 $\tilde{\varepsilon}_r=40(1-0.3\mathrm{j})$。求：

(1) 微波传入牛排的穿透深度 δ，在牛排内 8 mm 处的微波场强是表面处的百分之几？

(2) 微波炉中盛牛排的盘子是由发泡聚苯乙烯制成的，其等效复介电常数 $\tilde{\varepsilon}_r=1.03(1-\mathrm{j}0.3\times10^{-4})$。说明为何用微波加热时，牛排被烧熟而盘子并没有毁坏。

3-14　已知海水的 $\sigma=4$ S/m，$\varepsilon_r=81$，$\mu_r=1$，在其中分别传播 $f=100$ MHz 和 $f=10$ kHz 的平面电磁波时，试求：α、β、v_p、λ 分别是多少？

3-15　证明电磁波在良导电媒质中传播时，场强每经过一个波长衰减 54.57 dB。

3-16　为了得到有效的电磁屏蔽，屏蔽层的厚度通常取所用屏蔽材料中电磁波的一个波长，即

$$d=2\pi\delta$$

式中，δ 是穿透深度。试计算：

(1) 收音机内中频变压器的铝屏蔽罩的厚度；

(2) 电源变压器铁屏蔽罩的厚度；

(3) 若中频变压器用铁而电源变压器用铝作屏蔽罩是否也可以？

(铝：$\sigma=3.72\times10^7$ S/m，$\varepsilon_r=1$，$\mu_r=1$；铁：$\sigma=10^7$ S/m，$\varepsilon_r=1$，$\mu_r=10^4$，$f=464$ kHz。)

3-17　在要求导线的高频电阻很小的场合通常使用多股纱包线代替单股线。证明：相同截面积的 N 股纱包线的高频电阻只有单股线的 $1/\sqrt{N}$。

3-18　一个圆极化的均匀平面波，其电场为

$$\boldsymbol{E}=E_0\mathrm{e}^{-\mathrm{j}kz}(\boldsymbol{e}_x+\mathrm{j}\boldsymbol{e}_y)$$

并垂直入射到 $z=0$ 处的理想导体平面。试求：

(1) 反射波电场、磁场表达式；

(2) 合成波电场、磁场表达式；

(3) 合成波沿 z 方向传播的平均功率流密度。

3-19　当均匀平面波由空气向理想介质($\mu_r=1$，$\sigma=0$)垂直入射时，有 84% 的入射功率输入此介质，试求该介质的相对介电常数 ε_r。

3-20　当平面波从第一种理想介质向第二种理想介质垂直入射时，证明：若媒质波阻抗 $\eta_2>\eta_1$，分界面处为电场波腹点；若 $\eta_2<\eta_1$，则分界面处为电场波节点。

3-21　均匀平面波从空气垂直入射于一非磁性介质墙上。在此墙前方测得的电场振幅分布如题3-21图所示，求：(1) 介质墙的 ε_r；(2) 电磁波频率 f。

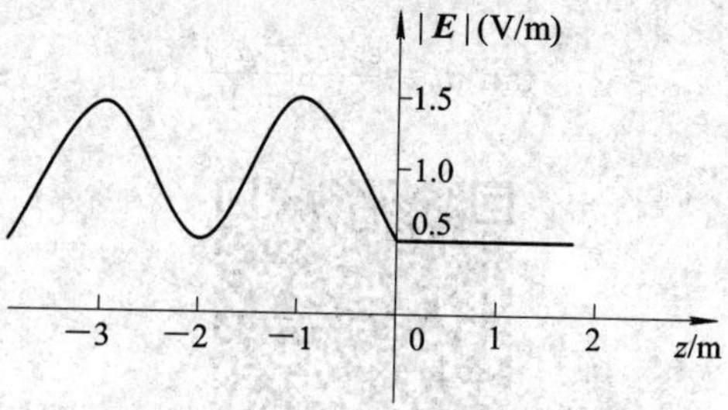

题3-21图

3-22　证明在无源区中向 $\boldsymbol{k}$ 方向传播的均匀平面波满足的麦克斯韦方程可简化为下列方程

$$\boldsymbol{k}\times\boldsymbol{H}=-\omega\varepsilon\boldsymbol{E}$$
$$\boldsymbol{k}\times\boldsymbol{E}=\omega\mu\boldsymbol{H}$$
$$\boldsymbol{k}\cdot\boldsymbol{E}=0$$
$$\boldsymbol{k}\cdot\boldsymbol{H}=0$$

3-23　已知平面波的电场强度 $\boldsymbol{E}=[(2+\mathrm{j}3)\boldsymbol{e}_x+4\boldsymbol{e}_y+3\boldsymbol{e}_z]\mathrm{e}^{\mathrm{j}(1.8y-2.4z)}$ V/m，试确定其传播方向和极化状态，是否为横电磁波？

3-24　证明两种介质($\mu_1=\mu_2=\mu_0$)的交界面对斜入射的均匀平面波的反射、折射系数可写成

$$\Gamma_{\perp}=\frac{-\sin(\theta_i-\theta_t)}{\sin(\theta_i+\theta_t)},\qquad T_{\perp}=\frac{2\sin\theta_t\cos\theta_i}{\sin(\theta_i+\theta_t)}$$
$$\Gamma_{/\!/}=\frac{\tan(\theta_i-\theta_t)}{\tan(\theta_i+\theta_t)},\qquad T_{/\!/}=\frac{2\sin\theta_t\cos\theta_i}{\sin(\theta_i+\theta_t)\cos(\theta_i-\theta_t)}$$

式中，θ_i是入射角；θ_t是折射角。

3-25　当平面波向理想介质边界斜入射时，试证布儒斯特角与相应的折射角之和为$\pi/2$。

3-26　当频率 $f=0.3$ GHz 的均匀平面波由媒质 $\varepsilon_r=4$，$\mu_r=1$ 斜入射到与自由空间的交界面时，试求：

(1) 临界角 θ_c为多少？

(2) 当垂直极化波以 $\theta_i=60°$入射时，在自由空间中的折射波传播方向如何？相速 v_p是多少？

(3) 当圆极化波以 $\theta_i=60°$入射时，反射波是什么极化的？

3-27　一个线极化平面波由自由空间投射到 $\varepsilon_r=4$，$\mu_r=1$ 的介质分界面，如果入射波的电场与入射面的夹角是45°。试问：

(1) 当入射角 θ_i等于多少时反射波只有垂直极化波？

(2) 这时反射波的平均功率流密度是入射波的百分之几？

3-28　证明当垂直极化波由空气斜入射到一块绝缘的磁性物质上($\mu_r>1$，$\varepsilon_r>1$，$\sigma=0$)时，其布儒斯特角应满足下列关系：

$$\tan^2\theta_B=\frac{\mu_r(\mu_r-\varepsilon_r)}{\varepsilon_r\mu_r-1}$$

而对于平行极化波则满足关系：

$$\tan^2\theta_B=\frac{\varepsilon_r(\varepsilon_r-\mu_r)}{\varepsilon_r\mu_r-1}$$

习题解答

第二篇　微波技术基础

微波在电磁波谱中介于超短波和红外线之间，一般指频率从 300 MHz～3000 GHz，即波长从 1 m～0.1 mm 的范围为微波波段。

微波的波长比普通无线电波的波长要短得多，又比可见光的波长长得多，其特点也与普通无线电波以及光波都有所不同。

其特点主要有：

(1) 似光性。微波在其传播过程中，若所遇物体的几何尺寸大于或可与波长相比拟时，就会产生反射。波长越短，传播特性越与几何光学性质相似。

(2) 高频性。电磁波从电路一端传到另一端需要一定的时间即“延时效应”。在一般低频电路中，其延时远小于振荡周期，可以忽略，而微波的振荡频率在每秒 3 亿次以上，延时可以与振荡周期相比拟，不能再忽略。在简谐情况下，这种延时表现为电路中的各点具有不同的相位。

(3) 宽频特性。微波波段的全部带宽约为 2999.7 GHz，约为中波、短波、超短波三个波段所占带宽和的一万倍，极大地缓解了无线电频率拥挤的问题。

(4) 穿透性。微波能穿透高空电离层，这一特点为卫星通信、宇航通信带来方便，也为天文观测增加了一个“窗口”。

微波的应用相当广泛，新的应用层出不穷。雷达是微波最早的、也是目前最主要的应用领域之一，如搜索跟踪雷达、制导雷达、火控雷达、气象雷达、导航雷达、汽车防撞雷达、遥感测试雷达等。通信是微波应用最广泛的领域，卫星电视、GSM 移动通信、GPS 全球定位系统、WLAN 和蓝牙通信都工作在微波波段。

微波理论是建立在经典的麦克斯韦电磁理论基础上的，其基本研究方法是以麦克斯韦方程为核心的“场解”方法，求解过程相当复杂。工程上对于某一微波器件的兴趣仅在于其对外在电路所表现的电磁特性及功率，等效电路的方法成为研究微波技术的一种十分有用的方法。

本书将在第 4 章介绍微波传输线的等效理论——长线理论，完成集总参数到分布参数的过渡，并建立微波传输线的基本理论；在第 5 章介绍多种传输线的结构、性能，这是第 4 章内容的扩展；第 6 章介绍微波网络，将各种微波传输线及微波传输线结(不连续性)等效为长线和网络即用化“场”为“路”的方法去解决本质上是属于电磁场的边值问题；第 7 章介绍各种微波元件和器件的基本原理、结构和应用，是前几章内容在实际工程和应用中的具体实现。

第 4 章　传输线理论

4.1 引　言

凡用来引导电磁波的导体、介质系统均可称为传输线。传输线理论是场分析和基本电路理论之间的桥梁，正如我们将要看到的，对传输线中波的传播现象的研究可以继续沿用电路的理论，也可以从麦克斯韦方程得到解释。本章我们将用"路"来阐述传输线中的波的传输情况。

相应于前文所讲述的空间电磁波，我们把沿传输线传播的波称为导行波，而研究其传播规律的理论则称为传输线理论。电路理论和传输线理论之间的关键差别在于电尺寸。由于电路理论所面对的电磁波频率是极低的，其电路尺寸相比其传输的波长小得多，故整个长度内其电压和电流的幅值和相位可以认为是不变的。而传输线的尺度则可能为一个波长的几分之一或几个波长，显然这时整个长度内的电压和电流的幅值相位都可能发生变化。为此，我们定义了长线的概念。

所谓长线就是很长的一段传输线。一般认为当传输线物理长度 l 与电磁波波长 λ 的比值(称为电长度)$l/\lambda \geqslant 0.1$ 时称为长线。30 km 的照明线不能算是长线，因为 50 Hz 的市电的波长是 6000 km。但一段 10 cm 长的 X 波段波导却是地地道道的长线，因为它大约是工作波长的 3 倍。微波的波长很短，所以看起来并不长的一段传输线，其实都算是长线。所以，传输线理论有时又称为长线理论。

传输线按其引导电磁波类型的不同可以分为三类：① TEM 或准 TEM 波传输线，其典型特征是传输线都是多导体结构，如图 4-1-1 中的(a)、(b)、(c)所示；② TE 或 TM 波传输线，其典型特征是传输线都是封闭的单导体结构，如图(d)、(e)所示；③ 表面波传输线，其典型特征是传输线是开放结构，如图(f)、(g)所示。

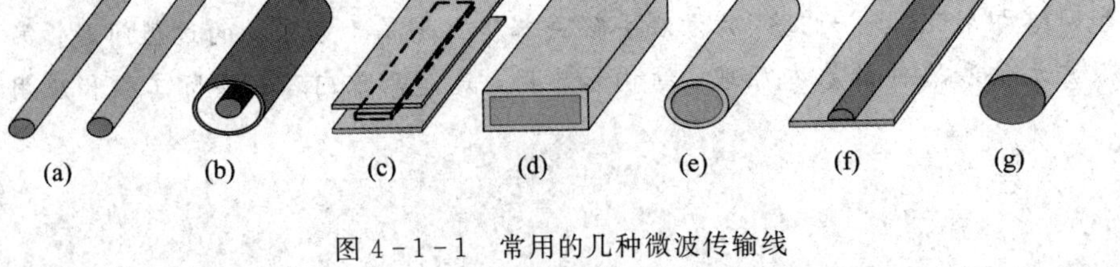

图 4-1-1　常用的几种微波传输线

在采用"路"的方式研究传输线时，一般常用双导线来示意，一方面因为双导线从结构上来看更接近低频电路，因而接受起来并不困难；另一方面，传播 TEM 波的传输线至少要有两个导体。本章只研究TEM波传输的理论，所得结果可以推广应用到其他微波传输线。

4.2　分布参数

如图4-2-1所示，将(a)图中均匀无限长线划分为许多长度为 dz 的微小分段，每一个微小分段中都含有四种集总元件的电路，如图(b)所示。其中 R_0、G_0、C_0、L_0 为单位长度的量，称之为长线的分布参数，其定义和物理意义如下：

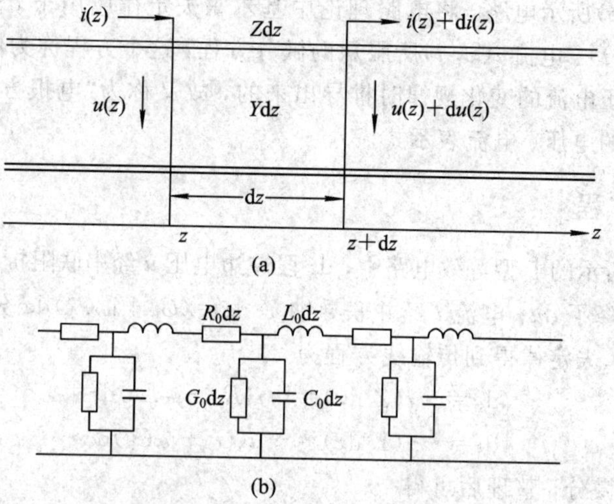

图4-2-1　长线及其等效电路

(1) 分布电阻 R_0：单位为欧姆每米(Ω/m)，指单位长度线段上的串联电阻总值。来源于有限电导率导体的高频集肤效应，其值取决于导体电导率 σ 及导体截面尺寸。对于理想导体，其分布电阻 $R_0=0$。

(2) 分布电导 G_0：单位为西门子每米(S/m)，指单位长度线段上的并联电导总值。来源于导体间填充介质的介质损耗，其值取决于介质材料的介质损耗角。对于理想介质，其分布电导 $G_0=0$。

(3) 分布电感 L_0：单位为亨利每米(H/m)，指单位长度线段的总串联自感。来源于导线间通过的交变电流产生的交变磁场，其值取决于导线的截面尺寸、线间距及介质的磁导率 μ。

(4) 分布电容 C_0：单位为法拉每米(F/m)，指单位长度线段间总并联电容。来源于导线间交变电场产生的电容效应，其值取决于导线截面尺寸、线间距及介质的介电常数 ε。

如果双导线的分布电感 $L_0=0.9$ nH/mm，分布电容 $C_0=0.01$ pF/mm，当信号频率为 $f=50$ Hz时，引入的串联电抗和并联电纳分别为

$$X_L=\omega L=2\pi fL_0=2\pi\times50\times0.9\times10^{-9}\ \Omega/\text{mm}=283\times10^{-3}\ \mu\Omega/\text{mm}$$

$$B_C=\omega C=2\pi fC_0=2\pi\times50\times0.01\times10^{-12}\ \Omega/\text{mm}=3.14\times10^{-12}\ \text{S/mm}$$

当频率升为 $f'=5000$ MHz时，引入的相应值为

$$X_L'=2\pi\times5000\times10^{6}\times0.9\times10^{-9}\ \Omega/\text{mm}=28.3\ \Omega/\text{mm}$$

$$B_C'=2\pi\times5000\times10^{6}\times0.01\times10^{-12}\ \Omega/\text{mm}=3.14\times10^{-4}\ \text{S/mm}$$

两者相比相差了 10^8 倍。可见，低频情形下微不足道的分布参量在微波频段时已不能再忽略不计了。

若长线的上述分布参数沿线是均匀分布的，不随位置而变化，则称之为均匀传输线。如果 R_0 和 G_0 均为零，则称为无耗传输线。

4.3 传输线方程及其解

对图 4-2-1(b)所示电路，将电路理论中基尔霍夫定律应用于 dz 段的等效电路，可导出线上电压 $u(z, t)$、电流 $i(z, t)$所服从的微分方程，这个方程称为传输线方程。最初是在研究电报线上电压电流的变化规律时推导出来的，故又称为“电报方程”。解此方程便可求得长线上任一点的电压、电流表示式。

4.3.1 传输线方程

在图 4-2-1 所示的 Γ 型等效电路中，dz 段左边电压 u 经串联阻抗 $Z\,dz=(R_0+j\omega L_0)dz$ 分压后其电压值下降了 du；电流 i 经并联导纳 $Y\,dz=(G_0+j\omega C_0)dz$ 分流后其电流减小了 di，对其应用基尔霍夫定律得到传输线方程为

$$\begin{cases} du=-i(Z\,dz)=-i(R_0+j\omega L_0)dz \\ di=-u(Y\,dz)=-u(G_0+j\omega C_0)dz \end{cases}$$

上式两边对 z 再次微分，整理后可得

$$\begin{cases} \dfrac{d^2u(z, t)}{dz^2}-ZYu(z, t)=0 \\ \dfrac{d^2i(z, t)}{dz^2}-ZYi(z, t)=0 \end{cases} \tag{4-3-1}$$

注意，方程中 Z 与 Y 是相互独立的两个参量，并非倒数关系。

如果令 $\gamma^2=ZY$，则有

$$\gamma=\sqrt{ZY}=\sqrt{(R_0+j\omega L_0)(G_0+j\omega C_0)}=\alpha+j\beta \tag{4-3-2a}$$

式中，γ 为传播常数；α 为衰减常数；β 为相移常数。对于无耗传输线，由于 $R_0=0$、$G_0=0$，则 $\alpha=0$、$\beta=\omega\sqrt{L_0C_0}$。

如果令

$$Z_0=\sqrt{\frac{Z}{Y}}=\frac{Z}{\gamma}=\sqrt{\frac{R_0+j\omega L_0}{G_0+j\omega C_0}} \tag{4-3-2b}$$

则称 Z_0 为传输线的特性阻抗。

4.3.2 传输线方程的通解与物理意义

传输线方程(4-3-1)是时域方程，对随时间作正余弦变化的简谐信号，可采用复振幅表示法，先抛开时间因子而单独求解线上的电压、电流随 z 的变化规律 $I(z)$和 $U(z)$。若欲知电压、电流随时间 t 的变化规律，则只需将求得的 $I(z)$、$U(z)$分别乘以时间因子 $e^{j\omega t}$ 后再取其实部即可。则式(4-3-1)的复方程为

$$\begin{cases}\dfrac{d^2U(z)}{dz^2}-\gamma^2U(z)=0\\ \dfrac{d^2I(z)}{dz^2}-\gamma^2I(z)=0\end{cases}\tag{4-3-3}$$

两个方程均为二阶常系数齐次微分方程。其解为

$$\begin{cases}U(z)=A_1e^{-\gamma z}+A_2e^{\gamma z}\\ I(z)=-\dfrac{1}{Z}\dfrac{dU(z)}{dz}=\dfrac{\gamma}{Z}(A_1e^{-\gamma z}-A_2e^{\gamma z})=\dfrac{1}{Z_0}(A_1e^{-\gamma z}-A_2e^{\gamma z})\end{cases}\tag{4-3-4}$$

返回时域，电压波形可表示为

$$u(z,t)=|A_1|\cos(\omega t-\beta z+\varphi_1)e^{-\alpha z}+|A_2|\cos(\omega t+\beta z+\varphi_2)e^{\alpha z}\tag{4-3-5}$$

其中，φ_1、φ_2 是复电压振幅 A_1、A_2 的相位角。A_1、A_2 是待定系数，取决于激励条件或终端条件。利用电磁场中平面波的传输理论可求得传输线上的波长和相速为

$$\lambda=\frac{2\pi}{\beta}\tag{4-3-6a}$$

$$v_p=\frac{\omega}{\beta}=\lambda f\tag{4-3-6b}$$

下面我们讨论解的物理意义。式(4-3-4)中 $U(z)$、$I(z)$ 都含有波动因子 $e^{\pm\gamma z}$，这说明电压 $U(z)$、电流 $I(z)$ 沿线为一波动波，波动因子 $e^{-\gamma z}$ 表明其振幅随传播距离 z 增加而按指数减小，相位随 z 的增加而滞后，说明其为沿正 z 方向传播的衰减余弦波，称为入射波；波动因子 $e^{\gamma z}$ 表明振幅随 z 增加而增大，相位随 z 增加而超前，说明其为沿负 z 方向传播的衰减余弦波，称为反射波，如图 4-3-1 所示，则电压和电流可写为

$$\begin{cases}u(z,t)=u_i(z,t)+u_r(z,t)\\ i(z,t)=i_i(z,t)+i_r(z,t)\end{cases}$$

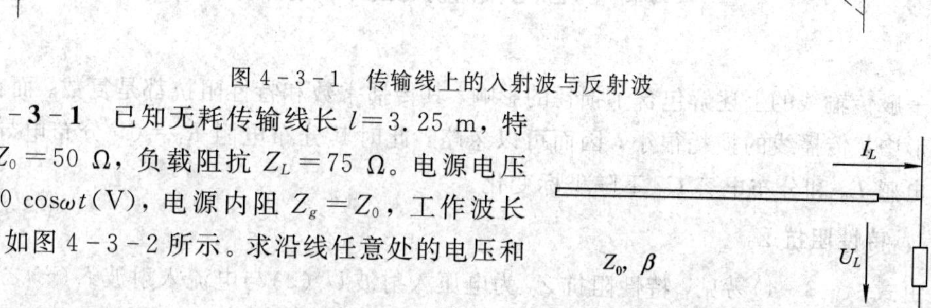

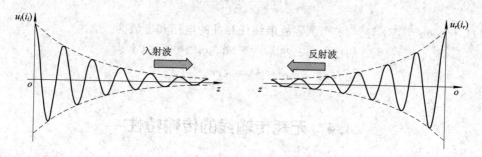

图 4-3-1　传输线上的入射波与反射波

例 4-3-1　已知无耗传输线长 $l=3.25$ m，特性阻抗 $Z_0=50\ \Omega$，负载阻抗 $Z_L=75\ \Omega$。电源电压 $e(t)=500\cos\omega t$(V)，电源内阻 $Z_g=Z_0$，工作波长 $\lambda=1$ m，如图 4-3-2 所示。求沿线任意处的电压和电流。

解　设负载电压为 U_L，则负载电流为 $I_L=\dfrac{U_L}{Z_L}$，以负载处为坐标原点，z 方向指向信号源，由式(4-3-4)可得负载处总电压和总电流为

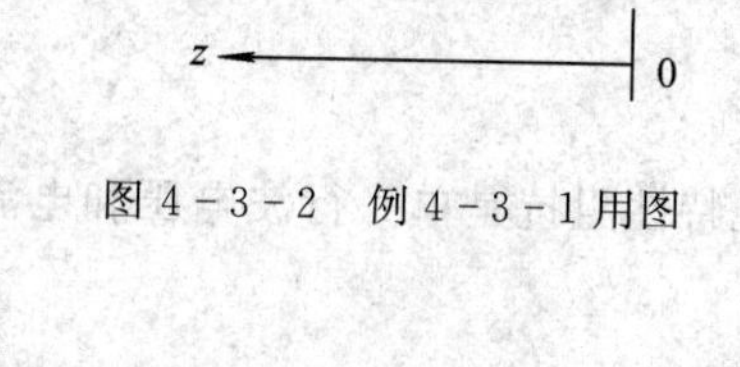

图 4-3-2　例 4-3-1 用图

$$\begin{cases} U(0)=A_1+A_2=U_L \\ I(0)=\dfrac{1}{Z_0}(A_1-A_2)=I_L=\dfrac{U_L}{Z_L} \end{cases}$$

由此解得　$A_1=\dfrac{1}{2}(U_L+Z_0I_L)$，$A_2=\dfrac{1}{2}(U_L-Z_0I_L)$

故沿线任意处的电压和电流为

$$\begin{cases} U(z)=\dfrac{1}{2}(U_L+Z_0I_L)e^{j\beta z}+\dfrac{1}{2}(U_L-Z_0I_L)e^{-j\beta z} \\ I(z)=\dfrac{1}{2Z_0}[(U_L+Z_0I_L)e^{j\beta z}-(U_L-Z_0I_L)e^{-j\beta z}] \end{cases}$$

在 $z=l=3.25$ m 的输入端，电压和电流分别为

$$\begin{cases} U(l)=\dfrac{1}{2}(U_L+Z_0I_L)e^{j90^\circ}+\dfrac{1}{2}(U_L-Z_0I_L)e^{-j90^\circ}=jZ_0I_L \\ I(l)=\dfrac{1}{2Z_0}[(U_L+Z_0I_L)e^{j90^\circ}-(U_L-Z_0I_L)e^{-j90^\circ}]=\dfrac{jU_L}{Z_0} \end{cases}$$

输入端阻抗为

$$Z_{in}=\frac{U(l)}{I(l)}=\frac{Z_0^2I_L}{U_L}=\frac{Z_0^2}{Z_L}=\frac{100}{3}(\Omega)$$

由已知条件得电源电压复值 $E_g=500\angle 0^\circ$，故输入端电流为

$$I(l)=\frac{E_g}{Z_g+Z_{in}}=\frac{500}{50+\dfrac{100}{3}}=6(\text{A})$$

将该数值代入前面 $I(l)$的计算公式，即

$$I(l)=\frac{jU_L}{Z_0}=6$$

解得 $U_L=300e^{-j90^\circ}$ V，$I_L=4e^{-j90^\circ}$ A。故沿线任意处的电压和电流为

$$\begin{cases} U(z)=250e^{j(\beta z-90^\circ)}+50e^{-j(\beta z+90^\circ)}(\text{V}) \\ I(z)=5e^{j(\beta z-90^\circ)}-e^{-j(\beta z+90^\circ)}(\text{A}) \end{cases}$$

4.4　无耗传输线的传输特性

一般传输线的上述解包含了损耗的影响，其传播常数和特性阻抗都是复数。而在很多实际情形中，传播线的损耗很小，因而可以忽略，此时其分布电阻 $R_0=0$，分布电导 $G_0=0$，分布电感 L_0 和分布电容 C_0 不随坐标变化。

1. 特性阻抗 Z_0

由式(4-3-4)易见，特性阻抗 Z_0 为电压入射波 $U_i(z)$与电流入射波 $I_i(z)$之比，或电压反射波 $U_r(z)$与电流反射波 $I_r(z)$之比取负值，即

$$Z_0=\frac{U_i(z)}{I_i(z)}=\frac{U_r(z)}{-I_r(z)}$$

可见特性阻抗是单一行波电压和电流的比值。Z_0 与分布参数的关系由式(4-3-2b)确定。

对于无耗线 Z_0 为纯实数，即

$$Z_0 = \sqrt{\frac{L_0}{C_0}} \tag{4-4-1}$$

Z_0 的大小完全由长线本身的分布参数，即给定长线的横向尺寸和周围所填介质的特性所决定，而与信号源及负载无关，因此长线的特性阻抗是表征长线固有特性的一个重要参量，其 L_0 和 C_0 可用静态场方法计算得到。表 4-4-1 给出了几种无耗传输线的分布参数计算公式。

表 4-4-1　几种理想双导体传输线分布参数的计算公式

种　类	平行双导线	同轴线	薄带状线
结　构	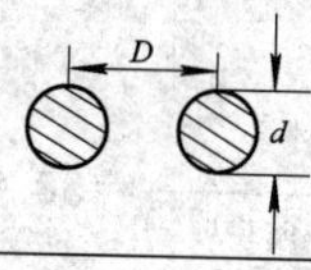		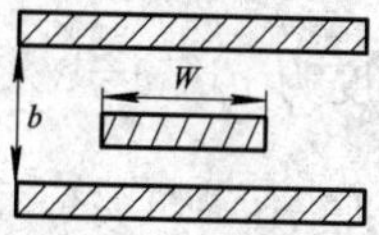
L_0(H/m)	$\frac{\mu}{\pi}\ln\frac{2D}{d}$	$\frac{\mu}{2\pi}\ln\frac{D}{d}$	$\frac{\pi\mu}{8\operatorname{arcosh}\left(e^{\frac{\pi W}{2b}}\right)}$
C_0(F/m)	$\frac{\pi\varepsilon}{\ln\frac{2D}{d}}$	$\frac{2\pi\varepsilon}{\ln\frac{D}{d}}$	$\frac{8\varepsilon}{\pi}\operatorname{arcosh}\left(e^{\frac{\pi W}{2b}}\right)$
$Z_0=\sqrt{\frac{L_0}{C_0}}$	$\frac{120}{\sqrt{\varepsilon_r}}\ln\frac{2D}{d}$	$\frac{60}{\sqrt{\varepsilon_r}}\ln\frac{D}{d}$	$\frac{15\pi^2}{\sqrt{\varepsilon_r}\operatorname{arcosh}\left(e^{\frac{\pi W}{2b}}\right)}$

其中，同轴线的特性阻抗 Z_0 常用规格有 50 Ω 和 75 Ω 两种；平行双导线 Z_0 常用规格有 300 Ω、400 Ω 和 600 Ω 三种。

2. 传播常数 $\gamma=\alpha+j\beta$

γ 的实部 α 称为衰减常数，单位为奈培每米(Np/m)或分贝每米(dB/m)，它表示每传播单位长度后行波振幅衰减为原值的 $e^{-\alpha}$ 倍；虚部 β 称为相移常数，表示行波每传播单位长度后相位滞后的弧度数，单位为弧度每米(rad/m)。对于无耗线有

$$\alpha = 0,\ \gamma = j\beta = j\omega\sqrt{L_0C_0} \tag{4-4-2}$$

因此，行波在无耗线中传播时其振幅不衰减。

3. 相速度 v_p

对于无耗线，由式(4-3-6b)和式(4-4-2)得

$$v_p = \frac{\omega}{\beta} = \frac{\omega}{\omega\sqrt{L_0C_0}} = \frac{1}{\sqrt{L_0C_0}} \tag{4-4-3a}$$

将表 4-4-1 中的数据代入上式有

$$v_p = \frac{1}{\sqrt{\mu\varepsilon}} = \frac{1}{\sqrt{\mu_0\varepsilon_0}}\frac{1}{\sqrt{\mu_r\varepsilon_r}} = \frac{c}{\sqrt{\varepsilon_r}} \tag{4-4-3b}$$

其中，c 为光速；ε_r 为行波所处介质中的相对介电常数；对于非铁磁介质，一般有 $\mu_r=1$。式(4-4-3)描述了任一无耗介质中无色散波的波速与光速之间的关系。

4. 相波长 λ_p

对于无耗线，由式(4-3-6b)和式(4-4-3b)得

$$\lambda_p = \frac{c}{\sqrt{\varepsilon_r}}\frac{1}{f} = \frac{\lambda_0}{\sqrt{\varepsilon_r}} \tag{4-4-4}$$

其中，λ_0 为信号源波长。式(4-4-4)描述了任一无耗介质中无色散波的波长与自由空间中电磁波波长的关系。

例 4-4-1　某同轴线内外导体间填充空气时单位长度电容为 66.7 pF/m，求其特性阻抗；如果在此同轴线内外导体间填充聚四氟乙烯($\varepsilon_r=2.1$)，求解此时的特性阻抗、频率为 300 MHz 时的相速度与相波长。

解　由式(4-4-3)及式(4-4-1)有

$$Z_0=\frac{1}{v_p C_0}$$

真空时相速度为 $v_p=c=3\times10^8$ m/s，故有

$$Z_0=\frac{1}{3\times10^8\times66.7\times10^{-12}}=50\ \Omega$$

填充介质后有

$$C_0'=\varepsilon_r C_0,\ \mu_P=c\sqrt{\varepsilon_r}$$

$$Z_0'=\frac{1}{v_p C_0'}=\frac{Z_0}{\sqrt{\varepsilon_r}}=34.5\ \Omega$$

$$v_p=\frac{c}{\sqrt{\varepsilon_r}}=2.07\times10^8\ \text{m/s}$$

$$\lambda_p=\frac{c}{f\sqrt{\varepsilon_r}}=0.69\ \text{m}$$

4.5　端接负载的均匀无耗传输线

4.5.1　波的反射现象

图 4-5-1 为端接任意负载阻抗 Z_L 的无耗传输线，坐标原点建立在负载端，我们已经知道，行波的电压和电流之比是特性阻抗 Z_0，但当负载阻抗 $Z_L\neq Z_0$ 时，负载上的电压和电流之比应是 Z_L。因此，产生适当振幅的反射波是可以预期的。

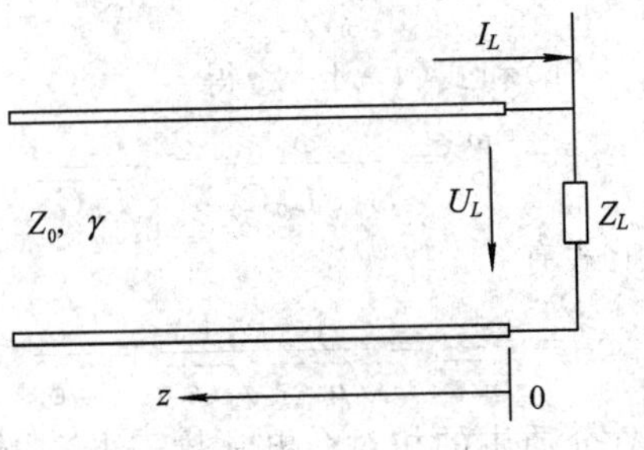

图 4-5-1　传输线终端条件

1. 反射系数

为符合新的坐标系，用“$-z$”代替“z”，用 U_{i0} 和 U_{r0} 表示 $z=0$ 处入射波和反射波振幅，

式(4-3-4a)可改写为如下形式：

$$\begin{cases} U(z)=U_i(z)+U_r(z)=U_{i0}e^{j\beta z}+U_{r0}e^{-j\beta z} \\ I(z)=\dfrac{1}{Z_0}[U_i(z)-U_r(z)]=\dfrac{1}{Z_0}(U_{i0}e^{j\beta z}-U_{r0}e^{-j\beta z}) \end{cases} \tag{4-5-1}$$

因此在 $z=0$ 处，必然有

$$Z_L=\frac{U_L}{I_L}=\frac{U_{i0}+U_{r0}}{U_{i0}-U_{r0}}Z_0 \Rightarrow U_{r0}=\frac{Z_L-Z_0}{Z_L+Z_0}U_{i0}$$

为衡量反射波的强弱，我们定义电压反射系数 $\Gamma(z)$ 为沿线任一点处反射波电压的复振幅与入射波电压的复振幅的比值，则负载处反射系数

$$\Gamma_L=\frac{U_{r0}}{U_{i0}}=\frac{Z_L-Z_0}{Z_L+Z_0} \tag{4-5-2a}$$

任一点处反射系数

$$\Gamma(z)=\frac{U_{r0}e^{-j\beta z}}{U_{i0}e^{j\beta z}}=\frac{U_{r0}}{U_{i0}}e^{-j2\beta z}=\Gamma_L e^{-j2\beta z} \tag{4-5-2b}$$

线上任一点总电压和总电流可表示为

$$\begin{cases} U(z)=U_{i0}[e^{j\beta z}+\Gamma_L e^{-j\beta z}]=U_{i0}e^{j\beta z}[1+\Gamma(z)] \\ I(z)=\dfrac{U_{i0}}{Z_0}[e^{j\beta z}-\Gamma_L e^{-j\beta z}]=\dfrac{U_{i0}e^{j\beta z}}{Z_0}[1-\Gamma(z)] \end{cases} \tag{4-5-3}$$

从这些表达式可以看出，线上总电压或总电流是由入射波和反射波的叠加组成的，有所区别的仅是各占比例的多少。若再已知终端条件 $U(0)=U_L$、$I(0)=I_L$ 中任一个，便可解得此条件下的特解。

从式(4-5-2a)中也可以看出，只有当 $\Gamma_L=0$ 时，才不会有反射波，此时负载阻抗 $Z_L=Z_0$，这种负载称为匹配负载，工作状态称为行波状态；当 $|\Gamma_L|=1$ 时，反射波振幅与入射波振幅相等，我们称之为驻波状态或全反射状态；当 $0<|\Gamma_L|<1$ 时，线上既有驻波成分也有行波成分，我们称之为行驻波状态。4.5.2 节中将对此进行详细分析。

2. 驻波比与行波系数

如果负载是匹配的，线上载行波，故线上任一点电压幅值为常数；如果负载失配，反射波的存在会导致线上存在驻波成分，这时线上的电压幅值不再是常数。由式(4-5-3)得

$$|U(z)|=|U_{i0}e^{j\beta z}[1+\Gamma(z)]|=|U_{i0}||1+|\Gamma_L|e^{j(\varphi_L-2\beta z)}| \tag{4-5-4}$$

其中，φ_L 为负载反射系数 Γ_L 的相位。这个结论表明，电压幅值沿线随 z 起伏，当 $\varphi_L-2\beta z=2n\pi$ 时，$e^{j(\varphi_L-2\beta z)}=1$，此时取得电压最大值，称为电压波腹值：

$$U_{max}=|U_{i0}|(1+|\Gamma_L|) \tag{4-5-5a}$$

$\varphi_L-2\beta z=(2n\pm1)\pi$ 时，$e^{j(\varphi_L-2\beta z)}=-1$，此时取得电压最小值，称为电压波节点：

$$U_{min}=|U_{i0}|(1-|\Gamma_L|) \tag{4-5-5b}$$

相应电流也有同样规律，不过正好反过来。由式(4-5-3)得，当电压取得波腹点时，电流取得波节点；电压取得波节点时，电流取得波腹点。

当 $|\Gamma_L|$ 增加时，$|U_{max}|$ 和 $|U_{min}|$ 之比增加。因此，度量传输线的失配量，称为电压驻波比(Voltage Standing Wave Ratio，VSWR)，其定义为

$$\rho=\left|\frac{U_{\max}}{U_{\min}}\right|=\frac{1+|\Gamma_L|}{1-|\Gamma_L|} \tag{4-5-6}$$

由式(4-5-4)可知，相邻电压最大值(或最小值)之间的距离为$2\pi/2\beta=\lambda/2$；最大值与相邻最小值之间的距离是$\pi/2\beta=\lambda/4$，其中λ是传输线上的波长。有时为表示方便，把距离负载出现的第一个最大值(或最小值)的位置用$l_{\max}$(或$l_{\min}$)来表示。

有时也会用到行波系数，其定义为沿线电压$|U_{\min}|$和$|U_{\max}|$之比：

$$K=\left|\frac{U_{\min}}{U_{\max}}\right|=\frac{1}{\rho}=\frac{1-|\Gamma_L|}{1+|\Gamma_L|} \tag{4-5-7}$$

3. 功率和回波损耗

求得沿线任意点电压和电流后，我们可以计算出线上某z点的平均功率为

$$P=\frac{1}{2}\,\mathrm{Re}[U(z)I^*(z)]=\frac{1}{2}\,\frac{|U_{i0}|^2}{Z_0}(1-|\Gamma_L|^2) \tag{4-5-8}$$

可见，当负载阻抗一定时，线上任意点的平均功率是常数，传输到负载的功率P等于入射功率$|U_{i0}|^2/2Z_0$减去反射功率$|U_{i0}|^2|\Gamma_L|^2/2Z_0$。故$\Gamma_L=0$的行波状态下，传送到负载的功率最大，这是我们最想要的情况；$|\Gamma_L|=1$为发生全反射时的驻波状态，负载没有获得任何功率，这是我们最不想看到的情况。

当负载失配时，一部分功率因反射波的存在而损失掉，我们称之为“回波损耗”，其定义为

$$RL=-20\lg|\Gamma_L|\,(\mathrm{dB}) \tag{4-5-9}$$

4. 输入阻抗

定义沿线任意点z处的输入阻抗为该点电压与电流的比值。从式(4-5-8)可以看出，线上的平均功率是常数，但式(4-5-4)表明电压的振幅随z的位置变化而变化，故线上任一点的输入阻抗必定随位置变化而变化。则由式(4-5-3)有

$$Z_{\mathrm{in}}(z)=\frac{U(z)}{I(z)}=Z_0\,\frac{U_{i0}\,\mathrm{e}^{\mathrm{j}\beta z}+U_{r0}\,\mathrm{e}^{-\mathrm{j}\beta z}}{U_{i0}\,\mathrm{e}^{\mathrm{j}\beta z}-U_{r0}\,\mathrm{e}^{-\mathrm{j}\beta z}}=Z_0\,\frac{\mathrm{e}^{\mathrm{j}\beta z}+\Gamma_L\,\mathrm{e}^{-\mathrm{j}\beta z}}{\mathrm{e}^{\mathrm{j}\beta z}-\Gamma_L\,\mathrm{e}^{-\mathrm{j}\beta z}}$$

将上式化简，我们可以得出两个很重要的结论：

$$\begin{cases} Z_{\mathrm{in}}(z)=\dfrac{U(z)}{I(z)}=Z_0\,\dfrac{Z_L+\mathrm{j}Z_0\tan\beta z}{Z_0+\mathrm{j}Z_L\tan\beta z} \\[2ex] Z_{\mathrm{in}}(z)=Z_0\,\dfrac{1+\Gamma(z)}{1-\Gamma(z)}=Z_0\,\dfrac{1+\Gamma_L\,\mathrm{e}^{-2\mathrm{j}\beta z}}{1-\Gamma_L\,\mathrm{e}^{-2\mathrm{j}\beta z}}=Z_0\,\dfrac{1+|\Gamma_L|\,\mathrm{e}^{\mathrm{j}(\varphi_L-2\beta z)}}{1-|\Gamma_L|\,\mathrm{e}^{\mathrm{j}(\varphi_L-2\beta z)}} \end{cases} \tag{4-5-10}$$

可见，如同电压幅值变化规律一样，输入阻抗也有以下变化规律：当$\varphi_L-2\beta z=2n\pi$时，$\mathrm{e}^{\mathrm{j}(\varphi_L-2\beta z)}=1$，此时输入阻抗取得最大纯阻为

$$R_{\max}=Z_0\,\frac{1+|\Gamma_L|}{1-|\Gamma_L|}=Z_0\rho \tag{4-5-11a}$$

当$\varphi_L-2\beta z=(2n\pm1)\pi$时，$\mathrm{e}^{\mathrm{j}(\varphi_L-2\beta z)}=-1$，此时输入阻抗取得最小纯阻为

$$R_{\min}=Z_0\,\frac{1-|\Gamma_L|}{1+|\Gamma_L|}=\frac{Z_0}{\rho}=Z_0K \tag{4-5-11b}$$

由此可知，相邻最大纯阻之间的距离为$2\pi/2\beta=\lambda/2$；最大值与相邻最小值之间的距离是$\pi/2\beta=\lambda/4$，其中λ是传输线上的波长。我们称之为$\lambda/4$变换性与$\lambda/2$重复性。

例 4-5-1　无耗传输线长 $l=3.25$ m，相波长 $\lambda_p=1$ m，特性阻抗 $Z_0=50\ \Omega$，终端接负载阻抗 $Z_L=100\ \Omega$，求负载处反射系数、线上的驻波比、始端输入阻抗、负载到第一个电压最小值和最大值处的距离 $l_{\min}$ 和 $l_{\max}$。

解　始端至终端距离为 3.25 个电长度，即 $\lambda/4$，则负载反射系数

$$\Gamma_L=\frac{Z_L-Z_0}{Z_L+Z_0}=\frac{50}{150}=\frac{1}{3}$$

驻波比

$$\rho=\frac{1+|\Gamma_L|}{1-|\Gamma_L|}=\frac{1+\dfrac{1}{3}}{1-\dfrac{1}{3}}=2$$

输入阻抗

$$Z_{\text{in}}=Z_0\frac{Z_L+\mathrm{j}Z_0\tan\beta z}{Z_0+\mathrm{j}Z_L\tan\beta z}=50\frac{100+\mathrm{j}50\times\infty}{50+\mathrm{j}100\times\infty}=25\ \Omega$$

很明显发现有 $\sqrt{Z_{\text{in}}\cdot Z_L}=Z_0$，故负载处为最大纯阻值，由沿线输入阻抗与总电压分布规律不难发现最大纯阻处对应电压最大值，最小纯阻处对应电压最小值，由 $\lambda/4$ 变换性与 $\lambda/2$ 重复性得

$$l_{\min}=0.25\ \text{m}$$
$$l_{\max}=0.5\ \text{m}$$

4.5.2　传输线的三种工作状态

下面我们回过头来研究不同负载阻抗 Z_L 下，传输线波的反射情况。

1. 行波状态

长线为半无限长或负载阻抗等于长线特性阻抗，即 $Z_L=Z_0$ 时，入射波功率被负载全部吸收，即负载与长线相匹配，$\Gamma_L=0$。

其沿线电压、电流的瞬时分布和振幅分布曲线如图 4-5-2 所示。其特点为：

(1) 沿线只有入射的行波而没有反射波。

(2) 入射波的能量全为负载所吸收，故传输效率最高。

(3) 沿线上任意点的输入阻抗等于线的特性阻抗而与离负载的距离无关，参见式(4-5-10)。

(4) 沿线电压和电流的振幅值不变。

(5) 电压、电流的时空相位 $\omega t-\beta z$ 始终保持一致，随 z 增加而连续滞后。

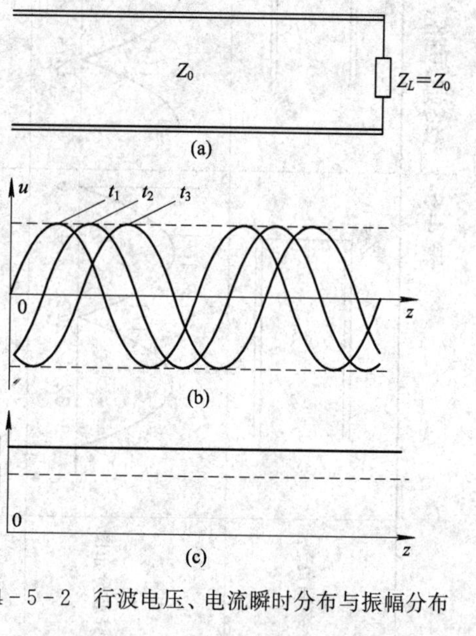

图 4-5-2　行波电压、电流瞬时分布与振幅分布

2. 驻波状态

驻波状态又称为全反射状态，当 $Z_L=0$ 时，终端短路；当 $Z_L=\infty$ 时，终端开路；当 $Z_L=\mathrm{j}X_L$ 时，终端为纯电抗可以获得此状态。驻波状态时 $|\Gamma|=1$，驻波比 $\rho=\infty$。

为便于对比，我们将三种情况的驻波状态列于表 4-5-1。

表 4-5-1　终端短路、开路、纯电抗时传输线驻波状态示意图

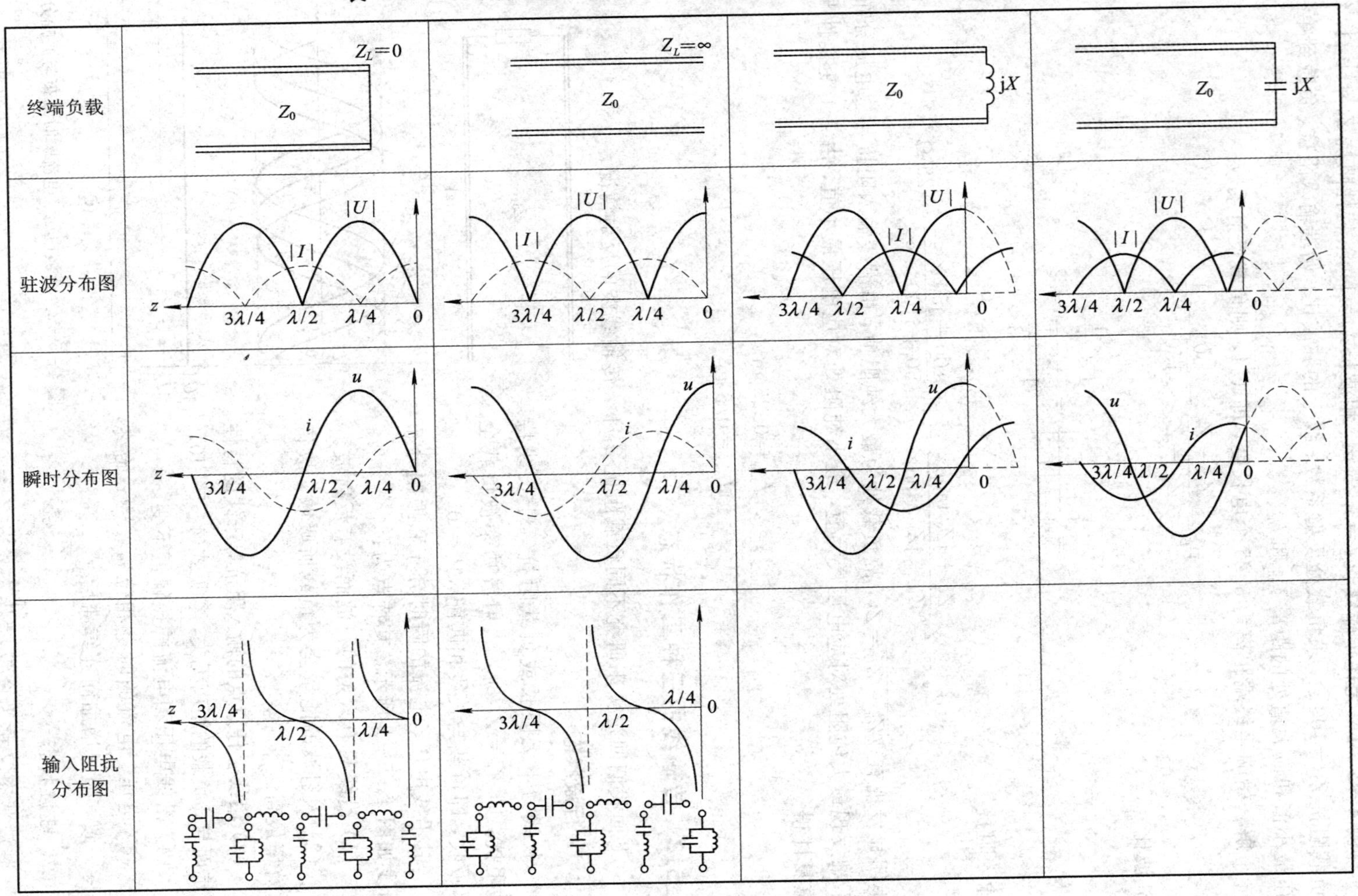

短路线情况，此时线上电压和电流复振幅为

$$\begin{cases}\dot{U}(z)=U_{i0}e^{j\beta z}+U_{r0}e^{-j\beta z}=U_{i0}(e^{j\beta z}-e^{-j\beta z})=2jU_{i0}\sin\beta z\\ \dot{I}(z)=\dfrac{1}{Z_0}(U_{i0}e^{j\beta z}-U_{r0}e^{-j\beta z})=\dfrac{U_{i0}}{Z_0}(e^{j\beta z}+e^{-j\beta z})=2\dfrac{U_{i0}}{Z_0}\cos\beta z\end{cases}\tag{4-5-12}$$

可见终端是电压波节点 $U_{min}=0$，也是电流波腹点 $I_{max}=\dfrac{2|U_{i0}|}{Z_0}$。输入阻抗表达式为

$$Z_{in}(z)=jZ_0\tan\beta z\tag{4-5-13}$$

可见任意长度的终端短路线的输入阻抗都是纯电抗，可取 $-j\infty\sim j\infty$ 中所有值。

开路线情况，电压、电流复振幅为

$$\begin{cases}\dot{U}(z)=U_{i0}e^{j\beta z}+U_{r0}e^{-j\beta z}=U_{i0}(e^{j\beta z}+e^{-j\beta z})=2U_{i0}\cos\beta z\\ \dot{I}(z)=\dfrac{1}{Z_0}(U_{i0}e^{j\beta z}-U_{r0}e^{-j\beta z})=\dfrac{U_{i0}}{Z_0}(e^{j\beta z}-e^{-j\beta z})=2j\dfrac{U_{i0}}{Z_0}\sin\beta z\end{cases}\tag{4-5-14}$$

可见终端是电压波腹点 $U_{max}=2|U_{i0}|$，也是电流波节点 $I_{min}=0$。输入阻抗表达式为

$$Z_{in}(z)=-jZ_0\cot\beta z\tag{4-5-15}$$

可见任意长度的终端开路线的输入阻抗都是纯电抗，可取 $-j\infty\sim j\infty$ 中所有值。

由式(4-5-13)知，纯感抗负载可用一段特性阻抗为 Z_0、长度为 $l_0(0<l_0<\lambda/4)$ 的短路线等效，且有

$$l_0=\frac{\lambda}{2\pi}\arctan\frac{X_L}{Z_0}\tag{4-5-16}$$

同样，纯容抗负载可用一段特性阻抗为 Z_0、长度为 $l_0(\lambda/4<l_0<\lambda/2)$ 的短路线等效。由式(4-5-15)知，长度 l_0 由下式确定

$$l_0=\frac{\lambda}{2}-\frac{\lambda}{2\pi}\arctan\frac{X_L}{Z_0}\tag{4-5-17}$$

故长度为 l，终端接纯电抗负载的长线，沿线电压、电流及阻抗的变化规律与短路线或开路线变化规律完全一致。仅波腹点和波节点的位置有所不同。

综上所述，长线终端无论是短路、开路或是纯电抗，终端都将产生全反射，沿线电压、电流呈驻波分布。其特性如下：

(1) 驻波波腹值为入射波幅值的两倍，波节值恒为零。短路线终端为电压波节，电流波腹；开路线终端为电压波腹，电流波节；接纯电抗时，终端既非波腹也非波节(当终端为纯感抗时，离开负载第一个出现的是电压波腹点；当终端为纯容抗时，离开负载第一个出现的是电压波节点)。

(2) 沿线同一位置处电压、电流的时空相位关系均为 $\pi/2$，所以驻波状态只能储存能量而不能传输能量。

(3) 沿线任一处的输入阻抗为纯电抗，具有 $\lambda/4$ 变换性与 $\lambda/2$ 重复性。不同长度的短路线、开路线可分别等效为电感、电容、串联谐振回路和并联谐振回路。

终端短路、开路情况虽然不能用以传输能量，但在某些情况下还是非常有用的。由上面分析可知，其输入阻抗为纯电抗，故可用来等效不能用于微波频率的集总电感和集总电容；任何电抗都是没有损耗的，故可以用来制作谐振单元和调配单元。下面我们举两个例子来说明它们的应用。

例 4-5-2　开路线或短路线作滤波电路。如图 4-5-3 所示，雷达发射机输出的基波

信号波长为 λ_1，谐波波长为 λ_2，试分析当 l_1 和 l_2 满足什么关系时，能保留 λ_1 信号滤除 λ_2 信号。

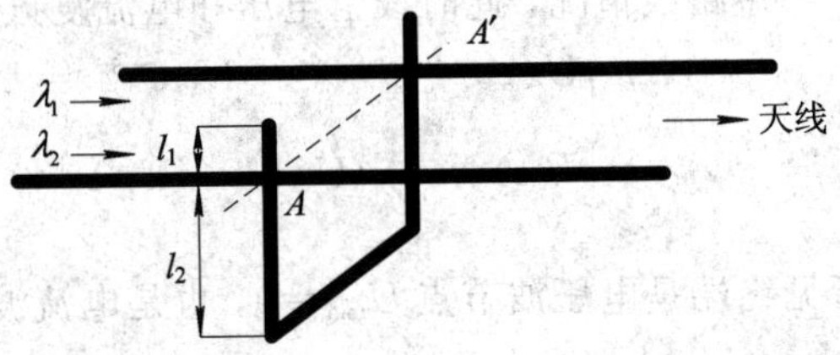

图 4-5-3 例 4-5-2 用图

解 欲保留 λ_1 信号滤除 λ_2 信号，则 AA' 并联支节的输入阻抗 Z_{in} 对 λ_1 信号应为无穷大，对 λ_2 信号应为 0。

当 $l_2=\lambda_2/2$、$l_1=\lambda_1/4-\lambda_2/2$ 时，对 λ_2 信号而言，AA' 是短路面，λ_2 信号不可通过。对 λ_1 而言，输入阻抗为 $Z_2=\mathrm{j}Z_0\ \tan\beta_1 l_2$，导纳为 $Y_2=-\mathrm{j}Y_0\ \cot\beta_1 l_2$。$l_1$ 为开路线，对 λ_1 而言，输入阻抗为 $Z_1=-\mathrm{j}Z_0\ \cot\beta_1 l_1$，导纳为 $Y_1=\mathrm{j}Y_0\ \tan\beta_1 l_1$。因为 $l_1=\dfrac{\lambda_1}{4}-l_2$，则有导纳为 $Y_1=\mathrm{j}Y_0\ \cot\beta_1 l_2$。故 l_1 和 l_2 支节在 AA' 面并联时总导纳为 0，则对 l_1 信号而言相当于开路，l_1 信号可正常通过。

例 4-5-3 如图 4-5-4 为雷达收发开关示意图，试分析其工作原理。开关管的作用是，当强信号通过时，它就工作，处于短路状态；弱信号时不工作，处于开路状态。

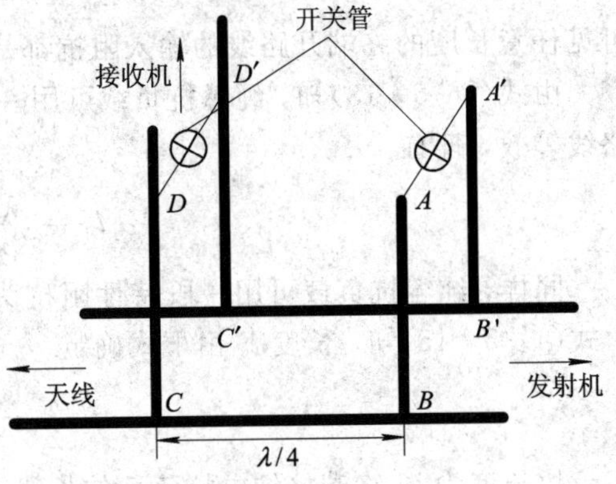

图 4-5-4 例 4-5-3 用图

解 发射机发射信号时，强信号使两个开关管都工作，AA' 和 DD' 面短路，这时 AB 段和 DC 段为 $\lambda/4$ 短路线，对主传输线无影响，发射信号能顺利通向天线。由于 DD' 短路，发射信号将不能进入接收机。

天线接收信号时，回波信号弱不能使开关管工作，两个开关管都为开路状态。这时 AB 段为 $\lambda/4$ 开路线，使 BB' 面短路，又因 BC 段长为 $\lambda/4$，故从 CC' 面向发射机看入的输入阻抗为无穷大，这样接收信号不能进入发射机，而顺利通向接收机。

3. 行驻波状态(部分反射状态)

若传输线的负载 $Z_L\neq Z_0$，且又不是开路、短路或纯电抗性元件，传输线上会产生部分反射波。从前面的分析可知驻波的波节点是由于反射波和入射波反相，振幅相等，互相抵消而形成；波腹点是由于入射波和反射波同相，振幅相等，互相叠加而形成。因反射波振幅小于入射波振幅，波节点处入射波与反射波不能完全抵消，因此波节点不为零。同样波腹点处也不能达到入射波振幅的两倍，故行驻波兼有行波与驻波的特点。

行驻波时，线上任一点的电压和电流可表示为

$$\begin{cases} U(z)=U_i(z)+U_r(z)=U_i(z)\left[1+|\Gamma_L|\mathrm{e}^{\mathrm{j}(\varphi_L-2\beta z)}\right] \\ I(z)=I_i(z)+I_r(z)=I_i(z)\left[1-|\Gamma_L|\mathrm{e}^{\mathrm{j}(\varphi_L-2\beta z)}\right] \end{cases} \tag{4-5-18}$$

由此可见，当 $2\beta z-\varphi_L=2n\pi(n=0,1,2,\cdots)$ 时，将出现电压波腹点、电流波节点，且电压最大值、电流最小值分别为

$$\begin{cases} |U|_{\max} = |U_i(z)|(1+|\Gamma_L|) \\ |I|_{\min} = |I_i(z)|(1-|\Gamma_L|) \end{cases} \tag{4-5-19}$$

电压波腹点的位置为

$$l_{\max} = \frac{\varphi_L + 2n\pi}{2\beta} = \frac{\lambda\varphi_L}{4\pi} + n\frac{\lambda}{2} \quad (n=0,1,2,\cdots) \tag{4-5-20}$$

当 $2\beta z - \varphi_L = (2n\pm 1)\pi(n=0, 1, 2, \cdots)$ 时，将出现电压波节点、电流波腹点，且电压最小值、电流最大值分别为

$$\begin{cases} |U|_{\min} = |U_i(z)|(1-|\Gamma_L|) \\ |I|_{\max} = |I_i(z)|(1+|\Gamma_L|) \end{cases} \tag{4-5-21}$$

电压波节点的位置为

$$l_{\min} = \frac{\varphi_L + (2n\pm 1)\pi}{2\beta} = \frac{\lambda\varphi_L}{4\pi} + (2n\pm 1)\frac{\lambda}{4} \quad (n=0,1,2,\cdots) \tag{4-5-22}$$

知道了沿线电压和电流波腹点与波节点的位置和大小，即可画出行驻波状态下的沿线输入阻抗、电压和电流的分布曲线，图 4-5-5 为不同负载时它们的曲线，读者可以自行比较。

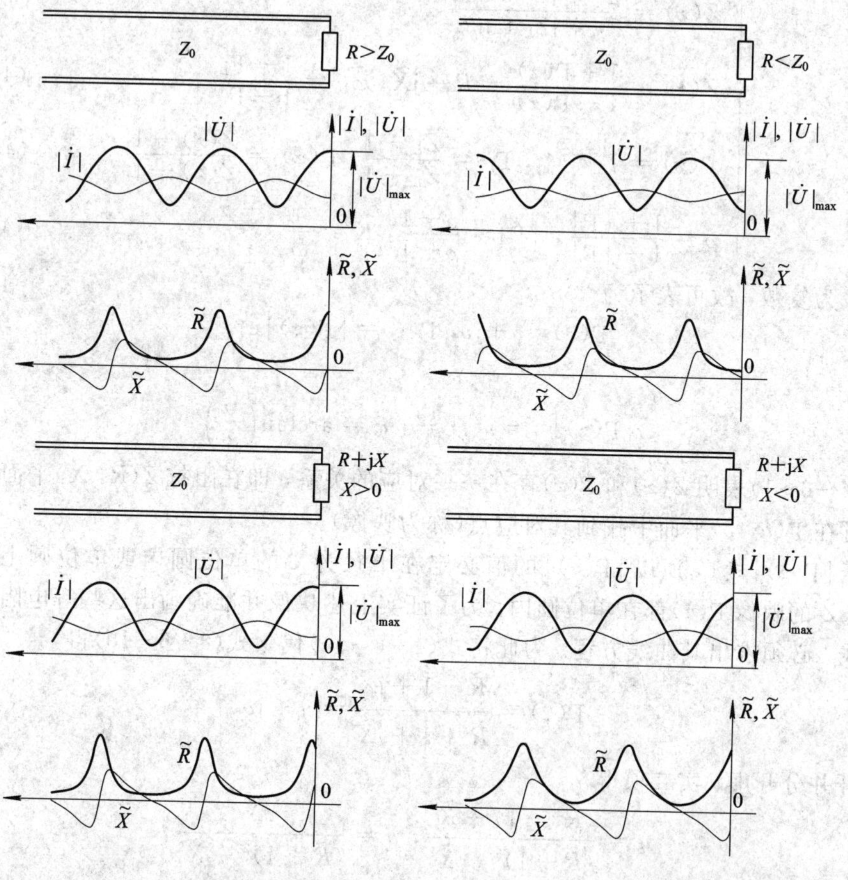

图 4-5-5　终端接任意负载时沿线电压、电流及阻抗分布

行驻波状态下沿线任意点处输入阻抗一般为复数，但在波腹点和波节点时则为纯阻，读者可从 4.5.1 节中的“输入阻抗”部分找到其分布规律和关系。

4.6　圆图及其应用

在涉及高频传输线的工程中，经常遇到如下三类问题：第一，由负载求 ρ、$\Gamma(z)$、$Z_{in}(z)$；第二，由实测的 ρ、$\Gamma(z)$和驻波相位 l_{min} 求 $Z_{in}(z)$或 Z_L 等；第三，在前两个问题中同时解决阻抗的匹配。这些问题可以由前面所得出的公式进行求解，但是这些计算往往是十分烦琐的复数运算。因此，在满足一定精度的情况下，在实际中多采用图解法。阻抗及导纳圆图就是最方便的一种图解法。

4.6.1　圆图的构成

构成圆图的依据是前面讲述的一些基本公式，把输入阻抗 $Z_{in}(z)$除以特性阻抗 Z_0 后得到归一化阻抗 $\widetilde{Z}(z)$，则基本公式可综述如下：

$$\left\{\begin{aligned}
&\widetilde{Z}(z)=\frac{Z_{in}(z)}{Z_0} && (4-6-1a)\\
&\widetilde{Z}(z)=\frac{Z_L+jZ_0\tan\beta z}{Z_0+jZ_L\tan\beta z} && (4-6-1b)\\
&\widetilde{Z}(z)=\frac{1+\Gamma(z)}{1-\Gamma(z)}=\widetilde{R}+j\widetilde{X},\ \widetilde{Z}_L=\frac{1+\Gamma_L}{1-\Gamma_L} && (4-6-1c)\\
&\Gamma(z)=\Gamma_L e^{-j2\beta z},\ \Gamma_L=\frac{\widetilde{Z}_L-1}{\widetilde{Z}_L+1},\ \Gamma(z)=\frac{\widetilde{Z}(z)-1}{\widetilde{Z}(z)+1} && (4-6-1d)\\
&\rho=\frac{1+|\Gamma|}{1-|\Gamma|},\ |\Gamma|=\frac{\rho-1}{\rho+1},\ K=\frac{1}{\rho} && (4-6-1e)
\end{aligned}\right.$$

$\Gamma(z)$一般为复数，故可表示为

$$\Gamma(z)=u+jv,\ \Gamma(z)=|\Gamma(z)|e^{j\varphi}$$

其中

$$|\Gamma(z)|^2=u^2+v^2,\ \varphi=\arctan\left(\frac{v}{u}\right) \tag{4-6-2}$$

式(4-6-1)表明 $\widetilde{Z}(z)$和 $\Gamma(z)$存在一一对应的关系，即在阻抗 $\widetilde{Z}(\widetilde{R},\widetilde{X})$平面上的任一点必定可在 $\Gamma(u,v)$平面中找到其对应点(称为映像)。

由于$|\Gamma(z)|\leqslant 1$，所以$|\Gamma(z)|$的值必定在半径为 1 的单位圆内或单位圆上。也就是说，所有 $\widetilde{Z}$ 的映像 $\Gamma(z)$都在单位圆内。为了证实上述映像并准确画出这些等电阻曲线和等电抗曲线，必须求出其曲线方程。为此将式(4-6-1c)代入式(4-6-1d)得

$$\Gamma(z)=\frac{\widetilde{R}-1+j\widetilde{X}}{\widetilde{R}+1+j\widetilde{X}}=u+jv \tag{4-6-3a}$$

上式展开并分开虚、实二项得

$$u=\frac{(\widetilde{R}^2-1)+\widetilde{X}^2}{(\widetilde{R}+1)^2+\widetilde{X}^2},\ v=\frac{2\widetilde{X}}{(\widetilde{R}+1)^2+\widetilde{X}^2} \tag{4-6-3b}$$

联解以上两式消去 $\widetilde{X}$ 得

$$\left(u-\frac{\widetilde{R}}{1+\widetilde{R}}\right)^2+v^2=\left(\frac{1}{1+\widetilde{R}}\right)^2 \tag{4-6-4a}$$

上式表明，当 $\widetilde{R}$ 为定值时，由 u、v 所确定的点的轨迹为一圆，圆心在 $u=\dfrac{\widetilde{R}}{1+\widetilde{R}}$ 和 $v=0$ 处，而半径为 $\dfrac{1}{1+\widetilde{R}}$。

如联解式(4-6-3b)并消去 $\widetilde{R}$，得

$$(u-1)^2+\left(v-\frac{1}{\widetilde{X}}\right)^2=\left(\frac{1}{\widetilde{X}}\right)^2 \tag{4-6-4b}$$

上式表明，当 $\widetilde{X}$ 为定值时，u、v 所确定的点的轨迹也是一个圆，圆心在 $u=1$ 和 $v=1/\widetilde{X}$ 处，而半径为 $1/\widetilde{X}$。

图4-6-1就是根据方程(4-6-4a)和(4-6-4b)绘制的，称为史密斯阻抗圆图。

4.6.2 阻抗圆图的特点

为了正确而熟练地应用圆图，下面对圆图的特性做一些分析。

(1) 如图4-6-1所示，在以 u 为横坐标、v 为纵坐标的复数平面中，$\widetilde{R}$ 等于常数的曲线簇是一系列在 $A(1, 0)$ 点相切的圆。$\widetilde{R}=0$ 的圆最大；随着 $\widetilde{R}$ 的增大，其对应的圆越来越小；当 $\widetilde{R}\to\infty$ 时，$\widetilde{R}$ 的圆将收缩为点 A。

(2) $\widetilde{X}$=常数的曲线簇也是一系列相切于 A 点的圆(图中只画出圆的一部分)。$\widetilde{X}=0$ 的圆因其半径及圆心的位置均为无穷大，因而图中的实轴 u 可认为是对应于 $\widetilde{X}=0$ 的圆弧；而随着 $\widetilde{X}$ 的增大，对应的圆越来越小，但始终在 A 点处相切。此外，$\widetilde{X}$ 圆与 $-\widetilde{X}$ 圆是以 u 轴为对称轴分布于上半空间和下半空间的。

对于无损耗传输线，反射系数 $|\Gamma(z)|\leqslant 1$。所以只有在 $u-v$ 平面上，$|\Gamma(z)|=1$ 的圆内的部分才是有意义的，在该圆外的部分均不用理会(这就是只画出 $\widetilde{X}$ 曲线簇的一部分的缘故)。

(3) 根据式(4-6-2)可以得出如图4-6-1中所示的反射系数圆。反射系数 $|\Gamma(z)|$ 圆是以原点 O 为圆心，以 $|\Gamma(z)|=\sqrt{u^2+v^2}$ 为半径的一系列的同心圆。当 $\widetilde{R}=0$ 时，$|\Gamma(z)|=1$，此圆即所谓的单位圆，传输线的各种工作状态均落在此单位圆之内。反射系数的相角 $\varphi=\arctan(v/u)$ 则是经过原点的一系列的直线与实轴的右半部(即 OA 线)的夹角，其数值标刻在单位圆的圆周周围。

一般地，为了圆图的清晰简洁，代表 $|\Gamma(z)|$ 大小的同心圆(后面称为等 Γ 圆或等 ρ 圆)和代表其相角的直线通常不画出。在使用圆图时，可用一把透明

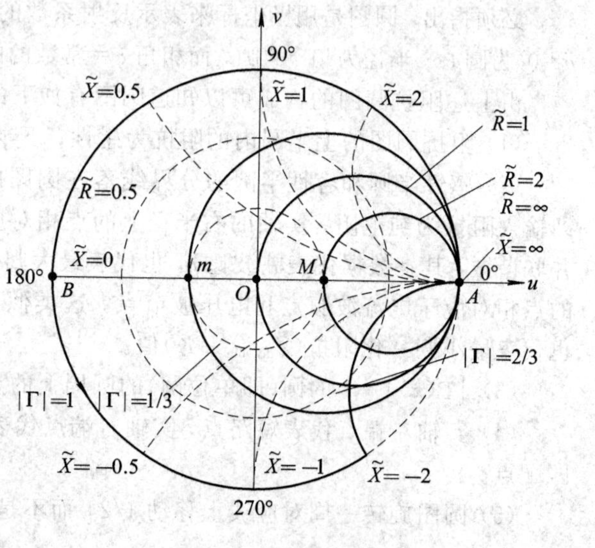

图4-6-1 阻抗圆图

活动尺，将尺的一端固定于圆心，尺上刻以 $|\Gamma|=0.1, 0.2, \cdots, 1.0$ 的刻度，转动这把尺子即可方便地读出单位圆内任一点处反射系数 Γ 的大小及相角(在单位圆外面标以 φ 的度数)。

为了解反射系数的相角与线长的关系，下面考察图 4-6-2 中在负载处的反射系数 Γ_2 与离负载 l 处的反射系数 $\Gamma(l)$ 的相位关系。

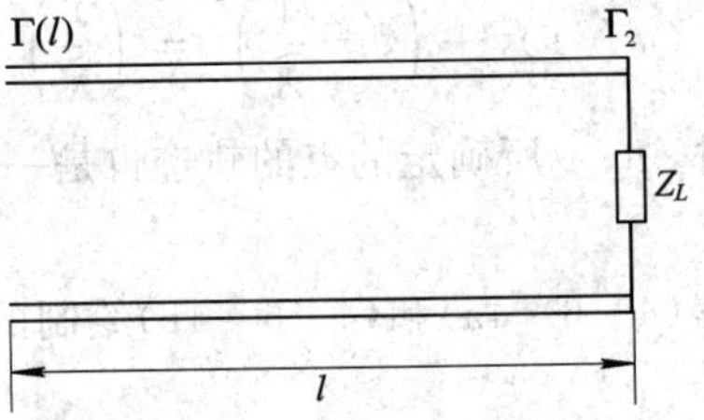

图 4-6-2　线上的反射系数

任一点处的反射系数可表示为

$$\Gamma(l)=\Gamma_2 e^{-j2\beta l}=|\Gamma_2|e^{j\varphi_2}e^{-j2\beta l}=|\Gamma_2|e^{j(\varphi_2-2\beta l)} \tag{4-6-5}$$

式中，φ_2 为终端反射系数的相角；Γ_2 为终端处的反射系数。

由上式可见，当观察点由负载处沿线向电源方向移动 l 距离时，反射系数的相角较负载处滞后了 $2\beta l$。即当观察点沿传输线向电源方向移动时，在圆图中应沿等 Γ 圆向其相角减小的方向移动，即顺时针方向移动。反之，如果观察点由电源向负载移动时，在圆图中应按反时针方向移动。故通常在圆图的单位圆外边分别标出“向电源方向”和“向负载方向”的两个标度。

由上所述可知，在以 u 为横坐标、v 为纵坐标的复数平面中，$\widetilde{R}=$常数的曲线是一系列的圆，代表 $\widetilde{X}=$常数的曲线也是一系列的圆。由保角变换原理，在 $\widetilde{Z}$ 平面中等 $\widetilde{R}$ 和等 $\widetilde{X}$ 两组曲线是正交的，经变换后在 Γ 平面中所对应的两组曲线也是正交的。

必须指出，圆图是用极坐标来表示反射系数的。因为 $|\Gamma|=$常数的曲线是以原点($u=0$, $v=0$)为圆心、半径为 $|\Gamma|$ 的圆，而相角 $\varphi=$常数的曲线则为经过原点的一系列直线。

由上述阻抗圆图的构成可以知道圆图有如下的特性：

(1) 阻抗圆图的上半圆内的阻抗为感性；下半圆内的阻抗为容性。

(2) 感性半圆和容性半圆的分界线落在圆图的实轴上，它代表传输线处于谐振状态，即输入阻抗为纯电阻。实轴的右半径上的点相对应于电压波腹点和电流波节点，这类似于并联谐振，其上数据代表驻波比 ρ，也代表最大归一化阻抗值($\widetilde{Z}_{in,\max}=\rho$)。实轴的左半径上的点相对应于电流波腹点和电压波节点，这类似于串联谐振，其上的数字代表行波系数，也代表最小归一化阻抗($\widetilde{Z}_{in,\min}=K$)值。

(3) $|\Gamma(z)|=1$ 的圆(即单位圆)的圆周上的点代表纯电抗点，其电阻分量为 0。

(4) 实轴左端点代表短路点，实轴右端点代表开路点，实轴的中心点(原点)代表阻抗匹配点。

(5) 圆图旋转一周对应线上移动 $\lambda/2$，而不是 λ。

4.6.3　导纳圆图

在实现匹配的方法中，常在传输线中并联某一匹配元件，遇到这类问题时采用导纳进行计算更为方便，因为并联支路的导纳可以直接相加。与阻抗圆图相对应的又是纳圆图。

由归一化输入导纳与归一化输入阻抗的关系式可知

$$\tilde{Y}(z)=\frac{1}{\tilde{Z}(z)}=\frac{1+\Gamma(z)}{1-\Gamma(z)}\Rightarrow\Gamma(z)=\frac{1-\tilde{Y}(z)}{1+\tilde{Y}(z)} \tag{4-6-6}$$

令 $\tilde{Y}=\tilde{G}+\mathrm{j}\tilde{B}$，则有

$$\Gamma(z)=u+\mathrm{j}v=\frac{(1-\tilde{G})-\mathrm{j}\tilde{B}}{(1+\tilde{G})+\mathrm{j}\tilde{B}}=-\frac{(\tilde{G}-1)+\mathrm{j}\tilde{B}}{(\tilde{G}+1)+\mathrm{j}\tilde{B}} \tag{4-6-7}$$

比较式(4-6-7)与式(4-6-3a)可见，二者形式一样，它们只差一个负号。故将阻抗圆图中的 $\tilde{R}$ 用 $\tilde{G}$ 代替，$\tilde{X}$ 用 $\tilde{B}$ 代替，Γ 用 $-\Gamma$ 代替，则图 4-6-1 所标的数值不变，由此构成的圆图称为导纳圆图，其形式与阻抗圆图完全相同，但图上各点的物理意义已有所不同。表 4-6-1 列出了两种圆图对应点物理意义上的区别，参考图 4-6-3。

表 4-6-1　阻抗圆图与导纳圆图比较

在圆图上的点、线、面	阻抗圆图	导纳圆图
A 点	$Z(z)\to\infty$，开路点，$\Gamma=1$	$Y(z)\to\infty$，短路点，$\Gamma=-1$
B 点	$Z(z)\to 0$，短路点，$\Gamma=-1$	$Y(z)\to 0$，开路点，$\Gamma=1$
O 点	$Z(z)=1$，匹配点，$\Gamma=0$	$Y(z)=1$，匹配点，$\Gamma=0$
OA 线	电压波腹，$\tilde{R}=\rho$	电压波节，$\tilde{G}=\rho$
OB 线	电压波节，$\tilde{R}=K=\frac{1}{\rho}$	电压波腹，$\tilde{G}=K=\frac{1}{\rho}$
$\lvert\Gamma\rvert=1$ 圆	$R=0$，$Z=\mathrm{j}X$，纯电抗线	$G=0$，$Y=\mathrm{j}B$，纯电纳线
匹配圆	$\tilde{R}=1$	$\tilde{G}=1$
上半圆	$X>0$，感性	$B>0$，容性
下半圆	$X<0$，容性	$B<0$，感性

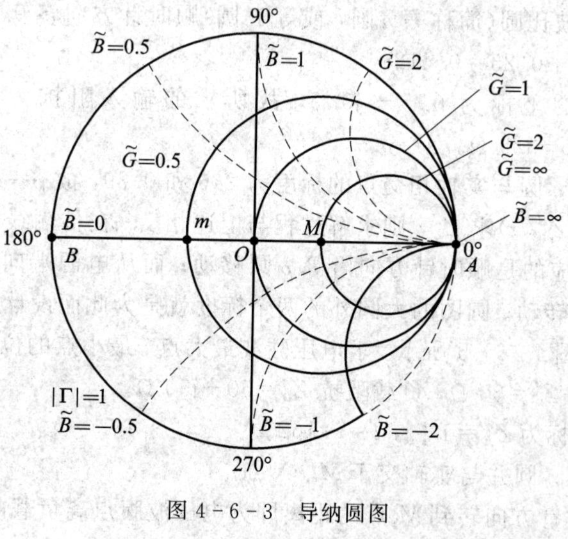

图 4-6-3　导纳圆图

4.6.4　圆图应用举例

阻抗圆图和导纳圆图常应用于下列问题的计算：

(1) 由负载 Z_L 求线上的驻波比 ρ 或反射系数 $\Gamma(z)$ 和输入阻抗 $Z_{in}(z)$。

(2) 由负载 Z_L 求电压驻波最大点及最小点离负载的距离(用 l_{max} 和 l_{min} 表示)。

(3) 由驻波比 ρ 及距离负载 Z_L 的第一个最小点的距离 l_{min} 求负载阻抗 Z_L。

(4) 阻抗与导纳的互换和求复数的倒数。

(5) 由已知传输线的特性阻抗 Z_0 和负载阻抗 Z_L 进行阻抗匹配的计算。

例 4-6-1　如图 4-6-4 所示，求输入阻抗 $Z_{in}(z)$ 和驻波比 ρ。已知传输线的特性阻抗 $Z_0=50\ \Omega$，负载阻抗 $Z_L=50+j50\ \Omega$。求离负载 $l=0.25\lambda$ 处的输入阻抗 $Z_{in}(z)$ 和驻波比 ρ。

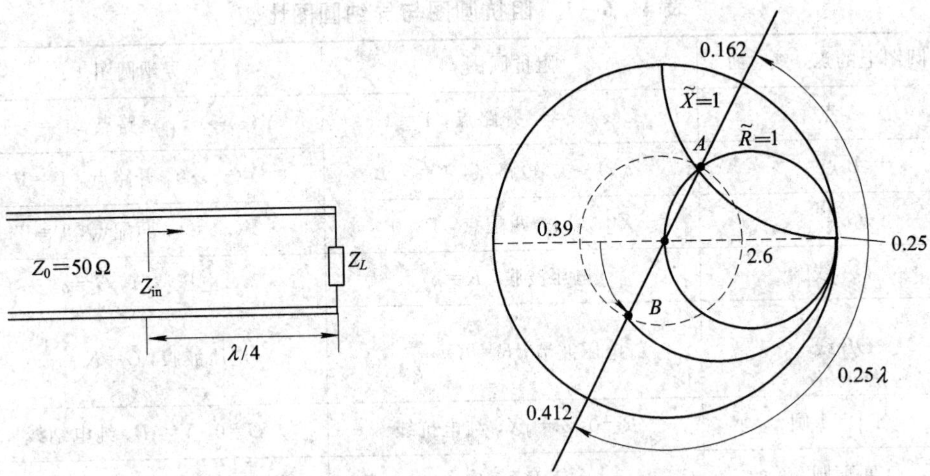

图 4-6-4　例 4-6-1 用图

解　(1) 求归一化阻抗 $\widetilde{Z}_L=Z_L/Z_0=1+j1$，在圆图上找出此点为 A，其对应的电长度为 $l=0.162$。

(2) A 点沿等驻波比圆(简称等 ρ 圆，或等 Γ 圆)顺时针方向转 0.25λ 至 B 点，其对应的电长度为 $l=0.162+0.25=0.412$。

(3) 读取 B 点的坐标为 $0.5-j0.5$，故所求的输入阻抗为 $Z_{in}(z)=\widetilde{Z}\cdot Z_0=(0.5-j0.5)\times 50=25-j25\ \Omega$。

(4) 过 A 点的等 ρ 圆与实轴相交点的标度为 2.6 和 0.39，故 $\rho=2.6(K=0.39=1/\rho)$。

注意，如果已知 $Z_{in}(z)$ 求 Z_L，则求解过程与上述相反。在传输线上从负载向电源方向移动时，在圆图中对应的是顺时针方向沿等 ρ 圆移动；而从电源端向负载方向移动时，在圆图中是反时针方向转动。圆图的大圆外的两个标度就是为此而设计的，以方便应用。

例 4-6-2　如图 4-6-5 所示，求电压驻波最大点、最小点的位置及反射系数 Γ_L。已知传输线的特性阻抗 $Z_0=50\ \Omega$，负载阻抗 $Z_L=50+j50\ \Omega$。

解　(1) A 点坐标为 $\widetilde{Z}_L=1+j$，$l=0.162$。

(2) 过 A 点作等 ρ 圆并与实轴交于 M、N 点。

(3) 由 A 点顺时针方向转到 M 点的距离即为电压波腹点离负载的距离，其值为 $l_{max}=$

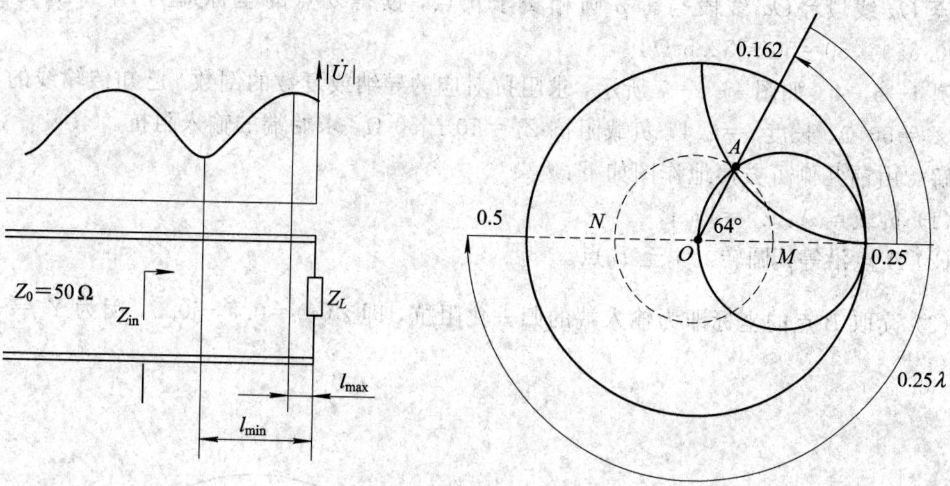

图 4-6-5　例 4-6-2 用图

0.25−0.162=0.088，故 $l=l_{max}\times\lambda=0.088\lambda$。

(4) 由 A 点顺时针方向转到 N 点的距离即为电压波节点离负载的距离，其值为 $l_{min}=0.5-0.162=0.338$，故 $l=l_{min}\times\lambda=0.338\lambda$。

(5) 量取 OA 线段的长度为 0.45，即 $|\Gamma|=0.45$，而 OA 线段与实轴的夹角为 64°，故 $\Gamma_L=|\Gamma|e^{j\varphi}=0.45e^{j64^\circ}$。

例 4-6-3　如图 4-6-6 所示，求负载阻抗。已知传输线的特性阻抗 $Z_0=50\ \Omega$，当线的终端接入 Z_L 时测得线上的驻波比为 $\rho=2$，当线的末端短路时，电压最小点往负载方向移动了 0.15λ。

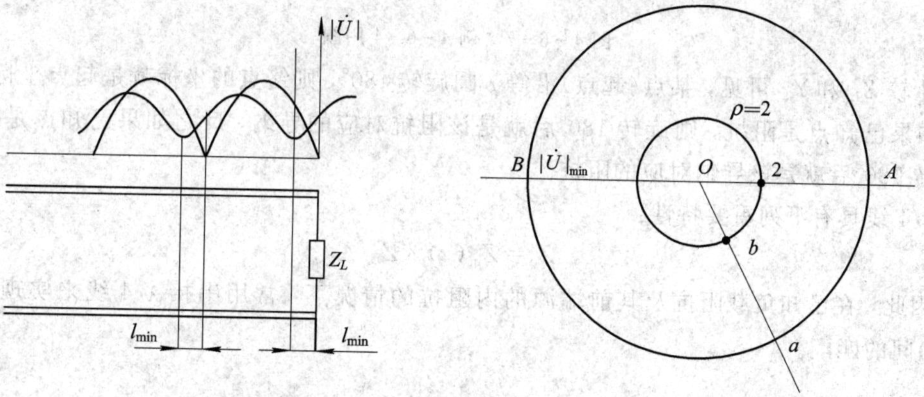

图 4-6-6　例 4-6-3 用图

解　分析：(1) 当终端短路时，电压最小点出现在线的终端，并每隔 λ/2 重复出现，在阻抗圆图中对应于左半实轴 OB 上。

(2) 当终端接入负载时，电压最小点离开负载的距离为 0.15λ，因此负载点必在图中的 Oa 线段上。

作图步骤：画出 $\rho=2$ 的等驻波比圆⇒将 $\dot{U}_{min}$ 线段(即 OB 线段)反时针方向转动 $l_{min}=$

0.15 至 Oa 线段⇒Oa 线段与等 ρ 圆相交于 b 点，读得 b 点的坐标即为 $Z_L=\tilde{Z}_L\times Z_0=(1-\mathrm{j}0.65)\times 50=50-\mathrm{j}32.5\ \Omega$。

例 4-6-4　如图 4-6-7 所示，求阻抗对应的导纳或复数的倒数。已知传输线的特性阻抗 $Z_0=50\ \Omega$，长度 $l=\lambda/4$，负载阻抗 $Z_L=50+\mathrm{j}50\ \Omega$。求始端的输入阻抗。

解　由前几例可方便地作图如下：

(1) 负载点 A：$\tilde{Z}_L=1+\mathrm{j}$。

(2) A 点沿等 ρ 圆转 $\lambda/4$ 至 B 点。

(3) 读取 B 点的坐标即为输入端的归一化阻抗，即 $\tilde{Z}(z)=0.5-\mathrm{j}0.5$，因为 $\tilde{Y}_L=\dfrac{1}{\tilde{Z}_L}=0.5-\mathrm{j}0.5$。

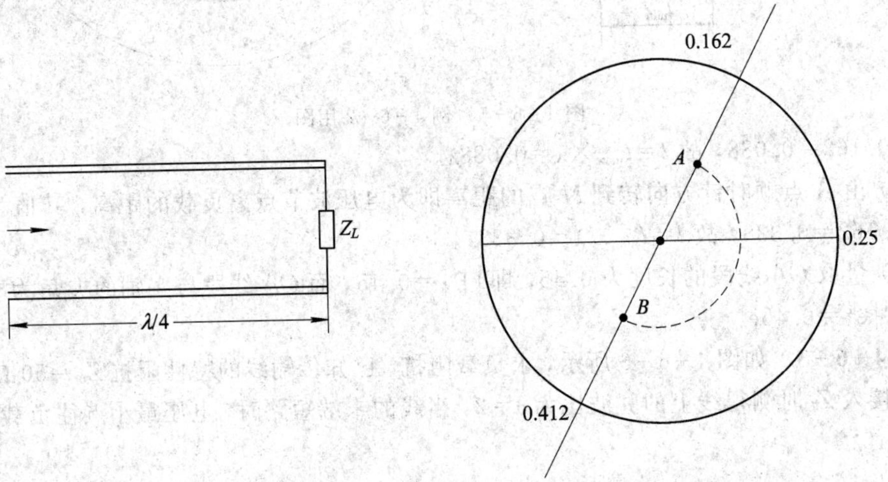

图 4-6-7　例 4-6-4 用图

比较 $\tilde{Z}_L$ 和 $\tilde{Y}_L$ 可见，某点(起点)沿等 ρ 圆旋转 180°，则终点的坐标就是起点坐标的倒数。如果已知点是阻抗，则旋转 180°后就是该阻抗对应的导纳，反之如果已知点是导纳，则旋转 180°后就是该导纳对应的阻抗。

$\lambda/4$ 线具有下列重要特性：

$$Z_0^2=Z_{\mathrm{in}}(z)\times Z_L$$

因此，在已知负载阻抗及其前端源的内阻抗的情况下，常用串接 $\lambda/4$ 线来实现 Z_L 与 $Z_{\mathrm{in}}(z)$ 间的匹配。

4.7　传输线阻抗匹配

4.7.1　阻抗匹配的概念

阻抗匹配是长线理论的一个重要概念。对于由信号源、长线及负载所组成的传输系统，为了提高传输效率，保持信号源工作的稳定性以及提高长线的功率容量，希望信号源给出最大功率，同时负载吸收全部入射波功率。前者要求信号源内阻与长线输入阻抗实现共轭匹配，后者要求负载与长线实现无反射匹配。

1. 共轭匹配

共轭匹配要求长线输入阻抗与信号源内阻互为共轭值。若信号源内阻为

$$Z_g=R_g+jX_g$$

则长线输入阻抗应为

$$Z_{in}(z)=R_{in}+jX_{in}=Z_g^*$$

在上述条件下，信号源输出的最大功率为

$$P_{max}=\frac{1}{2}\frac{|E_g|^2R_{in}}{|Z_g+Z_{in}|^2}=\frac{1}{2}\frac{|E_g|^2R_{in}}{(R_g+R_{in})^2+(X_g+X_{in})^2}=\frac{|E_g|^2}{8R_g}\tag{4-7-1}$$

共轭匹配并不意味着负载与长线实现了无反射匹配。一般情况下，线上电压及电流仍呈行驻波分布。

2. 无反射匹配

无反射匹配要求负载阻抗与长线特性阻抗(纯阻)相等，此时负载吸收全部入射波功率，线上电压及电流呈行波分布。

无反射匹配的条件应用于长线始端时，由于无耗长线特性阻抗 Z_0 为实数，因此要求信号源内阻为纯电阻 R_g，若 $R_g=Z_0$，则称始端实现无反射的信号源为匹配信号源。当长线始端接匹配信号源时，即使负载与长线不匹配，负载的反射波也将被匹配信号源所吸收，始端不会产生新的反射。

由于共轭匹配和无反射匹配的实现条件不同，故两种匹配不一定能同时实现。只有信号源内阻、负载阻抗与长线特性阻抗都相等且均为纯电阻时，才能同时实现共轭匹配和无反射匹配。

在实际微波系统中，是这样来构成匹配源的，在低功率系统中，在信号源(它本身并非匹配源)的输出端口接一个吸收式衰减器(去耦衰减器)或接一个单向器(隔离器)。前者使得反射波在两次通过衰减器后，对信号源的影响忽略不计；后者是一个非互易器件，只允许入射波通过而吸收掉反射波以满足匹配源的要求。在大功率系统中，则需要用到环行器等非互易元件来完成。

4.7.2 阻抗匹配法

本节只讨论负载与传输线的窄带阻抗匹配方法。所谓窄带，严格来说是指只在一个频率点上匹配。其匹配方法是在负载与传输线之间加入一个匹配装置，使输入阻抗作为等效负载与传输线的特性阻抗相等。匹配器本身不能有功率损耗，应由电抗元件构成。

匹配阻抗的原理是产生一个新的反射波来抵消实际负载的反射波(二者等幅反相)。常用的匹配装置是 $\lambda/4$ 变换器、单支节匹配器和双支节匹配器。

1. $\lambda/4$ 变换器

当传输线的特性阻抗为 Z_0，负载阻抗为纯电阻 $R_L\neq Z_0$ 时，则可以在传输线与负载之间加接一段特性阻抗为 Z_{01} 的 $\lambda/4$ 线来匹配，如图 4-7-1 所示。利用 $\lambda/4$ 倒置关系有

$$Z_{in}=\frac{Z_{01}^2}{R_L}$$

当匹配时，$Z_{in}=Z_0$，于是得到

$$Z_{01} = \sqrt{Z_0 \cdot R_L} \tag{4-7-2}$$

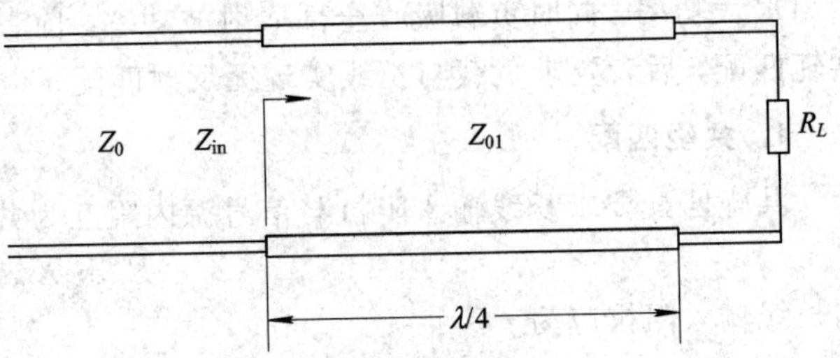

图 4-7-1 λ/4 变换器

λ/4 阻抗变换器只能匹配纯电阻负载。如果负载不是纯电阻仍然使用它来匹配时，要将变换器接入离负载一段距离的电压波节或波腹处，因为电压波节或波腹处的输入阻抗是纯电阻。

2. 单支节匹配器

这类匹配器是在主传输线上并联适当的电纳(或串联适当的电抗)，以达到匹配的目的。此电纳(或电抗)元件常由一段终端短路或开路线段构成。

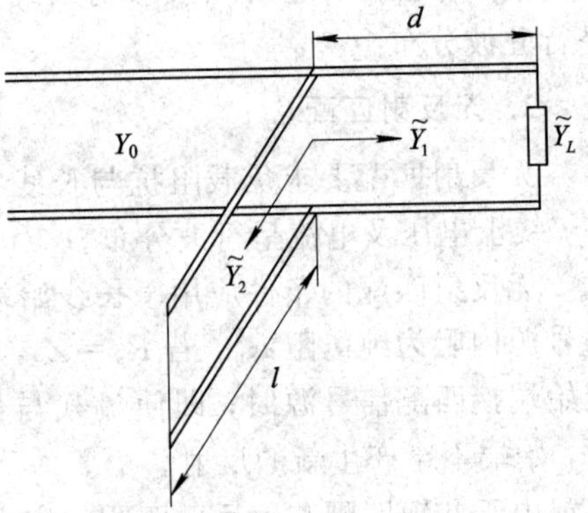

图 4-7-2 单支节匹配器示意图

如图 4-7-2 所示，由于 $Z_L \neq Z_0$，在距离负载 λ/2 长度内的线上总可以找到归一化输入导纳为 $\widetilde{Y}_1=1\pm j\widetilde{B}_1$ 的点，在该处并联归一化电纳 $\widetilde{Y}_2=\mp j\widetilde{B}_1$ 的短路或开路支节，就可以实现与主传输线的匹配。由分析可知，短路支节或开路支节的情况都会存在两个解，可按离终端近、所需匹配支节的线较短的原则来选取。

例 4-7-1 已知 $Z_L=300-j100\ \Omega$，$Z_0=100\ \Omega$，用单支节实现阻抗匹配。

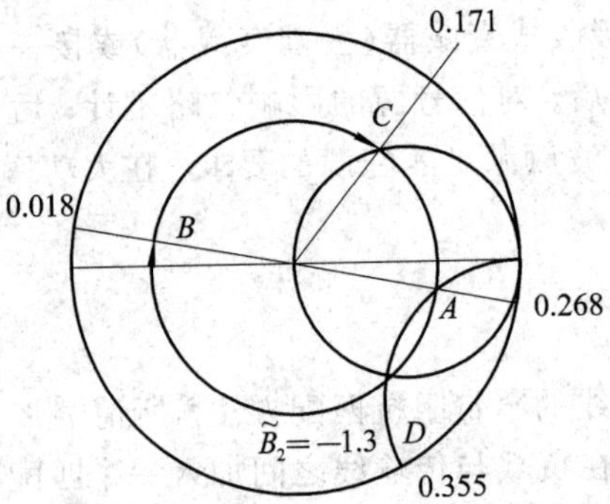

图 4-7-3 例 4-7-1 用图

解 现用一段短路线作为支节线并联于负载端附近。

(1) 求归一化负载导纳 $\widetilde{Z}_L=\dfrac{Z_L}{Z_0}=3-j1$，在圆图(图 4-7-3)上标为点 A(其对应的电长度 $l=0.268$)。A 点沿等 ρ 圆转 180°至 B 点即得 $\widetilde{Y}_L=0.3+j0.1$。

(2) B 点沿等 ρ 圆向电源方向(顺时针方向)转至与 $\widetilde{G}=1$ 的可调匹配圆相交的 C 点(其对应的电长度 $l=0.171$)，读得 C 点的坐标为 $\widetilde{Y}_1=1+j1.3$。

由 B 点至 C 点的距离即为 d_1，即 $d_1=(0.171-0.018)\lambda=0.153\lambda$。

(3) 单支节线的归一化导纳为 $\widetilde{Y}_2=1-\widetilde{Y}_1=-\mathrm{j}1.3$。

(4) 求单支节线的长度。在导纳圆图的外圆上找到相应于 $\widetilde{Y}_2=-\mathrm{j}1.3$ 的点为 D，其相应的电长度 $l=0.355$(即由短路点 $\widetilde{Y}=\infty$顺时针方向转至 $\widetilde{B}=-\mathrm{j}1.3$ 处)，则单跨线的长度为 $l_1=(0.355-0.25)\lambda=0.105\lambda$。

当负载改变实现匹配时，分支线接入的位置和长度都随之而变，这对同轴线、带线等传输线形式就不方便了，这正是引入双支节匹配器的原因。

3. 双支节匹配器

双支节匹配器的结构如图 4-7-4 所示。图中支节线的接入点位置是预先选定的，计算或实际调试的任务是确定支节线的长度 l_1 和 l_2，以保证主线上为行波。两个支节线的距离通常选取为 $d_2=\lambda/8$、$\lambda/4$、$3\lambda/8$，但不能取 $\lambda/2$。

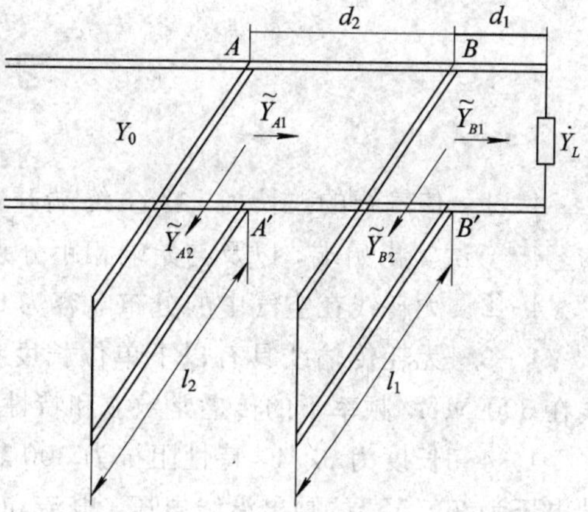

图 4-7-4　双支节匹配器示意图

为保证在 AA'处得到匹配，则在 AA'处向右看的输入导纳 $\widetilde{Y}_3$ 应落在 $\widetilde{G}=1$ 的匹配圆上。将该圆反时针方向(即向负载方向)转过 d_2的距离即得所谓的辅助圆(如果 $d_2=\lambda/8$，则单位圆反时针转 $\pi/2$；如果 $d_2=\lambda/4$，则单位圆反时针转 π；如果 $d_2=3\lambda/8$，则单位圆反时针转 $3\pi/2$)，则 BB'处的归一化输入导纳应落在该辅助圆上。

例 4-7-2　已知负载的归一化导纳 $\widetilde{Y}_L=0.4-\mathrm{j}0.6$，双支节接入位置 $d_1=0.05\lambda$，$d_2=\lambda/8$，求双跨线的长度 l_1 和 l_2。

解　(1) $\widetilde{Y}_L$ 在圆图(见图 4-7-5)上标为位置 A，将 A 点沿等 ρ 圆顺时针旋转 $d_1=0.05$ 到达 B 点，B 点对应的归一化导纳为 $\widetilde{Y}_{B1}=0.31-\mathrm{j}0.26$。

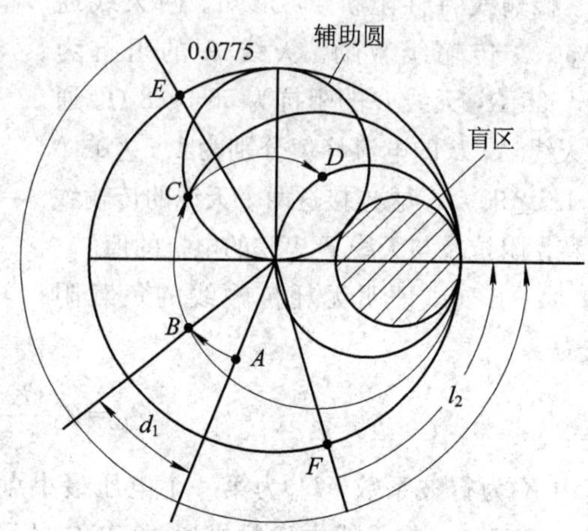

图 4-7-5　例 4-7-2 示意图

(2) 将 B 点沿$\widetilde{G}=0.31$ 的等 G 圆移动到辅助圆的 C 点，C 点对应的归一化导纳为 $\widetilde{Y}_B=0.31+\mathrm{j}0.27$。由 $\widetilde{Y}_B=\widetilde{Y}_{B1}+\widetilde{Y}_{B2}$ 算出第一个支节的归一化输入导纳为 $\widetilde{Y}_{B2}=\widetilde{Y}_B-\widetilde{Y}_{B1}=(0.31+\mathrm{j}0.27)-(0.31-\mathrm{j}0.26)=\mathrm{j}0.53$。

(3) 在单位圆上找到与 $\widetilde{Y}_{B2}=\mathrm{j}0.53$ 对应的点 E，将 E 点反时针旋转到短路点，所转过的电长度 $l_1=0.0775+0.25=0.3275$，故第一个跨线的长度 $l=0.3275\lambda$。

(4) 将 C 点沿等 ρ 圆顺时针旋转到 $\widetilde{G}=1$ 的匹配圆上的 D 点处，D 点对应的归一化导纳为 $\widetilde{Y}_{A1}=1+\mathrm{j}0.32$，由 $\widetilde{Y}_A=\widetilde{Y}_{A1}+\widetilde{Y}_{A2}$算出 $\widetilde{Y}_{A2}=\widetilde{Y}_A-\widetilde{Y}_{A1}=-\mathrm{j}1.32$。

(5) 在单位圆上找到与 $\tilde{Y}_{A2}=-j1.32$ 对应的点 F，将 F 点反时针旋转到短路点，所转过的电长度 $l_2=0.354-0.25=0.104$，故第二个支节线的长度为 0.104λ。

由上述的匹配过程可见，如果 $\tilde{Y}_{B1}$(B 点)落在阴影圆内，则无法实现匹配。因为该阴影圆与辅助圆相切，此时不管 l 的值如何均无法使 C 点落在辅助圆上。当 $d_2=\lambda/8$、$d_2=3\lambda/8$ 时，$\tilde{G}=2$ 圆内区域为匹配盲区；当 $d_2=\lambda/4$ 时，$\tilde{G}=1$ 圆内是匹配盲区。如出现不能匹配的情况，或者重新选择 d_1 和 d_2，或者采用三支节匹配。关于三支节、四支节的匹配原理与前述单支节和双支节相同，这里就不再赘述。

习 题

4-1 传输线的总长为 $7\lambda/8$，终端开路，信号源内阻 Z_g 等于特性阻抗。始端电压为 $50\angle 45°$，试写出始端，以及与始端相距分别为 $\lambda/8$ 和 $\lambda/2$ 的电压瞬时值表示式。

4-2 无耗线在空气中的分布电容为 60 pF/m。求其特性阻抗 Z_0 和单位长度电感 L_0。

4-3 无耗传输线具有以下单位长度参量：$L_0=0.2\ \mu\text{H/m}$，$C_0=300\ \text{pF/m}$。计算该线在 500 MHz 频率下的传播常数 β 和特性阻抗 Z_0。

4-4 长度为 $3\lambda/4$，特性阻抗为 300 Ω 的双导线，端接负载阻抗 $Z_L=200\ \Omega$，其输入端电压为 300 V，试画出沿线电压、电流和阻抗的振幅分布图，并求其最小值、最大值及其对应位置。

4-5 如题 4-5 图所示，两根天线通过一条长度为 $\lambda/4$ 的无耗传输线相连接。传输线特性阻抗 Z_0 未知。两天线通过 50 Ω 传输线激励。天线 A 的阻抗为 $80+j35\ \Omega$，天线 B 的阻抗为 $56+j28\ \Omega$。通过天线 A、B 的电流峰值分别为 $1.5\angle 0°$ A 和 $1.5\angle 90°$ A。求连接这两个天线的传输线的特性阻抗及与天线 B 串联的电抗的值。

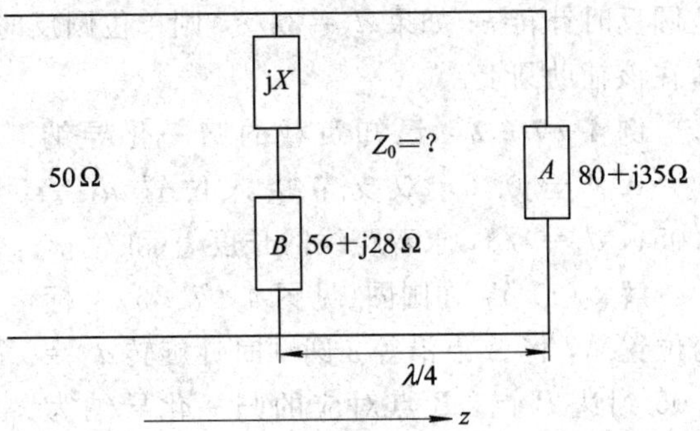

题 4-5 图

4-6 试证明无耗传输线的负载阻抗为

$$Z_L=Z_0\frac{K-j\tan\beta l_{\min}}{1-jK\tan\beta l_{\min}}$$

其中 K 为行波系数，$l_{\min}$ 为第一个电压最小点至负载的距离。

4-7 一个无线电发射机通过 50 Ω 的同轴线连接到阻抗为 $80+j40\ \Omega$ 的负载上，若 50 Ω 发射机连接到 50 Ω 负载上可以传输 30 W 功率，问此时有多少功率传到天线？

4-8 一条 50 Ω 的同轴线，终端接未知负载，测得线上不同点的总电压如题 4-8 图所示。求：

(1) 反射系数；

(2) 驻波比；

(3) 以厘米为单位的信号波长。

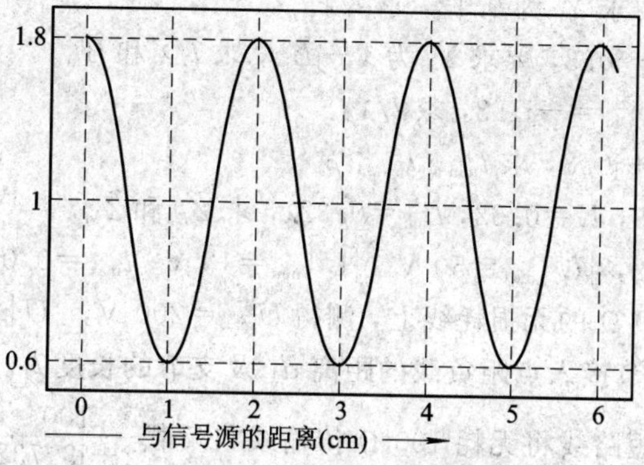

题 4-8 图

4-9 如题 4-9 图所示，信号源电压 $E_g=100$ V，内阻 $Z_g=Z_0=Z_L=50\ \Omega$，试画出主线和支线上电压与电流幅值沿主线的分布图，并求出 Z_L 吸收的功率。

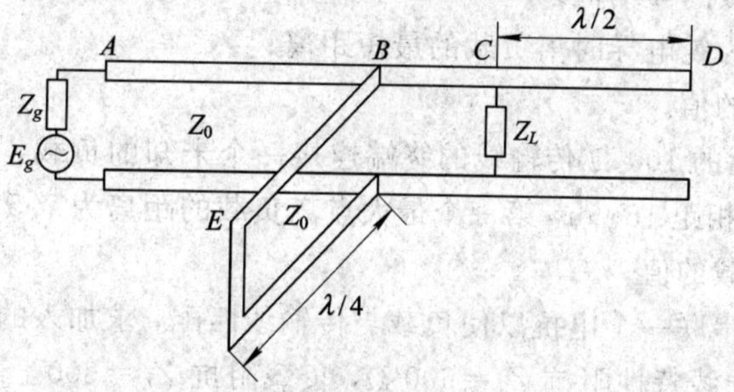

题 4-9 图

4-10 如题 4-10 图所示，主线与主线的特性阻抗为 $Z_0=50\ \Omega$，信号源电压幅值 $E_g=50$ V，内阻 $Z_g=50\ \Omega$，$Z_1=20\ \Omega$，$Z_2=30\ \Omega$。试画出主线上电压、电流幅值的分布曲线，并计算 Z_1 和 Z_2 上的吸收功率。

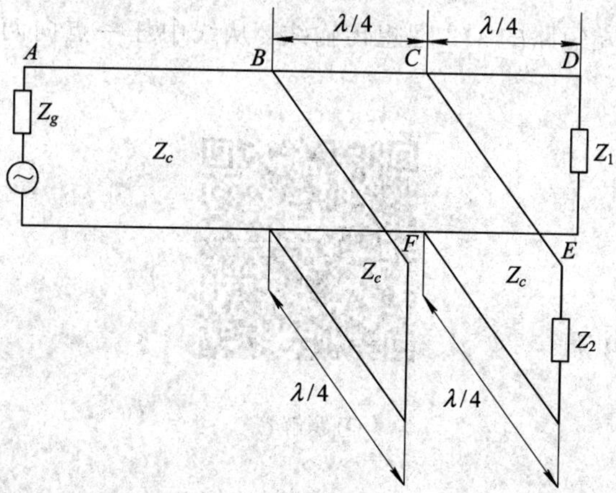

题 4-10 图

4-11 用圆图完成下列练习。

(1) 已知 $Y_L=0$，要求 $\widetilde{Y}_{in}$ 为 0.12，求 l/λ。

(2) 已知 $\widetilde{Z}_L=0.2-j0.3$，要求 $\widetilde{Y}_{in}$ 为 $1-j\widetilde{B}_{in}$，求 l/λ 和 $\widetilde{B}_{in}$。

(3) 已知开路支节 $\widetilde{Y}_{in}=-j1.3$，求 l/λ。

(4) 已知 $\widetilde{Z}_L=0.4+j0.8$，求 l_{min}、l_{max}、ρ。

(5) 已知 $l/\lambda=1.29$，$K=0.32$，$l_{min}=0.32\lambda$，求 $\widetilde{Z}_L$ 和 $\widetilde{Z}_{in}$。

(6) 已知 $l/\lambda=1.82$，$|U|_{max}=50$ V，$|U|_{min}=13$ V，$l_{max}=0.032\lambda$，求 $\widetilde{Z}_L$ 和 $\widetilde{Z}_{in}$。

4-12 在 $Z_0=600\ \Omega$ 的无损耗线上，测得 $U_{max}=200$ V，$|U|_{min}=40$ V，$l_{min}=0.15\lambda$，现用单支节匹配，求支节接入点距负载的距离 d_1 及支节的长度 l_1。

4-13 用一无耗短路线将无耗 100 Ω 传输线与负载 $\dfrac{100}{2+j3.732}\Omega$ 相匹配。短路线的特性阻抗是 200 Ω，用史密斯圆图求最接近负载的短路线位置和长度。

4-14 一条特性阻抗为 50 Ω 的无耗线的终端连接了一个未知的负载，线上的驻波比为 3.0，两个相邻的电压最小点相距 2 cm，第一个最小点离负载的距离为 0.5 cm。

(1) 确定终端负载的导纳值；

(2) 求输入导纳为纯电导时离负载的最短距离；

(3) 确定此电导的值。

4-15 一条无耗的 100 Ω 传输线的终端连接一个未知的负载，线上的驻波比为 2.5，两个相邻电压波节点相距 15 cm，第一个最大点离负载的距离为 7.5 cm。

(1) 确定终端负载的值；

(2) 如果在线上串联一个电抗以使负载与传输线匹配，求加入的电抗位置及电抗值。

4-16 无耗双导线特性阻抗 $Z_0=600\ \Omega$，负载阻抗 $Z_L=300+j300\ \Omega$，采用双支节匹配，第一支节距负载 0.1λ，两支节间距 $\lambda/8$，求支节长度。

4-17 无耗传输负载阻抗 $Z_L=28\ \Omega$，特性阻抗 $Z_0=50\ \Omega$。第一支节与负载端的距离为 $\lambda/18$，两支节间距为 $3\lambda/8$，问是否可解？若可解，支节的长度为多少？

4-18 试证明一端开路一端短路的 $\lambda/4$ 理想传输线，从线中任一点向两端看去的输入阻抗都为无穷大。

4-19 试证明两端短路的 $\lambda/2$ 理想传输线，从线中任一点向两端看去的输入阻抗都为无穷大。

习题解答

第5章　微波传输线

5.1 引　言

在电磁波的低频段，可以用平行双导线来引导电磁波，而当频率提高后，平行双导线的热损耗增加，同时因向空间辐射电磁波而产生辐射损耗，这种损耗随着频率升高而加剧。所以，如果能把传输线设计成封闭形式，显然可以降低辐射损耗，这样平行双导线就演变成同轴线结构。显然，同轴线具有与双导线同样的双导体结构，其引导的电磁波也应是同样类型。

同时在电磁场部分我们也了解到，由于趋肤效应，高频电磁波将不能在导体内部传播，那能不能将导体做成中空形式呢？事实证明，中空导体也是可以导引电磁波的，这就是波导，显然波导传输线是单导体结构，其引导的电磁波与双导体传输线引导的应有所不同。

早期微波系统依靠波导和同轴线作为媒介，前者有较高的功率容量和极低的损耗，但体积庞大而价格昂贵；后者具有很宽的带宽，但因为是同心导体，制作复杂的微波元件非常困难。平面传输线提供了另一种选择，首先出现的是带状线，它由同轴线发展而来，同属于双导体结构，故引导的电磁波类型是相同的；美国ITT实验室开发出微带线，将封闭形式、结构对称的带状线发展为不对称开放结构，其传播的电磁波应与带状线的略有不同。这两种传输线天生具有小体积，易于平面集成的优势，故目前发展极快，前景可用无可限量来描述。

任何电磁现象的解释均离不开麦克斯韦方程组，导行波传输线也不例外。第一部分讲述的是自由空间电磁波的传播规律，本章讲述的则是电磁波在封闭或半封闭空间的传播规律。在前一章中我们用路的方式给出了长线的理论，而本章中将用场的方式来研究微波传输线。

5.2 TE模和TM模传输线

为了便于研究，对如图5-2-1的波导系统作如下假设：

(1) 波导是无限长的规则直波导，其截面形状可以任意，但沿轴向处处相同；

(2) 波导壁是理想导体，即 $\sigma\to\infty$；

(3) 波导内填充均匀、线性、各向同性的无耗介质，即 ε、μ 均为 1，$\sigma=0$；

(4) 波导内无源，即 $\boldsymbol{J}=0$，$\rho=0$，波导内的电磁场为时谐电磁场。

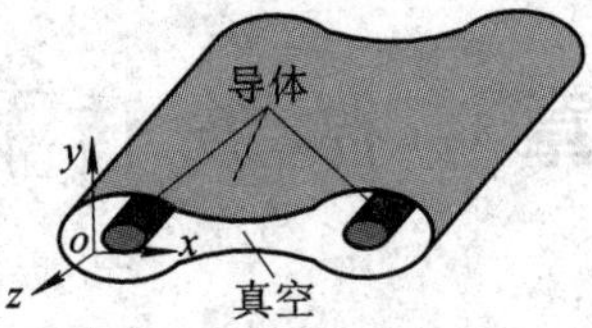

图 5-2-1 截面为任意形状的波导系统

5.2.1 波导系统场解法

时间因子为 $e^{j\omega t}$ 的时谐电磁场沿 z 轴正向传播，在直角坐标系下，其电场和磁场可写为

$$\boldsymbol{E}(x, y, z) = [\boldsymbol{E}_T(x, y) + \boldsymbol{e}_z E_z(x, y)]e^{-j\beta z} \tag{5-2-1a}$$

$$\boldsymbol{H}(x, y, z) = [\boldsymbol{H}_T(x, y) + \boldsymbol{e}_z H_z(x, y)]e^{-j\beta z} \tag{5-2-1b}$$

其中 $\boldsymbol{E}_T(x, y)$、$\boldsymbol{H}_T(x, y)$代表横截面内电场和磁场分量，$\boldsymbol{E}_z(x, y)$、$\boldsymbol{H}_z(x, y)$则是纵向电场和磁场分量。如果是沿 $-z$ 方向传播，则要将 $-\beta$ 用 β 代替；如果存在导体或介质损耗，要将 $j\beta$ 用 $\gamma=\alpha+j\beta$ 代替。

无源区的麦克斯韦方程可以写为

$$\nabla\times\boldsymbol{H} = j\omega\varepsilon\boldsymbol{E} \tag{5-2-2a}$$

$$\nabla\times\boldsymbol{E} = -j\omega\mu\boldsymbol{H} \tag{5-2-2b}$$

将式(5-2-2)每个矢量方程对坐标(x, y, z)分别展开，各自的三个分量可以简化如下

$$\frac{\partial H_z}{\partial y} + j\beta H_y = j\omega\varepsilon E_x \tag{5-2-3a}$$

$$-j\beta H_x - \frac{\partial H_z}{\partial x} = j\omega\varepsilon E_y \tag{5-2-3b}$$

$$\frac{\partial H_y}{\partial x} - \frac{\partial H_x}{\partial y} = j\omega\varepsilon E_z \tag{5-2-3c}$$

$$\frac{\partial E_z}{\partial y} + j\beta E_y = -j\omega\mu H_x \tag{5-2-3d}$$

$$-j\beta E_x - \frac{\partial E_z}{\partial x} = -j\omega\mu H_y \tag{5-2-3e}$$

$$\frac{\partial E_y}{\partial x} - \frac{\partial E_x}{\partial y} = -j\omega\mu H_z \tag{5-2-3f}$$

利用 E_z、H_z 及以上六个方程可以求得四个横向分量如下：

$$E_x = -\frac{j}{k_c^2}\left(\beta\frac{\partial E_z}{\partial x} + \omega\mu\frac{\partial H_z}{\partial y}\right) \tag{5-2-4a}$$

$$E_y = \frac{j}{k_c^2}\left(-\beta\frac{\partial E_z}{\partial y} + \omega\mu\frac{\partial H_z}{\partial x}\right) \tag{5-2-4b}$$

$$H_x = \frac{j}{k_c^2}\left(\omega\varepsilon\frac{\partial E_z}{\partial y} - \beta\frac{\partial H_z}{\partial x}\right) \tag{5-2-4c}$$

$$H_y = -\frac{j}{k_c^2}\left(\omega\varepsilon\frac{\partial E_z}{\partial x} + \beta\frac{\partial H_z}{\partial y}\right) \tag{5-2-4d}$$

其中

$$k_c^2 = k^2 - \beta^2 = \omega^2 \mu\varepsilon - \beta^2 \tag{5-2-5}$$

称为截止波数，采用这一名称的原因和意义将在后续内容中讲述。$k=\omega\sqrt{\mu\varepsilon}=\frac{2\pi}{\lambda}$为填充在波导内的材料中的波数，真空中记为

$$k_0 = \omega\sqrt{\mu_0\varepsilon_0} = \frac{2\pi}{\lambda_0} = \frac{2\pi f}{c} \tag{5-2-6}$$

矢量波动方程(矢量亥姆霍兹方程)可写为

$$\nabla^2 \boldsymbol{E} + \omega^2\mu\varepsilon\boldsymbol{E} = 0 \tag{5-2-7a}$$

$$\nabla^2 \boldsymbol{H} + \omega^2\mu\varepsilon\boldsymbol{H} = 0 \tag{5-2-7b}$$

将上式的 $\boldsymbol{E}$、$\boldsymbol{H}$ 矢量用分量表示，则上述方程就可变为关于 E_x、E_y、H_x、H_y、E_z、H_z 的六个标量的波动方程，其形式完全相同。其中 E_z、H_z 的波动方程为

$$\nabla_T^2 E_z + k_c^2 E_z = 0 \tag{5-2-8a}$$

$$\nabla_T^2 H_z + k_c^2 H_z = 0 \tag{5-2-8b}$$

式中

$$\nabla_T^2 = \frac{\partial^2}{\partial x^2} + \frac{\partial^2}{\partial y^2} \tag{5-2-9}$$

称为横向拉普拉斯算子。

于是，对于具体的传输线，只要根据给定的边界条件求出方程式(5-2-8)的解，得到分布函数的纵向分量 E_z、H_z 后，将其代入式(5-2-4)就可以得到分布函数的横向分量。得到完整的分布函数后，再代入式(5-2-1)即得到沿传输线传播的导行波的具体表达式。这种求解矢量波动方程的方法也称为纵向场解法。

5.2.2　矩形波导

矩形波导是横截面为矩形的空心金属管，如图 5-2-2 所示。矩形波导不能传输 TEM 波，但能传输 TE 模和 TM 模电磁波。

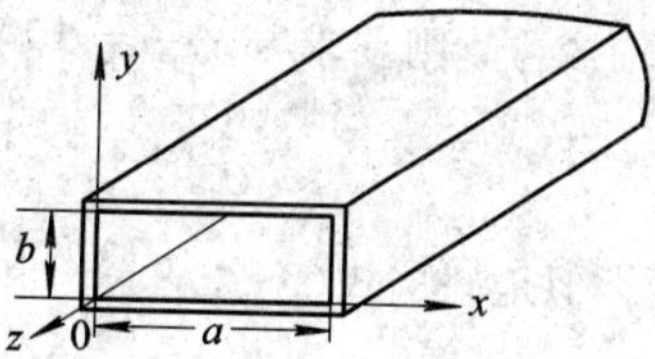

图 5-2-2　矩形波导

1. TE 波

其特征是 $E_z=0$，$H_z\neq0$。设 $H_z(x, y)=X(x)Y(y)$，其中，$X(x)$仅为 x 的函数；$Y(y)$仅为y 的函数。代入(5-2-8b)式得

$$\frac{1}{X(x)}\frac{\mathrm{d}^2X(x)}{\mathrm{d}x^2} + \frac{1}{Y(y)}\frac{\mathrm{d}^2Y(y)}{\mathrm{d}y^2} = -k_c^2$$

对任何 x、y，为使上式成立，只有左边两项分别等于常数，即

$$\frac{1}{X(x)}\frac{\mathrm{d}^2X(x)}{\mathrm{d}x^2} = -k_x^2 \tag{5-2-10a}$$

$$\frac{1}{Y(y)}\frac{\mathrm{d}^2Y(y)}{\mathrm{d}y^2} = -k_y^2 \tag{5-2-10b}$$

$$k_x^2 + k_y^2 = k_c^2 \tag{5-2-10c}$$

其中，k_x、k_y 是待定的常数。这是二阶常系数的常微分方程，其解为

$$\begin{cases} X(x)=A\cos(k_x x+\varphi_x) \\ Y(y)=B\cos(k_y y+\varphi_y) \end{cases}$$

或

$$H_z(x,\ y)=D\cos(k_x x+\varphi_x)\cos(k_y y+\varphi_y) \tag{5-2-11}$$

上式中，k_x、k_y、φ_x、φ_y 均是由边界条件决定的待定常数；而 $D=AB$ 是场的振幅，它由激励条件决定，对各场分量间的关系和场分布无影响。

将式(5-2-11)代入式(5-2-8)可得横向分布函数的全部分量如下：

$$H_x(x,\ y)=-\frac{\mathrm{j}\beta}{k_c^2}\frac{\partial H_z}{\partial x}=D\frac{\mathrm{j}\beta}{k_c^2}k_x\sin(k_x x+\varphi_x)\cos(k_y y+\varphi_y) \tag{5-2-12a}$$

$$H_y(x,\ y)=-\frac{\mathrm{j}\beta}{k_c^2}\frac{\partial H_z}{\partial y}=D\frac{\mathrm{j}\beta}{k_c^2}k_y\cos(k_x x+\varphi_x)\sin(k_y y+\varphi_y) \tag{5-2-12b}$$

$$E_x(x,\ y)=-\frac{\mathrm{j}\omega\mu}{k_c^2}\frac{\partial H_z}{\partial y}=D\frac{\mathrm{j}\omega\mu}{k_c^2}k_y\cos(k_x x+\varphi_x)\sin(k_y y+\varphi_y) \tag{5-2-12c}$$

$$E_y(x,\ y)=\frac{\mathrm{j}\omega\mu}{k_c^2}\frac{\partial H_z}{\partial x}=-D\frac{\mathrm{j}\omega\mu}{k_c^2}k_x\sin(k_x x+\varphi_x)\cos(k_y y+\varphi_y) \tag{5-2-12d}$$

利用边界条件确定待定常数，在图 5-2-2 所示坐标下，矩形波导的边界条件可写成

$$\begin{cases} E_x(x,\ 0)=0 & (5-2-13a) \\ E_x(x,\ b)=0 & (5-2-13b) \\ E_y(0,\ y)=0 & (5-2-13c) \\ E_y(a,\ y)=0 & (5-2-13d) \end{cases}$$

将式(5-2-13a)代入式(5-2-12d)中得到 $\cos(k_x x+\varphi_x)\sin\varphi_y=0$，欲使该式成立，必有 $\sin\varphi_y=0$，选取

$$\varphi_y=0 \tag{5-2-14a}$$

将式(5-2-13b)代入式(5-2-12d)中得到 $\cos(k_x x+\varphi_x)\sin k_y b=0$，欲使该式在任何 x 下均成立，则要求 $\sin k_y b=0$ 可得

$$k_y=\frac{n\pi}{b}\qquad (n=0,\ 1,\ 2,\ \cdots) \tag{5-2-14b}$$

类似地，从式(5-2-13c)和式(5-2-13d)可得

$$\varphi_x=0 \tag{5-2-14c}$$

$$k_x=\frac{m\pi}{a}\qquad (m=0,\ 1,\ 2,\ \cdots) \tag{5-2-14d}$$

将式(5-2-14b)及式(5-2-14d)代入式(5-2-10c)，得

$$(k_c)_{mn}^2=\left(\frac{m\pi}{a}\right)^2+\left(\frac{n\pi}{b}\right)^2\qquad (m,\ n=0,\ 1,\ 2,\ \cdots) \tag{5-2-15}$$

将所得出的各常数代入式(5-2-12)中并乘以因子 $\mathrm{e}^{-\mathrm{j}\beta z}$ 便可得矩形波导中 TE 波在传输状态下的复数解。其中，常数 D 取决于源激励条件，暂不能确定。其复数解为

$$H_x(x,\ y,\ z)=D\frac{\mathrm{j}\beta}{k_c^2}\left(\frac{m\pi}{a}\right)\sin\left(\frac{m\pi}{a}x\right)\cos\left(\frac{n\pi}{b}y\right)\mathrm{e}^{-\mathrm{j}\beta z} \tag{5-2-16a}$$

$$H_y(x,\ y,\ z)=D\frac{\mathrm{j}\beta}{k_c^2}\left(\frac{n\pi}{b}\right)\cos\left(\frac{m\pi}{a}x\right)\sin\left(\frac{n\pi}{b}y\right)\mathrm{e}^{-\mathrm{j}\beta z} \tag{5-2-16b}$$

$$H_z(x,y,z)=D\cos\left(\frac{m\pi}{a}x\right)\cos\left(\frac{n\pi}{b}y\right)e^{-j\beta z} \tag{5-2-16c}$$

$$E_x(x,y,z)=D\frac{j\omega\mu}{k_c^2}\left(\frac{n\pi}{b}\right)\cos\left(\frac{m\pi}{a}x\right)\sin\left(\frac{n\pi}{b}y\right)e^{-j\beta z} \tag{5-2-16d}$$

$$E_y(x,y,z)=-D\frac{j\omega\mu}{k_c^2}\left(\frac{m\pi}{a}\right)\sin\left(\frac{m\pi}{a}x\right)\cos\left(\frac{n\pi}{b}y\right)e^{-j\beta z} \tag{5-2-16e}$$

$$E_z(x,y,z)=0 \qquad (m,n=0,1,2,\cdots) \tag{5-2-16f}$$

2. TM 波

TM 波的 $H_z=0$，按上述思想，读者可自行解得 TM 波分布函数全部场分量的复数解为

$$E_x(x,y,z)=-D\frac{j\beta}{k_c^2}\left(\frac{m\pi}{a}\right)\cos\left(\frac{m\pi}{a}x\right)\sin\left(\frac{n\pi}{b}y\right)e^{-j\beta z} \tag{5-2-17a}$$

$$E_y(x,y,z)=-D\frac{j\beta}{k_c^2}\left(\frac{n\pi}{b}\right)\sin\left(\frac{m\pi}{a}x\right)\cos\left(\frac{n\pi}{b}y\right)e^{-j\beta z} \tag{5-2-17b}$$

$$E_z(x,y,z)=D\sin\left(\frac{m\pi}{a}x\right)\sin\left(\frac{n\pi}{b}y\right)e^{-j\beta z} \tag{5-2-17c}$$

$$H_x(x,y,z)=D\frac{j\omega\varepsilon}{k_c^2}\left(\frac{n\pi}{b}\right)\sin\left(\frac{m\pi}{a}x\right)\cos\left(\frac{n\pi}{b}y\right)e^{-j\beta z} \tag{5-2-17d}$$

$$H_y(x,y,z)=-D\frac{j\omega\varepsilon}{k_c^2}\left(\frac{m\pi}{a}\right)\cos\left(\frac{m\pi}{a}x\right)\sin\left(\frac{n\pi}{b}y\right)e^{-j\beta z} \tag{5-2-17e}$$

$$H_z(x,y,z)=0 \qquad (m,n=1,2,3\cdots) \tag{5-2-17f}$$

波导中 TE、TM 波的场分量表达式式(5-2-16)和式(5-2-17)尽管貌似复杂，但其物理意义却很明确：① 在 z 向无限长的理想波导中，沿该方向传播的场应具有形如 $e^{-j\beta z}$ 的行波特征；② 在 z=常数的横截面内，由于四周导体边界的存在，场沿 x 和 y 方向必呈驻波规律分布，故场随 x 或 y 的变化规律非 sin 即 cos，函数形式的取舍决定于各场分量在波导四壁处的取向。其中，m 代表场量在波导宽边 a 上驻波的半周期数，而 n 代表场量在波导窄边 b 上驻波的半周期数。将一组 m、n 值代入式(5-2-16)、式(5-2-17)就可得到波型函数的一组场方程，而一组场分量方程就代表一种 TE、TM 波的模式(波型)，分别用符号 TE_{mn}、TM_{mn} 表示。TE_{mn} 模中的 m、n 可任意组合但不能同时为 0；TM_{mn} 中的 m、n 也可任意组合但都不能为 0。

可见如果取 $a>b$，则 TE_{mn} 的最低模式是 TE_{10} 模，称为主模，其余模式包括 TM_{mn} 模的最低模式 TM_{11} 统称为高次模。TE 模有时也称为 H 模，因为其传播方向有只有磁场分量；同样 TM 模有时也称为 E 模。

3. 矩形波导的传输特性

1) 波导的传输条件

由式(5-2-5)得 $\beta^2=k^2-k_c^2$，则有：

(1) 当 $k<k_c$ 时，β 为纯虚数，则 $e^{-j\beta z}=e^{-|\beta|z}$ 表示波沿 z 方向按指数律衰减，因而波不能沿波导传播，此时称为截止状态；

(2) 当 $k>k_c$ 时，β 为实数，则 $e^{-j\beta z}$ 表示波沿 z 方向传播，此时称为传输状态。

故此，矩形波导可以存在无限多个模式，但只有 $k>k_c$ 时波才能传播，故 k_c 成为波能否

沿波导传播的依据，称其为“截止波数”，称与之相对应的频率为“截止频率”，对应的波长为“截止波长”。将式(5-2-15)代入式(5-2-5)有

$$(\lambda_c)_{mn}=\frac{2\pi}{(k_c)_{mn}}=\frac{2}{\sqrt{\left(\frac{m}{a}\right)^2+\left(\frac{n}{b}\right)^2}}\quad(m,\ n=0,\ 1,\ 2,\ \cdots)\tag{5-2-18a}$$

$$(f_c)_{mn}=\frac{1}{2\sqrt{\varepsilon_0\mu_0}}\sqrt{\left(\frac{m}{a}\right)^2+\left(\frac{n}{b}\right)^2}\quad(m,\ n=0,\ 1,\ 2,\ \cdots)\tag{5-2-18b}$$

上式表明，波导的传输条件不仅与波导的尺寸 a 和 b 有关，还与 m、n 及工作频率 f 有关。只有 $f>f_c$，波才能在波导中传播，所以波导具有高通滤波器的特性。对于同一波导系统和同一工作频率的电磁波，有的模式可以传输，有的模式却被截止；而同一模式(即 m、n 不变)和同一工作频率 f 的电磁波，只能在一定尺寸的波导中传输，在其他尺寸的波导中却处于截止状态，不能传输。这种情况可用图 5-2-3 说明。

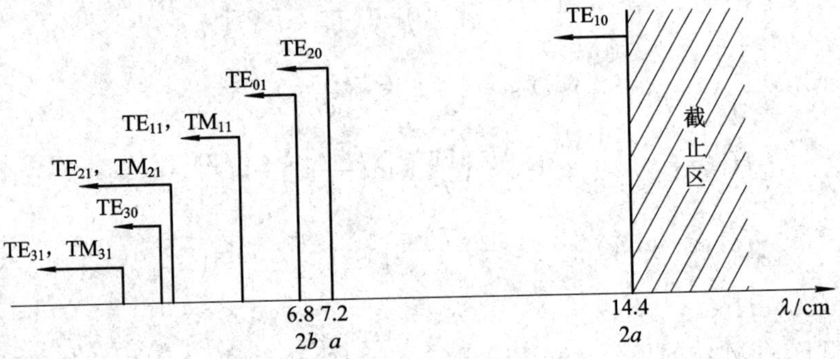

图 5-2-3　BJ-32($a\times b$=7.2 cm×3.4 cm)模式图

由图可见，对不同频率的电磁波，所能传输的模式不同，故该图也称为模式分布图。相同指数 m、n 的 TE 模和 TM 模具有相同的截止波长，这些模式称为简并模式。传输时一般应该防止出现简并模。

例 5-2-1　用 BJ-32 波导作传输线，当工作波长为 6 cm 时，波导中能传输哪些波型？

解　由式(5-2-18a)给出截止波长计算式为

$$(\lambda_c)_{mn}=\frac{2\pi}{(k_c)_{mn}}=\frac{2}{\sqrt{\left(\frac{m}{a}\right)^2+\left(\frac{n}{b}\right)^2}}$$

知，对于最小几个 m 和 n 值得到的 λ_c 值为

$$TE_{10}:\ \lambda_c=2a=14.4\ \text{cm};\ TE_{20}:\ \lambda_c=a=7.2\ \text{cm},\ TE_{01}:\ \lambda_c=2b=6.8\ \text{cm}$$

$$TE_{11},\ TM_{11}:\ \lambda_c=\frac{2}{\sqrt{\left(\frac{1}{a}\right)^2+\left(\frac{1}{b}\right)^2}}=6.14\ \text{cm}$$

$$TE_{21},\ TM_{21}:\ \lambda_c=\frac{2}{\sqrt{\left(\frac{2}{a}\right)^2+\left(\frac{1}{b}\right)^2}}=4.94\ \text{cm}$$

故 TE_{10}、TE_{20}、TE_{01}、TE_{11}、TM_{11} 将是能传播的五个模式。

2）相速 v_p 和波导波长 λ_g

相速是指某一频率的导行波其等相位面沿传播方向移动的速度。

$$v_p = \frac{\mathrm{d}z}{\mathrm{d}t} = \frac{\omega}{\beta} \tag{5-2-19a}$$

如果波导内的介质是空气，将 $\beta = \sqrt{k^2 - k_c^2} = \frac{2\pi}{\lambda}\sqrt{1-\left(\frac{\lambda}{\lambda_c}\right)^2}$ 代入上式可得

$$v_p = \frac{c}{\sqrt{1-\left(\frac{\lambda_0}{\lambda_c}\right)^2}} \tag{5-2-19b}$$

由此可见，频率不同，其相速度也就不同，这种特性称为波的"色散"。波导传输 TE 波和 TM 波均是色散波，由于其速度快于光速，称为"快波"。由于色散，信号在传输过程中会发生波形失真。

波导波长 λ_g 是指某一频率的导行波其等相位面在一个周期内沿轴向移动的距离，即

$$\lambda_g = v_p T = \frac{2\pi}{\beta} \tag{5-2-20a}$$

将式(5-2-19b)代入上式，则有

$$\lambda_g = \frac{\lambda_0}{\sqrt{1-\left(\frac{\lambda_0}{\lambda_c}\right)^2}} > \lambda_0 \tag{5-2-20b}$$

3）群速 v_g

群速是指一群波(其中包含不同频率的若干个波)的传输速度。可用一个最简单的调幅波为例加以说明。设在色散系统中有两个频率和相位常数均相差不大的波沿轴向传播，这两个波分别为

$$E_1(z;\ t) = E\cos(\omega t - \beta z)$$
$$E_2(z;\ t) = E\cos[(\omega + \delta\omega)t - (\beta + \delta\beta)z]$$

其中

$$\delta\omega \ll \omega,\ \delta\beta \ll \beta$$

其叠加场为

$$\begin{aligned} E(z;\ t) &= E_1(z;\ t) + E_2(z;\ t) = E\{\cos(\omega t - \beta z) + \cos[(\omega + \delta\omega)t - (\beta + \delta\beta)z]\} \\ &= 2E\cos\left[\left(\omega + \frac{\delta\omega}{2}\right)t - \left(\beta + \frac{\delta\beta}{2}\right)z\right]\cos\left(\frac{\delta\omega}{2}t - \frac{\delta\beta}{2}z\right) \\ &\approx \left[2E\cos\left(\frac{\delta\omega}{2}t - \frac{\delta\beta}{2}z\right)\cos(\omega t - \beta z)\right] = E_m(z;\ t)\cos(\omega t - \beta z) \end{aligned}$$

其中，$\cos\left(\frac{\delta\omega}{2}t - \frac{\delta\beta}{2}z\right)$ 表示合成波包络的变化情况。由 $\frac{\delta\omega}{2}t - \frac{\delta\beta}{2}z$ 的值取常数可求得波包移动速度为

$$v_g = \frac{\mathrm{d}z}{\mathrm{d}t} = \frac{\delta\omega}{\delta\beta} \to \frac{\mathrm{d}\omega}{\mathrm{d}\beta} = \frac{1}{\frac{\mathrm{d}\beta}{\mathrm{d}\omega}} \tag{5-2-21a}$$

将 $\beta^2 = k^2 - k_c^2$ 代入上式得

$$v_g = \frac{1}{\dfrac{d\beta}{d\omega}} = c\sqrt{1-\left(\frac{\lambda_0}{\lambda_c}\right)^2} < c \tag{5-2-21b}$$

由式(5-2-19b)和式(5-2-21b)得

$$v_p v_g = c^2 \tag{5-2-22a}$$

若波导内填充相对介电常数为ε_r的均匀线性各向同性无耗介质，则v_p与v_g的关系为

$$v_p v_g = \frac{c^2}{\varepsilon_r} = v^2 \tag{5-2-22b}$$

此处$v=c/\sqrt{\varepsilon_r}$，为均匀介质中的光速。

4) 波阻抗η

波阻抗定义为横向电场与横向磁场的比值。真空中有

$$\text{TE}\quad \eta_{T_E} = \frac{E_x}{H_y} = -\frac{E_y}{H_x} = \frac{\omega\mu_0}{\beta} = \sqrt{\frac{\mu_0}{\varepsilon_0}}\frac{1}{\sqrt{1-\left(\dfrac{\lambda_0}{\lambda_c}\right)^2}} = \frac{120\pi}{\sqrt{1-\left(\dfrac{\lambda_0}{\lambda_c}\right)^2}}\quad (\Omega) \tag{5-2-23a}$$

$$\text{TM}\quad \eta_{T_M} = \frac{E_x}{H_y} = -\frac{E_y}{H_x} = \frac{\beta}{\omega\varepsilon_0} = 120\pi\sqrt{1-\left(\frac{\lambda_0}{\lambda_c}\right)^2}\quad (\Omega) \tag{5-2-23b}$$

例 5-2-2 以 BJ-32 波导作传输线，当工作波长为 10 cm 时，求v_g、v_p、λ_g和η。

解 由例 5-2-1 知此时为单模传输，则$\lambda_c=2a=14.4$ cm，由式(5-2-19b)知

$$v_p = \frac{c}{\sqrt{1-\left(\dfrac{\lambda_0}{2a}\right)^2}} = 4.166\times10^8\ \text{m/s}$$

由式(5-2-21b)知

$$v_g = c\sqrt{1-\left(\frac{\lambda_0}{2a}\right)^2} = 2.157\times10^8\ \text{m/s}$$

由式(5-2-20b)知

$$\lambda_g = \frac{\lambda}{\sqrt{1-\left(\dfrac{\lambda_0}{2a}\right)^2}} = 13.898\ \text{cm}$$

由式(5-2-23a)知

$$\eta = \frac{120\pi}{\sqrt{1-\left(\dfrac{\lambda_0}{2a}\right)^2}} = 523.929\ \Omega$$

4. 矩形波导的主模——TE_{10}模

实际上矩形波导多采用TE_{10}波单模工作。在一般情况下，如无特别声明，就意味着矩形波导以主模TE_{10}波工作。

1) 场结构

对于TE_{10}波，将$m=1$、$n=0$代入式(5-2-16)中，乘以时间因子$e^{j\omega t}$取其实部得其场方程为

$$E_y(x, y, z; t) = E_m \sin\left(\frac{\pi}{a}x\right)\cos(\omega t - \beta z) \tag{5-2-24a}$$

$$H_x(x, y, z; t) = -\frac{E_m}{\eta_{TE_{10}}}\sin\left(\frac{\pi}{a}x\right)\cos(\omega t - \beta z) \tag{5-2-24b}$$

$$H_z(x, y, z; t) = -\frac{E_m}{\eta_{TE_{10}}}\left(\frac{\pi}{\beta a}\right)\cos\left(\frac{\pi}{a}x\right)\sin(\omega t - \beta z) \tag{5-2-24c}$$

$$E_x = 0, E_z = 0, H_y = 0 \tag{5-2-24d}$$

其中，E_m 为宽壁中心处（$x=a/2$ 处）的电场强度振幅。为了能形象且直观地了解场的分布，通常用电力线和磁力线的疏密来表示场的强弱。

在某一瞬时，波导在横截面（xOy 面）上，电场强度 E_y 只与 x 有关而与 y 无关，沿宽边 a 随 x 按正弦规律变化，在 $x=0$ 及 $x=a$ 处为零，在 $x=a/2$ 处具有最大值，沿窄边 b 无变化。对于磁力线，因磁场 H_x、H_z 分量与 y 无关，故磁力线是一些沿 y 轴方向均匀分布的平行于 x 轴的线，由于 H_x 沿 x 轴按正弦规律变化，即在 $x=a/2$ 处 H_x 最大，越向两侧边就越小；相反，H_z 在 $x=a/2$ 处为0，越向两侧边就越大，这将使磁力线逐渐向 z 方向偏转。图 5-2-4(a)给出该面电力线和磁力线的分布图。

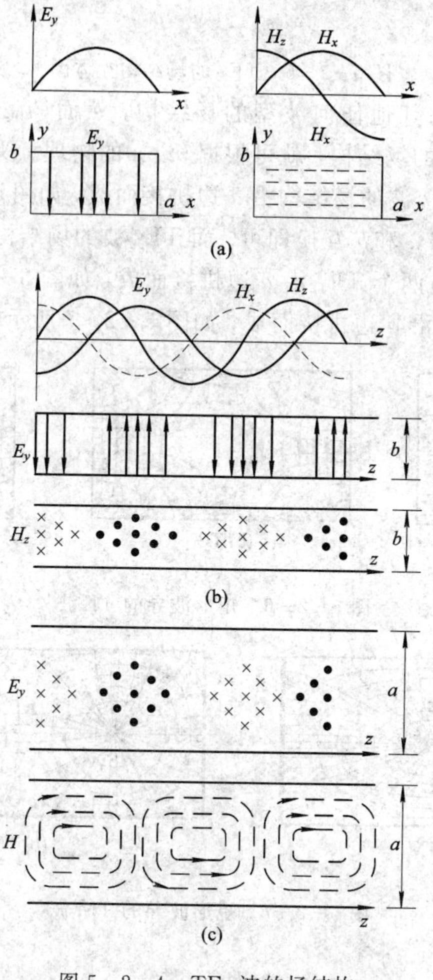

图 5-2-4　TE_{10} 波的场结构

在垂直纵截面(yOz 面)上，电场和磁场分量 E_y 和 H_z 与 y 无关，即沿 y 方向均匀分布，而沿 z 轴方向为周期性变化，但横向场(E_y, H_x)与纵向场 H_z 之间有 90°的相差，在横向场最大处纵向场分量最小，反之亦然，其场结构如图 5-2-4(b)所示。

在水平纵截面(xOz)面上，电力线与该面相垂直，而磁场既有 H_x 又有 H_z，合成的磁力线犹如椭圆形，如图 5-2-4(c)所示。

综合图 5-2-4(a)、(b)、(c)可得出 TE_{10} 波电、磁力线的立体透视图，如图 5-2-5 所示。

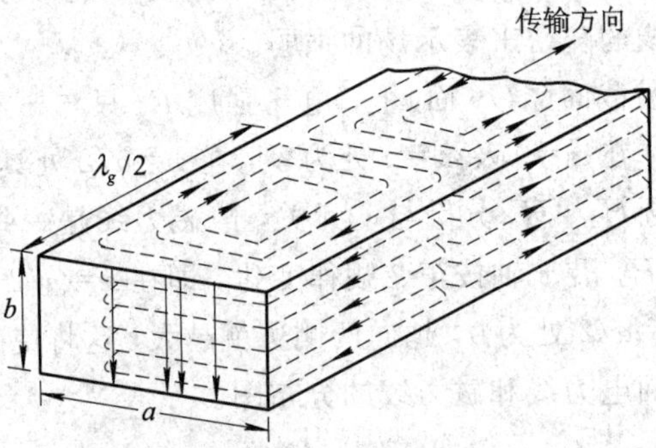

图 5-2-5　TE_{10} 的场结构立体图

用同样的方法，可得到其他任何波型的场结构。然而，在矩形波导中，只要得到了 TE_{10} 波、TE_{11} 波和 TM_{11} 波的场结构，就可根据 m、n 的物理意义画出其他高次型波的场结构。例如 TE_{20} 波由两个 TE_{10} 波的场结构沿 a 边拼接而成，如图 5-2-6(a)所示。TE_{01} 波和 TE_{10} 波的场结构相同，仅将 a 和 b 互换即可。而 TE_{0n} 波的场结构由 n 个 TE_{01} 波沿 b 边拼接而成，TE_{21} 波的场结构是由两个 TE_{11} 沿 a 边拼接而成，如图 5-2-6(b)、(c)所示。TM_{21} 波的场结构由两个 TM_{11} 波沿 a 边拼接而成，如图 5-2-7 所示。

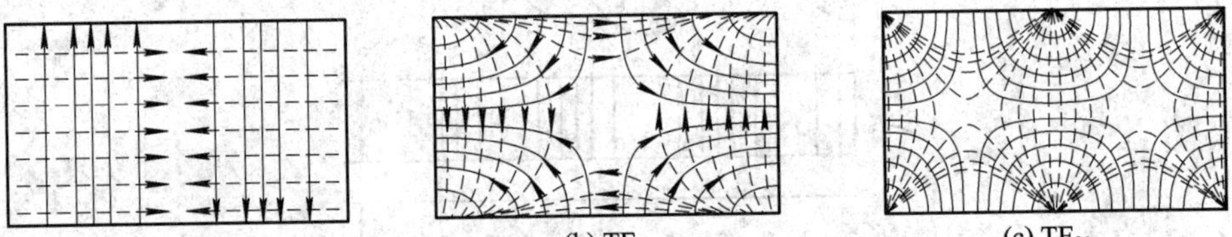

(a) TE_{20}　　(b) TE_{11}　　(c) TE_{21}

图 5-2-6　矩形波导的 TE 波

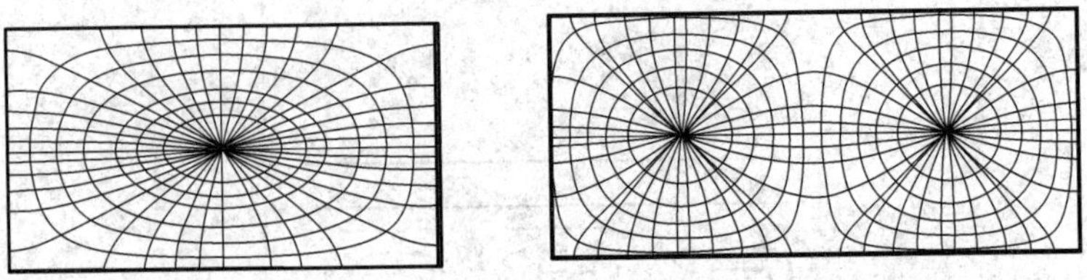

(a) TM_{11}　　(b) TM_{21}

图 5-2-7　矩形波导的 TM 波

2) 壁电流分布

有电流(传导电流或位移电流)存在就会有磁场产生，反过来，当波导内有电磁波传播时，时变磁场也将会在波导壁上感应出高频电流，称为“壁电流”。当波导材料是作为理想导体考虑时，仅在波导内壁表面有高频电流流过。通常用电流线描述壁电流分布。

波导管内表面壁电流的大小和方向均由表面处的切向磁场分量决定，用矢量公式表示为

$$\boldsymbol{J}_s = \boldsymbol{n} \times \boldsymbol{H}_t \qquad (\text{A/m}) \tag{5-2-25}$$

式中，$\boldsymbol{J}_s$表示波导内表面壁电流密度；$\boldsymbol{n}$为内表面的法向单位矢量；$\boldsymbol{H}_t$为波导内壁处的切向磁场分量。故波导内表面 z 方向的壁电流分布 $\boldsymbol{J}_{sz}$ 应由波导内表面处 x 方向的磁场 $\boldsymbol{H}_x$ 或 y 方向的磁场 $\boldsymbol{H}_y$ 确定，而 x 方向的壁电流 $\boldsymbol{J}_{sx}$ 分布及 y 方向的壁电流 $\boldsymbol{J}_{sy}$ 分布应由内表面处的 $\boldsymbol{H}_z$ 确定。因此，根据各种模式的磁场分布图便能画出相应模式的壁电流分布图，据此得到的 TE_{10} 模壁电流分布图如图 5-2-8 所示。

因 TE_{10} 模在波导的上、下两宽壁表面磁力线分布相同，$\boldsymbol{n}$ 方向相反，故上下宽壁表面上的壁电流方向相反；波导左右两侧壁表面磁力线方向相反，$\boldsymbol{n}$ 方向也相反，故两侧壁表面上的壁电流方向相同。由图 5-2-8 可看出，波导上下宽壁的壁电流(为传导电流)是断开的，必须由波导内时变电场产生的位移电流与之连接以保证全电流的连续性。

了解管壁上的电流分布，对处理一些技术问题和设计波导元件具有指导意义。例如，当需要在波导壁上开缝，而又要求不影响原来波导的传输特性或不希望波导向外辐射时，开缝必须选在不切割管壁电流线的地方，并使缝尽量窄。在波导宽壁中心线上开纵向窄缝，或在侧壁上开横向窄缝均属于此种情况，如图 5-2-9 中的 a 缝和 b 缝。相反，如希望波导传输的能量向外辐射(例如裂缝天线)，或将波导的能量通过波导壁的开缝耦合到另一个波导去，则开缝的位置应切断电流线，图 5-2-9 中的 c 缝即属于此种情况。

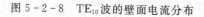

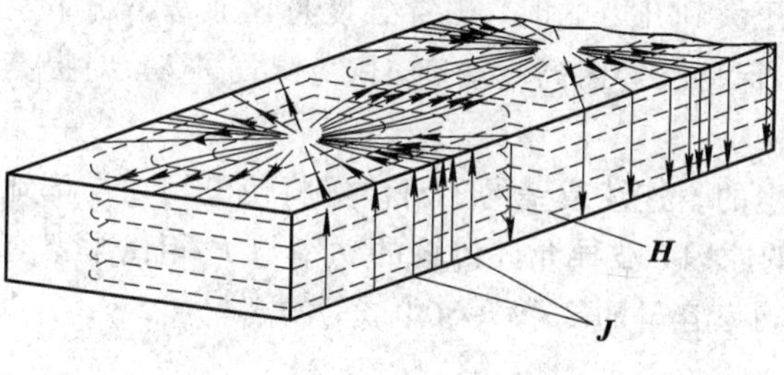

图 5-2-8　TE_{10} 波的壁面电流分布

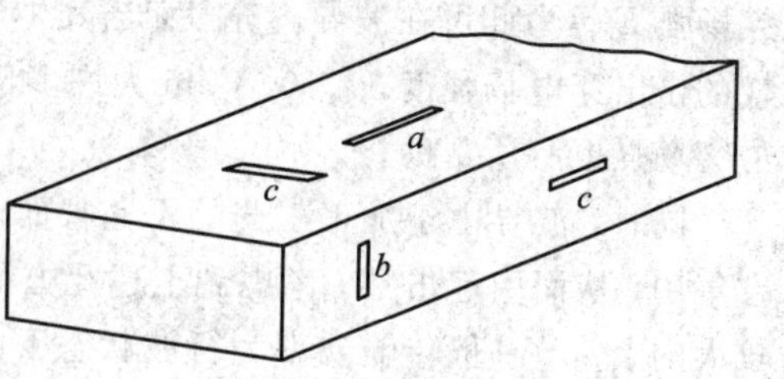

图 5-2-9　矩形波导的开缝

5. 矩形波导的传输功率与功率容量

据坡印廷定理，行波条件下的 TE_{10} 模通过的功率为

$$P = \frac{1}{2}\,\text{Re}\left[\int_0^a \int_0^b (-E_y H_x^*)\,dx\,dy\right] = \frac{E_m^2}{2\eta_{TE_{10}}}\int_0^b dy \int_0^a \sin^2\left(\frac{\pi}{a}x\right)dx$$

$$= \frac{E_m^2}{4\eta_{TE_{10}}}ab = \frac{ab}{480\pi}E_m^2\sqrt{1-\left(\frac{\lambda}{2a}\right)^2} \tag{5-2-26}$$

若波导中通过的功率很高，则最有可能在宽壁中央发生高频放电，产生的“电击穿”不仅会产生局部高热而损坏波导内壁，并且相当于波导在该处被“短路”，从而造成波在该处被强烈反射，以致影响微波管的输出功率和安全运行。这种高频击穿现象是大功率微波电子管输出波导的一个严重问题，必须设法防止。

若用波导内介质的击穿电场强度 E_b 代替式(5-2-26)中的 E_m，便得到矩形波导中 TE_{10} 模在行波状态下可以通过的最大功率，表示为

$$P_c = \frac{ab}{480\pi}E_b^2\sqrt{1-\left(\frac{\lambda}{2a}\right)^2} \qquad (5-2-27)$$

式中 P_c 也称为波导的功率容量。

由上式可见，波导的截面尺寸越大、频率越高，传输的功率容量就越大；当 f 趋于 f_c(或 λ 趋于 λ_c)时，传输功率趋于 0。图 5-2-10 给出了 TE_{10} 波功率容量 P_c 与 λ/λ_c 的关系曲线。

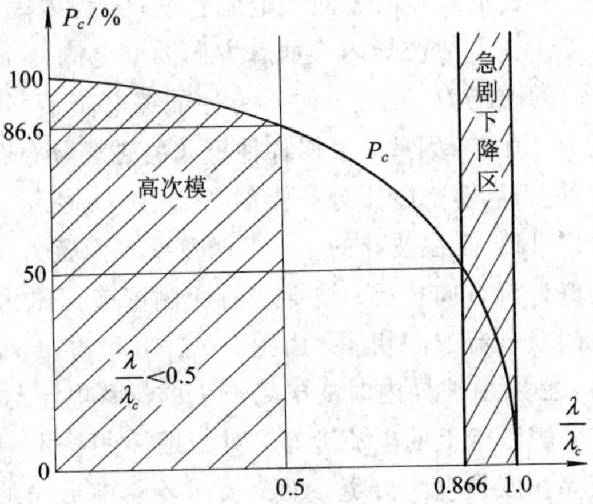

图 5-2-10　矩形波导功率容量与波长的关系

由图可见，当 $\lambda=\lambda_c=2a$ 时，$P_c=0$，此时波被截止；当 $\lambda/\lambda_c<0.5$ 时，虽然 P_c 较大，但有可能出现高次模；当 $\lambda/\lambda_c>0.9$ 时，P_c 急剧下降。为保证只传输 TE_{10} 波，应选取 $0.5<\lambda/\lambda_c<0.9$ 为工作区，即工作波长和宽边尺寸 a 应满足下列关系式

$$a<\lambda<1.8a \qquad (5-2-28)$$

如果波导中存在反射波，则由于驻波波腹点处电场强度的增加而使功率容量减小。可见，要提高功率容量应尽可能地实现负载与波导匹配。另一方面，可以设法提高介质的击穿场强 E_c。为此可在波导内充气，当其中气压大到几万帕时，击穿强度将比通常情况下空气的击出穿电场强度 3×10^6 V/m 大许多倍。保持波导内高真空度，避免湿气进入，对提高击穿场强也有所帮助。

同时，波导由于加工工艺的不完善而产生的不连续或壁的不清洁等将使电场在局部地方集中，从而引起击穿。考虑到上述几方面的原因，波导允许传输的功率与 P_c 相比常留有较大的余量，一般传输功率为行波状态下的功率容量的 25%～30%。

6. 矩形波导的损耗与衰减

实际波导壁是电导率 σ 为有限的良导体，高频电流在这种良导体壁上通过时会产生功率损耗，若波导中填有介质，还会引起介质损耗。这就引起了导行波的衰减。

当传输系统中有损耗时，导行波的传播常数为复数，即 $\gamma=\alpha+j\beta$，这时的行波场为

$$\boldsymbol{E}=\boldsymbol{E}_m e^{-\alpha z}e^{-j\beta z}$$

$$\boldsymbol{H}=\boldsymbol{H}_m e^{-\alpha z}e^{-j\beta z}$$

经单位长度后，场强减小了 $e^{-\alpha}$ 倍，功率减小了 $e^{-2\alpha}$ 倍，损耗在单位长度波导上的功率为

$$P_L = P_0 - P_0 e^{-2\alpha} \qquad (5-2-29)$$

其中，P_0 为波导输入端的功率。当 α 很小时，$e^{-2\alpha}\approx1-2\alpha$，代入式(5-2-29)得

$$\alpha = \frac{P_L}{2P_0} \qquad (5-2-30)$$

通常用理想导体情况下求得的壁面电流(式(5－2－25))进行计算 α_c，它流经表面电阻为 R_s 的良导体时产生的功率损耗由四个侧壁面产生，即

$$\begin{cases} \text{宽壁} \quad P_{La} = 2\int_0^a \frac{1}{2}[|J_{sx}|^2 + |J_{sz}|^2]R_s\mathrm{d}x = R_s \frac{a}{2}\left(\frac{1}{\mu^2}\left(\frac{\pi}{a}\right)^4 + \frac{\beta}{\mu}\frac{\pi}{a}\right) \\ \text{窄壁} \quad P_{Lb} = 2\int_0^b \frac{1}{2}|J_{sy}|^2R_s\mathrm{d}y = R_s \frac{1}{\mu^2}\left(\frac{\pi}{a}\right)^4 b \end{cases}$$

其中

$$R_s = \sqrt{\frac{\pi f \mu}{\sigma}}$$

应用上面两式可求得空气填充时 TE_{10} 波的导体衰减常数为

$$\alpha_c = \frac{P_L}{2P_0} = \frac{R_s}{120\pi b}\frac{1+\frac{2b}{a}\left(\frac{\lambda_0}{2a}\right)^2}{\sqrt{1-\left(\frac{\lambda_0}{2a}\right)^2}} \quad (\mathrm{Np/m}) \qquad (5-2-31)$$

图 5－2－11 给出了铜质矩形波导 TE_{10} 波的导体衰减常数与频率的关系。由图可见，当材料(R_s)、宽边 a 一定时，α_c 与 b 和 λ 有关，b 越小 α_c 越大，由 $\mathrm{d}\alpha_c/(\mathrm{d}\lambda)=0$ 可求出 α_c 为最小时的 λ 值，当 λ 接近截止频率时，衰减急剧上升。因此，波导的工作波长不能选择在截止波长附近。

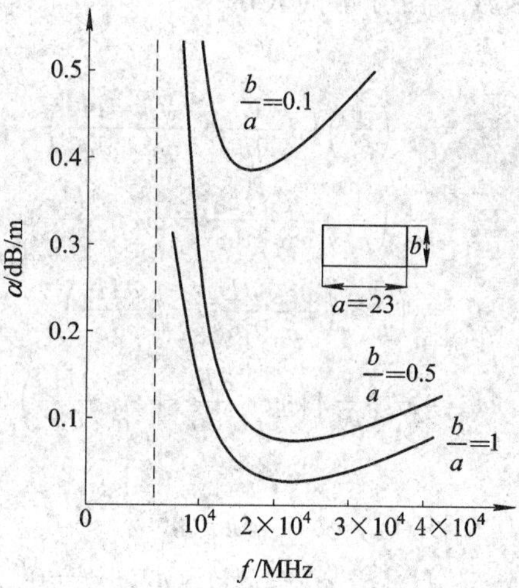

图 5－2－11　矩形波导 TE_{10} 波的导体衰减常数理论曲线

7. 矩形波导截面尺寸的选择

对于工作在 TE_{10} 模的矩形波导，其截面尺寸的选择，主要依据以下要求来考虑：① 必须保证单模工作，有效抑制高次模的干扰；② 损耗和衰减尽量小，以保证较高的传输效率；③ 功率容量大；④ 尺寸尽可能小。

对于 $b \leqslant (a/2)$ 的波导而言为保证单模传输，要求

$$0.5\lambda < a < \lambda$$

考虑功率容量的问题，一般要求 $0.6\lambda < a < \lambda$，$b = 0.5a$；考虑损耗小的要求，应使 $a \leqslant 0.7\lambda$。

综合上述几个条件，矩形波导的尺寸一般选择为

$$a = 0.7\lambda,\ b = (0.4 \sim 0.5)a \tag{5-2-32}$$

由上式可知，一般先由工作波长 λ 来确定波导宽边 a 的大小，然后对照矩形波导的标准系列选用合适的波导(参见书末附录)，而波导的窄边 b 通常选择约为宽边 a 的一半。这是因为当 $b>a/2$ 时，为了截止 TE_{01} 模，波导的工作频率范围会变窄；反之，当 $b<a/2$ 时，为了截止 TE_{20} 模，波导的工作频率范围并未增加，但却降低了最大通过功率。所以 $b=a/2$ 的波导是保证频带宽度下达到最大通过功率的一种选择，称此波导为标准波导。在工作频率范围不是很宽但通过功率较大的情况下，为了提高最大通过功率，有时也选择 $b>a/2$ 的波导，称此波导为“宽波导”。在小功率情况下，为了减小体积和重量或为了满足器件结构的特殊要求，有时也选用 $b<a/2$ 的波导，称此波导为“扁波导”。

5.2.3 圆波导

圆波导是横截面为圆形的空心金属管，如图 5-2-12 所示，在圆波导内也不能存在 TEM 波只能存在 TE 波和 TM 波。分析圆波导采用圆柱坐标系较为方便，求解过程与矩形波导类似。将复数形式的麦克斯韦方程组中两个旋度关系式展开为分量式，经过与上节类似的推导，不难得出圆波导中场分布函数横向分量的表示式为

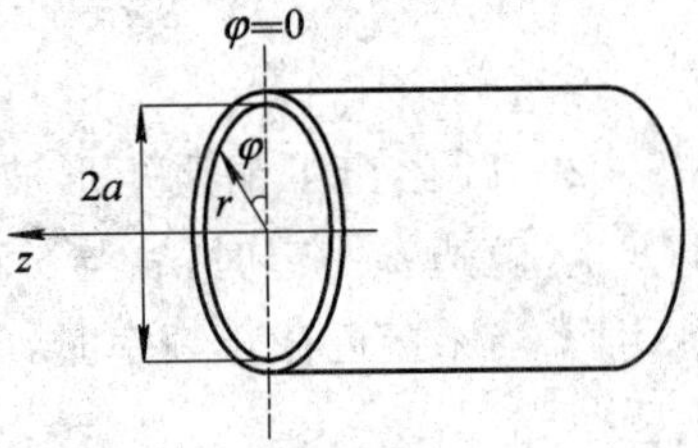

图 5-2-12 圆波导的坐标

$$E_\rho = -\left(\frac{\mathrm{j}}{k_c^2}\right)\left(\beta\frac{\partial E_z}{\partial \rho} + \frac{\omega\mu_0}{\rho}\frac{\partial H_z}{\partial \varphi}\right) \tag{5-2-33a}$$

$$E_\varphi = -\left(\frac{\mathrm{j}}{k_c^2}\right)\left(\frac{\beta}{\rho}\frac{\partial E_z}{\partial \varphi} - \omega\mu_0\frac{\partial H_z}{\partial \rho}\right) \tag{5-2-33b}$$

$$H_\rho = \left(\frac{\mathrm{j}}{k_c^2}\right)\left(\frac{\omega\varepsilon_0}{\rho}\frac{\partial E_z}{\partial \varphi} - \beta\frac{\partial H_z}{\partial \rho}\right) \tag{5-2-33c}$$

$$H_\varphi = -\left(\frac{\mathrm{j}}{k_c^2}\right)\left(\omega\varepsilon_0\frac{\partial E_z}{\partial \rho} + \frac{\beta}{\rho}\frac{\partial H_z}{\partial \varphi}\right) \tag{5-2-33d}$$

及标量波动方程

$$\begin{cases} \nabla_T^2 E_z(\rho, \varphi) + k_c^2 E_z(\rho, \varphi) = 0 \\ \nabla_T^2 H_z(\rho, \varphi) + k_c^2 H_z(\rho, \varphi) = 0 \end{cases} \tag{5-2-34}$$

应用分离变量法求解，即设

$$E_z(\rho, \varphi) = R(\rho)\Phi(\varphi) \tag{5-2-35a}$$

$$H_z(\rho, \varphi) = R(\rho)\Phi(\varphi) \tag{5-2-35b}$$

这里，分布函数的各分量均为 ρ、φ 的函数。按纵向场分量是否存在可将圆波导中的场分为 $E_z\neq0$、$H_z=0$ 的 TM 波和 $E_z=0$、$H_z\neq0$ 的 TE 波。

1. TM 波

将式(5-2-34)在柱坐标系展开为

$$\left(\frac{\partial^2}{\partial \rho^2} + \frac{1}{\rho}\frac{\partial}{\partial \rho} + \frac{1}{\rho^2}\frac{\partial^2}{\partial \varphi^2}\right)E_z(\rho, \varphi) + k_c^2 E_z(\rho, \varphi) = 0 \tag{5-2-36}$$

将式(5-2-35a)代入上式并应用分离变量法得

$$\frac{1}{R(\rho)}\left[\frac{\rho^2\,\mathrm{d}^2R(\rho)}{\mathrm{d}\rho^2}+\rho\frac{\mathrm{d}R(\rho)}{\mathrm{d}\rho}+k_c^2\rho^2R(\rho)\right]=-\frac{1}{\Phi(\varphi)}\frac{\mathrm{d}^2\Phi(\varphi)}{\mathrm{d}\varphi^2} \tag{5-2-37}$$

上式左边为 ρ 的函数，右边为 φ 的函数，由于 ρ 和 φ 是独立变量，故要维持此式成立，唯有两边等于同一常数，设其为 m^2，于是式(5-2-37)便被分离成两个方程，即

$$\rho^2\frac{\mathrm{d}^2R(\rho)}{\mathrm{d}\rho^2}+\rho\frac{\mathrm{d}R(\rho)}{\mathrm{d}\rho}+(k_c^2\rho^2-m^2)R(\rho)=0 \tag{5-2-38a}$$

$$\frac{\mathrm{d}^2\Phi(\varphi)}{\mathrm{d}\varphi^2}+m^2\Phi(\varphi)=0 \tag{5-2-38b}$$

式(5-2-38b)中 $\Phi(\varphi)$ 的通解为

$$\Phi(\varphi)=A_1\cos m\varphi+A_2\sin m\varphi=A\cos(m\varphi-\varphi_0) \tag{5-2-39}$$

对式(5-2-38a)作变量替换，令 $u=k_c\rho$，化为

$$u^2\frac{\mathrm{d}^2R(\rho)}{\mathrm{d}u^2}+u\frac{\mathrm{d}R(\rho)}{\mathrm{d}u}+(u^2-m^2)R(\rho)=0$$

这是以 u 为自变量的 m 阶贝塞尔方程，其通解为

$$R(\rho)=B_1J_m(u)+B_2Y_m(u) \tag{5-2-40}$$

其中，$J_m(u)$是 m 阶贝塞尔函数；$Y_m(u)$是 m 阶诺依曼函数(第二类贝塞尔函数)，两者统称为“柱谐函数”。柱谐函数不是初等函数，可以表示为适当的无穷级数，在数学手册中可找到其曲线或函数表示。图 5-2-13 给出了前几阶柱谐函数的曲线。

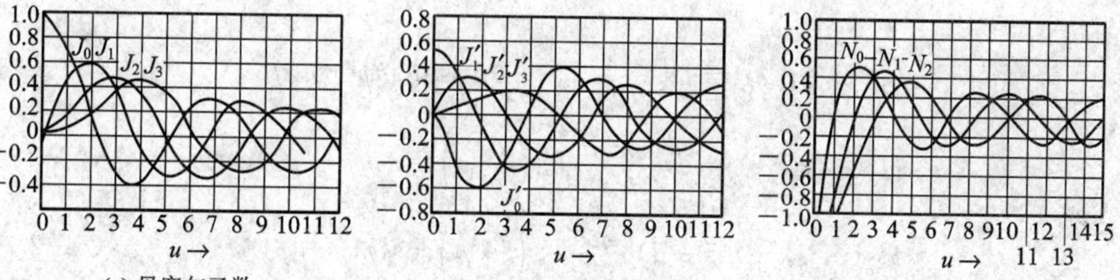

(a) 贝塞尔函数　(b) 贝塞尔函数导数　(c) 诺依曼函数

图 5-2-13　柱谐函数曲线

贝塞尔函数 $J_m(u)$有无穷多个零点，相应于图 5-2-13 中 $J_m(u)$函数曲线与 u 轴的一系列交点。对这些零点进行编号 u_{m1}，u_{m2}，…，u_{mn}，…；u_{mn} 称为 m 阶贝塞尔函数的第 n 个零点，它们是下面方程的一系列根。

$$J_m(u_{mn})=0 \qquad (m=0,1,2,\cdots;\ n=1,2,3,\cdots) \tag{5-2-41}$$

现在我们根据以下条件来确定式(5-2-40)中的待定系数。

(1) 有限条件：波导中任何地方的场量必须是有限值。但在轴心 $\rho=0$ 处，式(5-2-40)右方第二项为负无穷，这当然没有物理意义，故必有 $B_2=0$。

(2) 单值条件：波导中同一位置处的场量必须是单值的。圆柱坐标 φ 方向以 2π 为周期，(ρ,φ)与$(\rho,\varphi+2\pi)$代表横截面上的同一点，对应的场量为同一值，即

$$E_z(\rho,\varphi)=E_z(\rho,\varphi+2\pi)$$

代入式(5-2-39)得到

$$\cos(m\varphi-\varphi_0)=\cos(m\varphi+2\pi m-\varphi_0)$$

这里要求 m 必须是整数，即 $m=0, 1, 2, \cdots$。因此标号 m 的意义为场量在圆周方向的周期数。

(3) 边界条件：波导壁假定为理想导体，其上的切向电场为零。因此，在 $\rho=a$ 处有

$$E_z(a, \varphi)=AB_1J_m(k_ca)\cos(m\varphi-\varphi_0)=0$$

则 $J_m(k_ca)=0$，即 k_ca 必须是 $J_m(u)$ 的零点，与式(5-2-41)比较得 $k_ca=u_{mn}$，或

$$(k_c)_{\text{TM}_{mn}}=\frac{u_{mn}}{a}\quad(m=0, 1, 2\cdots; n=1, 2, 3\cdots)\tag{5-2-42}$$

其物理意义是，为了满足 $\rho=a$ 边界上 $E_z=0$ 的条件，贝塞尔函数的某一零点必须正好在 $\rho=a$ 处。因此 n 的意义为 TM 波的纵向电场沿圆柱径向出现零点的次数(包括 $\rho=a$ 处，但不包括 $\rho=0$ 处)。有了 k_c 便可按式(5-2-18)求出各模式的截止波长为

$$(\lambda_c)_{\text{TM}_{mn}}=\frac{2\pi}{(k_c)_{\text{TM}_{mn}}}=\frac{2\pi a}{u_{mn}}\quad(m=0, 1, 2\cdots; n=1, 2, 3\cdots)\tag{5-2-43}$$

则纵向场可表示为

$$E_z(\rho, \varphi)=DJ_m\left(\frac{u_{mn}}{a}\rho\right)\cos(m\varphi-\varphi_0)\tag{5-2-44}$$

其中，$D=AB_1$。将式(5-2-44)及 $H_z=0$ 的条件代入式(5-2-33)并乘以因子 $e^{-j\beta z}$ 便可得到圆波导中 TM 波横向场分量的分布函数为

$$E_\rho(\rho, \varphi, z)=-Dj\frac{\beta a}{u_{mn}}J'_m\left(\frac{u_{mn}}{a}\rho\right)\cos(m\varphi-\varphi_0)e^{-j\beta z}\tag{5-2-45a}$$

$$E_\varphi(\rho, \varphi, z)=Dj\frac{\beta ma^2}{u_{mn}^2\rho}J_m\left(\frac{u_{mn}}{a}\rho\right)\sin(m\varphi-\varphi_0)e^{-j\beta z}\tag{5-2-45b}$$

$$H_\rho(\rho, \varphi, z)=Dj\frac{\omega\varepsilon ma}{u_{mn}^2\rho}J_m\left(\frac{u_{mn}}{a}\rho\right)\sin(m\varphi-\varphi_0)e^{-j\beta z}\tag{5-2-45c}$$

$$H_\varphi(\rho, \varphi, z)=-Dj\frac{\omega\varepsilon a}{u_{mn}^2}J'_m\left(\frac{u_{mn}}{a}\rho\right)\cos(m\varphi-\varphi_0)e^{-j\beta z}\tag{5-2-45d}$$

其中，$J'_m(u)$ 为 $J_m(u)$ 的导函数。表 5-2-1 给出了部分贝塞尔函数的根与相应波形的 λ_c 值。

表 5-2-1　部分 TM 波型的 u_{mn} 及 λ_c 值

波型	u_{mn}	λ_c	波型	u_{mn}	λ_c	波型	u_{mn}	λ_c
TM_{01}	2.405	$2.61a$	TM_{02}	5.520	$1.14a$	TM_{03}	8.654	$0.72a$
TM_{11}	3.832	$1.64a$	TM_{21}	5.135	$1.22a$	TM_{31}	6.379	$0.984a$
TM_{12}	7.016	$0.90a$	TM_{22}	8.417	$0.75a$			

2. TE 波

TE 波与 TM 波的解法类似，读者自行求解，现给出圆波导中 TE 波的复数解为

$$H_\rho(\rho, \varphi, z)=-Dj\frac{\beta a}{v_{mn}}J'_m\left(\frac{v_{mn}}{a}\rho\right)\cos(m\varphi-\varphi_0)e^{-j\beta z}\tag{5-2-46a}$$

$$H_\varphi(\rho, \varphi, z)=Dj\frac{\beta ma^2}{v_{mn}^2\rho}J_m\left(\frac{v_{mn}}{a}\rho\right)\sin(m\varphi-\varphi_0)e^{-j\beta z}\tag{5-2-46b}$$

$$H_z(\rho,\varphi,z)=DJ_m\left(\frac{v_{mn}}{a}\rho\right)\cos(m\varphi-\varphi_0)\mathrm{e}^{-\mathrm{j}\beta z} \tag{5-2-46c}$$

$$E_\rho(\rho,\varphi,z)=D\mathrm{j}\frac{\omega\mu ma^2}{v_{mn}^2\rho}J_m\left(\frac{v_{mn}}{a}\rho\right)\sin(m\varphi-\varphi_0)\mathrm{e}^{-\mathrm{j}\beta z} \tag{5-2-46d}$$

$$E_\varphi(\rho,\varphi,z)=D\mathrm{j}\frac{\omega\mu a}{v_{mn}}J'_m\left(\frac{v_{mn}}{a}\rho\right)\cos(m\varphi-\varphi_0)\mathrm{e}^{-\mathrm{j}\beta z} \tag{5-2-46e}$$

$$E_z(\rho,\varphi,z)=0\qquad(m=0,1,2\cdots;\ n=1,2,3\cdots) \tag{5-2-46f}$$

其中 v_{mn} 是 m 阶贝塞尔函数的导函数 $J'_m(v)$ 的第 n 个零点的值，即满足方程

$$J'_m(v_{mn})=0\qquad(m=0,1,2\cdots;\ n=1,2,3\cdots)$$

的根。表 5-2-2 给出了 v_{mn} 的一部分值及所对应的 λ_c 值。

表 5-2-2　部分 TE 波型的 v_{mn} 及 λ_c 值

波型	v_{mn}	λ_c	波型	v_{mn}	λ_c	波型	v_{mn}	λ_c
TE_{11}	1.841	3.41a	TE_{31}	4.201	1.50a	TE_{02}	7.016	0.90a
TE_{21}	3.054	2.06a	TE_{12}	5.332	1.18a	TE_{32}	8.015	0.78a
TE_{01}	3.832	1.64a	TE_{22}	6.705	0.94a			

圆波导中 TE 波的截止波数 k_c 与截止波长 λ_c 分别为

$$\begin{cases}(k_c)_{TE_{mn}}=\dfrac{v_{mn}}{a}\\[2ex](\lambda_c)_{TE_{mn}}=\dfrac{2\pi}{(k_c)_{TE_{mn}}}=\dfrac{2\pi a}{v_{mn}}\quad(m=0,1,2\cdots;\ n=1,2,3\cdots)\end{cases} \tag{5-2-47}$$

其中，m 和 n 的物理意义与 TM 模式中的相同。

与矩形波导相同，圆波导的传输条件也为 $\lambda<\lambda_c$。截止波长 λ_c 如式(5-2-43)和式(5-2-47)所示。根据上两式及表 5-2-1 和表 5-2-2 可画出如图 5-2-14 所示的圆波导模式图。由模式图可见，TE_{11} 波是圆波导的最低模式，其 $\lambda_c=3.41a$；其次是 TM_{01} 波，其 $\lambda_c=2.61a$。当满足 $2.61a<\lambda_c<3.41a$ 时，圆波导只能传输单模 TE_{11} 波。

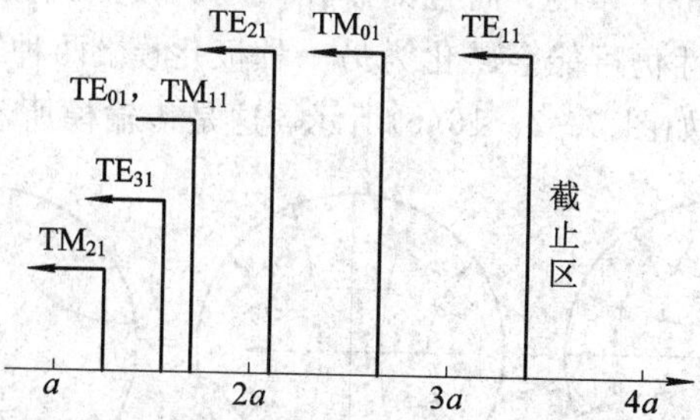

图 5-2-14　圆波导模式分布图

圆波导中有两种简并现象，一种是 TE_{0n} 模和 TM_{1n} 模的简并，这两种模式的场结构不同，但其截止波长相同，传输特性相同；另一种是极化简并，这是由于在场解中场量沿 φ 方向的分布存在着 $\cos m\varphi$ 和 $\sin m\varphi$ 两种可能性，这两种分布模式的 m、n 值相同，场分布相同，只是极化面旋转了 90°，所以称为极化简并。除了 TM_{0n} 和 TE_{0n} 的模式外，每一种 TM_{mn} 和 TE_{mn} 模式(m、$n\neq0$)本身都存在这种极化简并现象。

例 5-2-3 求 $a=0.5$ cm 的聚四氟乙烯($\varepsilon_r=2.08$)圆波导的前两个传输模的截止频率。

解 同一频率电磁波在介质中工作波长为$\lambda=\lambda_0/\sqrt{\varepsilon_r}$，由图 5-2-14 知前两个传输模为 TE_{11} 和 TM_{01}，由式(5-2-47)和式(5-2-43)知

$$TE_{11} \qquad f_c=\frac{u_{11}c}{2\pi a\sqrt{\varepsilon_r}}=\frac{1.841\times(3\times10^8)}{2\pi\times0.005\times\sqrt{2.08}}=12.19\ \text{GHz}$$

$$TM_{01} \qquad f_c=\frac{v_{01}c}{2\pi a\sqrt{\varepsilon_r}}=\frac{2.405\times(3\times10^8)}{2\pi\times0.005\times\sqrt{2.08}}=15.92\ \text{GHz}$$

3. 圆波导的三种主要模式

圆波导常应用 TE_{11}、TE_{01} 和 TM_{01} 三个模式。这些模式的场结构和管壁电流分布有着不同的特点，所以它们应用的场合也不同。下面分别加以讨论。

1) TE_{11} 模

此时 $m=1$，$n=1$，$v_{11}=1.841$，$\lambda_c=3.41a$。将这些值代入式(5-2-46)可得 TE_{11} 模各场分量的表示式，由此可画出其场结构及壁面电流分布，如图 5-2-15 所示。

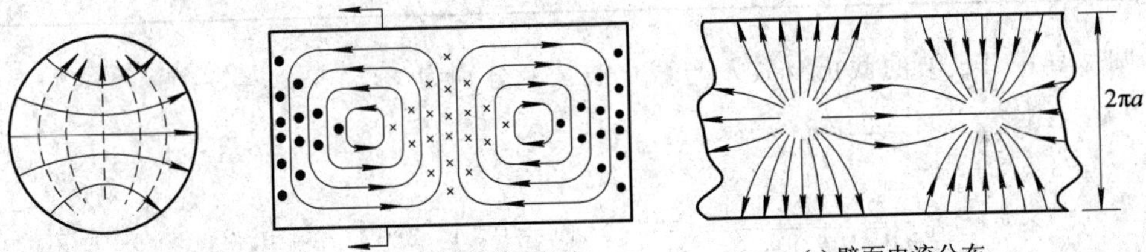

(a) 横截面上的场分布　(b) 纵截面上的场分布　(c) 壁面电流分布

图 5-2-15 圆波导 TE_{11} 波的场结构及壁面电流分布

由于 TE_{11} 波容易发生极化简并，图 5-2-16 给出了圆波导中 TE_{11} 模的两种简并模式的场分布。其中，图 5-2-16(a)为水平极化，图 5-2-16(b)为垂直极化，它们理应属两种不同的模式，但因其 λ_c 相同，故传播特性完全一样。而 TE_{11} 的单模传输要求舍一，在这里靠波导尺寸的选择是无济于事的；而且即使在激励时设法只激起其中的一种极化模，在传播过程中若遇到不均匀性仍可能会转化为另一种极化模。两种不同极化模式的并存表现为 TE_{11} 波极化面的旋转，如图 5-2-16(c)所示，这是传输模所不希望的情形。

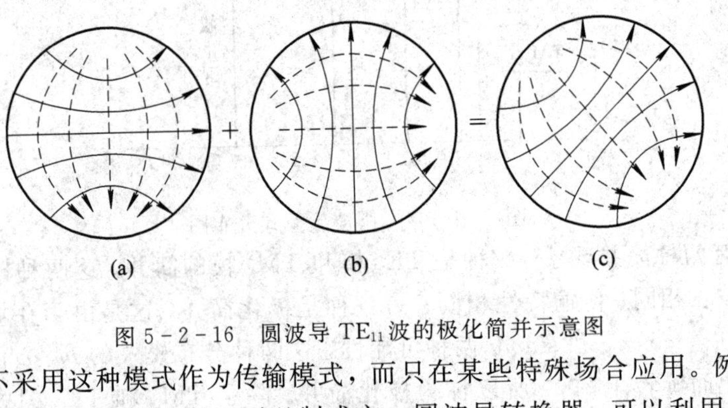

(a)　(b)　(c)

图 5-2-16 圆波导 TE_{11} 波的极化简并示意图

所以一般不采用这种模式作为传输模式，而只在某些特殊场合应用。例如，利用其场分布与矩形波导 TE_{10} 波的相似性，可以制成方—圆波导转换器；可以利用 TE_{11} 波极化简

并现象制成极化衰减器、极化变换器、微波铁氧体环形器等微波元器件。

2）TE_{01} 模

对 TE_{01} 模式，此时 $m=0$，$n=1$，$v_{01}=3.832$，$\lambda_c=1.64a$。代入式(5-2-46)可得 TE_{01} 模各场分量的表示式，由此可得出其场结构和管壁电流分布如图 5-2-17 所示。

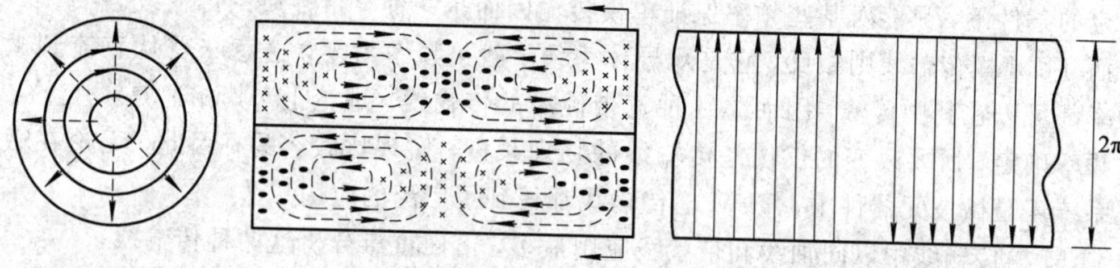

(a) 横截面上的场分布　(b) 纵截面上的场分布　(c) 壁面电流分布

图 5-2-17　圆波导 TE_{01} 波的场分布及壁面电流

由图可见，与壁面相切的磁场只有 H_z 分量，故壁面电流只沿圆周方向流动而无纵向分量，电力线不终止于波导壁面而自呈圆形闭合线；且由分析其导体损耗知，当传输功率一定时，随着频率的升高，其功率损耗反而单调地下降，这使 TE_{01} 模式适于作为高 Q 谐振腔的工作模式和远距离毫米波波段的传输模式。

但是，TE_{01} 模式不是圆波导的最低模式，而且 TE_{01} 模式和 TM_{11} 模式互为简并模，因此采用 TE_{01} 模作为工作模式时，应设法抑制其他模式。

3）TM_{01} 模

对 TM_{01} 模式，此时 $m=0$，$n=1$，$u_{01}=2.405$，$\lambda_c=2.61a$。将其代入式(5-2-45)可得其场分量的表示式，由此可画出其场结构及壁面电流分布，如图 5-2-18 所示。

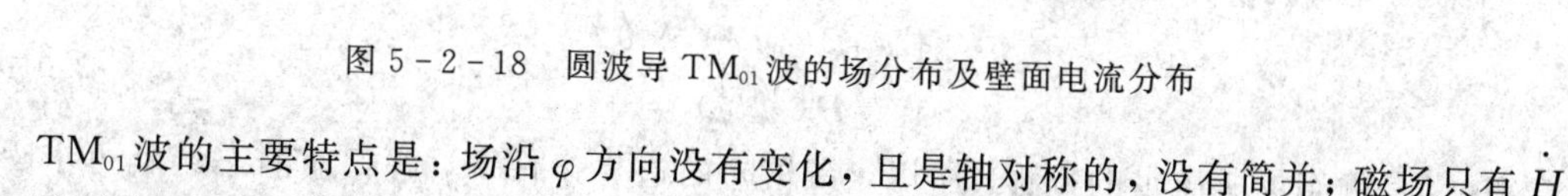

(a) 横截面上的场分布　(b) 纵截面上的场分布　(c) 壁面电流分布

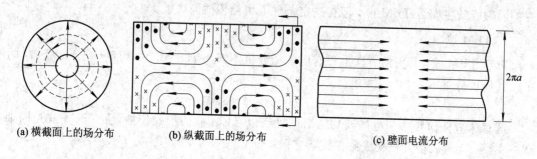

图 5-2-18　圆波导 TM_{01} 波的场分布及壁面电流分布

TM_{01} 波的主要特点是：场沿 φ 方向没有变化，且是轴对称的，没有简并；磁场只有 $\dot{H}_\varphi$ 量，因而壁面电流只有纵向分量。这种具有轴对称场结构的波形适合作天馈系统中的旋转关节。TM_{01} 波因在轴线处的电场具有最强的纵向分量，故可以利用它与轴向运动的电子流进行有效的能量交换。一些微波管和直线电子加速器所用的谐振腔和慢波系统往往是由这种波型演变而来的。

5.3 TEM 模传输线

如前面所述，传播 TE 和 TM 模电磁波的波导是色散传输线，它只有一个导体，在尺寸一定的条件下，只能对某些频率保证单模传输因而是一种窄带性质的传输线。

而 TEM 模传输线则相反，它是双导体系统，截止频率为零，这意味着从直流到微波的频率都可以在其中传输，因而是一种宽带性质的传输线。理论上，其相速是不变的，故一旦频率确定，所要改变的仅仅是传输线的物理长度，实现比较容易。因此，无论在微波整机系统还是微波元器件中，TEM 模传输线都得到了广泛的应用。

TEM 模传输线中以同轴线和带状线应用最多，下面重点分析这两种传输线。

5.3.1 同轴线

同轴线由两根共轴的圆柱导体所组成，如图 5-3-1 所示。按其结构可分为硬同轴线和软同轴线两种。硬同轴线外导体为金属管，一般为圆形，内导体是一根铜棒或铜管，线中一般不填充介质，但为了支持内导体并保持与外导体同心，可每隔一段距离置入介质环。硬同轴线可根据具体要求自行设计。软同轴线外导体由金属丝编织而成，外覆塑料管，内导体由单根或多根(相互绝缘的)导线组成，内、外导体间填充以低损耗的介质材料(如聚四氟乙烯、聚乙烯等)，这种同轴线可以自由弯曲。

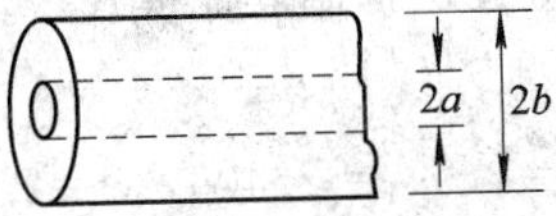

图 5-3-1 同轴线的结构

同轴线的主模是 TEM 模，但在一定条件下也能传播高次模。

1. TEM 波

对于 TEM 波，其传播方向上没有电磁场分量即 $E_z=H_z=0$。由式(5-2-14)可知，为了使其他场分量不为 0，必须有

$$k_c^2=\omega^2\mu\varepsilon-\beta^2=0\Rightarrow f_c=0,\ \lambda_c\to\infty$$

这意味着任何频率的电磁波均能沿同轴线以 TEM 波的形式传播，故 TEM 波是同轴线的主模。此时波动方程变成拉普拉斯方程，即

$$\begin{cases}\nabla_T^2\boldsymbol{E}(\rho,\varphi)=0\\ \nabla_T^2\boldsymbol{H}(\rho,\varphi)=0\end{cases}\tag{5-3-1}$$

这也是静态场所满足的方程。所以，在相同的边界条件下，解相应静态场就可求得同轴线传输 TEM 波时横截面的场分布，而其沿纵向的传输状态可用 $e^{-j\beta z}$ 表示。

将式(5-3-1)在圆柱坐标系中展开，并考虑同轴线的边界条件为：在 $\rho=a$(a 为内导体外径)和 $\rho=b$(b 为外导体内径)处，有 $E_\varphi=H_\rho=0$，因而可解得 TEM 波的场分量表示式为

$$\begin{cases} E_\rho = E_0 \dfrac{a}{\rho} \mathrm{e}^{\mp \mathrm{j}\beta z} \\ H_\varphi = \dfrac{E_\rho}{\eta} = \dfrac{E_0 a}{\eta \rho} \mathrm{e}^{-\mathrm{j}\beta z} \\ E_\varphi = E_z = H_\rho = H_z = 0 \end{cases} \tag{5-3-2}$$

其中，E_0 为 $z=0$ 和 $\rho=a$ 处的电场，由激励源决定；$\eta=\sqrt{\mu/\varepsilon}$ 为介质的波阻抗。图 5-3-2 表示 TEM 波的场结构。

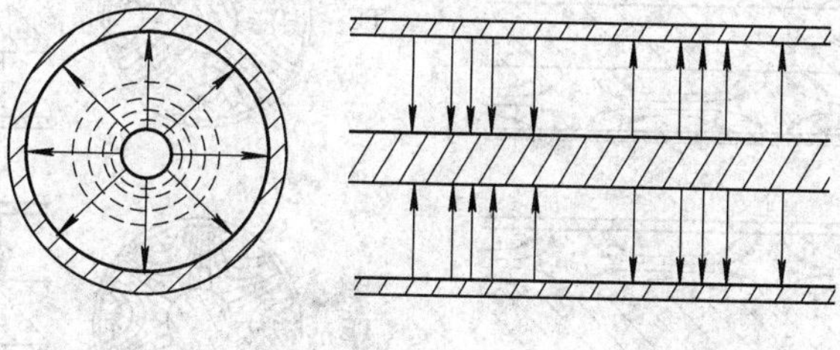

图 5-3-2　同轴线中 TEM 型波的场结构

由 E_ρ 和 H_φ 可求得同轴线内导体上的轴向电流和内外导体间的电压分别为

$$\begin{cases} I = \oint_l H_\varphi \mathrm{d}l = \dfrac{2\pi E_0 a}{\eta} \mathrm{e}^{-\mathrm{j}\beta z} \\ U = \int_a^b E_\rho \mathrm{d}\rho = E_0 a \ln \dfrac{b}{a} \mathrm{e}^{-\mathrm{j}\beta z} \end{cases} \tag{5-3-3}$$

对于非磁性媒质，$\mu_r=1$，则同轴线的特性阻抗为

$$Z_0 = \frac{U}{I} = \frac{\eta}{2\pi} \ln \frac{b}{a} = \frac{60}{\sqrt{\varepsilon_r}} \ln \frac{b}{a} \tag{5-3-4}$$

传播常数与相速分别为

$$\beta = k = \omega \sqrt{\mu\varepsilon} = \frac{2\pi}{\lambda} = k_0 \sqrt{\varepsilon_r} \tag{5-3-5a}$$

$$v_p = \frac{\omega}{\beta} = \frac{1}{\sqrt{\mu\varepsilon}} = \frac{c}{\sqrt{\varepsilon_r}} \tag{5-3-5b}$$

其中，ε_r 为同轴线中填充介质的相对介电常数；c 为真空中的光速；k_0 为真空中的相位常数。

2. TM 波和 TE 波

当同轴线的尺寸与波长相比足够大时，同轴线中可存在高次波型：TM 波和 TE 波。传输 TM 波和 TE 波的同轴线也称为同轴波导。分析同轴波导的方法与圆波导相似。在圆柱坐标系下，应用分离变量法求解场的纵向分量 E_z 或 H_z，再由横向分量(E_ρ、E_φ、H_r、H_φ)与纵向分量的关系式求出各场分量。然而，由于边界条件除了考虑同轴外导体外，还需考虑内导体，故在求其传输条件时需求解一个超越方程才能求出 k_c 或 λ_c 的值。

同轴线中 TM 波的最低次波型是 TM_{01} 模，其截止波长为

$$\lambda_c \approx 2(b-a) \tag{5-3-6}$$

TE 波的最低次波型是 TE_{11} 模，其截止波长为

$$\lambda_c \approx \pi(b+a) \tag{5-3-7}$$

图 5-3-3 给出了几种高次波型的场结构。

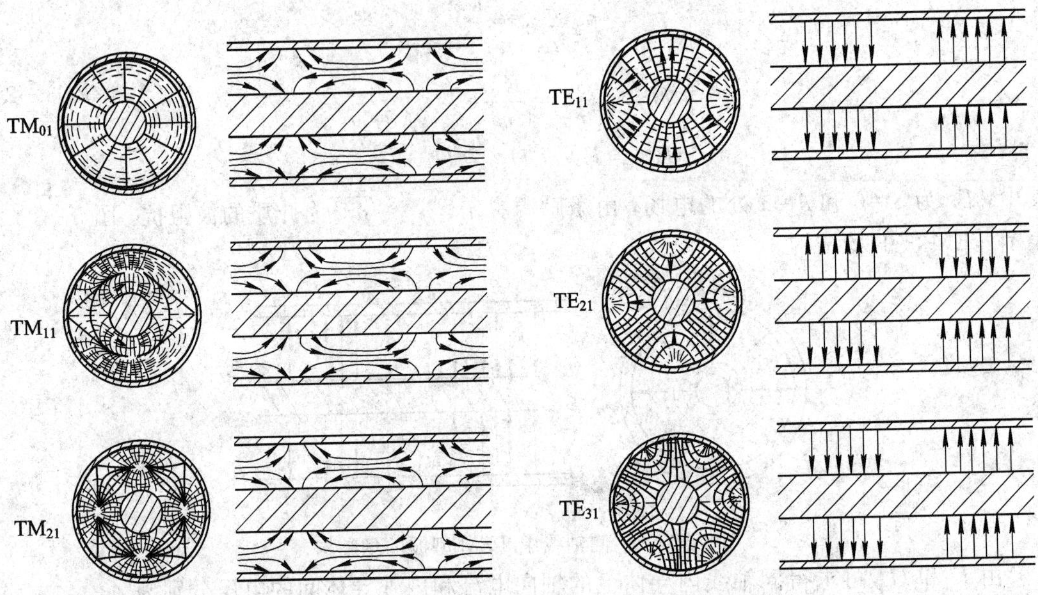

图 5-3-3　同轴线中的高次波型的场结构

3. 传输功率和损耗

在行波状态下，同轴线传输 TEM 波时的平均功率为

$$P = \frac{1}{2}UI = \frac{1}{2}\frac{|U|^2}{Z_0} = \frac{1}{2}Z_0|I|^2 \tag{5-3-8}$$

若以 U_c 表示同轴线的击穿电压，同轴线在行波状态下通过的最大功率可以这样来求：设击穿电场强度为 E_c，由式(5-3-2)知，击穿将首先发生在同轴线内导体表面 $\rho=a$ 处，此时 $E_0=E_c$。最大场强幅值为

$$|\boldsymbol{E}_\rho|_{\rho=a} = \frac{U_c}{a\ \ln\dfrac{b}{a}} = E_c \tag{5-3-9}$$

将上式代入式(5-3-8)中再利用式(5-3-4)便可求得

$$P_{\max} = \frac{a^2}{120}E_c{}^2\ \ln\left(\frac{D}{d}\right) = \frac{d^2}{480}E_c{}^2\ \ln\left(\frac{D}{d}\right) \tag{5-3-10}$$

式中，d、D 分别为同轴线内外导体的直径，已取 $\varepsilon_r=1$。

对于 50-16 型硬同轴线，其内外导体直径分别为 6.95 mm 和 16 mm，内部充以空气，空气的击穿电场强度 $E_c=3\times10^6$ V/m。由上式可求得其功率容量为 755 kW。

为计算同轴线中 TEM 波的衰减系数，必须先算出长度为 L 的一段同轴线的衰减功率 P_L。由安培环路定理知，内外导体表面的切向(φ 方向)磁场分别为

内导体　　$$|H_\varphi|_{\rho=a} = \frac{I}{2\pi a}$$

外导体　　$$|H_\varphi|_{\rho=b} = \frac{I}{2\pi b}$$

由坡印廷定理得

$$P_L=\frac{R_s}{2}\int_S|\boldsymbol{H}_t|^2\mathrm{d}s=\frac{R_s}{2}\left(\int_0^L\mathrm{d}z\int_0^{2\pi}|H_\varphi|^2_{\rho=a}a\,\mathrm{d}\varphi+\int_0^L\mathrm{d}z\int_0^{2\pi}|H_\varphi|^2_{\rho=b}b\,\mathrm{d}\varphi\right)$$

$$=\frac{R_sL}{2}\left(\int_0^{2\pi}\frac{I^2}{4\pi^2a}\mathrm{d}\varphi+\int_0^{2\pi}\frac{I^2}{4\pi^2b}\mathrm{d}\varphi\right)=\frac{R_sLI^2}{2\pi D}\left(1+\frac{D}{d}\right)$$

将上式和式(5-3-8)一起代入式(5-2-30)中并利用式(5-3-4)的关系便可得空气填充时同轴线中TEM波的导体衰减常数 α_c 为

$$\alpha_c=\frac{1}{2L}\frac{P_L}{P}=\frac{R_S}{120\pi D}\frac{1+\left(\dfrac{D}{d}\right)}{\ln\left(\dfrac{D}{d}\right)}\quad(\mathrm{Np/m})\tag{5-3-11a}$$

在有介质填充的同轴电缆中，由介质的非理想性所引起的介质衰减系数 α_d 为

$$\alpha_d=\frac{\pi\sqrt{\varepsilon_r}}{\lambda_0}\tan\delta\quad(\mathrm{Np/m})\tag{5-3-11b}$$

实际的同轴线由于材料不理想，加工精度等因素，其衰减系数要比式(5-3-11)算出的理论值大得多。

例5-3-1　求空气填充的同轴线导体损耗最小和功率容量最大的尺寸关系，及此时的特性阻抗。

解　由式(5-3-11a)知，当 $\dfrac{\partial\alpha_c}{\partial a}=0$(固定 b 不变)时，得 $\dfrac{b}{a}=3.591$，由式(5-3-4)知此时的特性阻抗为 $Z_0=\dfrac{60}{\sqrt{\varepsilon_r}}\ln\dfrac{b}{a}=76.71\ \Omega$。

由式(5-3-10)知，当 $\dfrac{\partial P_{\max}}{\partial a}=0$(固定 b 不变)时，得 $\dfrac{b}{a}=1.649$，由式(5-3-4)知此时的特性阻抗为 $Z_0=\dfrac{60}{\sqrt{\varepsilon_r}}\ln\dfrac{b}{a}=30\ \Omega$。

在实际中，同轴线特性阻抗多为75 Ω和50 Ω两种，前者侧重于远距传输和低频应用，如有线电视的软同轴电缆；后者侧重于最大功率容量和高频应用，同时兼顾加工因素及损耗，如GSM频段(0.8～1 GHz)移动通信中同轴电缆。

5.3.2　带状线

带状线又称为三板线，这种电路的优点是平面结构，在精度要求不高的情况下可用类似制作低频电路板的方式获得，易于设计与调试。其结构如图5-3-4所示，由两块相距为 b 的接地板，与中间的宽度为 W，厚度为 t 的矩形截面导体带构成。导体带与接地板之间可以是空气或填充其他介质。带状线可看作是由同轴线演变而来的，如图5-3-5所示，因此它传输的主模是TEM波，对其传输特性可以用静态场方法进行分析。表征带状线传输特性的主要参数有：特性阻抗 Z_0，相速度 v_p，波导波长 λ_g，衰减常数 α 和功率容量等。

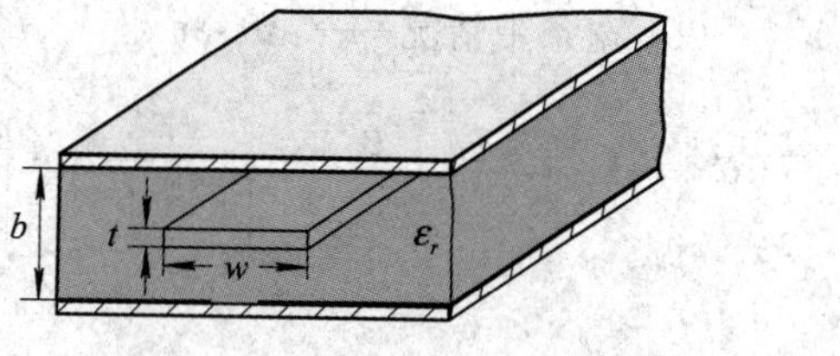

图5-3-4　带状线结构

由长线理论可知，如果带状线单位长度的分布参数用 R_0、G_0、C_0、L_0 表示，当

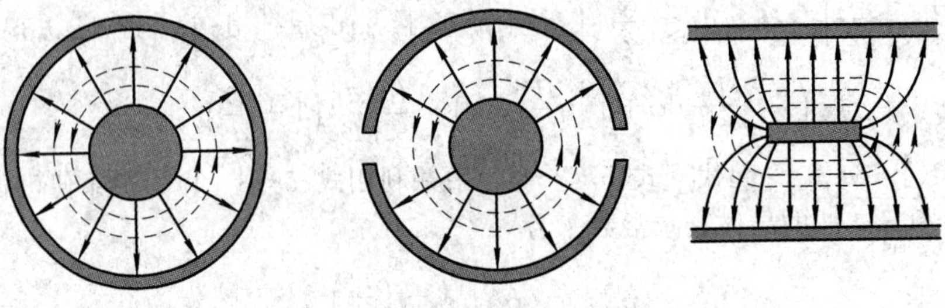

图 5-3-5 同轴线到带状线的演变

$R_0 \ll \omega L_0$ 和 $G_0 \ll \omega C_0$ 时，可得到带状线的特性参数为

相移常数 $\beta = \omega\sqrt{L_0 C_0}$ (5-3-12a)

波导波长 $\lambda_g = \dfrac{2\pi}{\beta} = \dfrac{\lambda_0}{\sqrt{\varepsilon_r}}$ (5-3-12b)

相速 $v_p = \dfrac{1}{\sqrt{L_0 C_0}} = \dfrac{c}{\sqrt{\varepsilon_r}}$ (5-3-12c)

特性阻抗 $Z_0 = \sqrt{\dfrac{L_0}{C_0}} = \dfrac{1}{v_p C_0}$ (5-3-12d)

1. 特性阻抗

由式(5-3-12d)知，只要确定单位长度的分布电容 C_0 即可求出带状线的特性阻抗 Z_0。如图 5-3-6 所示，带状线的分布电容可以看做由两部分组成：① 不考虑边缘效应时，中心导体与接地板之间的单位长度平板电容 C_p；② 中心导体带边缘与接地板之间的单位长度的边缘电容 C_f。则有

$$C_0 = 2C_p + 4C_f \qquad (5-3-13a)$$

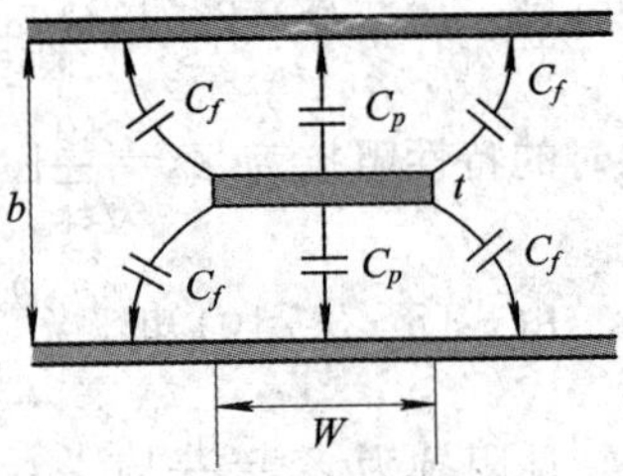

图 5-3-6 带状线的分布电容

平板电容 C_p 可用平板电容公式得出

$$C_p = \varepsilon\frac{\text{板面积}}{\text{板间距}} = \varepsilon\frac{W\cdot 1}{\dfrac{b-t}{2}} = 0.0885\,\frac{2\varepsilon_r W}{b-t} \quad (\text{pF/cm}) \qquad (5-3-13b)$$

边缘电容 C_f 一般用保角变换得出，这里不作叙述，仅给出科恩(Cohn)的计算结果。

(1) 宽条带情况 $\dfrac{W}{b-t} \geqslant 0.35$。

$$C_f = \frac{0.0885\varepsilon}{\pi}\left\{\frac{2}{1-\dfrac{t}{b}}\ln\left(\frac{1}{1-\dfrac{t}{b}}+1\right) - \left(\frac{1}{1-\dfrac{t}{b}}-1\right)\ln\left[\frac{1}{\left(1-\dfrac{t}{b}\right)^2}+1\right]\right\} \quad (\text{pF/cm}) \qquad (5-3-13c)$$

(2) 窄条带情况 $\dfrac{W}{b-t} < 0.35$。

须对式(5-3-13c)中 W 作一修正，并用修正后的 W' 代替原来的 W。W' 值为

$$W' = \frac{0.07\left(1-\dfrac{t}{b}\right)+\dfrac{W}{b}}{1.2}b \qquad (5-3-13d)$$

2. 带状线尺寸的选择

TE 波最低的模式为 TE_{10} 波，它的场结构如图 5-3-7 所示。由图可见，沿中心导体带宽度 W 场的分布有半个驻波，而沿截面的高度 b 场的分布保持不变，故其截止波长为

$$\lambda_{cTE_{10}} \approx 2W\sqrt{\varepsilon_r}$$

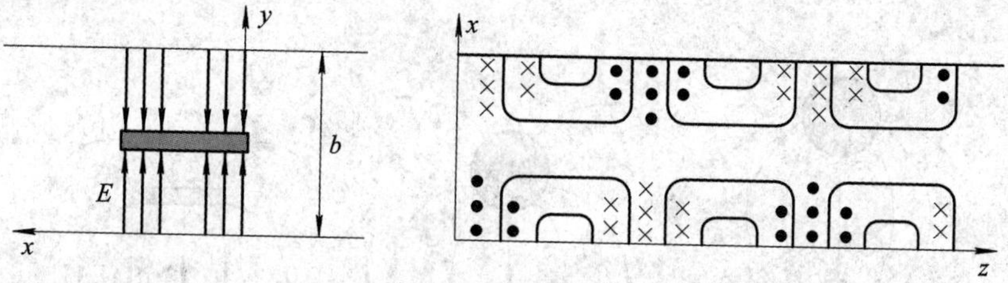

图 5-3-7　带状线 TE_{10} 波的场结构

TM 波的最低模式为 TM_{01} 波，其电磁场沿 y 方向有半个驻波分布，而沿导体带的宽边 W 上无变化，其截止波长为

$$\lambda_{cTM_{01}} \approx 2b\sqrt{\varepsilon_r}$$

设 $\lambda_{min} = \max(\lambda_c(TE_{10}), \lambda_c TM_{01})$，则带状线的尺寸应满足

$$W < \frac{\lambda_{min}}{2\sqrt{\varepsilon_r}} \quad 和 \quad b < \frac{\lambda_{min}}{2\sqrt{\varepsilon_r}}$$

此外，为减小辐射损耗，上下接地板的宽度应不小于(3～6)W。

5.3.3　微带线

微带线结构简单、体积小、重量轻、加工方便，可用光刻制作，容易与其他无源微波电路和有源微波电路器件集成，是目前平面电路和微波集成电路使用最多的一种平面型传输线。标准微带线结构如图 5-3-8 所示，它是由介质基片一侧的导体带和基片另一侧的接地板所构成，是一种半开放结构。常用的介质基片材料为 Al_2O_3 瓷、石英或蓝宝石等低损耗介质。接地板是铜板或铝板，导体带常用金、银、铜等良导体做成。微带线导带厚度较薄，又有介质基片，故与同轴线和波导相比，损耗最大，Q 值最低，功率容量最小。

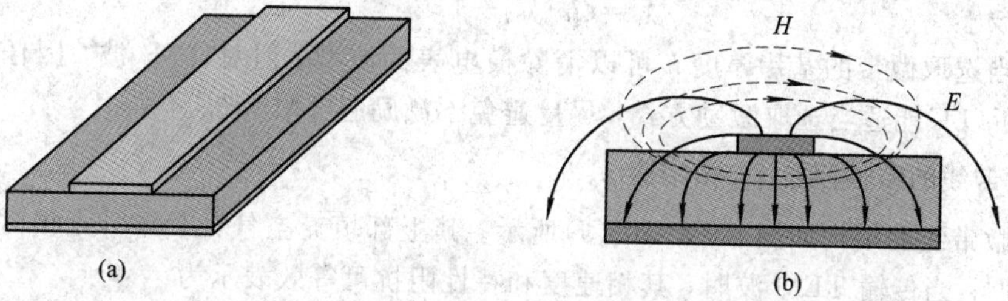

图 5-3-8　微带线结构

1. 微带线中的模式

微带线可看作是双导线传输线演变而来，其演变过程如图 5-3-9 所示，所以微带线如同带状线一样，传输主模是 TEM 波。但由于在导体带与接地板之间填充有介质(基片)，而其余部分为空气，因而存在着介质与空气的交界面。任何模式的场除了应满足介质与理

想导体的边界条件之外，还应满足介质与空气交界面的边界条件。单独的 TEM 波不能满足微带线边界条件的要求，必须有 TE 模和 TM 模才能满足边界条件的要求。在一定的条件下，TE 模和 TM 模较小而 TEM 模占主导地位，所以称微带线传输的波为“准 TEM 波”。

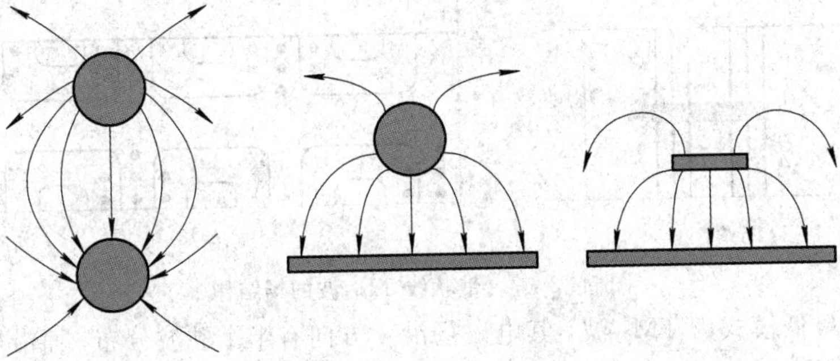

图 5-3-9 双导线演变成微带线

微带线可能出现的高次型波有波导模式和表面波模式两种。

对于波导模式，类似带状线，其最容易出现的模式为 TE_{10} 波和 TM_{01} 波。其最低模式的截止波长分别为

TE_{10} 波 $$\lambda_{cTE_{10}} \approx 2W\sqrt{\varepsilon_r}$$

TM_{01} 波 $$\lambda_{cTM_{01}} \approx 2h\sqrt{\varepsilon_r}$$

当导体带的厚度 $t \neq 0$ 时，由于边缘效应的影响，相当于导体带的有效宽度增加了 $\Delta W \approx 0.8h$，所以上式应修正为

$$\lambda_{cTE_{10}} \approx (2W + 0.8h)\sqrt{\varepsilon_r}$$

为避免出现波导模式，导体带的宽度 W 和介质基片厚度 h 均应小于工作波长 λ。

微带线中沿介质基片表面向前传输的波称为表面波，它也有 TE 模和 TM 模之分。它们最低模式的截止波长分别为

TM_0 波 $$\lambda_c = \infty$$

TE_1 波 $$\lambda_c = 4h\sqrt{\varepsilon_r - 1}$$

故适当选取微带的基片厚度 h 可以消除横电表面波型。但对 TM_0 波，因任何频率均能传输，所以只能适当选取激励方式，尽量避免不激励起 TM_0 波。

2. 微带线的特性阻抗 Z_0 和相速 v_p

实际微带线的结构如图 5-3-10(a)所示。其上部填充空气，下部填充相对介电常数为 ε_r 的介质。当传输 TEM 波时，其相速度和特性阻抗可等效表示为

$$\begin{cases} v_p = \dfrac{1}{\sqrt{L_1 C_1}} = \dfrac{c}{\sqrt{\dfrac{C_1}{C_0}}} \\ Z_0 = \sqrt{\dfrac{L_1}{C_1}} = \dfrac{Z_0'}{\sqrt{\dfrac{C_1}{C_0}}} \end{cases} \tag{5-3-14}$$

其中，L_1、C_1 为微带线单位长度的分布电感和分布电容；L_0、C_0 为空气微带线单位长度的分布电感和分布电容，c 为真空中的光速。为求出上述参数，进行如下的分析：

(1) 把介质抽掉，此时微带线为空气所填充，如图 5-3-10(b)所示。此时，其相速和特性阻抗分别为

$$v_p = c \quad 和 \quad Z_0' = \frac{1}{cC_0} \tag{5-3-15}$$

(2) 把上半空间全都填充以相同的介质 ε_r，如图 5-3-10(c)所示。则微带线为介质所全填充，此时，其相速和特性阻抗分别为

$$v_p = \frac{c}{\sqrt{\varepsilon_r}} \quad 和 \quad Z_0 = \frac{Z_0'}{\sqrt{\varepsilon_r}} \tag{5-3-16}$$

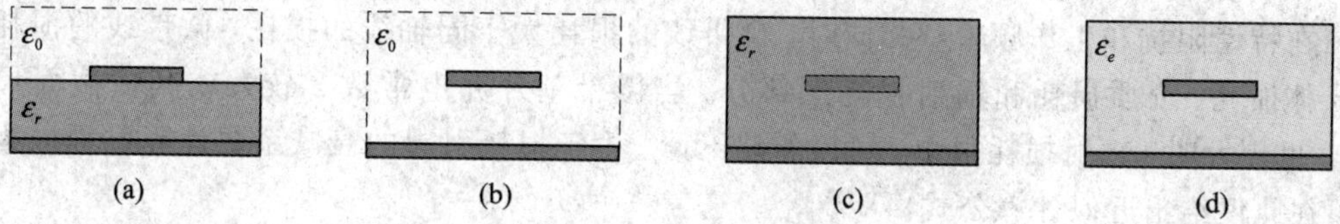

图 5-3-10 分析微带线特性

实际微带线既不是空气($\varepsilon_r=1$)全填充，也不是介质($\varepsilon_r>1$)全填充，而是介于两者之间的部分填充。所以，我们可以想象有一种等效的介质，其相对介电常数为 ε_e(其值在 1 和 ε_r 之间)，如果用这种介质全填充微带线，如图 5-3-10(d)所示，使得其相速和特性阻抗保持与图 5-3-10(a)的实际微带线相同。此时，其相速和特性阻抗类似于图 5-3-10(c)，应为

$$v_p = \frac{c}{\sqrt{\varepsilon_e}} \quad 和 \quad Z_0 = \frac{Z_0'}{\sqrt{\varepsilon_e}} \tag{5-3-17}$$

令式(5-3-14)和式(5-3-17)中对应量相等，并注意到介质填充时只改变其单位长度电容而不改变其单位长度电感，则可得

$$\varepsilon_e = \frac{C_1}{C_0}, \quad Z_0 = \frac{Z_0'}{\sqrt{\varepsilon_e}}$$

故只要分别求出空气全填充和部分介质填充情况的单位长度分布电容 C_0 和 C_1，则相对等效介电常数 ε_e 就可求出，从而可求出实际微带线的特性阻抗。

求解 C_0 和 C_1 的问题是一个静态场的问题，求解的方法较多，常用的有保角变换法、谱域法、积分方程法和有限差分法等。因这些方法求解过程较繁杂，这里给出由哈梅斯泰德(Hammerstad)所得出的计算公式。

对空气微带线，其特性阻抗为

$$Z_0' = \frac{60}{\sqrt{\varepsilon_e}} \ln\left[\frac{f\left(\frac{W}{h}\right)}{\frac{W}{h}} + \sqrt{1+\left(2\frac{h}{W}\right)^2}\right] \tag{5-3-18a}$$

其中

$$f\left(\frac{W}{h}\right) = 6 + (2\pi - 6)\exp\left(-\left(\frac{30.666}{\frac{W}{h}}\right)^{0.7528}\right) \tag{5-3-18b}$$

微带的有效介电常数为

$$\varepsilon_e=\frac{\varepsilon_r+1}{2}+\frac{\varepsilon_r-1}{2}\left(1+\frac{10h}{W}\right)^{-ab} \tag{5-3-19a}$$

其中

$$a=1+\frac{1}{49}\ln\frac{\left(\frac{W}{h}\right)^4+\left(\frac{W}{52h}\right)^2}{\left(\frac{W}{h}\right)^4+0.432}+\frac{1}{18.7}\ln\left[1+\left(\frac{W}{18.1h}\right)^3\right] \tag{5-3-19b}$$

$$b=0.564\left(\frac{\varepsilon_r-0.9}{\varepsilon_r+3}\right)^{0.053} \tag{5-3-19c}$$

3. 微带线的损耗与衰减

在特性阻抗和工作频率都相同时，微带线的损耗大于同轴线的损耗，微带线的损耗包括导体损耗、介质损耗和辐射损耗三部分。当微带基片介电常数 ε_r 较大或其横截面尺寸 W/h 也较大时，辐射损耗很小，可以忽略不计。由于损耗引起的衰减系数计算过程极为复杂，在此仅给出近似计算公式。

(1) 导体损耗 α_c：

$$\alpha_c\approx 0.072\frac{\sqrt{f}}{WZ_0}\lambda_g\left(1+\frac{2}{\pi}\arctan\left(1.4\left(\frac{\Delta}{\delta}\right)^2\right)\right)$$

其中，f 的单位为 GHz；$\lambda_g=\lambda_0/\sqrt{\varepsilon_e}$ 为线上波长；Δ 为表面有效粗糙度；δ 为工作频率下的集肤深度。

(2) 介质损耗 α_d：

$$\alpha_d\approx 27.3\frac{\varepsilon_r(\varepsilon_e-1)\tan\delta}{\varepsilon_e(\varepsilon_r-1)\lambda_g}$$

此处 $\tan\delta$ 为基片的损耗角正切。

除硅和砷化镓等半导体基片外，大多数基片上微带线的导体损耗都远大于介质损耗，故一般可以忽略介质损耗。

习　题

5-1　试定性解释为什么空心金属波导中不能传输 TEM 波。

5-2　空气矩形波导的尺寸 a 为 8 cm，b 为 4 cm，试求频率分别为 3 GHz 和 5 GHz 时该波导能传输哪些模。

5-3　采用 BJ-32 作馈线：

(1) 测得波导中传输 TE_{10} 模时相邻两波节点之间的距离为 10.9 cm，求 λ_g 和 λ_0。

(2) 设工作波长为 12 cm，求导模的 λ_c、λ_g、v_p 和 v_g。

5-4　采用 BJ-100 波导以主模传输 10 GHz 的微波信号：

(1) 求 λ_c、λ_g、β 和 Z_w。

(2) 若波导宽边尺寸增大一倍，问上述各量如何变化?

(3) 若波导窄边尺寸增大一倍，上述各量又将如何变化?

(4) 若尺寸不变，工作频率变为 15 GHz，上述各量如何变化？

5-5　为什么可以在矩形波导宽边的中心线上开槽而不会干扰波导的工作？

5-6　直径为 6 cm 的空气圆波导以 TE_{11} 模工作，求频率为 3 GHz 时的 f_c、λ_g 和 Z_w。

5-7　尺寸为 $2.286\times1.016\ cm^2$ 的矩形波导中要求只传输 TE_{10} 模，求此波导可应用的频率范围，并计算在此频率范围内的波导波长的变化。

5-8　发射机工作波长范围为 7.6～11.8 cm，用矩形波导馈电，计算波导的尺寸和相对频带宽度。

5-9　工作波长为 8 cm 的信号用 BJ-320 矩形波导过渡到传输 TE_{01} 模的圆波导，并要求两者相速一样，试计算圆波导的直径；若过渡到圆波导后要求传输 TE_{11} 模且相速一样，再次计算圆波导的直径。

5-10　分别采用直径为 10 cm 的圆波导和外导体内径为 10 cm 的空气同轴线(其内导体外径由衰减最小条件确定)，传输 2 GHz 和 3 GHz 的微波信号，试比较两者主模每公里的衰减量。设导体材料为铜，$\sigma=5.8\times10^7$ S/m。

5-11　设计一个具有 50 Ω 特性阻抗的带状线，接地板间为 6.3 mm，填充材料为空气，中心导带厚度为 2.5 mm。若频率为 1.65 GHz，求此时带状线的线宽及波导波长。

5-12　考虑题 5-12 图所示的部分填充的同轴线。TEM 波可以在该线上传播吗？

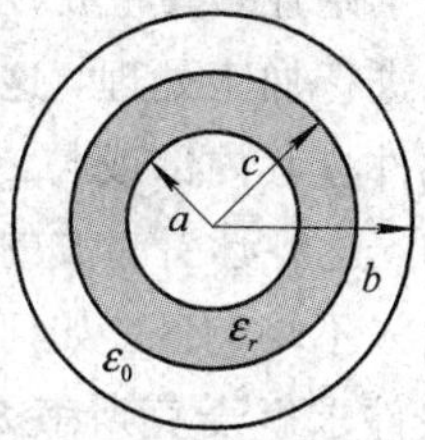

题 5-12 图

5-13　设计一个具有 50 Ω 特性阻抗的微带线。基片厚度为 1.5 mm，$\varepsilon_r=2.55$，若频率为 2.3 GHz，求此时传输线的线宽和波导波长。

习题解答

第 6 章　微波网络基础

6.1 引　　言

任一个微波系统都是由微波元器件和微波传输线所组成，对于均匀传输线在第 4、5 章已作了阐述，其主要任务是解决能量传输的问题。在系统中加入微波元件是为了对传输的信号进行加工处理，这就涉及信号的问题，例如信号的幅频与相频特性等问题。而任何微波元件在其内部或与传输线相连接处均可存在某些与传输线不同的边界条件或不同的工作状态，这势必引起波的反射以及产生高次模。因此，微波元件的引入意味着在均匀传输线中引入不均匀区。如何考虑这些不均匀区对系统带来的影响呢？原则上可采用由给定的边界条件求解麦克斯韦方程的方法，即所谓“场解法”。理论上这种方法才是真正严格的方法，它可以得出不均匀区详细的内部场结构，从而确定其对外电路的特性，但遗憾的是这种方法非常复杂，除了规则形状的边界条件外，一般难以求出完整的场解。因此，这种方法不适宜于工程上的应用。

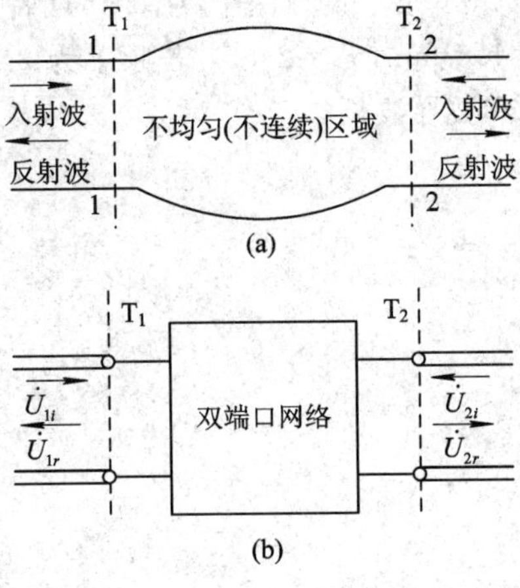

图 6－1－1　不连续性等效为网络

如果在一定的条件下，把波导等效为双线，而把微波元件(不均匀区)等效为微波网络，网络的外特性可用一组网络参量来表示，如图 6－1－1 所示，这就如同低频网络那样。这就将本质上是“场”的问题变成“路”的问题。幸运的是，由于各种微波网络参量均可通过实测或简单计算得到，因此这种方法不仅可以实现，而且由于其相对快捷方便，而得以在工程技术中广泛应用。因此，微波网络理论已成为微波技术的一种有力的工具，实际的微波网络分析仪也应运而生。

6.2 波导传输线与双线传输线的等效

微波网络理论是在低频网络理论的基础上建立起来的，然而两者却有很大的差异。

1. 有明确的参考面

在微波网络中，与外界相连接的引出传输线是网络的组成部分。由于分布参数效应，选择的参考面不同，网络所规定的空间区域也不同，网络参量也随之不同。因此，一个微波元件或系统用一个微波网络表示时，必须明确规定参考面的位置。选择参考面的原则是，在该参考面以外的传输线只传输主模，即参考面必须选在均匀传输线段上，距离非均匀区足够远。

2. 微波网络各端口传输线为单模传输线

微波网络参数是在微波传输线中只存在单一传输模式下确定的。例如，对矩形波导，是指 TE_{10} 模；对微带线，是指准 TEM 模；对同轴线与带状线，是指 TEM 模。当微波传输线中存在多模传输时，一般按其模式等效为一个多端口网络，如一个有 n 个传输模的单端口元件将等效成一个 n 端口网络，一个有 n 个传输模的二端口元件应等效为 $2n$ 端口网络，其网络参数仍按各个传输模式分别确定。

3. 各端口传输线有相应的等效特性阻抗

为了用网络理论分析微波系统，应将系统中的不均匀区域等效为网络，均匀传输线等效为平行双线。在微波网络中，通过网络端口的能量是由端口横截面上的横向电场和横向磁场唯一确定的，但正如我们在第 5 章看到的，微波网络端口的等效物理量电压、电流却存在着不确定性，这是由于选取传输线等效特性阻抗不同的缘故。故此，在端口参考面处，其传输线一定要有相应的等效特性阻抗并加以注明。下面将就此进行专门介绍。

6.2.1 等效的基础与归一化条件

长线理论中是以传播常数 γ 和特性阻抗 Z_0 这两个传输线的特性参量为基础的。在任意微波传输线中，任一模式的传播常数取决于横向场的解。如果对这个模式能够再定义一个等效特性阻抗，那么就传输特性来说，这个以该模式传输的微波传输线，就可以作为长线来描述了。

在微波工程中，功率是可以直接测量的基本参量之一，通过功率关系来引出等效参量是很自然的事。在单模传输下，微波传输线上的传输功率由该模式的横向电场和横向磁场所确定，而与场的纵向分量无关。为此定义等效电压（又称模式电压）U 和等效电流（又称模式电流）I 分别与横向电场 $\boldsymbol{E}_T$ 和横向磁场 $\boldsymbol{H}_T$ 成正比，即

$$\begin{cases} \boldsymbol{E}_T(x, y, z) = \boldsymbol{e}(x, y)U(z) \\ \boldsymbol{H}_T(x, y, z) = \boldsymbol{h}(x, y)I(z) \end{cases} \tag{6-2-1}$$

式中，$\boldsymbol{e}(x, y)$ 和 $\boldsymbol{h}(x, y)$ 是二维 (x, y) 矢量实函数，称为基准矢量，它们表示工作模式的场在传输线横截面上的分布；$U(z)$、$I(z)$ 是一维 (z) 标量复函数，即所谓的等效电压和电流，它们表示导行波在纵向的传播特性。

由于复坡印廷矢量在线横截面上的积分等于线上传输的复功率，则有

$$P = \frac{1}{2}\int_S (\boldsymbol{E}_T \times \boldsymbol{H}_T^*) \cdot \boldsymbol{e}_z \mathrm{d}S$$

式中，$\boldsymbol{E}$ 和 $\boldsymbol{H}$ 用式(6-2-1)代入后得到

$$P=\frac{1}{2}UI^{*}\cdot\int_{S}(\boldsymbol{e}\times\boldsymbol{h}^{*})\cdot\boldsymbol{e}_{z}\mathrm{d}S \tag{6-2-2}$$

而长线传输功率为

$$P=\frac{1}{2}UI^{*} \tag{6-2-3}$$

比较式(6-2-2)和式(6-2-3)，如果矢量模式函数满足下述归一化条件

$$\int_{S}(\boldsymbol{e}\times\boldsymbol{h}^{*})\cdot\boldsymbol{e}_{z}\mathrm{d}S=1 \tag{6-2-4}$$

则由式(6-2-2)得到波导的传输功率为

$$P=\frac{1}{2}U\cdot I^{*} \tag{6-2-5}$$

比较式(6-2-3)和式(6-2-5)可见，只要双线上的电压用等效电压代替，双线上的电流用等效电流代替，则微波传输线和双线的传输功率相等。

6.2.2　等效特性阻抗

我们注意到，仅式(6-2-1)的定义与式(6-2-4)的归一化条件还不足以将 U、I 唯一确定。因为，$U'=kU$，$I'=I/k$，即 $\boldsymbol{e}'(x, y)=\boldsymbol{e}(x, y)/k$，$\boldsymbol{h}'(x, y)=k\boldsymbol{h}(x, y)$ 将同样满足式(6-2-1)的定义和式(6-2-4)的归一化条件。因此，按上述定义的电压、电流都只能确定到相差一个常数因子，这种不确定性实际上是反映了传输线中阻抗的不确定性。为了消除这种不确定性，需进一步确定基准矢量 $\boldsymbol{e}(x, y)$ 和 $\boldsymbol{h}(x, y)$，也就是确定等效特性阻抗的选用条件。由式(6-2-1)写出(以入射场为例)

$$\frac{|\boldsymbol{E}_T|}{|\boldsymbol{H}_T|}=\frac{U_i}{I_i}\frac{|\boldsymbol{e}|}{|\boldsymbol{h}|}=Z_0\frac{|\boldsymbol{e}|}{|\boldsymbol{h}|} \tag{6-2-6a}$$

及

$$\frac{|\boldsymbol{E}_T|}{|\boldsymbol{H}_T|}=\eta \tag{6-2-6b}$$

比较可得，基准电场和基准磁场的模之比为

$$\frac{|\boldsymbol{e}|}{|\boldsymbol{h}|}=\frac{\eta}{Z_0} \tag{6-2-7}$$

其中，η 是导行波的波阻抗；Z_0 是微波传输线的等效特性阻抗，有时称为特性阻抗。

综合式(6-2-7)和式(6-2-4)，并计算 $\boldsymbol{e}=\frac{\eta}{Z_0}\boldsymbol{h}\times\boldsymbol{e}_z$，$\boldsymbol{h}=-\frac{Z_0}{\eta}\boldsymbol{e}\times\boldsymbol{e}_z$，有

$$\begin{cases}\int_{S}|\boldsymbol{e}|^{2}\mathrm{d}S=\frac{\eta}{Z_0}\\ \int_{S}|\boldsymbol{h}|^{2}\mathrm{d}S=\frac{Z_0}{\eta}\end{cases} \tag{6-2-8}$$

Z_0 的选用具有任意性，一般按实用和方便的原则进行，经常采用如下三种：

(1) 特性阻抗 Z_0 按某种特定的规则来定义和计算。即先定义出等效电压和等效电流及已知的传输功率来计算 Z_0，这种 Z_0 将同横截面的形状尺寸有关。其基准矢量的关系为

$$\frac{|\boldsymbol{e}|}{|\boldsymbol{h}|}=\frac{\eta}{Z_0},\ \int_{S}|\boldsymbol{e}|^{2}\mathrm{d}S=\frac{\eta}{Z_0},\ \int_{S}|\boldsymbol{h}|^{2}\mathrm{d}S=\frac{Z_0}{\eta} \tag{6-2-9a}$$

(2) 选取特性阻抗 Z_0 等于波阻抗 η，其关系式为

$$\frac{|\boldsymbol{e}|}{|\boldsymbol{h}|}=1, \int_S |\boldsymbol{e}|^2 \mathrm{d}S=1, \int_S |\boldsymbol{h}|^2 \mathrm{d}S=1 \qquad (6-2-9\mathrm{b})$$

这时将得到无频率特性的基准场矢量，而且 Z_0 不能完全反映出截面尺寸的变化。

(3) 选取特性阻抗 Z_0 为单位 1，称为归一化特性阻抗，其关系式为

$$\frac{|\boldsymbol{e}|}{|\boldsymbol{h}|}=\eta, \int_S |\boldsymbol{e}|^2 \mathrm{d}S=\eta, \int_S |\boldsymbol{h}|^2 \mathrm{d}S=\frac{1}{\eta} \qquad (6-2-9\mathrm{c})$$

这时的 Z_0 将完全与截面尺寸无关。

采用这三种特性阻抗，所得等效传输线形式如图 6-2-1 所示。即任何单模微波传输线都可以作为如图 6-2-1(a)、(b)、(c)中所示的一种等效长线。

由于选用的特性阻抗不一样，各等效长线中的等效电压和电流都不相同。它们分别与各自的场基准矢量相对应，但它们都表示着共同的横向场 $\boldsymbol{E}_T$ 和 $\boldsymbol{H}_T$，传输的功率也相同。选取等效特性阻抗的不一样正是为了适应各自的需要，如图 6-2-1(a)所示的等效形式用在不同截面传输系统的连接和传输系统的匹配计算等方面；由于图 6-2-1(b)的关系式比较简单(式(6-2-9(b))，故常在电磁场理论中用到；而图 6-2-1(c)常为微波网络分析所采用，即所谓的归一化形式。

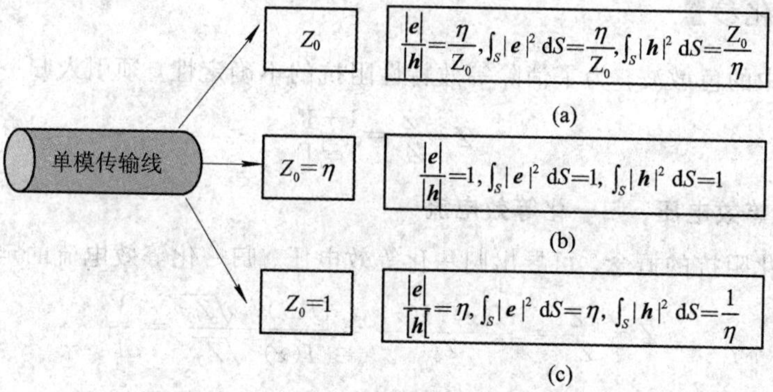

图 6-2-1　单模传输线的等效传输线形式

下面仍以矩形波导 TE_{10} 模式为例，求出 Z_0 在后两种选取下的各种量的数值。

由式(6-2-1)可得

$$\begin{cases} \boldsymbol{e}_y E_y = \boldsymbol{e}_y E_m \sin\left(\dfrac{\pi}{a}x\right)\mathrm{e}^{-\mathrm{j}\beta z} = \boldsymbol{e} U_i = \boldsymbol{e}|U_i|\mathrm{e}^{-\mathrm{j}\beta z} \\ \boldsymbol{e}_x H_x = -\boldsymbol{e}_x \dfrac{E_m}{\eta}\sin\left(\dfrac{\pi}{a}x\right)\mathrm{e}^{-\mathrm{j}\beta z} = \boldsymbol{h} I_i = \boldsymbol{h}|I_i|\mathrm{e}^{-\mathrm{j}\beta z} \end{cases} \qquad (6-2-10)$$

当 Z_0 采用第二种选取方法时，考虑到式(6-2-10)应满足关系

$$Z_0 = \frac{U_i}{I_i} = \eta \qquad (6-2-11\mathrm{a})$$

$$P_i = \frac{E_m^2}{4\eta}ab = \frac{1}{2}U_i I_i^* = \frac{1}{2}\frac{|U_i|^2}{\eta} \qquad (6-2-11\mathrm{b})$$

由式(6-2-11)解得

$$|U_i| = \sqrt{\frac{ab}{2}}E_m, \quad |I_i| = \sqrt{\frac{ab}{2}}\frac{E_m}{\eta} \qquad (6-2-12)$$

将其代入式(6-2-10)解出

$$\begin{cases} \boldsymbol{e} = \boldsymbol{e}_y \sqrt{\dfrac{2}{ab}} \sin\left(\dfrac{\pi}{a}x\right) \\ \boldsymbol{h} = -\boldsymbol{e}_x \sqrt{\dfrac{2}{ab}} \sin\left(\dfrac{\pi}{a}x\right) \end{cases} \tag{6-2-13}$$

用类似的方法可得到 Z_0 采用第三种选取法的关系式为

$$Z_0 = \frac{U_i}{I_i} = 1 \tag{6-2-14a}$$

$$|U_i| = \sqrt{\frac{ab}{2\eta}}E_m = |I_i| \tag{6-2-14b}$$

$$P_i = \frac{E_m^2}{4\eta}ab = \frac{1}{2}U_i I_i^* = \frac{1}{2}|U_i|^2 \tag{6-2-14c}$$

$$\boldsymbol{e} = \boldsymbol{e}_y \sqrt{\frac{2\eta}{ab}} \sin\left(\frac{\pi}{a}x\right) \tag{6-2-14d}$$

$$\boldsymbol{h} = -\boldsymbol{e}_x \sqrt{\frac{2}{ab\eta}} \sin\left(\frac{\pi}{a}x\right) \tag{6-2-14e}$$

6.2.3　归一化参量

对于波导中的色散波，为了消除等效特性阻抗的不确定性，须引入归一化阻抗

$$\tilde{Z} = \frac{Z}{Z_0} = \frac{1+\Gamma}{1-\Gamma}$$

1. 归一化等效电压、归一化等效电流

根据归一化阻抗的概念，可导出归一化等效电压、归一化等效电流的定义为

$$\tilde{Z} = \frac{Z}{Z_0} = \frac{U(z)/I(z)}{Z_0} = \frac{U(z)/\sqrt{Z_0}}{I(z)\sqrt{Z_0}} = \frac{\tilde{V}}{\tilde{I}} \tag{6-2-15a}$$

其中，归一化等效电压为

$$\tilde{V} = \frac{U(z)}{\sqrt{Z_0}} \tag{6-2-15b}$$

归一化等效电流为

$$\tilde{I} = I(z)\sqrt{Z_0} \tag{6-2-15c}$$

传输功率为

$$P = \frac{1}{2}\mathrm{Re}[UI^*] = \frac{1}{2}\mathrm{Re}\left[\left(\frac{U}{\sqrt{Z_0}}\right)(I^*\sqrt{Z_0})\right] = \frac{1}{2}\mathrm{Re}[\tilde{V}\tilde{I}^*] \tag{6-2-15d}$$

注意，归一化等效电压 $\tilde{V}$、归一化等效电流 $\tilde{I}$ 并不具有电路理论中的“电压”、“电流”的意义，而只不过是一种方便的运算符号。

当采用归一化阻抗 $\tilde{Z}$，即采用 $\tilde{V}$、$\tilde{I}$ 作参量时，取

$$\beta = \frac{2\pi}{\lambda_g},\ \lambda_g = \frac{\lambda}{\sqrt{1-\left(\dfrac{\lambda}{\lambda_c}\right)^2}},\ \tilde{l} = \frac{l}{\lambda_g}$$

即可以将圆图用于任意规则的微波传输线系统。

2. 归一化后长线有关公式

为后面讨论方便，下面列出采用归一化特性阻抗 $Z_0=1$(图 6-2-1(c))时，归一化后的长线中的有关公式(使用符号与第 5 章有所不同)

归一化等效电压
$$\tilde{V}=\tilde{V}_i+\tilde{V}_r \tag{6-2-16a}$$
归一化等效电流
$$\tilde{I}=\tilde{I}_i+\tilde{I}_r=\tilde{V}_i-\tilde{V}_r \tag{6-2-16b}$$
归一化特性阻抗
$$Z_0=\frac{\tilde{V}_i}{\tilde{I}_i}=-\frac{\tilde{V}_r}{\tilde{I}_r}=1 \tag{6-2-16c}$$
有功功率
$$P=P_i-P_r=\frac{1}{2}\mathrm{Re}[\tilde{V}\tilde{I}^*] \tag{6-2-16d}$$
入射功率
$$P_i=\frac{1}{2}\mathrm{Re}[\tilde{V}_i\tilde{I}_i^*]=\frac{1}{2}|\tilde{V}_i|^2 \tag{6-2-16e}$$
反射功率
$$P_r=\frac{1}{2}\mathrm{Re}[\tilde{V}_r\tilde{I}_r^*]=\frac{1}{2}|\tilde{V}_r|^2 \tag{6-2-16f}$$
反射系数
$$\Gamma=\frac{\tilde{V}_r}{\tilde{V}_i} \tag{6-2-16g}$$
归一化阻抗
$$\tilde{Z}=\frac{\tilde{V}}{\tilde{I}}=\frac{1+\Gamma}{1-\Gamma} \tag{6-2-16h}$$
归一化导纳
$$\tilde{Y}=\frac{\tilde{I}}{\tilde{V}}=\frac{1-\Gamma}{1+\Gamma} \tag{6-2-16i}$$

6.3 微波元件等效为微波网络的原理

把微波系统中的不均匀性(称为微波结)等效为网络是基于复功率定理，即交变电磁场中的能量守恒定律。假定有一个如图 6-3-1 所示，由良导体围成具有 n 个端口的微波结，T_1，T_2，…，T_n 为各个端口的参考面，作一个封闭的曲面 S 包围此微波结，曲面在端口处与参考面重合。在参考面处只存在主模场，不存在高次模场。由电磁场理论可知，在封闭的曲面 S 上，求复数坡印廷矢量的积分即可得到进入由封闭曲面所包围的空间 V 内的复功率及与该空间内电磁场能量之间的关系式，即

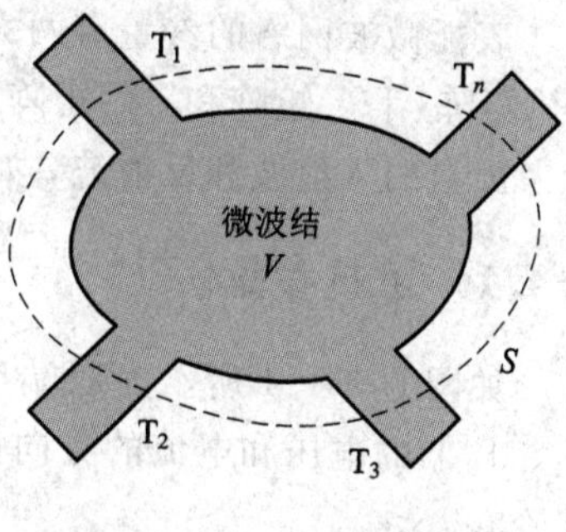

图 6-3-1　n 端口微波结

$$-\frac{1}{2}\oint_S(\boldsymbol{E}\times\boldsymbol{H}^*)\cdot \mathrm{d}S=\mathrm{j}2\omega(W_m-W_e)+P_L$$

式中，等号左端的负号表示功率是流入封闭曲面内的，W_m、W_e、P_L 分别表示 V 内所储存的磁场能量的平均值、电场能量的平均值和媒质损耗功率的平均值。

微波结是由良导体构成的，因此它与外界的能量交换只能通过端口来进行。这样，求封闭曲面 S 上复数坡印廷矢量的积分，实际上变为对各端口参考面上的积分，即与各端口相连接的波导横截面上的积分。因此有

$$-\frac{1}{2}\oint_S (\boldsymbol{E}\times\boldsymbol{H}^*)\cdot \mathrm{d}\boldsymbol{S} = \frac{1}{2}\sum_i \oint_{S_i} (\boldsymbol{E}_{Ti}\times\boldsymbol{H}_{Ti}^*)\cdot \mathrm{d}\boldsymbol{S}$$

式中的下标 i 表示不同的端口；S_i 为各端口的横截面积(其法线方向指向端口内)。考虑到式(6-1-1)，上式可写为

$$-\frac{1}{2}\oint_S (\boldsymbol{E}\times\boldsymbol{H}^*)\cdot \mathrm{d}\boldsymbol{S} = \frac{1}{2}\sum_i U_i I_i^* \int_S (\boldsymbol{e}_i\times\boldsymbol{h}_i^*)\cdot \mathrm{d}\boldsymbol{S} = \mathrm{j}2\omega(W_m - W_e) + P_L$$

当各端口的基准矢量满足归一化条件时，则有

$$\frac{1}{2}\sum_i U_i I_i^* = \mathrm{j}2\omega(W_m - W_e) + P_L \qquad (6-3-1)$$

式中，$\frac{1}{2}U_i I_i^*$ 表示通过第 i 端口的复功率，通过的有功功率为$\frac{1}{2}\mathrm{Re}(U_i I_i^*)$。这说明，这个关系式不仅对于集总参数电路适用，而且对于微波电路也是适用的。利用这一关系式，可将微波结中所储存的和所损耗的电磁能量的作用，用一个集总参数电路来等效，从而达到将不均匀性(微波结)等效为网络的目的。

6.4 二端口微波网络参量

网络的一个端口用两个量来说明，而各端口的这些量之间的关系，就描述了该网络的特性。一个 n 端口网络，则用联系 $2n$ 个量的 n 个微分方程来描述网络特性。如果网络是非线性的，这些方程就是非线性方程；如果网络是线性的，这些方程就是线性方程。方程中的系数完全由网络本身确定，在网络理论中把这些系数称为网络参量。

如果网络是线性的，且各端口的量都是正弦形式，则可将线性微分方程组变换为代数方程组，将时域分析变为频域分析，从而可以方便地用矩阵代数进行分析。

表征微波网络的参量有两大类：第一类是反映端口参考面上的电压和电流的关系，如[Z]矩阵、[Y]矩阵和[A]矩阵，在微波频率下此类参量不能直接测量；第二类是反映端口参考面上的入射波和反射波，如[S]矩阵和[T]矩阵。下面对其分别做介绍。

6.4.1 阻抗参量[Z]

如图 6-4-1 所示为双端口网络，端口参考面 T_1、T_2上的电压和电流的方向如图中所示。由网络理论有

$$\begin{cases} U_1 = Z_{11}I_1 + Z_{12}I_2 \\ U_2 = Z_{21}I_1 + Z_{22}I_2 \end{cases} \qquad (6-4-1)$$

图 6-4-1 [Z]和[Y]参量网络

写成矩阵形式为

$$\begin{bmatrix} U_1 \\ U_2 \end{bmatrix} = \begin{bmatrix} Z_{11} & Z_{12} \\ Z_{21} & Z_{22} \end{bmatrix} \begin{bmatrix} I_1 \\ I_2 \end{bmatrix} \qquad (6-4-2)$$

或简写成

$$[U] = [Z][I] \qquad (6-4-3)$$

其中，Z_{11}、Z_{12}、Z_{21}、Z_{22}称为 Z 网络的 Z 参量。各参量的定义式为

$Z_{11}=\left.\frac{U_1}{I_1}\right|_{I_2=0}$ 表示端口2开路时，端口1的输入阻抗；

$Z_{12}=\left.\frac{U_1}{I_2}\right|_{I_1=0}$ 表示端口1开路时，端口2至端口1的转移阻抗；

$Z_{22}=\left.\frac{U_2}{I_2}\right|_{I_1=0}$ 表示端口1开路时，端口2的输入阻抗；

$Z_{21}=\left.\frac{U_2}{I_1}\right|_{I_2=0}$ 表示端口2开路时，端口1至端口2的转移阻抗。

若以等效传输线的特性阻抗(即等效阻抗)进行归一化有

$$\widetilde{V}_1=\frac{U_1}{\sqrt{Z_{01}}},\ \widetilde{I}_1=I_1\sqrt{Z_{01}},\ \widetilde{V}_2=\frac{U_2}{\sqrt{Z_{02}}},\ \widetilde{I}_2=I_2\sqrt{Z_{02}}$$

则式(6-4-1)可写成

$$\begin{cases}\widetilde{V}_1=\widetilde{Z}_{11}\widetilde{I}_1+\widetilde{Z}_{12}\widetilde{I}_2\\ \widetilde{V}_2=\widetilde{Z}_{21}\widetilde{I}_1+\widetilde{Z}_{22}\widetilde{I}_2\end{cases} \tag{6-4-4}$$

其中

$$\widetilde{Z}_{11}=\frac{Z_{11}}{Z_{01}},\ \widetilde{Z}_{12}=\frac{Z_{12}}{\sqrt{Z_{01}Z_{02}}},\ \widetilde{Z}_{22}=\frac{Z_{22}}{Z_{02}},\ \widetilde{Z}_{21}=\frac{Z_{21}}{\sqrt{Z_{01}Z_{02}}} \tag{6-4-5}$$

可见，对阻抗参量网络，只要用归一化参量代替原来的参量，则低频网络的有关计算式便可以被直接引用到微波网络参数的计算中。

对阻抗参量，若 $Z_{01}=Z_{02}$，则网络的互易性、对称性及无耗性可以表示为

对互易网络： $\widetilde{Z}_{ij}=\widetilde{Z}_{ji}\quad(i\neq j)$

对对称网络： $\widetilde{Z}_{ii}=\widetilde{Z}_{jj}$

对无耗网络： $\widetilde{Z}_{ij}=\pm \mathrm{j}\widetilde{X}_{ij}$(纯虚数)

例 6-4-1 求例图6-4-2所示二端口网络的归一化$[\widetilde{Z}]$矩阵。

解 由参量定义式，归一化 $\widetilde{Z}$ 为

图6-4-2 例6-4-1用图

$$\widetilde{Z}_{11}=\left.\frac{\widetilde{V}_1}{\widetilde{I}_1}\right|_{I_2=0}=\frac{1}{\widetilde{Y}},\ \widetilde{Z}_{12}=\left.\frac{\widetilde{V}_1}{\widetilde{I}_2}\right|_{I_1=0}=\frac{1}{\widetilde{Y}}$$

由对称性知

$$\widetilde{Z}_{11}=\frac{1}{\widetilde{Y}}$$

由互易性知

$$\widetilde{Z}_{21}=\frac{1}{\widetilde{Y}}$$

故此网络$[Z]$为

$$\begin{bmatrix}\frac{1}{\widetilde{Y}} & \frac{1}{\widetilde{Y}}\\ \frac{1}{\widetilde{Y}} & \frac{1}{\widetilde{Y}}\end{bmatrix}$$

以上关于阻抗参量网络的分析，可以引申到其他参量网络。下面给出一些其他参量网络的结果。

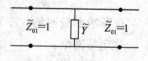

6.4.2 导纳参量$[Y]$

各端口参数如图 6-4-1 所示。可写出

$$\begin{cases} \tilde{I}_1 = \tilde{Y}_{11}\tilde{V}_1 + \tilde{Y}_{12}\tilde{V}_2 \\ \tilde{I}_2 = \tilde{Y}_{21}\tilde{V}_1 + \tilde{Y}_{22}\tilde{V}_2 \end{cases} \tag{6-4-6}$$

或

$$[\tilde{I}] = [\tilde{Y}][\tilde{V}] \tag{6-4-7}$$

其中

$$\begin{cases} \tilde{I}_1 = I_1\sqrt{Z_{01}} = \dfrac{I_1}{\sqrt{Y_{01}}} \\ \tilde{I}_2 = I_2\sqrt{Z_{02}} = \dfrac{I_2}{\sqrt{Y_{02}}} \\ \tilde{V}_1 = \dfrac{U_1}{\sqrt{Z_{01}}} = U_1\sqrt{Y_{01}} \\ \tilde{V}_2 = \dfrac{U_2}{\sqrt{Z_{02}}} = U_2\sqrt{Y_{02}} \end{cases} \tag{6-4-8}$$

$$\begin{cases} \tilde{Y}_{11} = \dfrac{1}{\tilde{Z}_{11}} = \dfrac{Y_{11}}{Y_{01}} \\ \tilde{Y}_{12} = \dfrac{Y_{12}}{\sqrt{Y_{01}Y_{02}}} \\ \tilde{Y}_{21} = \dfrac{Y_{21}}{\sqrt{Y_{01}Y_{02}}} \\ \tilde{Y}_{22} = \dfrac{Y_{22}}{Y_{02}} \end{cases} \tag{6-4-9}$$

对导纳参量网络，若 $Y_{01}=Y_{02}$，则网络的互易性、对称性及无耗性可以表示为

对互易网络：　　$Y_{ij}=Y_{ji}\ (i\neq j)$

对对称网络：　　$Y_{ii}=Y_{jj}$

对无耗网络：　　$Y_{ij}=\pm \mathrm{j}b_{ij}$（纯虚数）

网络的并联，应用导纳参量计算最为方便。

6.4.3 转移参量$[\tilde{A}]$

在图 6-4-3 中，如用输出端口电压和电流表示输入端口的电压和电流，则有

$$\begin{cases} U_1 = aU_2 - bI_2 \\ I_1 = cU_2 - dI_2 \end{cases} \tag{6-4-10}$$

其中，一般规定 I_2的方向为流入网络的方向，流出网络则为$-I_2$。

上式用归一化参量表示为

$$\begin{bmatrix} \tilde{V}_1 \\ \tilde{I}_1 \end{bmatrix} = \begin{bmatrix} A & B \\ C & D \end{bmatrix} = [\tilde{A}]\begin{bmatrix} \tilde{V}_2 \\ -\tilde{I}_2 \end{bmatrix} \tag{6-4-11}$$

其中

$$A = a\sqrt{\frac{Z_{02}}{Z_{01}}},\ B = \frac{b}{\sqrt{Z_{01}Z_{02}}},\ C = c\sqrt{Z_{01}Z_{02}},\ D = d\sqrt{\frac{Z_{01}}{Z_{02}}} \tag{6-4-12}$$

各个 $\widetilde{A}$ 参数的物理意义为

$A = \left.\frac{\widetilde{V}_1}{\widetilde{V}_2}\right|_{\widetilde{I}_2=0}$ 表示端口 2 开路时，端口 1 至端口 2 归一化电压传输系数的倒数；

$B = \left.\frac{\widetilde{V}_1}{-\widetilde{I}_2}\right|_{\widetilde{V}_2=0}$ 表示端口 2 短路时，端口 1 与端口 2 之间的转移阻抗；

$C = \left.\frac{\widetilde{I}_1}{\widetilde{V}_2}\right|_{\widetilde{I}_2=0}$ 表示端口 2 开路时，端口 1 与端口 2 之间的转移导纳；

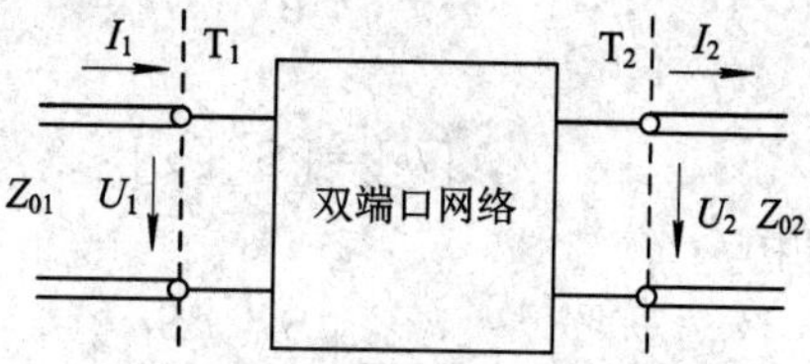

图 6-4-3　[A]参量网络

$D = \left.\frac{\widetilde{I}_1}{-\widetilde{I}_2}\right|_{\widetilde{V}_2=0}$ 表示端口 2 短路时，端口 1 至端口 2 电流传输系数的倒数。

各转移参量无统一量纲。

$[\widetilde{A}]$参数的性质为

如网络互易，则 $AD-BC=1$；

如网络对称，则 $A=D$，$AD-BC=1$；

如网络无耗，则 A 和 D 为实数，而 B 和 C 为虚数。

用[A]解决网络的级联问题最方便。例如图 6-4-4 所示的对 n 个[A]参量网络进行级联。

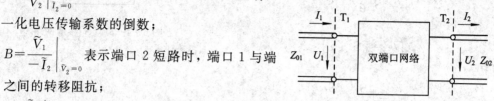

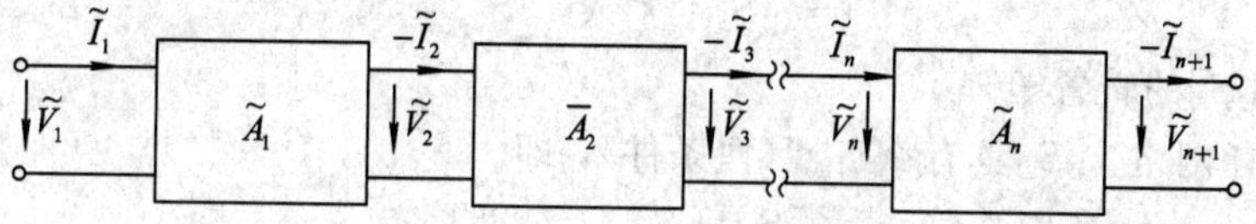

图 6-4-4　n 个网络的级联

因为

$$\begin{bmatrix}\widetilde{V}_1\\ \widetilde{I}_1\end{bmatrix}=[\widetilde{A}_1]\begin{bmatrix}\widetilde{V}_2\\ -\widetilde{I}_2\end{bmatrix},\ \begin{bmatrix}\widetilde{V}_2\\ -\widetilde{I}_2\end{bmatrix}=[\widetilde{A}_2]\begin{bmatrix}\widetilde{V}_3\\ -\widetilde{I}_3\end{bmatrix},\ \cdots,\ \begin{bmatrix}\widetilde{V}_n\\ -\widetilde{I}_n\end{bmatrix}=[\widetilde{A}_n]\begin{bmatrix}\widetilde{V}_{n+1}\\ -\widetilde{I}_{n+1}\end{bmatrix}$$

所以 $\widetilde{A}=[\widetilde{A}_1][\widetilde{A}_2]\cdots[\widetilde{A}_n]$。

6.4.4　散射参量[S]

上面的[Z]、[Y]和[A]参量是以端口的归一化电压和归一化电流来定义的，这些参量在微波频段很难准确测量。而[S]参量是由归一化入射波电压和归一化反射波电压来定义的，因此它容易进行测量，故[S]参量是微波网络中应用最多的一种主要参量。

如图 6-4-5 所示，设 a_n 代表网络第 n 端口的归一化入射波电压，b_n 代表第 n 端口的归一化反射波电压，它们与同端口的电压的关系为

$$a_n = \frac{U_i}{\sqrt{Z_{0n}}},\ b_n = \frac{U_r}{\sqrt{Z_{0n}}} \tag{6-4-13}$$

其中，Z_{0n}为第 n 端口的参考阻抗。

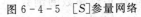

图 6-4-5　[S]参量网络

假设网络是线性的，a 与 b 有着线性的关系，对二端口网络可写出

$$\begin{cases} b_1 = S_{11}a_1 + S_{12}a_2 \\ b_2 = S_{21}a_1 + S_{22}a_2 \end{cases} \tag{6-4-14}$$

或

$$[b]=[S][a]$$

其中

$$[S]=\begin{bmatrix} S_{11} & S_{12} \\ S_{21} & S_{22} \end{bmatrix}$$

称为散射矩阵，其各参量的物理意义为

$S_{11}=\left.\dfrac{b_1}{a_1}\right|_{a_2=0}$ 表示端口 2 匹配时，端口 1 的反射系数；

$S_{22}=\left.\dfrac{b_2}{a_2}\right|_{a_1=0}$ 表示端口 1 匹配时，端口 2 的反射系数；

$S_{12}=\left.\dfrac{b_1}{a_2}\right|_{a_1=0}$ 表示端口 1 匹配时，端口 2 到端口 1 的传输系数；

$S_{21}=\left.\dfrac{b_2}{a_1}\right|_{a_2=0}$ 表示端口 2 匹配时，端口 1 到端口 2 的传输系数。

其中，$a_i=0(i=1, 2, \cdots)$表示第 i 个端口接匹配负载，因而没有从负载反射回来的波。

散射矩阵有如下性质(证明从略)：

(1) 在互易网络中，[S]具有对称性，即

$$[S]=[S]^{\mathrm{T}} \quad 或 \quad S_{ij}=S_{ji} \tag{6-4-15}$$

式中，$[S]^{\mathrm{T}}$是[S]的转置矩阵。

(2) 对无耗网络，[S]具有么正性(酉条件)，即

$$[S]^{\mathrm{T}}[S]^{*}=[I] \tag{6-4-16}$$

式中，[I]是单位矩阵，$[S]^{*}$是[S]的共轭矩阵，T 表示转置。若网络又是互易的，则有$[S]^{\mathrm{T}}=[S]$，则幺正性退化为

$$[S][S]^{*}=[I] \tag{6-4-17}$$

(3) 当网络对称时，有

$$\begin{aligned} S_{ii} &= S_{jj}(全对称) \\ S_{ij} &= S_{jk}(部分对称) \end{aligned} \tag{6-4-18}$$

显然，n 端口的网络有 n^2 个矩阵元素，网络互易时，因为 $S_{ij}=S_{ji}$，所以独立的元素将减少为 $n(n+1)/2$ 个，如果网络对称，则独立元素将进一步减少。

注意：

(1) 散射参量[S]的定义中用的全是等效意义下的归一化电压值，于是有

$$\frac{1}{2}|a_i|^2=P_{ii}，\frac{1}{2}|b_i|^2=P_{ri}$$

例如，$\dfrac{|a_1|^2}{2}=\dfrac{|\widetilde{V}_{i_1}|^2}{2}=\dfrac{|\dot{U}_{i1}|^2}{2Z_{01}}$为端口 1 进入网络的功率 P_{i1}；$\dfrac{|b_2|^2}{2}=\dfrac{|\widetilde{V}_{r2}|^2}{2}=\dfrac{|\dot{U}_{r2}|^2}{2Z_{02}}$为

从端口 2 输出的功率 P_{r2}。这就使微波领域中可实测的功率与仅作为记号并无实际意义的归一化电压、归一化电流之间建立起了量的对应关系。

(2) 各散射参量的定义和物理含义都是在某端口匹配前提下获得的。

6.4.5 传输参量[T]

双端口网络归一化波(见图 6-4-5)的关系也可表示为

$$\begin{cases} a_1 = T_{11}b_2 + T_{12}a_2 \\ b_1 = T_{21}b_2 + T_{22}a_2 \end{cases} \tag{6-4-19}$$

或

$$\begin{bmatrix} a_1 \\ b_1 \end{bmatrix} = [T]\begin{bmatrix} b_2 \\ a_2 \end{bmatrix} = \begin{bmatrix} T_{11} & T_{12} \\ T_{21} & T_{22} \end{bmatrix}\begin{bmatrix} b_2 \\ a_2 \end{bmatrix} \tag{6-4-20}$$

其中，[T]称为[T]矩阵，或称为传输矩阵。T_{11}、T_{12}、T_{21}、T_{22} 称为传输网络的传输参量。式(6-4-19)描述了双端口网络的输入端归一化的入射波和反射波与输出端归一化的入射波和反射波之间的关系。在传输矩阵[T]中，除 T_{11}、T_{22} 之外的其余参量无明显的物理含义。其中

$T_{11} = \left.\dfrac{a_1}{b_2}\right|_{a_2=0} = \dfrac{1}{S_{21}}$ 表示端口 2 匹配时，端口 1 至端口 2 的电压传输系数的倒数；

$T_{22} = \left.\dfrac{b_1}{a_2}\right|_{b_2=0}$ 表示端口 2 与外接传输线匹配时，端口 2 至端口 1 的电压传输系数。

[T]参数具有如下性质：

对互易网络：　　$T_{11}T_{22} - T_{12}T_{21} = 1$

对对称网络：　　$T_{12} = -T_{21}$

对无耗网络：　　$T_{11} = T_{22}^*$，$T_{12} = T_{21}^*$

多个双端口网络级联时，也可以利用[T]矩阵进行运算，如图 6-4-6 所示的级联网络。

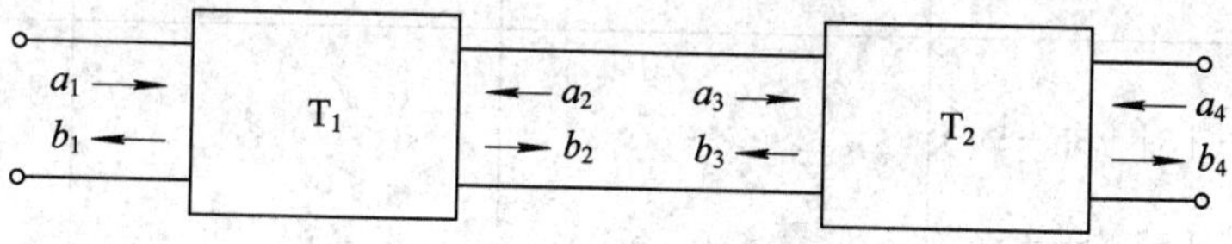

图 6-4-6　双端口级联网络

由于

$$[b_2,\ a_2]^{\mathrm{T}} = [a_3,\ b_3]^{\mathrm{T}}$$

故有

$$\begin{bmatrix} a_1 \\ b_1 \end{bmatrix} = \begin{bmatrix} T_{11} & T_{12} \\ T_{21} & T_{22} \end{bmatrix}_1 \begin{bmatrix} T_{11} & T_{12} \\ T_{21} & T_{22} \end{bmatrix}_2 \begin{bmatrix} b_4 \\ a_4 \end{bmatrix}$$

可见，对于 n 个双端口网络的级联，总的传输矩阵等于各网络传输矩阵之积，即

$$[T] = [T]_1[T]_2\cdots[T]_n \tag{6-4-21}$$

同一个网络可以用不同的网络参量来描述该网络的特性，这些网络参量存在固定的关

系。表 6－4－1 给出了双端口网络各种矩阵参量之间的互换关系。这些互换关系在此不做推导。

表 6－4－1 双端口网络的各种参量换算表

	以[S]表示	以[$\tilde{Z}$]表示	以[$\tilde{Y}$]表示	以[$\tilde{A}$]表示
[S]	$\begin{bmatrix} S_{11} & S_{12} \\ S_{21} & S_{22} \end{bmatrix}$	$S_{11}=\frac{\vert\tilde{Z}\vert-1+\tilde{Z}_{11}-\tilde{Z}_{22}}{\vert\tilde{Z}\vert+1+\tilde{Z}_{11}+\tilde{Z}_{22}}$ $S_{12}=\frac{2\tilde{Z}_{12}}{\vert\tilde{Z}\vert+1+\tilde{Z}_{11}+\tilde{Z}_{22}}$ $S_{21}=\frac{2\tilde{Z}_{21}}{\vert\tilde{Z}\vert+1+\tilde{Z}_{11}+\tilde{Z}_{22}}$ $S_{22}=\frac{\vert\tilde{Z}\vert-1+\tilde{Z}_{22}-\tilde{Z}_{11}}{\vert\tilde{Z}\vert+1+\tilde{Z}_{11}+\tilde{Z}_{22}}$	$S_{11}=\frac{1-\vert\tilde{Y}\vert-\tilde{Y}_{11}+\tilde{Y}_{22}}{\vert\tilde{Y}\vert+1+\tilde{Y}_{11}+\tilde{Y}_{22}}$ $S_{12}=\frac{-2\tilde{Y}_{12}}{\vert\tilde{Y}\vert+1+\tilde{Y}_{11}+\tilde{Y}_{22}}$ $S_{21}=\frac{-2\tilde{Y}_{21}}{\vert\tilde{Y}\vert+1+\tilde{Y}_{11}+\tilde{Y}_{22}}$ $S_{22}=\frac{1-\vert\tilde{Y}\vert+\tilde{Y}_{11}-\tilde{Y}_{22}}{\vert\tilde{Y}\vert+1+\tilde{Y}_{11}+\tilde{Y}_{22}}$	$S_{11}=\frac{A+B-C-D}{A+B+C+D}$ $S_{12}=\frac{2\vert\tilde{A}\vert}{A+B+C+D}$ $S_{21}=\frac{2}{A+B+C+D}$ $S_{22}=\frac{-A+B-C+D}{A+B+C+D}$
[$\tilde{Z}$]	$\tilde{Z}_{11}=\frac{1-\vert S\vert+S_{11}-S_{22}}{\vert S\vert+1-S_{11}-S_{22}}$ $\tilde{Z}_{12}=\frac{2S_{12}}{\vert S\vert+1-S_{11}-S_{22}}$ $\tilde{Z}_{21}=\frac{2S_{21}}{\vert S\vert+1-S_{11}-S_{22}}$ $\tilde{Z}_{22}=\frac{1-\vert S\vert-S_{11}+S_{22}}{\vert S\vert+1-S_{11}-S_{22}}$	$\begin{bmatrix} \tilde{Z}_{11} & \tilde{Z}_{12} \\ \tilde{Z}_{21} & \tilde{Z}_{22} \end{bmatrix}$	$\frac{1}{\vert\tilde{Y}\vert}\begin{bmatrix} \tilde{Y}_{22} & -\tilde{Y}_{12} \\ -\tilde{Y}_{21} & \tilde{Y}_{11} \end{bmatrix}$	$\frac{1}{\vert C\vert}\begin{bmatrix} A & \vert\tilde{A}\vert \\ 1 & D \end{bmatrix}$
[$\tilde{Y}$]	$\tilde{Y}_{11}=\frac{1-\vert S\vert+S_{11}+S_{22}}{\vert S\vert+1+S_{11}+S_{22}}$ $\tilde{Y}_{12}=\frac{-2S_{12}}{\vert S\vert+1+S_{11}+S_{22}}$ $\tilde{Y}_{21}=\frac{-2S_{21}}{\vert S\vert+1+S_{11}+S_{22}}$ $\tilde{Y}_{22}=\frac{1-\vert S\vert+S_{11}-S_{22}}{\vert S\vert+1+S_{11}+S_{22}}$	$\frac{1}{\vert\tilde{Z}\vert}\begin{bmatrix} \tilde{Z}_{22} & -\tilde{Z}_{12} \\ -\tilde{Z}_{21} & \tilde{Z}_{11} \end{bmatrix}$	$\begin{bmatrix} \tilde{Y}_{11} & \tilde{Y}_{12} \\ \tilde{Y}_{21} & \tilde{Y}_{22} \end{bmatrix}$	$\frac{1}{\vert B\vert}\begin{bmatrix} D & -\vert\tilde{A}\vert \\ -1 & A \end{bmatrix}$
[$\tilde{A}$]	$A=\frac{1}{2S_{21}}(1-\vert S\vert+S_{11}-S_{22})$ $B=\frac{1}{2S_{21}}(1+\vert S\vert+S_{11}+S_{22})$ $C=\frac{1}{2S_{21}}(1+\vert S\vert-S_{11}-S_{22})$ $D=\frac{1}{2S_{21}}(1-\vert S\vert-S_{11}+S_{22})$	$\frac{1}{\tilde{Z}_{21}}\begin{bmatrix} \tilde{Z}_{11} & \vert\tilde{Z}\vert \\ 1 & \tilde{Z}_{22} \end{bmatrix}$	$-\frac{1}{\tilde{Y}_{21}}\begin{bmatrix} \tilde{Y}_{22} & \vert 1\vert \\ \vert\tilde{Y}\vert & \tilde{Y}_{11} \end{bmatrix}$	$\begin{bmatrix} A & B \\ C & D \end{bmatrix}$
	$T=\begin{bmatrix} \frac{1}{S_{21}} & -\frac{S_{22}}{S_{21}} \\ \frac{S_{11}}{S_{21}} & S_{12}-\frac{S_{11}S_{22}}{S_{21}} \end{bmatrix}$，$[S]=\begin{bmatrix} \frac{T_{21}}{T_{11}} & T_{22}-\frac{T_{12}T_{21}}{T_{11}} \\ \frac{1}{T_{11}} & -\frac{T_{12}}{T_{11}} \end{bmatrix}$			

注：其中 $\vert S\vert$、$\vert\tilde{Z}\vert$、$\vert\tilde{Y}\vert$、$\vert\tilde{A}\vert$ 分别为原矩阵相对应的行列式。

6.5　基本电路单元的参量矩阵

$[Z]$矩阵、$[Y]$矩阵和$[A]$矩阵，在微波频率下此类参量不能直接测量；第二类是反映端口参考面上的入射波和反射波，如$[S]$矩阵和$[T]$矩阵。

一个复杂的微波网络可以分解成若干个简单的网络，这些简单网络称为基本电路单元。如基本电路单元的网络参量已知，则复杂网络的参量就可通过矩阵运算而得到。一般双端口基本电路单元有串联阻抗、并联导纳、均匀传输线段及理想变压器等。这些网络常用等效集总参数元件的形式给出，例如 Γ 型、T 型、π 型等效电路或理想变压器等。经常遇到的问题是对于给定的等效电路中如何算出其网络参量？在微波网络分析中，通常把一个复杂网络分解为若干个简单网络(单元电路)，先求出各简单网络的参量，然后再组合求出复杂网络的参量。双口网络的$[Z]$、$[Y]$、$[A]$、$[S]$四种参量的换算关系已全部由表 6-4-1 给出，因此只要算出四种参量中的任一种就够了。双端口基本电路单元的网络参量，可以根据网络参量的定义求出。下面以$[A]$参量为例，说明计算方法。

表 6-5-1　基本电路单元归一化网络参量

	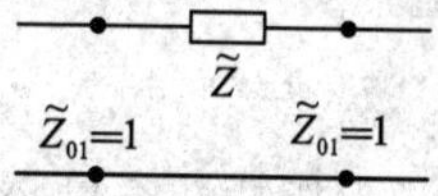	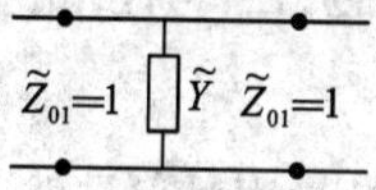	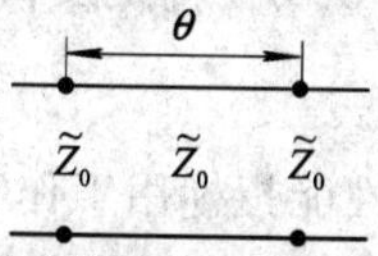	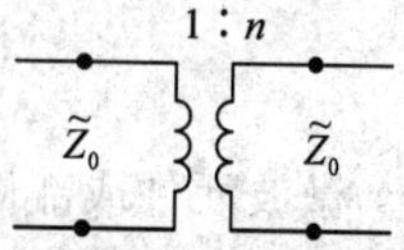
$[\tilde{Z}]$		$\begin{bmatrix}\frac{1}{\tilde{Y}} & \frac{1}{\tilde{Y}}\\ \frac{1}{\tilde{Y}} & \frac{1}{\tilde{Y}}\end{bmatrix}$	$\begin{bmatrix}-\mathrm{j}\cot\theta & \frac{1}{\mathrm{j}\sin\theta}\\ \frac{1}{\mathrm{j}\sin\theta} & -\mathrm{j}\cot\theta\end{bmatrix}$	
$[\tilde{Y}]$	$\begin{bmatrix}\frac{1}{\tilde{Z}} & -\frac{1}{\tilde{Z}}\\ -\frac{1}{\tilde{Z}} & \frac{1}{\tilde{Z}}\end{bmatrix}$		$\begin{bmatrix}-\mathrm{j}\cot\theta & \frac{1}{\mathrm{j}\sin\theta}\\ \frac{1}{\mathrm{j}\sin\theta} & -\mathrm{j}\cot\theta\end{bmatrix}$	
$[\tilde{A}]$	$\begin{bmatrix}1 & \tilde{Z}\\ 0 & 1\end{bmatrix}$	$\begin{bmatrix}1 & 0\\ \tilde{Y} & 1\end{bmatrix}$	$\begin{bmatrix}\cos\theta & \mathrm{j}\sin\theta\\ \mathrm{j}\sin\theta & \cos\theta\end{bmatrix}$	$\begin{bmatrix}\frac{1}{n} & 0\\ 0 & n\end{bmatrix}$
$[S]$	$\begin{bmatrix}\frac{\tilde{Z}}{2+\tilde{Z}} & \frac{2}{2+\tilde{Z}}\\ \frac{2}{2+\tilde{Z}} & \frac{\tilde{Z}}{2+\tilde{Z}}\end{bmatrix}$	$\begin{bmatrix}\frac{-\tilde{Y}}{2+\tilde{Y}} & \frac{2}{2+\tilde{Y}}\\ \frac{2}{2+\tilde{Y}} & \frac{-\tilde{Y}}{2+\tilde{Y}}\end{bmatrix}$	$\begin{bmatrix}0 & \mathrm{e}^{-\mathrm{j}\theta}\\ \mathrm{e}^{-\mathrm{j}\theta} & 0\end{bmatrix}$	$\begin{bmatrix}\frac{1-n^2}{1+n^2} & \frac{2n}{1+n^2}\\ \frac{2n}{1+n^2} & -\frac{1-n^2}{1+n^2}\end{bmatrix}$
$[T]$	$\begin{bmatrix}1+\frac{\tilde{Z}}{2} & -\frac{\tilde{Z}}{2}\\ \frac{\tilde{Z}}{2} & 1-\frac{\tilde{Z}}{2}\end{bmatrix}$	$\begin{bmatrix}1+\frac{\tilde{Y}}{2} & \frac{\tilde{Y}}{2}\\ -\frac{\tilde{Y}}{2} & 1-\frac{\tilde{Y}}{2}\end{bmatrix}$	$\begin{bmatrix}\mathrm{e}^{\mathrm{j}\theta} & 0\\ 0 & \mathrm{e}^{\mathrm{j}\theta}\end{bmatrix}$	$\begin{bmatrix}\frac{1+n^2}{2n} & \frac{1-n^2}{2n}\\ \frac{1-n^2}{2n} & \frac{1+n^2}{2n}\end{bmatrix}$

作为一个例子，我们来计算表 6-5-1 中的第一个等效电路的归一化$[A]$参量。

设左侧端口(端口 1)，右侧端口(端口 2)电压分别为 $\tilde{V}_1$、$\tilde{V}_2$，流入网络的电流分别为 $\tilde{I}_1$、$\tilde{I}_2$。显然，该电路是对称互易的，即有

$$A=D,\ A^2-BC=1$$

分别令右侧端口(端口 2)开路、短路，由 A 的物理意义知

$$A=\left.\frac{\tilde{V}_1}{\tilde{V}_2}\right|_{\tilde{I}_2=0}=1,\ B=\left.\frac{\tilde{V}_1}{-\tilde{I}_2}\right|_{\tilde{V}_2=0}=\tilde{Z}$$

由对称性知

$$A=D=1$$

由互易性知

$$C=\frac{AD-1}{B}=0$$

故此网络的归一化[A]矩阵为

$$\begin{bmatrix}1 & \tilde{Z}\\ 0 & 1\end{bmatrix}$$

6.6 微波网络的工作特性参量

微波元件或部件的性能指标用工作特性参量表示。显然，这些工作特性参量必定与网络参量有关，因而两者的关系在网络分析和网络综合中都是很重要的。

在微波电路中，常用的元件，例如衰减器、移相器、匹配器、滤波器等，多属双端口网络。双端口网络的主要特性参量有衰减、插入驻波比、电压传输系数、插入相移等。首先指出，这些参量均是在网络输出端接匹配负载而输入端接匹配信号源的条件下定义的。

1. 衰减

(1) 工作衰减。双端口网络的工作衰减是信号源输出的最大功率与负载吸收功率之比的分贝数。工作衰减简称衰减。参考图 6-4-5，信号源输出的最大功率为

$$P_a=\frac{1}{2}|a_1|^2$$

负载吸收的功率为

$$P_L=\frac{1}{2}|b_2|^2$$

故工作衰减为

$$L_A=10\ \lg\frac{P_a}{P_L}=10\ \lg\left|\frac{a_1}{b_2}\right|^2=10\ \lg\frac{1}{|S_{21}|^2} \tag{6-6-1}$$

对于无损耗网络，由[S]矩阵的幺正性可知

$$|S_{11}|^2+|S_{21}|^2=1$$

得

$$|S_{21}|^2=1-|S_{11}|^2$$

故

$$L_A = 10\lg\frac{1}{1-|S_{11}|^2} \tag{6-6-2}$$

(2) 插入衰减。插入衰减是指网络插入前负载吸收的功率与网络插入后负载吸收的功率之比的分贝数。网络未插入前负载吸收的功率为

$$P_{L0} = \frac{1}{2}\left(\frac{E_g}{Z_{01}+Z_{02}}\right)^2 Z_{02}$$

其中，E_g为信号源电压。根据式(6-6-1)，网络插入后负载吸收的功率为

$$P_L = P_a|S_{21}|^2 = \frac{E_g^2}{8Z_{01}}|S_{21}|^2$$

故插入衰减为

$$\begin{aligned} L_i &= 10\lg\frac{P_{L0}}{P_L} = 10\lg\left[\frac{1}{|S_{21}|^2}\frac{4Z_{01}Z_{02}}{(Z_{01}+Z_{02})^2}\right] \\ &= 10\lg\frac{1}{|S_{21}|^2} + 10\lg\frac{4Z_{01}Z_{02}}{(Z_{01}+Z_{02})^2} \\ &= L_A + 10\lg\frac{4Z_{01}Z_{02}}{(Z_{01}+Z_{02})^2} \end{aligned} \tag{6-6-3}$$

可见，工作衰减和插入衰减是不同的。当$Z_{01}\neq Z_{02}$时，两者相差一个常数，只有当$Z_{01}=Z_{02}$时，两者才相等。

对于无源网络，工作衰减包括吸收衰减和反射衰减两部分。式(6-6-1)又可表示为

$$L_A = 10\lg\left|\frac{a_1}{b_2}\right|^2 = 10\lg\frac{1}{1-|S_{11}|^2} + 10\lg\frac{1-|S_{11}|^2}{|S_{21}|^2} \tag{6-6-4}$$

等式右边的第一项表示由于网络输入端的反射引起的衰减，称为反射衰减。第二项则代表实际进入网络的功率与负载吸收功率之比，而负载少吸收的那部分功率一定为网络内部的损耗元件所吸收，所以这项称为吸收衰减。

同时，由式(6-6-1)、式(6-6-4)可见，只要测出网络散射参量S_{11}、S_{21}，就可方便地算出网络的衰减。这一原理常作为微波工程上的称为散射参量法测定微波元件衰减的依据。当然，也可以根据衰减的定义，测定有关功率来确定被测微波元件的衰减，称之为功率比法。

2. 插入驻波比

当网络输出端接匹配负载时，从网络输入端测得的驻波比称为插入驻波比，它与输入端反射系数的关系为

$$\rho = \frac{1+|S_{11}|}{1-|S_{11}|}$$

对于互易无损耗网络有

$$|S_{21}|^2 = 1-|S_{11}|^2$$

故网络衰减为

$$L_A = 10\lg\frac{1}{|S_{21}|^2} = 10\lg\frac{1}{1-|S_{11}|^2} = 10\lg\frac{(\rho+1)^2}{4\rho} \tag{6-6-5}$$

所以，只需测出互易无损耗双端口网络的插入驻波比，就可计算出网络衰减。

3. 电压传输系数

当网络输出端接匹配负载时，电压传输系数为

$$T = \frac{b_2}{a_1}\bigg|_{a_2=0} = S_{21} \tag{6-6-6}$$

4. 插入相移

插入相移是指电压传输系数 T 的相角。因 $T=|S_{21}|e^{j\varphi_{21}}$，故插入相移为

$$\varphi_{21} = \arg S_{21} \tag{6-6-7}$$

可见，插入相移就是相移网络插入匹配系统时所引起的相位变化。

习　题

6-1　波导等效为双线的条件是什么？为什么要引入归一化阻抗的概念？

6-2　归一化电压和归一化电流的定义是什么？其量纲是否相同？

6-3　求题 6-3 图所示的参考面 T_1、T_2 所确定的网络的[Z]、[Y]、[A]矩阵，未标注的 $Z_0=50\ \Omega$。

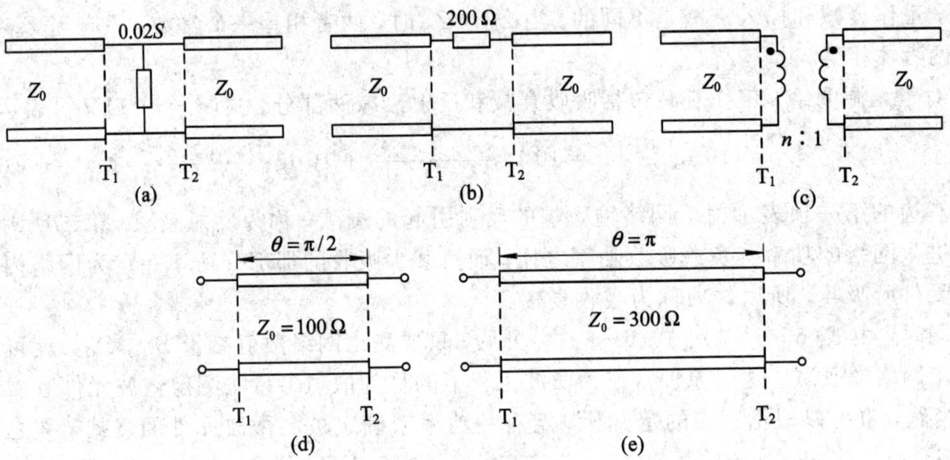

题 6-3 图

6-4　求题 6-4 图所示的参考面 T_1、T_2 所确定的网络的[S]矩阵。

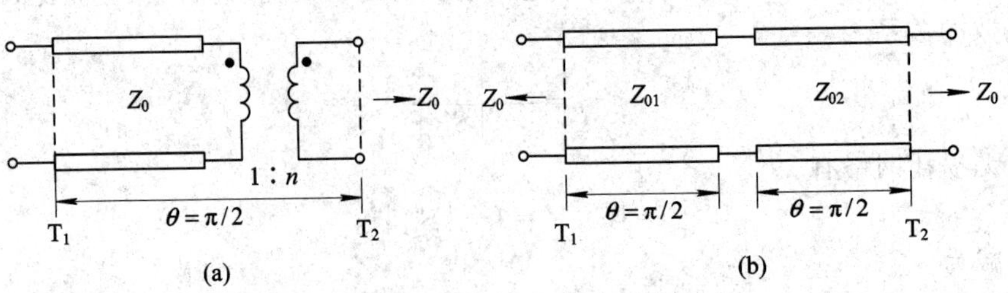

题 6-4 图

6-5　已知互易无耗二端口网络的转移参量 $a=d=1+XB$，$c=2B+XB^2$（式中 X 为电抗，B 为电纳），试证明转移参量 $b=X$。

6-6　如题 6-6 图所示，在互易二端口网络参考面 T_2 处接负载阻抗 Z_L，证明参考面

T_1 处的输入阻抗为

$$Z_{in}=Z_{11}-\frac{Z_{12}^2}{Z_{22}+Z_L}$$

6-7　如题 6-7 图所示，在互易二端口网络参考面 T_2 处接负载阻抗 Y_L，证明参考面 T_1 处的输入导纳为

$$Y_{in}=Y_{11}-\frac{Y_{12}^2}{Y_{22}+Y_L}$$

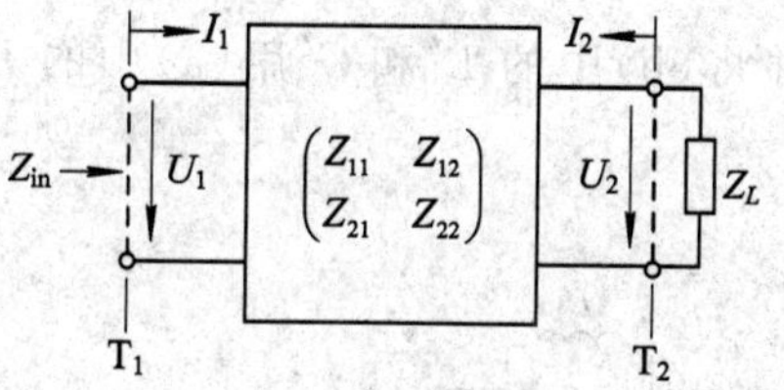

题 6-6 图

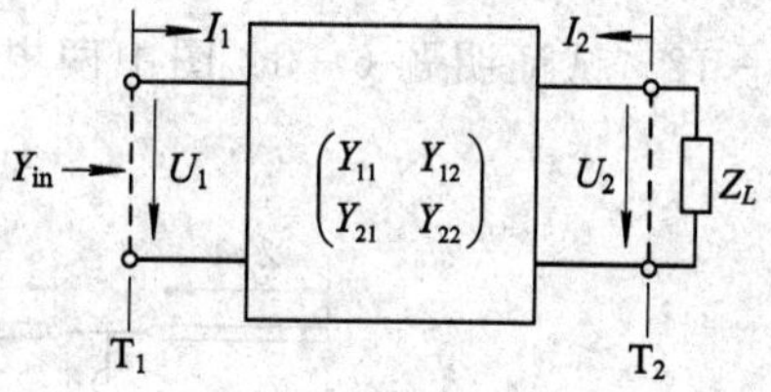

题 6-7 图

6-8　如题 6-8 图所示，在可逆对称无耗二端口网络参考面 T_2 处接匹配负载，测得距参考面 T_1 距离为 $l=0.125\lambda$ 处是电压波节，驻波比 $\rho=1.5$，求二端口网络的散射矩阵。

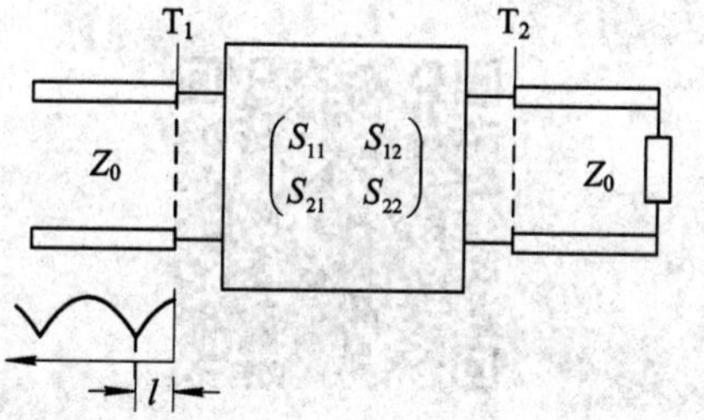

题 6-8 图

6-9　已知二端口网络的转移参量 $a=d=1$，$b=jZ_0$，$c=0$，网络外接传输线特性阻抗为 Z_0，求网络的输入驻波比。

6-10　四端口网络的散射矩阵如下所示：

$$[S]=\begin{bmatrix} 0.1\angle 90^\circ & 0.8\angle -45^\circ & 0.3\angle -45^\circ & 0 \\ 0.8\angle -45^\circ & 0 & 0 & 0.4\angle 45^\circ \\ 0.3\angle -45^\circ & 0 & 0 & 0.6\angle -45^\circ \\ 0 & 0.4\angle 45^\circ & 0.6\angle -45^\circ & 0 \end{bmatrix}$$

(1) 该网络是否无耗？

(2) 该网络是否互易？

(3) 当所有其他端口接有匹配负载时，端口 1 上的回波损耗是多少？

(4) 当所有其他端口接有匹配负载时，在端口 2 和端口 4 之间的插入损耗和相位延迟是多少？

(5) 若端口 3 的端平面上短路，而所有其他端口接有匹配负载，则在端口 1 看去的反射系数是多少？

6-11　试证明题 6-11 图中(a)电路可等效为(b)、(c)电路。

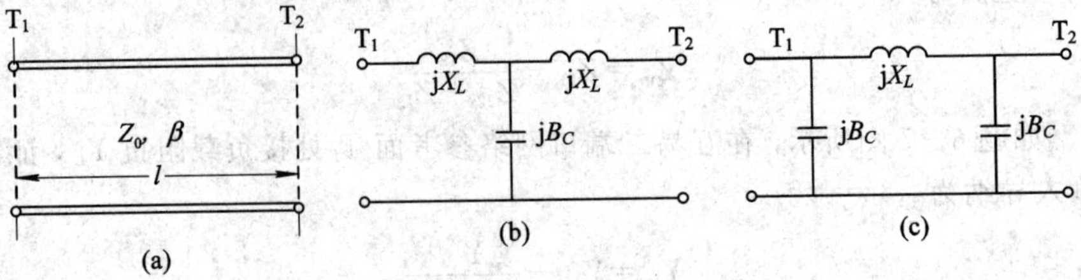

题 6 - 11 图

6 - 12　试证明题 6 - 12 图中两电路等效，并将(b)中的 L' 和 C' 用(a)中的 L 和 C 表示。

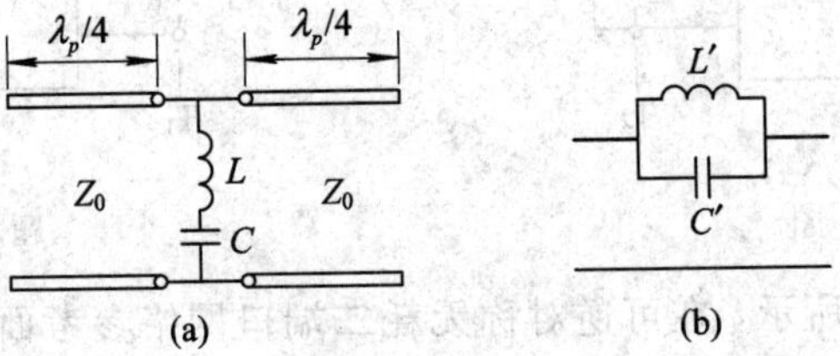

题 6 - 12 图

习题解答

第7章　微 波 元 件

7.1 引　言

在微波系统中，微波元件是用来对信号进行各种加工和处理的。例如对信号进行分配、衰减、隔离、定向传输、相位控制、阻抗匹配与变换、波型变换、滤波等。

低频电路中的基本元件是电阻、电容和电感，它们属于集总参数元件。如同第4章所述，在微波波段，这类元件寄生参数的影响不能再忽略，它们甚至会完全改变原集总参数元件的性质。因此在微波波段，必须使用与集总参数元件完全不同的元件，它们是基于传输线的分布参数性质而制成的。

微波元件的种类繁多，而且处于不断发展中，不可能也没必要对所有微波元件都进行讨论。故在本章中，我们仅介绍一些常用元件，并着重定性分析元件的工作原理与基本特性。

7.2 简 单 元 件

7.2.1 终端器件与连接器件

1. 短路器与接头

短路器又称短路负载，其作用是将电磁波能量全部反射回去。将波导或同轴线的终端用金属导体全部封闭起来即构成波导或同轴线短路器。实用中的短路器都做成了可调的，称为短路活塞，可用作调配器、标准可变电抗，广泛应用于微波测量。

对短路活塞的主要要求是：① 提供良好的有效短路面，使其反射系数的模尽可能接近1；② 当活塞移动时，物理接触面产生的接触损耗变化要小；③ 大功率运用时，活塞与波导壁(或同轴线内外导体壁)间不发生打火现象。

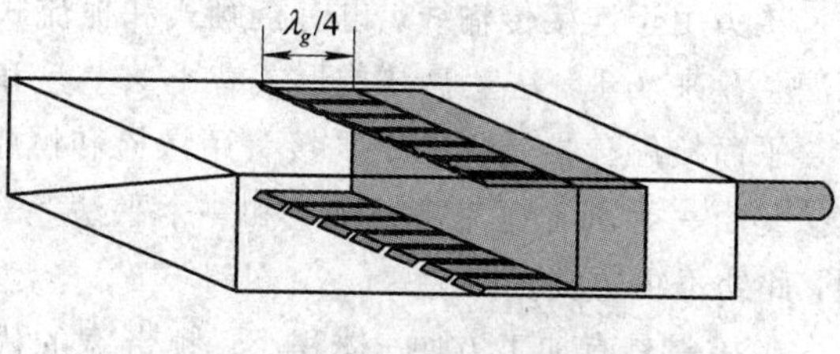

图7-2-1　矩形波导接触式短路活塞

图7-2-1是矩形波导接触式短路

活塞结构示意图。为使活塞与传输线内壁保持良好的接触而又能平滑地移动，一般均采用固定在活塞上富有弹性的磷青铜片做成梳形的接触片。弹簧片长度为 $\lambda/4$，其中 λ 为工作中心频率波长，这样短路面是电压波节(电流波腹)点，经过 $\lambda/4$ 变换，物理接触点恰好位于电流波节点处，以减小损耗，避免发生打火。

接触式活塞结构简单，但经常的移动会磨损接触片，从而降低寿命和性能，为克服这一缺点，就产生了扼流结构的短路活塞。

图 7-2-2 是采用扼流装置的波导短路活塞结构示意图，图中 cf 段相当于终端短路的 $\lambda_g/4$ 线，使 bc 段相当于终端开路的 $\lambda_g/4$ 线。于是，虽然 a、b 点在机械上并不接触，但 $\lambda_g/2$ 重复性使活塞在 ab 处形成一个有效的短路面，而物理接触点因为 $\lambda_g/4$ 变换性而使其接触电阻 R_k 正好在电流波节 de 处，使损耗可以减小到最小。由于活塞与波导壁没有接触，无摩擦，移动平稳，同时活塞的加工精度要求不高，这种活塞的驻波比可以做到大于 100。但因扼流槽尺寸与工作频率有关，故有 10%～15% 的带宽限制。

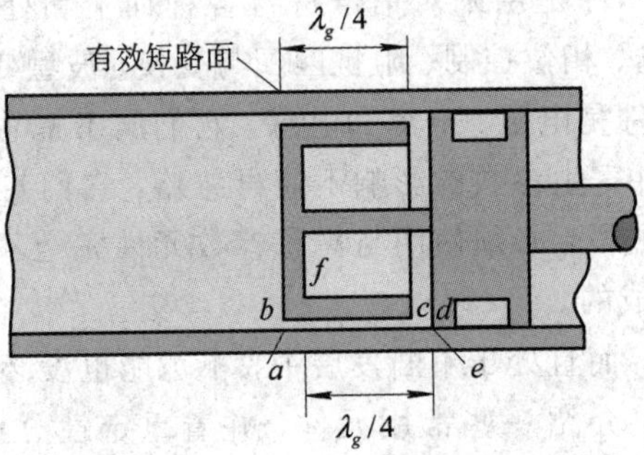

图 7-2-2　矩形波导山字形扼流式短路活塞

图 7-2-3 是两种同轴线结构的扼流活塞，其原理相同，不再重复。

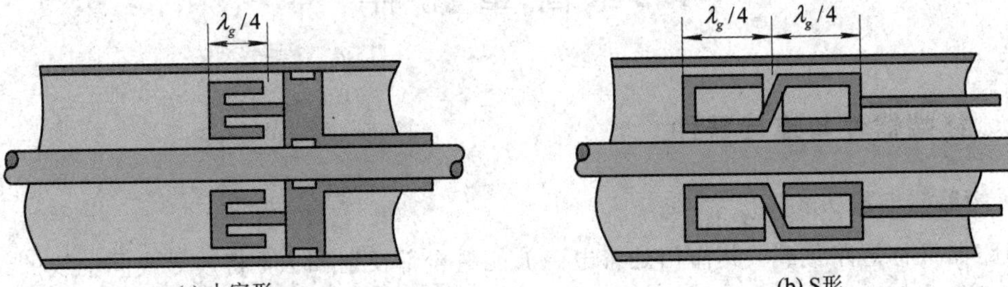

(a) 山字形　　(b) S形

图 7-2-3　同轴线短路活塞

接头用于连接传输线，也有接触式和扼流式两种。它们借助于焊在被连接波导端口上的法兰盘来实现。法兰盘结构形式有平法兰盘和扼流式法兰盘两种，如图 7-2-4 所示。

平面接触连接是将两个平接头用螺栓和螺帽旋紧连接，或用弓形夹夹紧连接。扼流式连接是由一个刻有扼流槽的法兰和一个平法兰对接而成，其工作原理与扼流式短路活塞相同，此处不再重复。

平接头具有加工方便、体积小、频带宽的优点；缺点是若机械接触不好，则电接触不良，易引起功率反射和泄漏，大功率时还会发生打火。扼流式接头的优点是安装方便，可

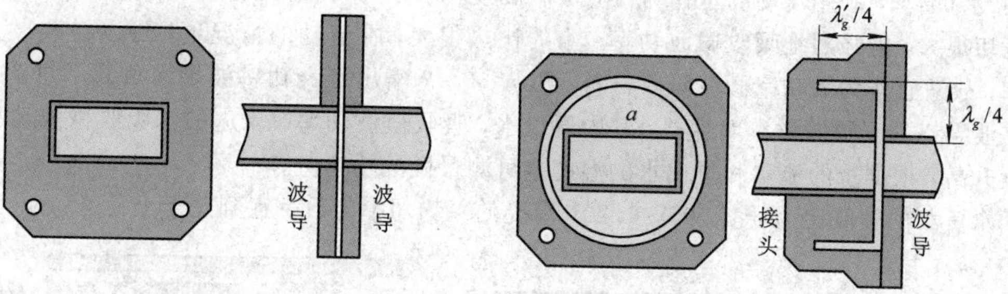

(a) 平法兰(平面接触式)　(b) 扼流式法兰(扼流式接头)

图 7-2-4　波导接头

防止微波功率从连接处的隙缝中漏出；缺点是频带较窄。

扼流式结构的应用相当广泛，其结构的具体形式虽各有不同，但扼流的基本原理是相同的，即利用等效传输线的概念，特别是利用 $\lambda_g/4$ 传输线的阻抗变换性质，把有高频电流流过需要有良好电接触的地方，恰好安排在于电压的波节处，从而得到等效短路面；并把可能产生损耗或可能有功率漏出的地方，又恰好安排在电流波腹处，从而避免功率损耗和漏出。

2. 匹配负载

匹配负载是一种能全部吸收输入功率的终端元件，由一段终端短路的波导或同轴线构成，其中放有吸收微波功率的物质。匹配负载是应用最广泛的微波元件之一，它在微波测量中常用作匹配标准，在调整仪器和发射机时，可作为等效天线用。

匹配负载的主要技术指标是工作带宽、输入驻波比和功率容量。匹配负载按其功率容量可分为小功率和大功率两种。小功率匹配负载一般用于实验室作终端匹配器，在 10%～15% 的频带内做到驻波比 $\rho<1.01\sim1.05$ 的匹配程度，允许耗散的平均功率一般为瓦级。

小功率波导匹配负载如图 7-2-5 所示，在一段终端短路的波导段中垂直于波导宽面的中心位置放置一吸收片。吸收片是用玻璃、陶瓷或胶木等介质做基片，上面涂敷金属粉末、石墨粉或真空喷镀镍铬合金等电阻性材料。吸收片与电场力线平行，电场通过时在电阻膜片上感应起电流，从而将吸收的微波能转变为热能。吸收片的长度一般为几个 λ_g，做成尖劈形以减小反射。这种匹配负载在 10%～15%带宽内可做到驻波比低于 1.01。

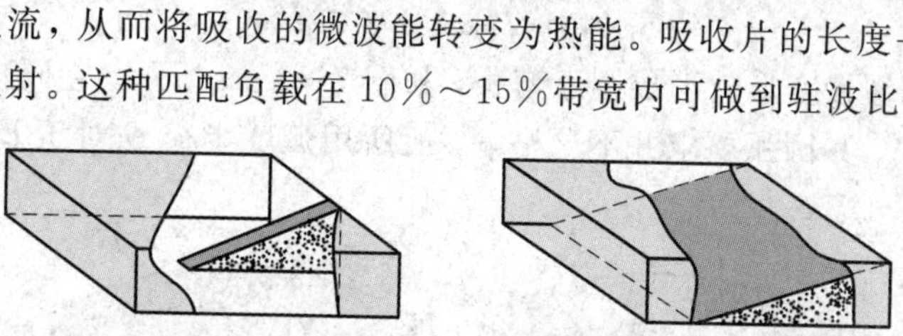
(a) 尖劈形　(b) 楔形

图 7-2-5　小功率波导匹配负载

小功率同轴线匹配负载如图 7-2-6 所示，它是通过在同轴内外导体之间放入圆锥形或阶梯形吸收体构成的。

大功率匹配负载须采用“体”吸收的方法。考虑到热量吸收的同时，还要考虑到散热问题。吸收物体可以是固体(如石墨和水泥混合物)或液体(通常采用水)。大功率匹配负载常采用“水负载”，利用流动的水作为微波吸收物质。水是一种很好的微波吸收材料，其损耗角正切很大，能强烈地吸收微波功率。水的比热很大，在流动的情况下，可以耗散很大的功率，故适宜作为大功率微波吸收材料。图 7－2－7 给出了大功率波导水负载示意图，它是在波导终端安置劈形玻璃容器，其内通以水，吸收微波功率。流进的水吸收微波功率后温度升高，根据水的流量和进出水的温度差可测量微波功率值。

水负载的驻波比为 $\rho<1.05\sim1.20$，承受的平均功率为数百瓦到几十千瓦。

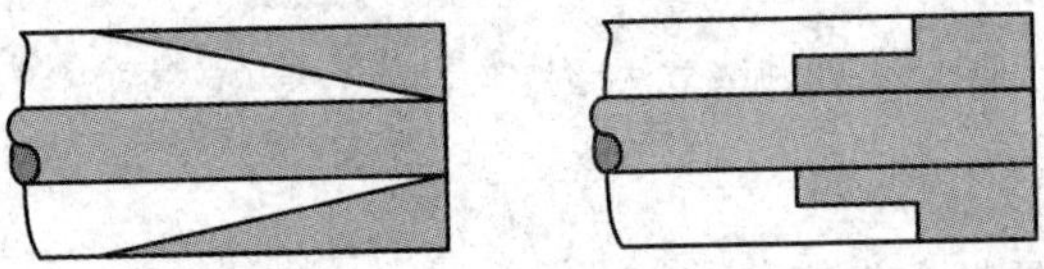

(a) 圆锥形　　(b) 阶梯形

图 7－2－6　小功率同轴线匹配负载

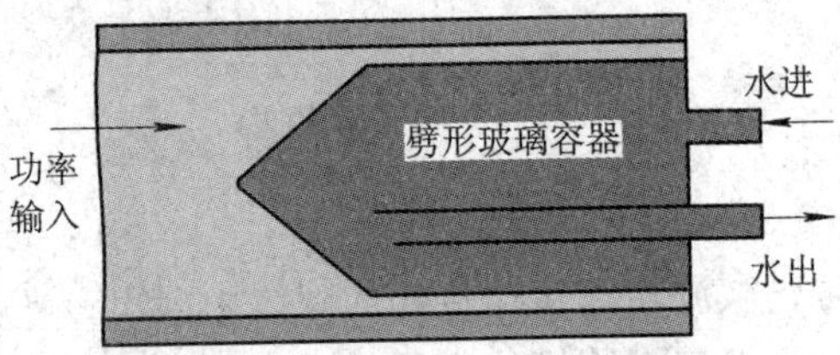

图 7－2－7　大功率波导水负载

3. 波导的弯曲与扭转

当传输线方向改变时，中间就要接入弯头，弯头有折角及圆弧两种。

按窄壁弯折(在电场平面弯折)的折角弯头称为 E 面弯头，同样的，可按宽壁弯折(在磁场平面弯折)称为 H 面弯头，如图 7－2－8 所示。对于这两种弯头，主要是选择折角尺寸 d，使工作波段内得到最佳匹配。对于 3 cm 标准波导，E 面弯头 $d=0.86b$，而 H 面弯头 $d=0.93a$。

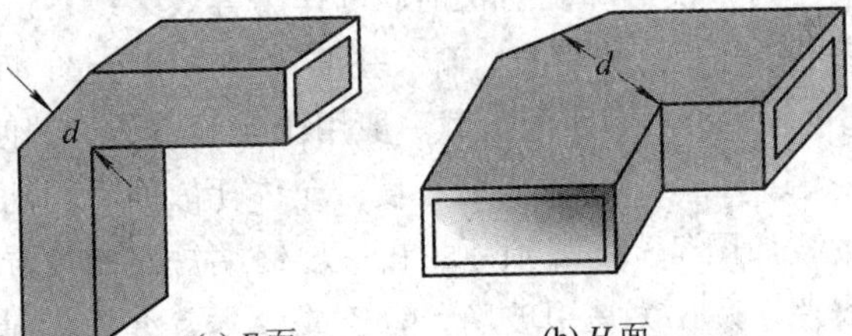

(a) E 面　　(b) H 面

图 7－2－8　波导弯头

如果波导采取缓慢变形就形成圆弧弯头，如图 7－2－9 所示。它同样可分 E 面弯头和 H 面弯头两种形式。其圆弧要求并不严格，一般所用弧度半径 R 对于 E 面弯头 $R\geqslant1.5b$，对于 H 面弯头 $R\geqslant1.5a$。

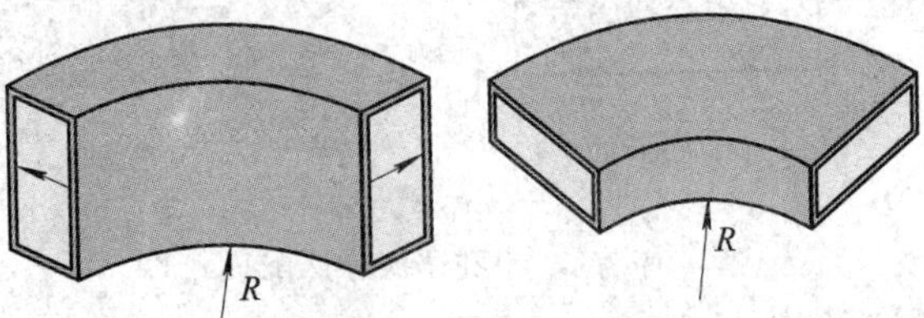

(a) E 面　　(b) H 面

图 7－2－9　波导弯曲

弯头和弯曲改变的是传输方向，而极化方向不变。有时需要改变极化方向而传输方向不变，这就要用到均匀扭转，其形状示于图 7-2-10 中，其长度一般选为 $l=(2n+1)\frac{\lambda_g}{4}$。均匀扭转加工比较简单，工作带较宽，但扭转段长度较长。

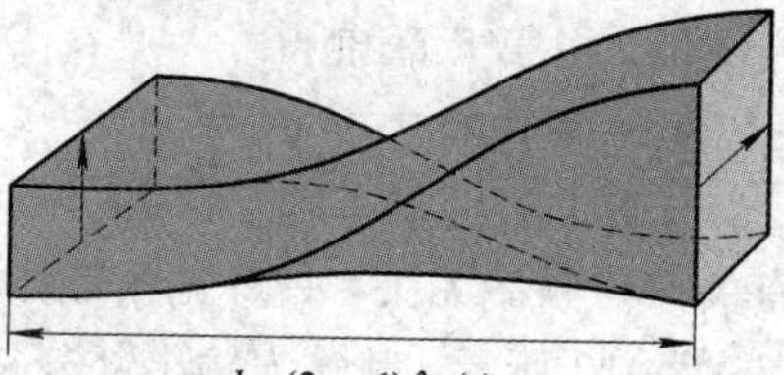

图 7-2-10　扭转波导

7.2.2　衰减器与移相器

衰减器和移相器都是二端口器件，广泛应用于微波技术中。前者用来改变传输系统中电磁波场强的幅度，常用作电平调节和去耦作用；后者用以改变相位，常用于相位测量和负载特性测量。两者的结构都可以做成固定式和可调式，如果将其结合在一起使用，则可以调节传输线的传输常数 γ。

由第 6 章的网络理论知识可知，二端口微波网络的插入衰减量有两部分：一是有耗网络的吸收衰减；二是由网络与传输线的不匹配产生的反射衰减或截止衰减。因此，按衰减原理，衰减器可分为吸收式和截止式两种。衰减器的指标有插入损耗、最大衰减量、驻波比及带宽。

1. 吸收式衰减器

如图 7-2-11 所示，它是内含吸收片的一段波导。吸收片的平面与电力线平行，其对微波能的吸收作用与匹配负载中吸收片的作用相似。为了减小衰减器输入和输出端的反射，可以将薄片做成斜面形状(劈形)。

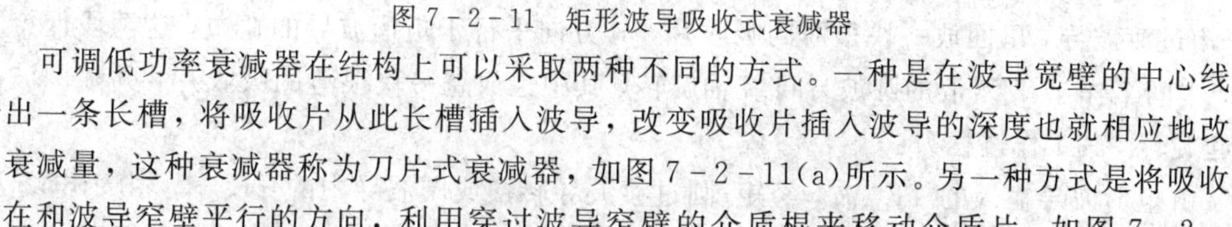

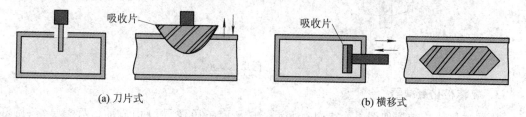

图 7-2-11　矩形波导吸收式衰减器

可调低功率衰减器在结构上可以采取两种不同的方式。一种是在波导宽壁的中心线上开出一条长槽，将吸收片从此长槽插入波导，改变吸收片插入波导的深度也就相应地改变了衰减量，这种衰减器称为刀片式衰减器，如图 7-2-11(a)所示。另一种方式是将吸收片放在和波导窄壁平行的方向，利用穿过波导窄壁的介质棍来移动介质片，如图 7-2-11(b)所示。显然，当吸收片移至波导中间时衰减最大，吸收片越移近窄壁时衰减越小，这种衰减器称为横移式衰减器。其衰减量可以从最小衰减(起始衰减)改变至 30～40 dB。

2. 截止式衰减器

由第 5 章微波传输线所讲述的内容可知，当 $\lambda > \lambda_c$ 时，波不能在波导中传输，处于截止状态，这种波导称为截止波导。此时波的振幅在波导中按 $e^{-\alpha z}$ 衰减，且无相位变化。根据这一特性，可将截止波导作为衰减器。由第 5 章知

$$\alpha = \frac{2\pi}{\lambda}\sqrt{\left(\frac{\lambda}{\lambda_c}\right)^2 - 1} \approx \frac{2\pi}{\lambda_c} \quad (\lambda \gg \lambda_c)$$

上式说明，衰减常数仅与 λ_c 有关而与频率无关，具有宽频带特性。

截止式衰减器结构如图 7-2-12 所示，其输入输出部分是同轴线，而起衰减作用的是一圆波导。圆波导的工作模式是 TE_{11}° 模，其截止波长 $\lambda_c = 3.41R$，R 为圆波导的半径。若选择工作波长大于圆波导中 TE_{11}° 模的截止波长，则圆波导处于截止工作状态，其中的场将按 $e^{-\alpha z}$ 规律衰减。这种衰减器的衰减量为

$$L_A = L_A(0) + 10\ \lg e^{-2\alpha z} = L_A(0) + 8.68\alpha l \quad (\text{dB})$$

其中，$L_A(0)$ 是起始衰减量，α 近似恒定，因此 L_A 与 l 成正比，可以对 l 进行精确定标。这种衰减器可作为精密衰减器，成为国家级标准。

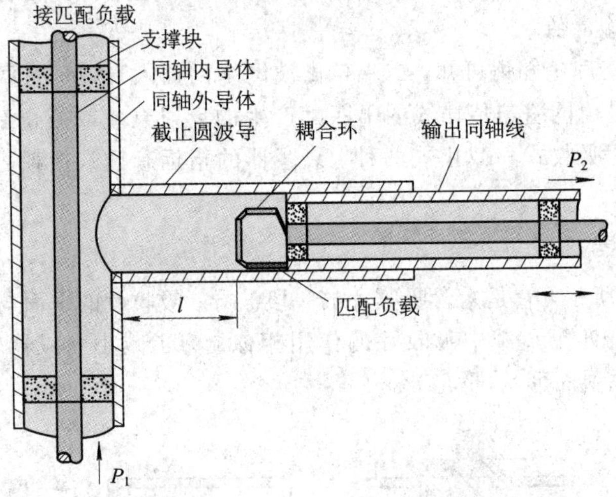

图 7-2-12　截止式衰减器

3. 旋转极化衰减器

旋转式极化衰减器如图 7-2-13 所示，它是由三段波导段构成的。两端是矩-圆和圆-矩过渡波导，里面放一块很薄的吸收片，其方向平行于矩形波导的宽边，这两段保持不动；中间工作于 TE_{11}° 波的圆波导可绕轴旋转，其中也放置一块很薄的吸收片，并随圆波导一起旋转。其工作过程为：

由矩形波导输入的 $TE_{10}^{\square}$ 波，经矩-圆过渡波导转换成圆波导中的 TE_{11}° 模，由于电场 E_1 的极化方向垂直于吸收片 1，故能量不被吸收地进入圆波导段。当圆波导中的吸收片 2 相对于水平面旋转一个 θ 角时，可将电场 E_1 分解成与吸收片 2 垂直的 $E_\perp$ 分量和与吸收片 2 平行的 $E_{/\!/}$ 分量，其大小分别为 $E_\perp = E_1\cos\theta$，$E_{/\!/} = E_1\sin\theta$。其中，$E_\perp$ 分量不受衰减地通过，而 $E_{/\!/}$ 分量将被吸收。当 $E_\perp$ 分量传输至圆-矩波导段时，再次分解为垂直分量 $E_\perp'$ 和平

行分量 $E'_{/\!/}$。$E'_{\perp}$ 无衰减地通过，其大小为 $E'_{\perp}=E_{\perp}\cos\theta=E_1\cos^2\theta$。

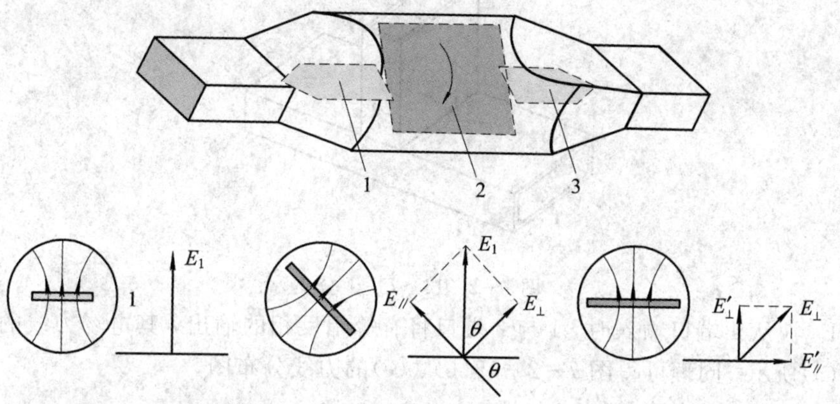

图 7-2-13　旋转极化衰减器

由于功率正比于电场强度的平方，故衰减量为

$$L_A=10\lg\left(\frac{E_1}{E'_{\perp}}\right)^2=20\lg\left(\frac{E_1}{E'_{\perp}}\right)=-40\lg|\cos\theta|\quad(\text{dB})$$

可见，其衰减量只与旋转角 θ 有关，而 θ 可以精确定标，故这种衰减器可作为衰减量标准的精密衰减器。

4. 移相器

理想的移相器应该是一个衰减为零、相移量可变的二端口网络，其散射矩阵为

$$[S]=\begin{bmatrix}0 & e^{-j\beta l}\\ e^{-j\beta l} & 0\end{bmatrix}$$

其中，β 为相移常数；l 为移相器移相作用部分长度。

可见改变移相量有两种方法：

(1) 改变传输线的长度 l，可以改变相移。例如在波导宽边中心加一个或几个螺钉即构成螺钉移相器，因为它相当于改变了波导的等效长度。

(2) 改变传输线的相位常数，也可以改变相移。因为介质片所在处的高频电场越强，它对通过波的影响就越大，相移就越大。所以将图 7-2-11 或图 7-2-13 中衰减器的吸收片换成低损耗介质片(如石英、聚四氟乙烯等)便成为介质片可调移相器，故通过调节机构改变介质在波导中的位置，可以改变相移。移相器有各种各样的结构，在这里不再一一列举。

7.2.3　波导分支结构

波导的 T 形分支和双 T 接头用来将微波能量分配到不同的波导支路。这种电路在雷达设备中有着广泛的应用。

1. E-T 分支

如图 7-2-14 所示，分支在波导的宽边上，且与 TE_{10} 波的 E_y 分量平行，故也称为 E 面分支。其结构特点为主波导的两臂 1、2 以分支臂 4(称为电臂)为几何对称。

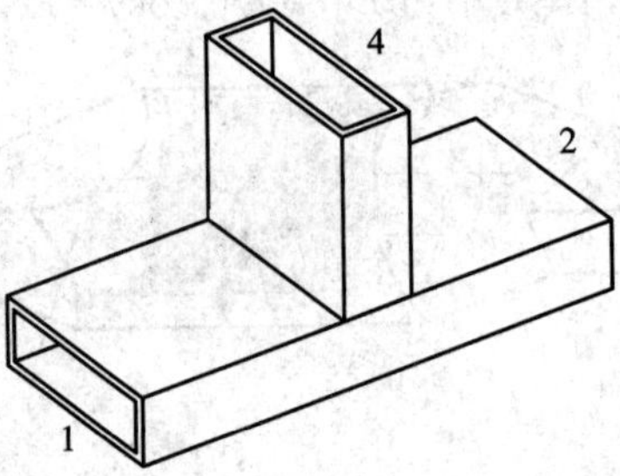

图 7-2-14　E-T 分支

当 TE_{10} 波从 4 端口输入时，1 与 2 端口将有等幅反相的输出，其电场力线的分布如图 7-2-15(a)所示。同理可得图 7-2-15(b)、(c)的力线分布图。

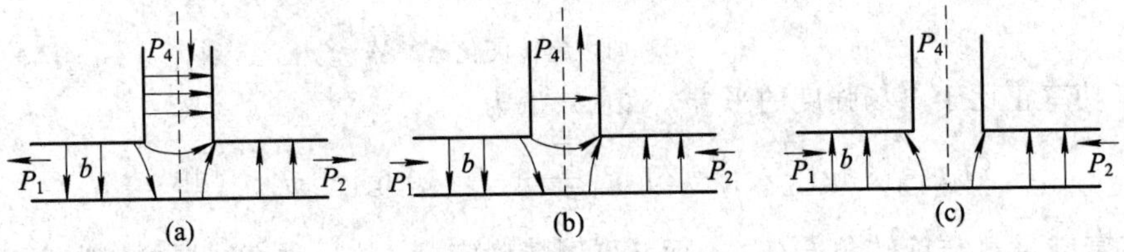

图 7-2-15　E-T 分支各臂输入与输出情况

应当注意到：① 当 TE_{10} 波从 4 端口臂输入时，几何对称面为电场力线的反对称面，因此 1 臂与 2 臂的电特性相对于对称面是反对称的；② 几何对称面上的驻波状况是与各分支的输出情况相对应的。

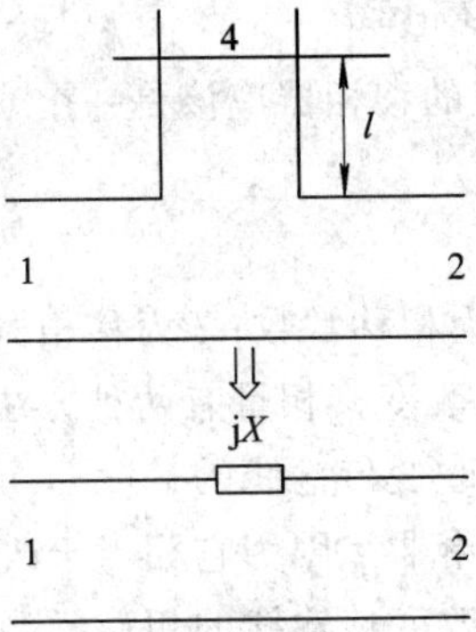

图 7-2-16　E-T 分支等效电路

由于 E-T 分支是由波导的宽边分支出来的，主波导宽边上的壁面电流与分支臂上宽边壁面电流是连续的。因此，如果传输 TE_{10} 波的主波导用双线等效，则分支臂就等效为一个串联双线，可用一个电抗表示，如图 7-2-16 所示。

如果将分支臂 4 用短路活塞代替，改变短路活塞的位置 l，就可实现对串联电抗 jX 大小的改变。

2. H-T 分支

分支是在主波导的窄壁面上，且与 TE_{10} 波的磁力线所在平面平行，故也称为 H 面分支，如图 7-2-17 所示。一般标主波导的两臂为 1 和 2，分支臂为 3。

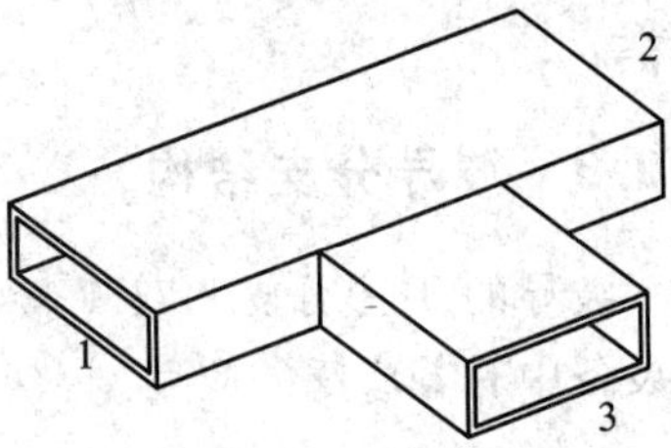

图 7-2-17　H-T 分支

因经分支臂中心的几何对称面是 3 臂 TE_{10} 波电场的偶对称面，因此容易得出下面的结果：

(1) 当波由 3 臂输入时，1、2 两臂有等幅同相输出，如图 7-2-18(a)所示，即 $S_{13}=S_{23}$。

(2) 当波由 1、2 两臂等幅同相输入时，则在 3 臂有“和”输出，如图 7-2-18(b)所示。

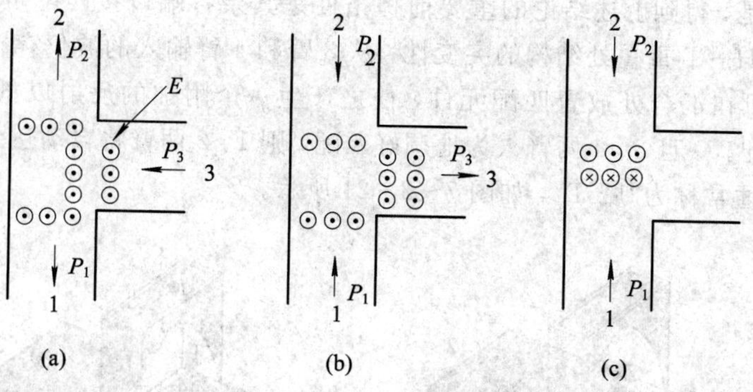

图 7-2-18　H-T 分支各臂输入输出情况

(3) 当波由 1、2 两臂等幅反相输入时，则在 3 臂有“差”输出，如图 7-2-18(c)所示。

(4) 当波由 1 臂输入时，则在 2、3 臂有等幅同相输出，即 $S_{21}=S_{31}$；当波由 2 臂输入时，则在 1、3 两臂有等幅同相输出，即 $S_{12}=S_{32}$。

H 面分支的等效电路相当于一个具有并联分支的传输线，如图 7-2-19 所示。

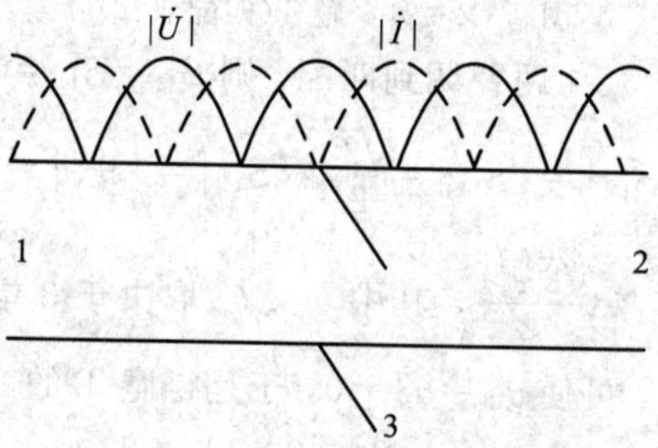

图 7-2-19　H-T 分支等效电路

如果用短路活塞代替分支臂，则改变短路活塞的位置，可以改变并联电抗的大小。

3. 双 T 分支及魔 T

双 T 分支由 E-T 和 H-T 接头组合而成，如图 7-2-20 所示。其四个端口的代号与 E-T 和 H-T 的代号相同即主波导为 1、2 臂，3 为 H 面分支臂，4 为 E 面分支臂，几何对称面为 T。

由 E-T 和 H-T 分支的特性可以得出双 T 分支的一些重要特性，如下所示：

(1) 波由 3 臂输入时，1、2 两臂有等幅同相的输出，即 $S_{13}=S_{23}$。

(2) 波由 4 臂输入时，1、2 两臂有等幅反相的输出，即 $S_{14}=-S_{24}$(E-T 接头的特性)。

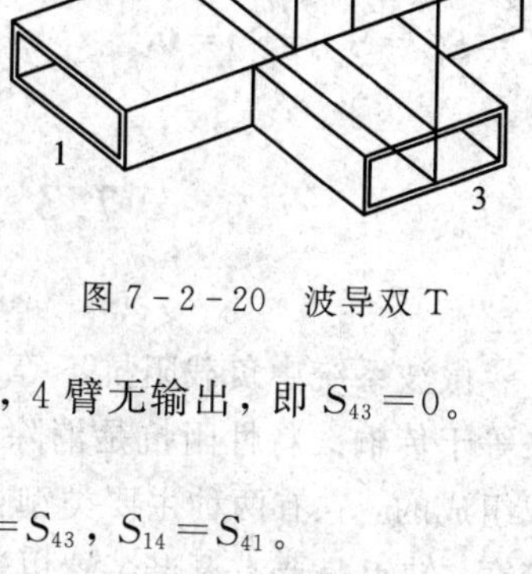

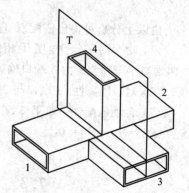

图 7-2-20　波导双 T

(3) 波由 1、2 两臂等幅同相输入时，3 臂有“和”的输出，4 臂无输出，即 $S_{43}=0$。

(4) 根据双 T 接头结构的对称性，又有 $S_{11}=S_{22}$。

(5) 由互易性，又有 $S_{12}=S_{21}$，$S_{13}=S_{31}$，$S_{23}=S_{32}$，$S_{34}=S_{43}$，$S_{14}=S_{41}$。

需要注意的是，得到上述结论的重要前提条件是其余各端口接匹配负载。即使如此，由于在 $E-T$ 和 $H-T$ 重叠处结构的突变性，从 3 臂和 4 臂输入的波仍存在反射。为了消除或减轻反射，可在汇合处放置匹配元件，使之产生一个附加的反射以抵消原来的反射波，从而实现匹配。一旦 3、4 两臂人为地调好匹配，则 1、2 两臂将自动达到匹配，这种匹配的双 T 接头，通常称为“魔 T”，如图 7-2-21 所示。

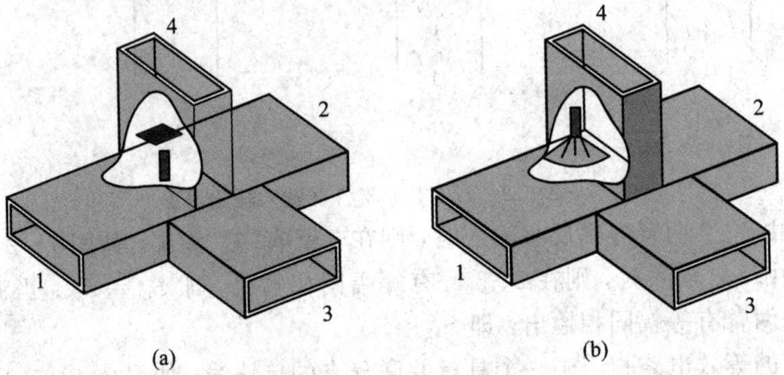

图 7-2-21　魔 T(匹配双 T)

此时，由于匹配双 T 的 3、4 两臂调到匹配，则 $S_{33}=S_{44}=0$；由[S]的么正性可得

$$|S_{13}|=|S_{14}|=\frac{\sqrt{2}}{2},\ |S_{12}|=|S_{11}|=0$$

如果设 $S_{13}=\frac{\sqrt{2}\,e^{j\theta_{13}}}{2}$，$S_{14}=\frac{\sqrt{2}\,e^{j\theta_{14}}}{2}$，其中 θ_{13}、θ_{14} 取决于 3 端口和 4 端口的参考面的位置。适当选取参考面的位置，可使 $\theta_{13}=\theta_{14}=0$，于是得魔 T 的[$S$]矩阵为

$$[S]=\frac{\sqrt{2}}{2}\begin{bmatrix}0 & 0 & 1 & 1\\ 0 & 0 & 1 & -1\\ 1 & 1 & 0 & 0\\ 1 & -1 & 0 & 0\end{bmatrix}$$

由以上分析可得出匹配双 T 的三个重要特性，如下所示：

(1) 功率的平分性。魔 T 相邻两端口有 3 dB 的耦合量，即由 1 端口输入的功率，由 3、4 两端口平分输出；由 3 端口输入的功率，由 1、2 两端口平分输出；

(2) 对口隔离性。1 端口与 2 端口，3 端口与 4 端口互相隔离，即 $S_{12}=S_{21}=S_{34}=S_{43}=0$；

(3) 自动匹配性。如果 3 端口与 4 端口匹配，则 1 端口与 2 端口自动获得匹配，即 $S_{11}=S_{22}=S_{33}=S_{44}=0$。

7.3　阻抗调配器和阻抗变换器

微波系统中负载阻抗不等于传输线的特性阻抗时会引起反射，改变负载阻抗的数值使之等于传输线特性阻抗是消除反射的有效途径。在微波波段，实现阻抗变换元件是由传输线组成的，它有两种主要类型：一是阻抗调配器，主要是利用电抗元件，特点是工作频带较宽，缺点是要有调谐装置以适应不同的频率，因而体积较大；二是阻抗变换器，利用 $\lambda/4$

变换性，它不要求调谐，且设计简便，结构紧凑，在微波匹配电路中获得了广泛的应用。

我们先研究微波电抗元件的实现，这是阻抗调配电路的基本元件。电抗产生的原因是传输线尺寸改变引起的不连续性，具体分析其原因非常复杂，而且很难得到解析解。因此，这里着重从物理概念上说明各种不连续性的最简等效电路，然后在此基础上研究其他两个问题。

7.3.1　微波电抗元件

1. 膜片与螺钉

波导中的膜片是垂直于波导管轴放置的薄金属片，有对称和不对称两种。膜片是波导中常用的匹配元件。一般在调匹配时多用不对称膜片；而当负载要求对称输出时，则需要对称膜片。

1）电容膜片

如图 7-3-1(a)、(b)所示，由于波导宽边的纵向电流流进膜片而在膜片上积聚电荷，使膜片周围空间电场增强，储存的电能增加，因而起着电容的作用。如波导等效为双线，则容性膜片就等效为一并接于双线上的电容，如图 7-3-1(c)所示。

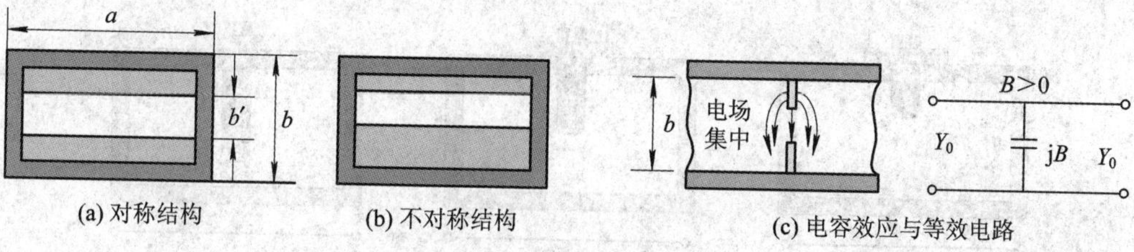

图 7-3-1　电容膜片

膜片开窗宽 b' 越小，相对电纳越大；当 $b'=0$ 时，膜片上归缩成短路片，相对电纳值为无穷大。

2）电感膜片

如图 7-3-2(a)、(b)所示，由于膜片上的电流使膜片激励发出新的磁场，从而加强了膜片窗口里的磁场强度，因而起着电感的作用。如波导等效为双线，则感性膜片就等效为一并接于双线上的电感，如图 7-3-2(c)所示。

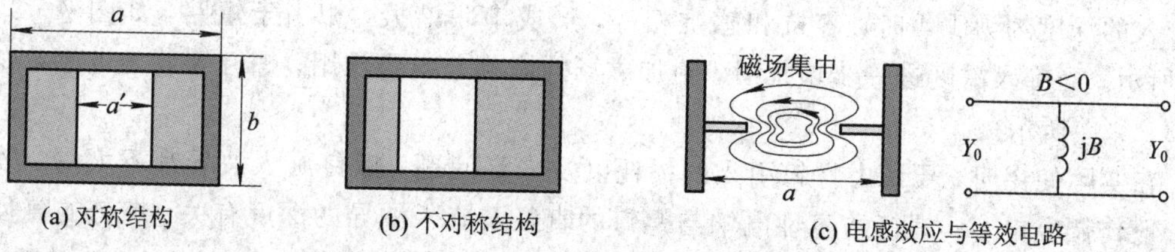

图 7-3-2　电感膜片

将电容性膜片和电感性膜片组合起来，如图 7-3-3 所示，则其等效电路是电感与电容的并联，可对某一频率发生谐振，因而称之为谐振窗。谐振时，对某一固定频率产生谐振，电磁波可以无反射通过。谐振窗孔的形状可做成圆形、椭圆形、哑铃形等并以材料密封，常用材料是玻璃、聚四氟乙烯、陶瓷片等。

如图 7-3-4 所示为雷达中天线收发开关的示意图。在两个谐振窗间的密闭空间充以容易电离的气体，当雷达发射的功率 P_r 到达谐振窗 1 时，因气体电离使谐振窗口成为一短路面，波将被反射而不进入接收机；当工作于接收状态时，由于功率小，不足以使气体电离，接收的信号将无反射地穿过谐振窗口而传送到接收机。

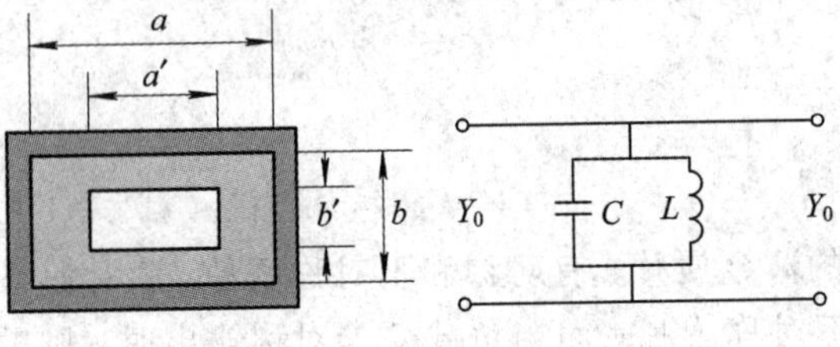

图 7-3-3　谐振窗及等效电路

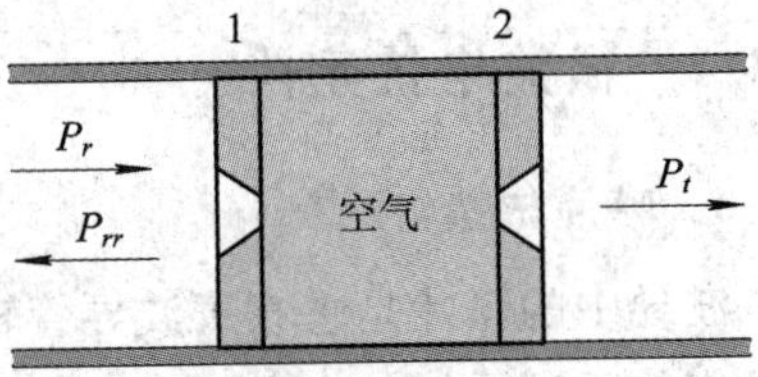

图 7-3-4　天线收发开关示意图

3）螺钉与销钉

在矩形波导宽边中央插入金属螺钉，如图 7-3-5 所示，则波导宽面的纵向电流要流入螺钉产生的磁场，产生电感效应；另一方面螺钉端面电荷的积累使电场增强，产生电容效应。故它可以等效为 L、C 串联回路。

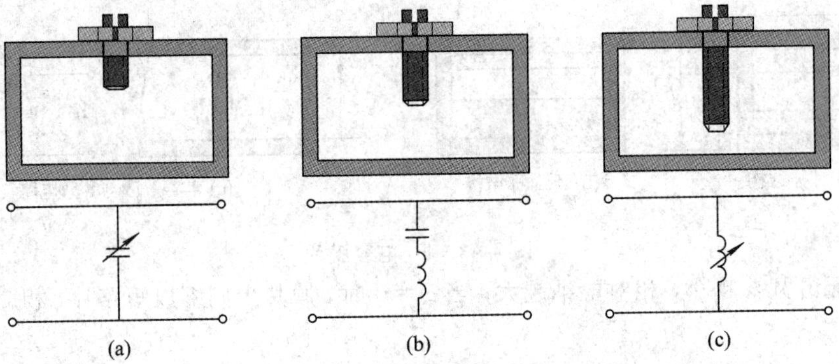

图 7-3-5　调谐螺钉及其等效电路

如果螺钉旋入深度 l 较浅（$l<\lambda/4$），电流作用不明显，电容效应起主要作用，其并联电纳呈容性，如图 7-3-5(a)所示。随螺钉旋入波导深度的增加，电感量和电容量都增加，当旋入的深度约为 $\lambda/4$ 时，容抗和感抗相等，形成串联谐振，相当于短路，如图 7-3-5(b)所示。当旋入深度进一步增加时，附加磁场的影响起主要作用，螺钉等效为电感，如图 7-3-5(c)所示。

在实际使用时，要考虑螺钉引入的损耗以及击穿问题。螺钉旋入波导都不太深，故螺钉一般作调谐电容。螺钉的容性电纳与螺钉的直径及旋入波导的深度有关，螺钉的直径越大，电纳越大；旋入越深，电纳越大；离波导宽面中心越远，电纳越小。

当螺钉垂直对穿波导宽边时，称为“销钉”，此时起主要作用的是电感。销钉产生的电纳与棒的粗细有关，棒越粗，电感量越小，其电纳越大；同样尺寸的销钉，根数越多，产生的电纳越大。

2. 并联短截线

由长线理论知道，长度为 l 的短路短线，其输入端的阻抗为 $Z_{in}=jZ_0\tan\beta l$。当 $0<l<\lambda/4$ 时，Z_{in} 为感抗，如果短路短线长度很小，$l\ll\lambda$（一般选用 $l\leqslant\lambda/8$），其输入阻抗可近似为

$$Z_{in}=jZ_0\tan\beta l\approx jZ_0\beta l=j\omega\frac{Z_0 l}{v_p}$$

故 $l\ll\lambda$ 的短路短线可以等效为一个并联电感，其电感值为 $L\approx\frac{Z_0 l}{v_p}$。

同样，长度为 $l(l\ll\lambda)$ 开路短线可近似等效为一个并联电容，其电容值为 $L\approx\frac{Y_0 l}{v_p}$。

图 7-3-6 所示为用带状线（微带线）实现并联电感和电容的结构及其等效电路。

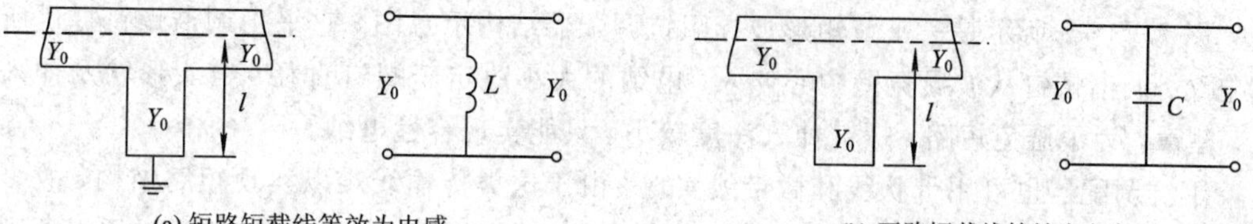

(a) 短路短截线等效为电感　　(b) 开路短截线等效为电容

图 7-3-6　带状线（微带线）短截线示意图及等效电路

3. 高低阻抗线

由第 6 章习题 6-11 知，长度为 l、特性阻抗为 Z_0 的均匀无耗传输线段可以等效为 T 型电路；也可以等效为 π 型电路，如图 7-3-7 所示。

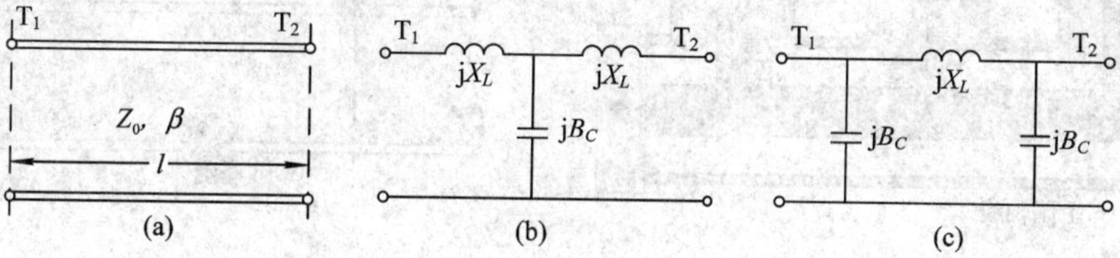

(a)　(b)　(c)

图 7-3-7　传输线段及其等效电路

采用两个微波网络的参量对应相等的方法，可以导出均匀传输线段与上述等效电路相应参量的关系式。可以证明，当 $l\leqslant\lambda/8$ 时有

$$B_C=Y_0\sin\left(\frac{\omega l}{v_p}\right)\approx Y_0\frac{\omega l}{v_p}$$

$$X_L=Z_0\tan\left(\frac{\omega l}{2v_p}\right)\approx Z_0\frac{\omega l}{2v_p}$$

可见等效电路中的电纳和电抗均近似与 ω 呈线性关系，所以电容和电感值分别为

$$C=Y_0\frac{l}{v_p},\ L=Z_0\frac{l}{2v_p}$$

由此可知，当短线的阻抗很高即 Z_0 很大时，Y_0 就很小，因此它近似于等效为串联电感；反之，低阻抗短线的 Z_0 很小，但 Y_0 很大时，则这种短线近似看成并联电容，但传输线段必须是短线。

在上述内容里我们分别讨论了微波电抗元件的实现方法，这些电抗元件与传输线连

接，可实现阻抗调配、滤波选频等功能的微波元件。

7.3.2　阻抗调配器

阻抗调配器一般采用并联电纳的方式实现，其调配原理就是第 4 章中讲述的支节匹配。为克服匹配死区的不利影响，多采用三支节匹配器。根据传输线类型，须采用不同结构的电抗元件及连接方式。

图 7-3-8 所示是一种三支节同轴阻抗调配器结构示意图，它采用同轴短路活塞提供所需的电纳。其输出输入端分别与负载阻抗及信号源相接，两个接头之间为主同轴线，与主同轴并联的是三个相距均为 l 的短路活塞，每一并联分支等效为一个并联电纳，其值和正负号取决于短路面的位置。

图 7-3-9 所示是三支节矩形波导阻抗调配器结构示意图，它采用调谐螺钉提供所要的电纳。调谐螺钉从波导宽壁中心伸入，电纳的大小决定于螺钉直径、钉头形状及伸入深度。注意，为了避免短路，螺钉伸入深度较小，只能实现容性电纳。

阻抗调配器也可用带状线和微带线实现，由于这类传输线难以实现短路结构，故多采用终端开路线提供所述电纳，而且匹配结构制成电路板后很难调谐，一般通过添加调试岛实现有限调谐。

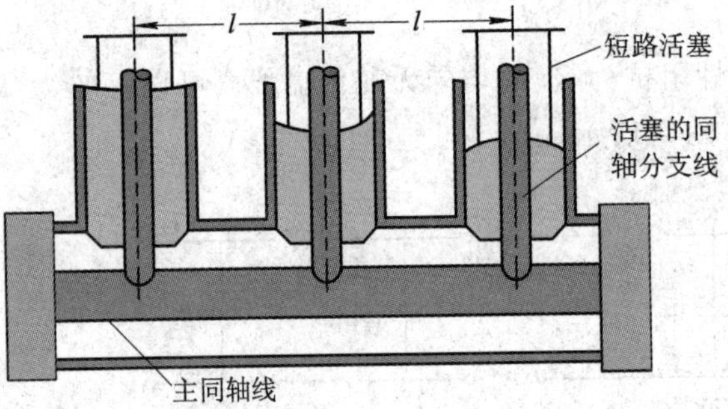

图 7-3-8　同轴调配器结构示意图

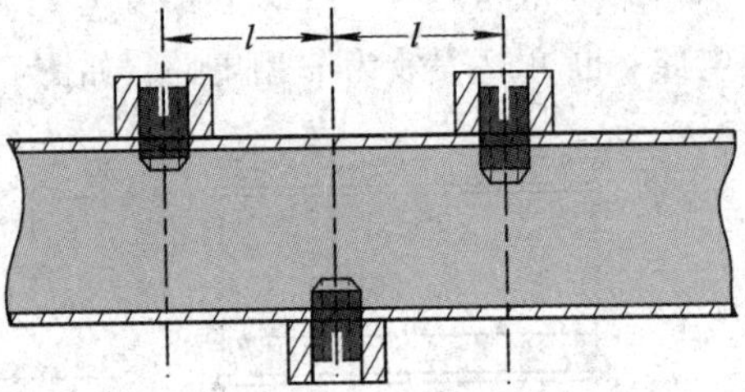

图 7-3-9　矩形波导调配器结构示意图

7.3.3　$\lambda/4$ 阻抗变换器

在第 4 章中我们已经知道四分之一波长传输线就是一个阻抗变换器。设负载阻抗为 Z_L，传输线特性阻抗为 Z_1，则输入阻抗为 $Z_{in}=Z_1^2/Z_L$。这种由一段 $\lambda/4$ 线组成的阻抗变换器称为单节阻抗变换器。它的优点是结构简单，缺点是工作频带太窄。为了展宽工作频带，可以采用多节阻抗变换器。

1. 多节变换器理论

如图 7-3-10 所示为多节阻抗变换器，实际上就是将单节变换器的较大阻抗突变分散成若干个较小的突变，合理设计其突变的尺寸和长度，在一频带段范围内使其产生的反射互相抵消以致变得很小。理论表明，多节变换器的总反射系数可以表示为 $\Gamma(\theta)=\sum_{i=0}^{n}\Gamma_i e^{-2i\cdot j\theta}$，其中

$$\Gamma_0 = \frac{Z_1 - Z_0}{Z_1 + Z_0}, \ \Gamma_i = \frac{Z_{i+1} - Z_i}{Z_{i+1} + Z_i}, \ \Gamma_n = \frac{Z_L - Z_n}{Z_L + Z_n}$$

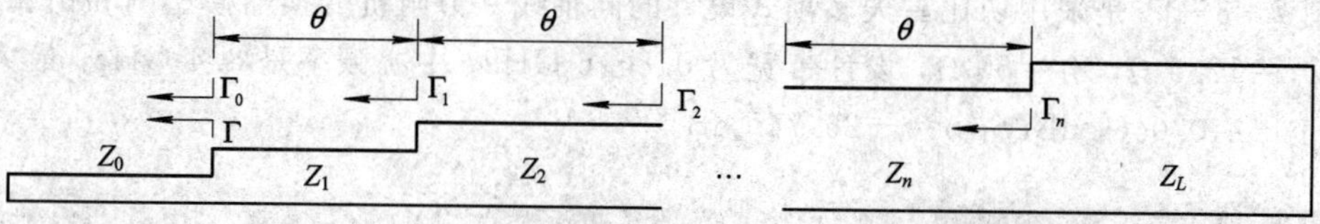

图 7-3-10 多节变换器的局部反射系数

如果该变换器可设计成对称的，即 $\Gamma_0=\Gamma_n$，$\Gamma_1=\Gamma_{n-1}$，$\Gamma_2=\Gamma_{n-2}$，…，则若 n 是奇数，上式可表示为

$$\Gamma(\theta) = 2\mathrm{e}^{-\mathrm{j}n\theta}\left[\Gamma_0 \cos n\theta + \Gamma_1 \cos(n-2)\theta + \cdots + \Gamma_{(n-1)/2} \cos\theta\right] \quad (7-3-1\text{a})$$

若 n 为偶数，则可表示为

$$\Gamma(\theta) = 2\mathrm{e}^{-\mathrm{j}n\theta}\left[\Gamma_0 \cos n\theta + \Gamma_1 \cos(n-2)\theta + \cdots + \frac{1}{2}\Gamma_{n/2}\right] \quad (7-3-1\text{b})$$

设计多节阻抗匹配器时，在给定输入、输出阻抗 Z_{in} 和 Z_L、工作带宽以及最大反射系数 $|\Gamma|_m$ 时，选择合适的多项式函数，令其等于上式，则需要求的是选择阶数 n 及计算各阶长度和各阶的等效特性阻抗。多项式多选用切比雪夫多项式，其特点为带宽内响应等波纹。

2. 切比雪夫阻抗变换器

n 阶切比雪夫多项式是递推多项式，设计切比雪夫阻抗变换器时，需改写成 $\cos n\theta$ 形式，即

$$T_1(\sec\theta_m \cos\theta) = \sec\theta_m \cos\theta$$

$$T_2(\sec\theta_m \cos\theta) = \sec^2\theta_m(1+\cos 2\theta) - 1$$

$$T_3(\sec\theta_m \cos\theta) = \sec^3\theta_m(\cos 3\theta + 3\cos\theta) - 3\sec\theta_m \cos\theta$$

$$T_4(\sec\theta_m \cos\theta) = \sec^4\theta_m(\cos 4\theta + \cos 2\theta + 3) - 4\sec^2\theta_m(\cos 2\theta + 1) + 1$$

$$T_n(\sec\theta_m \cos\theta) = 2\sec\theta_m \cos\theta T_{n-1}(\sec\theta_m \cos\theta) - T_{n-2}(\sec\theta_m \cos\theta)$$

令式(7-3-1)与下式相等

$$\Gamma(\theta) = 2\mathrm{e}^{-\mathrm{j}n\theta}\left[\Gamma_0 \cos n\theta + \Gamma_1 \cos(n-2)\theta + \cdots\right] = A\mathrm{e}^{-\mathrm{j}n\theta} T_n(\sec\theta_m \cos\theta) \quad (7-3-2\text{a})$$

其中

$$A = \frac{Z_L - Z_0}{Z_L + Z_0}\,\frac{1}{T_n(\sec\theta_m)} \quad (7-3-2\text{b})$$

这样可以求出每一节 $\lambda/4$ 传输线的特性阻抗。

若通带内最大允许反射系数为 $|\Gamma|_m$，则由式(7-3-2b)可得 $|\Gamma|_m=|A|$。

θ_m 可由下式确定

$$T_n(\sec\theta_m) = \frac{1}{\Gamma_m}\left|\frac{Z_L - Z_0}{Z_L + Z_0}\right| \approx \frac{1}{2\Gamma_m}\left|\ln\frac{Z_L}{Z_0}\right| \quad (7-3-2\text{c})$$

相对带宽为

$$\frac{\Delta f}{f_0} = \frac{2(f_0 - f_m)}{f_0} = 2 - \frac{4\theta_m}{\pi} \quad (7-3-2\text{d})$$

其中，$f_0=\dfrac{(f_1+f_2)}{2}$为中心频率；f_1、f_2为通带上限和下限频率。

图 7-3-11 是采用切比雪夫多项式设计的同轴线 9 节阻抗变换器模型图和仿真结果。其中 $Z_{in}=12.5\ \Omega$，$Z_L=50\ \Omega$，设计带宽为 0.8～6 GHz，中心频率是 3.4 GHz，最大反射系数$|\Gamma|_m=0.046$，$dB(S_{11})=-26.745$ dB。

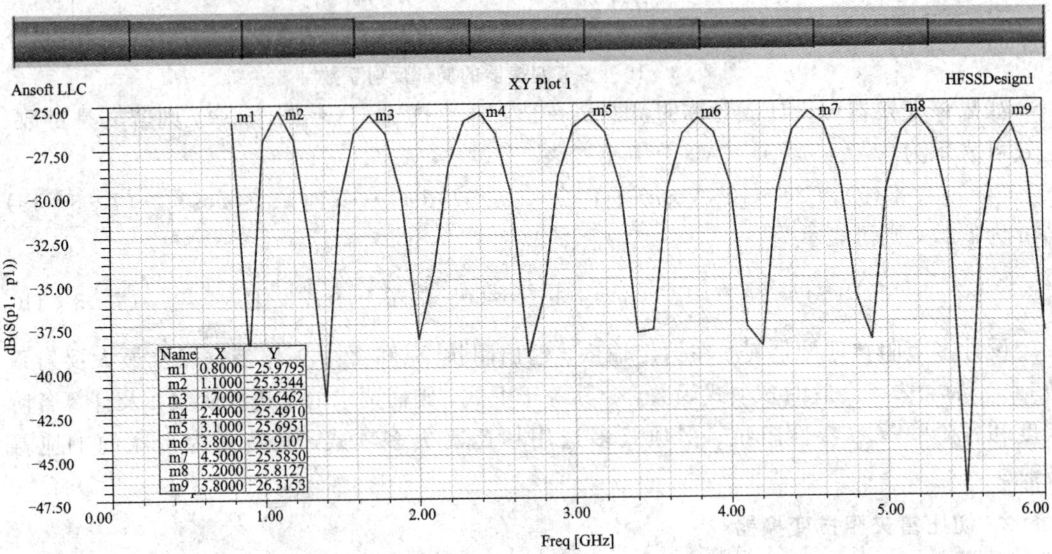

图 7-3-11　9 节同轴切比雪夫变换器模型与仿真结果

7.4　定向耦合器与功率分配器

在微波领域有很多需要按一定相位和功率关系分配功率的场合，如发射机、接收机工作状态的检示，大多数微波有源电路，例如混频器、倍频器、衰减器、移相器、放大器都要用到定向耦合器。定向耦合器是一种具有定向传输性能的器件，一般为四端口，当一个端口输入功率时，可实现功率按比例和相位从某两个端口输出，而另一个端口则无功率输出。

7.4.1　定向耦合器技术指标

所谓定向就是指信号的输出口是指定的，理论上不会从其他端口输出。按照耦合端与输入端、直通端的相对位置关系，定向耦合器可以分为三种：同向定向耦合器(见图 7-4-1(a))、反向定向耦合器(见图 7-4-1(b))、双向定向耦合器(见图 7-4-1(c))。其[S]矩阵虽不相同，但均为四端口无耗可逆矩阵，具有相同的性质。

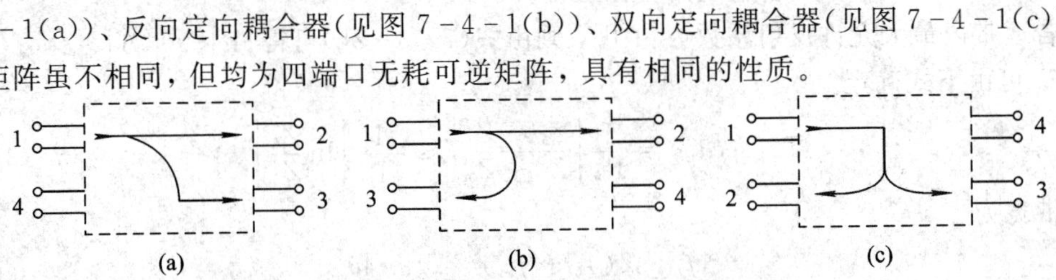

图 7-4-1　定向耦合器的工作示意图

如图 7-4-1(a)所示，设端口 1 为输入端，端口 2 为直通端(信号直接输出端)，端口 3 为耦合端(信号耦合输出端)，端口 4 为隔离端，理想情况下输出功率为零。在各端口均接匹配负载的情况下，定义下述各项技术指标：

(1) 耦合度 C：输入端的输入功率 P_1 与耦合端的输出功率 P_3 之比的分贝数表示为

$$C=10\ \lg\left(\frac{P_1}{P_3}\right)=-20\ \lg|S_{31}|$$

(2) 方向性 D：耦合端和隔离端输出功率之比的分贝数表示为

$$D=10\ \lg\left(\frac{P_3}{P_4}\right)=20\ \lg|S_{34}|$$

(3) 隔离度 I：输入端输入的功率 P_1 与隔离端输出功率 P_4 之比的分贝数表示为

$$I=10\ \lg\left(\frac{P_1}{P_4}\right)$$

上述三个指标之间的关系为

$$D=10\ \lg\left(\frac{P_1}{P_4}\frac{P_3}{P_1}\right)=10\ \lg\left(\frac{P_3}{P_1}\right)+10\ \lg\left(\frac{P_1}{P_4}\right)=I-C$$

D 与 I 都是描述定向耦合器定向性能的量，但实际上更多使用方向性 D 而极少用隔离度 I。方向性越高越好，理想情况为 $P_4=0$，$D=\infty$。其他技术指标例如驻波比、带宽、插入损耗与其他器件类似。

定向耦合器的种类很多，实现原理也多种多样，在此我们只对其中具有代表性的一些定向耦合器做介绍。

7.4.2　波导双孔定向耦合器

双孔定向耦合器由两根波导组成，分别称为主波导与辅波导。该型耦合器通过主、辅波导公共宽壁(或窄壁)上的两个小孔实现定向耦合，工作原理如图 7-4-2 所示。1、2 为主波导端口，3、4 为辅波导端口，主、辅波导的尺寸相同。两小孔间的距离为 $d=\lambda_g/4$，λ_g 为中心频率 f_0 的波导波长。

图 7-4-2　波导双孔定向耦合器原理图与照片

其工作原理为：由主波导 1 端口输入单位振幅的 TE_{10} 波，在第一个小孔处波的幅度用 a_1 表示，则 $a_1=1$，经第一个小孔耦合到辅波导，向 3、4 两端口传输，其幅度分别用 b_3'、b_4' 表示。显然，b_3'、b_4' 即为小孔的正向和反向的耦合系数。如果孔很小，两孔的形状和大小又相同，故经第二个小孔耦合到辅波导向 3、4 端口传输的波 b_3''、b_4''，其幅度与第一个孔的几乎相等，只是有 $e^{-j\beta d}$ 的相移即 $b_3''=b_3'e^{-j\beta d}$，$b_4''=b_4'e^{-j\beta d}$。于是 3 输出的合成波为

$$b_3=b_3'e^{-j\beta d}+b_3'e^{-j\beta d}=2b_3'e^{-j\beta d}$$

而 4 输出的合成波为

$$b_4=b_4'+b_4'e^{-j\beta d}e^{-j\beta d}=b_4'+b_4'e^{-2j\beta d}$$

在中心频率 f_0 处，由两孔耦合到辅波导的波，在一个方向上同相相加，在另一个方向上反相抵消。由此可得耦合度为

$$C=-20\lg(2|b_3'|)$$

方向性为

$$D=20\lg\frac{2|b_3'|}{|b_4'||1+e^{-2j\beta d}|}=20\lg\frac{|b_3'|}{|b_4'||\cos\beta d|}$$

为了提高双孔定向耦合器的方向性，可以增加耦合孔的数目，使其方向性的频率特性为最平坦特性或切比雪夫特性，以得到宽频带高方向性的定向耦合器。

7.4.3　波导十字槽孔定向耦合器

十字槽孔定向耦合器的优点是具有理想方向性，且基本上与频率无关，耦合度的频率特性也较好，结构紧凑，连接方便，在微波通信系统中经常采用。

十字槽孔定向耦合器如图 7-4-3 所示，其主、辅波导轴正交，十字槽孔的中心位于对角线上，由两个互相正交的窄长槽孔组成，两槽孔尺寸相同，长度为 $2l$，宽度为 $2w$。十字槽孔的方向性，是由一个横槽孔和一个竖槽孔磁耦合作用的叠加。窄长槽孔的宽度很小，电力线几乎穿不过，基本上无电耦合，而只有磁力线穿过，且槽孔越长，则磁耦合也越强。下面利用图 7-4-4 对其进行具体分析。

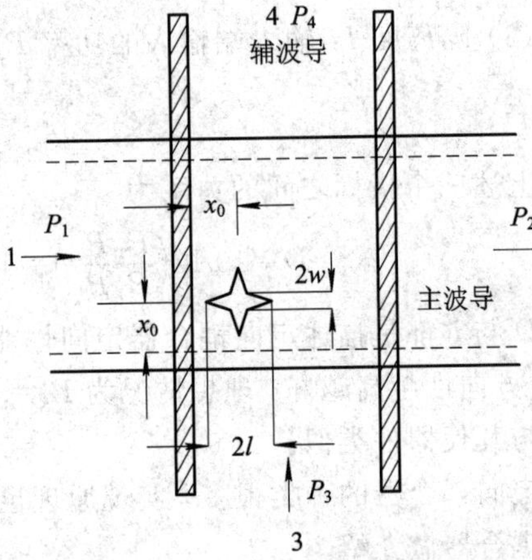

图 7-4-3　十字槽孔定向耦合器结构图

在图 7-4-4(a)中，主波导内纵向磁场 H_{z1} 到达横槽孔时，将穿过槽孔而进入辅波导，激起分别向 3 端口和 4 端口传播的电场 E_3' 和 E_4'，两电场等幅反向。在图 7-4-4(b)中，当主波导内横向磁场 H_{x1} 到达竖槽孔时，将穿过槽孔而进入辅波导，激起分别向 3 端口和 4 端口传播的电场 E_3'' 和 E_4''，两电场等幅同向。同时，在第 5 章中我们知道 TE_{10} 波的纵向

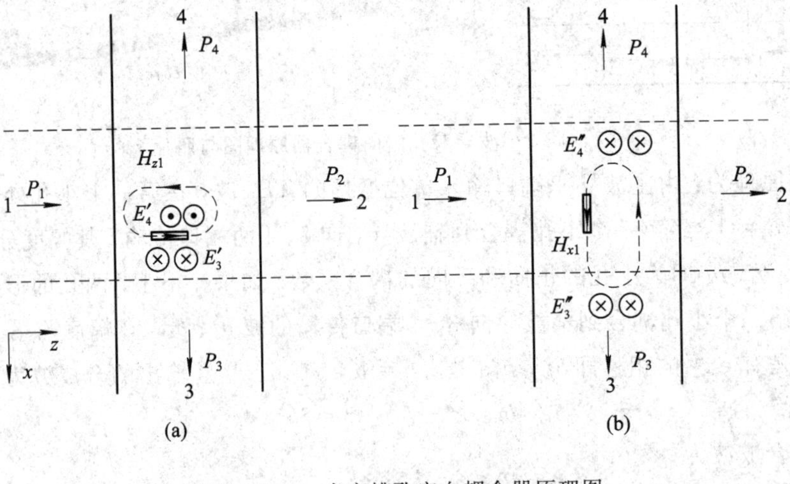

图 7-4-4　十字槽孔定向耦合器原理图

磁场和横向磁场在时间上存在90°的相位差即1/4周期相位差，故E_3''产生之时，E_3'也正好传播到，两者同向叠加，结果3端口有输出。E_4''产生之时，E_4'也正好传播到，两者反向叠加而抵消，结果4端口无输出。

从以上分析也可以看出，十字槽孔定向耦合器，通过十字槽孔从主波导耦合到副波导的TE_{10}波总是朝穿过十字槽孔所在对角线的方向传播，反方面为隔离端，如图7-4-5所示。

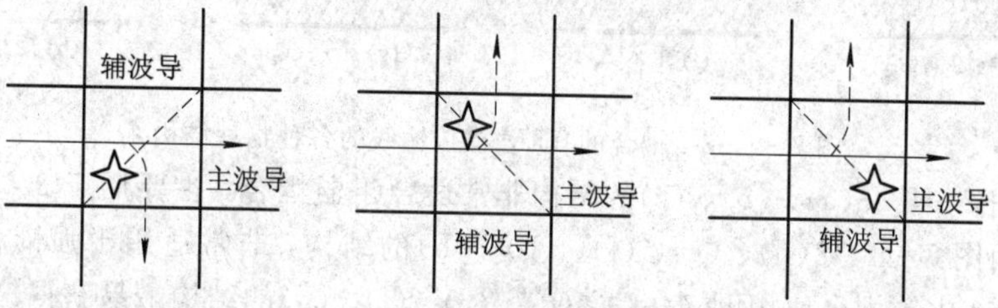

图7-4-5　十字槽耦合器耦合波传输方向的判定

耦合度大是单十字槽孔定向耦合器的缺点。为了减小耦合度，实际上是采用双十字槽孔，两个槽孔均开在对角线上，其耦合度可减小6 dB。

双T分支也可看成是一种3 dB定向耦合器，在简单元件一节中已作讨论。

7.4.4　平行耦合线耦合器

上述两种耦合器都是波导耦合器，传播的是TE波或TM波。TEM波耦合器多用平行耦合线实现，以带状线结构为主。通常，此类定向耦合器由主线和辅线构成，两条平行带线的长度为$\lambda/4$，如图7-4-6所示。

1. 工作原理

信号由端口1输入，端口2直接输出。当主线1-2中有交变电流i_1通过时，由于3-4线和1-2线相互靠近，故3-4线中便耦合有能量，能量既通过电场(以耦合电容表示)又通过磁场(以耦合电感表示)耦合，通过耦合电容C_m的耦合，在传输线3-4中引起的电流为i_{c3}和i_{c4}。同时，由于i_1的交变磁场的作用，在线3-4上感应有电流i_L。由电磁感应定律，感应电流i_L的方向与i_1相反，如图7-4-7所示。所以能量从端口1输入，则耦合口是3端口，而在4端口由于电耦合电流i_{c4}与磁耦合电流i_L的方向相反而互相抵消，故4端口是隔离端。因为辅线上耦合输出的方向与主线上波传播的方向相反，故是反向耦合器。

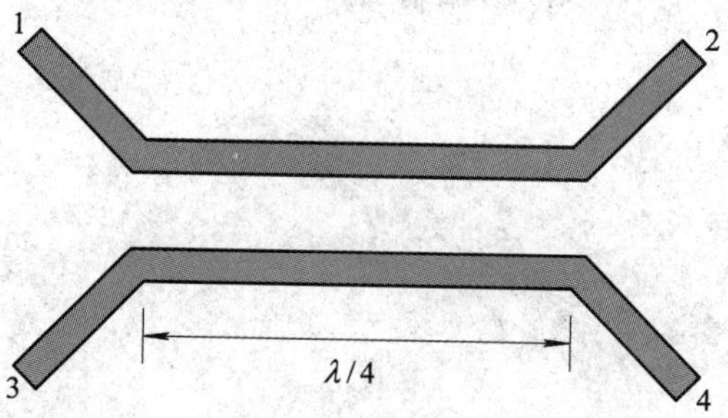

图7-4-6　平行耦合线耦合器结构

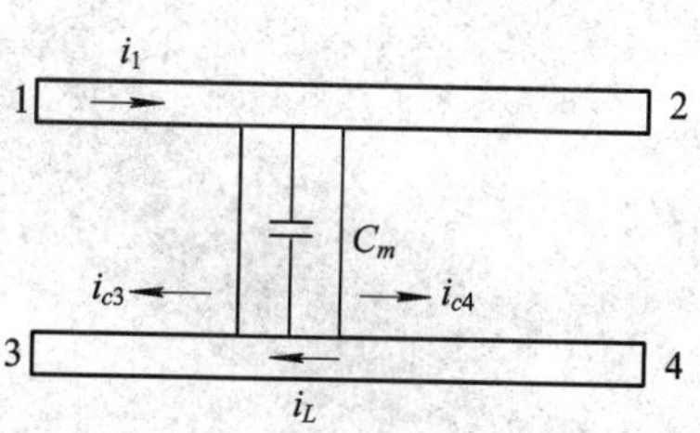

图7-4-7　耦合线耦合器工作原理

2. 物理结构

耦合的TEM模传输线的各种物理结构均可以用于这些耦合器，如图7-4-8所示。

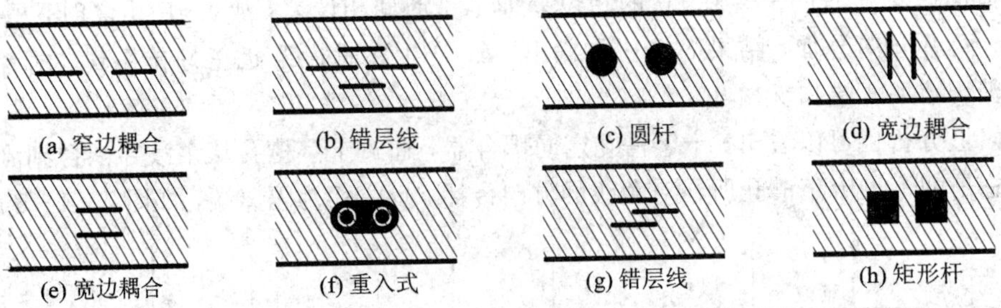

图 7-4-8 耦合的 TEM 模传输线的各种物理结构

其中，图 7-4-8(a)、(b)、(c)的结构非常适合于弱耦合，主要用于 20 dB、30 dB 耦合器设计；而图 7-4-8(d)、(e)、(f)、(g)、(h)的结构，非常适用于强耦合，主要用于 3～7 dB 耦合。中等耦合值用图 7-4-8(d)、(e)、(f)、(g)的结构最易获得。

3. 单节 λ/4 平行耦合线耦合器设计步骤

(1) 确定耦合系数 C(dB)；

(2) 利用下式计算奇偶模阻抗(注意要将功率耦合系数 C(dB)换算成电压耦合系数 C_0)；

$$Z_{0o}=Z_0\sqrt{\frac{1+C_0}{1-C_0}},\ Z_{0e}=Z_0\sqrt{\frac{1-C_0}{1+C_0}},\ Z_{0o}Z_{0e}=Z_0^2$$

(3) 通过查表或公式求解出耦合带线物理尺寸。

单节耦合线在带宽上是有限的，为展宽带宽，与多节阻抗变换器一样，也要采用多节实现，其实现方法类似于前面所述的阻抗变换器。

图 7-4-9 分别给出了基于平行耦合线的多种宽带耦合器结构图。

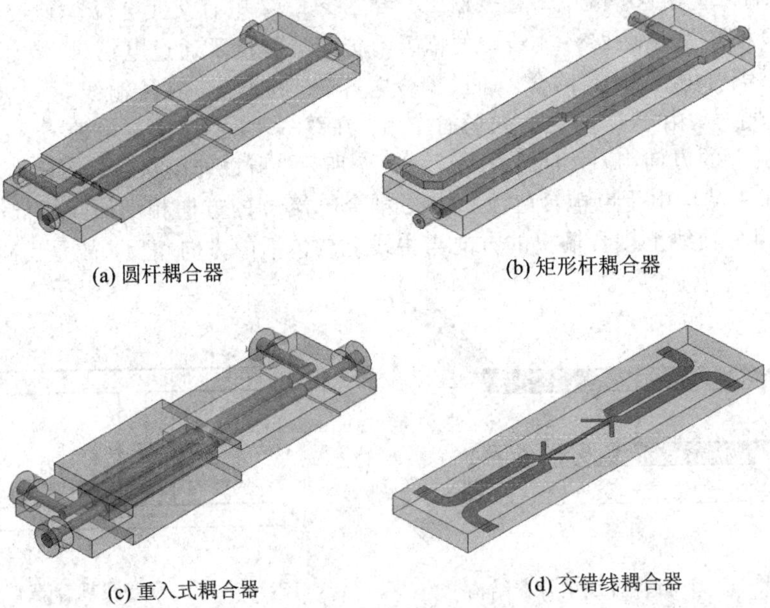

图 7-4-9 平行耦合线耦合器

7.4.5　功率分配器

在实际应用中，有时需要将信号源的功率分别馈送给若干个分支电路(负载)，例如将发射机的功率分别馈送给天线的很多个辐射单元，就需要功率分配器。

功率分配器的主要指标为输入输出间的分配损耗与插入损耗、输出支路间的隔离度、输出功率比，其他指标如端口驻波比、带宽等与其他器件类似。

(1) 分配损耗：主路到支路的分配损耗与功率分配器的功率分配比($P_{in}=kP_{out}$)有关，即

$$L_A=10\ \lg\left(\frac{P_{in}}{P_{out}}\right)$$

(2) 插入损耗：由于传输线的介质或导体不理想及端口回波不理想所带来的附加损耗，即

$$L_i=L-L_A$$

(3) 隔离度：衡量支路端口信号相互影响的程度，即

$$I_{ij}=10\ \lg\left(\frac{P_{ini}}{P_{inj}}\right)$$

功率分配器的种类和结构形式很多，而且其功能并不限于功率分配，还能起到功率合成、调配以及其他的功能。在此，只介绍常见的同轴线型和威尔金森平面功率分配器。

1. 同轴线型功率分配器

同轴线型功率分配器由一个分支结(T型结或十字结)和一段多节或单节 $\lambda/4$ 阻抗变换器组成，如图 7-4-10 所示。

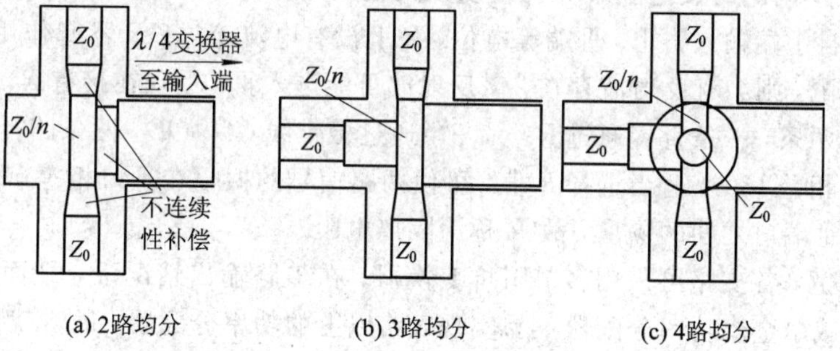

图 7-4-10　同轴线型功率分配器结构示意图

如果设输入与输出阻抗均为 Z_0，均分 n 路输出，则分支结处的输入阻抗应为 Z_0/n，则 $\lambda/4$ 阻抗变换器应完成阻抗从 Z_0 到 Z_0/n 的变换才能实现带宽内的最大驻波比要求。由于分支结处存在的不连续性，故在此处一般要进行补偿，通常通过软件仿真确定补偿位置与方法。

同轴线型功率分配器本身没有隔离度，且只能做到输入端口匹配，输出支路均处于强失配状态，故仅可作功率分配使用而不能用于功率合成。

一般单个分支结在实际中最多为4个，否则不易实现。更多路功率分配则可以通过多个分支节级联实现。图 7-4-11 给出了直接均分 4 路输出与两次均分 4 路(使用一个十字结和一个 T 型结)的模型图。

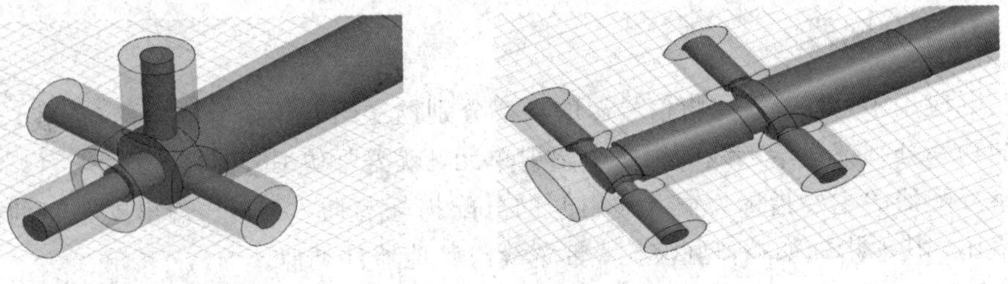

图 7-4-11　多路输出结构

2. 威尔金森功率分配器

威尔金森功率分配器的基本结构也是同轴线结构，但是使用了隔离电阻，使之具有输出隔离的性能。但同轴结构的威尔金森功率分配器加工难度大，且不易实现宽频，故后来只在微带和带状线结构上得到了广泛应用和发展。

图 7-4-12 为等分威尔金森功率分配器结构示意图，其输入线Ⅰ和输出线Ⅱ、Ⅲ的特性阻抗都是 Z_0，则从分支结处向两条输出线看进去的输入阻抗应为 $2Z_0$，为完成带宽内的匹配，自分支结处与输出线间应用 $\lambda_g/4$ 阻抗变换器完成阻抗变换，对图中所示的单节 $\lambda_g/4$ 的两分支线的特性阻抗则为 $\sqrt{2}Z_0$。当Ⅱ、Ⅲ均端接匹配负载时，可以从输入端获得等分的功率。C、D 间的跨接电阻 R 是为了实现两输出端口的相互隔离。当Ⅱ、Ⅲ均端接匹配负载时，信号自Ⅰ端输入，Ⅱ、Ⅲ端等电位，R 上没有电流流过，R 不起作用。若Ⅱ、Ⅲ端口有一个不匹配，则会有反射波存在，该反射波可能进入Ⅲ口。现在接有 R，则反射波进入Ⅲ口的路径有两条，一条直接通过 R；另一条通过微带线 CO、OD，两条路径的反射波在Ⅲ口叠加且相位相差 180°。适当选择 R 值，可使两路信号的振幅在Ⅲ口相等，即可将之抵消，从而实现Ⅱ、Ⅲ端口之间的隔离，故 R 称为隔离电阻。

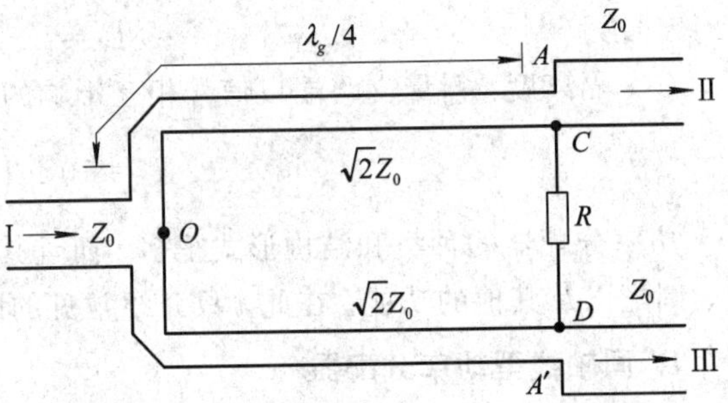

图 7-4-12　威尔金森功率分配器结构示意图

为展宽频宽，各支路可采用多节阻抗变换器，在多路输出情况下，平面电路里的隔离电阻会叠加，威尔金森功率分配器不易实现 3 路以上的功率分配器，最多就只能实现 3 路，更多的路的功率分配器采用多个 2 路功率分配器或 3 路功率分配器级联实现。图 7-4-13 是多节 2～4 路功率分配器的实物图。

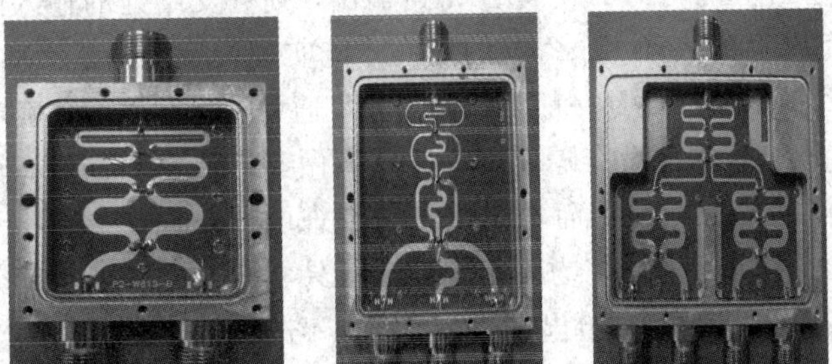

图 7-4-13　多路功率分配器

7.5　微波谐振器

在微波以下的频段，采用集总参数的电感 L 和电容 C 来构造谐振回路。但当频率升高至微波频段后，趋肤效应引起的欧姆损耗、介质引起的介质损耗和辐射引起的损耗大大增加，谐振回路的 Q 值明显降低。同时，由于频率的增加，使得 L 和 C 的数值大大减少，这一方面减少储能空间，更进一步降低了谐振回路的 Q 值及功率容量；另一方面，过小的 L、C 也使工艺结构上难以实现。因此，在微波技术中采用的是如图 7-5-1 所示的一些谐振腔。

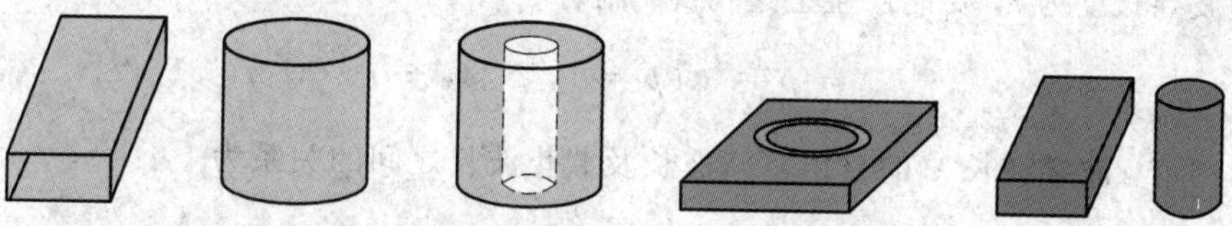

(a) 波导型腔　(b) 同轴型腔　(c) 微带腔　(d) 介质腔

图 7-5-1　微波谐振腔

谐振腔可以认为是从 LC 回路演变而来的。如图 7-5-2 所示，起初电容由平板电容构成，电感由线圈构成。为提高谐振频率，通过减小线圈匝数来减小电感 L，直至减小到只有一根导线。此时电感量仍不够小，再并联多根导线(即并联多根电感)，极限情况下就变成了一矩形谐振腔。

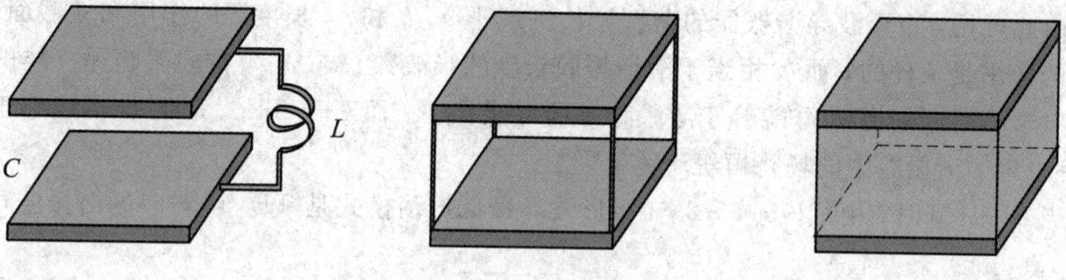

图 7-5-2　LC 回路演变成微波谐振腔

所以谐振腔具有与谐振回路相同的本质：它们都是电场能量与磁场能量的互相转换过程，其等效电路即低频 LC 谐振回路。

下面介绍几种常见的微波谐振腔。

7.5.1　矩形谐振腔

如图 7-5-3 所示，如果把矩形波导的一端用金属板封闭起来，则当电磁波在波导内传播时，除了在侧壁间形成驻波分布外，传到两端的金属板时也会产生全反射，因而沿传播方向也会形成驻波。由于导体的切向电场必须为零，故短路金属板处为电场的波节点和磁场的波腹点，因而在距短路端为 $\lambda_g/2$ 的整数倍处，如图 7-5-3 的 AA' 和 BB' 处，也是电场的波节点和磁场的波腹点。因而，如果在该处再加上金属板，将不会改变原有的场分布，于是就构成了一个矩形谐振腔，如图 7-5-4 所示。

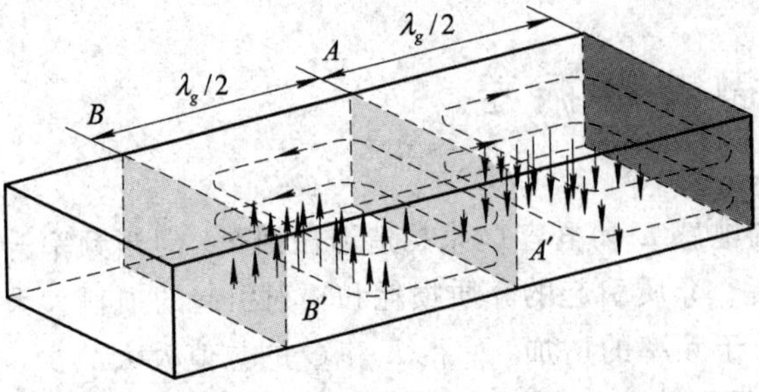

图 7-5-3　矩形谐振腔的形成

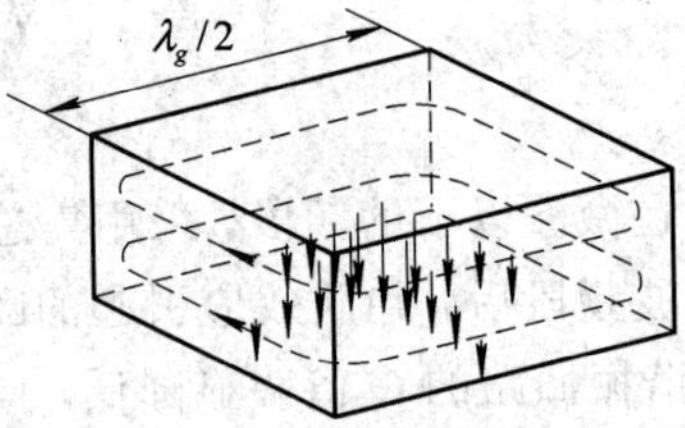

图 7-5-4　TE_{101}模的场结构图

假设波导长度为 l，要能产生上述情况，则有

$$l = p\frac{\lambda_g}{2} \quad (p=1, 2, 3, \cdots) \tag{7-5-1}$$

由第 5 章知道，波导波长 λ_g 的自由空间波长及截止波长之间的关系为

$$\lambda_g = \frac{\lambda}{\sqrt{1-\left(\dfrac{\lambda}{\lambda_c}\right)^2}},\ \lambda_c = \frac{1}{\sqrt{\left(\dfrac{m}{2a}\right)^2+\left(\dfrac{n}{2b}\right)^2}}$$

由此得到矩形波导谐振腔的谐振波长为

$$\lambda = \frac{2}{\sqrt{\left(\dfrac{m}{a}\right)^2+\left(\dfrac{n}{b}\right)^2+\left(\dfrac{p}{l}\right)^2}} \tag{7-5-2}$$

其中，$p=0, 1, 2, \cdots$(对于 TM_{mnp})；$p=1, 2, 3, \cdots$(对于 TE_{mnp})。

由此可见，矩形波导谐振器的谐振波长决定于 a、b 和 l，长度 l 的作用和横截面尺寸 a、b 的作用是一样的，而 p 相当于沿谐振腔长度的半波数，与 m、n 的意义也是一样的。

对于 TM_{mnp} 来说 p 可能等于零，此时场可能存在。而对于 TE_{mnp} 来说 p 不能等于零，当 $p=0$ 时，谐振腔中的场将恒等于零。

当 $b<a<l$ 时，由式(7-5-2)知矩形波导最低振荡模式是 TE_{101}，对应的谐振波长为

$$\lambda = \frac{2}{\sqrt{\dfrac{1}{a^2}+\dfrac{1}{l^2}}} \tag{7-5-3}$$

TE_{101}模的场结构图如图 7-5-4 所示。各场量沿 y 方向和 x 方向的分布与矩形波导的 TE_{10}模相同，而沿 z 方向则有半个驻波的分布。

7.5.2　圆柱形谐振腔

圆柱形谐振腔由一段两端封闭的圆波导构成，如图 7-5-5 所示。和矩形谐振腔一样，圆柱形谐振腔也有 TE_{mnp} 和 TM_{mnp} 型场，其中 m 表示场沿半圆周分布的最大值个数，n 表示沿半径分布的最大值个数，p 表示场沿轴向分布的最大值个数。在谐振模式中，最常用的是 TE_{111} 型和 TE_{011} 型。

1. TE_{111} 型

TE_{111} 型是圆柱形谐振腔的基本谐振模式，它不仅易于单模工作，而且腔体尺寸小。TE_{111} 型的场分布如图 7-5-5 所示，场量在径向与圆周方向上与圆波导的 TE_{11} 模相同，而

沿 z 方向则有半个驻波的分布，它主要用作中等精度宽带波长计，如图 7-5-6 所示。

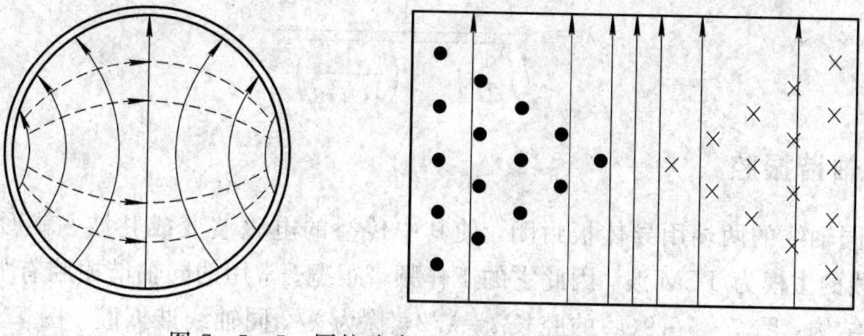

图 7-5-5 圆柱腔中 TE_{111} 模式电磁场结构图

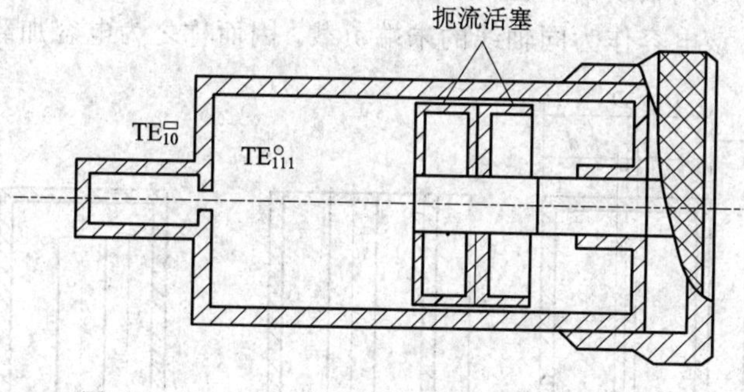

图 7-5-6 TE_{111} 模中等精度波长计结构示意图

TE_{111} 模的谐振波长为

$$\lambda=\frac{1}{\sqrt{\left(\frac{1}{2l}\right)^2+\left(\frac{1}{3.41a}\right)^2}} \tag{7-5-4}$$

2. TE_{011} 型

根据 TE_{011} 模场方程就可画出其场结构图，如图 7-5-7 所示。与圆波导 TE_{01} 模式一样，这种模式的最大特点是腔壁上只有圆周方向的电流，从而在实际应用中具有两个重要的性质：① 这种腔损耗很小，品质因数很高；② 由于只有圆周方向的电流，故工作于该模式的波长计，其调谐结构可以做成如图 7-5-8 所示的非接触式的活塞，而活塞与腔壁之间的间隙并不影响这种 TE_{011} 模谐振腔的性能。故 TE_{011} 模圆柱形谐振腔可用作高精度波长计等。

图 7-5-7 圆柱腔中 TE_{011} 模式电磁场结构图

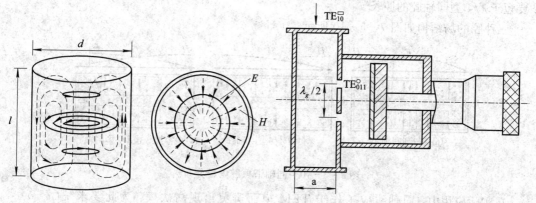

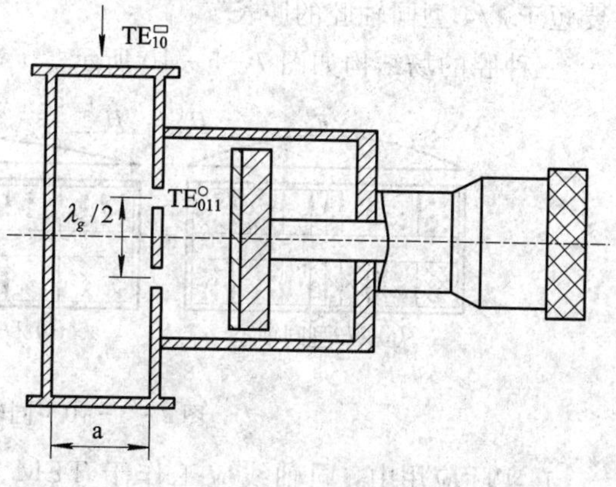

图 7-5-8 TE_{011} 模高精度波长计结构示意图

TE_{011}模的谐振波长为

$$\lambda=\frac{1}{\sqrt{\left(\frac{1}{2l}\right)^2+\left(\frac{1}{1.64a}\right)^2}} \tag{7-5-5}$$

7.5.3　同轴谐振腔

将一段同轴线的两端用导体板封闭，使其中传播的电磁波变成驻波，就形成了同轴谐振腔。同轴线的主模为 TEM 波，因此它的工作频带很宽。常用的同轴谐振腔有如图 7-5-9 所示的三种结构：图 7-5-9(a)的腔长 $l=\lambda/2$，称为 $\lambda/2$ 同轴线谐振腔；图 7-5-9(b)的腔长 $l=\lambda/4$，称为 $\lambda/4$ 同轴线谐振腔；图 7-5-9(c)在同轴线内导体的开路端与腔体端面之间形成集总电容，该电容作为同轴线的末端负载，因而称之为电容加载同轴谐振腔。

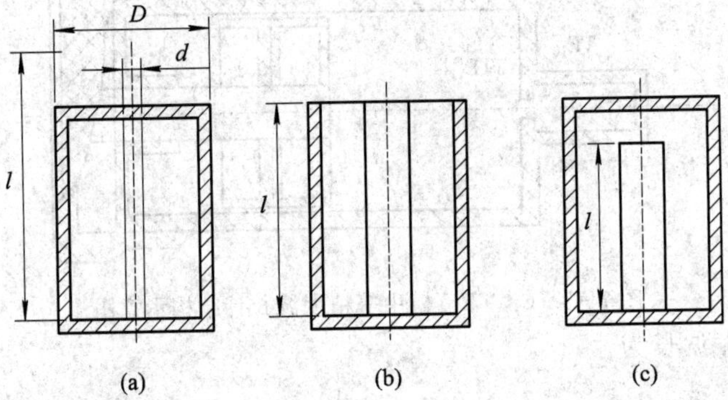

图 7-5-9　三种结构的同轴谐振腔

关于 $\lambda/2$ 同轴线谐振腔起振原理可参看习题 4-19，可知其谐振条件为

$$l=p\frac{\lambda}{2}\quad(p=1,2,3,\cdots) \tag{7-5-6}$$

同理，可以证明 $\lambda/4$ 型同轴腔谐振条件为

$$l=p\frac{\lambda}{4}\quad(p=1,2,3,\cdots) \tag{7-5-7}$$

对于电容加载式同轴腔，因为加载电容相当于一小段开路同轴线，故其谐振时的腔长 l 要短于 $\lambda/4$ 型同轴腔的腔长。

三种腔的场结构如图 7-5-10 所示。

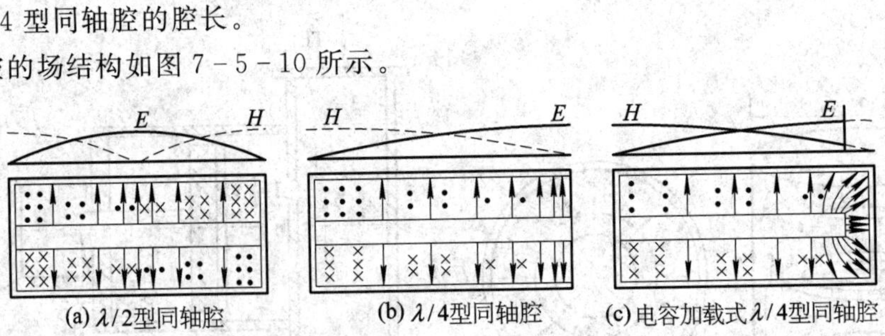

图 7-5-10　同轴谐振腔内场分布

在实际应用中，同轴线应工作于 TEM 模而避免出现高次模，为此要求 $\pi(a+b)<\lambda_{min}$。其中，a 和 b 分别为同轴线内、外导体的半径，λ_{min} 为工作频带内的最短波长。

λ/2 谐振腔可以制作同轴型波长计；λ/4 型同轴腔由于开路端存在辐射损耗，实用不多；更常用电容加载式 λ/4 型同轴腔设计滤波器。

7.6　微波滤波器

滤波器是用来分离不同频率信号的一种器件。它的主要作用是抑制不需要的信号，使其不能通过滤波器，而只让需要的信号通过。在通信、电子对抗、雷达等微波系统中，滤波器是必不可少的设备，同时滤波器还是构成多工器的基础。滤波器按频率的通带范围可分为低通、高通、带通和带阻四个类型，其插入衰减特性如图 7-6-1 所示，L_A为衰减量，其中虚线为理想曲线。这四种滤波器，其中以带通滤波器的应用最为广泛。

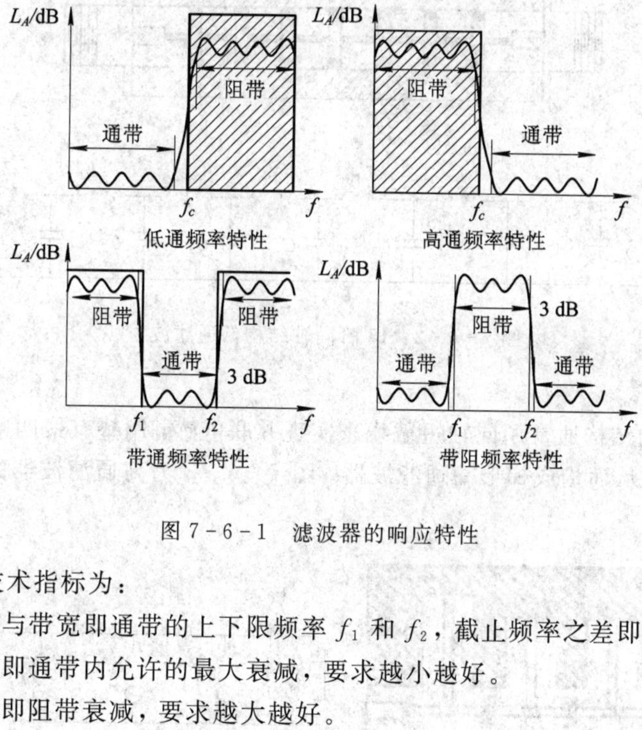

图 7-6-1　滤波器的响应特性

滤波器主要技术指标为：

(1) 截止频率与带宽即通带的上下限频率 f_1 和 f_2，截止频率之差即为滤波器带宽。

(2) 通带衰减即通带内允许的最大衰减，要求越小越好。

(3) 带外抑制即阻带衰减，要求越大越好。

(4) 寄生通带是滤波器的特有指标，这是由于传输线是分布参数，对频率响应具有周期性的原因，其结果使离开设计通带一定距离又产生了通带，一般各通带的中心频率成倍数关系。滤波器的截止频率一定不能落在寄生通带内。

(5) 时延特性，信号通过网络的时间取决于群时延，表示为

$$t_d=\frac{\mathrm{d}\varphi}{\mathrm{d}\omega}$$

其中，φ 为滤波器的插入相移即该网络的散射参量的相角 θ_{21}。当插入 φ 与 ω 为线性关系时，t_d为常数，信号不会产生失真；当不是线性关系时，信号会失真。

正如在谐振腔一节里所述，构成低频滤波器的集总元件 L、C 由于不适合在微波频段使用，故微波滤波器在结构上与低频滤波器完全不一样，虽然也有在 1～12 GHz 的集总元

件滤波器，但其制作工艺非常高，同时损耗很大、Q值很低，故目前大量应用的仍是分布参数元件。虽然如此，微波滤波器的设计仍沿用集总参数滤波器的电路原型，也同样有最平坦响应、切比雪夫响应、椭圆函数响应等形式，所不同的仅仅是如何用分布参数实现所需要的 L 和 C 或是谐振器。关于如何具体设计滤波器已超出本书讨论范围，在此仅仅给出常用滤波器的实现方法和原理。

1. 低通滤波器

正如前文所述，我们可以使用高阻抗传输线实现串联电感，用低阻抗线实现并联电容。故在微波频段，低通滤波器的典型结构是高、低阻抗传输线交替级联组成的糖葫芦式滤波器。通过调整高低阻抗值及其长度可以制造出结构简单性能优良的低通滤波器。图 7－6－2 是一个典型的 15 阶同轴结构低通滤波器的内部结构及等效电路。

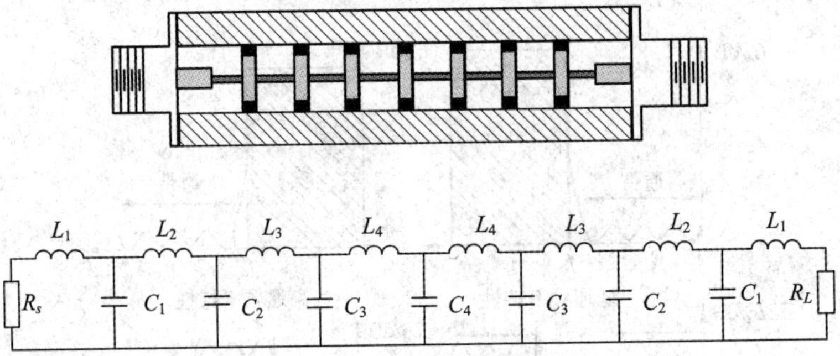

图 7－6－2　15 阶同轴结构低通滤波器

2. 高通滤波器

高通滤波器的结构通常用同轴短截线来实现并联电感，用垫有聚四氟乙烯的内导体圆盘实现串联电容，从而构成梯形高通滤波器。图 7－6－3 为高通滤波器的内部结构、等效电路。

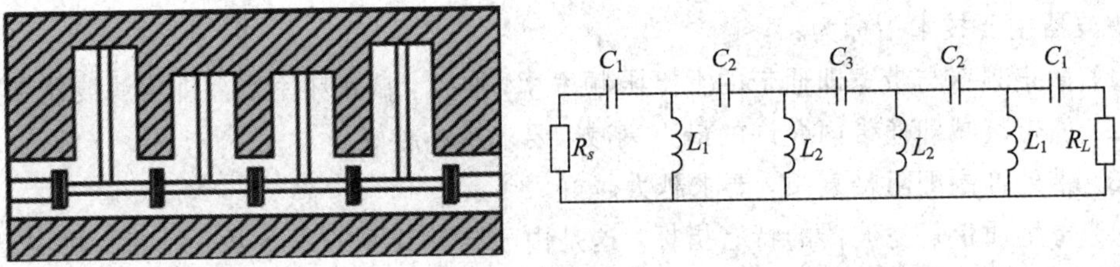

图 7－6－3　高通滤波器的内部结构、等效电路

3. 带通滤波器

带通滤波器是应用最为广泛的滤波器，根据通带的相对带宽分为窄带带通和宽带带通两种。一般相对带宽小于 20％称为窄带带通滤波器，相对带宽大于 40％称为宽带带通滤波器。带通滤波器的实现结构很多，其基本原理都可以归结为耦合腔的级联(串联或并联)，在此我们仅介绍耦合腔的串联结构。

如果一个并联谐振的 LC 谐振器并联在电路里，如图 7－6－4(a)所示，则谐振频率是可以通过的，失谐的频率将会被阻止；如果有多个谐振在不同频率上的并联谐振回路级联在电路里，且这些谐振频率相差不大，则前一个回路里的能量会被耦合到后一个回路里。耦合可以是电感耦合也可以是电容耦合，于是会有一定范围的频率可以通过，这样就构成了带通滤波器，其原理图如图 7-6-4(b)所示。在前文中所介绍的谐振腔都属于并联谐振器。

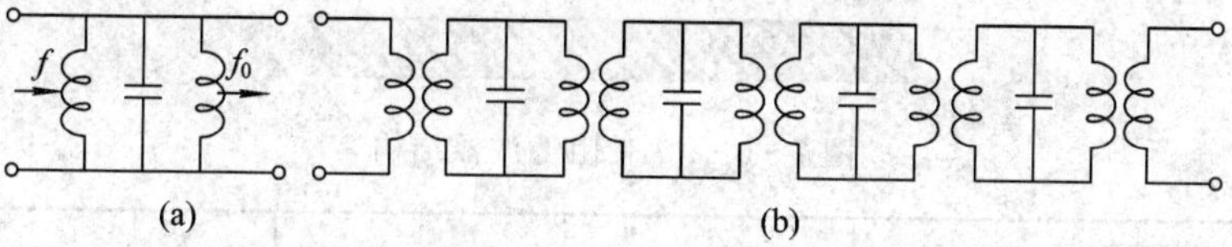

图 7-6-4　带通滤波器工作原理

图 7-6-5 为波导带通滤波器的结构，每组电感膜片间隔 $\lambda_g/2$(实际略短于 $\lambda_g/2$)，构成矩形波导谐振腔，腔与腔间的能量通过电感耦合传递。调整膜片大小可实现对不同频率的谐振和实现不同大小的耦合量(有时需加调谐螺钉或销钉)，以实现所需通带和带内损耗。

图 7-6-6 为采用 $\lambda/4$ 电容加载同轴谐振腔的带通滤波器，腔与腔间的能量通过电容耦合传递，通过调整谐振器上方调谐螺钉调节加载电容的大小，以实现不同频率的谐振；通过调整谐振器间螺钉实现不同大小的耦合量。

图 7-6-5　波导带通滤波器

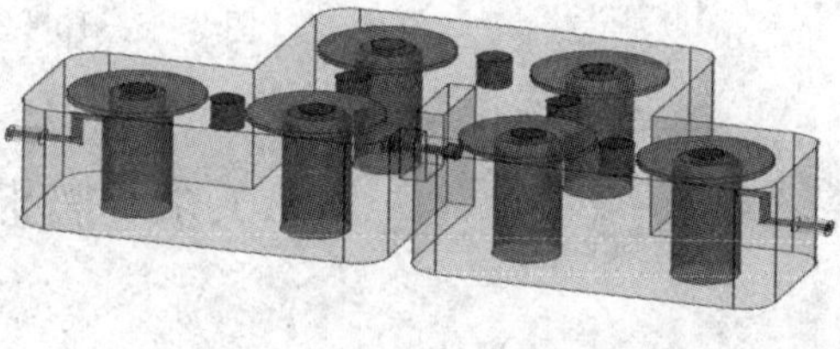

图 7-6-6　同轴带通滤波器

4. 带阻滤波器

带阻滤波器可对某些特殊频率进行衰减，其 LC 原型电路如图 7-6-7 所示。其并联谐振器可用串联谐振器按图 7-6-8 所示的方法得到(参见习题 6-12)。

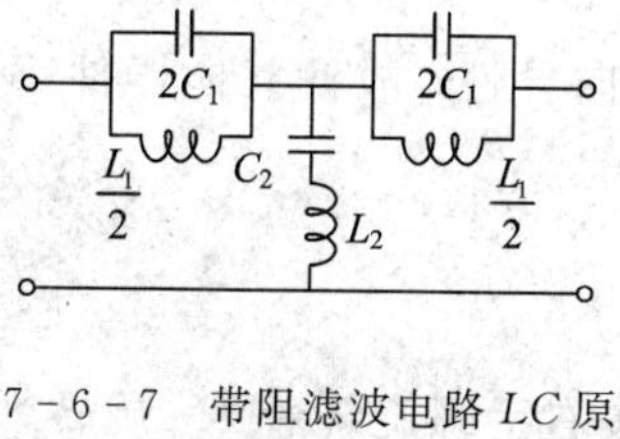

图 7-6-7　带阻滤波电路 LC 原型

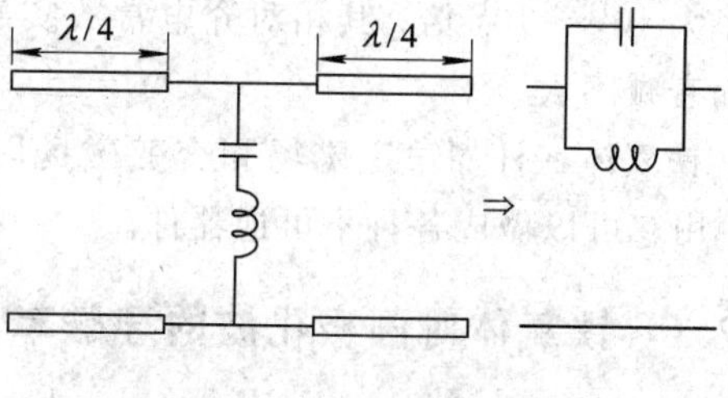

图 7-6-8　$\lambda/4$ 倒置变换关系

图 7-6-9 为同轴带阻滤波器结构示意图，谐振器采用电容加载$\frac{\lambda}{4}$短截线，谐振器间距约为 $\lambda/4$，λ 为阻带中心频率对应波长。图 7-6-10 为其仿真结果。

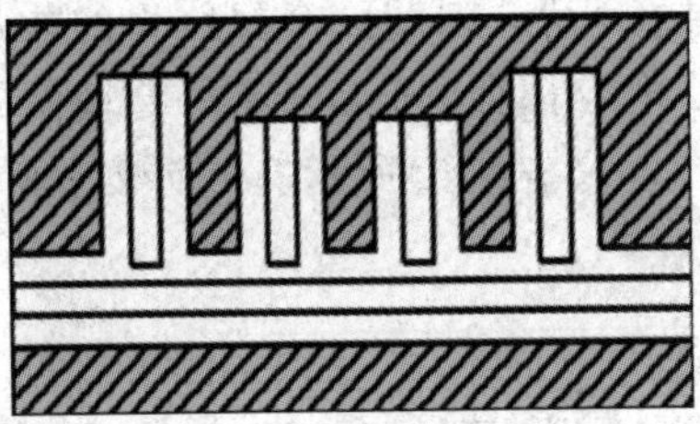

图 7－6－9　带阻滤波器结构

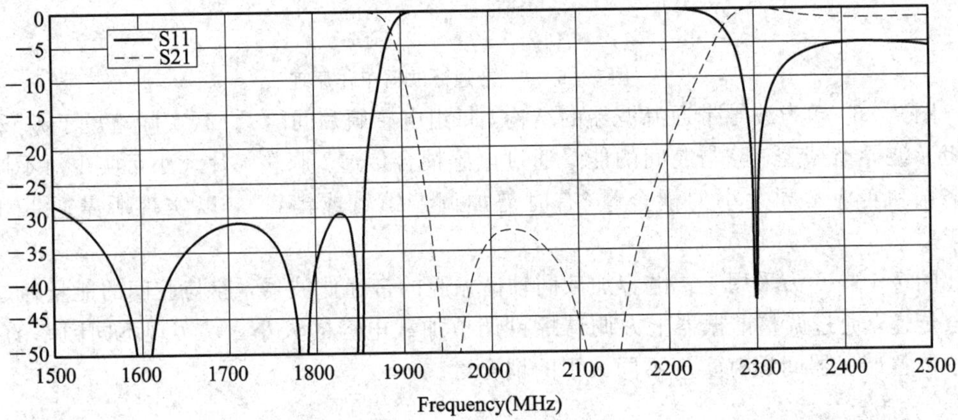

图 7－6－10　9 级带阻滤波器响应

7.7　微波铁氧体元件

铁氧体又称为磁性瓷，是微波技术中常用的一种非金属类磁性材料。铁氧体最初的原料是 $FeOFe_2O_3$。之后，二价铁由其他二价金属代替，记作 $MOFe_2O_3$。其中 M 代表二价金属离子，常用的是锰、镁、镍、铜、锌等。在微波波段常用镍-锌、镍-镁、锰-镁等铁氧体，以及钇铁石榴石(YIG)等。

铁氧体既保持了较高的导磁率，又有较高的电阻率，约为 $10^6 \sim 10^8\ \Omega \cdot cm$，比铁的电阻率大 $10^{11} \sim 10^{13}$ 倍；其相对介电常数实部可达 10～20，虚部则非常小，微波能在其中传播而衰减不大。

铁氧体在外加恒定磁场和交变磁场以后，呈现各向异性，故铁氧体器件都是不可逆的，用它可以做成各种不可逆器件。

7.7.1　铁氧体对圆极化波的导磁率

在外加恒定磁场 H_0 时，铁氧体中的自旋电子会按右手螺旋绕着 H_0 旋转，称之为进动，旋转的角频率即进动角频率为 $\omega_0 = \gamma H_0$，其中 γ 是旋磁比，一般为 2.8 兆赫/奥斯特。这种进动相当于回路的自由振荡，进动角频率相当于回路的自由振荡频率。

对于在铁氧体中传播的圆极化波，不论传播方向和 H_0 一致或是相反或是垂直，凡是交变磁场 h 和旋向对 H_0 呈右手螺旋关系的，称为正圆极化波或右旋波；凡是交变磁场 h

的旋向对 H_0 呈左手螺旋关系的，称为负圆极化波或左旋波。例如，一右旋圆极化波在铁氧体中传播，当其传播方向与 H_0 一致时为正圆极化；而当其传播方向与 H_0 相反时则为负圆极化，因为后者 h 的旋向刚好与 H_0 呈左手关系。

显然，正圆极化波 h 的旋向与自旋电子的进动方向一致，而负圆极化波的刚好相反，所以铁氧体对正负圆极化波呈现出不同的导磁率。一般来说，其相对导磁率如图 7-7-1 所示。

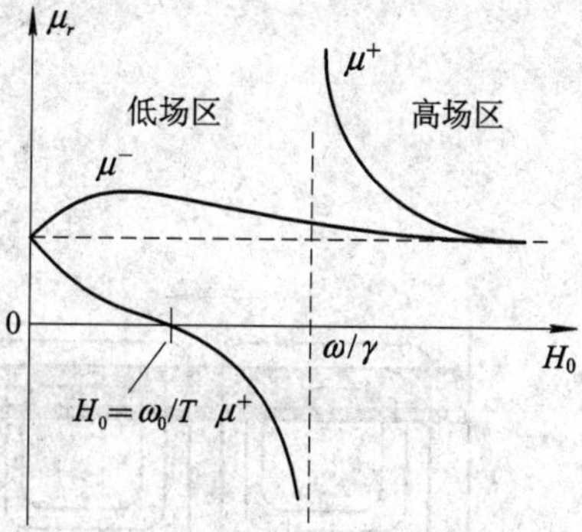

图 7-7-1　铁氧体对正负圆极化波呈现的相对导磁率

μ^+ 表示对正圆极化波呈现的相对导磁率，μ^- 表示对负圆极化波呈现的相对导磁率，图中，$H_0>\omega/\gamma$：高场区；$H_0<\omega/\gamma$：低场区。$H_0=0$ 时，铁氧体和普通均匀媒质一样。H_0 不同，μ^+，μ^- 具有不同的数值，特别是 μ^+。

对于角频率为 ω 的正圆极化波，当 $H_0=\omega/\gamma$ 时，由图 7-7-1 可以看出 μ^+ 趋于无穷大，这种现象称为铁磁共振。

从图 7-7-1 可以看出，铁氧体只对正圆极化波才可能产生铁磁共振，对负圆极化波则不存在铁磁共振问题。这是由于当正圆极化波的 $\omega=\omega_0$ 时，电磁波的磁场 h 与自旋电子进动方向相同，时时帮助自旋电子的进动，使进动幅度越来越大。振幅越大，内部损耗也越大，从正圆极化波磁场吸收的能量越多，致使电磁波在铁氧体内将无法传播。至于负圆极化波，由于其磁场旋向与自旋电子进动方向相反，在任何频率下都无法同步，因而即使 $\omega=\omega_0$ 也不会发生铁磁共振现象，能量可以几乎无损失地通过铁氧体介质。以下就此特性介绍几种常用的铁氧体器件。

7.7.2　微波铁氧体元件

1. 场移式隔离器

场移式隔离器是利用铁氧体在外加恒定磁场作用下，对正负圆极化波所具有的不同特性而构成的一种微波元件。它使正向传输的波无衰减(实际上是衰减很小)地通过，而对于反向传输的波则有较大的衰减。如在微波测量系统中使用隔离器，可以把负载不匹配所引起的反射通过隔离器吸收掉，不能返回信号源，使信号源稳定地工作。

场移式隔离器如图 7-7-2 所示。它由一段矩形波导和一片平行于窄壁的铁氧体片组成，铁氧体的右表面加有衰减片，外加较小的恒定磁场使之工作于低场区，磁场方向和矩形波导宽壁垂直。场移式隔离器是利用铁氧体对正负圆极化磁场呈现不同的导磁率而制成的铁氧体器件。由图 7-7-3(a)可知，当 TE_{10} 波由 1 端向 2 端方向传输时，在铁氧体片处存在着逆时针旋转的交变磁场，该磁场相对于 H_0 而言为正圆极化。由于铁氧体工作于低场区中 $\mu^+<0$ 区域，而在铁氧体片右侧为空气，其 μ 值比 μ^+ 大许多，故磁场将主要由空气中通过，相应的铁氧体片附近的电场将很小，因而衰减片能吸收的能量也很少，电磁波将顺利通过波导。

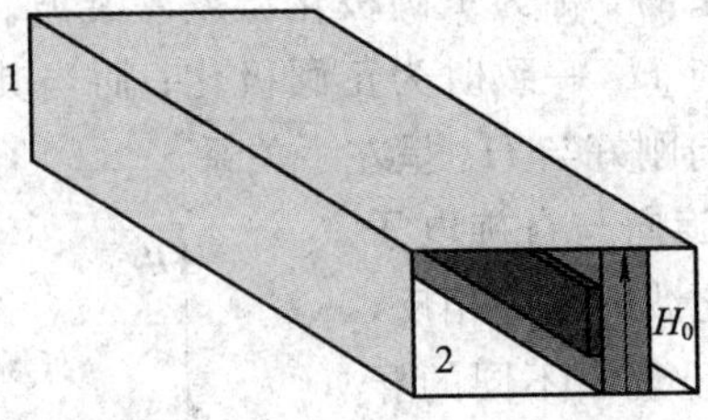

图 7-7-2 场移式隔离器

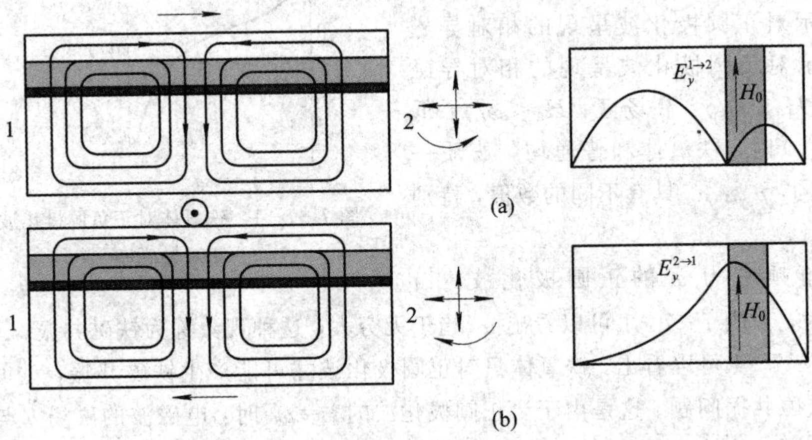

图 7-7-3 场移式隔离器工作原理

反之，当 TE_{10} 波由 2 端向 1 端传播时，铁氧体片处的磁场将变为顺时针旋转，对 H_0 而言为负圆极化。铁氧体片处的导磁率为 μ^-，因为 $\mu^->1$，使得磁场向铁氧体片集中，相应的铁氧体片处的电场较大，衰减片对电磁波的衰减很大，使磁场向铁氧体片集中，相应的铁氧体片处的电场较大，衰减片对电磁波的衰减很大，使得由 2 端向 1 端不能传播，起到隔离的作用，如图 7-7-3(b)所示。

由图 7-7-3 可以看出，在矩形波导内加入磁化铁氧体片以后，使 TE_{10} 波的场结构发生了横向移动，这种效应就称为场移效应。相应地，利用场移效应制作的微波隔离器称为场移隔离器。

2. 共振式隔离器

图 7-7-4 所示的是一种共振式隔离器，设图中铁氧体片放在矩形波导的右侧，外加直流磁场的方向同矩形波导的宽壁垂直，方向朝上。共振式隔离器的特点是恒定磁场强度正好等于磁共振所需要的数值，即铁氧体工作于图 7-7-1 的谐振吸收区。铁磁共振时，正圆极化磁场通过铁氧体衰减很大，负圆极化磁场则衰减很小。电磁波由 1 向 2 端传播时，因右侧 TE_{10} 波的磁场为顺时针旋转，相对于 H_0 为负圆极化磁场，电磁波的衰减很小，顺利传播；反之，电磁波由 2 端向 1 端传播时，铁氧体处 TE_{10} 波的磁场变为逆时针旋转，相对于 H_0 为正圆极化磁场，电磁波的衰减很大，无法传播。因此，共振式隔离器也可以起到隔离作用。

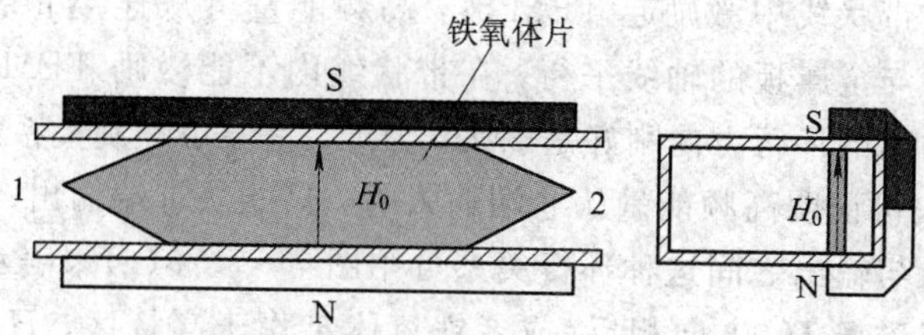

图 7-7-4　共振式隔离器

这两种隔离器各有优缺点，如下所述：

(1) 场移式隔离器所需的恒定磁场比较小，但是所用的衰减片既要衰减量大，使反向传输的功率产生极大的衰减，又要占的地方小，以免正向传输的功率产生较大的衰减，因此工艺上不易实现，制造不易。此外，衰减片装在波导里，散热也不容易。

(2) 共振式隔离器的结构简单，功率容量大，但所需的恒定磁场比较大。

3. 环行器

环行器是一种具有环行作用的微波器件。环行器原理如图 7-7-5 所示。

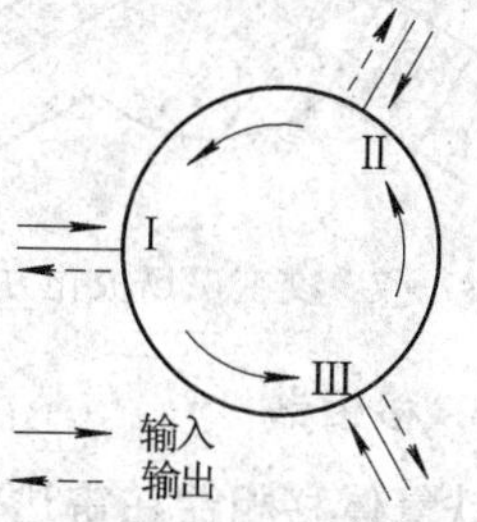

图 7-7-5　环形器原理图

当电磁波从Ⅰ臂输入时，则由Ⅱ臂输出，而Ⅲ臂无输出。依次类推，如从Ⅱ臂输入，则Ⅲ输出，Ⅰ无输出。因为是循环置换，故取名为环行器。

环行器用得最多的是结环行器，下面以 Y 结环行器为例进行介绍。

如图 7-7-6 所示为 Y 形带状线环行器的结构图。该环行器的内导体为 Y 形金属板(称为 Y 结)，它的三个臂互差 120°，分别与三个同轴线接头的芯线连接。Y 形板的上下各放一块圆饼形的铁氧体，铁氧体外面是外导体(圆形金属片，即带状线的接地板)，外导体与三个同轴线接头的外导体连接，外导体外面再放置一块永磁铁，以供给铁氧体所需的直流磁场。三个同轴线接头标有序号Ⅰ、Ⅱ、Ⅲ。

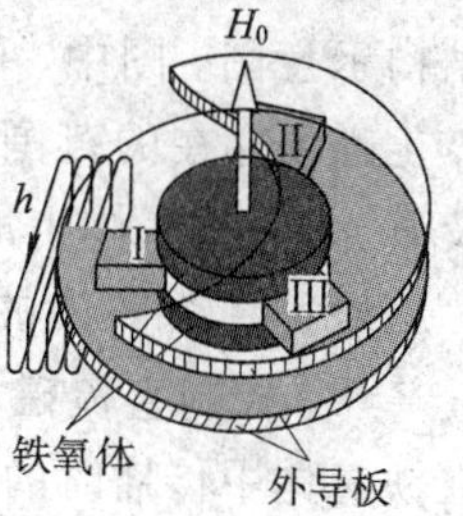

图 7-7-6　Y 形带状线环行器

假定Ⅱ、Ⅲ端接匹配负载，高频能量从连接Ⅰ端的同轴电缆输入，在同轴电缆内电磁波为 TEM 波。到了 Y 形板处，电磁场按带状线的 TEM 波分布。交变电磁场集中在金属板与上下外导体之间，交变电场方向与金属板和外导体垂直，交变磁场 h 则和电场垂直，环绕金属板，其分布如图 7-7-6 所示。

因此，从Ⅰ端进入铁氧体的交变磁场为线极化磁场，其极化方向与恒定磁场 H_0 垂直。已知线极化磁场可分解为两个幅度相等的正负圆极化磁场。如果铁氧体对正负圆极化磁场提供的导磁率满足关系式 $\mu^- > \mu^+ > 0$，则铁氧体中，正圆极化磁场的相移常数小于负圆极化磁场的相移常数，因而在传播过程中，合成的线极化磁场的极化方向，就不断地以 H_0 为准向着右手螺旋的方向偏转。只要适当选择直流磁场强度和铁氧体尺寸便可以使线极化磁场的极化方向旋转 60°，如图 7-7-7 所示。这时，在Ⅱ端处交变磁场与金属极的轴成垂直，交变电磁场能在带状线中激励起 TEM 波，高频能量可从连接Ⅱ端的同轴电缆输出。而在Ⅲ端，交变磁场与金属板的轴线平行，在带状线内不能激励 TEM 波，故高频能量不能从Ⅲ端输出，其输出的环行方向刚好是以 H_0 为准，呈左手螺旋关系。

利用同样的方法可证明高频能量从Ⅱ端输入时，只能从Ⅲ端输出；从Ⅲ端输入时则只能从Ⅰ端输出。输入与输出之间这种环行关系可用图 7-7-8(a)来表示，图中，箭头表示环行方向。如果直流磁场 H_0 方向相反(或者铁氧体工作于高场区，$H_0>\omega/\gamma$，$\mu^-<\mu^+$)，则 Y 形环行器的环行方向将与原来相反，如图 7-7-8(b)所示。

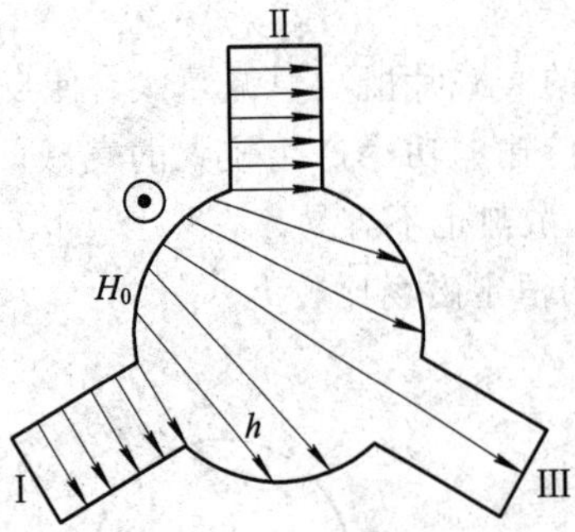

图 7-7-7　交变磁场极化方向的旋转

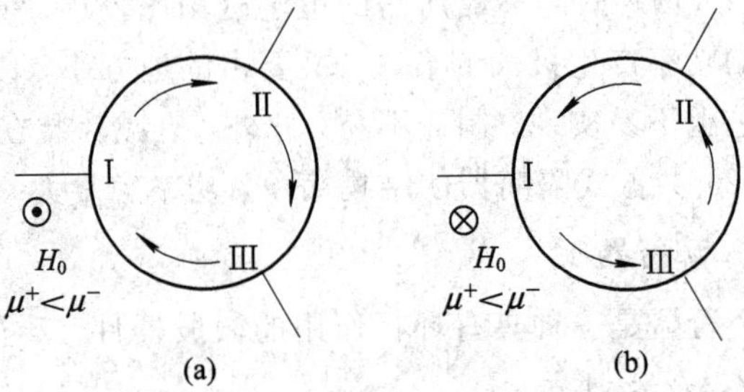

图 7-7-8　Y 形环行器的环行方向

4. 移相器

铁氧体移相器在雷达中最重要的应用是用于相控阵天线，用以控制天线的馈电相位，使天线的波瓣快速扫描。图 7-7-9 是一种铁氧体移相器的结构示意图。图中，两铁氧体片的位置选择在圆极化磁场存在的范围内(如图 7-7-9 中的 A 点及 B 点)，铁氧体上所加直流磁场大小合适($H_0<\omega/\gamma$)，使铁氧体的导磁系数满足关系式 $\mu^->\mu^+>0$，控制直流磁场的方向，可以改变电磁场在铁氧体中传播时的相移常数，从而达到控制移相器输出的相位的目的。

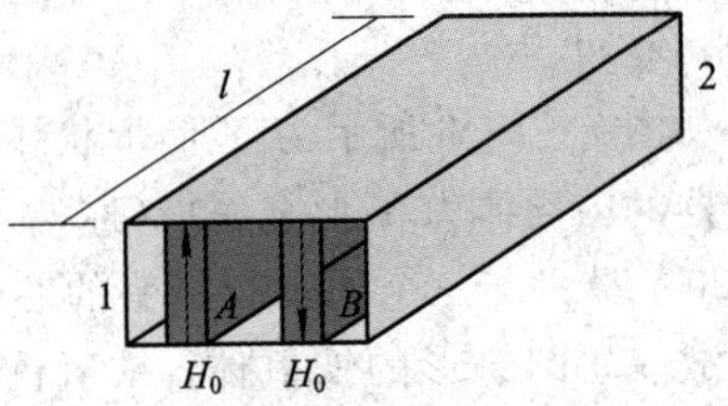

图 7-7-9　铁氧体移相器

设电磁波(TE_{10}波)在移相器中传播的方向是由 1 端向 2 端，则当直流磁场 H_0 的方向为左上右下即如图 7-7-9 所示时，波导内 TE_{10} 波的磁场在左铁氧体片处为逆时针旋转，在右铁氧体片处为顺时针旋转，但各自对于相应的 H_0 方向而言，均为正圆极化，铁氧体对 TE_{10} 波提供的导磁率为 μ^+，相移常数为 $\omega\sqrt{\mu_0\mu^+\varepsilon}$，通过 l 长度(相移段)以后，相位落后 $\omega l\sqrt{\mu_0\mu^+\varepsilon}$。如果将 H_0 倒过来，大小不变，则由于波导内场无改变，两铁氧体片处的磁场相对于各自的 H_0 均变为负圆极化，铁氧体提供的导磁率为 μ^-，TE_{10} 波通过 l 长度(相移段)以后相位落后 $\omega l\sqrt{\mu_0\mu^-\varepsilon}$。这样，在电波传输方向不变的情况下，通过改变 H_0 的方向就可以得到相位差 $\Delta\omega=\omega l(\sqrt{\mu^-}-\sqrt{\mu^+})\sqrt{\mu_0\varepsilon}$。通过控制 l 或 H_0 的大小，可以改变相位差值，从而达到我们需要的相移量。

习　题

7-1　简要说明题7-1图中同轴式旋转关节的工作原理。

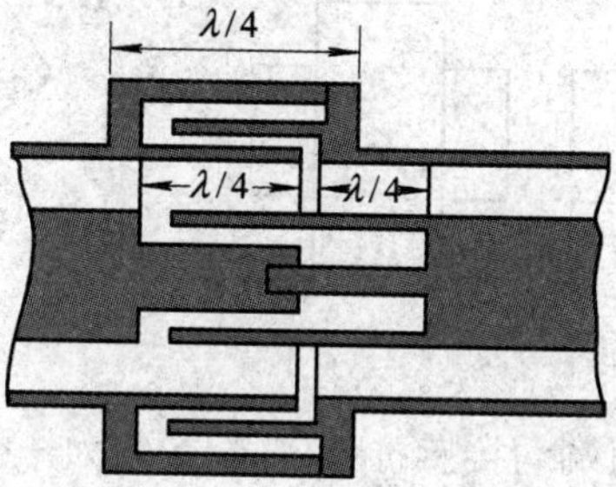

题7-1图

7-2　简要说明截止式衰减器的工作原理。

7-3　简要说明旋转极化衰减器的工作原理。

7-4　E-T分支的2端口接短路活塞，如题7-4图所示，问短路活塞与对称中心面的距离 l 为多长时，3端口负载得到最大功率或得不到功率？

7-5　如题7-5图所示的魔T，若从1端口输入信号，为使2端口输出最大，l_1、l_2的关系如何？若要使2端口输出为零，则 l_1、l_2的关系如何？

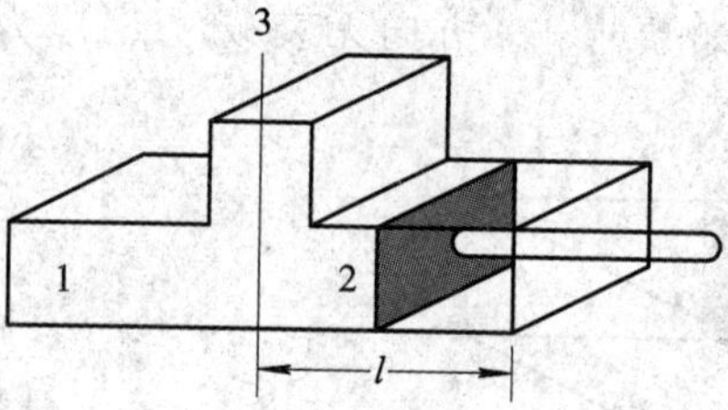

题7-4图

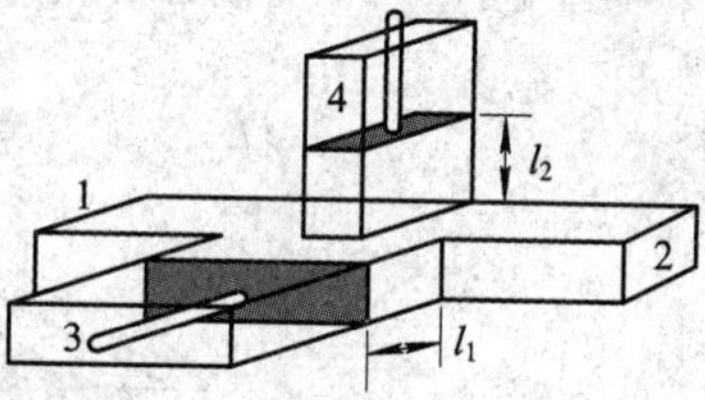

题7-5图

7-6　有一个已匹配的矩形波导 $a\times b=22.86\ \text{mm}\times 10.16\ \text{mm}$，在其中某处插入容性膜片，设其归一化电纳值为 $y=\text{j}3$，问：

(1) 在何处再插入一相同膜片可恢复匹配？

(2) 两膜片的驻波比是多少？

7-7　一负载阻抗为20 Ω，要求与50 Ω的同轴线匹配，工作中心频率 $f_0=4$ GHz，要求在2～6 GHz带宽内，反射系数 $|\Gamma|=0.05$，试设计同轴 $\lambda/4$ 波长阻抗变换器，并画出结构示意图。

7-8　简要说明波导双孔定向耦合器的工作原理。

7-9　判断题7-9图中各波导耦合元件的耦合方向。

7-10　简要说明平行耦合线耦合器的工作原理。

7-11 如题 7-11 图所示，传输 TE_{10} 波的矩形波导为 BJ-100，其内相隔 l 放置两理想导体片。

(1) 当 $l=2.2$ cm 时产生第一次谐振（H_{101} 模），求谐振波长 λ_g、λ_0。

(2) 如果 $l=4.4$ cm，谐振腔中的模式是什么？谐振波长有无变化？

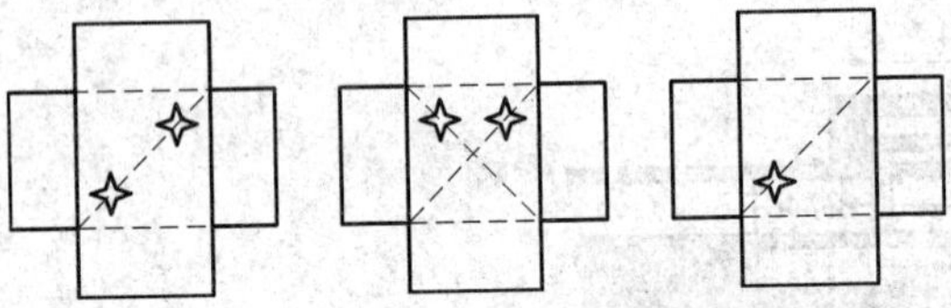

题 7-9 图

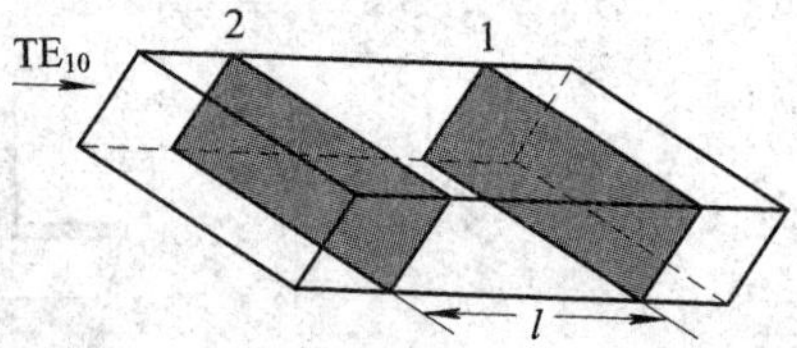

题 7-11 图

7-12 一段同轴线，其两端均接感抗 X_L，若等效为一个两端短路的 $\lambda/2$ 型同轴谐振腔，则此段同轴线的长度如何确定？

7-13 画出题 7-13 图中滤波器简图的等效电路，并判断它为何种滤波器。

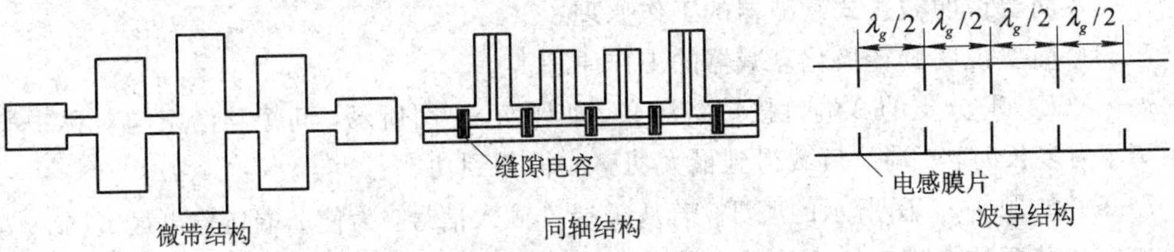

题 7-13 图

7-14 如题 7-14 图所示的谐振式隔离器，若要求 $+z$ 方向无衰减，H_0 应为什么方向？

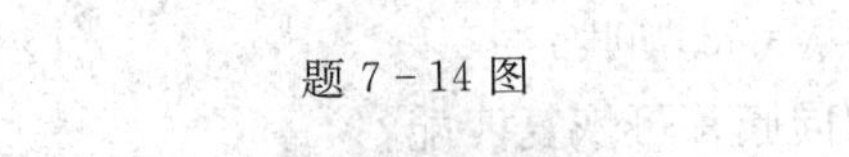

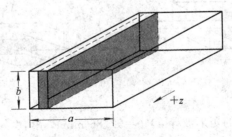

题 7-14 图

习题解答

第三篇 天线与电波传播

任何无线电系统的信息传输既包含有电波能量的发射和接收，也包含有电磁波在空间的传播过程。天线与电波传播的理论与技术是无线电学科中重要的研究内容，其发展也伴随着科学技术水平的整体提高而提高。

天线是任何无线电通信系统不可或缺的前端部件。尽管设备的任务并不相同，但天线在其中所起的作用是相同的，依靠它完成高频电流能量(导波)与电磁波辐射之间的转换。为了达到这个目的，要求天线具有一定的方向性，较高的转换效率，能满足系统正常工作的频带宽度等特性，天线本身的质量也直接影响着无线电系统的整体性能。

1886年，德国物理学家赫兹以终端加载的偶极子作为发射天线，以谐振方环作为接收天线的无线电系统证实了麦克斯韦理论。1901年，意大利物理学家马可尼以50根下垂铜线组成了巨大的扇形发射天线，实现了从英格兰Cornwall到加拿大St. John's的跨大西洋通信。从那以后，伴随着大功率真空管以及更高频率源的出现，伴随着其他科学技术的发展，无线电频谱得到了充分利用，天线的理论分析与技术也有了长足的进步。如今，数以千计的各种卫星正负载着天线运行于近地轨道、中高度地球轨道和对地静止轨道，载有天线的宇宙飞船正向遥远的太空飞去，探测器依靠天线接收地面的指挥并发送回探测到的信息，内置有天线的移动电话为人们提供了便捷的通信。由于天线在无线电系统中的重要作用，对性能卓越的天线的需求也将达到空前的高度。

由于无线电通信系统的多样性，天线的种类很多，按照用途的不同，可将它们分为通信天线、广播和电视天线、雷达天线、导航和测向天线等；按照工作波长可分为长波天线、中波天线、短波天线、超短波天线以及微波天线等；按照天线的特色可分为圆极化天线、线极化天线、窄频带天线、宽频带天线、非频变天线以及数字波束天线等；按照结构分为由导线或金属棒构成的线天线以及由金属面或介质面构成的面天线。而本书有关天线的章节划分基本上采用后两种分类方法。

随着航天、军事、民用移动通信等领域的快速发展，无线领域的新理论、新技术以及新应用也呈现了不断发展趋势。就天线技术而言，其发展主要包括两方面：一是对传统天线的性能改进，例如天线的频带展宽、方向性增强以及小型化等；二是设计理念以及天线载体的变革，例如智能天线、重构天线、等离子体天线以及光子晶体天线等。受篇幅限制，这些新型天线留待读者自己去探究。

无线电波传播领域的研究对象为各个波段的无线电波在各种自然背景下的传播特性及其应用。电波传播研究的基本问题，是不同频段的电波通过各种自然环境(包括某些人为环境)媒质的传播效应及其在时、空、频域中的变化规律。电波传播在很大程度上也是一门实验性科学，需要在应用实践中不断完善和发展。与天线一样，伴随着科学技术的发展，电波传播的研究领域也将日益广泛和深入。

第8章　天线基础知识

8.1 引　　言

尽管天线问题就是具有复杂边界条件的电磁场边值问题，但是在天线领域里，有着自己独特的语言和文化。本章是天线理论的入门，在这一章中，读者将从最小的微元——基本振子的辐射开始，熟悉天线的描述语言，理解最简单的空间功率合成概念，为步入奇妙的天线世界打下基础。

8.2 基本振子(Short Dipole)的辐射

尽管实际天线结构、特性都各有不同，但是分析它们的基础却都是建立在电、磁基本振子的辐射机理上的。

8.2.1 电基本振子的辐射

电基本振子(Electric Short Dipole)又称电流元，它是指一段理想的高频电流直导线。其长度 l 远小于波长 λ，其半径 a 远小于 l，沿 l 上的电流振幅相等，相位相同，因此其上的电流瞬时值可表示为 $i(t)=I\cos\omega t$。

如图 8-2-1 所示，电基本振子位于坐标原点，沿 z 轴放置，空间的媒质为线性均匀各向同性的理想介质(ε_0，μ_0)，此电流元 Il 产生的矢量位的复矢量振幅为

$$\mathbf{A}=\frac{\mu_0 Il}{4\pi r}\mathrm{e}^{-\mathrm{j}kr}\boldsymbol{e}_z=A_z\boldsymbol{e}_z \tag{8-2-1}$$

上式在球坐标系中可表示为

$$\mathbf{A}=\boldsymbol{e}_rA_r+\boldsymbol{e}_\theta A_\theta+\boldsymbol{e}_\varphi A_\varphi$$

$$\begin{cases}A_r=A_z\cos\theta\\A_\theta=-A_z\sin\theta\\A_\varphi=0\end{cases} \tag{8-2-2}$$

则电流元产生的磁场强度为

$$\boldsymbol{H}=\frac{1}{\mu_0}\nabla\times\boldsymbol{A}$$

$$=\frac{1}{\mu_0 r^2\sin\theta}\begin{vmatrix}\boldsymbol{e}_r & r\boldsymbol{e}_\theta & r\sin\theta\boldsymbol{e}_\varphi\\ \dfrac{\partial}{\partial r} & \dfrac{\partial}{\partial\theta} & \dfrac{\partial}{\partial\varphi}\\ A_r & rA_\theta & 0\end{vmatrix}$$

$$=H_\varphi\boldsymbol{e}_\varphi \tag{8-2-3a}$$

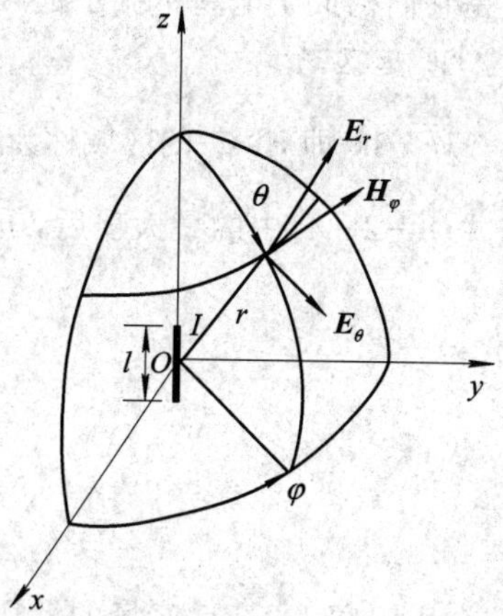

图 8-2-1　电基本振子的坐标

其中

$$H_\varphi=\frac{Il}{4\pi}\sin\theta\left(\mathrm{j}\,\frac{k}{r}+\frac{1}{r^2}\right)\mathrm{e}^{-\mathrm{j}kr} \tag{8-2-3b}$$

再由麦克斯韦方程 $\boldsymbol{E}=\frac{1}{\mathrm{j}\omega\varepsilon}\nabla\times\boldsymbol{H}$，可得电场强度如下所示

$$\boldsymbol{E}=E_r\boldsymbol{e}_r+E_\theta\boldsymbol{e}_\theta$$

$$\begin{cases}E_r=\dfrac{Il}{4\pi}\dfrac{2}{\omega\varepsilon_0}\cos\theta\left(\dfrac{k}{r^2}-\mathrm{j}\,\dfrac{1}{r^3}\right)\mathrm{e}^{-\mathrm{j}kr}\\ E_\theta=\dfrac{Il}{4\pi}\dfrac{1}{\omega\varepsilon_0}\sin\theta\left(\mathrm{j}\,\dfrac{k^2}{r}+\dfrac{k}{r^2}-\mathrm{j}\,\dfrac{1}{r^3}\right)\mathrm{e}^{-\mathrm{j}kr}\end{cases} \tag{8-2-4}$$

在以上各式中，$k=\omega\sqrt{\mu_0\varepsilon_0}=2\pi/\lambda$ 为自由空间相移常数；λ 为自由空间波长。

电基本振子的场强矢量的各分量都与距离 r 存在着复杂的关系，因此有必要根据距离的远近，分区讨论场量的性质。

1）近区场

$kr\ll1$，即 $r\ll\frac{\lambda}{2\pi}$ 的区域称为近区，在此区域内 $\frac{1}{kr}\ll\frac{1}{(kr)^2}\ll\frac{1}{(kr)^3}$，因此忽略式(8-2-3)与式(8-2-4)中的 $\frac{1}{r}$ 项，并且认为 $\mathrm{e}^{-\mathrm{j}kr}\approx1$，电基本振子的近区场表达式为

$$\begin{cases}H_\varphi=\dfrac{Il}{4\pi r^2}\sin\theta\\ E_r=-\mathrm{j}\,\dfrac{Il}{4\pi r^3}\dfrac{2}{\omega\varepsilon_0}\cos\theta\\ E_\theta=-\mathrm{j}\,\dfrac{Il}{4\pi r^3}\dfrac{1}{\omega\varepsilon_0}\sin\theta\\ E_\varphi=H_r=H_\theta=0\end{cases} \tag{8-2-5}$$

将上式和静电场中电偶极子产生的电场以及恒定电流产生的磁场做比较，可以发现除了电基本振子的电磁场随时间变化外，在近区内的场振幅表达式完全相同，故近区场也称为似稳场或准静态场。

近区场的另一个重要特点是电场和磁场之间存在 $\pi/2$ 的相位差，于是坡印廷矢量的平均值 $\boldsymbol{S}_{av}=\frac{1}{2}\mathrm{Re}[\boldsymbol{E}\times\boldsymbol{H}^*]=0$，能量在电场和磁场以及场与源之间交换而没有辐射，所以近区场也称为感应场。必须注意，在以上的讨论中我们忽略了很小的 $1/r$ 项，下面将会看到

正是它们构成了电基本振子远区的辐射实功率。

2）远区场

$kr \gg 1$，即 $r \gg \frac{\lambda}{2\pi}$ 的区域称为远区，在此区域内 $\frac{1}{kr} \gg \frac{1}{(kr)^2} \gg \frac{1}{(kr)^3}$，因此保留式(8-2-3)与式(8-2-4)中的最大项后，电基本振子的远区场表达式为

$$\begin{cases} H_\varphi = \mathrm{j}\,\dfrac{Il}{2\lambda r}\,\sin\theta \mathrm{e}^{-\mathrm{j}kr} \\ E_\theta = \mathrm{j}\,\dfrac{60\pi Il}{\lambda r}\,\sin\theta \mathrm{e}^{-\mathrm{j}kr} \\ E_r = 0 \\ H_r = H_\theta = E_\varphi = 0 \end{cases} \tag{8-2-6}$$

由上式可见，远区场的性质与近区场的性质完全不同，场强只有两个相位相同的分量(E_θ、H_φ)，其电力线分布如图 8-2-2 所示，场矢量如图 8-2-3 所示。

图 9-2-2　动画

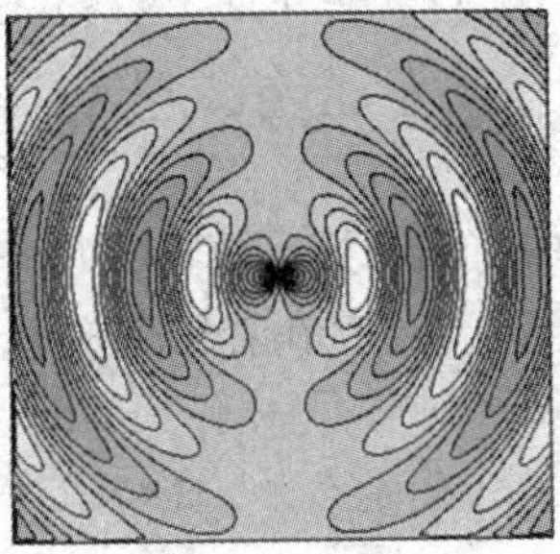

图 8-2-2　电基本振子电力线

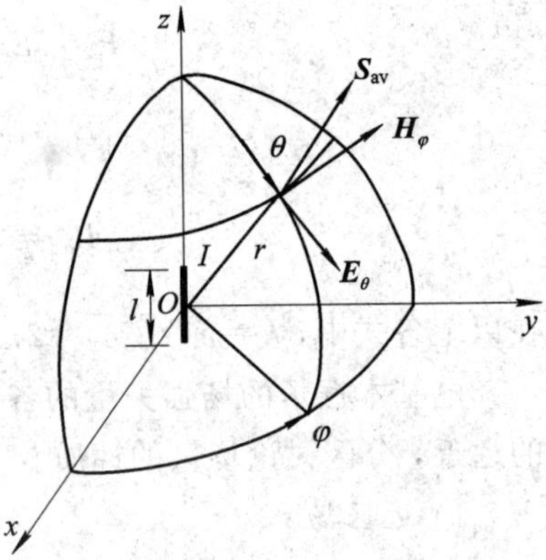

图 8-2-3　电基本振子远区场

远区场的坡印廷矢量平均值为

$$\boldsymbol{S}_{av} = \frac{1}{2}\mathrm{Re}[\boldsymbol{E} \times \boldsymbol{H}^*] = \frac{15\pi I^2 l^2}{\lambda^2 r^2}\sin^2\theta \boldsymbol{e}_r \tag{8-2-7}$$

有能量沿 $\boldsymbol{r}$ 方向向外辐射，故远区场又称为辐射场。该辐射场的性质有以下四条：

(1) E_θ、H_φ 均与距离 r 成反比，波的传播速度为 $c = \frac{1}{\sqrt{\mu_0 \varepsilon_0}}$，$E_\theta$ 和 H_φ 中都含有相位因子 $\mathrm{e}^{-\mathrm{j}kr}$，说明辐射场的等相位面为 r 等于常数的球面，所以称其为球面波。$\boldsymbol{E}$、$\boldsymbol{H}$ 和 $\boldsymbol{S}_{av}$ 相互垂直，且符合右手螺旋定则。

(2) 传播方向上电磁场的分量为零，故称其为横电磁波，记为 TEM 波。

(3) E_θ 和 H_φ 的比值为常数，称为媒质的波阻抗，记为 η。对于自由空间有

$$\eta = \frac{E_\theta}{H_\varphi} = \sqrt{\frac{\mu_0}{\varepsilon_0}} = 120\pi \quad (\Omega) \tag{8-2-8}$$

这一关系说明在讨论天线辐射场时，只要掌握其中一个场量，另一个即可用上式求出，通常总是采用电场强度作为分析的主体。

(4) E_θ 和 H_φ 与 $\sin\theta$ 成正比，说明电基本振子的辐射具有方向性，辐射场不是均匀球

面波。由此，任何实际的电磁辐射绝不可能具有完全的球对称性，这也是所有辐射场的普遍特性。

电偶极子向自由空间辐射的总功率称为辐射功率 P_r，它等于坡印廷矢量在任一包围电偶极子的球面上的积分，即

$$\begin{aligned} P_r &= \oiint_S \boldsymbol{S}_{\text{av}} \cdot \mathrm{d}\boldsymbol{S} \\ &= \oiint_S \frac{1}{2}\mathrm{Re}[\boldsymbol{E} \times \boldsymbol{H}^*] \cdot \mathrm{d}\boldsymbol{S} \\ &= \int_0^{2\pi} \mathrm{d}\varphi \int_0^{\pi} \frac{15\pi I^2 l^2}{\lambda^2} \sin^3\theta \mathrm{d}\theta \\ &= 40\pi^2 I^2 \left(\frac{l}{\lambda}\right)^2 \quad (\mathrm{W}) \end{aligned} \tag{8-2-9}$$

因此，辐射功率取决于电偶极子的电长度，若几何长度不变，频率越高或波长越短，则辐射功率越大。因为已经假定空间媒质不消耗功率且在空间内无其他场源，所以辐射功率与距离 r 无关。

既然辐射出去的能量不再返回波源，为方便起见，将天线辐射的功率等效成被一个等效电阻所完全吸收，这个等效电阻就称为辐射电阻 R_r。仿照电路理论的相应关系式，可以得出：

$$P_r = \frac{1}{2} I^2 R_r \tag{8-2-10}$$

其中，R_r 称为该天线归算于(也叫归于)电流 I 的辐射电阻，这里 I 是电流的振幅值。将上式代入式(8-2-9)，可得电基本振子的辐射电阻为

$$R_r = 80\pi^2 \left(\frac{l}{\lambda}\right)^2 \quad (\Omega) \tag{8-2-11}$$

8.2.2　磁基本振子的辐射

磁基本振子(Magnetic Short Dipole)又称磁流元、磁偶极子。尽管它是虚拟的，迄今为止还未发现有孤立的磁荷和磁流存在，但是它可以与一些实际波源相对应。例如下面要介绍的小环天线就可以等效为磁偶极子，用此概念可以简化计算，因此对它的讨论是很有必要的。

如图 8-2-4 所示，设想一段长为 $l(l \ll \lambda)$ 的磁流元 $I_m l$ 置于球坐标系原点，根据电磁对偶性原理，只需要进行如下变换：

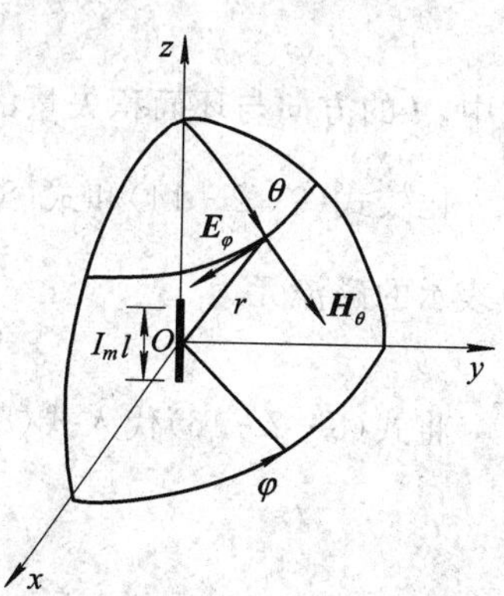

图 8-2-4　磁基本振子的坐标

$$\begin{cases} \boldsymbol{E}_e \Leftrightarrow \boldsymbol{H}_m \\ \boldsymbol{H}_e \Leftrightarrow -\boldsymbol{E}_m \\ I_e \Leftrightarrow I_m,\ Q_e \Leftrightarrow Q_m \\ \varepsilon_0 \Leftrightarrow \mu_0 \end{cases} \tag{8-2-12}$$

其中，下标 e、m 分别对应电源和磁源，则磁基本振子远区辐射场的表达式为

$$\begin{cases} E_\varphi = -\mathrm{j}\,\dfrac{I_m l}{2\lambda r}\,\sin\theta \mathrm{e}^{-\mathrm{j}kr} \\ H_\theta = \mathrm{j}\,\dfrac{I_m l}{2\lambda r}\sqrt{\dfrac{\varepsilon_0}{\mu_0}}\,\sin\theta \mathrm{e}^{-\mathrm{j}kr} \end{cases} \tag{8-2-13}$$

比较电基本振子的辐射场与磁基本振子的辐射场，可以得知它们除了辐射场的极化方向相互正交之外，其他特性完全相同。

磁基本振子的实际模型是小电流环，如图 8-2-5 所示，它的周长远小于波长，而且环上的谐变电流 I 的振幅和相位处处相同。

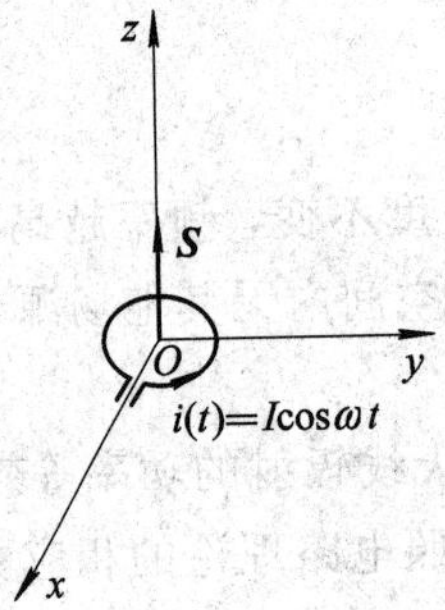

图 8-2-5　置于 xOy 平面上的小电流环

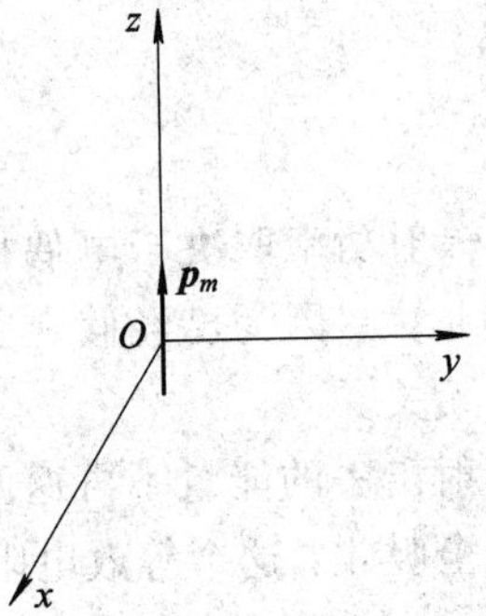

图 8-2-6　小电流环等效的磁矩

如图 8-2-6 所示，此小电流环所对应的磁矩为

$$\boldsymbol{p}_m = \mu_0 I\boldsymbol{S} \tag{8-2-14}$$

式中，$\boldsymbol{S}$ 为环面积矢量，方向由环电流 I 按右手螺旋定则确定。

若求小电流环远区的辐射场，我们可把磁矩看成一个时变的磁偶极子，磁极上的磁荷是 $+q_m$、$-q_m$，它们之间的距离是 l。磁荷之间有假想的磁流 I_m 以满足磁流的连续性，则磁矩又可表示为

$$\boldsymbol{p}_m = q_m \boldsymbol{l} \tag{8-2-15}$$

式中，$\boldsymbol{l}$ 的方向与环面积矢量的方向一致。

比较式(8-2-14)和式(8-2-15)，得 $q_m = \dfrac{\mu_0 I s}{l}$，又因为 $I_m = \dfrac{\mathrm{d}q_m}{\mathrm{d}t} = \dfrac{\mu_0 s}{l}\dfrac{\mathrm{d}I}{\mathrm{d}t}$，因此用复数表示的磁流元为

$$I_m l = \mathrm{j}\omega\mu_0 s I \tag{8-2-16}$$

将式(8-2-16)代入式(8-2-13)，可得小电流环的远区场为

$$\begin{aligned} E_\varphi &= \frac{\omega\mu_0 s I}{2\lambda r}\,\sin\theta \mathrm{e}^{-\mathrm{j}kr} \\ H_\theta &= -\frac{\omega\mu_0 s I}{2\lambda r}\sqrt{\frac{\varepsilon_0}{\mu_0}}\,\sin\theta \mathrm{e}^{-\mathrm{j}kr} \end{aligned} \tag{8-2-17}$$

小电流环是一种实用天线，称之为环形天线。事实上，对于一个很小的环来说，如果环的周长远小于 $\lambda/4$，则该天线的辐射场方向性与环的实际形状无关，即环可以是矩形、三角形或其他形状的。

磁偶极子的辐射总功率为

$$P_r = \oiint_S \boldsymbol{S}_{av} \cdot d\boldsymbol{S} = \oiint_S \frac{1}{2}\mathrm{Re}[\boldsymbol{E} \times \boldsymbol{H}^*] \cdot d\boldsymbol{S} = 160\pi^4 I^2 \left(\frac{s}{\lambda^2}\right)^2 \quad (\mathrm{W}) \qquad (8-2-18)$$

其辐射电阻为

$$R_r = \frac{2P_r}{I^2} = 320\pi^4 \left(\frac{s}{\lambda^2}\right)^2 \quad (\Omega) \qquad (8-2-19)$$

由此可见，同样电长度的导线，绕制成磁偶极子，在电流振幅相同的情况下，远区的辐射功率比电偶极子的要小几个数量级。

不仅小电流环可以视为磁偶极子，开在理想导体平面上的短缝隙也可以视为磁偶极子。

8.3　发射天线的电参数(Basic Antenna Parameters)

描述天线工作特性的参数称为天线电参数，又称电指标。它们是定量衡量天线性能的依据。

大多数天线电参数是针对发射状态规定的，以衡量天线把高频电流能量转变成空间电波能量以及定向辐射的能力。下面介绍发射天线的主要电参数，并且以电基本振子或磁基本振子为例加以说明。

8.3.1　方向函数

由电基本振子的分析可知，天线辐射出去的电磁波虽然是一球面波，但却不是均匀球面波。因此，任何一个天线的辐射场都具有方向性。

所谓方向性，就是在相同距离的条件下天线辐射场的相对值与空间方向(子午角 θ、方位角 φ)的关系，如图 8-3-1 所示。

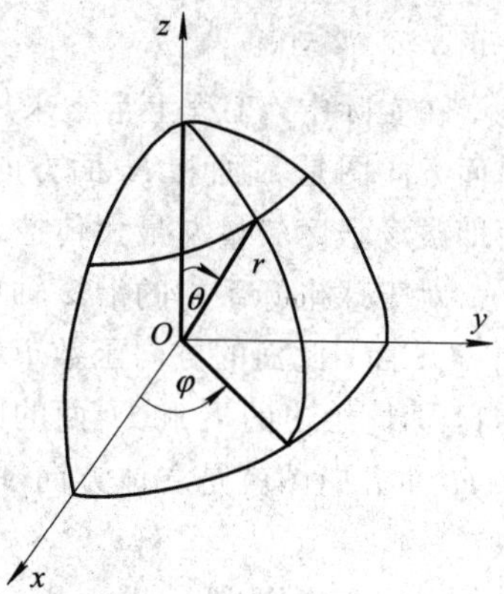

图 8-3-1　空间方位角

若天线辐射的电场强度为 $\boldsymbol{E}(r, \theta, \varphi)$，把电场强度(绝对值)写成

$$|\boldsymbol{E}(r, \theta, \varphi)| = \frac{60I}{r} f(\theta, \varphi) \qquad (8-3-1)$$

式中，I 为归算电流，对于驻波天线，通常取波腹电流 I_m 作为归算电流；$f(\theta, \varphi)$即为场强方向函数。因此，方向函数可定义为

$$f(\theta, \varphi) = \frac{|\boldsymbol{E}(r, \theta, \varphi)|}{\left(\frac{60I}{r}\right)} \qquad (8-3-2)$$

将电基本振子的辐射场表达式代入上式，可得电基本振子的场强方向函数为

$$f(\theta, \varphi) = \frac{\pi l}{\lambda} |\sin\theta| \qquad (8-3-3)$$

为了便于比较不同天线的方向性，常采用归一化方向函数，用 $F(\theta, \varphi)$表示，即

$$F(\theta, \varphi) = \frac{f(\theta, \varphi)}{f_{\max}(\theta, \varphi)} = \frac{|\boldsymbol{E}(\theta, \varphi)|}{|\boldsymbol{E}_{\max}|} \qquad (8-3-4)$$

式中，$f_{\max}(\theta, \varphi)$为方向函数的最大值；$\boldsymbol{E}_{\max}$为在全空间中能获得的最大值。归一化方向函

数 $F(\theta, \varphi)$的最大值为 1。

由此，电基本振子的归一化方向函数为

$$F(\theta, \varphi) = |\sin\theta| \tag{8-3-5}$$

为了分析和对比方便，今后我们定义理想点源是无方向性天线，它在各个方向上、相同距离处产生的辐射场的大小是相等的，因此，它的归一化方向函数为

$$F(\theta, \varphi) = 1 \tag{8-3-6}$$

8.3.2　方向图(Fileld Pattern)

式(8-3-2)定义了天线的场强方向函数 $f(\theta, \varphi)$，将方向函数 $f(\theta, \varphi)$作为球坐标系中的矢径 r，并将对应(θ, φ)的曲面描绘出来就是天线的场强方向图。方向图是直观表征天线方向特性的图形。依据归一化方向函数而绘出的为归一化方向图。

对于电基本振子，由于归一化方向函数 $F(\theta, \varphi) = |\sin\theta|$，所以其立体方向图如图 8-3-2 所示。

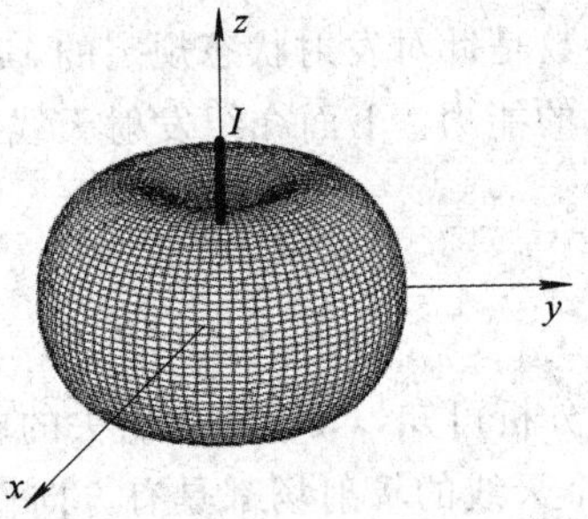

图 8-3-2 动画

图 8-3-2　基本振子立体方向图

在实际中，工程上常常采用两个特定正交平面方向图。在自由空间中，两个最重要的平面方向图是 E 面和 H 面方向图。E 面即电场强度矢量与最大传播方向构成的平面；H 面即磁场强度矢量与最大传播方向构成的平面。

对于球坐标系中的沿 z 轴放置的电基本振子而言，E 面即为包含 z 轴的任一平面，例如 yOz 面，此面的方向函数 $F_E(\theta) = |\sin\theta|$。而 H 面即为 xOy 面，此面的方向函数 $F_H(\varphi) = 1$，据此绘出的 E 和 H 面的归一化方向图如图 8-3-3 和图 8-3-4 的实线所示，E 面和 H 面方向图就是立体方向图沿 E 面和 H 面两个主平面的剖面图。

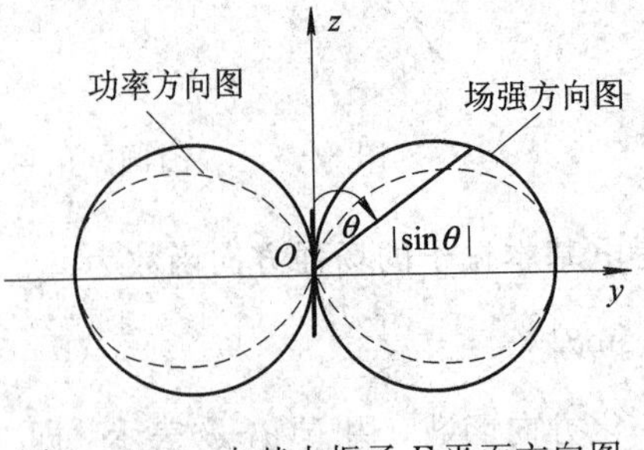

图 8-3-3　电基本振子 E 平面方向图

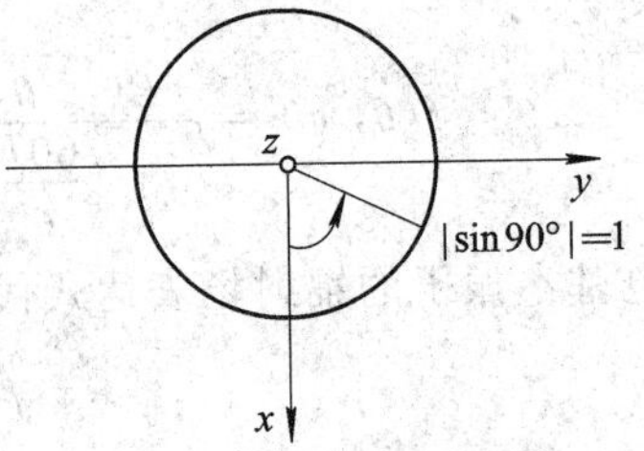

图 8-3-4　电基本振子 H 平面方向图

但要注意的是，尽管球坐标系中的磁基本振子辐射场的方向性和电基本振子一样，但 E 面和 H 面的位置恰好互换。

极坐标方向图的直观性强，但复杂方向图的零点或最小值不易分清。方向图也可用直角坐标绘制，横坐标表示方向角，纵坐标表示辐射幅值。由于横坐标可按任意标尺扩展，故图形清晰。

有时还需要讨论辐射的功率密度(坡印廷矢量模值)与方向之间的关系，因此引进功率方向图 $\Phi(\theta, \varphi)$(Power Pattern)。容易得出，它与场强方向图之间的关系为

$$\Phi(\theta, \varphi) = F^2(\theta, \varphi) \tag{8-3-7}$$

电基本振子 E 平面功率方向图如图 8-3-3 中的虚线所示。

8.3.3　方向图参数

实际天线的方向图要比电基本振子的复杂，通常有多个波瓣，可细分为主瓣、副瓣和后瓣，如图 8-3-5 所示。

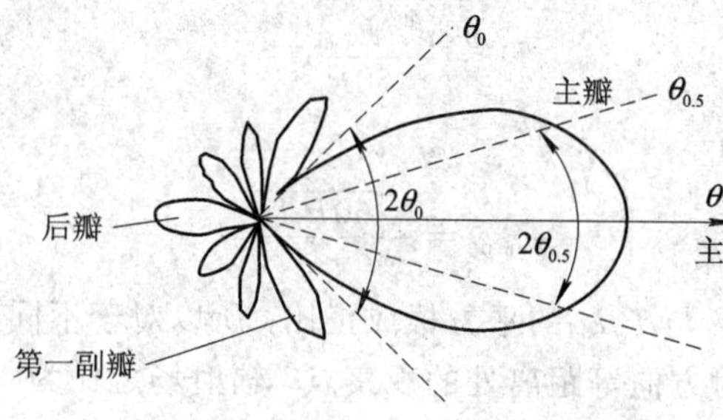

图 8-3-5　天线方向图的一般形状

用来描述方向图的参数通常有以下几个：

(1) 零功率点波瓣宽度 $2\theta_{0E}$ 或 $2\theta_{0H}$(Beam Width between First Nulls，BWFN，下标 E、H 表示 E 面、H 面，下同)是指主瓣最大值两边两个零辐射方向之间的夹角。

(2) 半功率点波瓣宽度 $2\theta_{0.5E}$ 或 $2\theta_{0.5H}$(Half Power Beam Width，HPBW)是指主瓣最大值两边场强等于最大值的 0.707 倍(或等于最大功率密度的一半)的两辐射方向之间的夹角，又叫 3 dB 波束宽度。如果天线的方向图只有一个强的主瓣，其他副瓣均较弱，则它的定向辐射性能的强弱就可以从两个主平面内的半功率点波瓣宽度来判断。

(3) 副瓣电平(Side Lobe Lever)是指副瓣最大值与主瓣最大值之比，一般以分贝(dB)表示，即

$$\text{SLL} = 10\ \lg \frac{S_{\text{av, max2}}}{S_{\text{av, max}}}(\text{dB}) = 20\ \lg \frac{E_{\text{max2}}}{E_{\text{max}}}(\text{dB}) \tag{8-3-8}$$

上式中，$S_{\text{av, max2}}$ 和 $S_{\text{av, max}}$ 分别为最大副瓣和主瓣的功率密度最大值；E_{max2} 和 E_{max} 分别为最大副瓣和主瓣的场强最大值。副瓣一般指向不需要辐射的区域，因此要求天线的副瓣电平应尽可能地低。

(4) 前后比是指主瓣最大值与后瓣最大值之比，通常也用分贝表示。

8.3.4　方向系数(Directivity)

上述方向图参数仅直观地描述了天线方向图的形状，还不能体现天线的定向辐射能力。为了更精确地比较不同天线之间的方向性，需要引入一个能定量地表示天线定向辐射

能力的电参数，这就是方向系数。

方向系数的定义是：在同一距离及相同辐射功率的条件下，某天线在最大辐射方向上的辐射功率密度 S_{max}（或场强 $|E_{max}|^2$ 的平方）和无方向性天线（点源）的辐射功率密度 S_0（或场强 $|E_0|^2$ 的平方）之比，记为 D。用公式表示为如下形式：

$$D = \left.\frac{S_{max}}{S_0}\right|_{P_r = P_{r0}} = \left.\frac{|E_{max}|^2}{|E_0|^2}\right|_{P_r = P_{r0}} \tag{8-3-9}$$

式中，P_r、P_{r0} 分别为实际天线和无方向性天线的辐射功率。无方向性天线本身的方向系数为 1。

因为无方向性天线在 r 处产生的辐射功率密度为

$$S_0 = \frac{P_{r0}}{4\pi r^2} = \frac{|E_0|^2}{240\pi} \tag{8-3-10}$$

所以由方向系数的定义得

$$D = \frac{r^2 |E_{max}|^2}{60 P_r} \tag{8-3-11}$$

由此，在最大辐射方向上有

$$E_{max} = \frac{\sqrt{60 P_r D}}{r} \tag{8-3-12}$$

上式表明天线的辐射场与 $P_r D$ 的平方根成正比，所以对于不同的天线，若它们的辐射功率相等，则同在最大辐射方向等距离处的观察点，辐射场之比为

$$\frac{E_{max1}}{E_{max2}} = \frac{\sqrt{D_1}}{\sqrt{D_2}} \tag{8-3-13}$$

若要求它们在同一 r 处观察点辐射场相等，则要求

$$\frac{P_{r1}}{P_{r2}} = \frac{D_2}{D_1} \tag{8-3-14}$$

即所需要的辐射功率与方向系数成反比。

天线的辐射功率可由坡印廷矢量积分法来计算，此时可在天线的远区以 r 为半径做出包围天线的积分球面，表示为

$$P_r = \iint_S \boldsymbol{S}_{av}(\theta, \varphi) \cdot d\boldsymbol{S} = \int_0^{2\pi}\int_0^{\pi} S_{av}(\theta, \varphi) r^2 \sin\theta d\theta d\varphi \tag{8-3-15}$$

由于

$$S_0 = \left.\frac{P_{r0}}{4\pi r^2}\right|_{P_{r0} = P_r} = \frac{P_r}{4\pi r^2} = \frac{1}{4\pi}\int_0^{2\pi}\int_0^{\pi} S_{av}(\theta, \varphi)\sin\theta d\theta d\varphi \tag{8-3-16}$$

所以，由式(8-3-9)可得

$$\begin{aligned} D &= \frac{S_{av,\ max}}{\frac{1}{4\pi}\int_0^{2\pi}\int_0^{\pi} S_{av}(\theta, \varphi)\sin\theta d\theta d\varphi} \\ &= \frac{4\pi}{\int_0^{2\pi}\int_0^{\pi} \frac{S_{av}(\theta, \varphi)}{S_{av,\ max}} \sin\theta d\theta d\varphi} \end{aligned} \tag{8-3-17}$$

由天线的归一化方向函数式(8-3-4)可知

$$\frac{S_{av}(\theta, \varphi)}{S_{av,\ max}} = \frac{E^2(\theta, \varphi)}{E_{max}^2} = F^2(\theta, \varphi)$$

方向系数最终计算公式为

$$D=\frac{4\pi}{\int_0^{2\pi}\int_0^{\pi}F^2(\theta,\ \varphi)\sin\theta\mathrm{d}\theta\mathrm{d}\varphi} \tag{8-3-18}$$

显然，方向系数与辐射功率在全空间的分布状态有关。要使天线的方向系数大，不仅要求主瓣窄，而且要求全空间的副瓣电平小。

例 8-3-1　求出沿 z 轴放置的电基本振子的方向系数。

解　已知电基本振子的归一化方向函数为

$$F(\theta,\ \varphi)=|\sin\theta|$$

将其代入方向系数的表达式得

$$D=\frac{4\pi}{\int_0^{2\pi}\int_0^{\pi}\sin^3\theta\mathrm{d}\theta\mathrm{d}\varphi}=1.5$$

若以分贝表示，则 $D=10\ \lg1.5=1.76$ dB。可见，电基本振子的方向系数是很低的。

为了强调方向系数是以无方向性天线作为比较标准得出的，有时将 dB 写成 dBi，以示说明。

当副瓣电平较低时（−20 dB 以下），可根据两个主平面的波瓣宽度来近似估算方向系数，即

$$D\approx\frac{41\ 000}{(2\theta_{0.5E})(2\theta_{0.5H})} \tag{8-3-19}$$

式中波瓣宽度均用度数表示。

如果需要计算天线其他方向上的方向系数 $D(\theta,\ \varphi)$，则可以很容易得出它与天线的最大方向系数 $D_{\max}$ 的关系为

$$D(\theta,\ \varphi)=\left.\frac{S(\theta,\ \varphi)}{S_0}\right|_{P_r=P_{r0}}=D_{\max}F^2(\theta,\ \varphi) \tag{8-3-20}$$

8.3.5　天线效率(Efficiency)

一般来说载有高频电流的天线导体及其绝缘介质都会产生损耗，因此输入天线的实功率并不能全部地转换成电磁波能量，为了说明这种能量转换的有效程度，天线效率定义为天线辐射功率 P_r 与输入功率 P_{in} 之比，记为 η_A，即

$$\eta_A=\frac{P_r}{P_{\mathrm{in}}} \tag{8-3-21}$$

辐射功率与辐射电阻之间的联系公式为 $P_r=\frac{1}{2}I^2R_r$，依据电场强度与方向函数的联系公式(8-3-1)，则辐射电阻的一般表达式为

$$R_r=\frac{30}{\pi}\int_0^{2\pi}\int_0^{\pi}f^2(\theta,\ \varphi)\sin\theta\ \mathrm{d}\theta\ \mathrm{d}\varphi \tag{8-3-22}$$

与方向系数的计算公式(8-3-18)对比后，方向系数与辐射电阻之间的联系为

$$D=\frac{120f_{\max}^2}{R_r} \tag{8-3-23}$$

类似于辐射功率和辐射电阻之间的关系，也可将损耗功率 P_l 与损耗电阻 R_l 联系起来，

即

$$P_l = \frac{1}{2} I^2 R_l \tag{8-3-24}$$

R_l是归算于电流 I 的损耗电阻，这样就有

$$\eta_A = \frac{P_r}{P_r + P_l} = \frac{R_r}{R_r + R_l} \tag{8-3-25}$$

注意，上式中 R_r、R_l应归于同一电流。从上式可以看出，若要提高天线效率必须尽可能地减小损耗电阻和提高辐射电阻。通常，超短波和微波天线的效率很高，接近于1。

值得提出的是，这里定义的天线效率并未包含天线与传输线失配引起的反射损失，考虑到天线输入端的电压反射系数为 Γ，则天线的总效率为

$$\eta_\Sigma = (1 - |\Gamma|^2)\eta_A \tag{8-3-26}$$

8.3.6 增益系数(Gain)

方向系数只是衡量天线定向辐射特性的参数，它只取决于方向图；天线效率则表示了天线在能量上的转换效能；而增益系数则同时表示天线的定向收益程度。

增益系数的定义是：在同一距离及相同输入功率的条件下，某天线在最大辐射方向上的辐射功率密度 $S_{\max}$（或场强$|E_{\max}|^2$的平方）和理想无方向性天线（理想点源）的辐射功率密度 S_0（或场强$|E_0|^2$的平方）之比，记为 G。用公式表示如下

$$G = \frac{S_{\max}}{S_0}\bigg|_{P_{\text{in}} = P_{\text{in0}}} = \frac{|E_{\max}|^2}{|E_0|^2}\bigg|_{P_{\text{in}} = P_{\text{in0}}} \tag{8-3-27}$$

上式中 P_{in}、P_{in0} 分别为实际天线和理想无方向性天线的输入功率。理想无方向性天线本身的增益系数为1。

考虑到效率的定义，在有耗情况下，功率密度为无耗时的 η_A 倍，式(8-3-27)可改写为

$$G = \frac{S_{\max}}{S_0}\bigg|_{P_{\text{in}} = P_{\text{in0}}} = \frac{\eta_A S_{\max}}{S_0}\bigg|_{P_r = P_{r0}} \tag{8-3-28}$$

即

$$G = \eta_A D \tag{8-3-29}$$

由此可见，增益系数是综合衡量天线能量转换效率和方向特性的参数，它是方向系数与天线效率的乘积。在实际中，天线的最大增益系数是比方向系数更为重要的电参量，即使它们密切相关。

根据上式，可将式(8-3-12)改写为

$$E_{\max} = \frac{\sqrt{60 P_r D}}{r} = \frac{\sqrt{60 P_{\text{in}} G}}{r} \tag{8-3-30}$$

增益系数也可以用分贝表示为 $10\lg G$。因为一个增益系数为10、输入功率为1 W的天线和一个增益系数为2、输入功率为5 W的天线在最大辐射方向上具有同样的效果，所以又将 $P_r D$ 或 $P_{\text{in}} G$ 定义为天线的有效辐射功率。使用高增益天线可以在维持输入功率不变的条件下，增大有效辐射功率。由于发射机的输出功率是有限的，因此在通信系统的设计中，对提高天线的增益常常抱有很大的期望。频率越高的天线越容易得到更高的增益。

8.3.7 天线的极化(Polarization)

天线的极化是指该天线在给定方向上远区辐射场的极化，一般特指该天线在最大辐射方向上的极化。实际上，天线的极化随着偏离最大辐射方向的改变而改变，天线在不同辐射方向可以有不同的极化。

所谓辐射场的极化是指时变电场矢量端点运动的轨迹的形状、取向和旋转方向。由此，极化方式可分为线极化、圆极化和椭圆极化，其中圆极化还可以根据其旋转方向分为右旋圆极化和左旋圆极化。在天线技术中，就圆极化而言，一般规定，若右手的拇指朝向波的传播方向、四指弯向电场矢量的旋转方向，则电场矢量端点的旋转方向与传播方向符合右手螺旋的为右旋圆极化；符合左手螺旋的为左旋圆极化。(典型极化的示意图形可参阅第 3 章均匀平面波的极化。)

天线不能接收与其正交的极化分量。例如，线极化天线不能接收来波中与其极化方向垂直的线极化波，圆极化天线不能接收来波中与其旋向相反的圆极化分量。而对于椭圆极化来说，其中与接收天线的极化旋向相反的圆极化分量不能被接收，极化失配意味着功率损失。

8.3.8 有效长度(Effective Length)

一般而言，天线上的电流分布是不均匀的，也就是说天线上各部位的辐射能力不一样。为了衡量天线的实际辐射能力，常采用有效长度。它的定义是：在保持实际天线最大辐射方向上的场强值不变的条件下，假设天线上的电流分布为均匀分布时天线的等效长度。通常将归算于输入电流 I_{in} 的有效长度记为 l_{ein}。

如图 8-3-6 所示，设实际长度为 l 的某天线的电流分布为 $I(z)$，此时该天线在最大辐射方向产生的电场为沿线电基本振子辐射场最大值的叠加，即

$$E_{max}=\int_0^l \mathrm{d}E=\int_0^l \frac{60\pi}{\lambda r}I(z)\mathrm{d}z=\frac{60\pi}{\lambda r}\int_0^l I(z)\mathrm{d}z \tag{8-3-31}$$

若以该天线的输入端电流 I_{in} 为归算电流，则电流以 I_{in} 为均匀分布、长度为 l_{ein} 时天线在最大辐射方向产生的电场可类似电基本振子写为

$$E_{max}=\frac{60\pi I_{in}l_{ein}}{\lambda r} \tag{8-3-32}$$

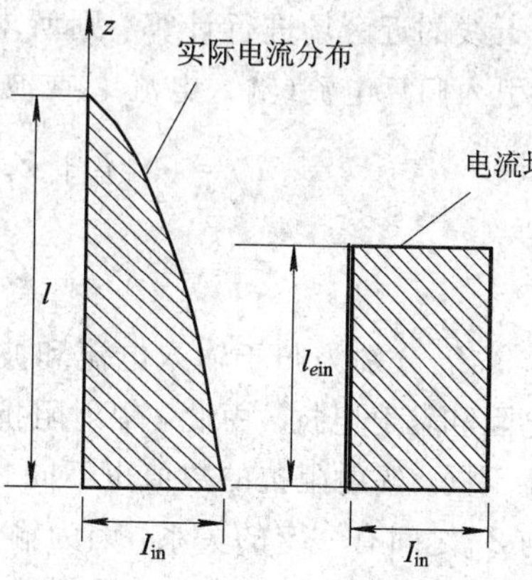

图 8-3-6　天线的有效长度

令上两式相等，得

$$I_{in}l_{ein}=\int_0^l I(z)\mathrm{d}z \tag{8-3-33}$$

由式(8-3-33)可看出，以高度为一边，则实际电流与等效均匀电流所包围的面积相等。在一般情况下，归于输入电流 I_{in} 的有效长度与归于波腹电流 I_m 的有效长度不相等。

引入有效长度以后，考虑到电基本振子的最大场强的计算，可写出线天线辐射场强的一般表达式为

$$|E(\theta,\varphi)| = |E_{\max}|F(\theta,\varphi) = \frac{60\pi I l_e}{\lambda r}F(\theta,\varphi) \tag{8-3-34}$$

式中，l_e与$F(\theta, \varphi)$均用同一电流I归算。

将式(8-3-23)与上式结合起来，还可得出方向系数与辐射电阻、有效长度之间的关系式为

$$D = \frac{30k^2 l_e^2}{R_r} \tag{8-3-35}$$

在天线的设计过程中，有一些专门的措施可以加大天线的等效长度，用来提高天线的辐射能力。

8.3.9　输入阻抗与辐射阻抗(Input Resistance and Radiation Resistance)

天线通过传输线与发射机相连，天线作为传输线的负载，与传输线之间存在阻抗匹配问题。天线与传输线的连接处称为天线的输入端，天线输入端呈现的阻抗值定义为天线的输入阻抗，即天线的输入阻抗Z_{in}为天线的输入端电压与电流之比，表示为

$$Z_{\text{in}} = \frac{U_{\text{in}}}{I_{\text{in}}} = R_{\text{in}} + \text{j}X_{\text{in}} \tag{8-3-36}$$

其中，R_{in}、X_{in}分别为输入电阻和输入电抗，它们分别对应有功功率和无功功率。有功功率以损耗和辐射两种方式耗散掉，而无功功率则驻存在近区中。

天线的输入阻抗取决于天线的结构、工作频率以及周围环境的影响。输入阻抗的计算是比较困难的，因为它需要准确地知道天线上的激励电流。除了少数天线外，大多数天线的输入阻抗在工程中采用近似计算或实验测定。

事实上，在计算天线的辐射功率时，如果将计算辐射功率的封闭曲面设置在天线的近区内，用天线的近区场进行计算，则所求出的辐射功率P_r同样将含有有功功率及无功功率。如果引入归算电流(输入电流I_{in}或波腹电流I_m)，则辐射功率与归算电流之间的关系为

$$\begin{aligned} P_r &= \frac{1}{2}|I_{\text{in}}|^2 Z_{r0} = \frac{1}{2}|I_{\text{in}}|^2(R_{r0} + \text{j}X_{r0}) \\ &= \frac{1}{2}|I_m|^2 Z_{rm} = \frac{1}{2}|I_m|^2(R_{rm} + \text{j}X_{rm}) \end{aligned} \tag{8-3-37}$$

式中，Z_{r0}、Z_{rm}分别为归于输入电流和波腹电流的辐射阻抗；R_{r0}、R_{rm}、X_{r0}、X_{rm}也为相应的辐射电阻和辐射电抗。由此，辐射阻抗是一个假想的等效阻抗，其数值与归算电流有关。归算电流不同，辐射阻抗的数值也不同。

Z_r与Z_{in}之间有一定的关系，因为输入实功率为辐射实功率和损耗功率之和，当所有的功率均用输入端电流为归算电流时，$R_{\text{in}} = R_{r0} + R_{l0}$，其中$R_{l0}$为归于输入电流的损耗电阻。

8.3.10　频带宽度(Bandwidth)

天线的所有电参数都和工作频率有关。任何天线的工作频率都有一定的范围，当工作频率偏离中心工作频率时，天线的电参数将变差，其变差的容许程度取决于天线设备系统的工作特性要求。当工作频率变化时，天线的有关电参数变化的允许程度而对应的频率范围称为频带宽度。根据天线设备系统的工作场合不同，影响天线频带宽度的主要电参数也不同。

根据频带宽度的不同，可以把天线分为窄频带天线、宽频带天线和超宽频带天线。若天线的最高工作频率为 $f_{\max}$，最低工作频率为 $f_{\min}$，对于窄频带天线，常用相对带宽即 $\frac{f_{\max}-f_{\min}}{f_0}\times 100\%$ 来表示其频带宽度。而对于超宽频带天线，常用绝对带宽即 $\frac{f_{\max}}{f_{\min}}$ 来表示其频带宽度。

通常，相对带宽只有百分之几的为窄频带天线，例如引向天线；相对带宽达百分之几十的为宽频带天线，例如螺旋天线；绝对带宽可达到几个倍频程的称为超宽频带天线，例如对数周期天线。

8.4　互易定理与接收天线的电参数

8.4.1　互易定理

接收天线工作的物理过程是：天线导体在空间电场的作用下产生感应电动势，并在导体表面激励起感应电流，在天线的输入端产生感应电动势，在接收机回路中产生电流。所以接收天线是一个把空间电磁波能量转换成高频电流能量的转换装置，其工作过程就是发射天线的逆过程。

如图 8－4－1 所示，接收天线总是位于发射天线的远区辐射场中，因此可以认为到达接收天线处的无线电波是均匀平面波。设来波方向与天线轴 z 之间的夹角为 θ，电波射线与天线轴构成入射平面，入射电场可分为两个分量，一个是与入射面相垂直的分量 E_v；一个是与入射面相平行的分量 E_h。只有同天线轴相平行的电场分量 $E_z=-E_h\sin\theta$ 才能在天线导体 dz 段上产生感应电动势 $d\widetilde{E}(z)=-E_z dz=E_h\sin\theta dz$，进而在天线上激起感应电流 $I(z)$。如果将 dz 段看成是一个处于接收状态的电基本振子，则可以看出无论电基本振子是用于发射还是接收，其方向性都是一样的。

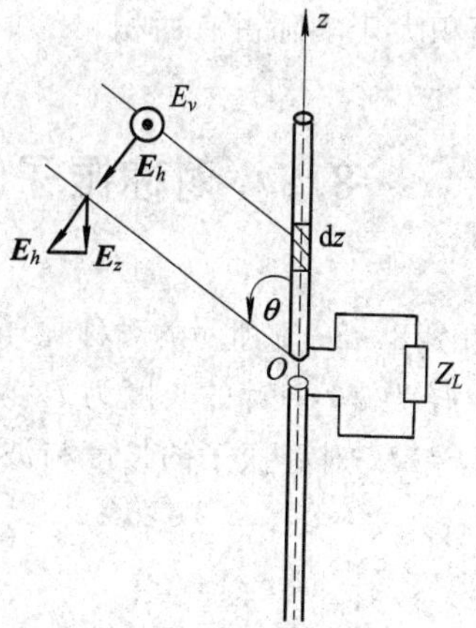

图 8－4－1　接收天线原理

由于天线无论作为发射还是作为接收，应该满足的边界条件都是一样的，这就意味着任意类型的天线用作接收天线时，它的极化、方向性、有效长度和阻抗特性等均与它用作发射天线时的相同。这种同一天线收发参数相同的性质被称为天线的收发互易性，它可以用电磁场理论中的互易定理得到证明。

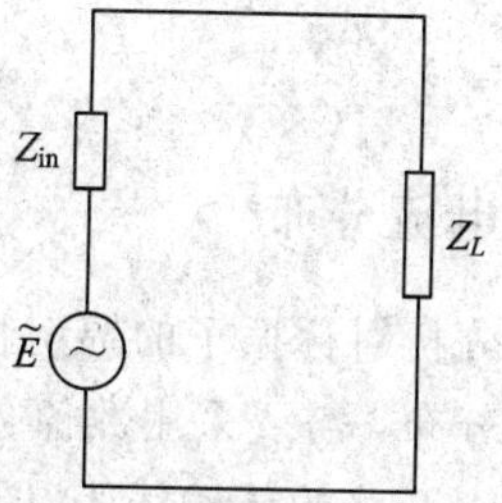

图 8－4－2　接收天线的等效电路

尽管天线电参数收发互易，但是发射天线的电参数以辐射场的大小为衡量目标，而接收天线却以来波对接收天线的作用，即总感应电动势 $\widetilde{E}=\int \mathrm{d}\widetilde{E}(z)$ 的大小为衡量目标。

接收天线的等效电路如图 8-4-2 所示。图中 Z_{in} 为接收天线的输入阻抗，Z_L 为接收机体现的负载阻抗。在接收天线的等效电路中 Z_{in} 就是感应电动势 $\widetilde{E}$ 的内阻。

8.4.2　有效接收面积(Effective Aperture)

有效接收面积是衡量接收天线接收无线电波能力的重要指标。接收天线的有效接收面积的定义为：当天线以最大接收方向对准来波方向进行接收时，并且天线的极化与来波极化相匹配、天线的输入阻抗与接收机体现的负载阻抗共轭匹配时，接收天线送到匹配负载的最大平均功率 $P_{L\max}$ 与来波的功率密度 S_{av} 之比，记为 A_e，即

$$A_e=\frac{P_{L\max}}{S_{av}} \tag{8-4-1}$$

由于 $P_{L\max}=A_e\times S_{av}$，所以接收天线在此最佳状态下所接收到的功率可以看成是被具有面积为 A_e 的口面所截获的垂直入射波功率密度的总和。可以分析得知，此时天线的有效接收面积最大且为

$$A_e=\frac{\lambda^2}{4\pi}G \tag{8-4-2}$$

例如，理想电基本振子和小电流环方向系数都为 $D=1.5$，它们的有效接收面积同为 $A_e=0.12\lambda^2$。如果小电流环的半径为 0.1λ，则小电流环所围的面积为 $0.0314\lambda^2$，而其有效接收面积大于实际占有面积。

8.5　对称振子(Symmetrical Center-Fed Dipole)

如图 8-5-1 所示，对称振子是中间馈电，其两臂由两段等长导线构成的振子天线。导线半径为 a，一臂的长度为 l。两臂之间的间隙很小，理论上可忽略不计，所以振子的总长度 $L=2l$。对称振子的长度与波长相比拟，可以构成实用天线。

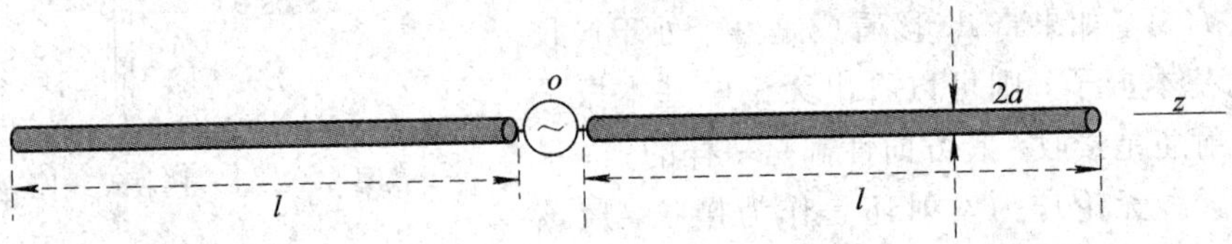

图 8-5-1　对称振子结构及坐标图

8.5.1　电流分布

若想分析对称振子的辐射特性，必须首先知道它的电流分布。为了精确地求解对称振子的电流分布，需要采用数值分析方法，计算比较麻烦。实际上，细对称振子天线可以看成是由末端开路的传输线张开形成，理论和实验都已证实，细对称振子的电流分布与末端开路线上的电流分布相似，即非常接近于正弦驻波分布。若取图 8-5-1 的坐标，并忽略

振子损耗，则其形式为

$$I(z)=I_m\sin k(l-|z|)=\begin{cases}I_m\sin k(l-z) & z\geqslant 0\\ I_m\sin k(l+z) & z<0\end{cases}\qquad(8-5-1)$$

式中，I_m 为电流波腹点的复振幅；$k=2\pi/\lambda=\omega/c$ 为相移常数。根据正弦分布的特点，对称振子的末端为电流的波节点，电流分布关于振子的中心点对称，超过半波长就会出现反相电流。

图 8-5-2 绘出了理想正弦分布和依靠数值求解方法(矩量法)计算出的细对称振子上的电流分布，后者大体与前者相似，但二者也有明显差异，特别在振子中心附近和波节点处的差别更大。这种差别对辐射场的影响不大，但对近场计算(例如输入阻抗)有重要影响。

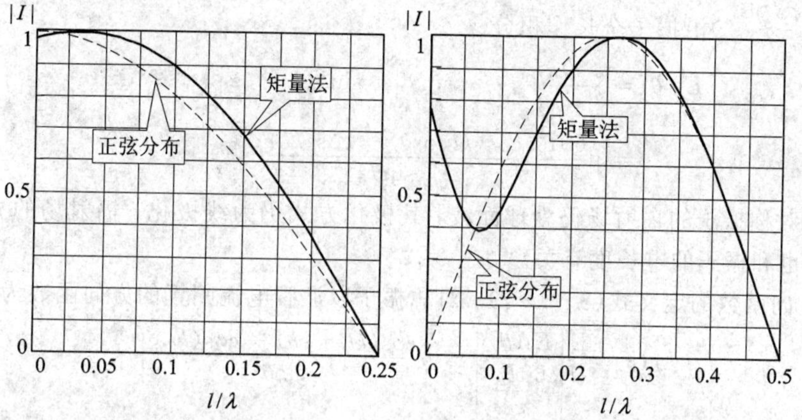

图 8-5-2　对称振子电流分布(理想正弦分布与矩量法计算结果)

8.5.2　对称振子的辐射场

确定了对称振子的电流分布以后，就可以计算它的辐射场。

欲计算对称振子的辐射场，可将对称振子分成无限多电流元，对称振子的辐射场就是所有电流元辐射场之和。在图 8-5-3 的坐标系中，由于观察点 $P(r,\theta)$ 距对称振子足够远，所以每个电流元到观察点的射线近似平行，因而各电流元在观察点处产生的辐射场矢量方向也可被认为相同，和电基本振子一样，对称振子仍为线极化天线。

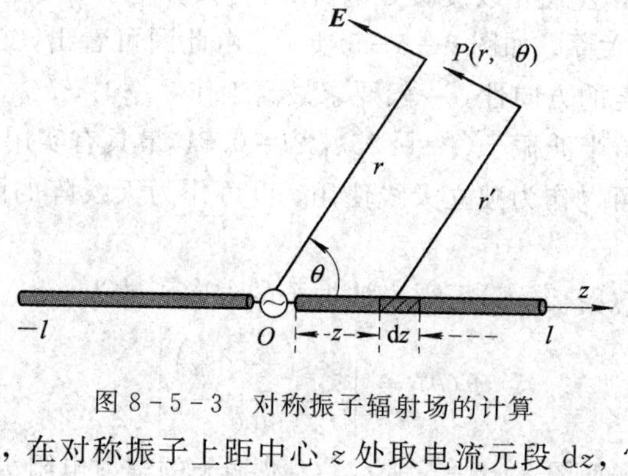

图 8-5-3　对称振子辐射场的计算

如图 8-5-3 所示，在对称振子上距中心 z 处取电流元段 dz，它对远区场的贡献为

$$dE_\theta = j\frac{60\pi I_m \sin k(l-|z|)dz}{r'\lambda}\sin\theta e^{-jkr'} \tag{8-5-2}$$

由于上式中的 r 与 r' 可以看作互相平行，因而以从坐标原点到观察点的路径 r 为参考时，r' 与 r 的关系为

$$r' \approx r - z\cos\theta \tag{8-5-3}$$

由于 $r-r'=z\cos\theta \ll r$，因此在式(8-5-2)中可以忽略 r' 与 r 的差异对辐射场大小带来的影响，可以令 $1/r'\approx 1/r$，但是这种差异对辐射场相位带来的影响却不能忽略不计。实际上，由于路径差不同而引起的相位差 $k(r-r')=\frac{2\pi(r-r')}{\lambda}$ 正是形成天线方向性的重要因素之一。

将式(8-5-2)沿振子全长作积分

$$\begin{aligned} E_\theta(\theta) &= j\frac{60\pi I_m}{\lambda}\frac{e^{-jkr}}{r}\sin\theta\int_{-l}^{l}\sin k(l-|z|)e^{jkz\cos\theta}dz \\ &= j\frac{60 I_m}{r}\frac{\cos(kl\cos\theta)-\cos(kl)}{\sin\theta}e^{-jkr} \end{aligned} \tag{8-5-4}$$

此式说明，对称振子的辐射场仍为球面波，其极化方式仍为线极化，辐射场的方向性不仅与 θ 有关，也和振子的电长度有关。

根据方向函数的定义式(8-3-2)，对称振子以波腹电流归算的方向函数为

$$f(\theta) = \left|\frac{E_\theta(\theta)}{\frac{60 I_m}{r}}\right| = \left|\frac{\cos(kl\cos\theta)-\cos(kl)}{\sin\theta}\right| \tag{8-5-5}$$

上式实际上也就是对称振子 E 面的方向函数，在对称振子的 H 面上($\theta=90°$ 的 xOy 面)，方向函数与 φ 无关，其方向图为圆。

图 8-5-4 绘出了对称振子 E 面归一化方向图。由图可见，由于电基本振子在其轴向无辐射，所以对称振子在其轴向也无辐射，对称振子的辐射与其电长度 l/λ 密切相关。当 $l\leqslant 0.5\lambda$ 时，对称振子上各点电流同相，因此参与辐射的电流元越多，它们在 $\theta=90°$ 方向上的辐射越强，波瓣宽度越窄。当 $l>0.5\lambda$ 时，对称振子上出现反相电流，也就开始出现副瓣。当对称振子的电长度继续增大至 $l>0.72\lambda$ 后，最大辐射方向将发生偏移。当 $l=1\lambda$ 时，在 $\theta=90°$ 的平面内就没有辐射了。

根据方向系数的计算公式和以波腹处电流 I_m 为归算电流，可计算出方向系数 D 和辐射电阻 R_r 与其电长度的关系，如图 8-5-5 所示。由此图可看出，在一定频率范围内工作的对称振子，为保持一定的方向性，一般要求最高工作频率时，$l/\lambda_{min}<0.7$。

在所有对称振子中，半波振子($l=0.25\lambda$，$2l=0.5\lambda$)最具有实用性，它广泛地应用于短波和超短波波段。它既可以作为独立天线使用，也可作为天线阵的阵元，还可用作微波波段天线的馈源。

将 $l=0.25\lambda$ 代入式(8-5-5)可得半波振子的方向函数为

$$F(\theta) = \left|\frac{\cos\left(\frac{\pi}{2}\cos\theta\right)}{\sin\theta}\right| \tag{8-5-6}$$

其 E 面波瓣宽度为 78°。如图 8-5-5 所示，半波振子的辐射电阻为

$$R_r = 73.1(\Omega) \tag{8-5-7}$$

方向系数为

$$D = 1.64 \tag{8-5-8}$$

比电基本振子的方向性稍强一点。

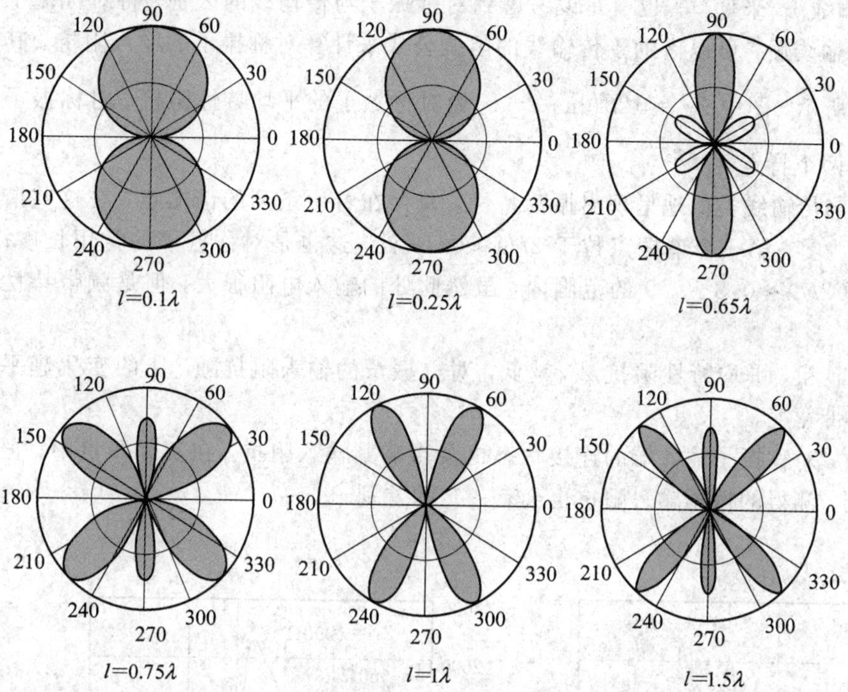

对称振子方向图

图 8-5-4　对称振子 E 面归一化方向图

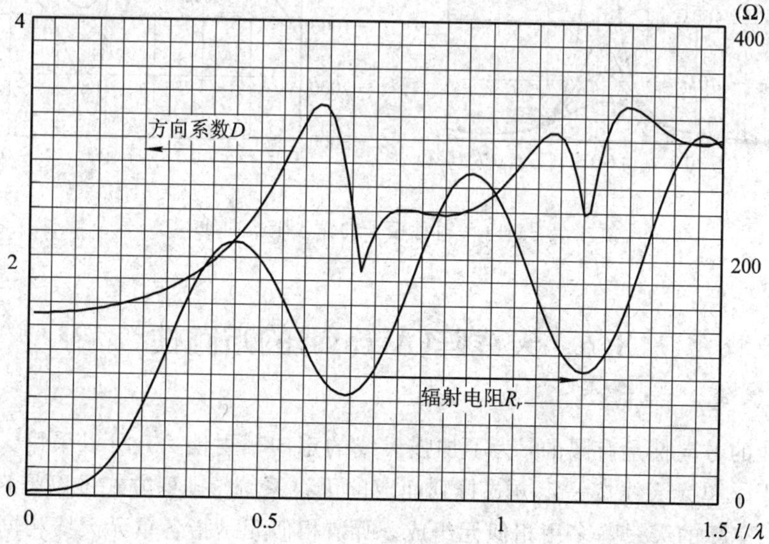

图 8-5-5　对称振子的方向系数与辐射电阻随一臂电长度变化的图形

8.5.3 对称振子的输入阻抗

由于对称振子的实用性，所以必须知道它的输入阻抗，以便与传输线相连。工程上也常常采用“等值传输线法”来计算。也就是说考虑到对称振子与传输线的区别，将对称振子经过修正等效成传输线后，可以借助于传输线的阻抗公式来计算对称振子的输入阻抗。其结果如图 8-5-6 所示，图中 $Z_{0A}=120\left(\ln\dfrac{2l}{a}-1\right)$为对称振子的平均特性阻抗。对称振子的输入阻抗有如下两个特点：

(1) 输入阻抗与传输线类似地呈现出振荡特性，并存在着一系列的谐振点，在这些谐振点上，输入电抗为零。第一个谐振点位于 $2l/\lambda\approx0.48$ 处，这也是对称振子的常用长度；第二个谐振点位于 $2l/\lambda\approx0.8\sim0.9$ 的范围内，虽然此处的输入电阻很大，但是频带特性不好。

(2) 对称振子越粗，平均特性阻抗 Z_{0A} 越低，对称振子的输入阻抗随 l/λ 的变化越平缓，有利于改善频带宽度。

应该指出的是，对称振子输入端的连接状态也会影响其输入阻抗，在实际测量中，振子的端接条件不同，测得的振子输入阻抗也会有一定的差别。

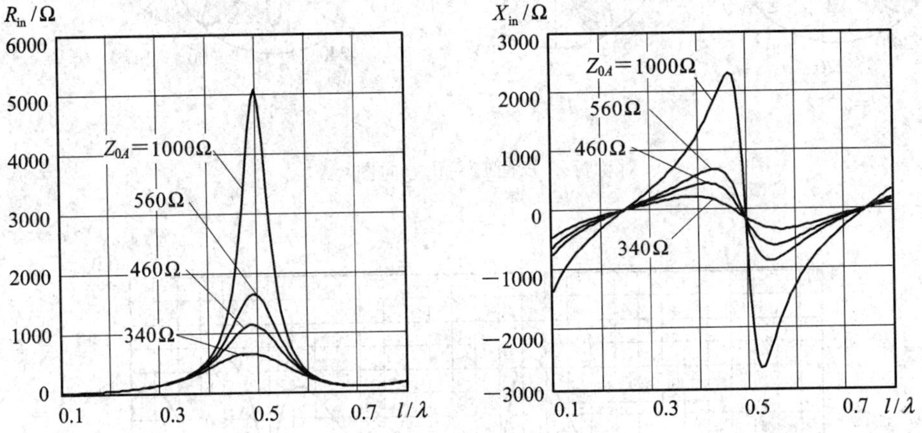

图 8-5-6　对称振子的输入阻抗曲线

8.6 天线阵(Arrays)的方向性

单个天线的方向性是有限的，为了加强天线的定向辐射能力，可以采用天线阵。天线阵就是将若干个单元天线按一定方式排列而成的天线系统。排列方式可以是直线阵、平面阵和立体阵。实际的天线阵多用相似元组成。所谓相似元是指各单元天线相同且架设方位也相同。天线阵的辐射场是各单元天线辐射场的矢量和，只要调整好各单元天线辐射场之间的相位差，就可以得到所需要的、更强的方向性。

8.6.1　二元阵(Two Element Arrays)的方向性

1. 方向图乘积定理(Pattern Multiplication)

顾名思义，二元阵是指组成天线阵的单元天线只有两个，虽然它是最简单的天线阵列，但是关于其方向性的讨论却适用于多元阵。

如图 8-6-1 所示，假设有两个间隔距离为 d 的相似元被放置在 y 轴上构成一个二元阵，以天线 1 为参考天线，天线 2 相对于天线 1 的电流关系为

$$I_2 = mI_1 e^{j\xi} \tag{8-6-1}$$

式中，m、ξ 是实数。此式表明，天线 2 上的电流振幅是天线 1 的 m 倍，而其相位以相角 ξ 超前于天线 1。

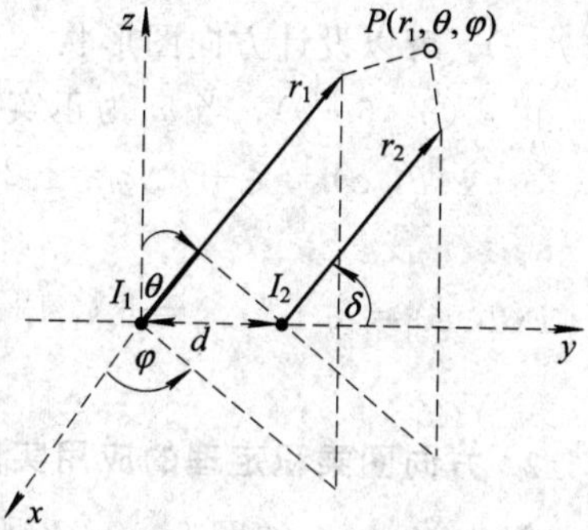

图 8-6-1　二元阵的辐射

由于两天线的空间取向一致，并且结构完全相同，因此两天线在远区观察点 $P(r_1, \theta, \varphi)$ 处产生的电场矢量方向相同，且相应的方向函数相等，即

$$E(\theta, \varphi) = E_1(\theta, \varphi) + E_2(\theta, \varphi) \tag{8-6-2}$$

$$f_1(\theta, \varphi) = f_2(\theta, \varphi) \tag{8-6-3}$$

式中，$E_1(\theta, \varphi)=\dfrac{60I_{m1}}{r_1}f_1(\theta, \varphi)e^{-jkr_1}$，$E_2(\theta, \varphi)=\dfrac{60I_{m2}}{r_2}f_2(\theta, \varphi)e^{-jkr_2}$，并忽略传播路径不同对振幅的影响，即$\dfrac{1}{r_1}\approx\dfrac{1}{r_2}$。

仍然选取天线 1 为相位参考天线，不计天线阵元间的耦合，则观察点处的合成场为

$$E(\theta, \varphi) = E_1(\theta, \varphi) + E_2(\theta, \varphi) = E_1(\theta, \varphi)(1 + me^{j[\xi+k(r_1-r_2)]}) \tag{8-6-4}$$

在上式中，令 $r_1-r_2=\Delta r$，且

$$\Psi = \xi + k(r_1 - r_2) = \xi + k\Delta r \tag{8-6-5}$$

于是有

$$E(\theta, \varphi) = E_1(\theta, \varphi)(1 + me^{j\Psi}) \tag{8-6-6}$$

式(8-6-5)中的 Ψ 代表了天线 2 在(θ, φ)方向上相对于天线 1 的总相位差。它由两部分组成，一个是电流的初始激励相位差，是一个常数，不随方位而变；另一个是由路径差导致的波程差，它与空间方位有关。在图 8-6-1 的坐标系中，路径差为

$$\Delta r = d\cos\delta \tag{8-6-7}$$

式中，δ 为电波射线与天线阵轴线之间的夹角。

根据式(8-6-6)，如果以天线 1 为计算方向函数的参考天线，将式(8-6-6)的两边同时除以 $60I_{m1}/r_1$，则天线阵的合成方向函数 $f(\theta, \varphi)$写为

$$f(\theta, \varphi) = f_1(\theta, \varphi) \times f_a(\theta, \varphi) \tag{8-6-8}$$

其中

$$f_a(\theta, \varphi) = |1 + me^{j\Psi}| \tag{8-6-9}$$

式(8-6-8)表明，天线阵的方向函数可以由两项相乘而得。第一项 $f_1(\theta, \varphi)$称为元因子(Primary Pattern)，它只与单元天线的结构及架设方位有关；第二项 $f_a(\theta, \varphi)$称为阵因子(Array Pattern)，取决于两天线的电流比以及相对位置，与单元天线无关。也就是说，由

相似元组成的二元阵，其方向函数(或方向图)等于单元天线的方向函数(或方向图)与阵因子(或方向图)的乘积，这就是方向图乘积定理。方向图乘积定理是分析天线阵方向性的理论基础。

当单元天线为点源，即 $f_1(\theta,\varphi)=1$ 时，$f(\theta,\varphi)=f_a(\theta,\varphi)$。在形成二元阵方向性的过程中，阵因子 $f_a(\theta,\varphi)$ 的作用十分重要。对二元阵来说，由阵因子绘出的方向图是围绕天线阵轴线回旋的空间图形。通过调整间隔距离 d 和电流比 I_2/I_1，最终调整相位差 $\Psi(\theta,\varphi)$，可以设计方向图形状。

由式(8-6-9)，当 m 为正实数时，阵因子取最大值、最小值的条件分别为

$$\Psi(\theta,\varphi)=\xi+k\Delta r=\pm 2n\pi,\ (n=0,1,2,\cdots)\ 时,\ f_{a\max}(\theta,\varphi)=1+m \tag{8-6-10}$$

$$\Psi(\theta,\varphi)=\xi+k\Delta r=\pm(2n-1)\pi,\ (n=0,1,2,\cdots)\ 时,\ f_{a\min}(\theta,\varphi)=|1-m| \tag{8-6-11}$$

2. 方向图乘积定理的应用实例

例 8-6-1　如图 8-6-2 所示，有两个半波振子组成一个平行二元阵，其间隔距离 $d=0.25\lambda$，电流比 $I_{m2}=I_{m1}e^{j\frac{\pi}{2}}$，求其 E 面(yOz)和 H 面的方向函数及方向图。

解　此题所设的二元阵属于等幅二元阵 $m=1$，这是最常见的二元阵类型。对于这样的二元阵，阵因子可以简化为

$$f_a(\theta,\varphi)=\left|2\cos\frac{\Psi}{2}\right| \tag{8-6-12}$$

由于此题只需要讨论 E 面(yOz)和 H 面的方向性，所以下面将 E 面(yOz)和 H 面分别置于纸面，以利于求解。

(1) E 平面(yOz)。在单元天线确定的情况下，分析二元阵的重要工作就是首先分析阵因子，而阵因子是相位差 Ψ 的函数，因此有必要先求出 E 平面(yOz)上的相位差表达式。如图 8-6-3 所示，路径差 $\Delta r=d\cos\delta=\frac{\lambda}{4}\cos\delta$。

图 8-6-2 动画

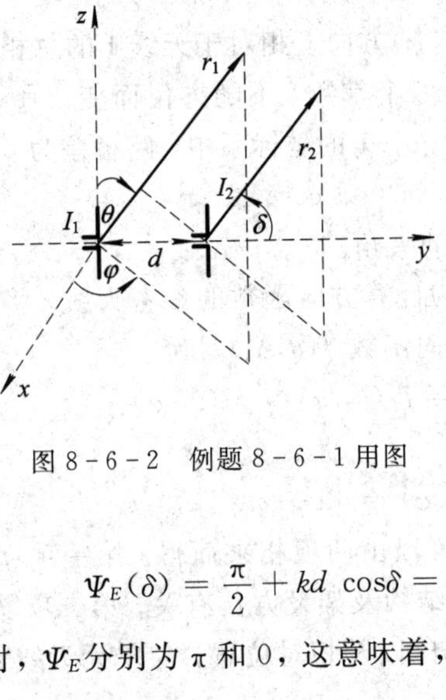

图 8-6-2　例题 8-6-1 用图

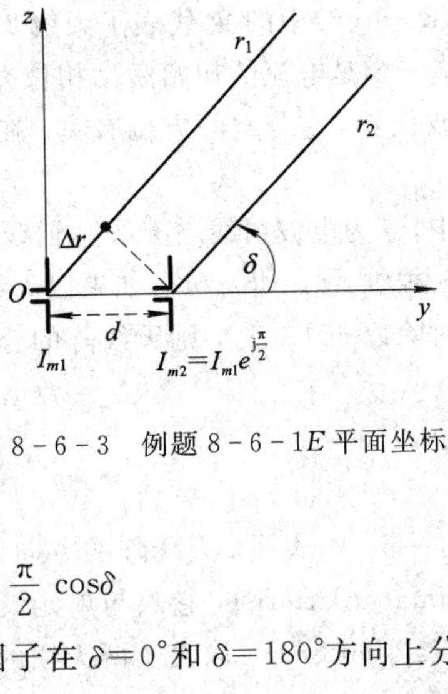

图 8-6-3　例题 8-6-1E 平面坐标图

所以相位差为

$$\Psi_E(\delta)=\frac{\pi}{2}+kd\cos\delta=\frac{\pi}{2}+\frac{\pi}{2}\cos\delta$$

在 $\delta=0^\circ$ 和 $\delta=180^\circ$ 时，Ψ_E 分别为 π 和 0，这意味着，阵因子在 $\delta=0^\circ$ 和 $\delta=180^\circ$ 方向上分别

为零辐射和最大辐射。

阵因子可以写为

$$f_a(\delta) = \left| 2\cos\left(\frac{\pi}{4} + \frac{\pi}{4}\cos\delta\right) \right|$$

而半波振子在 E 面的方向函数可以写为

$$f_1(\delta) = \left| \frac{\cos\left(\frac{\pi}{2}\sin\delta\right)}{\cos\delta} \right|$$

根据方向图乘积定理，此二元阵在 E 平面(yoz)的方向函数为

$$f_E(\delta) = \left| \frac{\cos\left(\frac{\pi}{2}\sin\delta\right)}{\cos\delta} \right| \times 2\left| \cos\left(\frac{\pi}{4} + \frac{\pi}{4}\cos\delta\right) \right|$$

由上面的分析，可以画出 E 平面方向图，如图 8-6-5 所示，图中各方向图已经归一化。

(2) H 平面(xOy)。对于平行二元阵，如图 8-6-4 所示，H 面阵因子的表达形式和 E 面阵因子完全一样，只是半波振子在 H 面无方向性。应用方向图乘积定理，直接写出 H 面的方向函数为

$$f_H(\delta) = 2\left| \cos\left(\frac{\pi}{4} + \frac{\pi}{4}\cos\delta\right) \right|$$

H 面方向图如 8-6-6 图所示。

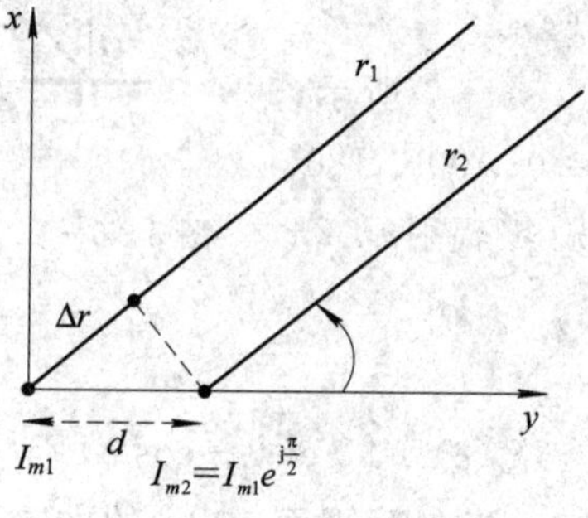

图 8-6-4　例题 8-6-1H 平面坐标图

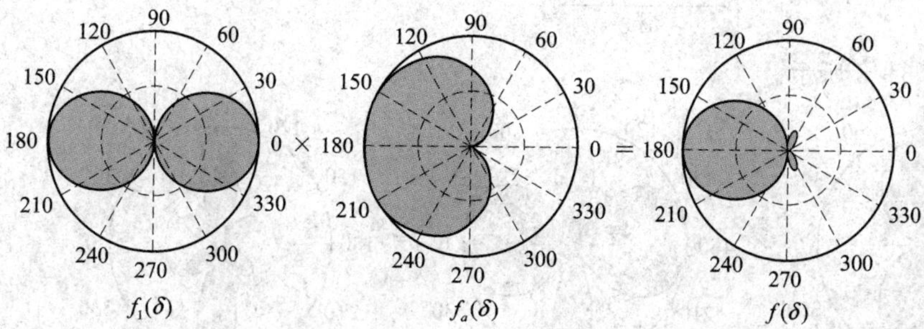

图 8-6-5 动画

图 8-6-5　例题 8-6-1 的 E 平面方向图

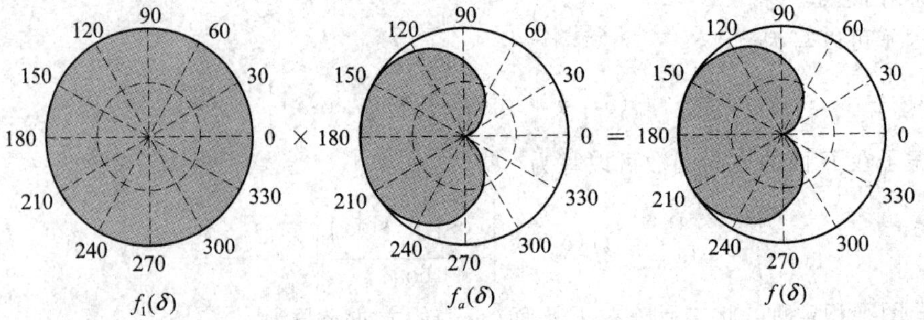

图 8-6-6　例题 8-6-1 的 H 平面方向图

由例题的分析可以看出，在 $\delta=180°$方向上，波程差和电流激励相位差刚好互相抵消，因此两个单元天线在此方向上的辐射场同相叠加，合成场取最大；而在 $\delta=0°$方向上，总相位差为 π，因此两个单元天线在此方向上的辐射场反向相消，合成场为零，此时二元阵具有了单向辐射的功能，从而提高了方向性，达到了排阵的目的。

例 8-6-2　有两个半波振子组成一个共线二元阵，其间隔距离 $d=1\lambda$，电流比 $I_{m2}=I_{m1}$，求其 E 面（如图 8-6-7）和 H 面的方向函数及方向图。

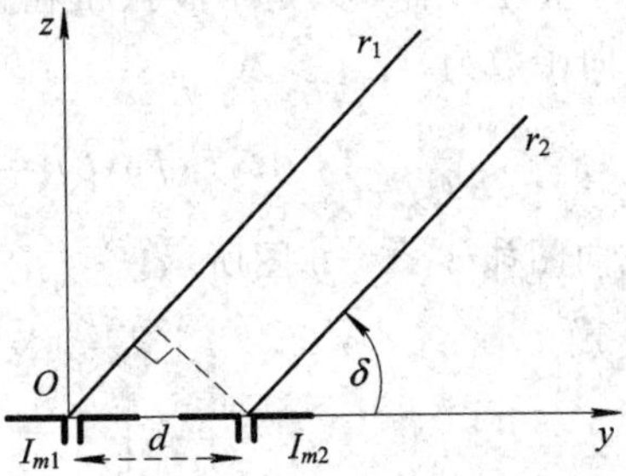

图 8-6-7　例题 8-6-2 的 E 平面坐标图

解　此题所设的二元阵属于等幅同相二元阵 $m=1$，$\xi=0$。相位差 $\Psi=k\Delta r$。

(1) E 平面（yOz）。如图 8-6-7 所示，相位差 $\Psi_E(\delta)=2\pi\cos\delta$，在 $\delta=0°$、$90°$、$180°$ 时，Ψ_E 分别为 0（最大辐射）、π（零辐射）、2π（最大辐射）。

阵因子为

$$f_a(\delta)=|2\cos(\pi\cos\delta)|$$

根据方向图乘积定理，此二元阵在 E 平面（yOz）的方向函数为

$$f_E(\delta)=\left|\frac{\cos\left(\dfrac{\pi}{2}\cos\delta\right)}{\sin\delta}\right|\times|2\cos(\pi\cos\delta)|$$

E 面方向图如图 8-6-8 所示。

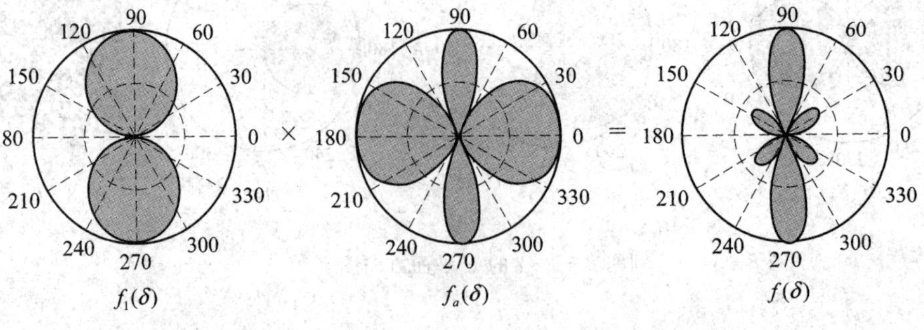

图 8-6-8　例题 8-6-2 的 E 平面方向图

(2) H 平面(xOz)。如图 8-6-9 所示，对于共线二元阵，$\Psi_H(\alpha)=0$，H 面阵因子无方向性。应用方向图乘积定理，直接写出 H 面的方向函数为 $f_H(\alpha)=1\times2=2$，所以 H 面方向图为圆。

共线阵方向图随间距和相位的变化而变化，在同相、反相以及相位差为 90°时，方向图的变化情况如动画所示，扫描查看。

同相

反相

相位差 90°

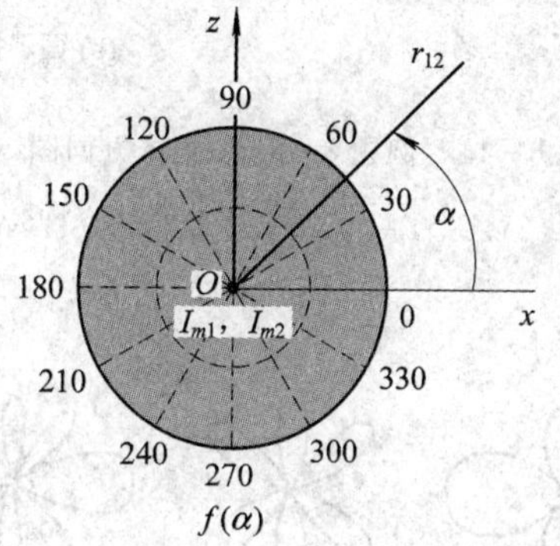

图 8-6-9　例题 8-6-2 的 H 平面坐标及方向图

例 8-6-3　有两个半波振子组成一个平行二元阵，其间隔距离 $d=0.75\lambda$，电流比 $I_{m2}=I_{m1}\mathrm{e}^{\mathrm{j}\frac{\pi}{2}}$，求其方向函数及立体方向图。

解　如图 8-6-10 所示，先求阵因子。

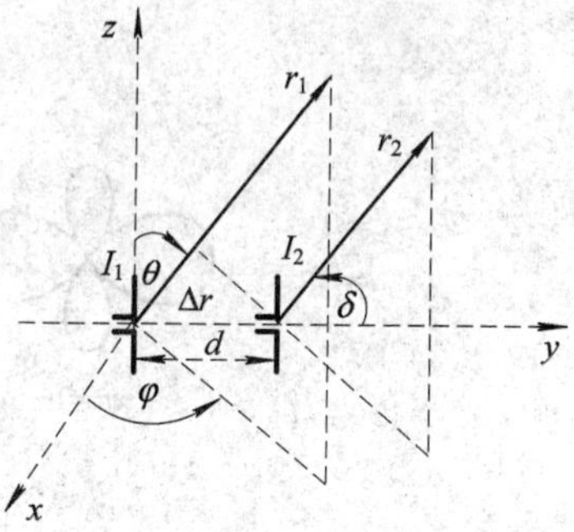

图 8-6-10　例 8-6-3 坐标图

路径差为

$$\Delta r=d\cos\delta=d\boldsymbol{e}_y\cdot\boldsymbol{e}_r=d\sin\theta\sin\varphi$$

所以，总相位差 $\Psi=\dfrac{\pi}{2}+1.5\pi\sin\theta\sin\varphi$，由式(8-6-12)，阵因子为

$$f_a(\theta,\varphi)=\left|2\cos\left(\frac{\pi}{4}+0.75\pi\sin\theta\sin\varphi\right)\right|$$

根据方向图乘积定理，阵列方向函数为

$$f(\theta,\varphi)=\left|\frac{\cos\left(\frac{\pi}{2}\cos\theta\right)}{\sin\theta}\right|\times\left|2\cos\left(\frac{\pi}{4}+0.75\pi\sin\theta\sin\varphi\right)\right|$$

图 8-6-11 为用 MATLAB 软件绘出的此二元阵的归一化立体方向图。

通过以上实例的分析可以看出，加大间隔距离 d 会加大波程差的变化范围，导致波瓣个数变多；而改变电流激励初始相差，会改变阵因子的最大辐射方向。常见二元阵阵因子如图 8-6-12 所示。同相和反相平行二元阵方向图随间距的变化情况如动画所示，扫描查看。

同相

反相

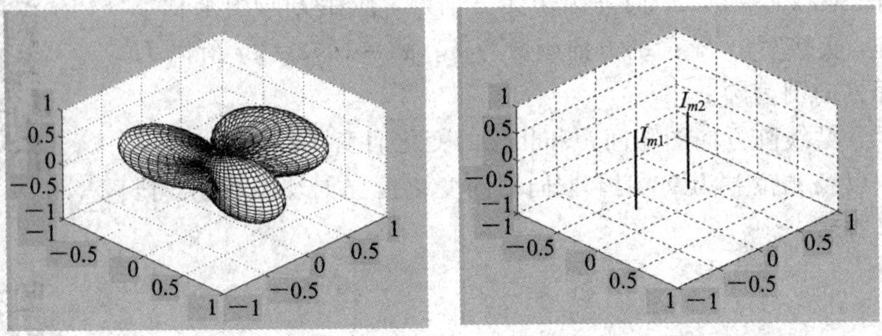

(a) $f(\theta,\ \varphi)$　　(b) 振子排列对应图

图 8-6-11　例题 8-6-3 立体方向图

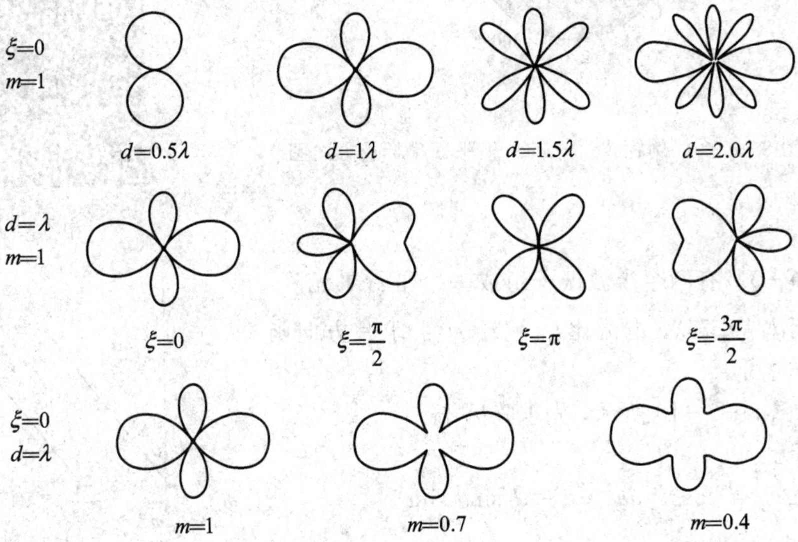

图 8-6-12　二元阵阵因子图形

8.6.2　均匀直线阵(Uniform Linear Arrays)

1. 均匀直线阵阵因子

为了更进一步加强阵列天线的方向性，阵元数目需要加多，最简单的多元阵就是均匀直线阵。所谓均匀直线阵就是所有单元天线结构相同，并且等间距、等幅激励而相位沿阵轴线呈依次等量递增或递减的直线阵。如图 8-6-13 所示 N 个天线元沿 y 轴排列成一行，且相邻阵元之间的距离相等都为 d，电流激励为 $I_n=I_{n-1}e^{j\xi}(n=2，3，\cdots，N)$，根据方向图乘积定理，均匀直线阵的方向函数等于单元天线的方向函数与直线阵阵因子的乘积。

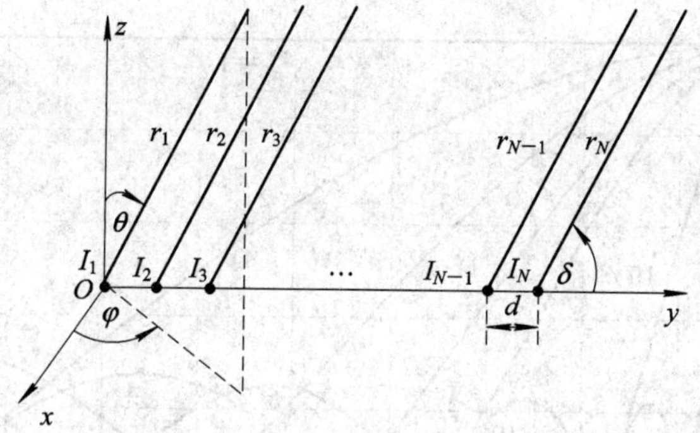

图 8-6-13　均匀直线阵坐标图

设坐标原点(单元天线 1)为相位参考点，当电波射线与阵轴线成 δ 角度时，相邻阵元在此方向上的相位差为

$$\Psi(\delta) = \xi + kd\cos\delta \tag{8-6-13}$$

和二元阵的讨论相似，N 元均匀直线阵的阵因子为

$$f_a(\delta) = \left|1 + e^{j\Psi(\delta)} + e^{j2\Psi(\delta)} + e^{j3\Psi(\delta)} + \cdots + e^{j(N-1)\Psi(\delta)}\right| = \left|\sum_{n=0}^{N-1} e^{j(n-1)\Psi(\delta)}\right| \tag{8-6-14}$$

上式是一等比数列求和，其值为

$$f_a(\Psi) = \left|\frac{\sin\dfrac{N\Psi}{2}}{\sin\dfrac{\Psi}{2}}\right| \tag{8-6-15}$$

当 $\Psi=2m\pi(m=0, \pm1, \pm2, \cdots)$时，阵因子取最大值 N；当 $\Psi=\dfrac{2m\pi}{N}(m=\pm1, \pm2, \cdots)$时，阵因子取零值。对上式归一化后，得

$$F_a(\Psi) = \frac{1}{N}\left|\frac{\sin\dfrac{N\Psi}{2}}{\sin\dfrac{\Psi}{2}}\right| \tag{8-6-16}$$

在实际应用中，不仅要让单元天线的最大辐射方向尽量与阵因子一致，而且单元天线多采用弱方向性天线，所以均匀直线阵的方向性调控主要通过调控阵因子来实现。因此下面的讨论主要针对阵因子，至于均匀直线天线阵的总方向图只要将阵因子再乘以单元天线的方向图就可以得到了。

图 8-6-14 是 N 元均匀直线阵的归一化阵因子随 Ψ 的变化图形，称为均匀直线阵的通用方向图。由阵因子的分析可以得知，归一化阵因子 $F_a(\Psi)$是 Ψ 的周期函数，周期为 2π。在 $\Psi\in[0, 2\pi]$的区间内，函数值为 1 发生在 $\Psi=0$，2π 处，对应着方向图的主瓣或栅瓣(该瓣的最大值与主瓣的最大值一样大)。由于阵因子的分母随 Ψ 的变化比分子要慢得多，所以阵因子有 $N-2$ 个函数值小于 1 的极大值，发生在分子为 1 的条件下，即

$$\Psi_m = \frac{(2m+1)\pi}{N} \quad (\text{当 } m=1, 2, \cdots, N-2 \text{ 时}) \tag{8-6-17}$$

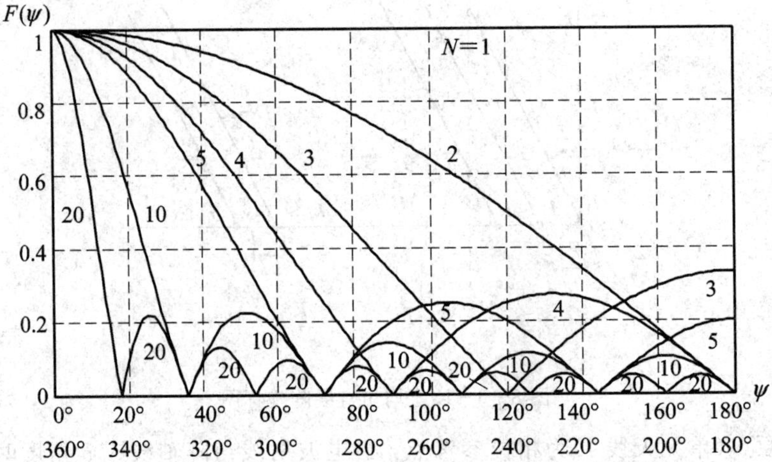

图 8-6-14　均匀直线阵归一化阵因子随 Ψ 的变化图形

此处对应着方向图副瓣；有 $N-1$ 个零点，发生在分子为零而分母不为零时，即

$$\Psi_0 = \frac{2m\pi}{N} \qquad (\text{当 } m = 1, 2, \cdots, N-1 \text{ 时}) \tag{8-6-18}$$

此处的第一个零点为 $\Psi_{01}=\dfrac{2\pi}{N}$。

由于 δ 的可取值范围为 0°～180°，与此对应的 Ψ 变化范围为

$$-kd+\xi < \Psi < kd+\xi \tag{8-6-19}$$

Ψ 的这个变化范围称为可视区。只有可视区中 Ψ 所对应的 $F(\Psi)$ 才是特定均匀直线阵的阵因子。Ψ 的可视区的大小与 d 有关，d 越大，可视区越大。可视区内的方向图形状同时与 d 和 ξ 有关，d 与 ξ 的适当配合才能获得良好的阵因子方向图。

将 Ψ 与 δ 的关系式代入阵因子表达式后，就可绘出阵因子的极坐标方向图。同样将 ψ 与 δ 的关系代入计算阵因子的副瓣、零点的公式中，可以计算极坐标方向图中副瓣和零点的位置。

例 8-6-4　设有一个五元均匀直线阵，间隔距离 $d=0.35\lambda$，电流激励相位差 $\xi=\pi/2$，绘出均匀直线阵阵因子方向图，同时计算极坐标方向图中的第一副瓣位置和副瓣电平、第一零点位置。

相位相差 90°的十元直线阵方向图

解　相位差 $\Psi=\xi+kd\cos\delta=\dfrac{\pi}{2}+0.7\pi\cos\delta$，可视区 $-0.2\pi\leqslant\Psi\leqslant1.2\pi$，归一化阵因子为

$$F_a[\Psi(\delta)] = \frac{1}{5}\left|\frac{\sin\dfrac{5\Psi}{2}}{\sin\dfrac{\Psi}{2}}\right| = \frac{1}{5}\left|\frac{\sin\left[5\left(\dfrac{\pi}{4}+\dfrac{1.4\pi}{4}\cos\delta\right)\right]}{\sin\left(\dfrac{\pi}{4}+\dfrac{1.4\pi}{4}\cos\delta\right)}\right|$$

根据上式，在均匀直线阵的通用方向图中截取相应的可视区，即可得到五元阵阵因子 $F(\Psi)$ 的变化图形。依据 $F(\delta)$ 可以绘出极坐标方向图。对应图形见图 8-6-15。

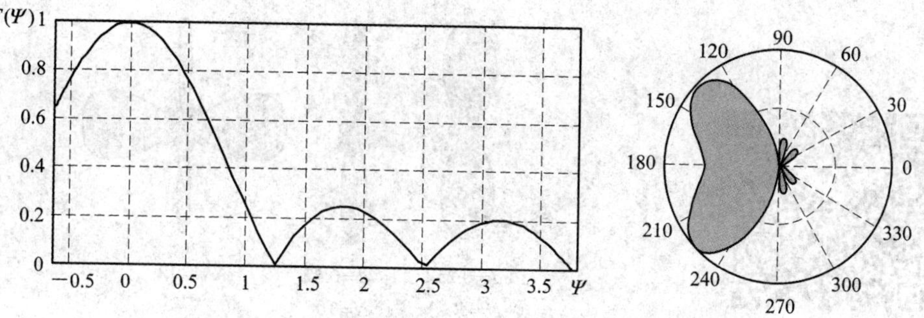

(a) 在可视区内的 $F(\Psi)$　　(b) $F(\delta)$的极坐标方向图

图 8-6-15　例题 8-6-3 阵因子方向图

根据式(8-6-17)，第一副瓣位置 $\Psi_{m1}=\dfrac{3\pi}{5}$，代入 $\Psi(\delta)$ 得 $\dfrac{\pi}{2}+0.7\pi\cos\delta_{m1}=\dfrac{3\pi}{5}$，解之得 $\delta_{m1}=82°$，副瓣电平 $\text{SLL}=10\lg\left\{\dfrac{1}{5}\left|\dfrac{\sin\dfrac{5\Psi_{m1}}{2}}{\sin\dfrac{\Psi_{m1}}{2}}\right|\right\}^2=10\lg0.25^2=-12.14(\text{dB})$。

根据式(8-6-18)，第一零点 $\Psi_{01}=\dfrac{2\pi}{5}$，即 $\dfrac{\pi}{2}+0.7\pi\cos\delta_{01}=\dfrac{2\pi}{5}$，解之得 $\delta_{01}=98.2°$。

2. 均匀直线阵的应用

均匀直线阵在实际应用中有如下几种常见的情况。

1) 边射阵(同相均匀直线阵)(Broadside Array)

当 $\xi=0$ 时，$\Psi=kd\cos\delta$，$\Psi=0$ 对应的最大辐射方向发生在 $\delta_{\max}=\pi/2$，由于最大辐射方向垂直于阵轴线，所以这种同相均匀直线阵称为边射或侧射式直线阵。图 8-6-16 给出了一个五元阵实例。当间隔距离加大时，可视区变大，栅瓣出现。栅瓣会造成天线的辐射功率分散，或受到严重干扰。防止栅瓣出现的条件是可视区的宽度 $\Delta\Psi_{\max}=|\Psi(\delta=0)-\Psi(\delta=\pi)|=2kd$ 有一定的限制，对于边射阵，要求有

$$\Delta\Psi_{\max}<4\pi\Rightarrow d<\lambda \qquad (8-6-20)$$

十元边射阵方向图变化

$d<\lambda$ 就是边射式直线阵不出现栅瓣的条件。

结合图 8-6-16 和图 8-6-17 可以看出，阵元数越多，间隔距离越大，边射阵主瓣越窄，副瓣电平也越高。

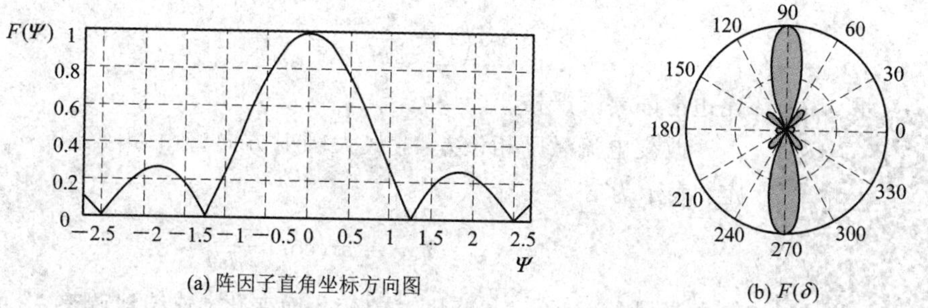

(a) 阵因子直角坐标方向图　　(b) $F(\delta)$

图 8-6-16　边射阵方向图 $\left(N=5,\ \xi=0,\ d=\dfrac{3\lambda}{7}\right)$

端射阵方向图变化

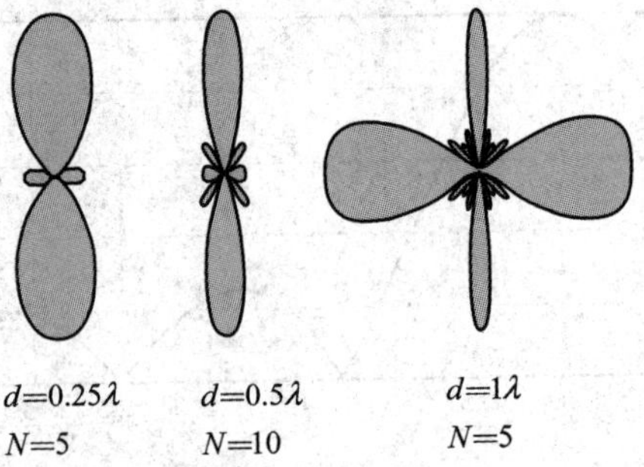

图 8-6-17　边射阵阵因子极坐标方向图

2) 普通端射阵(Ordinary End-Fire Arrays)

端射式天线阵是指天线阵的最大辐射方向沿天线阵的阵轴线(即 $\delta_{max}=0$ 或 π)。此时要求 $\xi+kd\cos 0=0$ 或 $\xi+kd\cos\pi=0$，即

$$\xi=\begin{matrix}-kd\\+kd\end{matrix}\Leftrightarrow\begin{matrix}\delta_{max}=0\\\delta_{max}=\pi\end{matrix}\tag{8-6-21}$$

也就是说，阵的各元电流相位沿最大辐射方向依次滞后 kd。图 8-6-18 给出了一个普通端射阵实例。

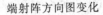

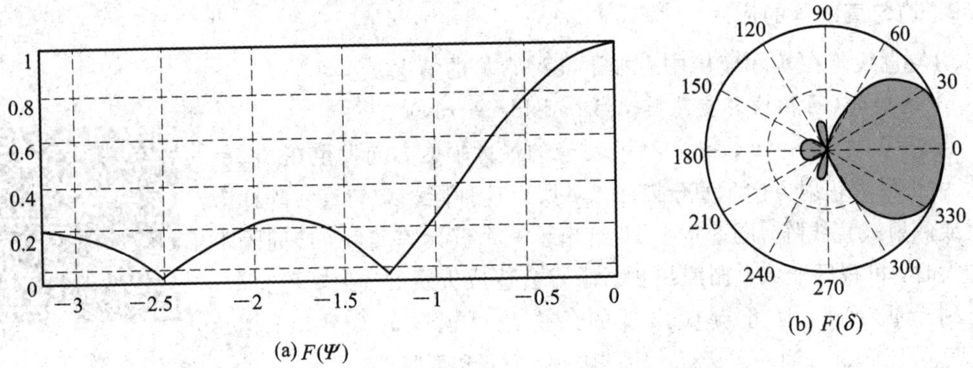

图 8-6-18　普通端射阵方向图$\left(N=5,\ d=0.25\lambda,\ \xi=-\frac{\pi}{2}\right)$

普通端射阵同样存在控制栅瓣出现的问题。由于普通端射阵的主瓣比较宽，考虑到第一零点的位置为 $\Psi_{01}=\frac{2\pi}{N}$，所以普通端射阵不产生栅瓣的条件为 $|\Delta\Psi_{max}|<2\pi-\frac{\pi}{N}$，即

$$d<\frac{\lambda}{2}\left(1-\frac{1}{2N}\right)\tag{8-6-22}$$

比边射阵要求严格。

改变电流激励相位差 ξ，最大辐射方向将由 $\xi+kd\cos\delta_{max}=0$ 决定，表示为

$$\delta_{max}=\arccos\left(\frac{-\xi}{kd}\right)\tag{8-6-23}$$

当 d 给定后，δ_{max} 将随 ξ 的变化而变化。连续地调整 ξ，可以让波束在空间扫描，这就是相扫天线的基本原理。

相扫天线基本原理

3）强方向性端射阵(汉森—伍德耶特阵)(End—Fire Arrays with increased directivity)

由普通端射阵方向图(见图 8-6-18)的实例可知，尽管普通端射阵的主瓣方向唯一，但是它的方向图主瓣过宽，方向性较弱。为了提高普通端射阵的方向性，汉森和伍德耶特提出了强方向性端射阵的概念。他们指出：对一定的均匀直线阵，通过控制单元间的激励电流相位差可以获得最大方向系数。具体条件是

$$\xi = \pm kd \pm \frac{\pi}{N} \tag{8-6-24}$$

即在原始普通端射阵的基础上将单元间的初相差再加上 π/N 的相位延迟，它使得阵轴线方向不再是完全同相了。满足这种条件的均匀直线阵方向系数最大，故这种直线阵称为强方向性端射阵。

图 8-6-19 绘出了一个强方向性端射阵的实例。与图 8-6-18 比较可以看出，在相同元数和相同间隔距离的条件下，强方向性端射阵的主瓣比普通端射阵的主瓣要窄，因此方向性要强；但是它的副瓣电平比较大。从 $F(\Psi)$ 的图形而言，强方向性端射阵实际上是把可视区稍微平移，从而将普通端射阵的最大值以及附近变化比较缓慢的区域从可视区内移出了。

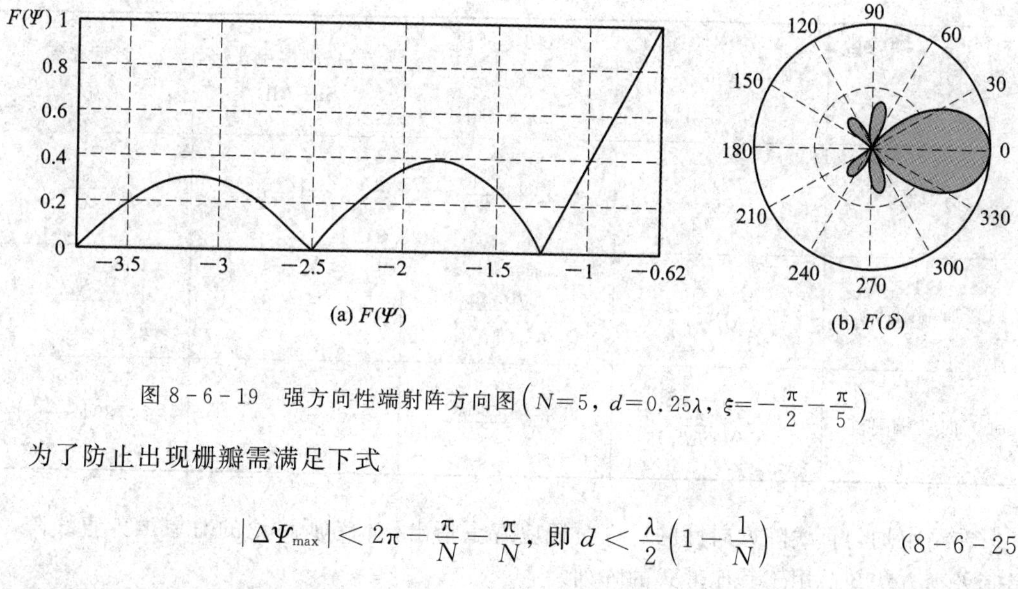

图 8-6-19　强方向性端射阵方向图 $\left(N=5,\ d=0.25\lambda,\ \xi=-\frac{\pi}{2}-\frac{\pi}{5}\right)$

为了防止出现栅瓣需满足下式

$$|\Delta\Psi_{\max}| < 2\pi - \frac{\pi}{N} - \frac{\pi}{N}，即\ d < \frac{\lambda}{2}\left(1-\frac{1}{N}\right) \tag{8-6-25}$$

间隔距离受限的条件略比普通端射阵严格一点。

3. 均匀直线阵的方向系数

如果忽略单元天线的方向性，可以计算出不同均匀直线阵的方向系数变化曲线，如图 8-6-20 所示。此图反映出间距的加大会使得方向系数增大，但是过大的间距会导致栅瓣出现，此时方向系数反而下降。同时，当 N 很大时，方向系数与 N 的关系基本上成线性增长关系。

表 8-6-1 总结了当 N 很大时，三种均匀直线阵的方向图参数，以供参考。

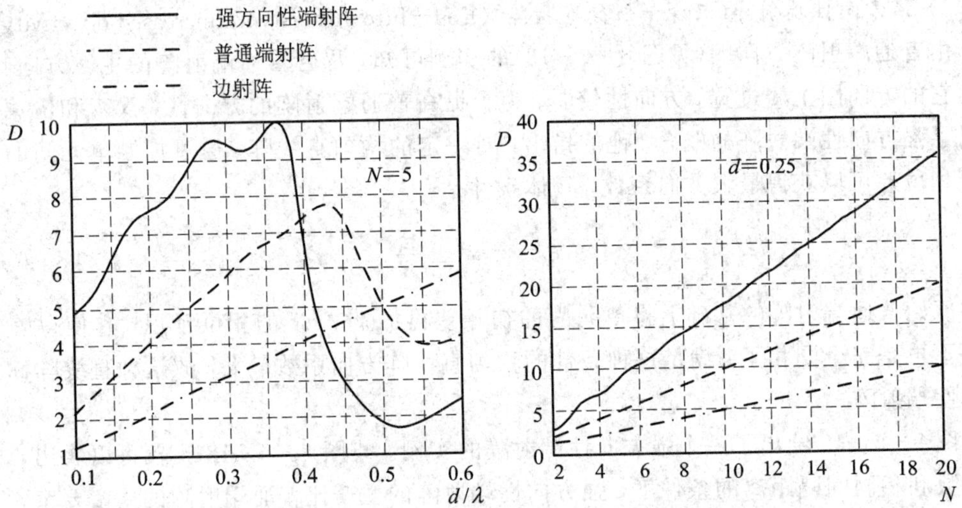

(a) 方向系数D～间隔距离d　　(b) 方向系数D～阵元数N

图 8-6-20　均匀直线阵方向系数变化曲线

表 8-6-1　N 很大时均匀直线阵方向图参数

类型＼公式＼参数	零功率波瓣宽度 $2\theta_0$/rad	半功率波瓣宽度 $2\theta_{0.5}$/rad	第一副瓣电平 SLL/dB	方向系数 D
边射阵	$\frac{2\lambda}{Nd}$	$0.886\frac{\lambda}{Nd}$	-13.5	$\frac{2Nd}{\lambda}$
普通端射阵	$2\sqrt{\frac{2\lambda}{Nd}}$	$2\sqrt{\frac{0.88\lambda}{Nd}}$	-13.5	$\frac{4Nd}{\lambda}$
强方向性端射阵	$2\sqrt{\frac{\lambda}{Nd}}$	$2\sqrt{\frac{0.28\lambda}{Nd}}$	-9.5	$1.789\left(\frac{4Nd}{\lambda}\right)$

在结束均匀直线阵方向性的讨论时还应着重指出，本节所讨论的对象虽为直线阵，但是其处理方法却适用于其他形式的阵列。

均匀直线阵是一种最简单的排阵方式，在要求最大辐射方向为任意值时，它并不是最好的选择。图 8-6-21 给出了当要求最大辐射方向为 $\theta_{max}=45°$，$\varphi_{max}=90°$时，排列在 y 轴上，间隔距离为 0.25λ 的八元均匀直线阵所能达到的最好效果，此时方向系数为 5.5。而以同样的阵元数目和阵轮廓尺寸排列的 xOy 平面上的八元圆环阵(即半径为 $7\times0.25\lambda/2$)，却能达到 8.1 的方向系数。实际上，尽管规则布阵对场地或载体有更苛刻的要求，但是任意布阵却更具优越性，这对实际的阵列构造是很有价值的。这时，计算机的辅助设计在任意阵列结构优化时就显得十分重要。

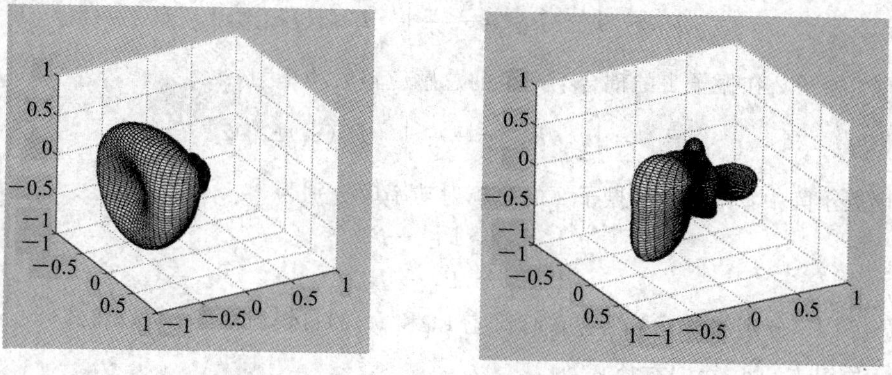

(a) 八元均匀直线阵阵因子方向图　　(b) 八元均匀圆环阵的阵因子方向图

图 8-6-21　八元均匀直线阵和圆环阵的阵因子方向图

8.7　对称振子阵的阻抗特性

当两个以上的天线排阵时，某一单元天线除受本身电流产生的电磁场作用之外，还要受到阵中其他天线上的电流产生的电磁场作用。有别于单个天线被置于自由空间的情况，这种电磁耦合(或感应)的结果将会导致每个单元天线的电流和阻抗都要发生变化。此时，单元天线的阻抗可以认为由两部分组成，一部分是不考虑相互耦合影响时的阻抗，称为自阻抗；另一部分是由相互感应作用而产生的阻抗，称为互阻抗。对于对称振子阵，互阻抗可以利用感应电动势法比较精确地求出。因此，这一节以对称振子阵为例介绍天线阵的阻抗特性，其基本思路仍然适用于其他的天线阵。

8.7.1　二元阵的阻抗

设空间有两个耦合振子排列如图 8-7-1 所示，两振子上的电流分布分别为 $I_1(z_1)$和 $I_2(z_2)$。以振子 1 为例，由于振子 2 上的电流 $I_2(z_2)$会在振子 1 上 z_1 处线元 dz_1 表面上产生切向电场分量 E_{12}，并在 dz_1 上产生感应电动势 $E_{12}dz_1$。根据理想导体的切向电场应为零的边界条件，振子 1 上电流 $I_1(z_1)$必须在线元 dz_1 处产生 $-E_{12}$，以满足总的切向电场为零，也就是说，振子 1 上电流 $I_1(z_1)$也必须在 dz_1 上产生一个反向电动势 $-E_{12}dz_1$。为了维持这个反向电动势，振子 1 的电源必须额外提供的功率为

$$dP_{12}=-\frac{1}{2}I_1^*(z_1)E_{12}dz_1 \qquad (8-7-1)$$

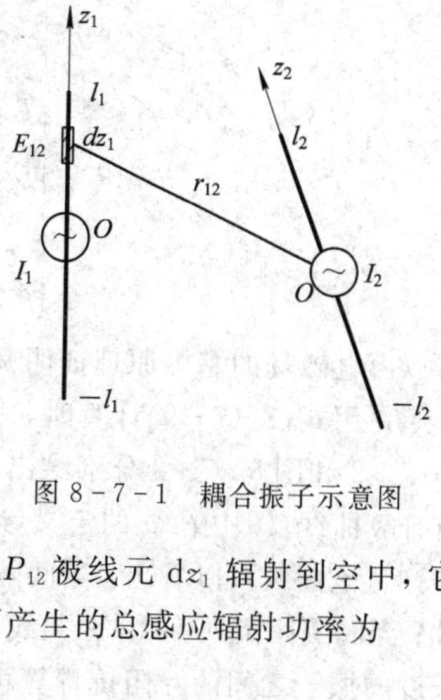

图 8-7-1　耦合振子示意图

因为理想导体既不消耗功率，也不能储存功率，所以 dP_{12} 被线元 dz_1 辐射到空中，它实际上就是感应辐射功率。由此，振子 1 在振子 2 的耦合下产生的总感应辐射功率为

$$P_{12}=\int_{-l_1}^{l_1}\mathrm{d}P_{12}=-\frac{1}{2}\int_{-l_1}^{l_1}I_1^*(z_1)E_{12}\mathrm{d}z_1 \tag{8-7-2}$$

同理，振子 2 在振子 1 的耦合下产生的总感应辐射功率为

$$P_{21}=\int_{-l_2}^{l_2}dP_{21}=-\frac{1}{2}\int_{-l_2}^{l_2}I_2^*(z_2)E_{21}\mathrm{d}z_2 \tag{8-7-3}$$

互耦振子阵中，振子 1 和振子 2 的总辐射功率应分别为

$$\begin{cases}P_{r1}=P_{11}+P_{12}\\ P_{r2}=P_{21}+P_{22}\end{cases} \tag{8-7-4}$$

式中，P_{11}和P_{22}分别为振子单独存在时对应I_{m1}和I_{m2}的自辐射功率。可以将式(8-7-4)推广而直接写出P_{11}和P_{22}的表达式为

$$P_{11}=\int_{-l_1}^{l_1}\mathrm{d}P_{11}=-\frac{1}{2}\int_{-l_1}^{l_1}I_1^*(z_1)E_{11}\mathrm{d}z_1 \tag{8-7-5}$$

$$P_{22}=\int_{-l_2}^{l_2}\mathrm{d}P_{22}=-\frac{1}{2}\int_{-l_2}^{l_2}I_2^*(z_2)E_{22}\mathrm{d}z_2 \tag{8-7-6}$$

如果仿照网络电路方程，引入分别归算于I_{m1}和I_{m2}的等效电压U_1和U_2，则振子 1 和振子 2 的总辐射功率可表示为

$$\begin{cases}P_{r1}=\dfrac{1}{2}U_1I_{m1}^*\\ P_{r2}=\dfrac{1}{2}U_2I_{m2}^*\end{cases} \tag{8-7-7}$$

回路方程可写为

$$\begin{cases}U_1=I_{m1}Z_{11}+I_{m2}Z_{12}\\ U_2=I_{m1}Z_{21}+I_{m2}Z_{22}\end{cases} \tag{8-7-8}$$

式中，Z_{11}、Z_{22}分别为归算于波腹电流I_{m1}、I_{m2}的自阻抗(Self-impedance)；Z_{12}为归算于I_{m1}、I_{m2}的振子 2 对振子 1 的互阻抗(Mutual Impedance)；Z_{21}为归算于I_{m2}、I_{m1}的振子 1 对振子 2 的互阻抗。它们各自的计算公式如下

$$\begin{cases}Z_{11}=-\dfrac{1}{|I_{m1}|^2}\displaystyle\int_{-l_1}^{l_1}I_1^*(z_1)E_{11}\mathrm{d}z_1\\ Z_{22}=-\dfrac{1}{|I_{m2}|^2}\displaystyle\int_{-l_2}^{l_2}I_2^*(z_2)E_{22}\mathrm{d}z_2\\ Z_{12}=-\dfrac{1}{I_{m1}^*I_{m2}}\displaystyle\int_{-l_1}^{l_1}I_1^*(z_1)E_{12}dz_1\\ Z_{21}=-\dfrac{1}{I_{m1}I_{m2}^*}\displaystyle\int_{-l_2}^{l_2}I_2^*(z_2)E_{21}\mathrm{d}z_2\end{cases} \tag{8-7-9}$$

可以由电磁场的基本原理证明其互易性$Z_{12}=Z_{21}$。

在用式(8-7-9)计算时，所有沿电流的电场切向分量均用振子的近区场表达式。图 8-7-2 和图 8-7-3 分别给出了两齐平行、两共线半波振子之间，归算于波腹电流的互阻抗计算曲线(图中l、a的定义参见图 8-5-1)。

从该曲线可以看出，当间隔距离$d>5\lambda$，两齐平行半波振子之间的互阻抗可以忽略不计；当间隔距离$h>2\lambda$，两共线半波振子之间的互阻抗可以忽略不计。至于任意放置、任意长度的振子之间的互阻抗计算可以查阅有关文献，而这些互阻抗的计算对于天线阵电参数

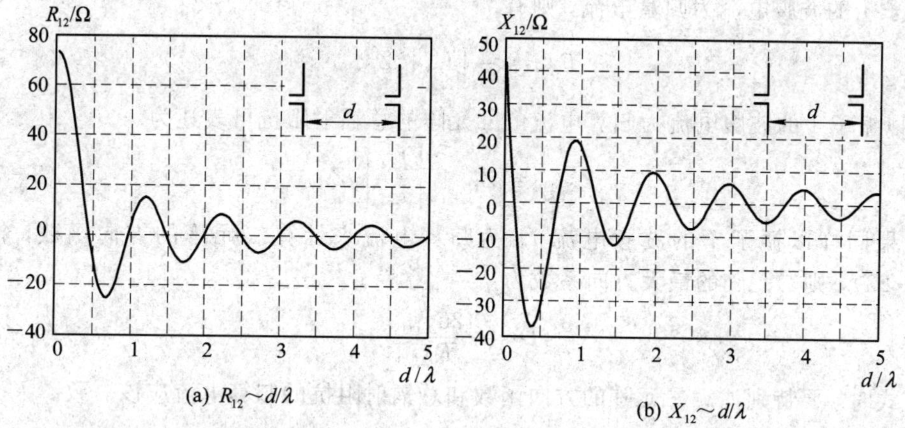

图 8-7-2　二齐平行半波振子的互阻抗随 d/λ 的计算曲线($a=0.0001l$)

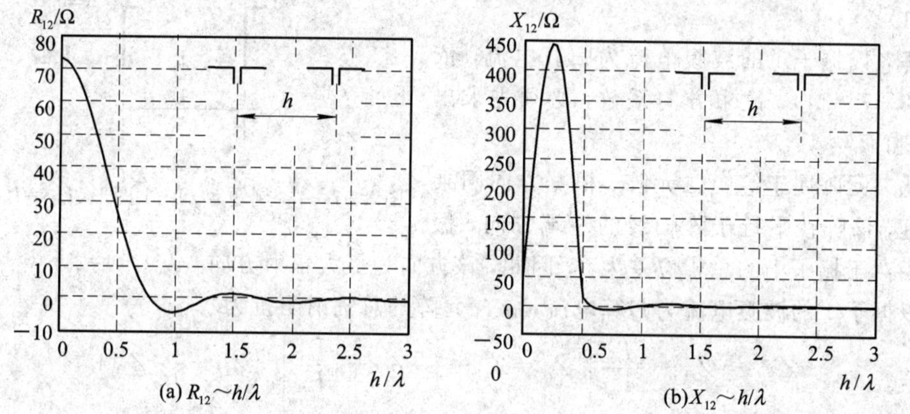

图 8-7-3　二共线半波振子的互阻抗随 d/λ 的计算曲线($a=0.0001l$)

的分析是十分重要的。应该指出的是，二重合振子的互阻抗即是自阻抗。

将式(8-7-8)的第一式两边同除以 I_{m1}，式(8-7-8)的第二式两边同除以 I_{m2}，振子 1 和振子 2 的辐射阻抗为

$$\begin{cases} Z_{r1}=\dfrac{U_1}{I_{m1}}=Z_{11}+\dfrac{I_{m2}}{I_{m1}}Z_{12} \\ Z_{r2}=\dfrac{U_2}{I_{m2}}=Z_{22}+\dfrac{I_{m1}}{I_{m2}}Z_{21} \end{cases} \tag{8-7-10}$$

由上式可以看出，耦合振子的辐射阻抗除了本身的自阻抗外，还应考虑振子间的相互影响而产生的感应辐射阻抗分别为 $\dfrac{I_{m2}}{I_{m1}}Z_{12}$、$\dfrac{I_{m1}}{I_{m2}}Z_{21}$。在相似二元阵中，尽管自阻抗、互阻抗都相同，但是由于各阵元的馈电电流不同，感应辐射阻抗却不同，因而各阵元的辐射阻抗不同，工作状态也就不同。

如果计算二元振子阵的总辐射阻抗，则依据二元阵总辐射功率等于两振子辐射功率之和有

$$P_{r\Sigma}=P_{r1}+P_{r2}=\frac{1}{2}|I_{m1}|^2Z_{r1}+\frac{1}{2}|I_{m2}|^2Z_{r2} \tag{8-7-11}$$

选定振子 1 的波腹电流为归算电流，则有

$$P_{r\Sigma}=\frac{1}{2}|I_{m1}|^2 Z_{r\Sigma(1)} \tag{8-7-12}$$

于是，以振子 1 的波腹电流为归算电流的二元阵的总辐射阻抗可表述为

$$Z_{r\Sigma(1)}=Z_{r1}+\left|\frac{I_{m2}}{I_{m1}}\right|^2 Z_{r2} \tag{8-7-13}$$

如果同样以振子 1 的波腹电流 I_{m1} 为归算电流来计算二元阵的方向函数，根据式(8-3-23)，则二元阵的最大方向系数为

$$D=\frac{120 f_{\max(1)}^2}{R_{r\Sigma(1)}} \tag{8-7-14}$$

应用上式时，要特别注意二元阵的方向函数和总辐射阻抗的归算电流应该一致。

例 8-7-1　计算如图 8-7-4 所示的齐平行二元半波振子阵的方向系数（$a/l=0.0001$）。

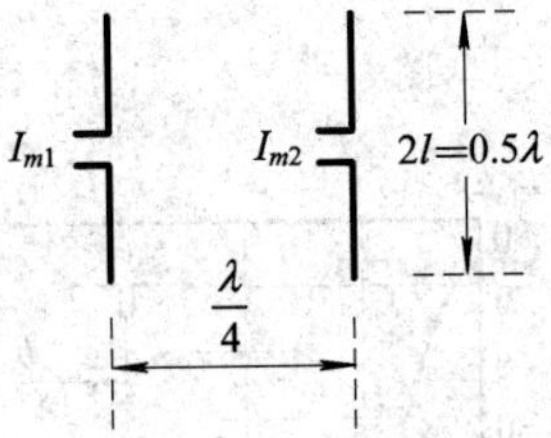

图 8-7-4　例题 8-7-1 图形（$I_{m2}=I_{m1}e^{j\pi/2}$）

解　以振子 1 的波腹电流为归算电流，依据式(8-7-14)，欲求方向系数，必须先求出 $f_{\max(1)}$ 和 $R_{r\Sigma(1)}$。

此二元阵属于等幅二元阵，根据方向图乘积定理，该阵在平行于阵轴线的左端方向，振子 2 相对于振子 1 的总相位差为 0，因此，该方向为最大辐射方向，$f_{\max(1)}=2$。

以振子 1 的波腹电流为归算电流，该二元阵的总辐射阻抗为

$$Z_{r\Sigma(1)}=Z_{r1}+\left|\frac{I_{m2}}{I_{m1}}\right|^2 Z_{r2}=Z_{11}+\frac{I_{m2}}{I_{m1}}Z_{12}+\left|\frac{I_{m2}}{I_{m1}}\right|^2\left(Z_{22}+\frac{I_{m1}}{I_{m2}}Z_{21}\right)$$

考虑到 $Z_{11}=Z_{22}$、$Z_{12}=Z_{21}$，代入 $\left|\frac{I_{m1}}{I_{m2}}\right|=1$，上式化简为

$$Z_{r\Sigma(1)}=2Z_{11}+\left(\frac{I_{m2}}{I_{m1}}+\frac{I_{m1}}{I_{m2}}\right)Z_{12}=2(73.1+j42.5)+(j-j)Z_{12}=146.2+j85\quad(\Omega)$$

因此，$R_{r\Sigma(1)}=146.2(\Omega)$。

该二元阵在平行于阵轴线左端的方向系数，也就是最大方向系数为

$$D=\frac{120 f_{\max(1)}^2}{R_{r\Sigma(1)}}=\frac{120\times 2^2}{146.2}=3.28$$

例 8-7-2　若例 8-7-1 题的其他条件不变，只是将二振子的馈电电流改为 $I_{m2}=0.5I_{m1}$，求方向系数。

解　仍然以振子 1 的波腹电流为归算电流。由于二元阵两振子的馈电电流同相，所以最大辐射方向改为边射，$f_{\max(1)}=1.5$。二元阵的总辐射阻抗改写为

$$\begin{aligned}Z_{r\Sigma(1)}&=Z_{r1}+\left|\frac{I_{m2}}{I_{m1}}\right|^2 Z_{r2}=Z_{11}+\frac{I_{m2}}{I_{m1}}Z_{12}+\left|\frac{I_{m2}}{I_{m1}}\right|^2\left(Z_{22}+\frac{I_{m1}}{I_{m2}}Z_{21}\right)\\&=(1+0.5^2)Z_{11}+\left(0.5+0.5^2\times\frac{1}{0.5}\right)Z_{12}\end{aligned}$$

查图 8-7-2 可得

$$Z_{12}=40.8-j28.3\quad(\Omega)$$

因此，

$$\begin{aligned} Z_{r\Sigma(1)} &= (1+0.5^2)\times(73.1+\mathrm{j}42.5)+\left(0.5+0.5^2\times\frac{1}{0.5}\right)\times(40.8-\mathrm{j}28.3) \\ &= 132.18+\mathrm{j}24.83 \quad (\Omega) \end{aligned}$$

方向系数为

$$D=\frac{120 f_{\max(1)}^2}{R_{r\Sigma(1)}}=\frac{120\times1.5^2}{132.18}=2.04$$

例 8-7-3　求如图 8-7-5 所示的长度 $l=3\lambda/4$、以波腹电流为归算电流的对称振子的辐射阻抗($a/l=0.0001$)。

解　将此对称振子(或单导线)看成由三个半波振子组成的共线阵。先分别求出每个半波振子的辐射阻抗，然后求此阵的辐射阻抗。

振子 1 与振子 2、振子 3 的组阵参数为

$$d_{12}=0,\ h_{12}=\frac{\lambda}{2},\ \frac{I_{m2}}{I_{m1}}=-1$$

$$d_{13}=0,\ h_{13}=\lambda,\ \frac{I_{m3}}{I_{m1}}=1$$

查图 8-7-3 得 $Z_{12}=26.4+\mathrm{j}20.2(\Omega)$，$Z_{13}=-4.1-\mathrm{j}0.7\ (\Omega)$，则

$$Z_{r1}=Z_{11}-Z_{12}+Z_{13}=(73.1-26.4-4.1)+\mathrm{j}(42.5-20.2-0.7)=42.6+\mathrm{j}21.6\ (\Omega)$$

$$Z_{r2}=-Z_{21}+Z_{22}-Z_{23}=(-26.4+73.1-26.4)+\mathrm{j}(-20.2+42.5-20.2)=20.3+\mathrm{j}2.1\ (\Omega)$$

$$Z_{r3}=Z_{r1}=42.6+\mathrm{j}21.6\quad(\Omega)$$

$Z_{r\Sigma(1)}=Z_1+Z_2+Z_3=105.5+\mathrm{j}45.3(\Omega)$。此结果与图 8-5-5 的数值相同。

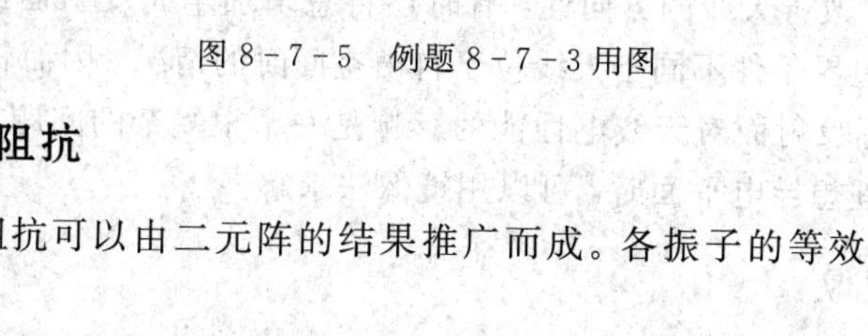

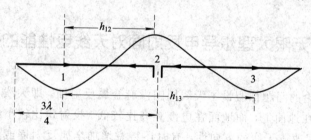

图 8-7-5　例题 8-7-3 用图

8.7.2　直线阵的阻抗

N 元直线阵的阻抗可以由二元阵的结果推广而成。各振子的等效电压对应的阻抗方程为

$$\begin{cases} U_1=I_{m1}Z_{11}+I_{m2}Z_{12}+\cdots+I_{mN}Z_{1N} \\ U_2=I_{m1}Z_{21}+I_{m2}Z_{22}+\cdots+I_{mN}Z_{2N} \\ \vdots \\ U_N=I_{m1}Z_{N1}+I_{m2}Z_{N2}+\cdots+I_{mN}Z_{NN} \end{cases} \tag{8-7-15}$$

上式中，下标 i 表示振子的编号；$U_i(i=1,\ \cdots,\ N)$为归于波幅电流的等效电压；$I_{mi}(i=1,\ \cdots,\ N)$为振子的波腹电流；$Z_{ij}(i=1,\ \cdots,\ N,\ j=1,\ \cdots,\ N)$为任意二振子间的互阻抗(或振子的自阻抗)。

仿照二元阵，将上式第 i 个方程两边同除以 $I_{mi}(i=1, \cdots, N)$，可解得各振子的辐射阻抗为

$$\begin{cases} Z_{r1} = Z_{11} + \dfrac{I_{m2}}{I_{m1}} Z_{12} + \cdots + \dfrac{I_{mN}}{I_{m1}} Z_{1N} \\ Z_{r2} = \dfrac{I_{m1}}{I_{m2}} Z_{21} + Z_{22} + \cdots + \dfrac{I_{mN}}{I_{m2}} Z_{2N} \\ \qquad \vdots \\ Z_{rN} = \dfrac{I_{m1}}{I_{mN}} Z_{N1} + \dfrac{I_{m2}}{I_{mN}} Z_{N2} + \cdots + Z_{NN} \end{cases} \tag{8-7-16}$$

如果以第 $i(i=1, \cdots, N)$ 个振子的波腹电流 I_{mi} 为归算电流，则天线阵的总辐射阻抗同样可以仿照式(8-7-13)写为

$$Z_{r\Sigma(i)} = \left|\frac{I_{m1}}{I_{mi}}\right|^2 Z_{r1} + \left|\frac{I_{m2}}{I_{mi}}\right|^2 Z_{r2} + \cdots + Z_{ri} + \cdots + \left|\frac{I_{mN}}{I_{mi}}\right|^2 Z_{rN} \tag{8-7-17}$$

N 元直线阵的方向系数仍然可以写为

$$D = \frac{120 f_{\max(i)}^2}{R_{r\Sigma(i)}} \tag{8-7-18}$$

尽管 $f_{\max(i)}$、$R_{r\Sigma(i)}$ 有可能与以哪个振子为参考振子有关，但是方向系数 D 却不会因为参考振子的变化而变化。

无论是讨论天线阵的方向性还是天线阵的阻抗特性，其基本思路都可以从直线阵拓展到平面阵乃至立体阵，只不过计算更加复杂。但是由于它们可调整的变量增多，因而更能适应不同的需要。

8.8 无限大理想导电反射面对天线电性能的影响

前面几节所讨论的问题都假设了天线周围没有金属反射面，即天线位于自由空间。实际上天线大多架设在地面上，而地面在电波频率比较低、投射角比较小的情况下可以被看作良导体；另外为了改善天线的方向性，有时还特意增加金属反射面或反射网。这样的辐射系统所应满足的边界条件不同于天线位于自由空间时的情况，因而辐射场也就会发生变化。严格地讨论实际反射面对天线电性能的影响是一个很复杂的问题。当地面或金属反射面被认为是无限大理想导电平面时，可以用镜像法求解。

8.8.1 天线的镜像

根据镜像原理，讨论一个电流元在无限大理想导电平面上的辐射场时，应满足在该理想导电平面上的切向电场处处为零的边界条件，为此可在导电平面的另一侧设置一镜像电流元，该镜像电流元的作用就是代替导电平面上的感应电流，使得真实电流元和镜像电流元的合成场在理想导电平面上的切向值处处为零。由于镜像电流元不位于求解空间内，所以在真实电流元所处的上半空间中，一个电流元在无限大理想导电平面上的辐射场就可以由真实电流元与镜像电流元的合成场而得到。如图 8-8-1 所示，不难看出水平电流元的镜像为理想导电平面另一侧对称位置处的等幅反相电流元，称为负镜像；而垂直电流元的

镜像为理想导电平面另一侧对称位置处的等幅同相电流元，称为正镜像；倾斜电流元的镜像与水平电流元的镜像相同，也为对称位置处的负镜像。值得强调的是，镜像法只对真实电流元所处的半空间内有效。

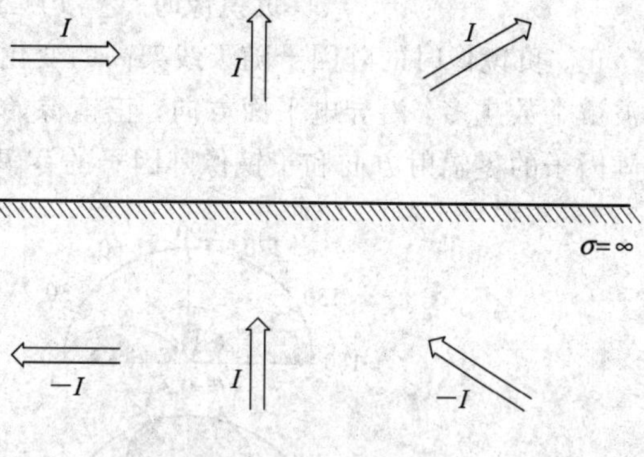

图 8-8-1　电流元的镜像

对于电流分布不均匀的实际天线，可以把它分解成许多电流元，所有电流元的镜像集合起来即为整个天线的镜像。如图 8-8-2 所示，水平线天线的镜像一定为负镜像；垂直对称线天线的镜像为正镜像。至于垂直架设的驻波单导线，其镜像的正负视单导线的长度 l 而定。例如，$l=\lambda/2$ 的驻波单导线时，其镜像为正；而 $l=\lambda$ 的驻波单导线时，其镜像为负。

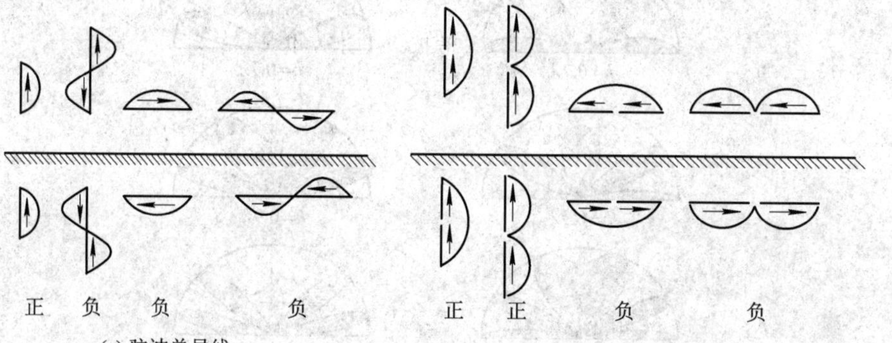

图 8-8-2　线天线的镜像

用镜像天线来代替反射面的作用后，反射面对天线电性能的影响，就转化为实际天线和镜像天线构成的二元阵的相应问题。

8.8.2　无限大理想导电反射面对天线电性能影响的分析

分析无限大理想导电反射面对天线电性能的影响主要有两个方面，一是对方向性的影响，二是对阻抗特性的影响。这些都可以用等幅同相或等幅反向二元阵来处理。

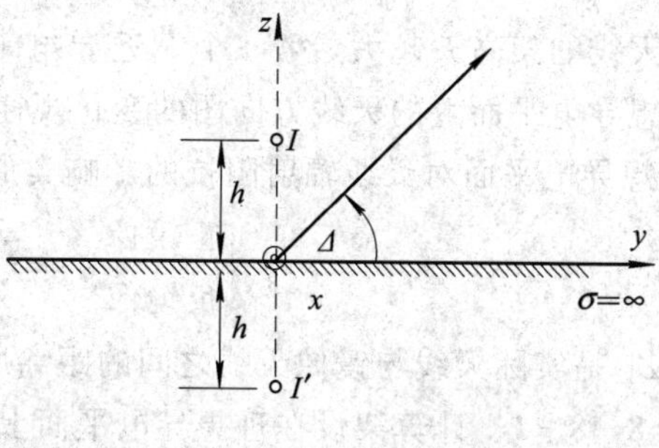

图 8-8-3　理想导电平面上天线的坐标图

如图 8-8-3 的坐标系统，以实际天线的电流 I 为参考电流，当天线的架高为 h 时，镜像天线相对于实际天线之间的波程差为 $-2kh\ \sin\Delta$，于是由

实际天线与镜像天线构成的二元阵的阵因子为

$$\begin{cases}\text{正镜像时} \quad F_a(\Delta) = \cos(kh\ \sin\Delta) \\ \text{负镜像时} \quad F_a(\Delta) = \sin(kh\ \sin\Delta)\end{cases} \tag{8-8-1}$$

正、负镜像时的阵因子随天线架高的变化如图 8-8-4 所示。天线架得越高，阵因子的波瓣个数越多。沿导电平面方向，正镜像始终是最大辐射，负镜像始终是零辐射；负镜像阵因子的零辐射方向和正镜像阵因子的零辐射方向互换位置。

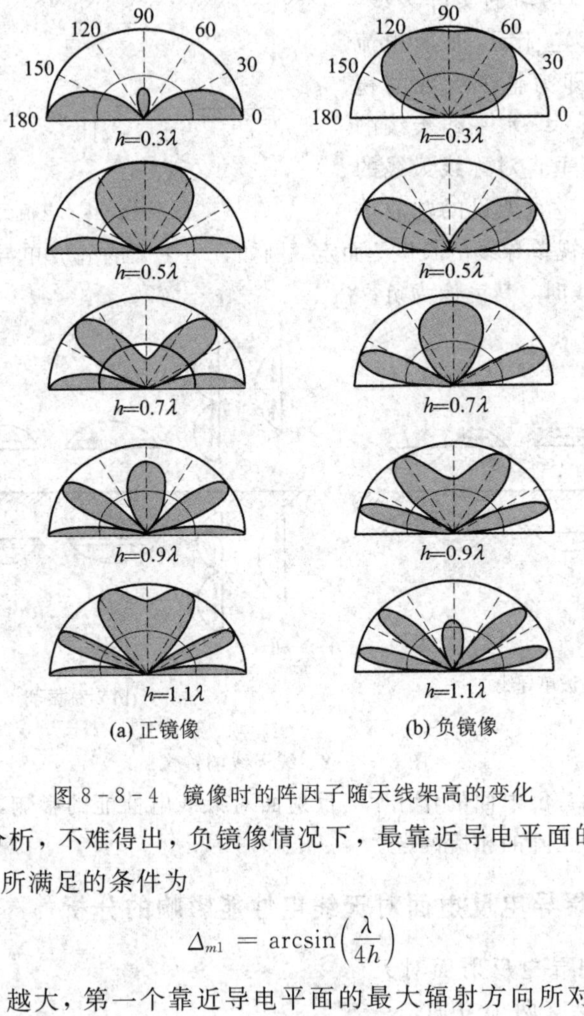

图 8-8-4　镜像时的阵因子随天线架高的变化

根据相位差的分析，不难得出，负镜像情况下，最靠近导电平面的第一最大辐射方向对应的波束仰角 Δ_{m1} 所满足的条件为

$$\Delta_{m1} = \arcsin\left(\frac{\lambda}{4h}\right) \tag{8-8-2}$$

因此，天线的架高 h 越大，第一个靠近导电平面的最大辐射方向所对应的波束仰角 Δ 越低。理想导电平面上的天线方向图的变化规律对实际天线的架设起着指导作用。

理想导电平面对天线辐射阻抗的影响类似于一般二元阵，可以直接写为

$$\begin{cases}\text{正镜像} \quad Z_r = Z_{11} + Z_{12} \\ \text{负镜像} \quad Z_r = Z_{11} - Z_{12}\end{cases} \tag{8-8-3}$$

式中，Z_{12} 是实际天线与镜像天线之间的距离所对应的互阻抗。

例 8-8-1　计算架设在理想导电平面上的水平二元半波振子阵的 H 平面方向图、辐射阻抗以及方向系数。$I_{m2} = I_{m1} e^{-j\pi/2}$，二元阵的间隔距离 $d = \lambda/4$，天线阵的架高 $h = \lambda/2$。

解　此题可用镜像法分析，如图 8-8-5，该二元阵的镜像为负镜像。取 H 平面为纸

面，以 I_{m1} 为参考电流，则 H 平面的方向函数为

$$f(\Delta)=f_1(\Delta)\times f_{a1}(\Delta)\times f_{a2}(\Delta)=1\times\left|1+e^{j(-0.5\pi+0.5\pi\cos\Delta)}\right|\times\left|1-e^{-j(2\pi\sin\Delta)}\right|$$

图 8-8-6 绘出了对应的 H 平面方向图，图 8-8-7 绘出了该天线阵的立体方向图。

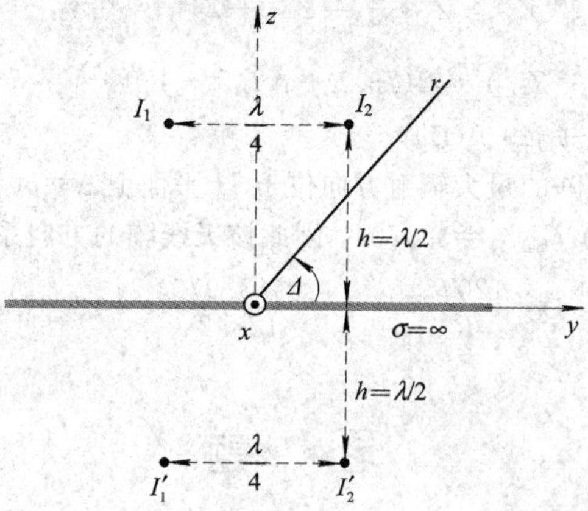

图 8-8-5　例题 8-8-1 的 H 平面坐标图

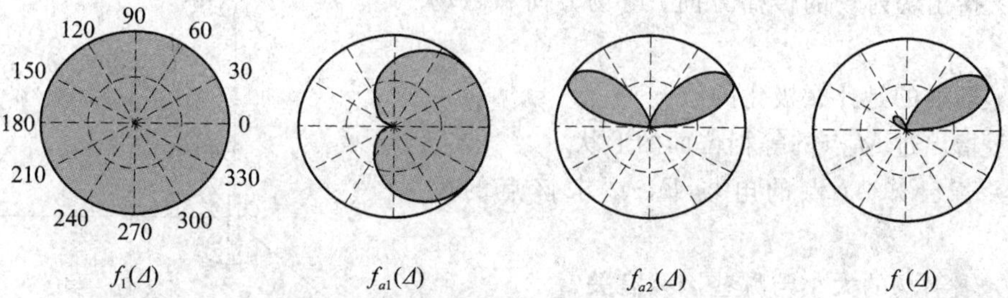

图 8-8-6　例题 8-8-1 的 H 平面方向图

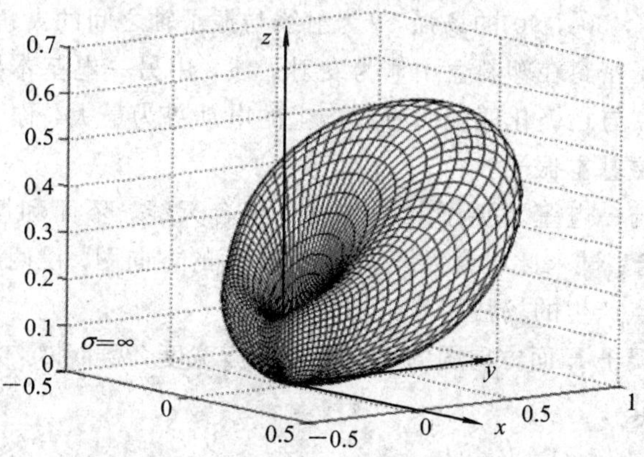

图 8-8-7　例题 8-8-1 的立体方向图

以 I_{m1} 为参考电流的阵的总辐射阻抗为

$$\begin{aligned} Z_{\Sigma(1)} &= Z_{r1} + \left|\frac{I_{m2}}{I_{m1}}\right|^2 Z_{r2} \\ &= Z_{11} + \frac{I_{m2}}{I_{m1}} Z_{12} - Z_{11'} - \frac{I_{m2}}{I_{m1}} Z_{12'} + Z_{22} + \frac{I_{m1}}{I_{m2}} Z_{21} - \frac{I_{m1}}{I_{m2}} Z_{21'} - Z_{22'} \\ &= 2(Z_{11} - Z_{11'}) = 2(73.1 + j42.5 - 4.0 - j17.7) \\ &= 138.2 + j49.6(\Omega) \end{aligned}$$

从方向图可知，天线阵的最大辐射方向位于 H 平面上 $\Delta=30°$ 处，因此以 I_{m1} 为参考电流的方向函数的最大值为 $f_{\max(1)}=3.9704$，因此该天线阵的方向系数为

$$D = \frac{120 f^2_{\max(1)}}{R_{r\Sigma(1)}} = \frac{120 \times 3.9704^2}{138.2} = 13.69$$

习 题

8-1 如题 8-1 图所示，电基本振子如图放置在 z 轴上，请解答下列问题：

(1) 指出辐射场的传播方向、电场方向和磁场方向。

(2) 辐射的是什么极化的波？

(3) 指出过 M 点的等相位面的形状。

(4) 若已知 M 点的电场 E，试求该点的磁场 H。

(5) 辐射场的大小与哪些因素有关？

(6) 指出最大辐射的方向和最小辐射的方向。

(7) 指出 E 面和 H 面，并概画方向图。

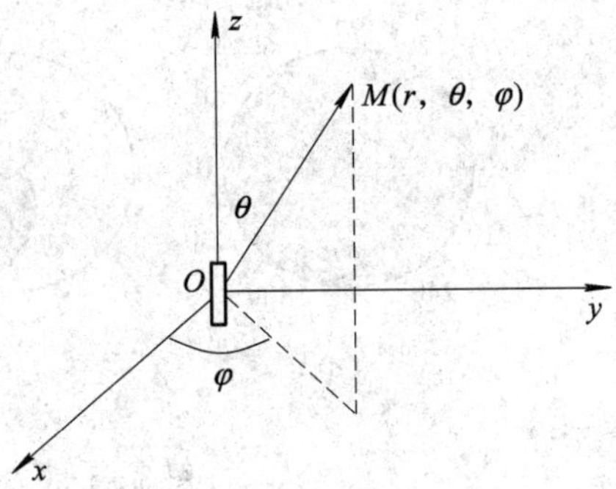

题 8-1 图

8-2 一电基本振子的辐射功率为 25 W，试求 $r=20$ km 处，$\theta=0°$，60°，90°的场强，θ 为射线与振子轴之间的夹角。

8-3 一基本振子密封在塑料盒中作为发射天线，用另一电基本振子接收，按天线极化匹配的要求，它仅在与之极化匹配时感应产生的电动势为最大，你怎样鉴别密封盒内装的是电基本振子还是磁基本振子？

8-4 一小圆环与一电基本振子共同构成一组合天线，环面和振子轴置于同一平面内，两天线的中心重合。试求此组合天线 E 面和 H 面的方向图。设两天线在各自的最大辐射方向上远区同距离点产生的场强相等。

8-5 计算基本振子 E 面方向图的半功率点波瓣宽度 $2\theta_{0.5E}$ 和零功率点波瓣宽度 $2\theta_{0E}$。

8-6 试利用公式

$$D = \frac{4\pi}{\int_0^{2\pi}\int_0^{\pi} F^2(\theta, \varphi)\sin\theta \mathrm{d}\theta \mathrm{d}\varphi}$$

计算基本振子的方向系数。

8-7 试计算长度为 1 m，铜导线半径 $a=3\times10^{-3}$ m 的电基本振子工作于 10 MHz 时

的天线效率。(提示：导体损耗电阻 $R_e=\dfrac{lR_s}{2\pi a}$，其中 $R_s=\sqrt{\dfrac{\omega\mu}{2\sigma}}$ 为导体表面电阻，a 为导线半径，l 为导线长度。对于铜导线 $\mu=\mu_0=4\pi\times10^{-7}$ H/m，$\sigma=5.7\times10^{7}$ S/m。)

8-8　某天线在 yOz 面的方向图如题 8-8 图所示，已知 $2\theta_{0.5}=78°$，求点 $M_1(r_0, 51°, 90°)$ 与点 $M_2(2r_0, 90°, 90°)$ 的辐射场的比值。

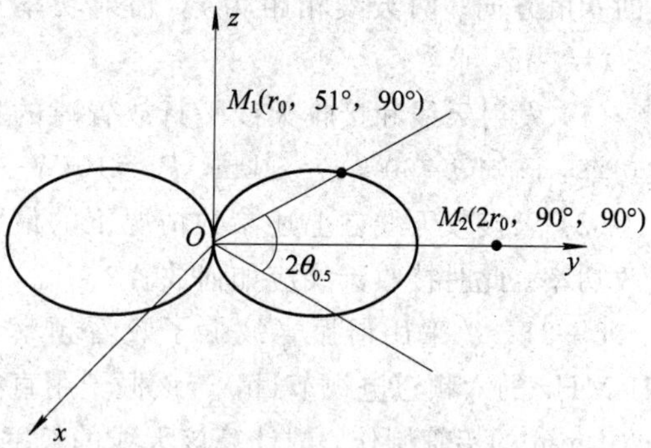

题 8-8 图

8-9　已知某天线的归一化方向函数为

$$F(\theta)=\begin{cases}\cos^2\theta & |\theta|\leqslant\dfrac{\pi}{2}\\ 0 & |\theta|>\dfrac{\pi}{2}\end{cases}$$

试求其方向系数 D。

8-10　一天线的方向系数 $D_1=10$ dB，天线效率 $\eta_{A1}=0.5$。另一天线的方向系数 $D_2=10$ dB，天线效率 $\eta_{A2}=0.8$。若将两副天线先后置于同一位置且主瓣最大方向指向同一点 M。

(1) 若二者的辐射功率相等，求它们在 M 点产生的辐射场之比。

(2) 若二者的输入功率相等，求它们在 M 点产生的辐射场之比。

(3) 若二者在 M 点产生的辐射场相等，求所需的辐射功率比及输入功率比。

8-11　在通过比较法测量天线增益时，测得标准天线($G=10$ dB)的输入功率为 1 W，被测天线的输入功率为 1.4 W。在接收天线处标准天线相对被测天线的场强指示为 1∶2，试求被测天线的天线增益。

8-12　已知两副天线的方向函数分别是 $f_1(\theta)=\sin^2\theta+0.5$，$f_2(\theta)=\cos^2\theta+0.4$，试计算这两副天线方向图的半功率角 $2\theta_{0.5}$。

8-13　简述天线接收无线电波的物理过程。

8-14　某天线的增益系数为 20 dB，工作波长 $\lambda=1$ m，试求其有效接收面积 A_e。

8-15　某天线接收远方传来的圆极化波，接收点的功率密度为 1 mW/m²，接收天线为线极化天线，增益系数为 3 dB，$\lambda=1$ m，天线的最大接收方向对准来波方向，求该天线的接收功率；设阻抗失配因子 $\mu=0.8$，求进入负载的功率。

8-16　$2l\ll\lambda$ 的对称振子上电流分布的近似函数是什么？它的方向图、方向系数、辐射电阻等与同长电流元有何异同？

8-17　什么是对称振子的谐振长度？有什么实际意义？

8-18　总损耗为 1 Ω(归于波腹电流)的半波振子，与内阻为 50+j25 Ω 的信号源相连接。假定信号源电压峰值为 2 V，振子辐射阻抗为 73.1+j42.5 Ω，求：

(1) 电源供给的实功率；

(2) 天线的辐射功率；

(3) 天线的损耗功率。

8-19　一半波振子，处于谐振状态，它的 $2l/a=1000$，输入电阻 $R_{in}=65$ Ω。当用特性阻抗为 300 Ω 的平行无耗传输线馈电时，试计算馈线上的驻波比。

8-20　如题 8-20 图所示的二半波振子一发一收，均为谐振匹配状态。接收点在发射点的 θ 角方向。两天线相距为 r，辐射功率为 P_r，$\lambda=1$ m，求：

(1) 发射天线和接收天线平行放置时的接收功率，已知 $\theta=60°$，$r=5$ km，$P_r=10$ W。

(2) 求接收天线在上述参数情况下的最大接收功率。此时接收天线应如何放置？

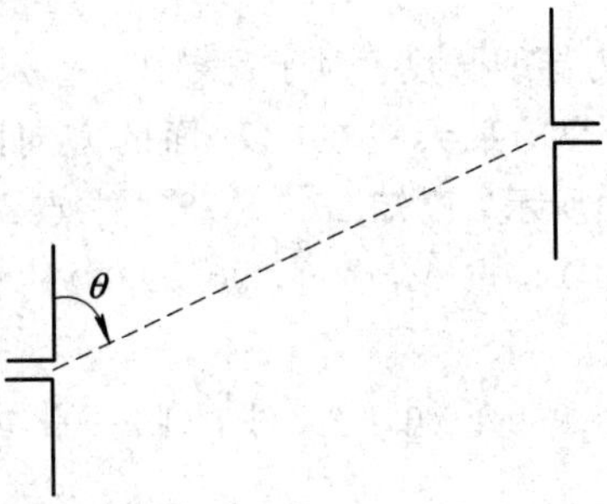

题 8-20 图

8-21　欲采用谐振半波振子收看频率为 171 MHz 的六频道电视节目，若该振子用直径为 12 mm 的铝管制作，试计算该天线的长度。

附表　振子波长缩短率相对于 $2l/a$ 的经验数据

$2l/a$	5000	2500	500	350	50	10	5
缩短率%	2	2	4	4.5	5	9	12

8-22　形成天线阵不同方向性的主要因素有哪些？

8-23　二半波振子等幅同相激励，如题 8-23 图放置，间距分别为 $d=\lambda/2$、λ，计算其 E 面和 H 面方向函数并概画方向图。

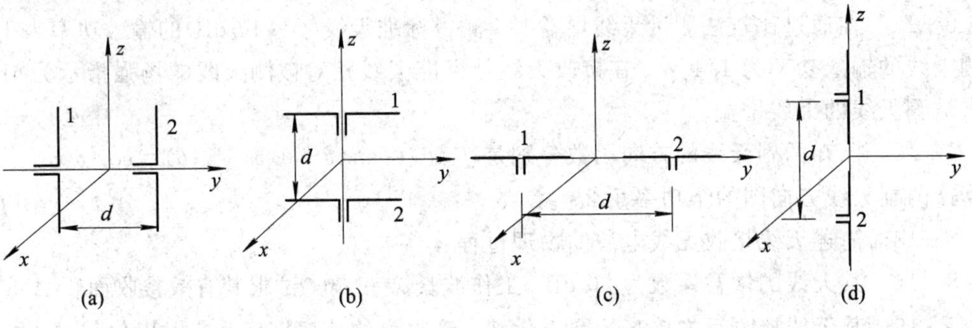

题 8-23 图

8-24　二半波振子等幅反相激励，排列位置如上题所示，间距分别为 $d=\lambda/2$、λ，计算其 E 面和 H 面方向函数并概画方向图。

8-25　四个电基本振子排列如题 8-25 图所示，各振子的激励相位依图中所标序号依次为 1：$e^{j0°}$；2：$e^{j90°}$；3：$e^{j180°}$；4：$e^{j270°}$，$d=\lambda/4$，试写出 E 面和 H 面方向函数并概画极坐标方向图。

8-26　一均匀直线阵，阵元间距离 $d=0.25\lambda$，欲使其最大辐射方向偏离天线阵轴线 ±60°，相邻单元间的电流相位差应为多少？又问在设计均匀直线阵时，阵元间距离有没有最大限制？为什么？

8-27　五个无方向性理想点源组成沿 z 轴排列的均匀直线阵。已知 $d=\lambda/4$，$\xi=\pi/2$，应用归一化阵因子图绘出含 z 轴平面及垂直于 z 轴平面的方向图。

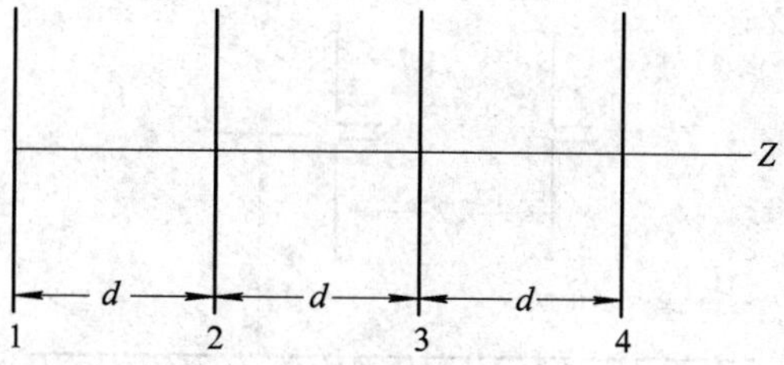

题 8 - 25 图

8 - 28　证明普通端射阵的阵元间距离应满足下式：$d\leqslant\frac{\lambda}{2}\left(1-\frac{1}{2N}\right)$。

8 - 29　证明强方向性端射阵的阵元间距离应满足下式：$d\leqslant\frac{\lambda}{2}\left(1-\frac{1}{N}\right)$。

8 - 30　证明满足下列条件的 N 元均匀直线阵的阵因子方向图无副瓣。

(1) $d=\frac{\lambda}{N}$，$\xi=0$ 的边射阵；

(2) $d=\frac{\lambda}{2N}$，$\xi=\pm kd$ 的端射阵。

式中，d 为阵元间距，ξ 为阵元相位差。

8 - 31　两半波细振子如题 8 - 31 图所示排列，间距 $d=\lambda/2$，用特性阻抗为 200 Ω 的平行双线馈电，试求下列两种情况下 AA' 点的输入阻抗：

(1) 输入端在馈线的中央(图(a))；

(2) 输入端在馈线的一端(图(b))。

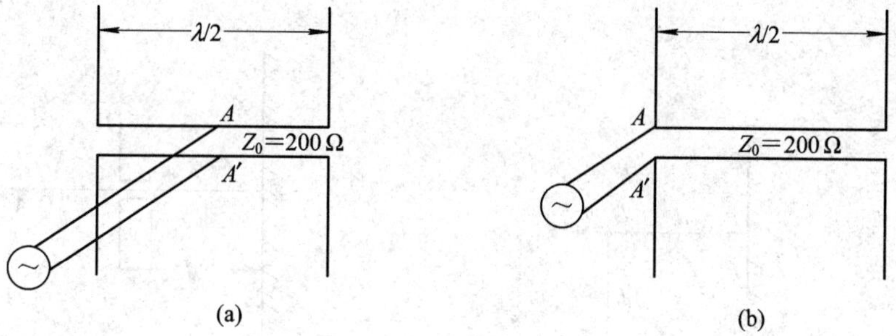

题 8 - 31 图

8 - 32　两等幅同相半波振子平行排列，间距为 1.2λ，试计算该二元阵的方向系数。已知相距 1.2λ 的二平行半波振子之间的互阻抗为 15.2+j1.9 Ω。

8 - 33　已知相距 λ/4，互相平行的两元半波天线阵的波腹处的电流有效值之比为 $I_{m1}/I_{m2}=e^{j\pi/2}$，并且 $I_{m1}=1.85$ A，计算振子 1 和振子 2 的总辐射阻抗，以及该二元阵的总辐射功率。

8 - 34　一半波振子水平架设地面上空，距地面高度 $h=3\lambda/4$，设地面为理想导体，试画出该振子的镜像，写出 E 面、H 面的方向图函数，并概画方向图。

8 - 35　二等幅同相半波振子平行排列，如题 8 - 35 图所示，垂直架设在理想导电地面上空 λ/2 处，试求其 E 面和 H 面的方向函数并概画方向图。

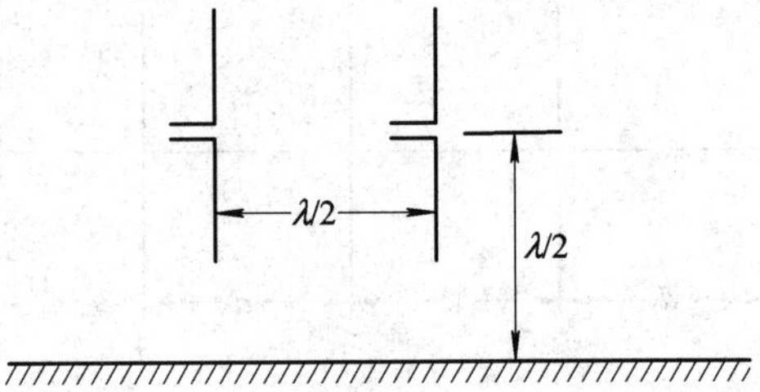

题 8-35 图

8-36　一半波振子水平架设在理想导电地面上，高度为 0.45λ，试求其方向系数。

8-37　如图所示，半波对称振子置于直角形金属反射屏前的 O 点，$d=h=\lambda/4$，半波对称振子垂直于纸平面，请完成下列问题：

(1) 画出镜像振子。

(2) 写出纸平面内的方向函数。

(3) 概画纸平面内的方向图。

(4) 若已知两平行排列振子，当 $d=\lambda/2$ 时，$Z_{12}=-5.0-j23.0\ \Omega$，当 $d=\lambda/\sqrt{2}$ 时，$Z_{12}=-20.0+j0.0\ \Omega$，试计算图中振子的输入阻抗。

8-38　一半波振子天线架设如题 8-38 图所示，$d=0.25\lambda$，在理想导电反射面条件下，测得天线远区 z 轴方向某点 A 的电场强度为 E_0，若在保持辐射功率不变的前提下，抽掉反射面，此时测得 A 点的电场强度应为多少？（已知间隔距离为 0.5λ 的两平行半波振子间的互阻抗 $Z_{12}=-12.15-j29.9\ \Omega$。）如果不抽掉反射面，随着 d 逐渐增大，结果将怎样变化？

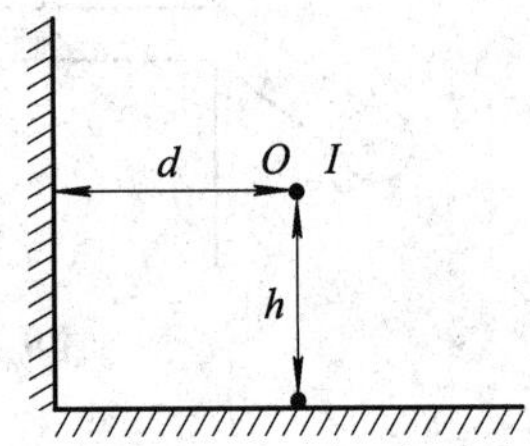

题 8-37 图

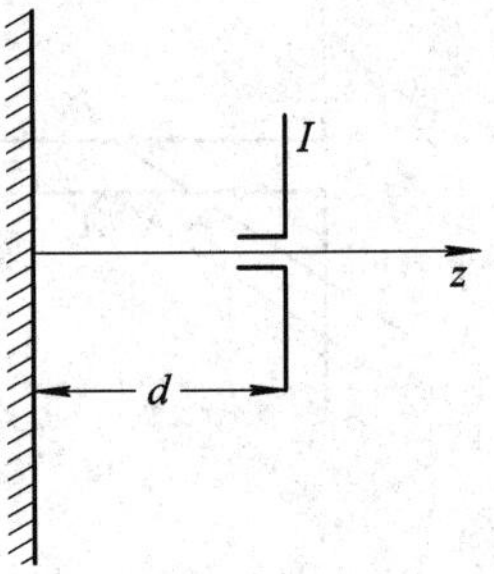

题 8-38 图

习题解答

第9章　简单线天线

9.1　引　　言

在LH～UHF频段广泛应用线天线(Wire Antenna)，它们的辐射主体部分通常由线状导体构成。线天线的形式有很多，本章主要介绍得到广泛应用的一些典型线状天线，如双极天线、鞭状天线、引向天线等。

9.2　水平对称天线

在通信、电视或其他无线电系统中，常使用水平天线(Horizontal Antenna)。水平架设天线的优点是：

(1) 架设和馈电方便；

(2) 地面电导率对水平天线方向性的影响较垂直天线的小；

(3) 可减小干扰对接收的影响。因为水平对称天线辐射水平极化波，而工业干扰大多为垂直极化波，故可以减少干扰对接收的影响，这对短波通信是有实际意义的。

9.2.1　双极天线

双极天线(Dipole Antenna)即水平对称振子，如图9-2-1所示，又称π型天线。天线的两臂可用单根硬拉黄铜线或铜包钢线做成，也可用多股软铜线，导线的直径根据所需的机械强度和功率容量决定，一般为3～6 mm。天线臂与地面平行，两臂之间有绝缘子。天线两端通过绝缘子与支架相连，为降低天线感应场在附近物体中引起的损耗，支架应距离振子两端2～3 m。为了降低绝缘子介质损耗，绝缘子宜采用高频瓷材料。支架的金属拉线中亦应每相隔小于$\lambda/4$的间距加入绝缘子，这样使拉线不至于引起方向图的失真。

由图9-2-1可见，这种天线结构简单，架设撤收方便，维护简易，因而是应用广泛的短波天线，适用于天波传播。

当天线一臂的长度l=12 m或22 m时，天线特性阻抗通常为1000 Ω左右，馈线使用h=10 m长的双导线，馈线特性阻抗为600 Ω。这就是移动通信常用的44 m(即$2h+2l$长度)或64 m双极天线。当其架设高度小于0.3λ，向高空方向(仰角90°)辐射最强，宜作300 km范围内通信用天线。

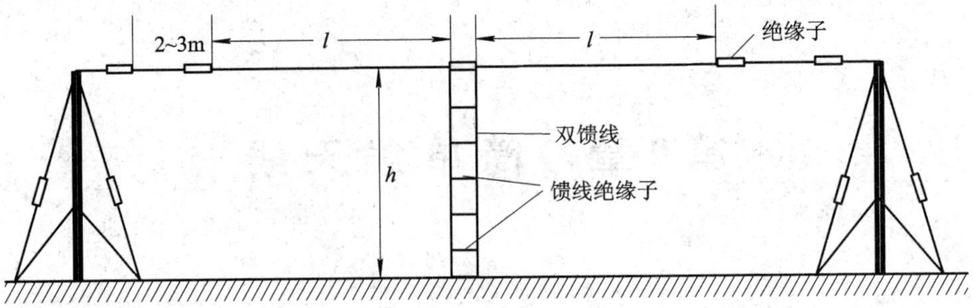

图 9-2-1 双极天线结构示意图

1. 双极天线的方向性

由于双极天线主要用于天波传播，而天波传播时，电波射线以一定仰角入射到电离后层又被反射回地面，从而构成甲、乙两地的无线电通信，通信距离与电波射线仰角有密切关系。为了便于描绘场强随射线仰角 Δ 和方位角 φ 的变化关系，一般直接用 Δ、φ 作自变量表示天线的方向性，而不使用射线与振子轴之间的夹角 θ 作方向函数的自变量。按图 9-2-2 中的几何关系，可得

$$\cos\theta=\frac{OA}{OP}=\frac{OP'}{OP}\cdot\frac{OA}{OP'}=\cos\Delta\ \sin\varphi \qquad (9-2-1)$$

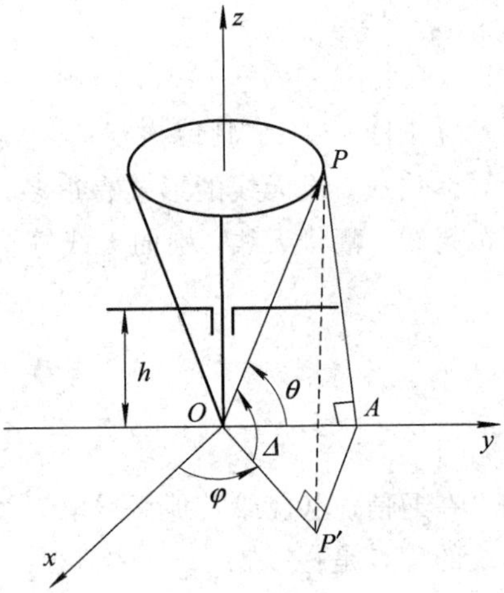

图 9-2-2 双极天线的坐标系统

利用该式可得

$$\sin\theta=\sqrt{1-\cos^2\Delta\sin^2\varphi} \qquad (9-2-2)$$

在分析天线的方向性时，可以把地面看作理想导电地，因为短波以上波段在大多数情况下水平极化波地面反射系数都接近−1，可用地面下的负镜像天线来代替地面对辐射的影响。由自由空间对称振子方向函数和负镜像阵因子按方向图乘积定理得

$$f(\Delta,\varphi)=\left|\frac{\cos(kl\ \cos\Delta\ \sin\varphi)-\cos kl}{\sqrt{1-\cos^2\Delta\ \sin^2\varphi}}\right|\left|2\ \sin(kh\ \sin\Delta)\right| \qquad (9-2-3)$$

根据该表达式，可以画出双极天线的立体方向图，图 9-2-3 表示双极天线在不同臂长情况下的方向图，图 9-2-4 表示双线天线在不同架高时的方向图。

为了便于分析，我们在研究天线方向性时，通常总是研究两个特定平面的方向性，例如在研究自由空间天线方向性时，往往取两个相互垂直的平面即 E 面和 H 面作特定平面。但在研究地面上的天线方向性时，一方面要考虑地面的影响，另一方面要结合电波传播的情况选取两个最能反映天线方向性特点的平面，通常选取铅垂平面和水平平面，这两个平面具有直观方便的特点。

所谓铅垂平面，就是与地面垂直且通过天线最大辐射方向的垂直平面，鉴于实际天线的臂长 $l<0.7\lambda$，单元天线最大辐射方向垂直于对称振子，故取振子的 H 面为垂直平面，在图 9-2-2 中 xOz 平面就是双极天线的垂直平面。水平平面是指对应一定的仰角 Δ，固

定 $r(OP)$，观察点 P 绕 z 轴旋转一周所在的平面，在该平面上 P 点场强随 φ 变化的相对大小即为双极天线的水平平面方向图。

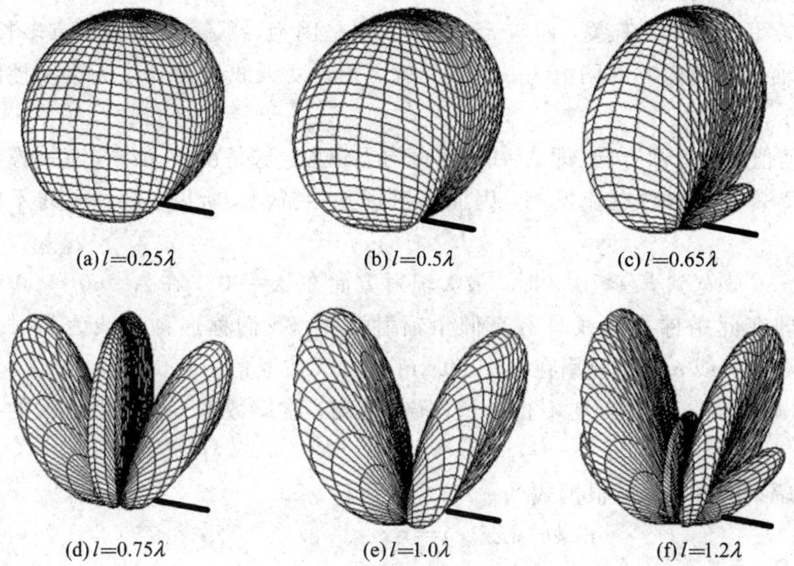

图 9-2-3 动画

图 9-2-3 双极天线方向图随臂长 l 的变化($h=0.25\lambda$)

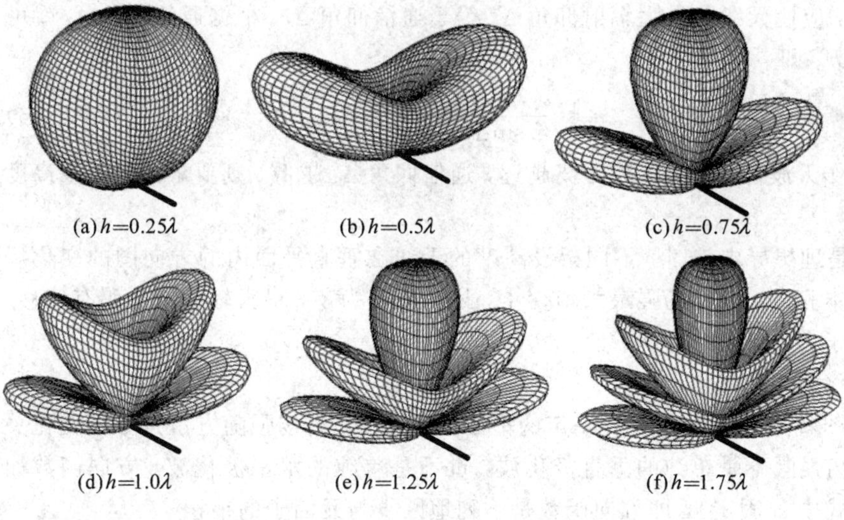

图 9-2-4 动画

图 9-2-4 双极天线方向图随高度 h 的变化($l=\lambda/4$)

下面分别讨论天线的垂直平面和水平平面方向图。

1) 垂直平面方向图

图 9-2-2 中 $\varphi=0°$ 的 xOz 面即为双极天线的垂直平面。将 $\varphi=0°$ 代入式(9-2-3)可得

$$f_{xOz}(\Delta, \varphi=0°) = |1-\cos kl| \cdot |2\sin(kh\ \sin\Delta)| \qquad (9-2-4)$$

由于单元天线的 xOz 面方向图是圆，故双极天线的垂直平面方向图形状仅由地因子决定。地因子方向图可以参考第 8 章中的图 8-8。垂直平面方向图也可从立体图 9-2-4 按垂直于振子轴(即 xOz 面)进行切割获得。

垂直平面方向图具有下列特点：

(1) 垂直平面方向图只与 h/λ 有关，而与 l/λ 无关。这是因为，不管单元振子有多长，元因子在垂直于振子轴的平面内方向图恒为一个圆。故可用改变天线架设高度 h/λ 来控制垂直平面内的方向图。

(2) 无论 h/λ 为何值，沿地面方向(即 $\Delta=0°$方向)均无辐射。这是由于天线与其镜像在该方向的射线行程差为零，且两者电流反相，因而辐射场互相抵消。所以，这种天线不能用作地波通信。

(3) 当 $h/\lambda\leqslant 0.25$ 或放宽到 $h/\lambda\leqslant 0.3$ 时，最大辐射方向在 $\Delta=90°$，在 $\Delta=60°\sim 90°$范围内场强变化不大，即在此条件下天线具有高仰角辐射性能，我们称这种天线为高射天线。这种架设不高的双极天线，通常应用在 0～300 km 内的天波通信中。

(4) 当 $h/\lambda>0.3$ 时，最强辐射方向不止一个，h/λ 越高，波瓣数越多，靠近地面的第一波瓣 Δ_{m1} 越低。

第一波瓣的最大辐射仰角 Δ_{m1} 可根据式(9-2-4)求出，令

$$\sin(kh\ \sin\Delta_{m1})=1$$

得

$$\Delta_{m1}=\arcsin\frac{\lambda}{4h} \tag{9-2-5}$$

在架设天线时，应使天线的最大辐射仰角 Δ_{m1} 等于通信仰角 Δ_0。根据通信仰角 Δ_0 就可求出天线架设高度 h，即

$$h=\frac{\lambda}{4\ \sin\Delta_0} \tag{9-2-6}$$

当双极天线用作天波通信时，工作距离越远，通信仰角 Δ_0 越低，则要求天线架设高度越高。

(5) 当地面不是理想导电地时，不同架设高度的天线在垂直平面内的方向图的变化规律与理想导电地基本相同，只是场强最大值变小，最小值不为零，最大辐射方向稍有偏移。不同地质对水平振子方向性影响不大。

2) 水平平面方向图

水平平面方向图就是在辐射仰角 Δ 一定的平面上，天线辐射场强随方位角 φ 的变化关系图。显然这时的场强既不是单纯的垂直极化波，也不是单纯的水平极化波。方向函数如式(9-2-3)所示(式中 Δ 固定)，即方向函数是下列地因子与元因子的乘积

$$f_{地}(\Delta)=2\left|\sin(kh\ \sin\Delta)\right| \tag{9-2-7}$$

$$f_1(\Delta,\ \varphi)=\left|\frac{\cos(kl\ \cos\Delta\ \sin\varphi)-\cos kl}{\sqrt{1-\cos^2\Delta\ \sin^2\varphi}}\right| \tag{9-2-8}$$

因为地因子与方位角 φ 无关，所以水平平面内的方向图形状仅由元因子 $f_1(\Delta,\ \varphi)$决定。图 9-2-5 和图 9-2-6 分别给出了 l/λ 固定、Δ 变化和 Δ 固定、l/λ 变化时双极天线在理想导电地面上的水平平面方向图。

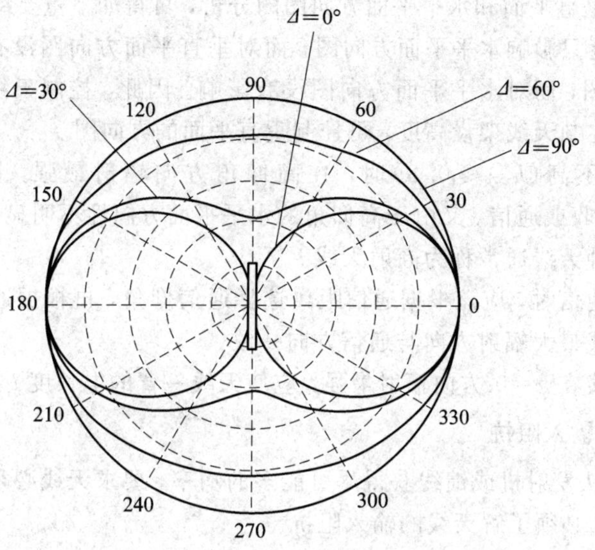

图 9-2-5 $l/\lambda=0.25$、Δ 变化时双极天线水平平面方向图

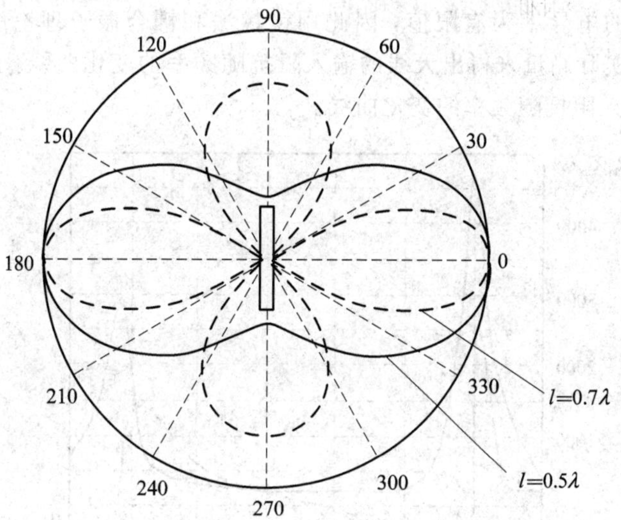

图 9-2-6 $\Delta=45°$、l 变化时双极天线水平平面方向图

由上面两图可以看出：

(1) 双极天线水平平面方向图与架高 h/λ 无关。因为当仰角一定、φ 变化时，直射波与反射波的波程差不变，镜像的存在只影响合成场的大小。

(2) 水平平面方向的形状取决于 l/λ，方向图的变化规律与自由空间对称振子的相同，l/λ 越小，方向性越不明显。当 $l/\lambda<0.7$ 时，最大辐射方向在 $\varphi=0°$ 方向；当 $l/\lambda>0.7$ 时，在 $\varphi=0°$ 方向很少或没有辐射。因此，一般应选择天线长度 $l/\lambda\leqslant0.7$。

(3) 仰角越大时，水平平面方向性越不显著。因为方向性决定于 $\cos\Delta\ \sin\varphi$，当仰角越大时，φ 的变化引起的场强变化越小。因此，当用双极天线作高仰角辐射时，振子架设的方位对工作影响不大，甚至顺着天线轴线方位仍能得到足够强的信号。

综合双极天线垂直平面和水平平面方向图的分析，可得如下重要结论：

(1) 天线的长度只影响水平平面方向图，而对垂直平面方向图没有影响。架设高度只影响垂直平面方向图，而对水平平面方向图没有影响。因此，控制天线的长度，可控制水平平面的方向图；控制天线架设高度，可控制垂直平面的方向图。

(2) 天线架设不高($h/\lambda \leqslant 0.3$)时，在高仰角方向辐射最强，因此这种天线可作300 km距离内的接收或通信。又由于高仰角的水平平面方向性不明显，因此对天线架设方位要求不严格，这种天线通常称为高射天线。

(3) 当远距离通信时，应该根据通信距离选择通信仰角，再根据通信仰角确定天线架设高度，以保证天线最大辐射方向与通信方向一致。

(4) 为保证天线在 $\varphi=0°$ 方向辐射最强，应使天线一臂的电长度 $l/\lambda \leqslant 0.7$。

2. 双极天线的输入阻抗

为了使天线能从发射机或馈线获得尽可能多的功率，要求天线必须与发射机或馈线实现阻抗匹配，为此，必须了解天线的输入阻抗。

计算双极天线输入阻抗不仅要考虑到振子本身的辐射，还要考虑地面的影响。地面对天线输入阻抗的影响，可用天线的镜像来代替，然后用耦合振子理论来计算。应当说明的是，由于实际地面的电导率为有限值，因此用镜像法和耦合振子理论所得的结果误差较大，一般往往通过实际测量来得出天线的输入阻抗随频率的变化曲线。图 9-2-7 所示是一副双极天线的输入阻抗随频率的变化曲线。

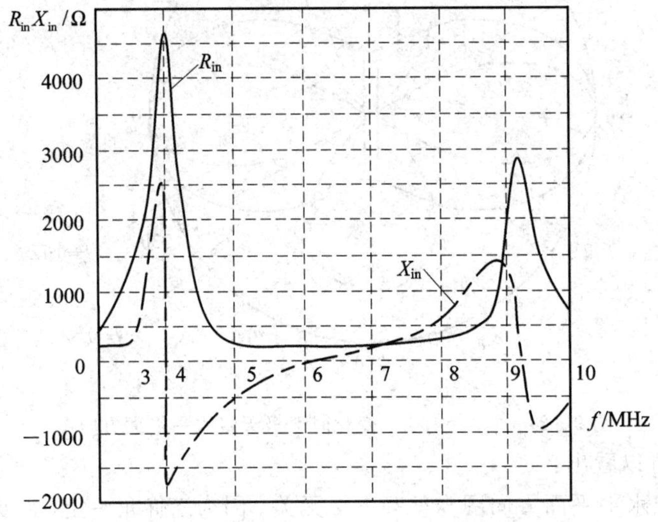

图 9-2-7 $l=20$ m、$h=6$ m 的双极天线输入阻抗

由图可见，双极天线的输入阻抗在波段内的变化比较激烈，如果不采取匹配措施，馈线上的行波系数将有明显变化，传输线的传输效率将受到明显影响。这也是欲在宽频带内使用双极天线时应当注意的问题。

3. 方向系数

天线的方向系数可由下式求得

$$D=\frac{120f^2(\Delta_{m1},\varphi)}{R_r} \tag{9-2-9}$$

式中，$f(\Delta_{m1},\varphi)$为天线在最大辐射方向的方向函数；Δ_{m1}按式(9-2-5)计算；R_r为天线的辐射阻抗；$f(\Delta_{m1},\varphi)$和R_r二者应归算于同一电流。对双极天线而言，$R_r=R_{11}-R_{12}$，R_{11}是振子的自辐射电阻，R_{12}是振子与其镜像之间(相距$2h$)的互辐射阻抗。图9-2-8表示天线架高$h>\lambda/2$，且地面为理想导电地时的方向系数与l/λ的关系曲线。当h较低或地面不是理想导电地面时，天线的方向系数低于图中的数值。

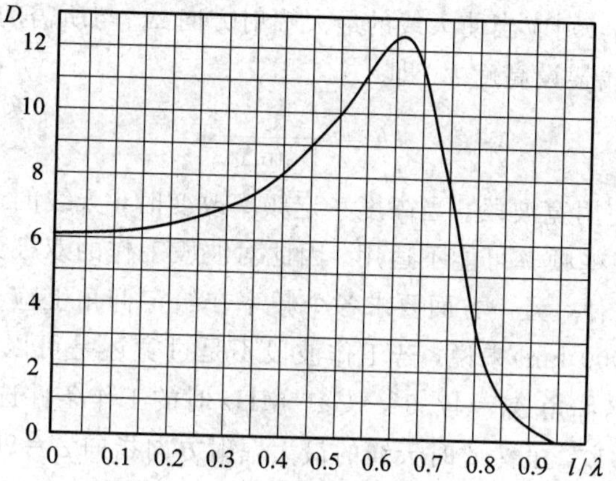

图9-2-8 双极天线的$D\sim l/\lambda$关系曲线

4. 双极天线的尺寸选择

1) 臂长l的选择原则

(1) 从水平平面方向性考虑。为保证在工作频率范围内，天线的最大辐射方向不发生变动，应选择振子的臂长$l<0.7\lambda_{min}$，其中λ_{min}为最短工作波长，满足此条件时，最大辐射方向始终在与振子垂直(即$\varphi=0°$)的平面上。

(2) 从天线及馈电的效率考虑。若l/λ太短，天线的辐射电阻较低，使得天线效率η_A降低。同时，当l/λ太短时，天线输入电阻太小，容抗很大，故与馈线匹配程度很差，馈线上的行波系数很低。若要求馈线上的行波系数不小于0.1，由图9-2-9可见，通常要求满足

$$l\geqslant 0.2\lambda$$

考虑电台在波段工作，则应满足

$$l\geqslant 0.2\lambda_{max} \tag{9-2-10}$$

综合以上考虑，天线长度应为

$$0.2\lambda_{max}\leqslant l\leqslant 0.7\lambda_{min} \tag{9-2-11}$$

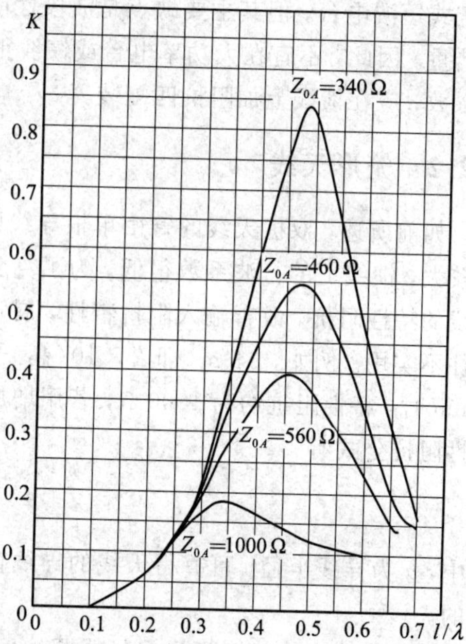

图9-2-9 馈线上行波系数$K\sim l/\lambda$关系曲线
(馈线特性阻抗为600 Ω)

若工作波段过宽，一副天线不能满足要求时，宜选用长度不同的两副天线。例如，某单边带电台的工作频率为2～30 MHz，由于波

段较宽，就配备两副双极天线，在2～10 MHz时，使用$2l=2\times22$ m的双极天线(常称64 m双极天线，其中含$h=10$ m的馈线，故总长为64 m)；在10～30 MHz时，使用$2l=2\times12$ m的双极天线。

2) 天线架高h的选择

选择原则是保证在工作波段内通信仰角方向上辐射较强。

如果通信距离在300 km以内，可采用高射天线，通常取架设高度$h=(0.1\sim0.3)\lambda$。对中小功率电台，双极天线的高度在8～15 m范围内，此时对天线的架设方位要求不严。

如果通信距离较远，则应当使天线的最大辐射方向Δ_{m1}与所需的射线仰角Δ_0一致，根据式(9-2-6)计算天线架设高度h，即

$$h=\frac{\lambda}{4\sin\Delta_0} \tag{9-2-12}$$

实际工作中往往使用宽波段，当高度一定频率改变时，天线的最大辐射仰角会随之改变，所选定的高度对某些频率可能不适用。因此对波段工作的双极天线架设高度应作全面考虑，一方面架设要方便，另一方面要求各个频率在给定仰角上应有足够强的辐射。幸好对于中、短距离($r<1000$ km)来说，若工作波段不是过宽还是可以满足的。例如，工作波段为3～10 MHz，所需仰角$\Delta_0=47.5°$，按10 MHz时的工作条件选择$h=10$ m，该高度对于3 MHz来讲只有0.1λ，虽然此时天线的最大辐射方向指向$\Delta=90°$，但在$\Delta=47.5°$方向上的辐射仍能达到最大方向的0.76(即Δ_0仍处于天线的半功率角之内)，能够满足工作需要。实际上，双极天线也主要工作于中、短距离。

综上所述，双极天线是一种结构简单、架设维护方便的弱方向性天线，特别适用于半固定式短波电台。但其主要缺点是波段性能差，馈线上行波系数很低，特别是在低频端尤为严重。因此，不宜在大功率电台或馈线很长的情况下使用。必要时为了改善馈线上的行波系数，应在馈线上加阻抗匹配装置。

9.2.2 笼形天线

如前所述，双极天线的臂由单根导线构成，它的特性阻抗较高，输入阻抗在波段内变化较大，馈线上的行波系数很低。为了克服这个缺点，可采用加粗振子直径的办法来降低天线的特性阻抗，改善输入阻抗特性，展宽工作波段。然而，单纯用加粗导线直径的办法，往往不实用。例如，64 m(即2×10(高)+2×22(长)=64 m)双极天线，其导线直径为4 mm时，特性阻抗约为1000 Ω，若用增加直径的办法，使特性阻抗为350 Ω，根据天线的特性阻抗公式有

$$Z_{0A}=120\left(\ln\frac{2l}{a}-1\right) \tag{9-2-13}$$

式中，a为导线半径，可算得天线的导线直径1.75 m，显然用这样粗的铜管作天线是不现实的。

实际工作中常用几根导线排成圆柱形组成振子的两臂，这样既能有效地增加天线的等效直径，又能减轻天线重量，减少风的阻力，节约材料，这就是笼形天线(Cage Antenna)，其结构如图9-2-10所示。其天线臂通常由6～8根细导线构成，每根导线直径为3～5 mm，笼形直径约为1～3 m，其特性阻抗约为250～400 Ω。因特性阻抗较低，天线输入

阻抗在波段内变化较平缓，故可以展宽使用的波段。

由于笼形天线的直径很大，振子两臂在输入端有很大的端电容，这样将使天线与馈线间的匹配变差。为了减小在馈电点附近的端电容，以保证天线与馈线间的良好匹配，振子的半径应从距离馈电点 3～4 m 处逐渐缩小，至馈电处集合在一起。为了减小天线的末端效应，便于架设，振子的两端也应逐渐缩小。

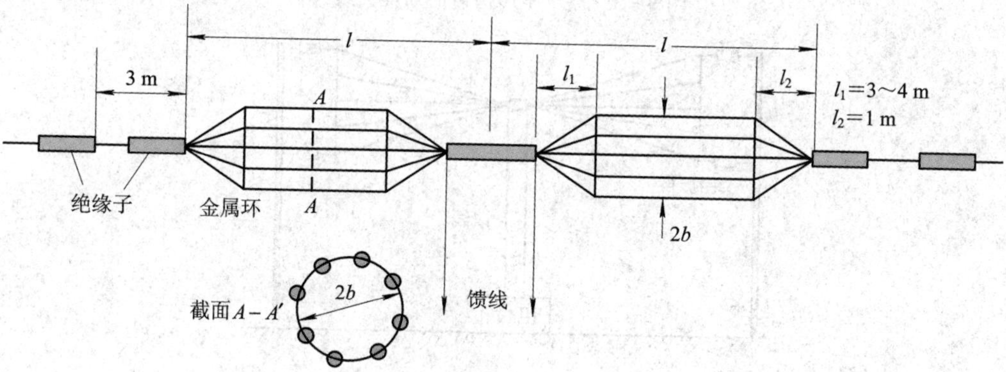

图 9－2－10　笼形天线结构示意图

笼形天线的等效半径 a_e 可按下式计算

$$a_e = b \cdot \sqrt[n]{\frac{na}{b}} \tag{9-2-14}$$

其中，a 为导线半径；b 为笼形半径；n 为构成笼的导线根数。若取 $a=2$ mm，$b=1.5$ m，$n=8$，则 $a_e=0.85$ m，上述 64 m 双极天线的特性阻抗为 353.6 Ω。

笼形天线的方向性、尺寸的选择都与双极天线相同。笼形天线用于移动式电台是很不方便的，它在固定的通信台站中应用较多。

为了进一步展宽笼形天线的工作频带，可将笼形天线改进为分支笼形天线，如图 9－2－11(a)所示，其等效电路如图 9－2－11(b)所示。开路线 3－5、4－6 与短路线 3－7－4（分支）有着符号相反的输入阻抗，调节短路线的长度，即改变 3 和 4 在笼形上的位置，可以改善天线的阻抗特性，展宽频带宽度。

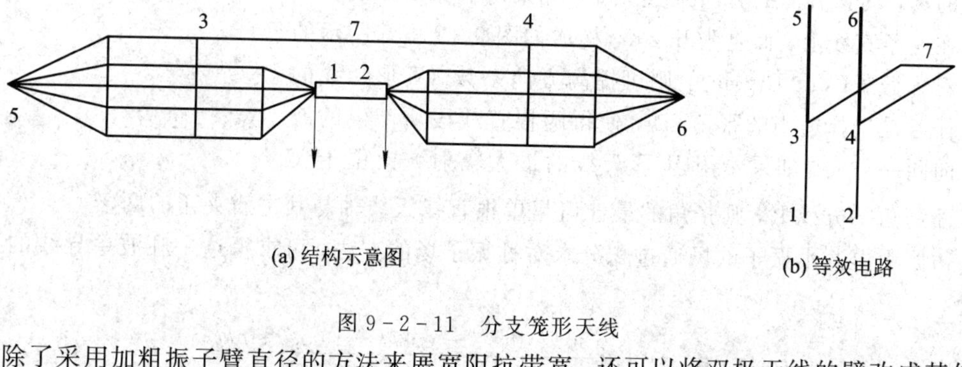

图 9－2－11　分支笼形天线

除了采用加粗振子臂直径的方法来展宽阻抗带宽，还可以将双极天线的臂改成其他形式，例如图 9－2－12 所示的笼形构造的双锥天线、图 9－2－13 所示的扇形天线等。在米波波段可应用平面片形臂，如图 9－2－14 所示。

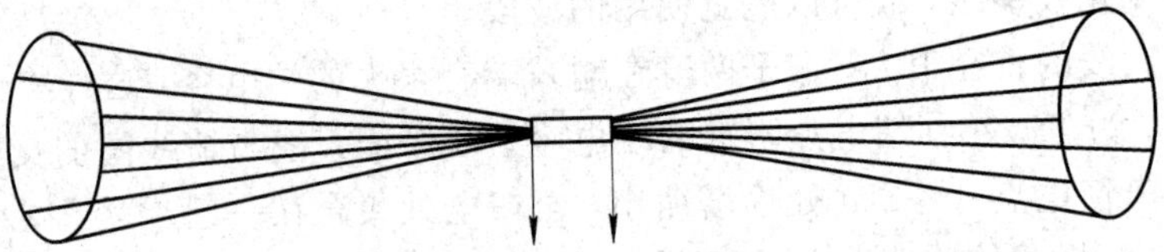

图 9-2-12　笼形构造的双锥天线

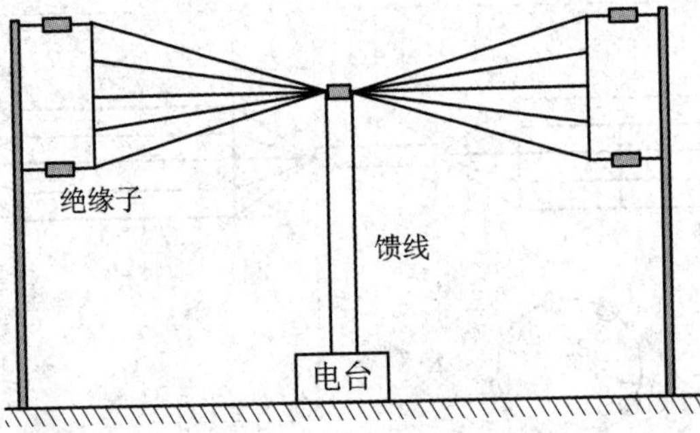

图 9-2-13　扇形天线

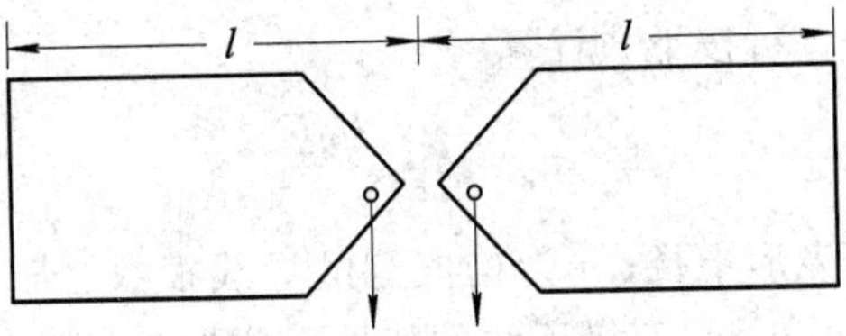

图 9-2-14　平面片形对称振子

9.2.3　V 形对称振子

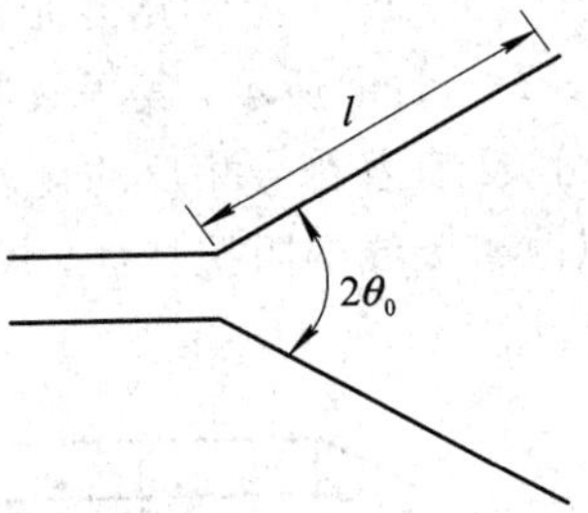

图 9-2-15　V 形对称振子

在第 8 章中我们学习了自由空间对称振子，这种直线式对称振子当 $l/\lambda=0.635$ 时，方向系数达到最大值 $D_{max}=3.296$。如果继续增大 l，由于振子臂上的反相电流的辐射，削弱了 $\theta=90°$方向上的场，使该方向的方向系数下降。如果对称振子的两臂不排列在一条直线上，而是张开 $2\theta_0$，构成如图 9-2-15 所示的 V 形对称振子(Vee Dipole)，则可提高方向系数。V 形天线的设计任务是选择适当的张角 $2\theta_0$，使得两根直线段所产生的波瓣指向同一方向。如果希望 V 形天线的最大辐射方向位于 V 形平面的角平分线上，则张角的最佳值是单根直线天线轴与其主瓣夹角的两倍。

仿照由电基本振子的场通过积分求对称振子场的方法，可求得这一驻波单导线的远区场为

$$E_{\theta 1}(r,\theta,\varphi)=\mathrm{j}\,\frac{30I_m}{r}\,\frac{\mathrm{e}^{\mathrm{j}kl\cos\theta}-\cos kl-\mathrm{j}\cos\theta\sin kl}{\sin\theta}\mathrm{e}^{-\mathrm{j}kr}\qquad(9-2-15)$$

式中，I_m 为电流的波腹值；l 为导线长度；r 为坐标原点到观察点的距离；θ 为射线与导线轴之间的夹角。

V形振子的另一个臂的辐射场也可用上述方法求出。在V形振子张角平分线方向上，即上式中$\theta=\theta_0$，两臂的辐射场振幅相等、相位相同，叠加可得V形振子角平分线上的辐射场为

$$E_\theta(r,\theta,\varphi)=\mathrm{j}\,\frac{60I_m}{r}\,\frac{\mathrm{e}^{\mathrm{j}kl\cos\theta_0}-\cos kl-\mathrm{j}\cos\theta_0\sin kl}{\sin\theta_0}\mathrm{e}^{-\mathrm{j}kr}\tag{9-2-16}$$

相应地，可求出V形振子角平分线方向上的方向系数，如图9-2-16所示。对应于最大方向系数的张角称为最佳张角$2\theta_{\mathrm{opt}}$。一般来说，l/λ值越大，$2\theta_{\mathrm{opt}}$值也就越小。对$0.5\leqslant l/\lambda\leqslant 3.0$的V形天线有如下的经验公式：

$$\begin{aligned}2\theta_{\mathrm{opt}}&=152(l/\lambda)^2-388(l/\lambda)+324\quad(0.5\leqslant l/\lambda\leqslant 1.5)\\2\theta_{\mathrm{opt}}&=11.5(l/\lambda)^2-70.5(l/\lambda)+162\quad(1.5\leqslant l/\lambda\leqslant 3.0)\end{aligned}\tag{9-2-17}$$

上述$2\theta_{\mathrm{opt}}$的单位以度表示，对应的角平分线上的最大方向系数为

$$D=2.94(l/\lambda)+1.15\quad(0.5\leqslant l/\lambda\leqslant 3.0)\tag{9-2-18}$$

一般将臂长小于0.5λ的V形天线称为角形天线，其特点是水平平面的方向性很弱。这种天线在短波通信中应用也比较广，天线臂可做成笼形，以增大阻抗工作频带宽度。

对称振子的两臂还可以是其他曲线的形状。振子臂的几何形状由直线改变成曲线后，可以取消振子可使用的长度受到$2l\leqslant\lambda$的限制。同时，若曲线选择恰当，还可以降低旁瓣电平，提高增益。以增益最大为出发点进行优化可得出最佳形式的曲线，高斯曲线就是其中的一种。但优化曲线振子的曲线形状复杂，加工不便，增益对振子形状敏感。

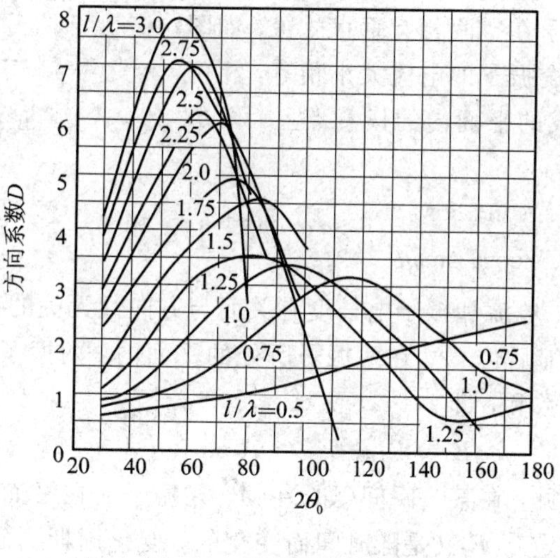

图9-2-16　V形振子的方向系数

9.2.4　电视发射天线

1. 电视发射天线的特点和要求

电视所用的1～12频道是甚高频(VHF)48.5～223 MHz；13～68频道是特高频(UHF)470～958 MHz。由于电波主要以空间波传播，所以电视台的服务范围直接受到天线架设高度的限制。为了扩大电视台的服务区域，一般天线要架设在高大建筑物的顶端或专用的电视塔上。这样一来，就要求它在结构、防雷、防冰凌等方面满足一定的要求。

电视演播中心及其发射中心一般在城市中央，为了增大服务范围，要求天线在水平平面内应具有全向性；如果在城市边缘的小山或高山上建台，就应考虑某些方向人口多，而某些方向人口少等问题。为了有效地利用发射功率，就必须考虑水平平面具有一定的方向性，而在垂直平面内要有较强的方向性，以便能量集中于水平方向而不向上空辐射。当天线架设高度过高时，还需采用主波束的下倾方式。

从极化考虑，为减小天线受垂直放置的支持物和馈线的影响，减小工业干扰，并且架设方便，应采用水平极化波。因此，电视发射天线都是与地面平行水平架设的对称振子及其变形。

另外，因为人们的视觉要比听觉灵敏得多(人眼对光的延迟和相位失真的感觉要比耳朵对声音灵敏得多)，所以对电视在电特性方面的要求比一般电声广播要高，因而要求天线要有足够带宽，并要满足对驻波比的要求，以保证天线与馈线处于良好的匹配状态。此外，在馈电时还要考虑到“零点补充”问题，以免临近电视台的部分地区的用户收看不好。

2. 旋转场天线

对电视及调频广播发射天线，要求它为水平平面全向天线，即水平平面的方向图近似一个圆，从而保证各个方向都接收良好。为得到近似于圆的水平方向图，可以采用旋转场天线(Turnstile Antenna)。

下面先以电基本振子组成的旋转场天线为例，说明它的工作原理。

设有两个电基本振子在空间相互垂直放置，如图 9-2-17 所示，馈给两个振子的电流大小相等，相位相差 90°，则在振子组成的平面内的任意点上，两个振子产生的场强分别为

$$\begin{cases} E_1 = A\sin\theta\cos\omega t \\ E_2 = A\cos\theta\sin\omega t \end{cases} \qquad (9-2-19)$$

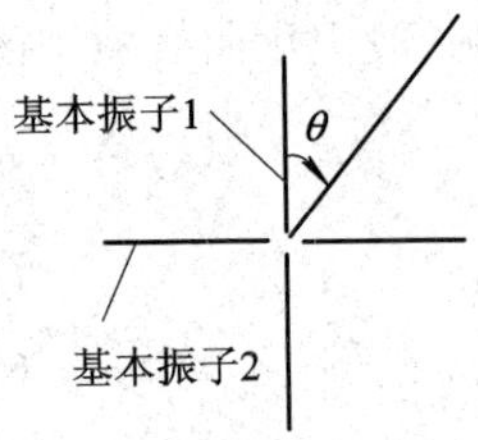

图 9-2-17 相互垂直的电基本振子

其中，A 是与传播距离、电流和振子电长度有关而与方向性无关的一个因子。为简单起见，式(9-2-19)中忽略了滞后位 kr。在两振子所处的平面内，两振子辐射电场方向相同，所以总场强就是两者的代数和，即

$$E = E_1 + E_2 = A\sin(\omega t + \theta) \qquad (9-2-20)$$

由式(9-2-20)可见，在某一瞬间(如 $t=0$)，在振子所在平面内的方向图为一个 8 字形，而在任一点处(θ 一定)，E 又是随时间而变化的，变化周期为 ω。也就是说，在任何瞬间，天线在该平面内的方向图为 8 字形，但这个 8 字形的方向图随着时间的增加，围绕与两振子相垂直的中心轴以角频率 ω 旋转，故这种天线称为旋转场天线。从长时间效果看，天线的方向图为一个圆，如图 9-2-18(a)所示。

在与两个振子相垂直的中心轴上，场强是一个常数，因为此时电场为

$$E = A\sqrt{\cos^2\omega t + \sin^2\omega t} = A$$

而且在该中心轴上电场是圆极化场。

如果把基本振子用两个半波振子来代替，就是实际工作中常用的一种旋转场天线。其方向图与前者相比略有不同，与一个圆相比约有±5%的起伏变化，如图 9-2-18(b)所

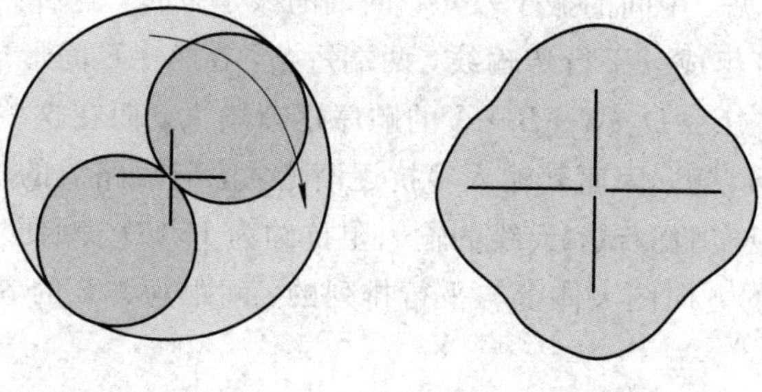

图 9-2-18 由电基本振子和半波振子组成的旋转场天线的方向图

示。在半波振子组成的平面内，合成场为

$$E = A\left[\frac{\cos\left(\dfrac{\pi}{2}\cos\theta\right)}{\sin\theta}\cos\omega t + \frac{\cos\left(\dfrac{\pi}{2}\sin\theta\right)}{\cos\theta}\sin\omega t\right] \tag{9-2-21}$$

在与两个振子相垂直的轴上，电场仍为圆极化波。

这种天线可以架设在一副支撑杆上，杆子与两振子轴垂直。因 8 字形的方向图围绕杆子旋转，故又称绕杆天线。

为了提高天线的增益系数，可以在同一根杆子上安装几层相同的天线。

3. 蝙蝠翼天线

电视发射天线的种类很多，目前在 VHF 频段广泛采用的一种是蝙蝠翼天线(Batty Wing Antenna)。它是由半波振子逐步演变而来的，如图 9-2-19 所示，为了满足宽频带的要求，要求用粗振子天线；为了减轻天线重量，用平板代替圆柱体；为了减少风阻，用钢管或铝管做成的栅板来代替金属板；为了防雷击，还加入接地钢管，在 $E-E$ 处短路，并在中央钢管中间馈电。图 9-2-20 为蝙蝠翼天线结构示意图。

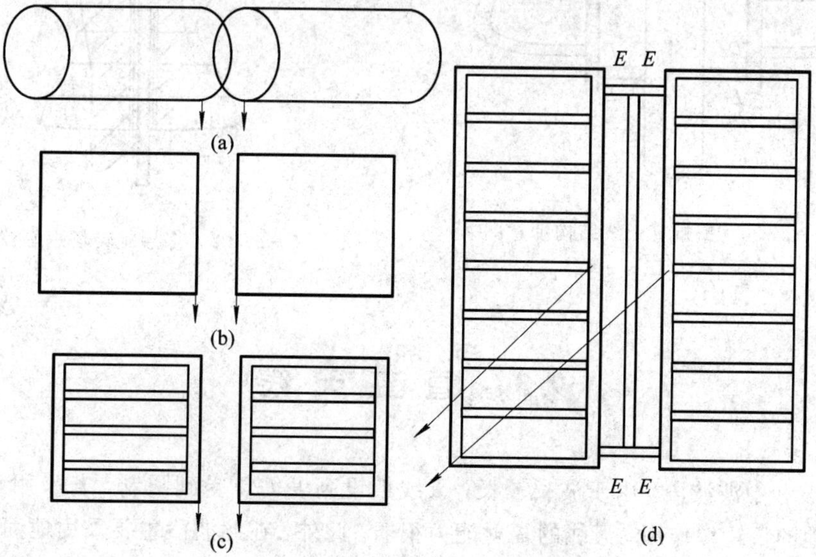

图 9-2-19 蝙蝠翼天线的演变过程

由图 9-2-20 可见，中间的振子较短，两端的振子较长，这种结构是为了改善其阻抗特性。因为两翼的竖杆组成一平行传输线，两端短路，在 $A\sim E$ 间形成驻波，短路线的输入阻抗为感抗，其大小依 $E\to D\to C\to B\to A$ 的顺序逐渐增大，而在这些点上接入的对称振子的臂长从 D 到 A 逐渐减短，因而其输入容抗逐渐增大，与短路线的输入感抗相互抵消，所以具有宽频带特性。经实验测试，天线的输入阻抗约为 150 Ω。顺便指出，这样一组同相激励的振子在垂直平面的方向图大体上与平行排列的、间距为 $\lambda/2$ 的等幅同相两半波振子的方向图相同。

实际应用时，为了在水平平面内获得近似全向性，可将两副蝙蝠翼面在空间呈正交。为了增加天线的增益，可增加蝙蝠翼的层数，两层间距为一个波长，如图 9-2-21 所示。

蝙蝠翼天线的优点有以下三点：

(1) 频带很宽，在驻波比 $s\leqslant 1.1$ 时，相对带宽可达 20%～25%；

(2) 不用绝缘子，可很牢固地固定在支柱上；

(3) 功率容量大。

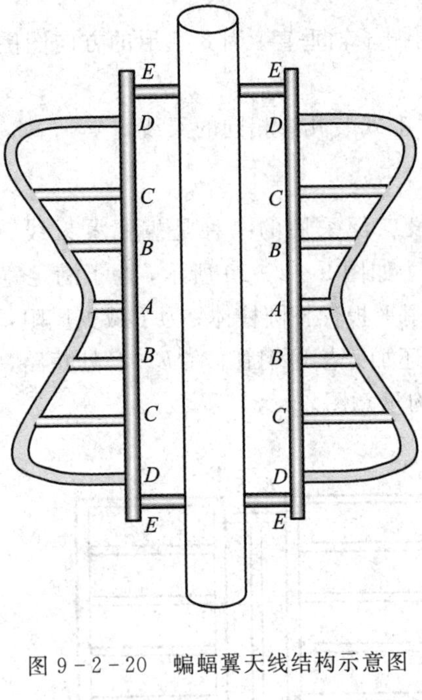

图 9-2-20　蝙蝠翼天线结构示意图

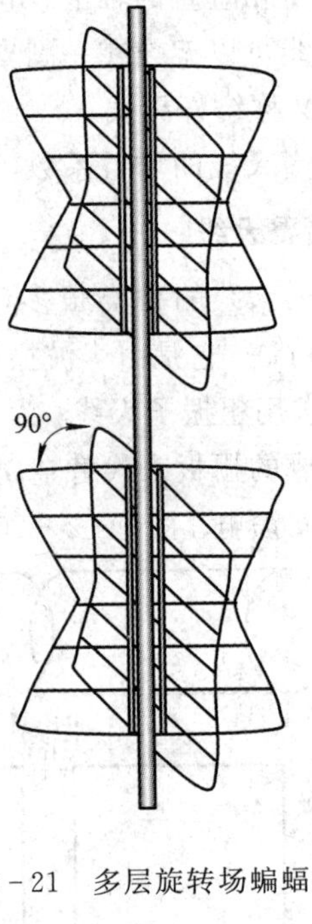

图 9-2-21　多层旋转场蝙蝠翼天线

9.3　直 立 天 线

在长波和中波波段，由于波长较长，天线架设高度 h/λ 受到限制，若采用水平悬挂的天线，受地的负镜像作用，天线的辐射能力很弱。此外，在此波段主要采用地面波传播，由于地面波传播时，水平极化波的衰减远大于垂直极化波。所以，在长波和中波波段主要使用垂直接地的直立天线(Vertical Antenna)，如图 9-3-1 所示，也称单极天线(Monopole

Antenna)。这种天线还广泛应用于短波和超短波段的移动通信电台中。在长波和中波波段，天线的几何高度很高，除用高塔(木杆或金属)作为支架将天线吊起外，也可直接用铁塔作辐射体，称为铁塔天线或桅杆天线。在短波和超短波波段，由于天线并不长，外形像鞭，故又称为鞭状天线。

这类天线的共同问题是，因结构所限而不能做得太高，即使短波波段在移动通信中，由于天线高度 h 受到涵洞、桥梁等环境和本身结构的限制，也不能架设太高。这样，直立天线电高度就小，从而产生下列问题：

(1) 辐射电阻小，损耗电阻与辐射电阻相比，相应地就比较大。这样，天线的效率低，一般只有百分之几；

(2) 天线输入电阻小，输入电抗大(类似于短的开路线)。也就是说，天线的 Q 值很高，因而工作频带很窄；

(3) 易产生过压。当输入功率一定时，由于输入电阻小而输入电抗高，使天线输入端电流很大($P_{in}=R_{in}I_{in}^2/2$)，输入电压 $U_{in}=I_{in}(R_{in}+jX_{in})\approx jI_{in}X_{in}$ 就很高，天线顶端的电压更高，易产生过压现象，这是大功率电台必须注意的问题。所以电高度小，使得天线允许功率低。天线端电压和天线各点的对地电压不应超过允许值。

上述问题中，对长波、中波天线来说，要考虑的主要问题是功率容量、频带和效率问题；在短波波段，虽然相对通频带 $2\Delta f/f_0$ 不大，但仍可得到较宽的绝对通频带 $2\Delta f$，加之距离近，电台功率小，故主要考虑效率问题；对超短波天线来说，只要天线长度选择得不是太小，上述这些问题一般可不考虑。

下面主要介绍鞭状天线(Whip Antenna)。鞭状天线是一种应用相当广泛的水平平面全向天线，最常见的鞭状天线就是一根金属棒，在棒的底部与地之间进行馈电，如图9-3-1所示。为了携带方便，可将棒分成数节，节间可采取螺接、拉伸等连接方法，如图9-3-2所示。

这种天线结构简单、使用简易、携带方便、比较坚固，因而特别适合运动中的无线电台使用，例如便携式电台、车辆、飞机、舰船等电台上均配有这种天线。

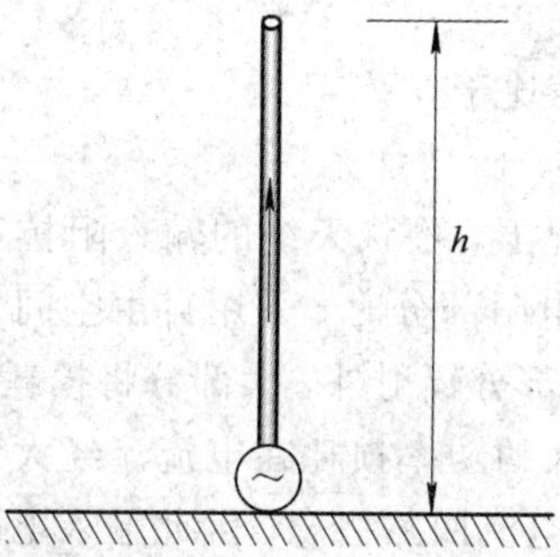

图9-3-1　直立天线示意图

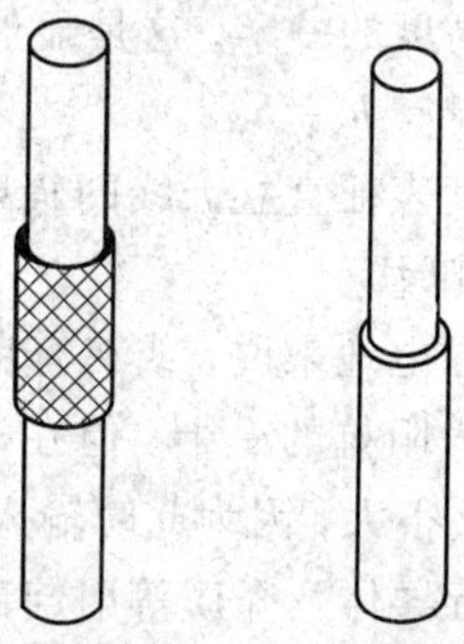

(a) 螺接式　(b) 拉伸式

图9-3-2　鞭状天线的几种连接方法

1. 鞭状天线电性能

1) 极化

鞭状天线是一种垂直极化天线，在理想导电地面上，其辐射场垂直于地面，在实际地面上虽有波前倾斜，但仍属垂直极化波。

直立天线方向图

2）方向图及方向系数

根据第 8.8 节的分析，地面对鞭状天线的影响可以用天线的正镜像代替，鞭状天线的方向图与自由空间对称振子的一样，但只取上半空间。

理想导电地上，鞭状天线的辐射电阻是相同臂长自由空间对称振子的一半，而方向系数则是 2 倍。当天线很短 $h/\lambda<0.1$ 时，方向系数近似等于 3。

3）有效高度

在第 8.3.8 节中已经介绍了天线有效长度的概念，对直立天线而言即为有效高度，是直立天线的一个重要指标，可以定义如下：

假想有一个等效的直立天线，其均匀分布的电流是鞭状天线输入端电流，它在最大辐射方向(沿地表方向)的场强与鞭状天线的相等，则该等效天线的长度就称为鞭状天线的有效高度 h_e。

如图 9－3－3 所示，假设鞭状天线上的电流分布为

$$I(z)=\frac{I_0}{\sin kh}\sin k(h-z) \qquad (9-3-1)$$

其中，I_0 是天线输入端电流；h 为鞭状天线的高度。依据有效高度定义，得

$$h_e=\frac{1}{I_0}\int_0^h I(z)\mathrm{d}z=\frac{1}{k}\frac{1-\cos kh}{\sin kh}=\frac{1}{k}\tan\frac{kh}{2} \qquad (9-3-2)$$

当 $h/\lambda<0.1$ 时，$\tan\frac{kh}{2}\approx\frac{kh}{2}$，故有

$$h_e\approx\frac{h}{2} \qquad (9-3-3)$$

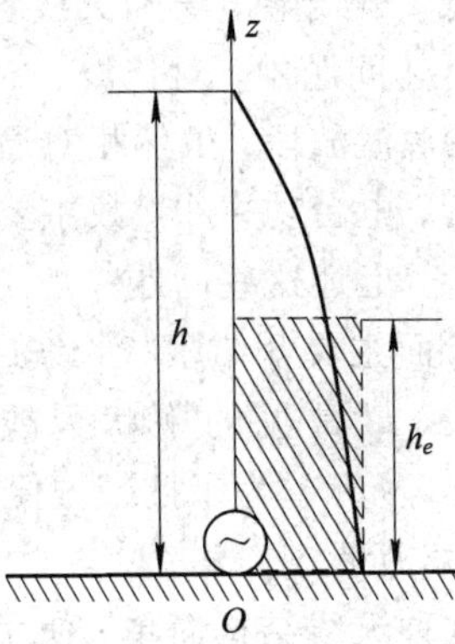

图 9－3－3　鞭状天线的有效高度

由此可见，当鞭状天线高度 $h\ll\lambda$ 时，其有效高度近似等于实际高度的一半。这是显然的，因为振子很短时，电流近似直线分布，图 9－3－3 中两面积相等时有 $h_e=h/2$。

有效高度表征直立天线的辐射强弱，即辐射场强正比于 h_e。

4）输入阻抗

对理想导电地来说，或在有良好的接地系统的情况下，鞭状天线的输入阻抗等于相应对称振子输入阻抗的一半。但在实际计算输入阻抗的电阻部分时，采用自由空间对称振子的方法，误差很大，因为此时输入到天线的功率，除一部分辐射外，大部分将损耗掉。除天线导线、附近导体及介质等引起的损耗外，还有相当大的功率损耗在电流流经大地的回路中，参见图 9－3－4，传导电流和位移电流构成广义的电流回路概念。因此输入电阻包括两部分，即

$$R_{\mathrm{in}}=R_{r0}+R_{l0} \qquad (9-3-4)$$

其中，R_{r0} 和 R_{l0} 分别为归算于输入端电流的辐射电阻和损耗电阻，其计算公式如下：

$$\begin{aligned} R_{r0}&=29.5(kh_e)^2 \qquad (h\ll\lambda,\ \text{地质为湿地}) \\ R_{r0}&=20.4(kh_e)^2 \qquad (h\ll\lambda,\ \text{地质为干地}) \end{aligned} \qquad (9-3-5)$$

$$R_{l0} = A\frac{\lambda}{4h} \tag{9-3-6}$$

式中，A 是取决于地面导电性的常数，干地约为 7，湿地约为 2。

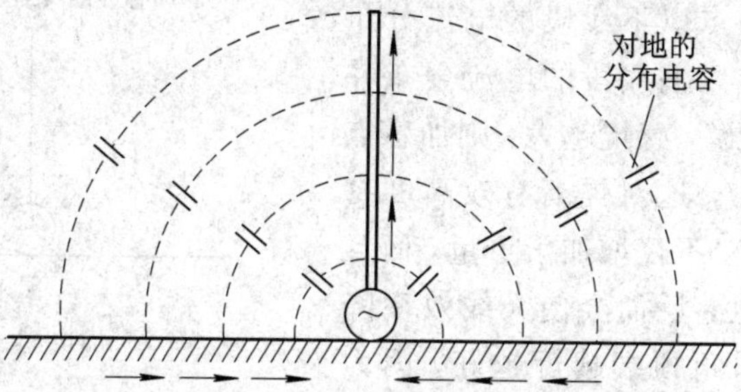

图 9-3-4 鞭状天线的电流回路

5）效率

由于损耗电阻大，同时又由于受到天线高度 h 的限制，辐射电阻通常很小，故短波鞭状天线的效率很低，一般情况下仅为百分之几甚至不到百分之一。因此，如何提高短波鞭状天线的效率成为本节的重要内容之一。

从效率的定义可知，要提高鞭状天线的效率，不外乎从两方面着手，一种是提高辐射电阻，另一种是减小损耗电阻。

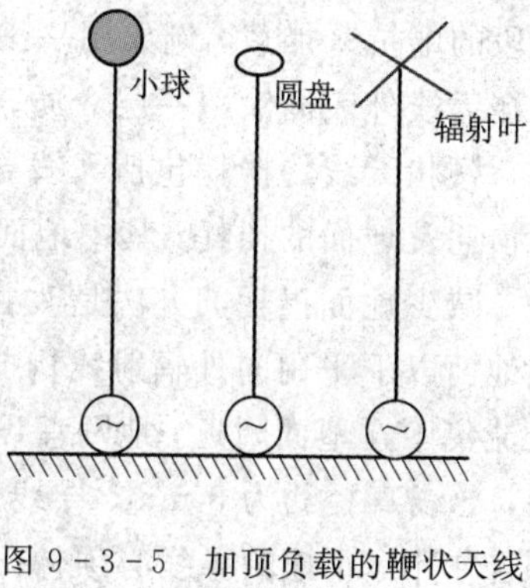

图 9-3-5 加顶负载的鞭状天线

提高辐射电阻的常用方法有加顶负载或加电感线圈。如图 9-3-5 所示，在鞭状天线的顶端加小球、圆盘或辐射叶，这些均称为顶负载(Top Loading)。天线加顶负载后，使天线顶端的电流不为零，如图 9-3-6 所示。这是由于加顶负载加大了垂直部分顶端对地的分布电容，使顶端不是开路点，顶端电流不再为零，电流的增大使远区辐射场也增大了。只要顶线不是太长，天线距地面的高度不是太大，则水平部分的辐射可忽略不计。因此，天线加顶负载后比无顶负载时辐射特性得到了改善。

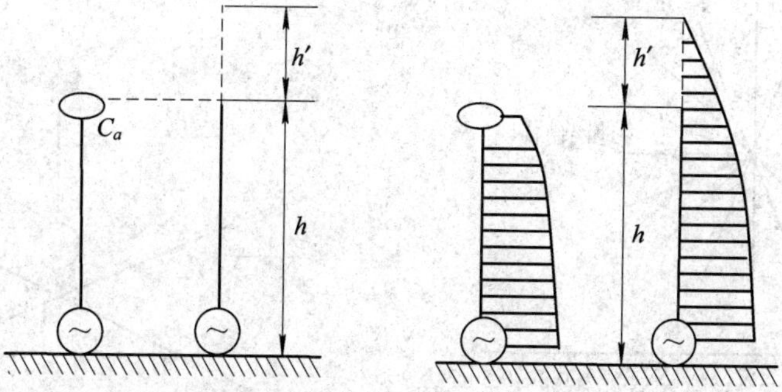

(a) 顶负载电容等效为一延长线段 (b) 天线电流分布的改善

图 9-3-6 加顶负载改善了天线上电流分布

如图 9-3-7 所示，加电感线圈(Induction Coil)是在短单极天线中部某点加入一定数值的感抗，就可以部分抵消该点以上线段在该点所呈现的容抗，从而使该点以下线段的电流分布趋于均匀，它对加感点以上线段的电流分布并无改善作用。从理论上说，感抗越大，则加感点以下的电流增加得越大，这对提高有效高度有利。但是当电感过大时，不仅增加了重量，而且线圈的电阻损耗也加大，反而会使天线效率降低。加感点的位置似乎距顶端越近越好，因为线圈仅对加感点以下线段上的电流分布起作用，但靠近顶端容抗很高，要能有效抵消容抗必须加大感抗。如上所述，加大线圈的匝数，这不仅增加了重量，也加大了损耗。由于线圈仅对加感点以下线段上的电流分布起作用，加感点的位置也不应选得太低。加感点的位置一般选择在距天线顶端(1/3～1/2)h 处，h 为天线的实际高度。

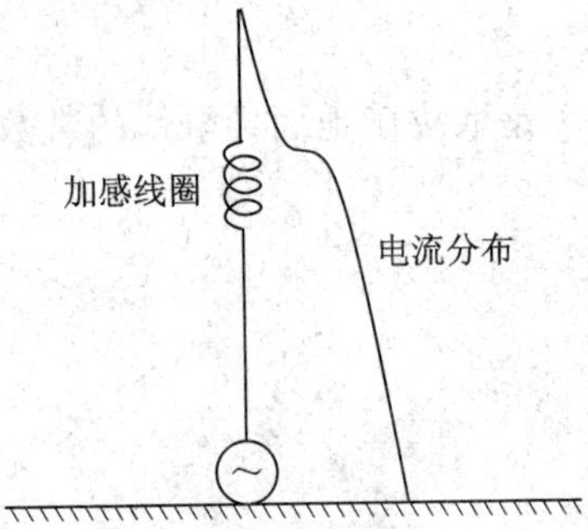

图 9-3-7 加电感线圈改善天线电流分布

无论是加顶负载还是加电感线圈，统称为对鞭状天线的加载，前者称为容性加载，后者称为感性加载。实际上对天线的加载并不限于用集中元件加载，也可用分布在整个天线段的电抗来加载，例如用一细螺旋线来代替鞭形天线的金属棒，作成螺旋鞭状天线；再如在天线外表面涂覆一层介质，制成分布加载天线。

鞭状天线的损耗包括天线导体的铜耗、支架的介质损耗、邻近物体的吸收、加载线圈的损耗及地面的损耗，其中地面损耗最大。因此降低损耗电阻主要指降低地面损耗电阻。

减少地面损耗的办法是改善地面的电性质。对大型电台常采用埋地线的办法，一般是在地面以下采用向外辐射线构成的地网，如图 9-3-8 所示。地网不应埋得太深，因为地电流集中在地面附近，地网埋设的深度一般为 0.2～0.5 m，导线的根数可以从 15 根到 150 根，导线直径约为 3 mm，导线长度有半波长就够了，若加顶负载，由于加顶部分与地面的耦合作用，则地网导线必须伸出水平横线在地面上的投影。一般 h/λ 越小，地网效果越明显。例如，某工作于 $\lambda=300$ m 的直立天线，高 15 m，不铺地网时 $\eta_A\approx6.5\%$，架设 120 根直径 3 mm、长 90 m 的地网后，效率提高到 93.3%。

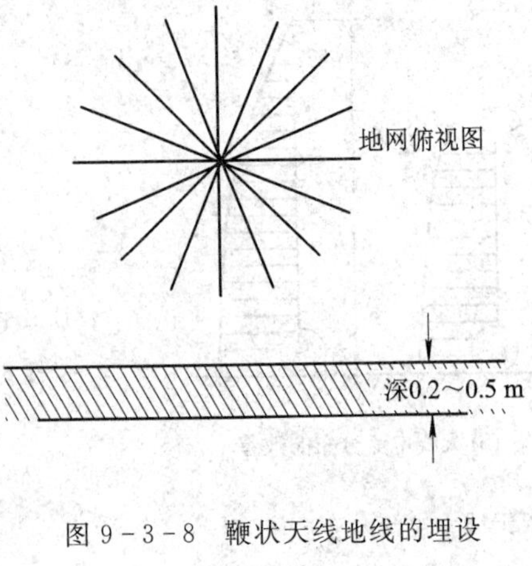

图 9-3-8 鞭状天线地线的埋设

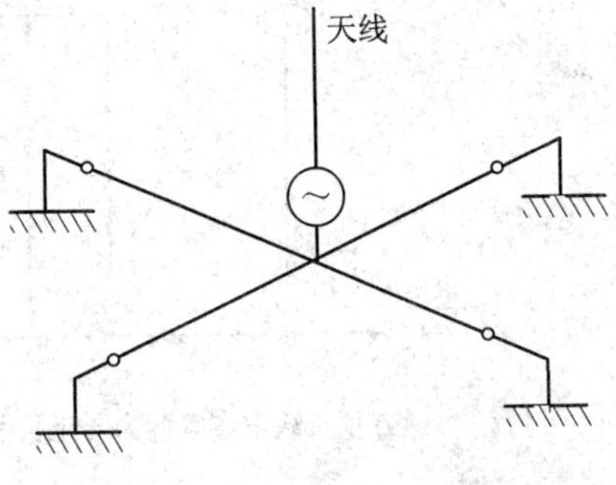

图 9-3-9 平衡器的架设

但是埋设地线对于移动电台不方便，这时可在地面上架设地网或平衡器，如图 9-3-9 所示。地网或平衡器的高度一般为 0.5～1 m，导线数目为 3～8 根，长度为 0.15λ～0.2λ。

如果在运动中工作，则架设地网也不可能，这时可利用机器的机壳，对车载电台可利用其车皮代替平衡器。

值得一提的是如果直立天线顶负载加长或倾斜架设，就成 T 形(见图 9-3-10)、Γ形(见图 9-3-11)及斜天线(见图 9-3-12)。它们也属于直立天线的范畴，只不过效率高一些或者在水平平面具有一定的方向性。而将感性加载均匀分布于直立天线上就形成了螺旋鞭天线(Helical Whip Antenna)。螺旋线是空心的或绕在低耗的介质棒上，圈的直径远小于工作波长，圈间的距离可以是等距的或变距的，如图 9-3-13 所示。这种天线广泛地应用于短波及超短波的小型移动通信电台中。它和单极振子天线相比，最大的优点是天线的长度可以缩短 2/3 或更多。

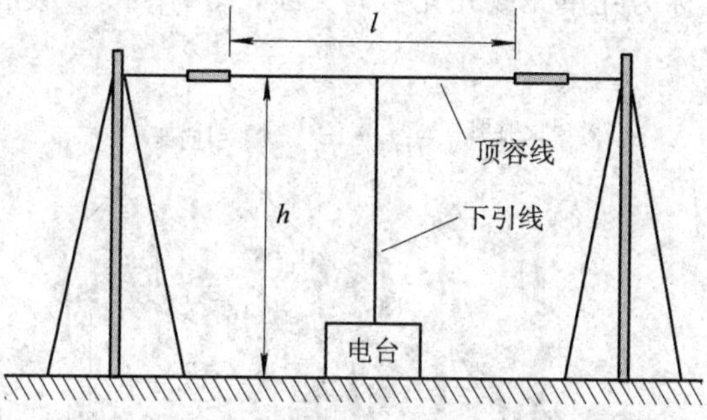

图 9-3-10　T 形天线

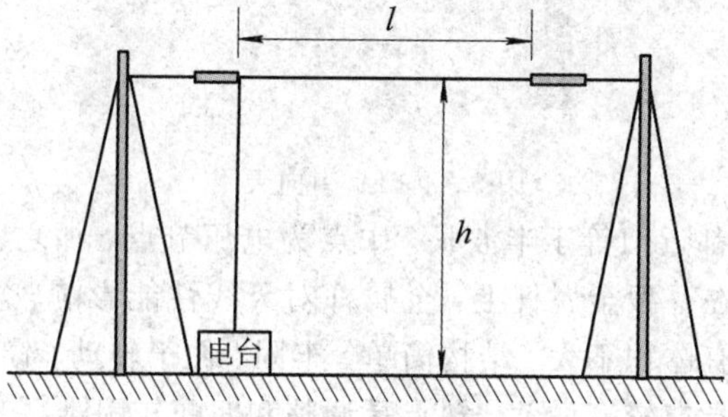

图 9-3-11　Γ形天线

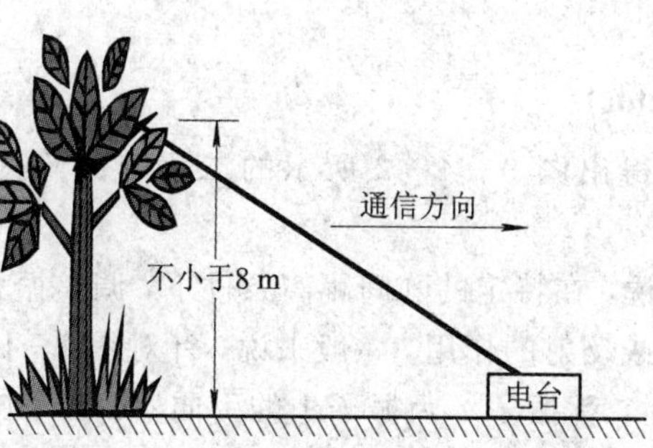

图 9-3-12　斜天线架设图

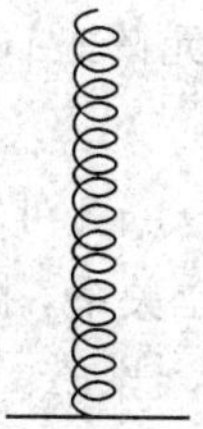

图 9-3-13　螺旋鞭天线

9.4　引向天线

引向天线(Yagi-Uda Antenna)最早由日本的宇田(Uda)用日文(1926年)，八木(Yagi)用英文(1927年)先后做了介绍，故常称“八木—宇田”天线。它是一个紧耦合的寄生振子端射阵，结构如图9-4-1所示，由一个(有时由两个)有源振子及若干个无源振子构成。有源振子近似为半波振子，主要作用是提供辐射能量；无源振子的作用是使辐射能量集中到天线的端向。其中，稍长于有源振子的起反射能量的作用，称为反射器；较有源振子稍短的无源振子起引导能量的作用，称为引向器。无源振子起引向或反射作用的大小与它们的尺寸及离开有源振子的距离有关。

通常有几个振子就称为几单元或几元引向天线，图9-4-1共有8个振子，就称八元引向天线。

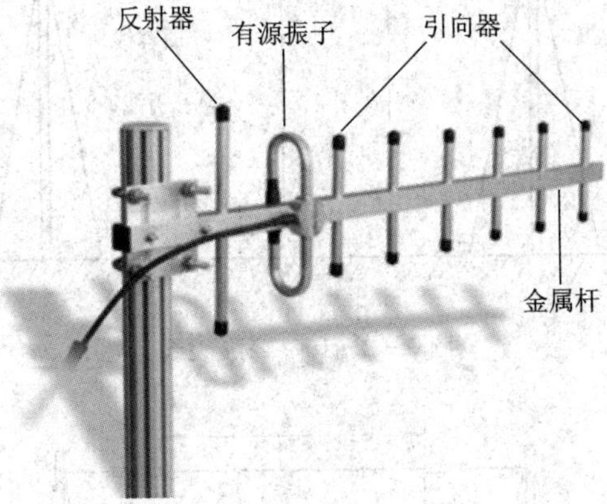

图9-4-1　引向天线

由于每个无源振子都近似等于半波长，中点为电压节点，加之各振子又与天线轴线垂直，它们可以同时固定在一根金属杆上，金属杆对天线性能影响较小。加之它不必采用复杂的馈电网络，因而具有体积不大、结构简单、牢固、便于转动、馈电方便等优点。其增益可以做到十几个分贝，具有较高增益。缺点是调整和匹配较困难，工作带宽较窄。

9.4.1　引向天线的工作原理

1. 引向器(Director)与反射器(Reflector)

应用二元阵方向图乘积定理，可以得出图9-4-2所示的二元阵的阵因子平面方向图。

从图9-4-2可知，相对于振子1来说，在特定的阵间距离条件下，调整振子2与振子1的电流相位关系，振子2可以起到引向或反射的作用。一般来说，针对图9-4-2所示的二元阵结构，当$E(\delta=0°)>E(\delta=180°)$时，称振子2为振子1的引向器；当$E(\delta=0°)<E(\delta=180°)$时，称振子2为振子1的反射器。

在$d/\lambda\leqslant0.4$的前提下，振子2作为引向器或反射器的电流相位条件是

$$\begin{cases}\text{反射器} \quad 0^\circ \leqslant \alpha \leqslant 180^\circ \\ \text{引向器} \quad -180^\circ \leqslant \alpha \leqslant 0^\circ\end{cases} \tag{9-4-1}$$

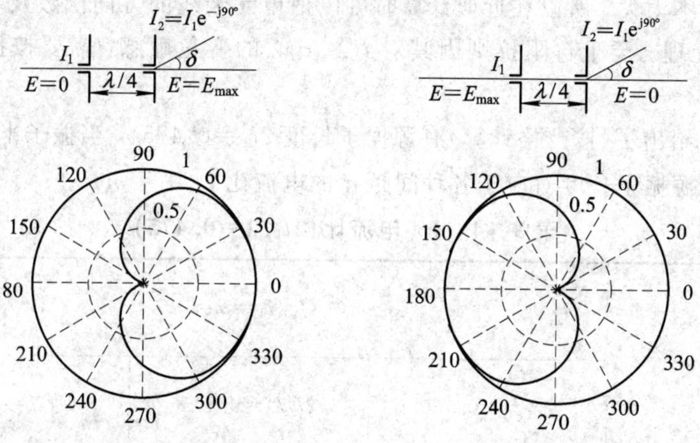

(a) 振子2为引向器　　(b) 振子2为反射器

图 9-4-2　引向天线原理

2. 二元引向天线(Two Element Yagi-Uda Antenna)

实用中为了使天线的结构简单、牢固、成本低，在引向天线中广泛采用无源振子作为引向器或反射器，如图 9-4-3 所示。因为一般只有一个振子有源，在引向天线中无源振子的引向或反射作用都是相对于有源振子而言的。调整无源振子的自身的尺寸以及与有源振子的相对关系，就可以调整无源振子上的感应电流 I_2 的大小和相位，进而获得引向或反射功能。

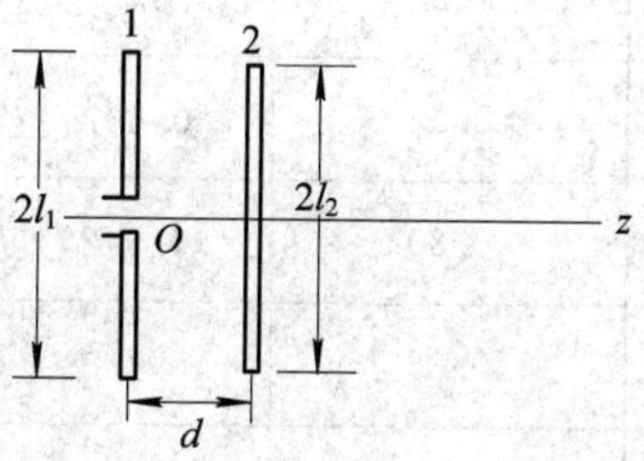

图 9-4-3　二元引向天线

回顾第 8 章，二元引向天线的振子的电压与电流的关系如下

$$\begin{aligned} U_1 &= I_1 Z_{11} + I_2 Z_{12} \\ 0 &= I_1 Z_{21} + I_2 Z_{22} \end{aligned} \tag{9-4-2}$$

解上式易得

$$\frac{I_2}{I_1} = -\frac{Z_{21}}{Z_{22}} = m\mathrm{e}^{\mathrm{j}\alpha} \tag{9-4-3}$$

式中

$$\begin{cases} m = \sqrt{\dfrac{R_{21}^2 + X_{21}^2}{R_{22}^2 + X_{22}^2}} \\ \alpha = \pi + \arctan \dfrac{X_{21}}{R_{21}} - \arctan \dfrac{X_{22}}{R_{22}} \end{cases} \tag{9-4-4}$$

其中，Z_{21} 为两振子间的互阻抗；Z_{22} 为无源振子自阻抗，其值与相同尺寸的对称振子的一样。由上式可以看出，只要适当改变间距 d(可以改变互阻抗 Z_{21})或适当改变无源振子的长度 $2l_2$(可以主要改变自阻抗 Z_{22})都可以调整 I_2 的振幅和相位，使无源振子 2 起引向器或反

射器的作用。

在引向天线中，有源振子和无源振子的长度基本上都在 $\lambda/2$ 附近，此时方向函数及互阻抗随 l 的变化不太大，所以在近似计算时可以把单元天线的方向函数及单元间的互阻抗均按半波振子处理。至于自阻抗则因其对 l/λ、a/λ 的变化敏感，需要按振子的实际尺寸计算。

表 9-4-1 给出了(按严格计算)有源振子长度 $2l_1=0.475\lambda$，当振子半径 a 为 0.0032λ 时，三种不同无源振子长度对应于各种间距 d 的电流比 $I_2/I_1=me^{j\alpha}$。

表 9-4-1 电流比($2l_1/\lambda=0.475$)

$\frac{d}{\lambda}$	$I_2/I_1=me^{j\alpha}$		
	$2l_2/\lambda=0.450$	$2l_2/\lambda=0.475$	$2l_2/\lambda=0.500$
0.10	$0.800\angle-142.45°$	$0.806\angle180.01°$	$0.673\angle158.67°$
0.15	$0.728\angle-163.35°$	$0.731\angle168.34°$	$0.607\angle146.19°$
0.20	$0.659\angle-175.90°$	$0.661\angle155.37°$	$0.548\angle132.79°$
0.25	$0.597\angle170.50°$	$0.598\angle141.51°$	$0.496\angle118.67°$
0.30	$0.542\angle156.12°$	$0.544\angle126.97°$	$0.452\angle103.96°$
0.35	$0.495\angle141.16°$	$0.497\angle111.90°$	$0.413\angle88.78°$
0.40	$0.454\angle125.71°$	$0.455\angle96.39°$	$0.379\angle73.21°$
0.45	$0.418\angle109.89°$	$0.420\angle80.53°$	$0.349\angle57.31°$
0.50	$0.386\angle93.78°$	$0.388\angle64.39°$	$0.323\angle41.13°$

图 9-4-4 是根据该表作出的无源振子 $2l_2/\lambda=0.450$ 及 0.500，d/λ 分别是 0.1，0.25 及 0.50 时的二元引向天线 H 面方向图，无源振子的位置在有源振子的右方。分析图 9-4-4 可以看出：

(1) 当有源振子 $2l_1/\lambda$ 一定时，只要无源振子长度 $2l_2/\lambda$ 及两振子间距 d/λ 选择得合适，无源振子就可以成为引向器或反射器。对应于合适的 d/λ 值，通常用比有源振子小百分之几的无源振子作引向器，用比有源振子大百分之几的无源振子作反射器。

(2) 当有源及无源振子长度一定时，d/λ 值不同，无源振子所起的引向或反射作用不同。例如，对于 $2l_2/\lambda=0.450$，当 $d/\lambda=0.1$ 时有较强的引向作用。而当 $d/\lambda\geqslant0.25$ 以后就变成了反射器。所以为了得到较强的引向或反射作用应正确选择或调整无源振子的长度及两振子的间距。

(3) 为了形成较强的方向性，引向天线振子间距 d/λ 不宜过大，一般 $d/\lambda<0.4$。

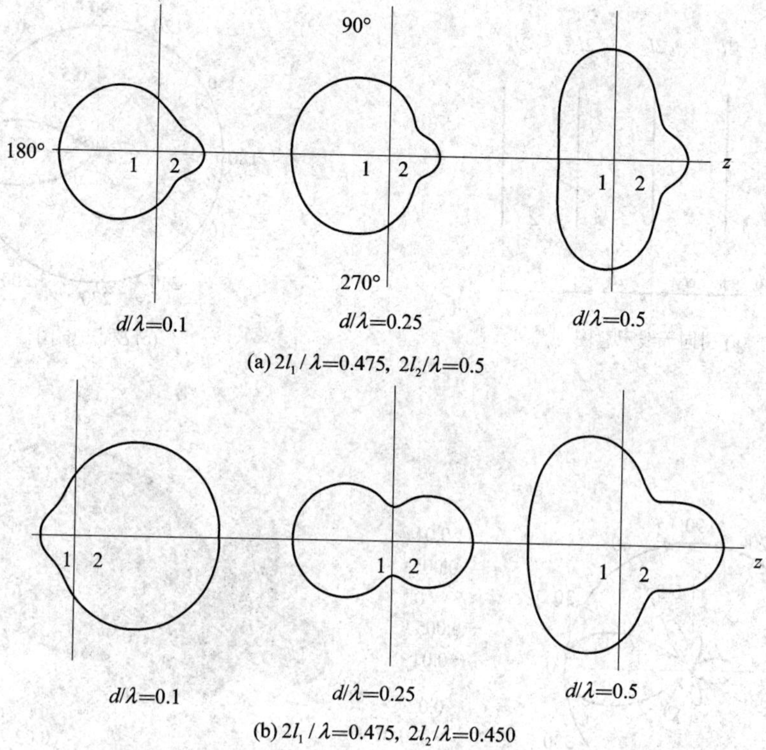

图 9-4-4　二元引向天线 H 方向图

3. 多元引向天线(Multiple Element Antenna)

为了得到足够的方向性，实际使用的引向天线大多数是更多元数的，图 9-4-5(a)就是一个六元引向天线，其中的有源振子是普通的半波振子。

通过调整无源振子的长度和振子间的间距，可以使反射器上的感应电流相位超前于有源振子(满足式(9-4-1))；使引向器 1 的感应电流相位落后于有源振子；使引向器 2 的感应电流相位落后于引向器 1；引向器 3 的感应电流相位再落后于引向器 2……，如此下去便可以调整得使各个引向器的感应电流相位依次落后下去，直到最末一个引向器落后于它前一个为止。这样就可以把天线的辐射能量集中到引向器的一边(z 方向，通常称 z 方向为引向天线的前向)，获得较强的方向性。图 9-4-5(b)、(c)、(d)示出了某六元引向天线($2l_r=0.5\lambda$，$2l_0=0.47\lambda$，$2l_1=2l_2=2l_3=2l_4=0.43\lambda$，$d_r=0.25\lambda$，$d_1=d_2=d_3=d_4=0.30\lambda$，$2a=0.0052\lambda$)的$E$ 面、H 面和立体方向图。

由于已经有了一个反射器，再加上若干个引向器对天线辐射能量的引导作用，在反射器的一方(通常称为引向天线的后向)的辐射能量已经很弱，再加多反射器对天线方向性的改善不是很大，通常只采用一个反射器就够了。至于引向器则一般来说数目越多，其方向性就越强。但是实验与理论分析均证明当引向器的数目增加到一定程度以后，再继续加多，对天线增益的贡献相对较小。图 9-4-6 给出了包括引向器、反射器在内所有相邻振子间距都是 0.15λ，振子直径均为 0.0025λ 的引向天线增益与元数的关系曲线。由图可以看出，若采用一个反射器，当引向器由 1 个增加到 2 个时($N=3$ 增至 $N=4$)，天线增益能大约增大 1 dB，而引向器个数由 7 个增至 8 个($N=9$ 增至 $N=10$)时，增益只能增加约

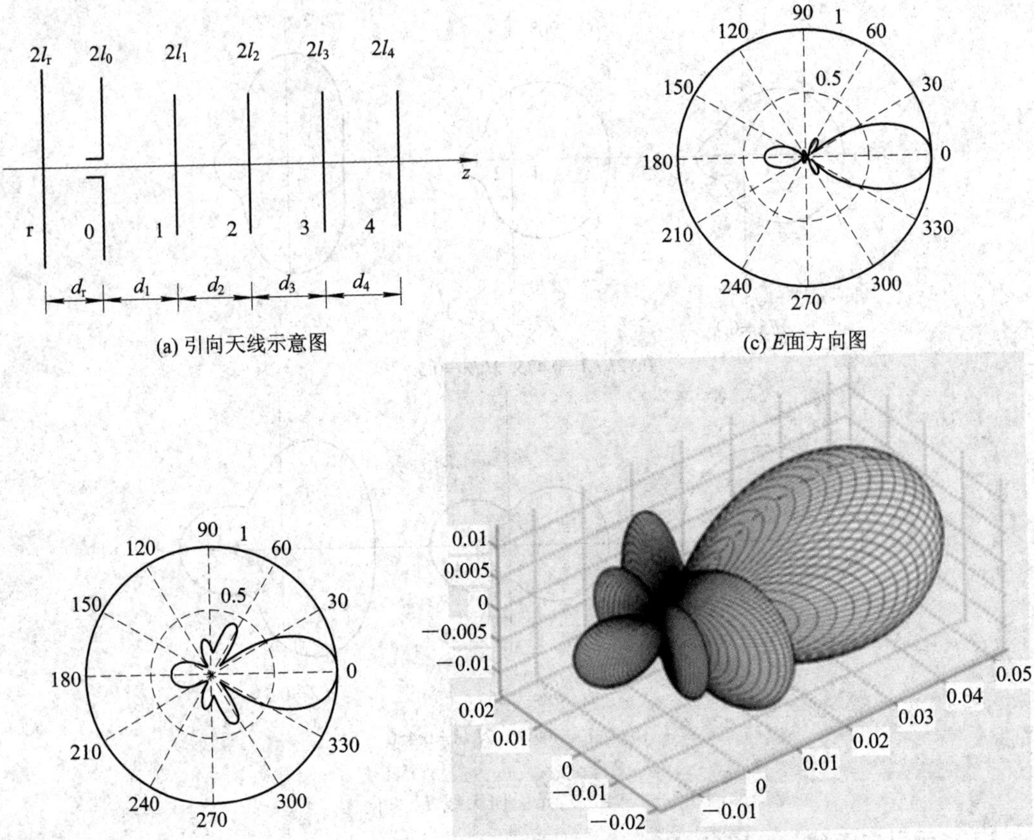

图 9-4-5　某六元引向天线及其方向图

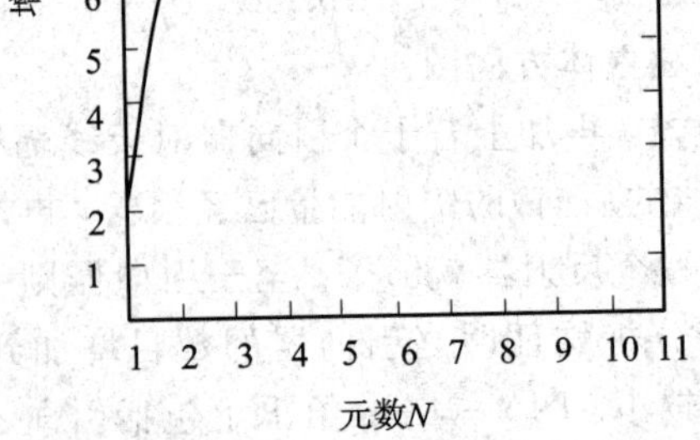

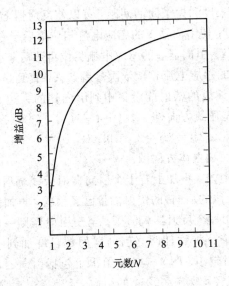

图 9-4-6　典型引向天线的增益与总元数的关系($d_0=d_1=d_2=\cdots=0.15\lambda$，$2a/\lambda=0.0025$)

0.2 dB。不仅如此，引向器个数多了还会使天线的带宽变窄、输入阻抗减小，不利于与馈线匹配。加之从机械上考虑，引向器数目过多，会造成天线过长，也不便于支撑。所以在米波波段实际应用的引向天线引向器的数目通常很少超过十三四个。

9.4.2　引向天线的电特性

虽然实际应用的引向天线不一定是等间距的，引向器也不一定是等长的。为了大致了解引向天线的电特性，还是通过表 9-4-2 给出了等间距、引向器等长的一些引向天线的典型数据，包括不同元数、不同振子长度以及不同间距时引向天线的增益、输入阻抗、E 面和 H 面方向图的波束宽度、副瓣电平以及前后辐射比。所谓前后辐射比是指方向图中前向与后向的电场振幅比，它在引向天线中具有一定的实际意义。

表 9-4-2　引向天线的电参数

元数 N	间隔 d/λ	单元长度 $2l/\lambda$			增益 /dB	前后辐射比 /dB	输入阻抗/Ω	H 面		E 面	
		$2l_r/\lambda$	$2l_0/\lambda$	$\frac{2l_1}{\lambda}\sim\frac{2l_2}{\lambda}$				$2\theta_{0.5H}^{(o)}$	SLL /dB	$2\theta_{0.5E}^{(o)}$	SLL /dB
3	0.25	0.479	0.453	0.451	9.4	5.6	22.3+j15.0	84	−11.0	66	−34.5
4	0.15	0.486	0.459	0.453	9.7	8.2	36.7+j9.6	84	−11.6	66	−22.8
4	0.20	0.503	0.474	0.463	9.3	7.5	5.6+j20.7	64	−5.2	54	−25.4
4	0.25	0.486	0.463	0.456	10.4	6.0	10.3+j23.5	60	−5.8	52	−15.8
4	0.30	0.475	0.453	0.446	10.7	5.2	25.8+j23.2	64	−7.3	56	−18.5
5	0.15	0.505	0.476	0.456	10.0	13.1	9.6+j13.0	76	−8.9	62	−23.2
5	0.20	0.486	0.462	0.449	11.0	9.4	18.4+j17.6	68	−8.4	58	−18.7
5	0.25	0.447	0.451	0.442	11.0	7.4	53.3+j6.2	66	−8.1	58	−19.1
5	0.30	0.482	0.459	0.451	9.3	2.9	19.3+j39.4	42	40	40	−9.6
6	0.20	0.482	0.456	0.437	11.2	9.2	51.3-j1.9	68	−9.0	58	−20.0
6	0.25	0.484	0.459	0.446	11.9	9.4	23.2+j21.0	56	−7.1	50	−13.8
6	0.30	0.472	0.449	0.437	11.6	6.7	61.2+j7.7	56	−7.4	52	−14.8
7	0.20	0.489	0.463	0.444	11.8	12.6	20.6+j16.8	58	−7.4	52	−14.1
7	0.25	0.477	0.454	0.434	12.0	8.7	57.2+j1.9	58	−8.1	52	−15.4
7	0.30	0.475	0.455	0.439	12.7	8.7	35.9+j21.7	50	−7.3	46	−12.6

如表 9-4-2 所示，由于存在着互耦，在无源振子的影响下，有源振子的输入阻抗数值下降并且带宽性能变差，带宽一般只有百分之几。方向图的半功率角可以按式(9-4-5)近似计算，即

$$2\theta_{0.5}\approx 55\sqrt{\frac{\lambda}{L}}\,(^\circ) \tag{9-4-5}$$

图 9-4-7 为半功率角的估算曲线。上式及图中的 L 为引向天线的长度，是由反射器到最后一个引向器的几何长度；λ 为工作波长。按照式(9-4-5)或图 9-4-7 得到的半功率角是个平均值。实际上引向天线的 H 面的方向图比 E 面的要宽一些，因为单元天线在 H 面内没有方向性，而在 E 面却有方向性。

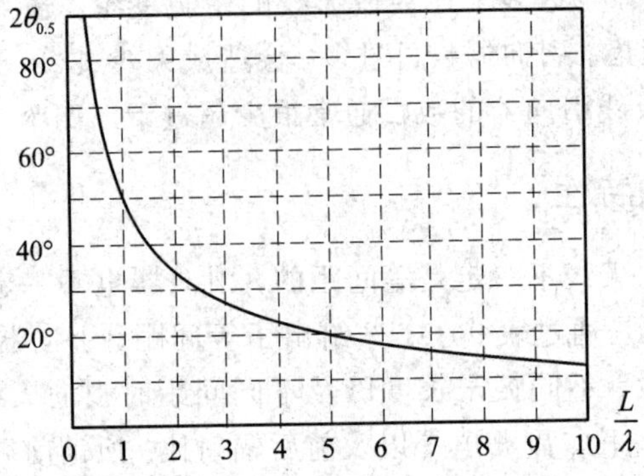

图 9-4-7 半功率角的估算曲线

引向天线的副瓣电平一般也只有负几个到负十几个分贝，H 面的副瓣电平一般总是较正面的高(参看表 9-4-2)。由表 9-4-2 还可以看出，引向天线的前后辐射比往往不是很高，即是说引向天线往往具有较大的尾瓣，这也是不够理想的。为了进一步减小引向天线的尾瓣，可以将单根反射器换成反射屏或"王"字形反射器等形式。图 9-4-8 为带"王"字形反射器的引向天线。

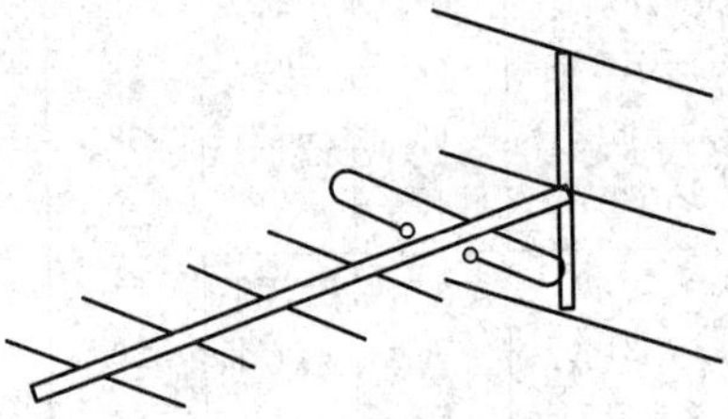

图 9-4-8 带"王"字形反射器的引向天线

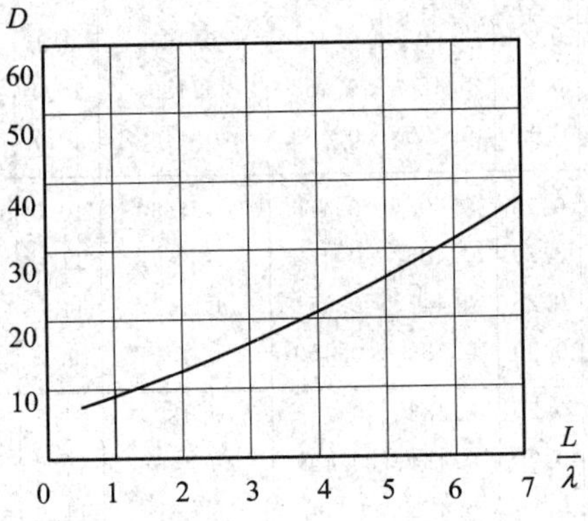

图 9-4-9 $D \sim L/\lambda$ 的关系

引向天线的方向系数可由图 9-4-9 中所示的曲线进行估算。一般的引向天线长度 L/λ 不是很大，它的方向系数只有 10 左右。当要求更强的方向性时，可通过将几副引向天线排阵获得。

常用的引向天线为线极化天线，当振子面水平架设时，工作于水平极化；当振子面垂直架设时，工作于垂直极化。

用单根无源振子作反射器时，由于自阻抗、互阻抗以及电间距 d/λ 均与频率关系密切，所以引向天线的工作带宽很窄。此时，可以采用排成平面的多振子(例如"王"字形振子)或由金属线制成的反射屏作为反射器，这样不仅可以增大前后辐射比，还可以增加工作带宽。

有源振子的带宽对引向天线的工作带宽有着重要影响。为了宽带工作，可以采用直径粗的振子，还可以采用扇形振子、"X"形振子以及折合振子等。图 9-4-10 为扇形振子及"X"形振子。有关折合振子的介绍将在下面给出。

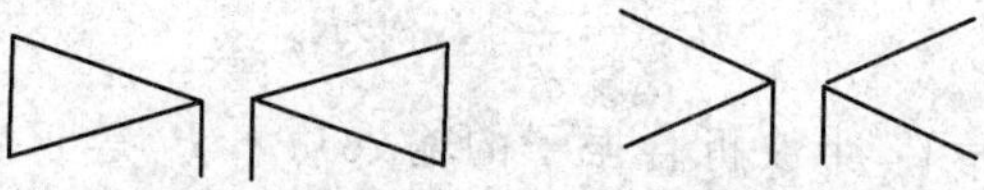

(a) 扇形振子　　(b) "X" 形振子

图 9-4-10　扇形和"X"形振子

9.4.3　半波折合振子(Half-Wave Folded Dipole)

前面已经指出由于振子间的相互影响，引向天线输入阻抗往往会比半波振子的降低较多，很难与 50 Ω 的传输线直接匹配，因而工程上常常采用折合振子，因为它的输入阻抗可以变为普通半波振子的 K 倍($K>1$)。

半波折合振子的结构如图 9-4-11 所示，振子长度 $2l\approx\lambda/2$，间隔 $D\ll\lambda$。图 9-4-11(a)为等粗细的形式，图 9-4-11(b)为不等粗细的形式。

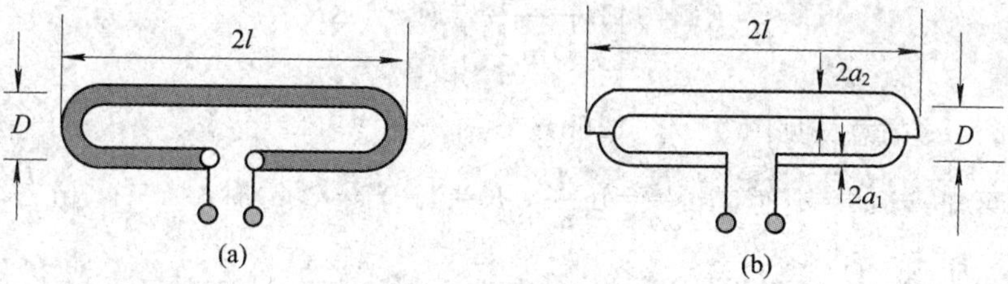

图 9-4-11　半波折合振子

粗略地说，可以把半波折合振子看作是一段 $\lambda/2$ 的短路线从其中点拉开压扁而成，如图 9-4-12 所示。折合振子的两个端点为电流节点，导线上电流同相，当 $D\ll\lambda$ 时，折合振子相当于一电流为 $I_M=I_{M1}+I_{M2}$ 的半波振子，故方向图将和半波振子的一样。

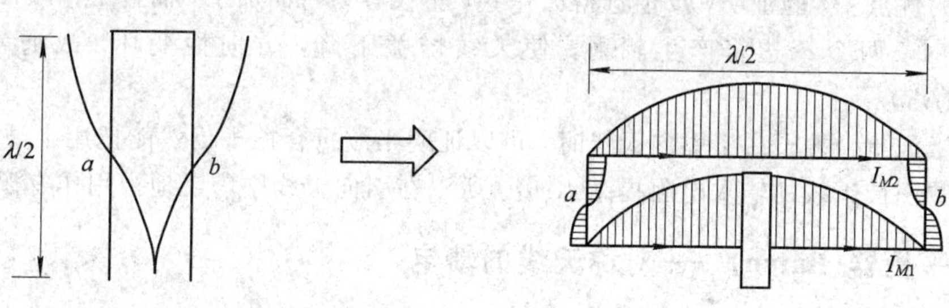

图 9-4-12　半波折合振子的构成及电流分布

为什么半波折合振子能够具有较高的输入电阻呢？这与它的特殊结构有关。对于等粗细的半波折合振子，$I_{M1}=I_{M2}$，折合振子相当于具有波腹电流 $I_M=I_{M1}+I_{M2}=2I_{M1}$ 的一个等效半波振子。所以不仅它的方向性与半波振子的相同，而且它的辐射功率也可以写成

$$P_r=\frac{1}{2}|I_M|^2R_r \tag{9-4-6}$$

其中，R_r 为以波腹电流计算的辐射电阻也刚好是等效半波振子的输入电阻，一般为 70 Ω 左右。

对于半波折合振子来说，馈电点的输入电流实际上为 I_{M1}，而不是 I_M，所以它的输入功率为

$$P_{in} = \frac{1}{2} |I_{M1}|^2 R_{in} \tag{9-4-7}$$

由于天线的效率 $\eta=1$，半波折合振子的输入功率 P_{in} 等于它的辐射功率 P_r，令式(9-4-6)与(9-4-7)相等，便可以求得

$$R_{in} = \left|\frac{I_M}{I_{M1}}\right|^2 R_r \tag{9-4-8}$$

计及 $I_M=2I_{M1}$，则有

$$R_{in} = 4R_r \tag{9-4-9}$$

即等粗细半波折合振子的输入电阻等于普通半波振子输入电阻的 4 倍。因此折合振子具有高输入电阻的突出特点。实际工作中不一定刚好要求半波折合振子的输入电阻是半波振子的 4 倍，这时可以采用图 9-4-12(b)所示的不等粗细折合振子。由微波技术基础知识可以证明，此时半波折合振子的输入电阻与半波振子输入电阻之间满足以下关系：

$$R_{in} = \left(1+\frac{\ln\dfrac{D}{a_1}}{\ln\dfrac{D}{a_2}}\right)^2 R_r = KR_r \tag{9-4-10}$$

式中，D 及 a_1、a_2 的意义见图 9-4-12(b)。

由上式可知：当 $a_1=a_2$ 时，$\ln\dfrac{D}{a_1}=\ln\dfrac{D}{a_2}$，$K=4$；当 $a_1>a_2$ 时，$\ln\dfrac{D}{a_1}<\ln\dfrac{D}{a_2}$，$K<4$；当 $a_1<a_2$ 时，$\ln\dfrac{D}{a_1}>\ln\dfrac{D}{a_2}$，$K>4$。

半波折合振子除了输入电阻大的优点之外，因它的横断面积较大，相当于直径较粗的半波振子，而振子越粗振子的等效特性阻抗越低，输入电阻随着频率的变化就比较平缓，有利于在稍宽一点的频带内保持阻抗匹配，所以半波折合振子还具有工作带宽较普通半波振子稍宽的优点。实验证明，D 值选得大一些，不仅容易弯曲加工，而且工作频带较宽，但 D 值太大时，两个窄边将产生辐射，使天线增益下降，方向性变坏，故通常取 $D=(0.01\sim0.03)\lambda$。

当把半波折合振子用于引向天线时，可以证明半波折合振子仍然能把用半波振子作有源振子时的引向天线的输入电阻提高 K 倍。所以在引向天线中广泛地被用作有源振子。

9.4.4 平衡器(Balun)——对称天线的馈电

线天线总要通过传输线馈电，常用的传输线有平行双导线和同轴线，前者为平衡传输线，后者为不平衡传输线，因平行双导线对“地”是对称的，故是平衡的。实际工作中，许多天线本身是“平衡”的，例如对称振子、折合振子以及而后将要介绍的等角螺旋天线等都是对称平衡的，因而这些天线要求平衡馈电。用平行双导线馈电，不存在问题，但用同轴线馈电时，就存在“平衡”与“不平衡”之间的转换问题。另外，在平衡传输线与非平衡传输线之间连接时，也同样存在这种问题。为了解决这一问题，就需要采用平衡与不平衡转换器，简称为平衡器，英文直译“巴仑(Balun)”。

为什么由非平衡传输线给对称振子等平衡负载馈电时会出现问题呢？图 9-4-13 对此作了说明：如果用平行双导线馈电，对称振子两臂上的电流等幅、对称(见图 9-4-13(a))。但用同轴线馈电时，假如直接把同轴线的内外导体分别端接振子的左右两臂，则由

于同轴线外导体外表面与右臂间的分布电容，使得它成为相当于左臂的一部分，起到分流(存在 I_4)的作用，如图 9-4-13(b)所示。这种现象有时称为电流“外溢”。根据电流连续性定理，在馈电点 $I_1=I_2$，而 $I_2=I_3+I_4$，故由于 I_4的存在，导致 $I_3<I_1$，振子两臂的电流不再相等，失去了原来的“对称”性。另外，I_4的存在所产生的辐射，还会造成交叉极化分量，破坏了原来的正常极化，这些都是人们所不希望的。为此，应采取适当措施加以克服，该措施就是采用平衡器。

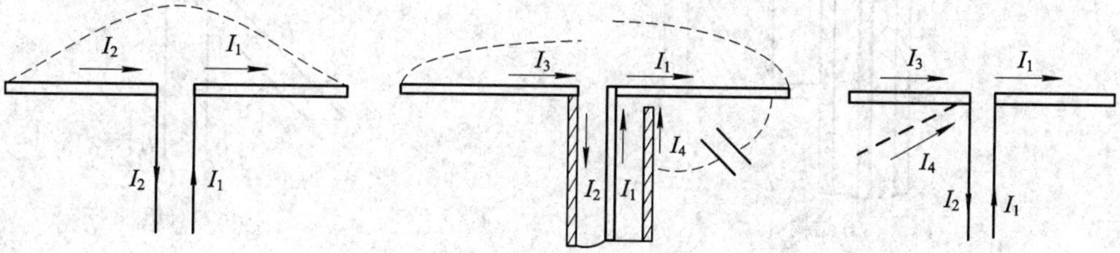

(a) 平衡馈电　　(b) 不平衡馈电及其等效电路

图 9-4-13　对称振子的平衡与不平衡馈电

针对同轴线馈电时产生不平衡的原因，大体上有三种方法可以使之平衡：一是扼止 I_4，即在馈电点让 $I_4=0$，$\lambda/4$ 扼流套即基于此原理；另一个就是让左、右臂均有分流，且为均衡分流，但让它们不能对外产生辐射，附加平衡段平衡器就基于这一设想；还有一种就是让振子的两臂均接同轴线内导体，形成对“地”自然平衡，与此同时还要保证两臂等幅馈电，U 形管就是这样做的。

1. $\lambda/4$ 扼流套(Quarter-Wave Choke Balun)

$\lambda/4$ 扼流套的结构如图 9-4-14 所示。它是在原同轴线的外边增加一段长为 $\lambda_0/4$ 的金属罩，罩的下端与同轴线外导体短接。这时，罩的内表面与原同轴线外导体的外表面便形成一段 $\lambda_0/4$ 终端短路的新同轴线，它的输入阻抗为∞，使得馈电点处的 $I_4=0$，因而扼止 I_4，保证了振子两臂电流的对称性。

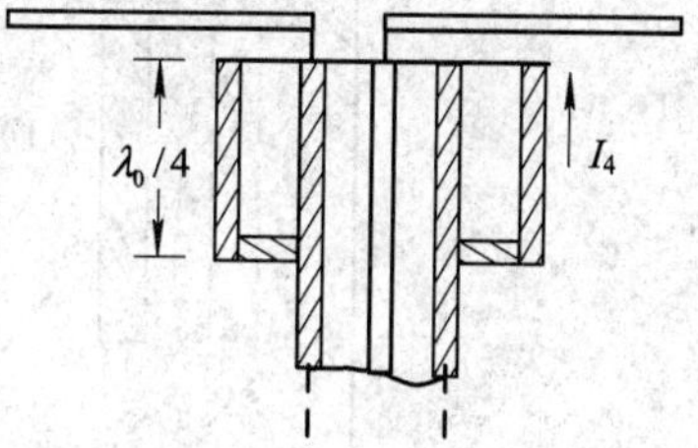

图 9-4-14　$\lambda/4$ 扼流套

当工作频率改变时，扼流套的输入阻抗减小，I_4会相应增大起来，平衡将遭到破坏。故这种平衡器的工作带宽很窄，属窄带器件。

由 $\lambda/4$ 扼流套的结构可知，这种平衡器适用于硬同轴线给对称天线馈电的情况。

2. 附加平衡段平衡器(Split Coaxial Balun)

附加平衡段平衡器的结构如图 9-4-15 所示。它是在同轴线外面平行接上一段(长度为 $\lambda_0/4$)与同轴线等粗细的金属柱体，圆柱体底部与同轴线外导体短接，形成一段特性阻抗为 Z_c 的 $\lambda_0/4$ 终端短路平行双导线。同轴线外导体直接接天线一臂，内导体与附加圆柱体连接后接天线的另一臂。

由图 9-4-15(b)可以看出，同轴线的内外导体被均衡分流，因而天线两臂的电流左臂为 I_2-I_4，右臂为 I_1-I_4，因 $I_1=I_2$，所以两臂电流相等。当 $\lambda=\lambda_0$ 时，$\lambda/4$ 短路线输入端电流为零(即 $I_4=0$)，振子两臂电流相等；当 $\lambda\neq\lambda_0$ 时，虽有 I_4 存在，但仍然保持相等。因此，就平衡而言，它是宽带的，因而又称宽带 $\lambda/4$ 平衡器。同时由于 I_4 是流入平行双导线的电流，对外不会产生对工作不利的附加辐射。

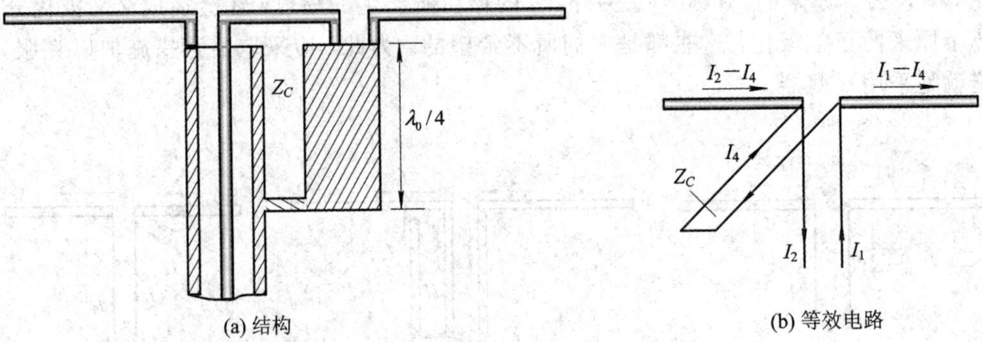

图 9-4-15　附加平衡段平衡器

图 9-4-16 是微带线宽带平衡器，图中虚线所示的弯曲中心带线 a 和 b 和接地金属板构成微带传输线，金属接地板上的开槽如阴影所示，G、F 为馈电点，接天线双臂。只要尺寸选择合适，该微带线平衡器同样可以做到不仅能保证平衡，而且能在较宽的频带内实现阻抗匹配。同时，为了保证微带线无漏辐射，在尺寸上要求接地板宽度 $B>3b$，b 为中心线宽。

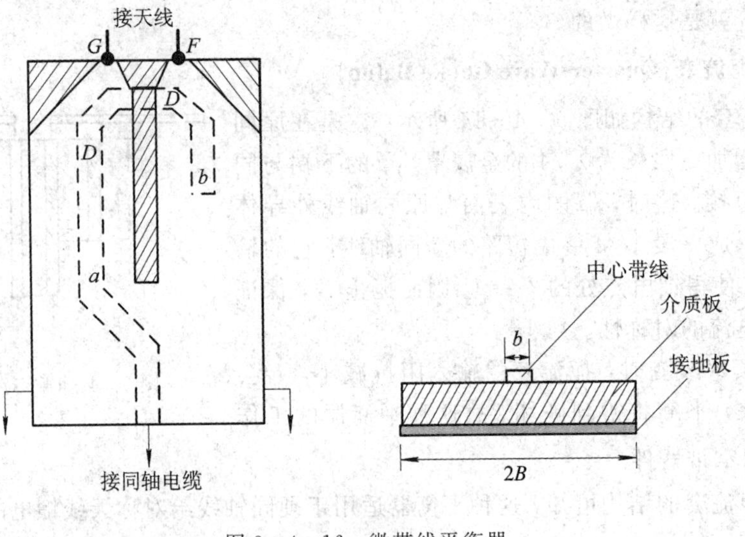

图 9-4-16　微带线平衡器

3. U 形管平衡器(Foure-to-One Balun)

U 形管平衡器是一段长度为 $\lambda_g/2$ 的同轴线，结构如图 9-4-17(a)所示。由于天线二臂均接内导体对“地”是对称的，因而它是平衡的。同时，由传输线理论可知，因 A，B 相点相距 $\lambda_g/2$，对地的电位将等幅反相 V_A 为“+”，V_B 为“－”，因而两臂的电流大小相等，得到对称分布。

U 形管除了平衡作用之外，由图 9-4-17(b)可知它还兼有阻抗变换作用。由于 $\lambda_g/2$

的阻抗重复性，在主馈同轴线的输入端，输入阻抗为两个 $Z_A/2$ 的并联，因而它的负载是天线输入阻抗 Z_A 的 1/4。因此，在考虑天线与同轴线的阻抗匹配时必须注意到这一点。例如，采用 75 Ω 同轴线给天线馈电时，为达到阻抗匹配要求天线的输入阻抗 $Z_A=4\times75=300\ \Omega$。这时用普通半波振子是不合适的，但用等粗细的半波折合振子就能达到良好的效果。

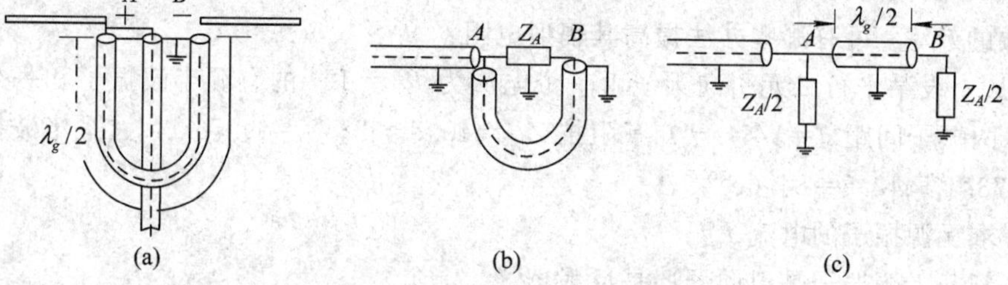

图 9-4-17 U 形管及其等效电路

U 形管平衡器是窄带的。因当 $\lambda\neq\lambda_0$ 时，其长度不再是 $\lambda_g/2$，就难以保证天线两臂电流的对称性。

通常用软同轴线制作 U 形管，也可以用微带线制作 U 形管平衡器，如图 9-4-18 所示。

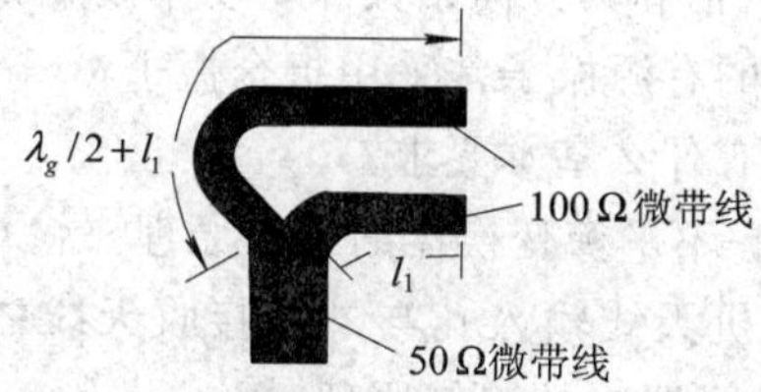

图 9-4-18 微带线平衡器

习 题

9-1 有一架设在地面上的水平振子天线，其工作波长 $\lambda=40$ m。若要在垂直于天线的平面内获得最大辐射仰角 Δ 为 30°，则该天线应架设多高？

9-2 假设在地面上有一个 $2l=40$ m 的水平辐射振子。求使水平平面内的方向图保持在与振子轴垂直的方向上有最大辐射和使馈线上的行波系数不低于 0.1 时，该天线可以工作的频率范围。

9-3 为了保证某双极天线在 4～10 MHz 波段内馈线上的驻波比不致过大且最大辐射方向保持在与振子垂直的方向上，该天线的臂长应如何选定？

9-4 有一双极天线，臂长 $l=20$ m，架设高度 $h=8$ m，试估算它的工作频率范围以及最大辐射仰角范围。

9-5 为什么频率为 3～20 MHz 的短波电台通常至少配备两副天线（一副臂长 $l=10$ m，另一副臂长 $l=20$ m）？

9-6　两半波对称振子分别沿 x 轴和 y 轴放置并以等幅、相位差为 90°馈电。试求该组合天线在 z 轴和 xOy 平面的辐射场。若用同一振荡馈源馈电，馈线应如何连接？

9-7　简述蝙蝠翼电视发射天线的工作原理。

9-8　怎样提高直立天线的效率？

9-9　一紫铜管构成的小圆环，已知 $\sigma=5.8\times10^7$ S/m，环的半径 $b=15$ cm，管的半径 $a=0.5$ cm，工作波长 $\lambda=10$ m。求此单匝环天线的损耗电阻、电感量和辐射电阻，并计算这一天线的效率。可有哪些办法提高其辐射电阻？

9-10　设某平行二元引向天线由一个电流为 $I_{m1}=1e^{j0^\circ}$ 的有源半波振子和一个无源振子构成，两振子间距 $d=\lambda/4$，已知互阻抗 $Z_{12}=40.8-j28.3=49.7e^{-j34.7^\circ}$ Ω，半波振子自阻抗 $Z_{11}=73.1+j42.5=84.6e^{j30.2^\circ}$ Ω。

(1) 求无源振子的电流 I_{m2}；

(2) 判断无源振子是引向器还是反射器；

(3) 求该二元引向器的总辐射阻抗。

9-11　三元引向天线，有源振子谐振长度为 0.48λ，它与引向器之间的距离是 0.2λ，与反射器之间的距离是 0.15λ，引向器和反射器的长度分别为 0.47λ 和 0.56λ，各阵子的长度直径比均假定为 30。求此天线的前后辐射比和输入电阻。

9-12　一个七元引向天线，反射器与有源振子间的距离是 0.15λ，各引向器以及与主阵子之间的距离均为 0.2λ，试估算其方向系数和半功率波瓣宽度。

9-13　为什么引向天线的有源振子常采用折合振子？

9-14　天线与馈线连接有什么基本要求？

9-15　简述 U 形管平衡-不平衡变换器的工作原理。

9-16　请打开彩色电视机天线输入孔与外接接收天线之间使用的 300 Ω/75 Ω 转换器，绘出该转换器的结构图并说明它的工作原理。

习题解答

第10章　宽频带天线

10.1　引　　言

随着科学技术的发展，无线电系统对天线的工作频带提出了更高的要求。而前一章介绍的对称振子、双极天线和鞭状天线等，因其天线上的电流为驻波分布，被称为驻波天线(Standing-Wave Antenna)或谐振天线(Resonant Antenna)。其输入阻抗具有明显的谐振特性，因此，此类天线的工作频带较窄，相对带宽约百分之几到百分之十几。为了从根本上取得带宽突破，必须改变天线上的电流工作状态。

由传输线理论可知，行波状态传输线的输入阻抗等于传输线的特性阻抗，且不随频率改变。显然，用载行波的导线构成天线，其输入阻抗将具有宽频带特性，这一类天线称为行波天线(Traveling-Wave Antenna)。为了使天线电流按行波分布，可在导线末端接匹配负载避免反射；或用很长的天线辐射大部分功率，使得仅有很少的功率传输到末端产生微弱反射。由于行波天线工作于行波状态，频率变化时，输入阻抗近似不变，方向图随频率的变化也较缓慢，因而频带较宽，绝对带宽可达(2～3)：1，是宽频带天线。但是行波天线的宽频带特性是用牺牲效率(或增益)来换取的，因为有部分能量被负载吸收，故天线效率低于谐振式驻波天线。

当天线的阻抗特性和方向性能在一个更宽的频率范围内(例如频带宽度为10：1或更高)保持不变或稍有变化时，则把这一类天线称为非频变天线(Frequency-Independent Antenna)。它们特别适合于扩频通信、通信侦察、电视以及反射面和透镜天线的馈源等领域。本章主要介绍以上两类天线。

10.2　行波单导线及菱形天线

10.2.1　行波单导线

行波单导线(Traveling-Wave Long Wire Antenna)是指天线上电流按行波分布的单导线天线。设长度为 l 的导线沿 z 轴放置，如图10-2-1所示，导线上电流按行波分布即天线沿线各点电流振幅相等，相位连续滞后，其馈电点置于坐标原点。设输入端电流为 I_0，忽略沿线电流的衰减，则线上电流分布为

$$I(z') = I_0 e^{-jkz'} \tag{10-2-1}$$

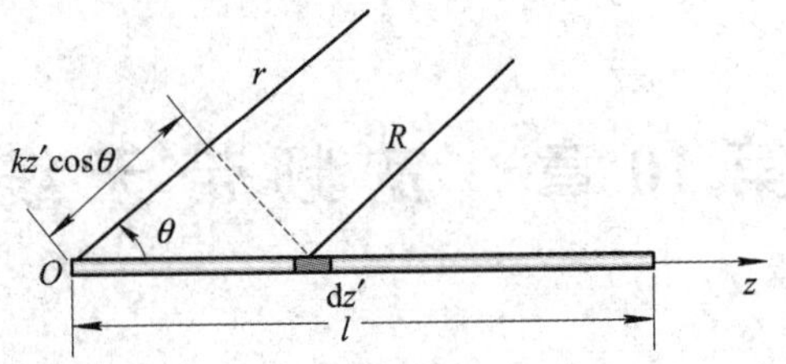

图 10-2-1　行波单导线及坐标

行波单导线辐射场的分析方法与对称振子相似即把天线分割成许多个电基本振子，而后取所有电基本振子辐射场的总和，故有

$$\begin{aligned} E_\theta &= \mathrm{j}\,\frac{60\pi I_0}{r\lambda}\,\sin\theta \int_0^l e^{-jkz'} e^{-jk(r - z'\cos\theta)}\,dz' \\ &= \mathrm{j}\,\frac{60 I_0}{r} e^{-jkr}\,\frac{\sin\theta}{1-\cos\theta}\,\sin\left[\frac{kl}{2}(1-\cos\theta)\right] e^{-j\frac{kl}{2}(1-\cos\theta)} \end{aligned} \tag{10-2-2}$$

式中，r 为原点至场点的距离；θ 为射线与 z 轴之间的夹角。由上式可得行波单导线的方向函数为

$$f(\theta) = \left| \sin\theta\,\frac{\sin\left[\frac{kl}{2}(1-\cos\theta)\right]}{1-\cos\theta} \right| \tag{10-2-3}$$

根据上式可画出行波单导线的方向图，如图 10-2-2 所示，由图可以看出行波单导线的方向性具有如下特点：

(1) 沿导线轴线方向没有辐射，这是由于基本振子沿轴线方向没有辐射之故。

(2) 导线长度越长，最大辐射方向越靠近轴线方向，同时主瓣越窄，副瓣越大且副瓣数增多。

(3) 当 l/λ 很大时，主瓣方向随 l/λ 变化趋缓，即天线的方向性具有宽频带特性。

图 10-2-2 动画

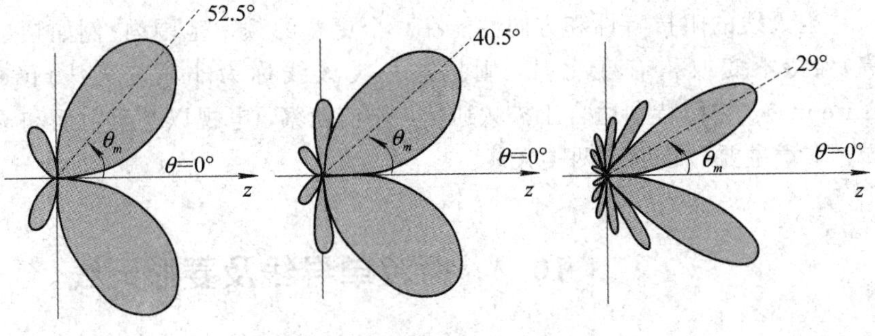

(a) $l=\lambda$　　(b) $l=1.5\lambda$　　(c) $l=3\lambda$

图 10-2-2　单行波导线的方向图

最大辐射角的求解，可通过对 $f(\theta)$ 取导数来计算，也可以近似计算如下：

当 l/λ 很大时，方向函数中 $\sin[kl(1-\cos\theta)/2]$ 项随 θ 的变化比起 $\sin\theta/(1-\cos\theta)=\cot(\theta/2)$ 项快得多，因此行波单导线的最大辐射方向基本上可由前一个因子决定，即由 $\sin[kl(1-\cos\theta)/2]_{\theta=\theta_m}=1$ 决定。由该式可得

$$\theta_{m1} = \arccos\left(1 - \frac{\lambda}{2l}\right) \tag{10-2-4}$$

行波天线的输入阻抗基本上是一纯电阻，可以利用坡印廷矢量在远区封闭球面上的积分求出辐射电阻，如图 10-2-3 所示。与驻波天线相比，可以看出，行波单导线的阻抗具有宽频带特性。

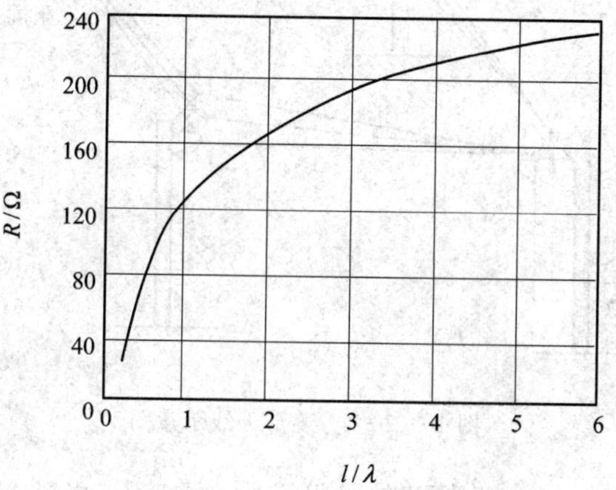

图 10-2-3　行波单导线辐射电阻

行波单导线的方向系数可以用下列近似公式计算

$$D \approx 10\ \lg\frac{l}{\lambda} + 5.97 - 10\ \lg\left(\lg\frac{l}{\lambda} + 0.915\right)\quad \text{(dB)} \tag{10-2-5}$$

10.2.2　菱形天线

1. 菱形天线的结构和工作原理

为了增加行波单导线天线的增益，可以利用排阵的方法。用 4 根行波单导线可以构成如图 10-2-4 所示的菱形天线(Rhombic Antenna)，菱形水平地悬挂在四根支柱上，从菱形的一只锐角端馈电，另一只锐角端接一个与菱形天线特性阻抗相等的匹配负载，使导线上形成行波电流。菱形天线可以看成是将一段匹配传输线从中间拉开，由于两线之间的距离大于波长，因而将产生辐射。菱形天线广泛应用于中、远距离的短波通信，它在米波和分米波也有应用。

由于菱形天线两线之间的距离是变化的，故菱形线上各点的特性阻抗不等，从锐角端的 600～700 Ω 变化到钝角处的 1000 Ω。各点特性阻抗的不均匀性引起天线上局部的反射，从而破坏行波状态。为了使特性阻抗变化较小，菱形的各边通常使用 2～3 根导线并在钝角处分开一定距离，使天线导线的等效直径增加，以减小天线各对应线段的特性阻抗的变化。菱形天线的最大辐射方向位于通过两锐角顶点的垂直平面内，指向终端负载方向，具有单向辐射特性。

行波单导线的辐射场由式(10-2-2)已经知道了，求解菱形天线的辐射场即相当于求解四根导线在空间的合成场。如何才能使菱形天线获得最强的方向性，并使最大辐射方向指向负载方向呢？这可以通过适当选择菱形锐角 $2\theta_0$、边长 l 来实现。如图 10-2-5 所示，选择菱形半锐角满足

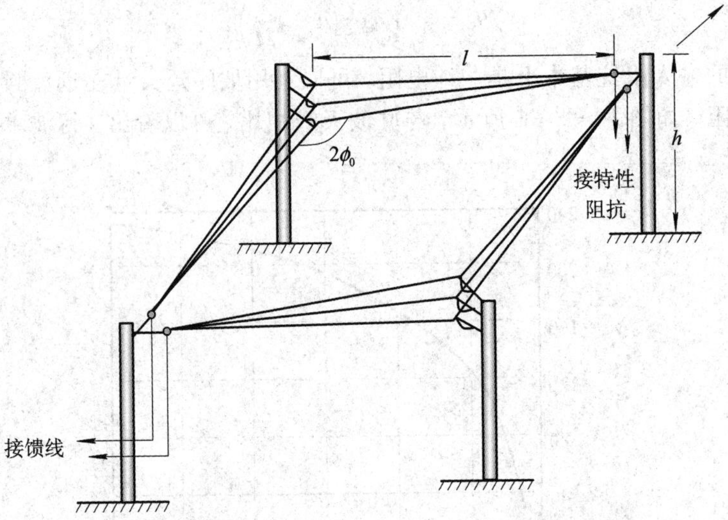

图 10-2-4　菱形天线示意图

$$\theta_0 = \theta_{m1} = \arccos\left(1 - \frac{\lambda}{2l}\right) \tag{10-2-6}$$

即菱形四根导线各有一最大辐射方向指向长对角线方向，下面将证明图 10-2-5 中 4 个带阴影波瓣能在长对角线方向同相叠加。

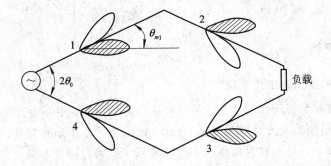

图 10-2-5　菱形天线的辐射

参考图 10-2-6(a)，在长对角线方向，1、2 两根行波导线合成电场矢量的总相位差应该由下列三部分组成，即

$$\Delta\Psi = \Delta\Psi_r + \Delta\Psi_i + \Delta\Psi_E \tag{10-2-7}$$

其中，$\Delta\Psi_r$ 为射线行程差所引起的相位差，射线行程从各边的始端起算，$\Delta\Psi_r = kl\ \cos\theta_0$；$\Delta\Psi_i$ 为电流相位不同引起的相位差，线上对应点电流滞后 kl 即 $\Delta\Psi_i = -kl$；$\Delta\Psi_E$ 为电场的极化方向所引起的相位差，由图可直观地看出 $\Delta\Psi_E = \pi$，将这些关系代入式(10-2-7)，可以得出总相位差为

$$\begin{aligned}\Delta\Psi &= kl\ \cos\theta_0\big|_{\theta_0=\theta_{m1}} - kl + \pi \\ &= kl\left(1 - \frac{\lambda}{2l}\right) - kl + \pi \\ &= 0\end{aligned} \tag{10-2-8}$$

即长对角线方向上导线 1、2 的合成场同相叠加。

再研究行波导线1和4，如图10-2-6(b)所示，在长对角线方向上射线行程差引起的相位差$\Delta\Psi_r=0$，电流相位差$\Delta\Psi_i=\pi$，电场极化相位差$\Delta\Psi_E=\pi$，因此总相位差$\Delta\Psi=2\pi$。

根据以上分析，构成菱形天线的四条边的辐射场在长对角线方向上都是同相的，因此菱形天线在水平平面内的最大辐射方向是从馈电点指向负载的长对角线方向。而在其他方向上，一方面并不是各边行波导线的最大辐射方向，而且不一定能满足各导线的辐射场同相的条件，因此形成副瓣，且副瓣多，副瓣电平较大，这也正是菱形天线的缺点。

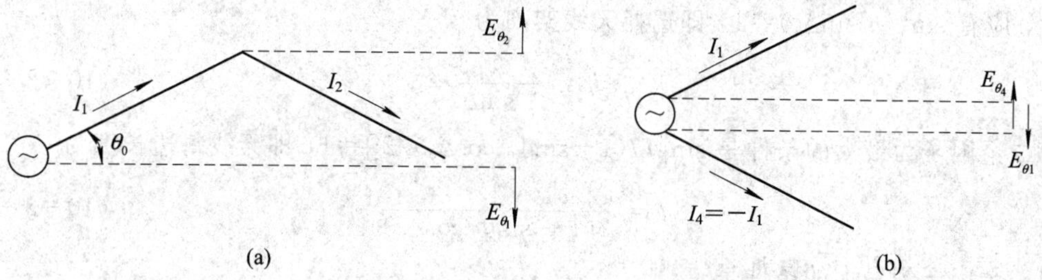

图10-2-6　菱形天线的工作原理

2. 菱形天线方向函数

上面我们定性地分析了菱形天线的方向特性，欲定量分析，其推导较繁，下面仅给出在理想地面上的公式。

过长轴的垂直平面的方向函数为

$$f(\Delta)=\left|\frac{8\cos\Phi_0}{1-\sin\Phi_0\cos\Delta}\sin^2\left[\frac{kl}{2}(1-\sin\Phi_0\cos\Delta)\right]\sin(kh\sin\Delta)\right| \tag{10-2-9}$$

式中，Φ_0为菱形的半钝角；Δ为仰角；h为天线的架设高度。

当$\Delta=\Delta_0$时(Δ_0为最大辐射方向仰角)，水平平面的方向函数为

$$\begin{aligned}f(\varphi)=&\left[\frac{\cos(\Phi_0+\varphi)}{1-\sin(\Phi_0+\varphi)\cos\Delta_0}+\frac{\cos(\Phi_0-\varphi)}{1-\sin(\Phi_0-\varphi)\cos\Delta_0}\right]\\&\times\sin\left\{\frac{kl}{2}[1-\sin(\Phi_0+\varphi)\cos\Delta_0]\right\}\\&\times\sin\left\{\frac{kl}{2}[1-\sin(\Phi_0-\varphi)\cos\Delta_0]\right\}\end{aligned} \tag{10-2-10}$$

式中，φ为从菱形长对角线量起的方位角。在上述两个平面上电场仅有水平分量。方向图可由以上两式绘出，如图10-2-7所示。一般而言，菱形天线每边的电长度越长，波瓣越窄，仰角变小，副瓣增多。

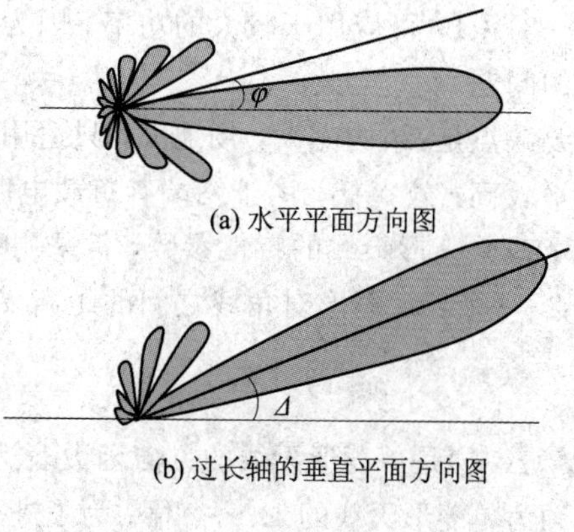

图10-2-7　菱形天线的方向图

当工作频率变化时，由于l/λ较大，θ_{m1}基本上没有多大变化，故自由空间菱形天线的方向图频带是很宽的。然而，实际天线是架设在地面上的，天线在垂直平面上的最大辐射方向的仰角是与架

设电高度 h/λ 直接相关的，频率的改变将引起垂直平面方向图的变化，这限制了天线方向图带宽，一般仅能做到 2∶1 或 3∶1。菱形天线载行波，其输入阻抗带宽是很宽的，通常可达到 5∶1。

3. 菱形天线的尺寸选择及其变形天线

当通信仰角 Δ_0 确定以后，选择主瓣仰角等于通信仰角。由菱形天线的垂直平面方向函数可知，为使 $f(\Delta_0)$ 最大，可分别确定式(10-2-9)各个因子为最大，要使第三个因子为最大，应有 $\sin(kh\ \sin\Delta_0)=1$，即选择天线架高为

$$h=\frac{\lambda}{4\ \sin\Delta_0} \tag{10-2-11}$$

使第二个因子为最大的条件是 $\sin[kl(1-\sin\Phi_0\ \cos\Delta_0)/2]=1$，即天线每边长度为

$$l=\frac{\lambda}{2(1-\sin\Phi_0\cos\Delta_0)} \tag{10-2-12}$$

使第一个因子为最大的条件是

$$\frac{\mathrm{d}}{\mathrm{d}\Phi_0}\left(\frac{8\ \cos\Phi_0}{1-\sin\Phi_0\cos\Delta_0}\right)=0$$

由此得到半钝角 Φ_0 和仰角 Δ_0 应满足如下关系：

$$\Phi_0=90^\circ-\Delta_0 \tag{10-2-13}$$

根据以上三个结果，在通信方向的仰角 Δ_0 和工作波长 λ 确定以后，便可直接算出 h、l 和 Φ_0。不过根据上述最佳尺寸算出的结果，菱形的边长可能很大，往往因占地面积过大而难以做到，所以常根据最佳尺寸适当缩小。实践证明，将边长缩为最佳值的(1～1.5)/2，可以得到满意的电性能。

菱形天线一般有30%～40%的功率消耗在终端电阻中，特别是作为大功率电台的发射天线，终端电阻必须能承受足够大的功率，通常用几百米长的二线式铁线来代替。铁线的特性阻抗等于天线的特性阻抗，它沿着菱形天线的长对角线的方向平行地架设在天线下面。铁线的长度取决于线上电流的衰减情况，例如取300～500 m长，可以使铁线末端电流衰减到始端电流的20%～30%，这样菱形天线上反射波就很微弱了。铁线末端接碳质电阻或短路后接地，也可起避雷的作用。

菱形天线的主要优点是：结构简单，造价低，维护方便；方向性强；频带宽，工作带宽可达(2～3)∶1；可应用于较大的功率，因为天线上驻波成分很小，因此不会发生电压或电流过大的问题。

主要缺点是：结构庞大，场地大，只适用于大型固定电台作远距离通信使用；副瓣多，副瓣电平较高；效率低，由于终端有负载电阻吸收能量，故天线效率为50%～80%左右。

为了改善菱形天线的特性参数，常采用双菱天线，它是由两个水平菱形天线组成，如图10-2-8所示，菱形对角线之间的距离 $d\approx0.8\lambda$，其方向函数表达式为

$$f_2(\Delta,\varphi)=f_1(\Delta,\varphi)\left|\cos\left(\frac{kd}{2}\ \cos\Delta\ \sin\varphi\right)\right| \tag{10-2-14}$$

式中，$f_1(\Delta,\varphi)$是单菱形天线的方向函数表达式。双菱天线的旁瓣电平比单菱形天线低，增益系数约为单菱形天线的1.5～2倍。为了进一步改善菱形天线的方向性，可以将两副双菱天线并联同相馈电，它的增益和天线效率可以比双菱天线增加1.7～2倍，其缺点是占地太大。

为了提高菱形天线的效率，可采用回授式菱形天线结构，如图 10－2－9 所示，回授式菱形天线没有终端吸收电阻，它是将终端剩余能量送回输入端，再激励天线 2。如果送入输入端的电流相位与回授至输入端的电流相位相同，那么剩余的能量也就能辐射出去，从而提高了天线的效率。但是由于只能对某一频率做到同相回授，使天线具有频率选择性，而菱形天线主要侧重于它的宽频带特性，所以回授式菱形天线较少采用。

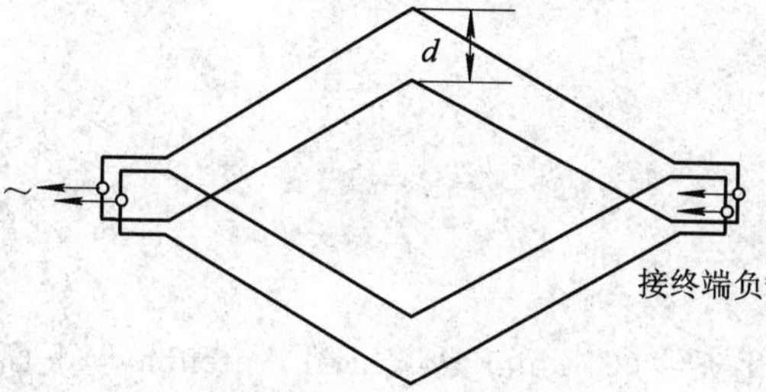

图 10－2－8　双菱天线

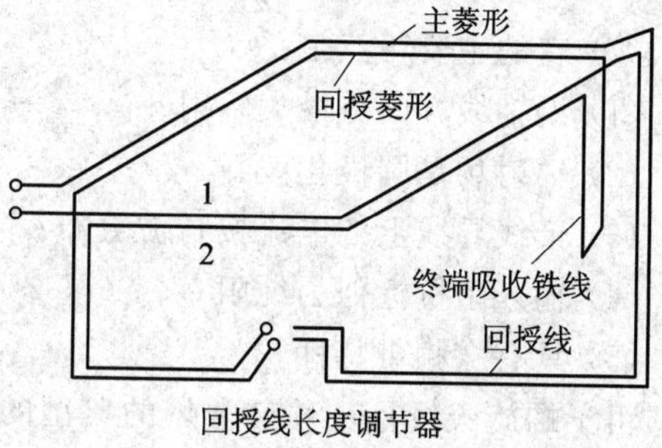

图 10－2－9　回授式菱形天线

短波菱形天线占地面积大，因此只能在固定台站中使用。在需要架撤方便的场合，常用的短波行波天线还有如图 10－2－10 所示的 V 形斜天线(Sloping Vee Antenna)、图 10－2－11 所示的倒 V 形天线(Inverted Vee Antenna)以及图 10－2－12 所示的低架行波天线，它们在水平平面都具有前向辐射特性。

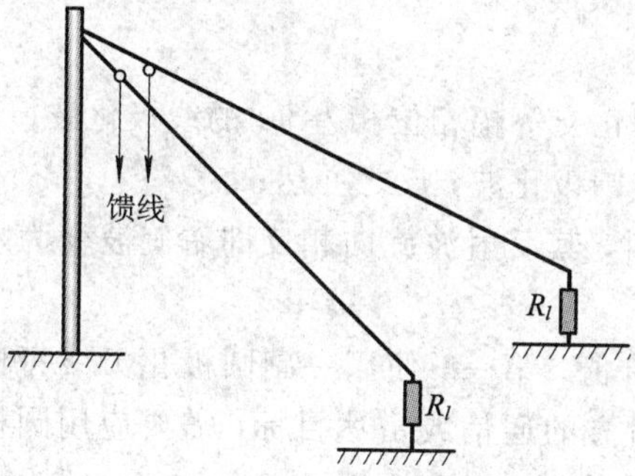

图 10－2－10　V 形斜天线

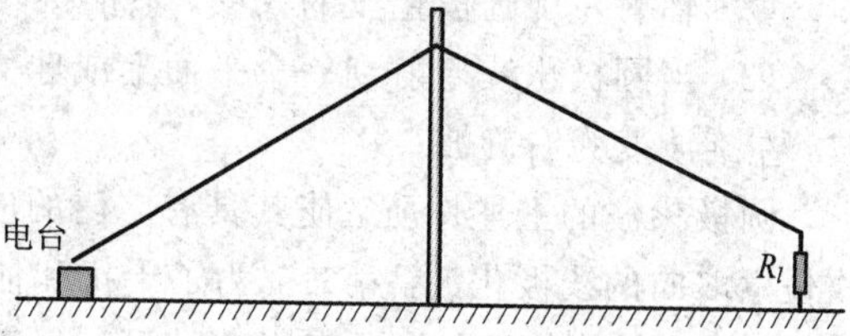

图 10－2－11　倒 V 形天线

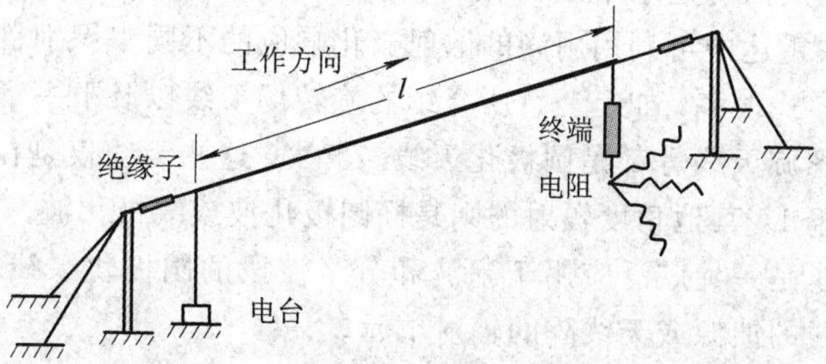

图 10－2－12　低架行波天线

10.3　螺旋天线(Helical Antenna)

螺旋柱直径 $D \ll \lambda$ 的螺旋鞭天线工作于边射状态，而本节将介绍螺旋柱直径 $D=(0.25\sim0.46)\lambda$ 的螺旋天线工作于端射状态，这一天线又称为轴向模螺旋天线，简称为螺旋天线。它的主要特点是：

(1) 沿轴线方向有最大辐射；

(2) 辐射场是圆极化波；

(3) 天线导线上的电流按行波分布；

(4) 输入阻抗近似为纯阻；

(5) 具有宽频带特性。

由于螺旋天线是一种最常用的典型的圆极化天线(Circular Polarized Antenna)，下面首先介绍圆极化波的性质和应用。

10.3.1　圆极化波及其应用

如果通信的一方或双方处于方向、位置不定的状态，例如在剧烈摆动或旋转的运载体(如飞行器等)上，为了提高通信的可靠性，收发天线之一应采用圆极化天线。在人造卫星和弹道导弹的空间遥测系统中，信号穿过电离层传播后，因法拉第旋转效应产生极化畸变，这也要求地面上安装圆极化天线作发射或接收天线。

圆极化波具有下述重要性质：

(1) 圆极化波是一等幅旋转场，它可分解为两正交等幅相位相差 90°的线极化波；

(2) 辐射左旋圆极化波的天线，只能接收左旋圆极化波，反之亦然；

(3) 当圆极化波入射到一个平面上或球面上时，其反射波旋向相反即右旋波变为左旋波，左旋波变为右旋波。

圆极化波的上述性质，使其具有广泛的应用价值。第一，使用一副圆极化天线可以接收任意取向的线极化波。第二，为了干扰和侦察对方的通信或雷达目标，需要应用圆极化天线。第三，在电视中为了克服杂乱反射所产生的重影，也可采用圆极化天线，因为它只能接收旋向相同的直射波，抑制了反射波传来的重影信号。当然，这需要对整个电视天线系统作改造，目前应用的仍是水平线极化天线。此外，在雷达中，可利用圆极化波来消除云雨的干扰，在气象雷达中可利用雨滴的散射极化响应的不同来识别目标。

圆极化天线的形式很多，如上一章所介绍的旋转场天线以及下一章将要介绍的等角螺旋天线和阿基米德螺旋天线等都是圆极化天线。当然，这些天线仅是在某一定空间角度范围内轴比近似地等于 1，其他角度辐射的则是椭圆极化波或线极化波。

轴向模螺旋天线是一种广泛应用于米波和分米波段的圆极化天线，它既可独立使用，也可用作反射器天线的馈源或天线阵的辐射单元。

10.3.2　螺旋天线的工作原理

螺旋天线的直径 D 可以是固定的，如图 10-3-1 所示，称为圆柱形螺旋天线；也可以是渐变的，如图 10-3-2 所示，称为圆锥形螺旋天线。将圆柱形螺旋天线改型为圆锥形螺旋天线可以增大带宽。螺旋天线通常用同轴线来馈电，螺旋天线的一端与同轴线的内导体相连接，它的另一端处于自由状态，或与同轴线的外导体相连接。同轴线的外导体一般与垂直于天线轴线的金属板相连接，该板即为接地板。接地板可以减弱同轴线外表面的感应电流，改善天线的辐射特性，同时又可以减弱后向辐射。圆形接地板的直径约为(0.8～1.5)λ。

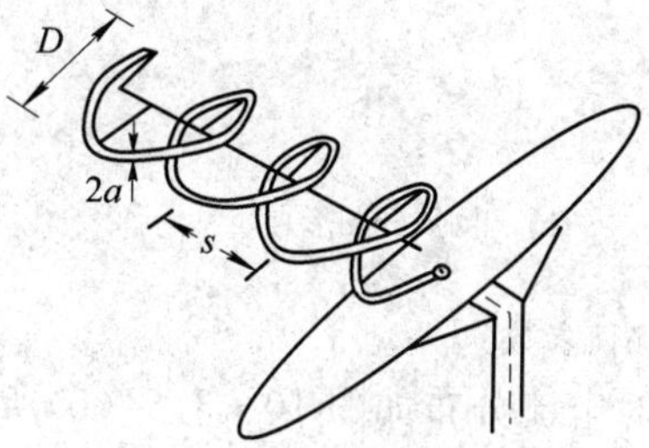

图 10-3-1　螺旋天线的结构

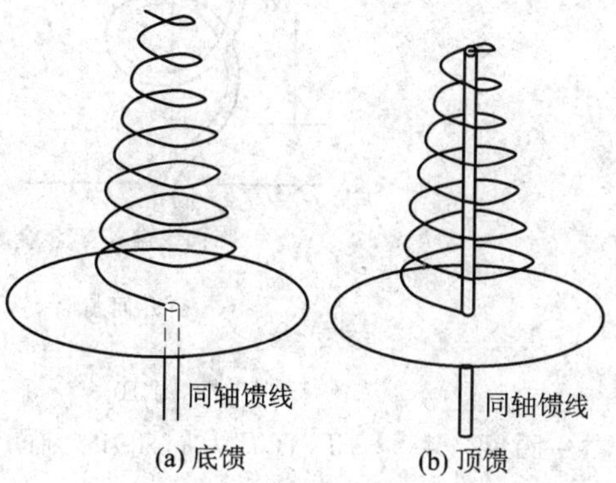

图 10-3-2　圆锥形螺旋天线

参考图 10-3-3，螺旋天线的几何参数可用下列符号表示：

D——螺旋的直径；

a——螺旋线导线的半径；

s——螺距，即每圈之间的距离；

α——螺距角，$\alpha=\arctan\dfrac{s}{\pi D}$；

l_0——一圈的长度，$l_0=\sqrt{(\pi D)^2+s^2}=s/\sin\alpha$；

N——圈数；

h——轴向长度，$h=Ns$。

分析螺旋天线时，可以近似地将其看成是由 N 个平面圆环串接而成，也可以把它看成是一个用环形天线作单元天线所组成的天线阵。下面我们先讨论单个圆环的辐射特性。为简便起见，设螺旋线一圈周长 l_0 近似等于一个波长，则螺旋天线的总长度就为 N 个波长。由于沿线电流不断向空间辐射能量，所以达到终端的能量就很小了，故终端反射也很小，这样可以认为沿螺旋线传输的是行波电流。

设在某一瞬间 t_1 时刻，圆环上的电流分布如图 10-3-4(a)所示，该图左侧图表示将圆环展成直线时线上的电流分布，右侧图则是圆环的情况。在平面圆环上，对称于 x 轴和 y 轴分布的 A、B、C 和 D 四点的电流都可以分解为 I_x 和 I_y 两个分量，由图可看出：

$$\begin{cases} I_{xA}=-I_{xB} \\ I_{xC}=-I_{xD} \end{cases} \tag{10-3-1}$$

上式对任意两对称于 y 轴的点都成立。因此，在 t_1 时刻，对环轴(z 轴)方向辐射场有贡献的只是 I_y，且它们是同相叠加，其轴向辐射场只有 E_y 分量。

由于线上载有行波，线上的电流分布将随时间而沿线移动。为了说明辐射特性，再研

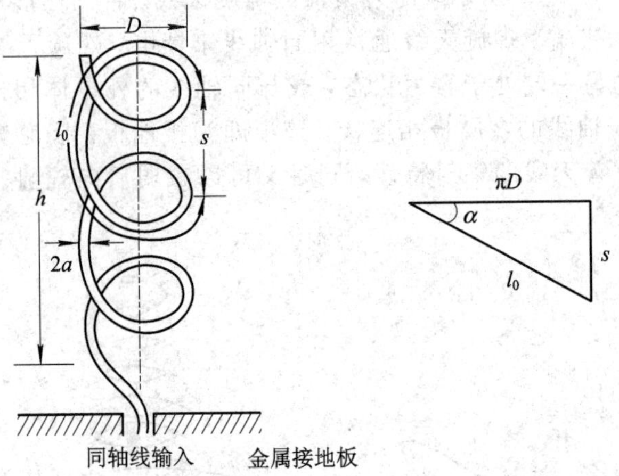

(a) 几何图形　　(b) 一圈展开图形

图 10-3-3　螺旋天线几何参数

究另一瞬间 $t_2=t_1+T/4$（T 为周期）时刻的情况，此时电流分布如图 10-3-4(b)所示，对称点 A、B、C 和 D 上的电流发生了变化，由图可看出

$$\begin{cases} I_{yA}=-I_{yB} \\ I_{yC}=-I_{yD} \end{cases} \tag{10-3-2}$$

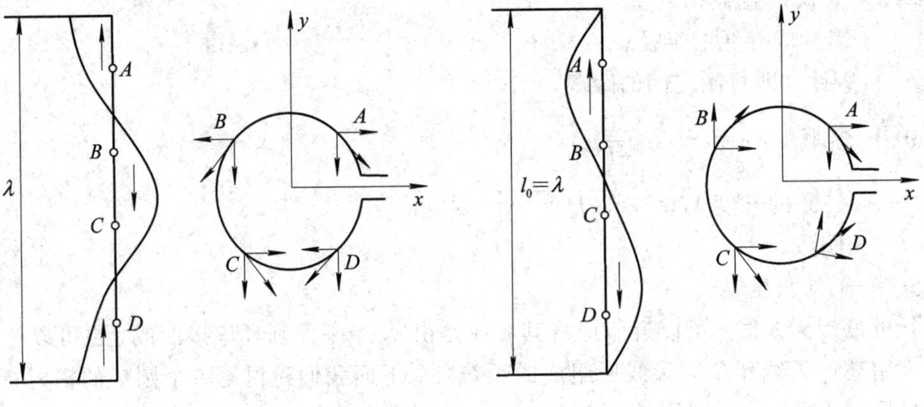

(a) t_1　　(b) $t_1+T/4$

图 10-3-4　t_1 和 $t_1+T/4$ 时刻平面环的电流分布

同理，此时 y 分量被抵消，而 I_x 都是同相的，所以轴向辐射场只有 E_x 分量。这说明经过 $T/4$ 的时间间隔后，轴向辐射的电场矢量绕天线轴 z 旋转了 90°。显然，经过一个周期 T 的时间间隔，电场矢量将旋转 360°。由于线上电流振幅值是不变的，故轴向辐射的场值也不会变。由此可得出，周长为一个波长的载行波圆环沿轴线方向辐射的是圆极化波。

综上所述，螺旋天线上的电流是行波电流，每圈螺旋线上的电流分布绕 z 轴以 ω 频率不断旋转，因而 z 轴方向的电场也绕 z 轴旋转，这样就产生了圆极化波。按右手螺旋方式绕制的螺旋天线，在轴向只能辐射或接收右旋圆极化波，按左手螺旋方式绕制的螺旋天线，在轴向只能辐射或接收左旋圆极化波。此外还应注意，用螺旋天线作抛物面天线的初级馈源，如果抛物面天线接收右旋圆极化波，则反射后右旋变成左旋，因此螺旋天线必须是左旋的。

10.3.3　螺旋天线的电参数估算

(1) 天线的方向系数为

$$D = 15\left(\frac{l_0}{\lambda}\right)^2 \frac{Ns}{\lambda} \tag{10-3-3}$$

(2) 方向图的半功率角为

$$2\theta_{3\text{ dB}} = \frac{52^\circ}{\frac{l_0}{\lambda}\sqrt{Ns/\lambda}} \tag{10-3-4}$$

(3) 方向图零功率张角为

$$2\theta_0 = \frac{115^\circ}{\frac{l_0}{\lambda}\sqrt{Ns/\lambda}} \tag{10-3-5}$$

(4) 输入阻抗为

$$Z_{\text{in}} \approx R_{\text{in}} = 140\,\frac{l_0}{\lambda}(\Omega) \tag{10-3-6}$$

(5) 极化椭圆的轴比为

$$|AR| = \frac{2N+1}{2N} \tag{10-3-7}$$

由于螺旋天线在 $l_0=(3/4\sim4/3)\lambda$ 的范围内保持端射方向图，轴向辐射接近圆极化，因而螺旋天线的绝对带宽可达

$$\frac{f_{\max}}{f_{\min}} = \frac{4/3}{3/4} = 1.78 \tag{10-3-8}$$

天线增益 G 与圈数 N 及螺距 s 有关，即与天线轴向长度 h 有关。计算表明，当 $N>15$ 以后，随 h 的增加 G 增加不明显，所以圈数 N 一般不超过 15 圈。为了提高增益，可采用螺旋天线阵。

10.4　非频变天线

非频变天线(Frequency-Independent Antenna)的概念于 20 世纪 50 年代末至 60 年代初由美国伊利诺伊(Illinois)大学拉姆西(Victor H. Rumsey)教授等提出。当时在该校从事此类天线理论和实验研究的还有戴森(John D. Dyson)、梅斯(Poul E. Mayes)和德尚(George A. Deschamps)等几位教授。这个概念的提出使天线的发展产生了突破，可将带宽扩展到超过 40∶1。在此之前，具有宽频带方向性和阻抗特性的天线的带宽不超过 2∶1。

非频变天线的导出基于相似原理：若天线的所有尺寸和工作频率(或波长)按相同比例变化，则天线的特性保持不变。对于实用的天线，要实现非频变特性必须满足以下两个条件：

(1) 角度条件。它是指天线的几何形状仅仅由角度来确定，而与其他尺寸无关。无限长双锥天线就是一个典型的例子，由于锥面上只有行波电流存在，因此它的阻抗特性和方

向特性与频率无关，仅仅决定于圆锥的张角。要满足"角度条件"，天线结构需从中心点开始一直扩展到无限远。

(2) 终端效应弱。实际天线的尺寸总是有限的，与无限长天线的区别就在于它有一个终端的限制。若天线上电流衰减得快，则决定天线辐射特性的主要部分是载有较大电流的部分，而其延伸部分的作用很小，若将其截除，则对天线的电性能不会造成显著的影响。在这种情况下，有限长天线就具有无限长天线的电性能，这种现象就是终端效应弱的表现。

由于实际结构不可能是无限长，使得实际有限长天线有一工作频率范围，工作频率的下限是截断点处的电流变得可以忽略的频率，而存在频率上限是由于馈电端不能再视为一点，通常约为 1/8 高端截止波长。

非频变天线可以分成两类：一类是天线的形状仅由角度来确定，可在连续变化的频率上得到非频变特性，如无限长双锥天线、平面等角螺旋天线和阿基米德螺旋天线等；另一类是天线的尺寸按某一特定的比例因子 τ 变化，则天线在 f 与 τf 两频率上性能是相同的。当然，从 f 与 τf 的中间频率上天线性能是变化的，只要 f 与 τf 的频率间隔不大，在中间频率上天线的性能变化也不会太大，则用这种方法构造的天线也是宽频带的。这种结构的一个典型例子是对数周期振子阵天线。非频变天线主要应用于 10～10 000 MHz 频段的诸如电视、定点通信、反射和透镜天线的馈源等方面。

10.4.1 平面等角螺旋天线

1. 平面等角螺旋天线的结构和工作原理

图 10-4-1 为平面等角螺旋天线(Planar Equiangular Spiral Antenna)示意图，是拉姆西提出的一种角度天线，双臂用金属片制成，具有对称性，每一臂都有两条边缘线，均为等角螺旋线。等角螺旋线如图 10-4-2 所示，其极坐标方程为

$$r = r_0 e^{a\varphi} \tag{10-4-1}$$

式中：r 为螺旋线矢径；φ 为极坐标中的旋转角；r_0 为 $\varphi=0°$时的起始半径；$1/a$ 为螺旋率，决定螺旋线张开的快慢。

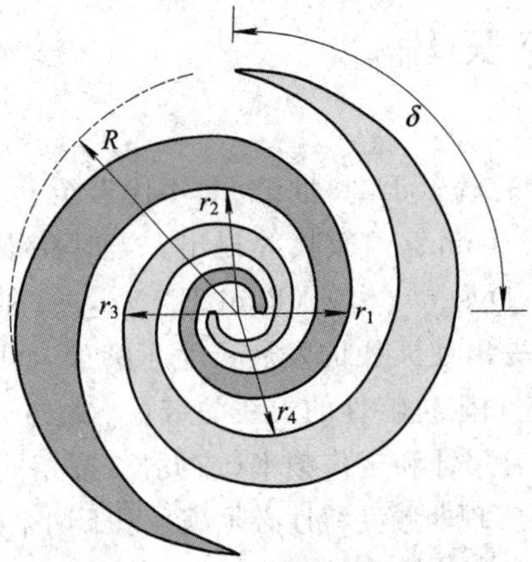

图 10-4-1 平面等角螺旋天线

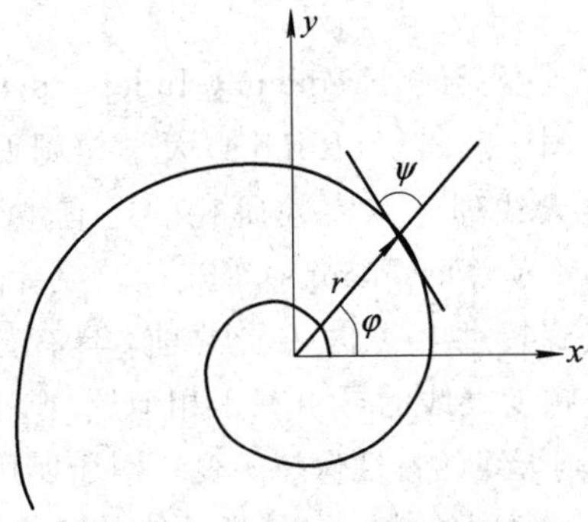

图 10-4-2 等角螺旋线

由于螺旋线与矢径之间的夹角 Ψ 处处相等，所以这种螺旋线称为等角螺旋线，Ψ 称为螺旋角，它只与螺旋率有关，关系如下

$$\Psi = \arctan\frac{1}{a} \tag{10-4-2}$$

在图 10－4－1 所示的等角螺旋天线中，两个臂的四条边缘具有相同的 a，若一条边缘线为 $r_1 = r_0 e^{a\varphi}$，则只要将该边缘旋转 δ 角，就可得该臂的另一边缘线 $r_2 = r_0 e^{a(\varphi-\delta)}$。另一臂相当于该臂旋转 180°而构成，即 $r_3 = r_0 e^{a(\varphi-\pi)}$，$r_4 = r_0 e^{a(\varphi-\pi-\delta)}$。由于平面等角螺旋天线臂的边缘仅由角度描述，因而满足非频变天线对形状的要求。如果取 $\delta=\pi/2$，天线的金属臂与两臂之间的空气缝隙是同一形状，称为自补结构。

当两臂的始端馈电时，可以把两臂等角螺旋线看成是一对变形的传输线，臂上电流沿线边传输、边辐射、边衰减。螺旋线上的每一小段都是一基本辐射片，它们的取向沿螺旋线而变化，总的辐射场就是这些元辐射场的叠加。实验表明，臂上电流在流过约一个波长后就迅速衰减到 20 dB 以下，终端效应很弱。因此，辐射场主要是由结构中周长约为一个波长以内的部分产生的，这个部分通常称为有效辐射区，传输行波电流。换句话说，螺旋天线存在"电流截断效应"，超过截断点的螺旋线部分对辐射没有重大贡献，在几何上截去它们将不会对保留部分的电性能造成显著影响，因而可以用有限尺寸的等角螺旋天线在相应的宽频带内实现近似的非频变特性。波长改变后，有效区的几何大小将随波长成比例地变化，从而可以在一定的频带内得到近似的与频率无关的特性。

典型自补结构平面等角螺旋天线的电流分布和增益如图 10－4－3 所示，在表面电流分布图中最白的区域对应电流的最大值，而最暗的区域对应零电流，清晰地诠释了前述平面等角螺旋天线的非频变工作原理。增益图形的形状变化不大，体现了良好的宽带特性。对应的电压驻波比和输入阻抗随工作频率的变化曲线如图 10－4－4 所示，在 2～8 GHz 的范围内，电压驻波比不超过 1.26；除去工作频率低端的较窄频率范围，输入电阻几乎不变，约为 155 Ω，输入电抗的变化范围很小，约为正负十几欧姆，这又从阻抗的角度充分体现了天线良好的宽带特性。

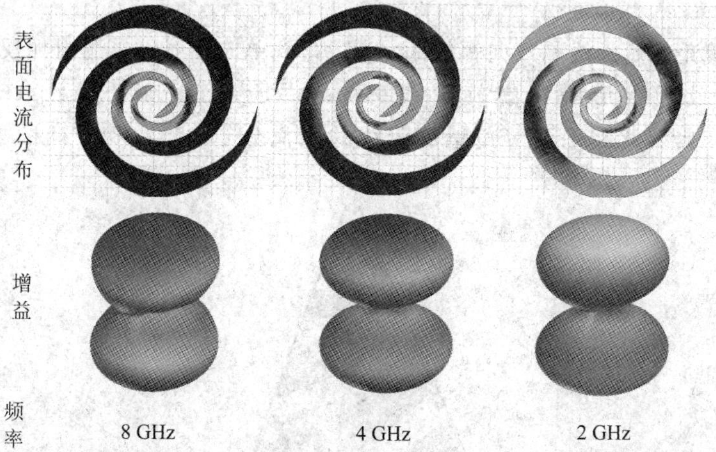

图 10－4－3　平面等角螺旋天线的电流分布和增益

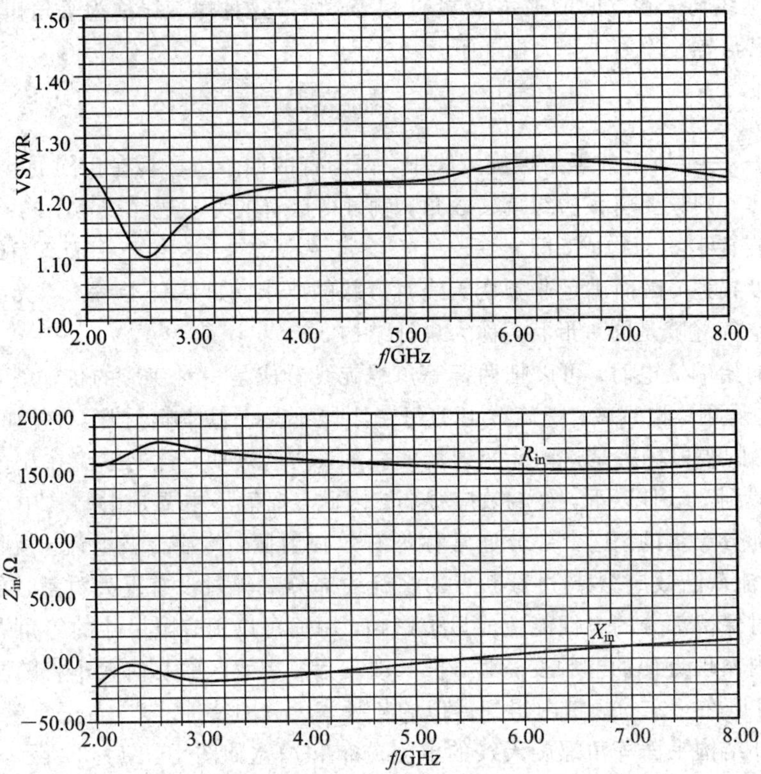

图 10-4-4　平面等角螺旋天线的电压驻波比和输入阻抗

2. 平面等角螺旋天线的电参数

1）方向性

自补平面等角螺旋天线的辐射是双向的，最大辐射方向在平面两侧的法线方向上。若设 θ 为天线平面的法线与射线之间的夹角，则方向图可近似表示为 $\cos\theta$，半功率波瓣宽度近似为 90°。

因为平面等角螺旋天线是双向辐射的，为了得到单向辐射可采用附加反射(或吸收)腔体，也可以做成圆锥形等角螺旋天线(Conical Equiangular Spiral Antenna)，如图 10-4-5 所示。典型背腔平面等角螺旋天线的电流分布、增益和方向图如图 10-4-6 所示。

图 10-4-5　圆锥等角螺旋天线

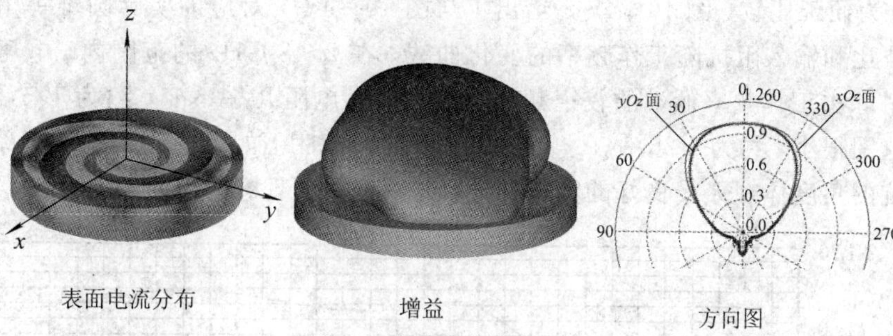

图 10-4-6　背腔平面等角螺旋天线的电流分布、增益和方向图

典型圆锥等角螺旋天线的电流分布和增益如图10-4-7所示，同样在表面电流分布图中最白的区域对应电流的最大值，而最暗的区域对应零电流，清晰地诠释了前述圆锥等角螺旋天线的非频变工作原理；增益图形体现出天线良好的宽带特性和单向辐射。

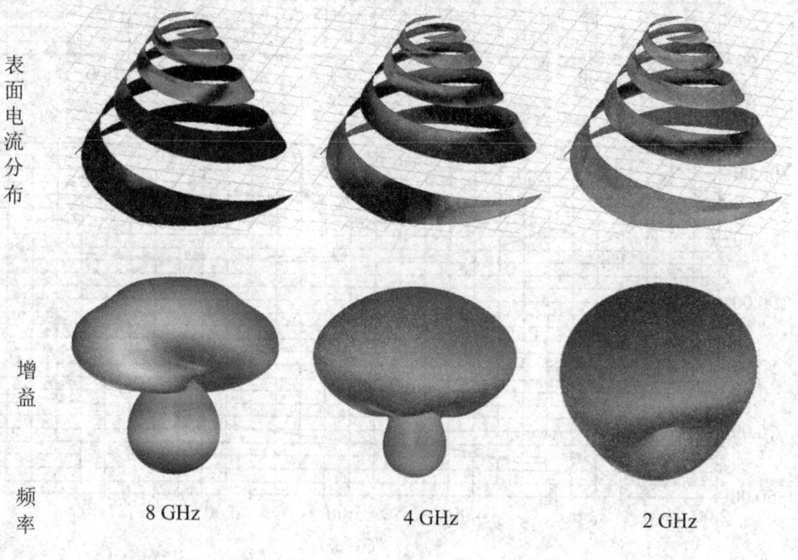

图 10-4-7　圆锥等角螺旋天线的电流分布和增益

2）阻抗特性

如前所述，当 $\delta=\pi/2$ 时天线为自补结构，自补是互补的特殊情况。互补天线类似于摄影中的相片和底片，互补天线的一个例子是金属带做成的对称振子和无限大金属平面上的缝隙，互补天线的阻抗具有下面性质：

$$Z_{\text{缝隙}}\cdot Z_{\text{金属}}=\left(\frac{\eta_0}{2}\right)^2 \tag{10-4-3}$$

对于自补结构，由上式可得

$$Z_{\text{金属}}=Z_{\text{缝隙}}=\frac{\eta_0}{2}=188.5(\Omega) \tag{10-4-4}$$

上式说明具有自补结构的天线，输入阻抗是一纯电阻且与频率无关。

需要指出的是，式(10-4-4)是基于电磁互补原理(Babinet Principle)得到的理想自补天线的输入阻抗，一副实际的自补平面等角螺旋天线的输入阻抗可参阅图 10-4-4 及其文字描述。为便于比较，图 10-4-8 给出了与图 10-4-7 对应的实际圆锥等角螺旋天线的电压驻波比和输入阻抗随工作频率的变化曲线。在 2～8 GHz 的范围内，电压驻波比不超过 1.44；除去工作频率低端的较窄频率范围，输入电阻几乎不变，约为 135 Ω；输入电抗的变化范围很小，约为±25 Ω。尽管驻波比和阻抗特性不如平面等角螺旋天线，但还是能够从阻抗的角度体现天线良好的宽带特性，并获得较为理想的单向辐射。

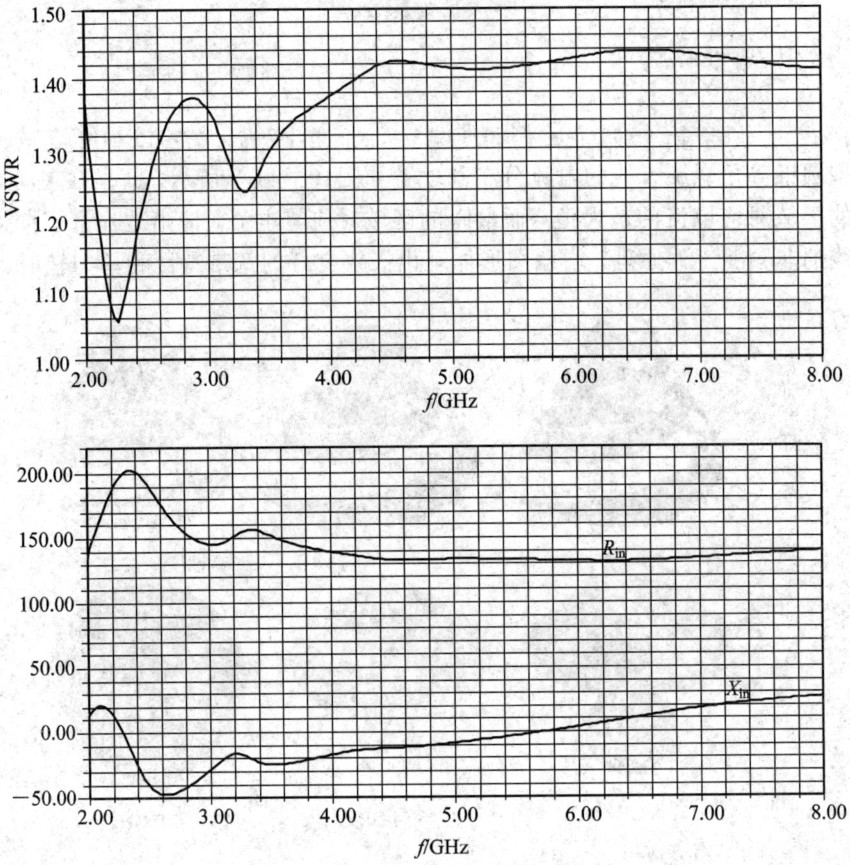

图 10-4-8　圆锥等角螺旋天线的电压驻波比和输入阻抗

3）极化特性

一般而言，平面等角螺旋天线在 $\theta\leqslant70^\circ$ 锥形范围内接近圆极化。

天线有效辐射区内的每一段螺旋线都是基本辐射单元，但它们的取向沿螺旋线变化，总的辐射场是这些单元辐射场的叠加，因此等角螺旋天线轴向辐射场的极化与臂长相关。当频率很低，全臂长比波长小得多时为线极化；当频率增高，最终会变成圆极化。在许多实用情况下，轴比小于等于 2 的典型值发生在全臂长约为一个波长时。极化旋向与螺旋线绕向有关，例如如图 10-4-1 所示的平面等角螺旋天线沿纸面对外的方向辐射右旋圆极化波，沿相反方向辐射左旋圆极化波。

4）工作带宽

等角螺旋天线的工作带宽受其几何尺寸影响，由内径 r_0 和最外缘的半径 R 决定。实际的圆极化等角螺旋天线，外径 $R\approx\lambda_{max}/4$，内径 $r_0\approx(1/4\sim1/8)\lambda_{min}$。根据臂长为 1.5～3 圈的实验结果看，当 $a=0.221$ 对应 1.5 圈螺旋时，其方向图最佳。此时外半径 $R=r_0 e^{0.221(3\pi)}=8.03r_0=\lambda_{max}/4$，在馈电点 $r=r_0 e^0=r_0=\lambda_{min}/4$，所以该天线可具有带宽

$$\frac{\lambda_{max}}{\lambda_{min}}=\frac{\lambda_{max}/4}{\lambda_{min}/4}=\frac{8.03r_0}{r_0}=8.03 \tag{10-4-5}$$

即典型带宽为 8∶1。若要增加带宽，必须增加螺旋线的圈数或改变其参数，带宽有可能达到 20∶1。

10.4.2　阿基米德螺旋天线

阿基米德螺旋天线(Archimedean Spiral Antenna)如图 10-4-9(a)所示，这种天线和许多螺旋天线一样，采用印刷电路技术很容易制造。天线的两个螺旋臂方程分别为

$$\begin{cases} r_1=r_0+a\varphi & \varphi\geqslant 0 \\ r_2=r_0+a(\varphi-\pi) & \varphi\geqslant\pi \end{cases} \tag{10-4-6}$$

式中，r_0 为起始矢径；a 为增长率。这一天线的性能基本上和等角螺旋天线类似。

(a)

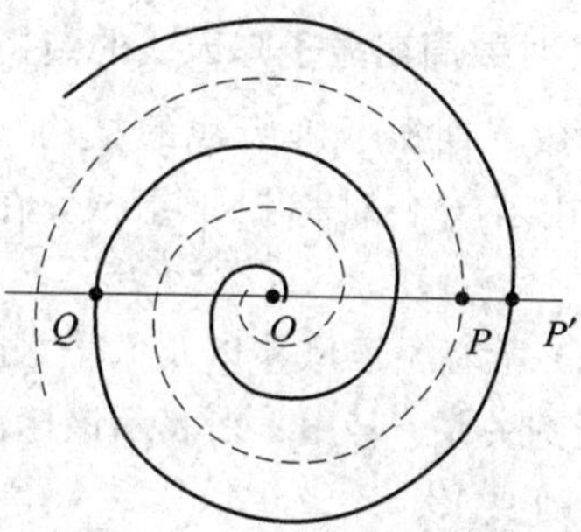

(b)

图 10-4-9　阿基米德螺旋天线

我们可以近似地将螺旋线等效为双线传输线，根据传输线理论，两根传输线上的电流反相，当两线之间的间距很小时，传输线不产生辐射。因此从表面上看似乎螺旋线的辐射是彼此抵消的，事实并不尽然。为了明显地将两臂分开，在图 10-4-9(b)中分别用虚线和实线表示这两个臂。研究图中 P、P'点处的两线段，设$\overline{OP}=\overline{OQ}$即 P 和 Q 为两臂上的对应点，对应线段上的电流相位差为 180°，由 Q 点沿螺旋臂到 P'点的弧长近似等于 πr，这里 r 为$\overline{OQ}$的长度，故 P 点和 P'点电流的相位差为 $\pi+(2\pi/\lambda)\pi r$。若设 $r=\lambda/2\pi$，则 P 和 P'点相位差为 2π。因此，若满足上述条件，两线段的辐射是同相叠加而非相消的。

换句话说，天线的主要辐射是集中在周长约等于 λ 的螺旋环带上的，称之为有效辐射带。随着频率的变化，有效辐射带也随之变化，故阿基米德天线具有宽频带特性。虽然这一天线可以在很宽频带上工作，但它不是一个真正的非频变天线，因为电流在工作区后不明显减小，因而不能满足截断要求，必须在末端加载以避免波的反射。

如图 10-4-10 所示，通过在螺旋平面一侧装置圆柱形反射腔构成背腔式(Cavity-Backed)阿基米德螺旋天线，可得到单一主瓣，它可以嵌装在运载体的表面下。

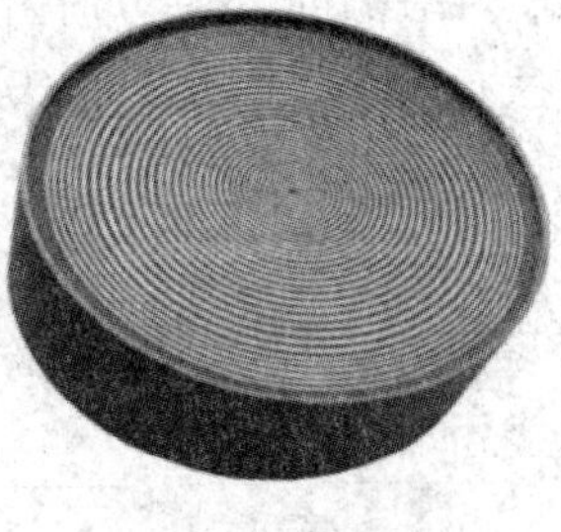

图 10-4-10 背腔式阿基米德螺旋天线

10.4.3 对数周期天线

对数周期天线于 1957 年提出，是非频变天线的另一类型，它基于以下相似概念：当天线按某一比例因子 τ 变换后仍等于它原来的结构，则天线的频率为 f 和 τf 时性能相同。对数周期天线有多种类型，其中 1960 年提出的对数周期振子阵天线（Log-Periodic Dipole Antenna，LPDA），因具有极宽的频带特性，而且结构比较简单，所以很快在短波、超短波和微波波段得到了广泛应用。我们将以 LPDA 为例说明对数周期天线的特性。

1. 对数周期振子阵天线的结构

对数周期振子阵天线的结构如图 10-4-11 所示。它由若干个对称振子组成，在结构上具有以下特点：

(1) 所有振子尺寸以及振子之间的距离等都有确定的比例关系。若用 τ 来表示该比例系数并称为比例因子，则要求：

$$\frac{L_{n+1}}{L_n}=\frac{a_{n+1}}{a_n}=\tau \qquad (10-4-7a)$$

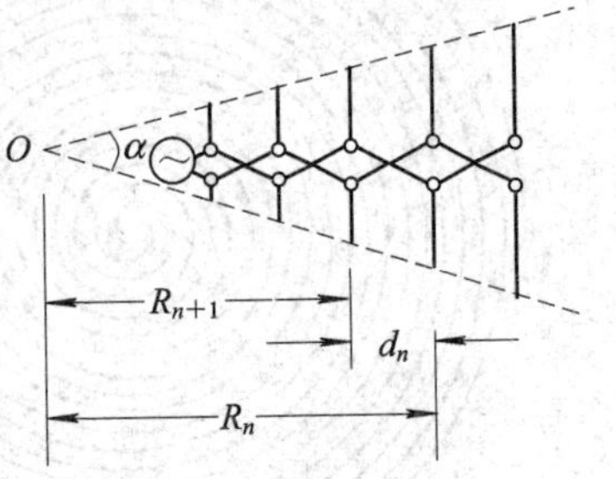

图 10-4-11 对数周期振子阵天线

$$\frac{R_{n+1}}{R_n}=\tau \qquad (10-4-7b)$$

式中，L_n和 a_n是第 n 个对称振子的全长及半径；R_n为第 n 个对称振子到天线“顶点”（图 10-4-5 中的“O”点）的距离；n 为对称振子的序列编号，从离开馈电点最远的振子即最长的振子起算。

由图 10-4-11 可知，相邻振子之间的距离 $d_n=R_n-R_{n+1}$，$d_{n+1}=R_{n+1}-R_{n+2}$，…，其比值为

$$\frac{d_{n+1}}{d_n}=\frac{R_{n+1}-R_{n+2}}{R_n-R_{n+1}}=\frac{R_{n+1}(1-\tau)}{R_n(1-\tau)}=\tau \qquad (10-4-8)$$

即间距也是成 τ 的比例关系。综合以上几何关系可知，不论振子长度、半径，还是振子之间的距离等所有几何尺寸都按同一比例系数 τ 变化，即

$$\frac{L_{n+1}}{L_n}=\frac{a_{n+1}}{a_n}=\frac{R_{n+1}}{R_n}=\frac{d_{n+1}}{d_n}=\tau \qquad (10-4-9)$$

实用中常常用间隔因子 σ 来表示相邻振子间的距离，它被定义为相邻两振子间的距离 d_n与二倍较长振子的长度 $2L_n$之比，即

$$\sigma = \frac{d_n}{2L_n} \tag{10-4-10a}$$

图 10-4-11 中的 α 称为对数周期振子阵天线的顶角。它与 τ 及 σ 之间具有如下关系：

$$\sigma = \frac{d_n}{2L_n} = \frac{1-\tau}{4\tan\left(\frac{\alpha}{2}\right)} \tag{10-4-10b}$$

或

$$\alpha = 2\arctan\left(\frac{1-\tau}{4\sigma}\right) \tag{10-4-10c}$$

这里利用了 $d_n=(1-\tau)\dfrac{L_n}{2\tan(\alpha/2)}$ 的关系式，该式由 $d_n=R_n-R_{n+1}=R_n(1-\tau)$ 和 $R_n=\dfrac{L_n/2}{\tan(\alpha/2)}$ 得出。

(2) 相邻振子交叉馈电(Cross Feed)。实际应用于超短波的对数周期振子阵天线大都采用同轴电缆馈电。为了实现交叉馈电，通常由两根等粗细的金属管构成集合线，让同轴电缆从其中的一根穿入到馈电点以后，将外导体焊在该金属管上，将内导体引出来焊到另一根金属管上，振子的两臂分别交替地接在集合线的两根金属管上，如图 10-4-12 所示。显然，对数周期振子阵天线是用同轴电缆做馈线的，但在给各振子馈电时转换成了平行双导线。通常把给各振子馈电的那一段平行线称为“集合线”，以区别于整个天线系统的馈线。

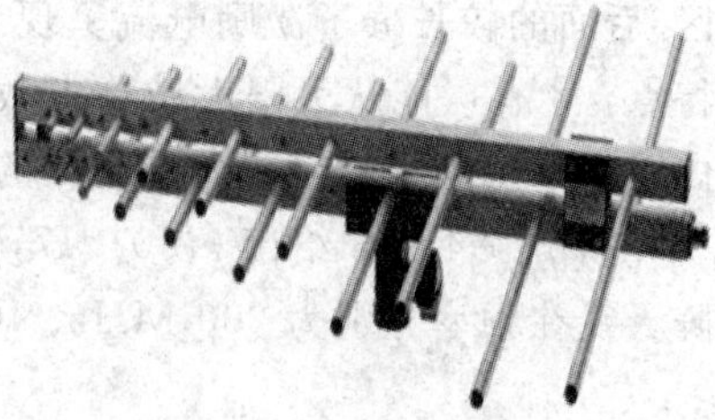

图 10-4-12　超短波 LPDA

在集合线的末端(最长振子处)可以端接与它的特性阻抗相等的负载阻抗，也可以端接一段短路支节。适当调节短路支节的长度可以减小电磁波在集合线终端的反射，当然在最长振子处也可以不端接任何负载，具体情况可由调试结果选定。为了缩小天线的横向尺寸，可以对其中较长的几个振子施用类似于鞭状天线加感、加容的方法。

对数周期振子阵天线的馈电点选在最短振子处。天线的最大辐射方向将由最长振子端朝向最短振子的这一边。天线的几何结构参数 σ 和 τ(当然也包括 α)对天线电性能有着重要的影响，是设计的主要参数。

2. 对数周期振子阵天线的工作原理

在前面的学习中我们已经看到天线的方向特性、阻抗特性等都是天线电尺寸的函数。如果设想当工作频率按比例 τ 变化时，仍然保持天线的电尺寸不变，则在这些频率上天线就能保持相同的电特性。

就对数周期振子阵天线来说，假定工作频率为 $f_1(\lambda_1)$ 时，只有第 1 个振子工作，其电尺寸为 L_1/λ_1，其余振子均不工作；当工作频率升高到 $f_2(\lambda_2)$ 时，换成只有第 2 个振子工作，电尺寸为 L_2/λ_2，其余振子均不工作；当工作频率升高到 $f_3(\lambda_3)$ 时，只有第 3 个振子工作，电尺寸为 L_3/λ_3…余下的依次类推。显然，如果这些频率能保证 $L_1/\lambda_1=L_2/\lambda_2=L_3/\lambda_3=\cdots$，则在这些频率上天线可以具有不变的电特性。因为对数周期振子阵天线各振子尺寸满足 $L_{n+1}/L_n=\tau$，就要求这些频率满足 $\lambda_{n+1}/\lambda_n=\tau$ 或 $f_{n+1}/f_n=1/\tau$。如果我们把 τ 取的十分接近于 1，则能满足以上要求的天线的工作频率就趋近连续变化。假如天线的几何结构为无限大，那么该天线的工作频带就可以达到无限宽。

由于能实现天线电性能不变的频率满足 $f_{n+1}/f_n=1/\tau$，对它取对数得到

$$\ln f_{n+1}=\ln f_n+\ln\frac{1}{\tau} \qquad (10-4-11)$$

该式表明，只有当工作频率的对数作周期性变化时(周期为 $\ln\frac{1}{\tau}$)，天线的电性能才保持不变，所以把这种天线称为对数周期天线。

实际上并不是对应于每个工作频率只有一个振子在工作，而且天线的结构也是有限的。这样一来，以上的分析似乎完全不能成立。然而值得庆幸的是实验证实了对数周期振子阵天线上确实存在着类似于一个振子工作的一个电尺寸一定的“辐射区”或“有效区”，这个区域内的振子长度在 $\lambda/2$ 附近，具有较强的激励，对辐射将作出主要贡献。当工作频率变化时，该区域会在天线上前后移动(例如频率增加时向短振子一端移动)，使天线的电性能保持不变。另外，实验还证实，对数周期振子阵天线上存在着“电流截断效应”，即“辐射区”后面的较长振子激励电流呈现迅速下降的现象，正因为对数周期振子阵天线具有这一特点，才有可能从无限大结构上截去长振子那边无用的部分以后，还能在一定的频率范围内近似保持理想的无限大结构时的电特性。

图 10-4-13 给出 $\tau=0.917$，$\sigma=0.169$，工作频率为 200～600 MHz 的对数周期振子阵天线在频率分别为 200 MHz、400 MHz 和 600 MHz 时各振子激励电流的分布情况。该

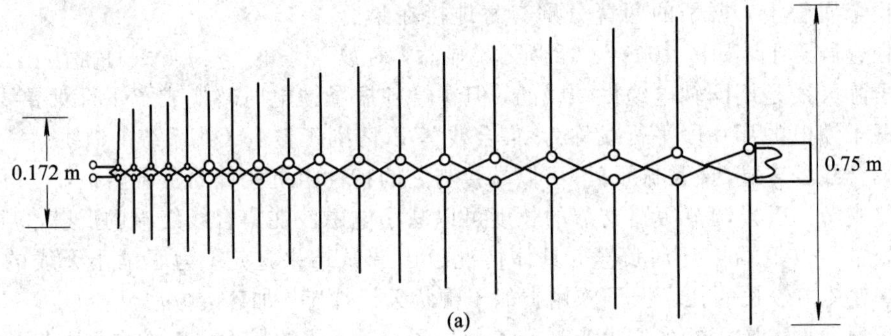

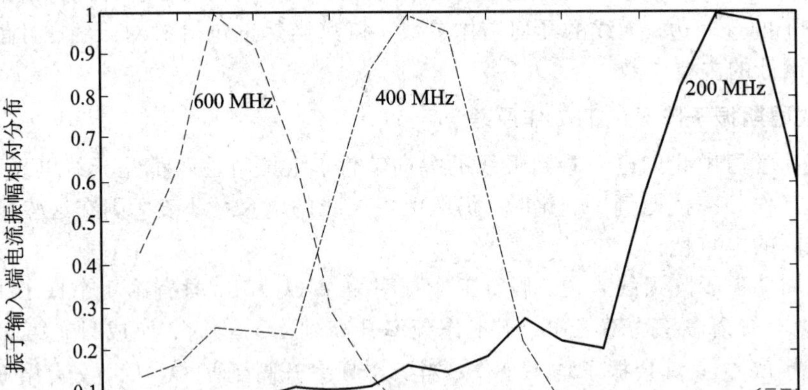

图 10-4-13　在不同频率下 LPDA 振子输入端的电流分布

图说明在不同频率时确实有相应的部分振子得到较强的激励，超过该区域以后的较长振子的激励电流很快地受到“截断”。

原则上在 $f_{n+1}\left(f_{n+1}=\dfrac{1}{\tau}f_n\right)$ 和 f_n 之间的频率上，天线难以满足电尺寸不变。但是大量实验证实，只要设计得当，即便比例因子 τ 值不是非常接近于1，也能使该频率之间的天线电性能与 f_n 或 f_{n+1} 时相当接近。所以对数周期振子阵天线能得到广泛应用。

根据对数周期振子阵天线上各部分对称振子的工作情况，人们把整个天线分成三个工作区域，除“辐射区”以外，从电源到辐射区之间的一段，称为“传输区”；“辐射区”以后的部分为叫“非激励区”，又称“非谐振区”。下面分别介绍这三个区域的工作情况。

在“传输区”，各对称振子的电长度很短，振子的输入阻抗(容抗)很大，因而激励电流很小，所以它们的辐射很弱，主要起传输线的作用。

在“非激励区”，由于辐射区的对称振子处于谐振状态，振子的激励电流很大，已将传输线送来的大部分能量辐射出去，能够传送到非激励区的能量剩下很少，所以该区的对称振子激励电流也就变得很小，这种现象就是前面提到的“电流截断”现象。由于振子的激励电流很小，对外辐射自然也很弱。

通常把辐射区定义为激励电流值等于最大激励电流1/3的那两个振子之间的区域。这个区域的振子数 N_a 原则上由几何参数 τ 和 σ 决定，通常可以通过经验公式

$$N_a = 1 + \frac{\lg(K_2/K_1)}{\lg\tau} \tag{10-4-12}$$

近似确定。其中，K_1 和 K_2 分别为工作频带高端和低端的“截断常数”，且可由下列经验公式确定：

$$K_1 = 1.01 - 0.519\tau \tag{10-4-13}$$

$$K_2 = 7.10\tau^3 - 21.3\tau^2 + 21.98\tau - 7.30 + \sigma(21.82 - 66\tau + 62.12\tau^2 - 18.29\tau^3) \tag{10-4-14}$$

辐射区的振子数一般不少于3个。辐射区内的振子数越多，天线的方向性就越强，增益也会越高。对数周期振子阵天线辐射区的工作情况和引向天线的非常相似，较长振子相当于反射器，较短振子相当于引向器，所不同的在于此天线辐射区中的各个振子都是有源的，而引向天线的引向器和反射器则是无源的。

由于对数周期振子阵天线上的振子几何长度及间距按比例因子 τ 改变，当工作频率改变时，谐振振子($L_n\approx\lambda/2$)的位置就可以沿着天线的集合线向前或向后移动。同时，还能始终保持谐振点到顶点“O”的电尺寸不变，因而天线的电特性可以保持基本不变。

3. 对数周期振子阵天线的电特性

对数周期振子阵天线是端射式天线，最大辐射方向为沿着集合线从最长振子指向最短振子的方向。因为当工作频率变化时，天线的辐射区可以在天线上前后移动而保持相似特性，其方向图随频率的变化也是较小的。因为在任何一个工作频率上，此天线只有辐射区的部分振子对辐射起主要作用，而并非所有振子都对辐射作重要贡献，所以它的方向性不可能做到很强。方向图的波束宽度一般都是几十度，方向系数或增益也只有10 dB左右，属中等增益天线范畴。由于高频集合线上近似载行波，因此对数周期振子阵天线的输入阻抗基本上是电阻性的，电抗成分不大。

图 10－4－14 给出了图 10－4－13 所示的对数周期振子阵天线在不同频率上的方向图、增益 G 和输入阻抗 Z_{in}。

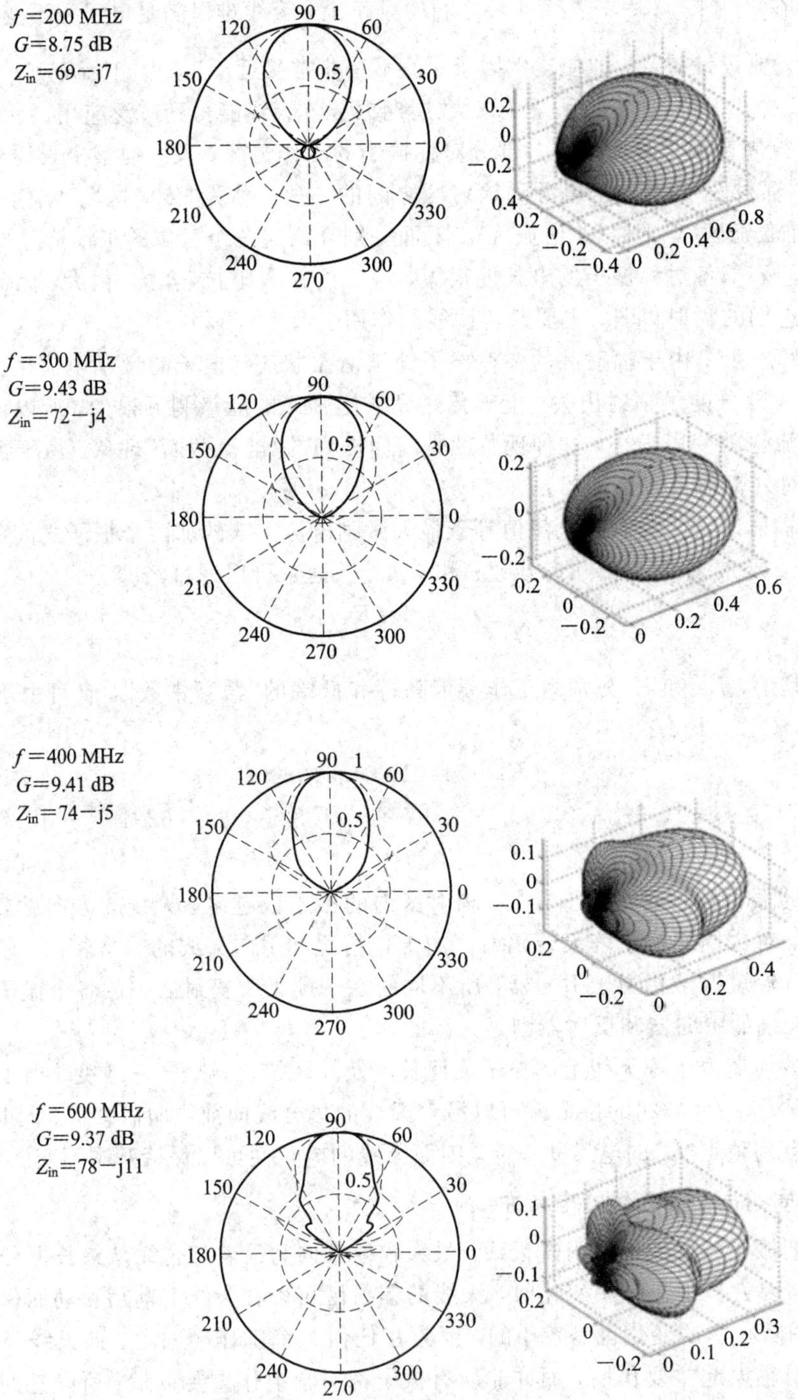

图 10－4－14　LPDA 的方向图、增益和输入阻抗

除了对数周期振子阵天线方向图具有宽带特性之外，它的半功率角与几何参数 τ 以及 σ 还有一定的关系，表 10-4-1 和表 10-4-2 分别给出了 E 面和 H 面半功率角与 τ 及 σ 的关系。总的来看，τ 越大，辐射区的振子数越多，天线的方向性越强，方向图的半功率角就越小。

表 10-4-1　对数周期振子阵天线 E 面方向图半功率角 $2\theta_{0.5E}$(°)

间隔因子	比例因子 τ				
σ	0.80	0.875	0.92	0.95	0.97
0.06		51.3	50	49	47
0.08	51.5	50.3	49	48.3	46.3
0.10	50.0	49.5	48.2	47.4	45.4
0.12	50	48.7	47.5	46.5	44.3
0.14	50	48.3	46.8	45.5	42.7
0.16	51	48.2	46.5	44	41
0.18	53	49.6	46.7	43.5	40
0.20	57	52.5	48.3	44.5	41
0.22	62	56.4	50.4	46.5	43

表 10-4-2　对数周期振子阵天线 H 面方向图半功率角 $2\theta_{0.5H}$(°)

间隔因子	比例因子 τ				
σ	0.80	0.875	0.92	0.95	0.97
0.06			110	101	91
0.08	153	128	105	98	88
0.10	145	124	102	93	82
0.12	132	120	100	88	75
0.14	123	111	97	80	70
0.16	125	104	89	72	64
0.18	136	104	87	69	61
0.20	155	113	94	72	63
0.22	185	125	98		

对数周期振子阵天线的方向系数也与几何参数 τ 和 σ 有关。它们的关系如图 10-4-15。该图说明对应于某一 τ 值，间隔因子存在一个最佳值 σ_{opt}。

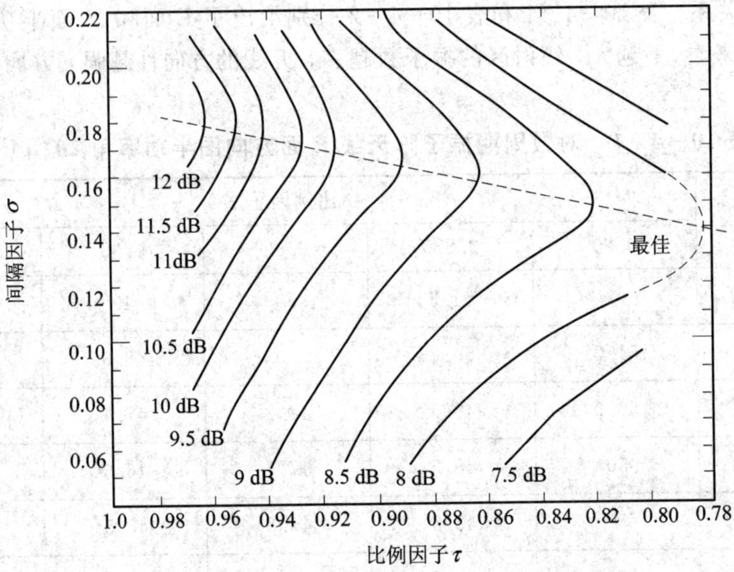

图 10-4-15　方向系数 D 与 τ 和 σ 的关系曲线

对数周期振子阵天线的效率也比较高，所以它的增益系数近似地等于方向系数。

和引向天线相似，对数周期振子阵天线也是线极化天线。当它的振子面水平架设时，辐射或接收水平极化波；当它的振子面垂直架设时，辐射或接收垂直极化波。

对数周期振子阵天线的辐射区对振子长度有一定要求，所以它的工作带宽将基本上由最长及最短振子尺寸限制。一般要求频带低端的最长振子长度 L_1 满足

$$L_1 = K_1\lambda_L \tag{10-4-15}$$

高端的最短振子长度 L_N 满足

$$L_N = K_2\lambda_H \tag{10-4-16}$$

式中，λ_L 和 λ_H 分别为最低及最高工作频率对应的工作波长；K_1 和 K_2 分别由式(10-4-13)及(10-4-14)确定。

4. 短波对数周期振子阵天线的结构与应用

对数周期振子阵天线在短波波段也得到了广泛应用。图 10-4-16 是一种主要利用天波传播工作的水平振子短波对数周期天线(Horizontal Dipole Short Wave LPA)，它的阵面对地面倾斜 ψ 角，且短振子一端高度较低。这样架设的好处是当频率改变时能保持天线的电高度(H/λ)近似不变，从而保持天线的最大辐射方向不变。其原理可通过图 10-4-17 说明：当工作频率发生变化时，对数周期天线上的辐射区随之移动，频率低时在高处，频率高时向低处移动，因而天线辐射的“相位中心”高度随之移动。若天线相位中心与 O 的距离为 d，则 $H=d\sin\psi$。当工作频率升高时，λ 减小，d 值减小，H 也随之减小，但因 d/λ 保持不变，H/λ 仍可保持不变，确保其最大辐射仰角 $\Delta=\arcsin\left(\dfrac{\lambda}{4H}\right)$保持不变。

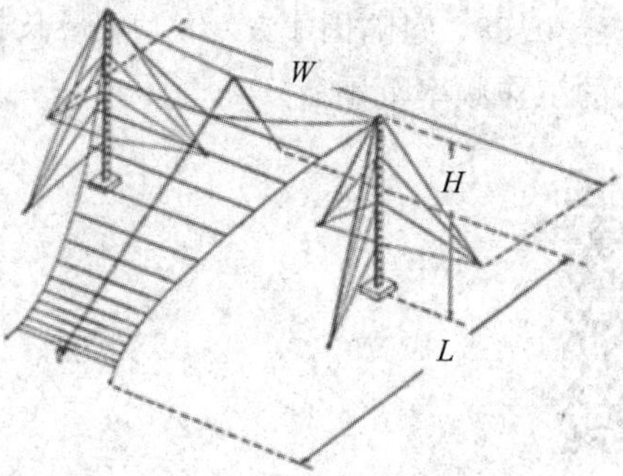

图 10-4-16　水平振子短波 LPA

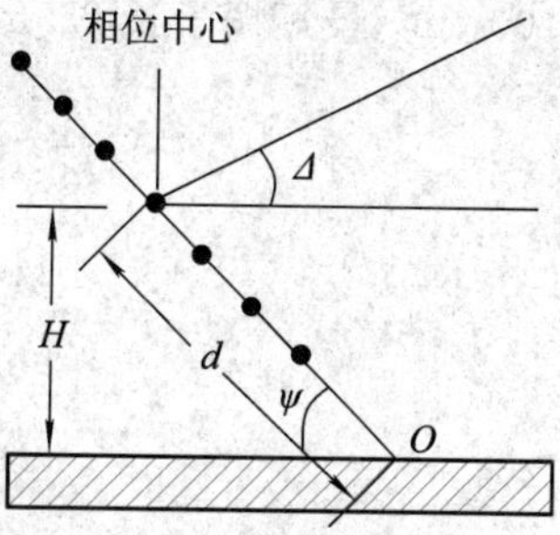

图 10-4-17　水平振子 LPA 的架设

图 10-4-18 是一种主要利用地波传播工作的垂直振子短波对数周期天线(Vertical Dipole Short Wave LPA)，该天线在低频振子部分采取了加电感和加顶的结构方式，延展了有效带宽。天线使用外敷硅橡胶的多股铜线为辐射振子，在提升辐射效率的同时也增强了天线的耐候性和防腐防锈性能。

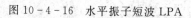

图 10-4-18　垂直振子 LPDA

习　题

10-1　说明行波天线与驻波天线的差别与优缺点。

10-2　已知行波单导线第一波瓣与导线夹角 $\theta_{m1}=\arccos\left(1-\frac{\lambda}{2l}\right)$。试证明当调整菱形天线锐角之半 θ_0 等于 θ_{m1} 时，自由空间菱形天线的最大辐射方向指向负载端。

10-3　简述菱形天线的工作原理。

10-4　简述轴向模螺旋天线产生圆极化辐射的工作原理。

10-5　简述等角螺旋天线的非频变原理。

10-6　简述对数周期天线宽频带工作原理。

10-7　设计一副工作频率为 200～400 MHz 的对数周期天线，要求增益 9.5 dB。已知

在满足 $D \geqslant 9.5$ dB 的条件下，$\tau=0.895$，$\sigma=0.165$。

10-8　已知某对数周期偶极子天线的周期率 $\tau=0.88$，间隔因子 $\sigma=0.14$，最长振子全长 $L_1=100$ cm，最短振子长 25.6 cm，试估算它的工作频率范围。

习题解答

第11章　微带天线

11.1 引　言

微带天线(Microstrip Antenna)是由微带传输线发展起来的，由导体薄片粘贴在背面有导体接地板的介质基片上形成的天线。微带辐射器的概念首先由 Deschamps 于 1953 年提出来。但是过了 20 年，到了 20 世纪 70 年代初，当具有较好的理论模型以及对敷铜或敷金的介质基片的光刻技术发展之后，实际的微带天线才制造出来，此后这种新型的天线得到了长足的发展。和常用的微波天线相比，它有如下一些优点：体积小、重量轻、低剖面，能与载体共形；制造成本低，易于批量生产；天线的散射截面较小；能得到单方向的宽瓣方向图，最大辐射方向在平面的法线方向；易于和微带线路集成；易于实现线极化和圆极化，容易实现双频段、双极化等多功能工作。微带天线已得到越来越广泛的重视，并应用于大约 100 MHz～100 GHz 的宽广频域，包括卫星通信、雷达、遥感、制导武器以及便携式无线电设备上。相同结构的微带天线组成微带天线阵可以获得更高的增益和更大的带宽。

11.2　矩形微带天线(Rectangular-Patch Microstrip Antenna)

微带天线的基本工作原理可以通过考察矩形微带贴片来理解。对微带天线的分析可以用数值方法求解，其精确度高但编程计算复杂，适合异形贴片的微带天线；还可以利用空腔模型法或传输线法近似求出其内场分布，然后用等效场源分布求出辐射场，例如矩形微带天线的分析。

矩形微带天线是由矩形导体薄片粘贴在背面有导体接地板的介质基片上形成的天线。如图 11-2-1 所示，通常利用微带传输线或同轴探针来馈电，使导体贴片与接地板之间激励起高频电磁场，并通过贴片四周与接地板之间的缝隙向外辐射。微带贴片也可看作为宽 W 长 L 的一段微带传输线，其终端($y=L$ 边)处因为呈现开路，将形成电压波腹和电流的波节。一般取 $L\approx\lambda_g/2$，λ_g为微带线上波长。于是另一端($y=0$ 边)也呈现电压波腹和电流的波节。此时贴片与接地板间的电场分布也如图 5-2-1 所示。该电场可近似表达为(设沿贴片宽度和基片厚度方向电场无变化)

$$E_x = E_0 \cos\left(\frac{\pi y}{L}\right) \tag{11-2-1}$$

由对偶边界条件，窄缝上等效的面磁流密度为

$$\boldsymbol{J}_s^m = -\boldsymbol{e}_n \times \boldsymbol{E} \tag{11-2-2}$$

式中：$\boldsymbol{E}=\boldsymbol{e}_x E_x$，$\boldsymbol{e}_x$ 是 x 方向单位矢量；$\boldsymbol{e}_n$是缝隙表面(辐射口径)的外法线方向单位矢量。由式(11-2-2)，缝隙表面上的等效面磁流均与接地板平行，如图 11-2-1 中的虚线箭头所示。可以分析出，沿两条长为 W 的边的磁流是同相的，故其辐射场在贴片法线方向(x 轴)同相相加，呈最大值，且随偏离此方向的角度的增大而减小，形成边射方向图。沿每条 L 边的磁流都由反对称的两个部分构成，它们在 H 面(xOz 面)上各处的辐射互相抵消；而两条 L 边的磁流又彼此呈反对称分布，因而在 E 面(xOy 面)上各处，它们的场也都相消。在其他平面上这些磁流的辐射不会完全相消，但与沿两条 W 边的辐射相比，都相当弱，成为交叉极化分量。

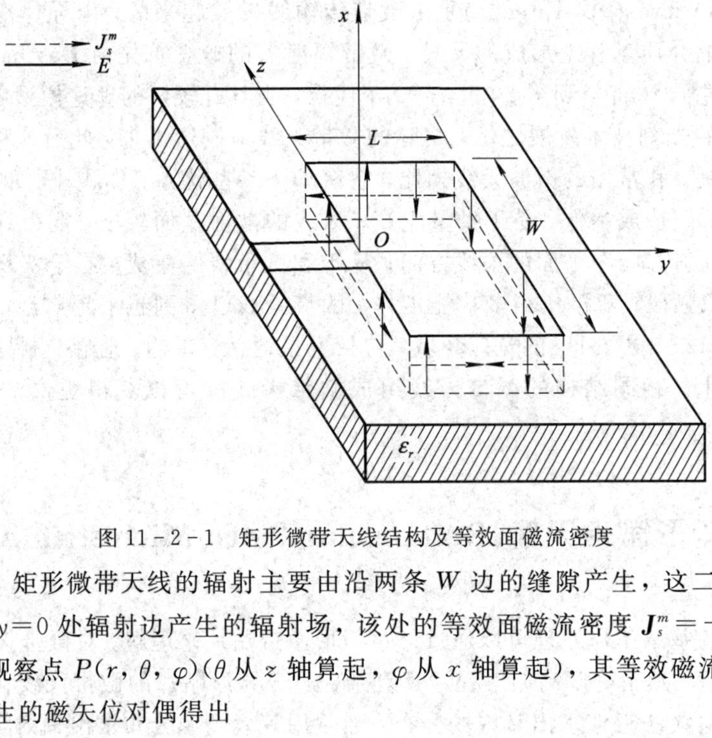

图 11-2-1　矩形微带天线结构及等效面磁流密度

由上可知，矩形微带天线的辐射主要由沿两条 W 边的缝隙产生，这二边被称为辐射边。首先计算 $y=0$ 处辐射边产生的辐射场，该处的等效面磁流密度 $\boldsymbol{J}_s^m=-\boldsymbol{e}_z E_0$。采用矢位法，对远区观察点 $P(r, \theta, \varphi)$(θ 从 z 轴算起，φ 从 x 轴算起)，其等效磁流产生的电矢位可以由电流产生的磁矢位对偶得出

$$\boldsymbol{F} = -\boldsymbol{e}_z \frac{\varepsilon_0}{4\pi r} \int_{-W/2}^{W/2} \int_{-h}^{h} E_0 \mathrm{e}^{-\mathrm{j}k(r - x\sin\theta\cos\varphi + z\cos\theta)} \,\mathrm{d}z\mathrm{d}x \tag{11-2-3}$$

上式中已经计入了接地板引起的 $\boldsymbol{J}_s^m$ 正镜像效应。积分得

$$\boldsymbol{F} = -\boldsymbol{e}_z \frac{\varepsilon_0 E_0 h}{\pi r} \frac{\sin(kh \sin\theta \cos\varphi)}{kh \sin\theta \cos\varphi} \frac{\sin\left(\frac{1}{2}kW \cos\theta\right)}{k \cos\theta} \mathrm{e}^{-\mathrm{j}kr} \tag{11-2-4}$$

由电矢位引起的电场为

$$\boldsymbol{E} = -\frac{1}{\varepsilon_0} \nabla \times \boldsymbol{F} \tag{11-2-5}$$

对于远区，只保留 $1/r$ 项，得

$$\boldsymbol{E} = \boldsymbol{e}_{\varphi}\mathrm{j}\,\frac{E_0 h}{\pi r}\,\frac{\sin(kh\ \sin\theta\cos\varphi)}{kh\ \sin\theta\cos\varphi}\,\frac{\sin\left(\dfrac{1}{2}kW\cos\theta\right)}{\cos\theta}\sin\theta\mathrm{e}^{-\mathrm{j}kr} \tag{11-2-6}$$

再计入 $y=L$ 处辐射边的远场，考虑到间隔距离为 $\lambda_g/2$ 的等幅同相二元阵的阵因子为

$$f_n = 2\cos\left(\frac{1}{2}kL\ \sin\theta\ \sin\varphi\right) \tag{11-2-7}$$

因此，微带天线远区辐射场为

$$\boldsymbol{E} = \boldsymbol{e}_{\varphi}\mathrm{j}\,\frac{2E_0 h}{\pi r}\,\frac{\sin(kh\ \sin\theta\cos\varphi)}{kh\ \sin\theta\cos\varphi}\,\frac{\sin\left(\dfrac{1}{2}kW\cos\theta\right)}{\cos\theta}\sin\theta\cos\left(\frac{1}{2}kL\ \sin\theta\ \sin\varphi\right)\mathrm{e}^{-\mathrm{j}kr} \tag{11-2-8}$$

实际上，$kh\ll1$，上式中地因子约为 1，故方向函数可表示为

$$F(\theta,\varphi) = \left|\frac{\sin\left(\dfrac{1}{2}kW\ \cos\theta\right)}{\dfrac{1}{2}kW\ \cos\theta}\sin\theta\cos\left(\frac{1}{2}kL\ \sin\theta\sin\varphi\right)\right| \tag{11-2-9}$$

H 面（$\varphi=0°$，xOz 面）：

$$F_H(\theta) = \left|\frac{\sin\left(\dfrac{1}{2}kW\ \cos\theta\right)}{\dfrac{1}{2}kW\ \cos\theta}\sin\theta\right| \tag{11-2-10}$$

E 面（$\theta=90°$，xOy 面）：

$$F_E(\varphi) = \left|\cos\left(\frac{1}{2}kL\ \sin\varphi\right)\right| \tag{11-2-11}$$

图 11-2-2 显示了某特定矩形微带天线的计算和实测方向图。两者略有差别，因为在以上的理论分析中，假设了接地板为无限大的理想导电板，而实际上它是有限面积的。

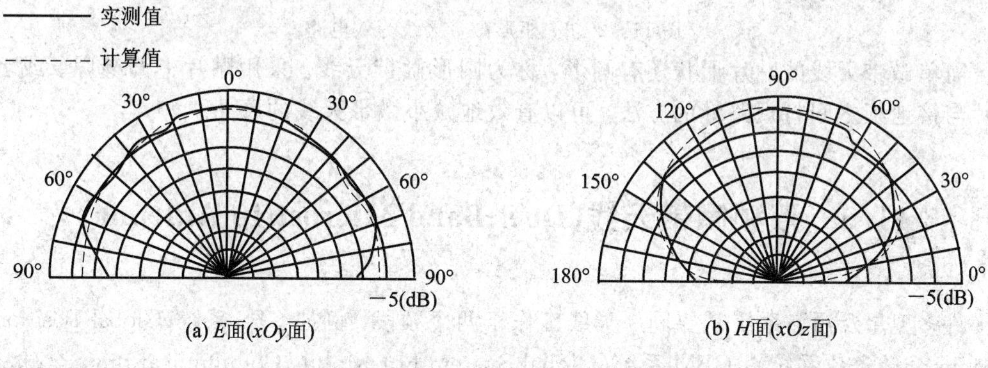

图 11-2-2 矩形微带天线方向图（$W=1$ cm，$L=3.05$ cm，$f=3.1$ GHz）

当 $W\ll\lambda$ 时，矩形微带天线的方向系数 $D\approx3\times2=6$，因子 3 是单个辐射边的方向系数。

如果定义 $U_m=E_0h$，按辐射电导的定义式 $P_r=\dfrac{1}{2}U_m^2G_{r,m}$，可求得每一条辐射边的辐射电导为

$$G_{r,m}=\frac{1}{\pi}\sqrt{\frac{\varepsilon}{\mu}}\int_0^{\pi}\frac{\sin^2\left(\frac{\pi W}{\lambda}\cos\theta\right)}{\cos^2\theta}\sin^3\theta\mathrm{d}\theta \tag{11-2-12}$$

当 $W\ll\lambda$ 时，

$$G_{r,m}\approx\frac{1}{90}\left(\frac{W}{\lambda}\right)^2 \tag{11-2-13}$$

当 $W\gg\lambda$ 时，

$$G_{r,m}\approx\frac{1}{120}\frac{W}{\lambda} \tag{11-2-14}$$

矩形微带天线的输入阻抗可用微带传输线法进行计算。图 11-2-3 表示其等效电路。每一条辐射边等效为并联的导纳 $G+\mathrm{j}B$。如果不考虑两条辐射边的互耦，则每一条辐射边都可以等效成相同的导纳，它们被长度为 L、宽度为 W 的低阻微带线隔开。设该低阻微带线的特性导纳为 Y_c，则输入端的输入导纳为

$$Y_{\mathrm{in}}=(G+\mathrm{j}B)+Y_c\frac{G+\mathrm{j}(B+Y_c\tan(\beta L))}{Y_c+\mathrm{j}(G+\mathrm{j}B)\tan(\beta L)} \tag{11-2-15}$$

式中，$\beta=\frac{2\pi}{\lambda_g}=\frac{2\pi}{\lambda}\sqrt{\varepsilon_e}$ 为微带线的相移常数；ε_e 为其有效介电常数。当辐射边处于谐振状态时，输入导纳 $Y_{\mathrm{in}}=2G_{r,m}$。

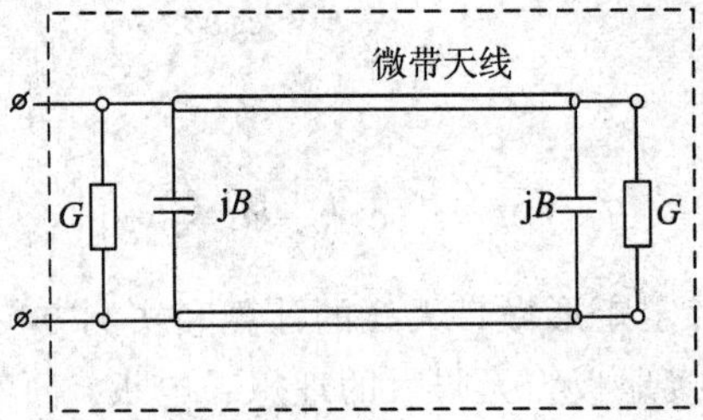

图 11-2-3 矩形微带天线等效电路

简单微带天线的贴片形状还有圆形，称为圆形微带天线。采用贴片上开缝隙、或者在贴片与接地板之间打短路针的方法，可以有效地减小微带天线的尺寸。

11.3 双频微带天线(Duel-Band Microstrip Antenna)

许多卫星及通信系统需要同一天线工作于两个频段，例如 GPS 系统(Global Positioning System 全球定位系统)、GSM 系统(Global System For Mobile Communications，全球移动通信系统)、PCS(Personal Communication Services，个人通信业务)系统等。同时，对于频谱资源日益紧张的现代通信领域迫切需要天线具有双极化功能，因为双极化可使它的通信容量增加一倍。对于有些系统，则要求系统工作于双频，且各个频段的极化又不同。由于微带天线的工作频率非常适合于这些通信系统，而微带天线的设计灵活性也使得微带天线在这些领域中得到了广泛的应用。目前已有很多关于双频、双极化或双频双极化微带天线的研究报道。

实现双频工作，对于矩形贴片应用较多的是利用激励多模来获得双频的，如图 11-3-1 所示，在矩形贴片非辐射边开两条长度相等的缝隙，在离贴片中心一适当距离处馈电，能得到较好的匹配。此种天线激励了一种介于 TM_{10} 与 TM_{20} 之间的模式，新模的表面电流分布与 TM_{10} 相似，与 TM_{10} 具有相同的极化平面和相似的辐射模式，由这种模式与 TM_{10} 一起实现双频工作。

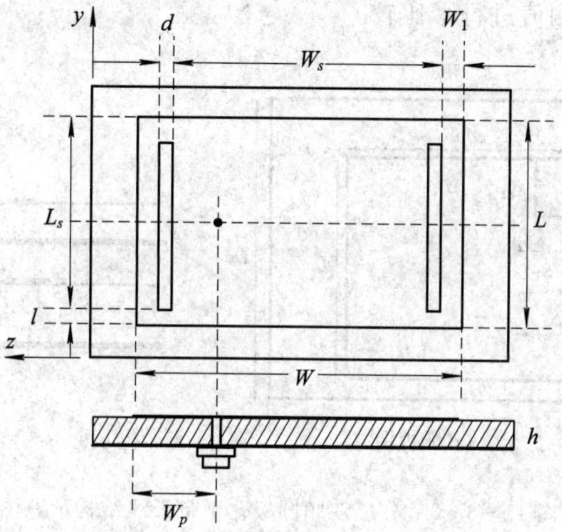

图 11-3-1　同轴线馈缝隙负载贴片天线结构

当天线尺寸 $W=15.5$ mm、$L=11.5$ mm、$l=0.5$ mm、$W_1=d=1$ mm、$W_p=5.5$ mm，基片的相对介电常数 $\varepsilon_r=2.2$、厚度 $h=0.8$ mm 时，图 11-3-2 利用 FDTD(时域有限差分法)计算了该天线的 S_{11} 参数随馈电位置的频率变化曲线。图中可以看出明显的双频特性，馈电位置对于天线的频率特性有一馈电位置，可以影响天线的阻抗特性，这也为寻找最佳匹配提供了依据。

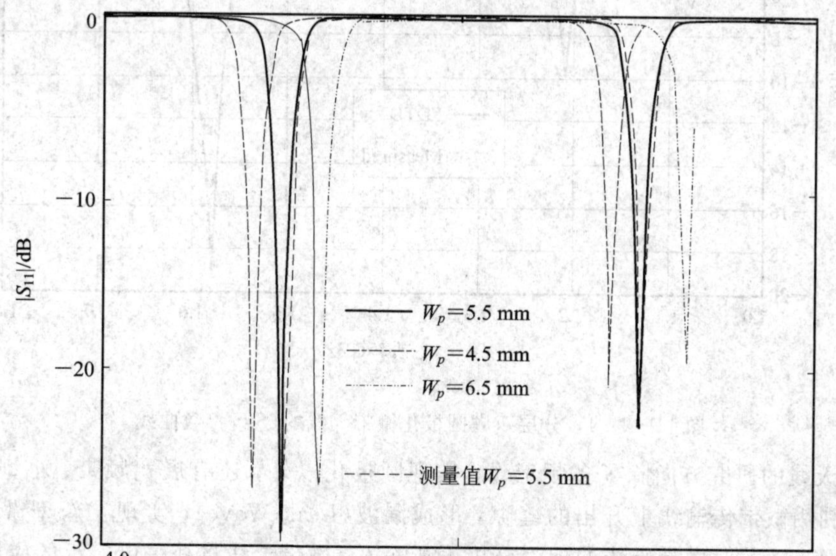

图 11-3-2　天线的 $|S_{11}|$ 参数曲线

采用分层结构则是实现双频工作的另一重要途径。图 11-3-3 给出了工作于 GPS 两个频率的近耦合馈电双频微带天线的结构图。该天线包括三层介质结构、两个谐振子所需工作频率的近方形贴片和一微带线馈电结构，两个近方形贴片分别置于第一层介质和第三层介质的顶部，而微带线的馈电线则夹于两贴片之间，位于第二层介质的顶部。在三层介质层具有相同介电常数 $\varepsilon_r=2.2$ 的条件下，图 11-3-4 仍然利用 FDTD 方法计算了该天线的 S_{11} 参数曲线并与实测值进行了比较。

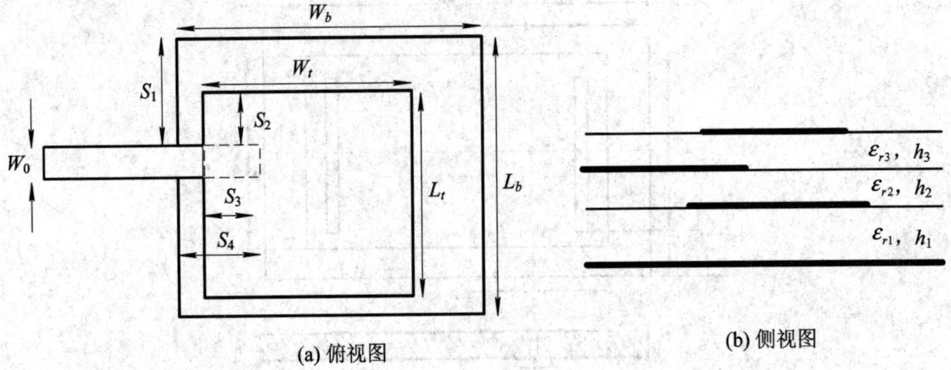

图 11-3-3 分层双频圆极化微带天线结构示意图

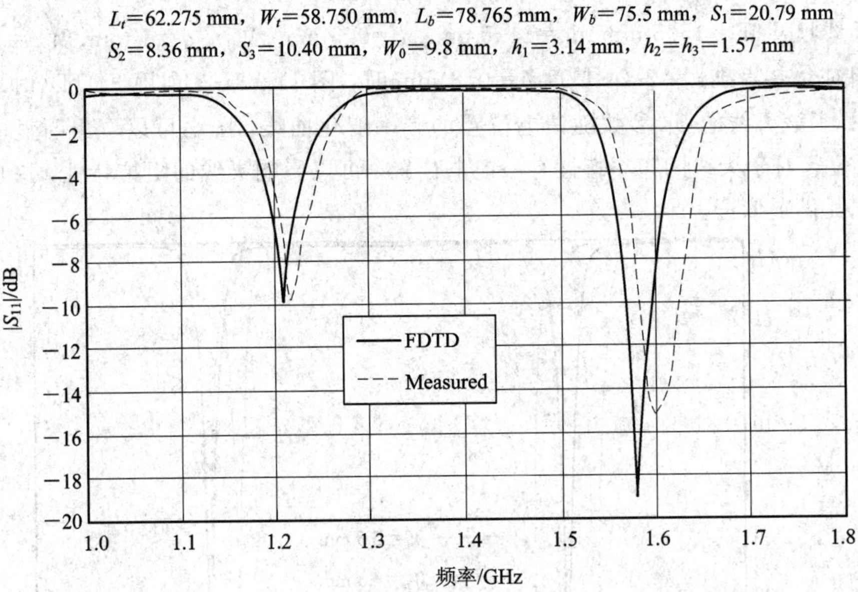

图 11-3-4 分层双频圆极化微带天线的 $|S_{11}|$ 参数曲线

微带天线的研究方向除了多频工作、实现圆极化以外，还有展宽频带、小型化、组阵等。近来利用微带传输线上开出的缝隙，形成漏波(Leak Wave)，实现了新型微带馈电线缝隙天线阵。随着对微带天线的理论分析不断深入，微带天线将获得更广泛的应用。

习　题

11-1　为什么矩形微带天线有辐射边和非辐射边之分?

11-2　查阅资料论述缩减微带天线尺寸的方法。

习题解答

第 12 章　面　天　线

12.1　引　　言

面天线(Aperture Antenna)用在无线电频谱的高频端，尤其是微波波段。面天线的种类很多，常见的有喇叭天线、抛物面天线、卡塞格伦天线等。这类天线所载的电流是分布在金属面上的，而金属面的口径尺寸远大于工作波长。面天线在雷达、导航、卫星通信以及射电天文和气象等无线电技术设备中获得了广泛的应用。

分析面天线的辐射问题，通常采用口径场法，它基于惠更斯-菲涅尔原理。即在空间任一点的场，是包围天线的封闭曲面上各点的电磁扰动产生的次级辐射在该点叠加的结果。对于面天线而言，常用的分析方法就是根据初级辐射源求出口径面上的场分布，进而求出辐射场。

12.2　等效原理(Field Equivalence Theorem)与惠更斯元的辐射

如图 12-2-1 所示，面天线通常由金属面 S_1 和初级辐射源组成。设包围天线的封闭曲面由金属面的外表面 S_1 以及金属面的口径面 S_2 共同组成，由于 S_1 为导体的外表面，其上的场为零，于是面天线的辐射问题就转化为口径面 S_2 的辐射。由于口径面上存在着口径场 $\boldsymbol{E}_S$ 和 $\boldsymbol{H}_S$，根据惠更斯原理(Huygens Principle)，将口径面 S_2 分割成许多面元，这些面元称为惠更斯元或二次辐射源。由所有惠更斯元的辐射之和即得到整个口径面的辐射场。为方便计算，口径面 S_2 通常取为平面。当由口径场求解辐射场时，每一个面元的次级辐射可用等效电流元与等效磁流元来代替，口径场的辐射场就是由所有等效电流元(等效电基本振子)和等效磁流元(等效磁基本振子)所共同产生的。这就是电磁场理论中的等效原理。

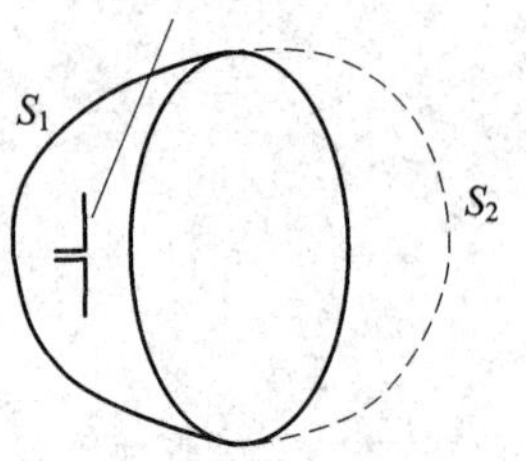

图 12-2-1　口径场法原理图

如同电基本振子和磁基本振子是分析线天线的基本辐射单元一样，惠更斯元是分析面天线辐射问题的基本辐射元。如图 12-2-2 所示，设平面口径面(xOy 面)上的一个惠更斯元 $\mathrm{d}\boldsymbol{S}=\mathrm{d}x\mathrm{d}y\boldsymbol{e}_n$，其上有着均匀的切向电场 $\boldsymbol{E}=E_y\boldsymbol{e}_y$ 和切向磁场 $\boldsymbol{H}=H_x\boldsymbol{e}_x$，对于惠更斯元

的外向辐射，有 $H_x=-\dfrac{E_y}{120\pi}$，根据等效原理，此面元上的等效面电流密度为

$$\boldsymbol{J}=\boldsymbol{e}_n\times\boldsymbol{H}=-\frac{E_y}{120\pi}\boldsymbol{e}_y \tag{12-2-1}$$

如果仍定义相应的等效电流元的方向沿 y 轴方向，则由于其长度为 $\mathrm{d}y$，因此其数值为

$$Il=J\mathrm{d}x\mathrm{d}y=-\frac{E_y}{120\pi}\mathrm{d}x\mathrm{d}y \tag{12-2-2}$$

而此面元上的等效面磁流密度为

$$\boldsymbol{J}^m=-\boldsymbol{e}_n\times\boldsymbol{E}=E_y\boldsymbol{e}_x \tag{12-2-3}$$

相应的等效磁流元的方向沿 x 轴方向，其长度为 $\mathrm{d}x$，数值为

$$I^m l=J^m\mathrm{d}y\mathrm{d}x=E_y\mathrm{d}y\mathrm{d}x \tag{12-2-4}$$

于是，这样一个惠更斯元的辐射即为相互正交放置的等效电流元和等效磁流元的辐射场之和。

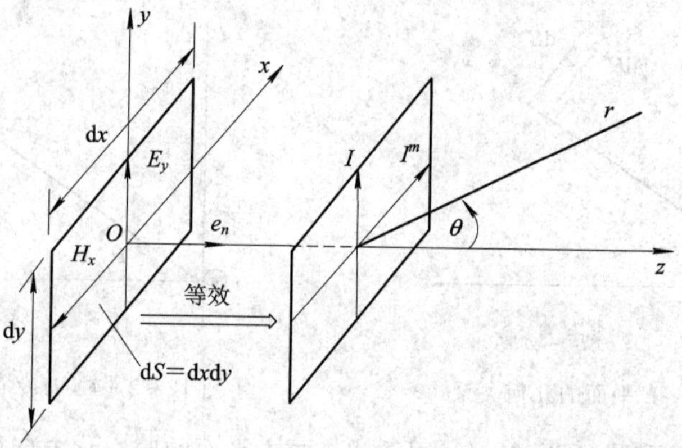

图 12-2-2 惠更斯元的辐射及其坐标

在研究天线的方向性时，通常更关注两个主平面的情况，所以，下面也只讨论面元在两个主平面的辐射。

E 平面（yOz 平面）如图 12-2-3 所示，在此平面内，电流元产生的辐射场为

$$\mathrm{d}\boldsymbol{E}^e=\mathrm{j}\,\frac{60\pi Il}{\lambda r}\sin\alpha\mathrm{e}^{-\mathrm{j}kr}\boldsymbol{e}_\alpha \tag{12-2-5}$$

磁流元产生的辐射场为

$$\mathrm{d}\boldsymbol{E}^m=-\mathrm{j}\,\frac{I^m l}{2\lambda r}\mathrm{e}^{-\mathrm{j}kr}\boldsymbol{e}_\alpha \tag{12-2-6}$$

将式(12-2-2)和式(12-2-4)代入上两式，考虑到 $\alpha=\dfrac{\pi}{2}-\theta$，$\boldsymbol{e}_\alpha=-\boldsymbol{e}_\theta$，式(12-2-5)和式(12-2-6)可分别重新写为

$$\mathrm{d}\boldsymbol{E}^e=\mathrm{j}\,\frac{E_y}{2\lambda r}\cos\theta\mathrm{e}^{-\mathrm{j}kr}\mathrm{d}x\mathrm{d}y\boldsymbol{e}_\theta \tag{12-2-7a}$$

$$\mathrm{d}\boldsymbol{E}^m=\mathrm{j}\,\frac{(E_y\mathrm{d}y)\mathrm{d}x}{2\lambda r}\mathrm{e}^{-\mathrm{j}kr}\boldsymbol{e}_\theta \tag{12-2-7b}$$

于是，惠更斯元在 **E** 平面上的辐射场为

$$d\boldsymbol{E}_E = \mathrm{j}\,\frac{1}{2\lambda r}(1+\cos\theta)E_y\mathrm{e}^{-\mathrm{j}kr}\,\mathrm{d}S\boldsymbol{e}_\theta \tag{12-2-8}$$

H 平面(xOz 平面)如图 12-2-4 所示，在此平面内，根据上述同样的分析，电基本振子产生的辐射场为

$$d\boldsymbol{E}_e = \mathrm{j}\,\frac{1}{2\lambda r}E_y\mathrm{e}^{-\mathrm{j}kr}\,\mathrm{d}S\boldsymbol{e}_\varphi \tag{12-2-9}$$

磁基本振子产生的辐射场为

$$d\boldsymbol{E}_m = \mathrm{j}\,\frac{1}{2\lambda r}E_y\cos\theta\mathrm{e}^{-\mathrm{j}kr}\,\mathrm{d}S\boldsymbol{e}_\varphi \tag{12-2-10}$$

于是，惠更斯元在 H 平面上的辐射场为

$$d\boldsymbol{E}_H = \mathrm{j}\,\frac{1}{2\lambda r}(1+\cos\theta)E_y\mathrm{e}^{-\mathrm{j}kr}\,\mathrm{d}S\boldsymbol{e}_\varphi \tag{12-2-11}$$

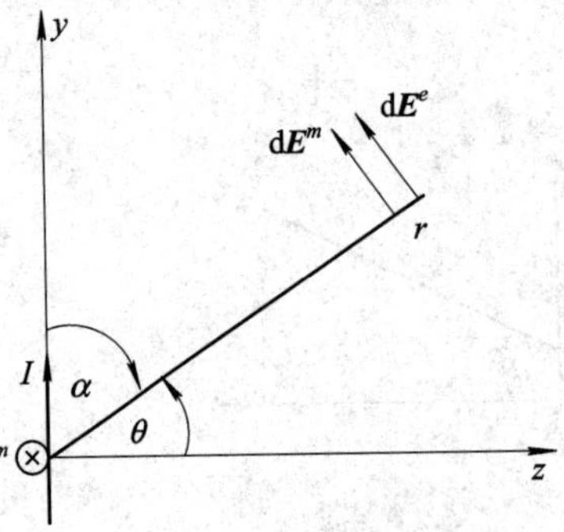

图 12-2-3 **E** 平面的几何关系

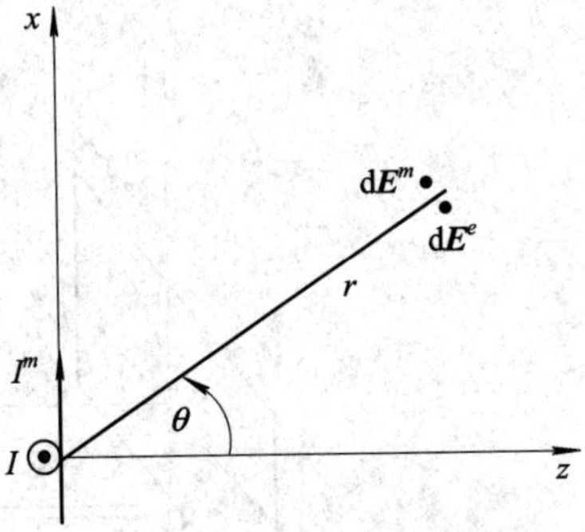

图 12-2-4 **H** 平面的几何关系

由式(12-2-8)和式(12-2-11)可看出，两主平面的归一化方向函数均为

$$F_E(\theta) = F_H(\theta) = \frac{1}{2}\left|(1+\cos\theta)\right| \tag{12-2-12}$$

其归一化方向图如图 12-2-5 所示。由方向图的形状可以看出，惠更斯元的最大辐射方向与其本身垂直。单纯由 E_y 激励的惠更斯元在两主平面的极化方式为线极化。如果平面口径由这样的面元组成，而且各面元同相激励，则此同相口径面的最大辐射方向势必垂直于该口径面，并且口径面积越大，方向性越强。

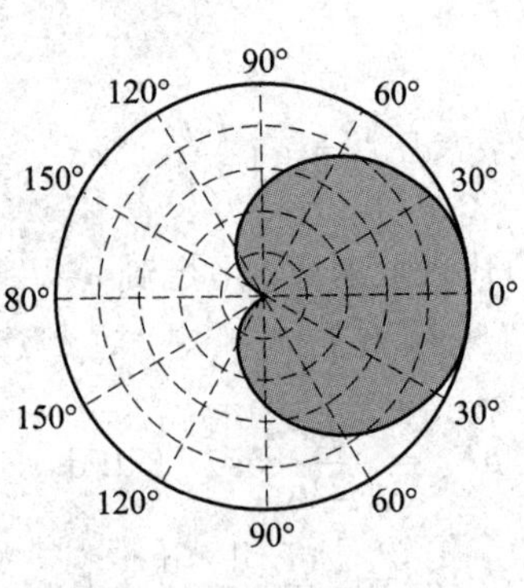

图 12-2-5 惠更斯元归一化方向图

12.3　平面口径(Planar Aperture)的辐射

实用中的面天线，其口径大多都是平面，因此讨论平面口径的辐射具有代表性。

12.3.1　一般计算公式

如图 12－3－1 所示，设有一任意形状的平面口径位于 xOy 平面内，口径面积为 S，其上的口径场仍为 $\boldsymbol{E}_y$，因此该平面口径辐射场的极化与惠更斯元的极化相同。坐标原点至观察点 $M(r, \theta, \varphi)$ 为 r，面元 $\mathrm{d}S(x_S, y_S)$ 到观察点的距离为 R，将惠更斯元的主平面辐射场积分可得到平面口径在远区的两个主平面辐射场为

$$E_M = \mathrm{j}\,\frac{1}{2r\lambda}(1+\cos\theta)\iint_S E_y(x_S, y_S)\mathrm{e}^{-\mathrm{j}kR}\,\mathrm{d}x_S\mathrm{d}y_S \tag{12-3-1}$$

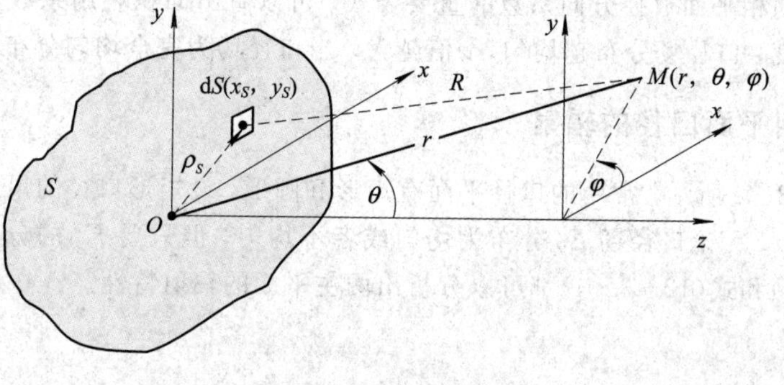

图 12－3－1　平面口径坐标系

当观察点很远时，可认为 R 与 r 近似平行，R 可表示为

$$R \approx r - \rho_S \cdot \boldsymbol{e}_r = r - x_S\sin\theta\cos\varphi - y_S\sin\theta\sin\varphi \tag{12-3-2}$$

对于 **E** 平面(yOz 平面)，$\varphi = \frac{\pi}{2}$，$R \approx r - y_S\sin\theta$，其辐射场为

$$E_E = E_\theta = \mathrm{j}\,\frac{1}{2r\lambda}(1+\cos\theta)\mathrm{e}^{-\mathrm{j}kr}\iint_S E_y(x_S, y_S)\mathrm{e}^{\mathrm{j}ky_S\sin\theta}\mathrm{d}x_S\mathrm{d}y_S \tag{12-3-3}$$

对于 **H** 平面(xOz 平面)，$\varphi = 0$，$R \approx r - x_S\sin\theta$，其辐射场为

$$E_H = E_\varphi = \mathrm{j}\,\frac{1}{2r\lambda}(1+\cos\theta)\mathrm{e}^{-\mathrm{j}kr}\iint_S E_y(x_S, y_S)\mathrm{e}^{\mathrm{j}kx_S\sin\theta}\mathrm{d}x_S\mathrm{d}y_S \tag{12-3-4}$$

式(12－3－3)和式(12－3－4)是计算平面口径辐射场的常用公式。只要给定口径面的形状和口径面上的场分布，就可以求得两个主平面的辐射场，分析其方向性变化规律。

对于同相平面口径，最大辐射方向一定发生在 $\theta = 0$ 处，根据方向系数的计算公式 $D = \frac{r^2|E_{\max}|^2}{60P_r}$，因此有

$$|E_{\max}| = \frac{1}{r\lambda}\left|\iint_S E_y(x_S, y_S)\mathrm{d}x_S\mathrm{d}y_S\right| \tag{12-3-5}$$

P_r 是天线辐射功率即为整个口径面向空间辐射的功率，表示为

$$P_r = \frac{1}{240\pi}\iint_S |E_y(x_S,\ y_S)|^2 \mathrm{d}x_S \mathrm{d}y_S \tag{12-3-6}$$

于是，方向系数 D 可以表示为

$$D = \frac{4\pi}{\lambda^2} \frac{\left|\iint_S E_y(x_S,\ y_S)\mathrm{d}x_S \mathrm{d}y_S\right|^2}{\iint_S |E_y(x_S,\ y_S)|^2 \mathrm{d}x_S \mathrm{d}y_S} \tag{12-3-7}$$

如果定义面积利用系数为

$$\nu = \frac{\left|\iint_S E_y(x_S,\ y_S)\mathrm{d}x_S \mathrm{d}y_S\right|^2}{S\iint_S |E_y(x_S,\ y_S)|^2 \mathrm{d}x_S \mathrm{d}y_S} \tag{12-3-8}$$

则式(12-3-7)可以改写为

$$D = \frac{4\pi}{\lambda^2} S\nu \tag{12-3-9}$$

上式是求同相平面口径方向系数的重要公式。可以看出面积利用系数 ν 反映了口径场分布的均匀程度，口径场分布越均匀，ν 值越大。当口径场为完全均匀分布时，$\nu=1$。

12.3.2 同相平面口径的辐射

如图 12-3-2 所示，常用的口径平面有矩形和圆形，设矩形口径的尺寸为 $a\times b$，圆形口径的半径为 a，无论口径场 E_y 分布为均匀或者不均匀，但只要 E_y 的分布函数给定，利用式(12-3-3)和式(12-3-4)都可以分析出两主平面的辐射特性。

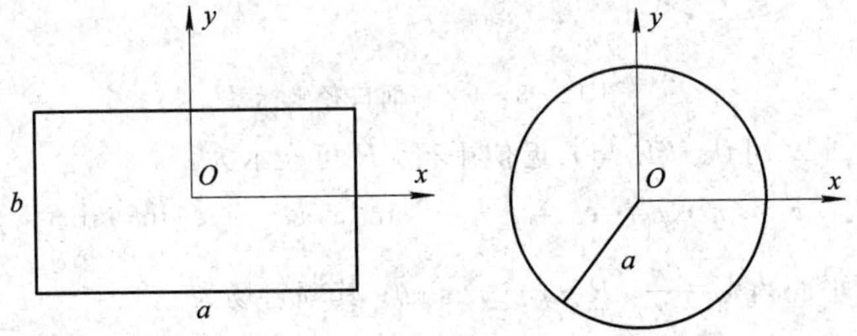

(a) 矩形平面口径

(b) 圆形平面口径

图 12-3-2 平面口径示意图

引入

$$\Psi_1 = \frac{1}{2}kb\ \sin\theta \tag{12-3-10}$$

$$\Psi_2 = \frac{1}{2}ka\ \sin\theta \tag{12-3-11}$$

$$\Psi_3 = ka\ \sin\theta \tag{12-3-12}$$

常见的同相平面口径辐射特性见表 12-3-1 所示。值得一提的是，该表中的方向函数忽略了因子 $\left|\frac{1+\cos\theta}{2}\right|$，在口径尺寸远大于波长 λ 的前提下，这种近似是合理的。

表 12-3-1　同相口径辐射特性一览表

口面形状	口面场分布	$2\theta_{0.5}$/rad	SLL/dB	ν	方向函数
矩形	均匀分布 $E_y=E_0$	E 面：$0.89\dfrac{\lambda}{b}$	−13.2	1	E 面：$F_E=\left\|\dfrac{\sin\Psi_1}{\Psi_1}\right\|$
		H 面：$0.89\dfrac{\lambda}{a}$			H 面：$F_H=\left\|\dfrac{\sin\Psi_2}{\Psi_2}\right\|$
	余弦分布 $E_y=E_0\cos\dfrac{\pi x_S}{a}$	E 面：$0.89\dfrac{\lambda}{b}$	−13.2	0.81	E 面：$\left\|\dfrac{\sin\Psi_1}{\Psi_1}\right\|$
		H 面：$1.18\dfrac{\lambda}{a}$	−23.0		H 面：$\left\|\dfrac{\cos\Psi_2}{1-\left(\dfrac{2}{\pi}\Psi_2\right)^2}\right\|$
圆形	$E_y=E_0\left[1-\left(\dfrac{\rho_S}{a}\right)^2\right]^P$	$P=0$　$1.02\dfrac{\lambda}{2a}$	−17.6	1	$\left\|\dfrac{2J_1(\Psi_3)}{\Psi_3}\right\|$
		$P=1$　$1.27\dfrac{\lambda}{2a}$	−24.6	0.75	$\left\|\dfrac{8J_2(\Psi_3)}{\Psi_3^2}\right\|$
		$P=2$　$1.47\dfrac{\lambda}{2a}$	−30.6	0.56	$\left\|\dfrac{48J_3(\Psi_3)}{\Psi_3^3}\right\|$

图 12-3-3 绘出了 $a=2\lambda$，$b=3\lambda$ 的矩形口径的主平面方向图，由于口径在 E 平面的尺寸较大，所以 E 面方向图比 H 面方向图主瓣窄，并且 E 面波瓣个数多于 H 面波瓣个数。又因为余弦分布只体现在 x 坐标上，所以对应的方向图只在 H 面上主瓣变宽，而 E 面方向图维持不变。

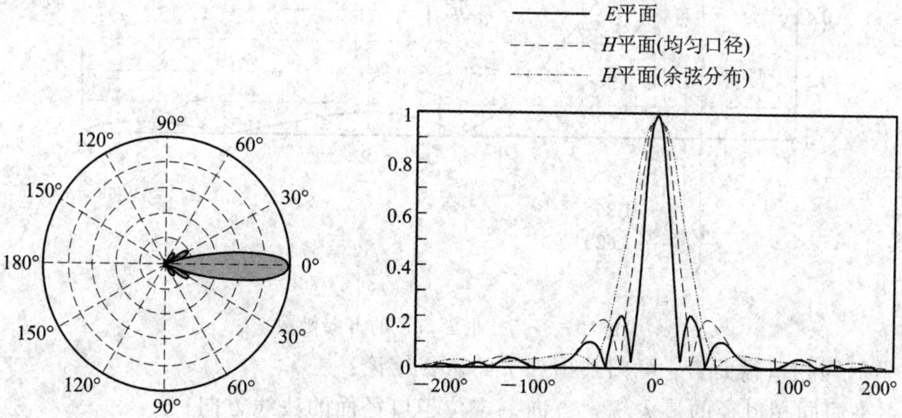

(a) E平面极坐标方向图　　(b) 两主平面直角坐标方向图

图 12-3-3　矩形口径的主平面方向图($a=2\lambda$，$b=3\lambda$)

图 12-3-4 绘出了 $a=3\lambda$，$b=2\lambda$ 的矩形口径的立体方向图，从图上仍然可以看出尺寸 a 和尺寸 b 如何分别影响了 H 面和 E 面方向图的方向性。

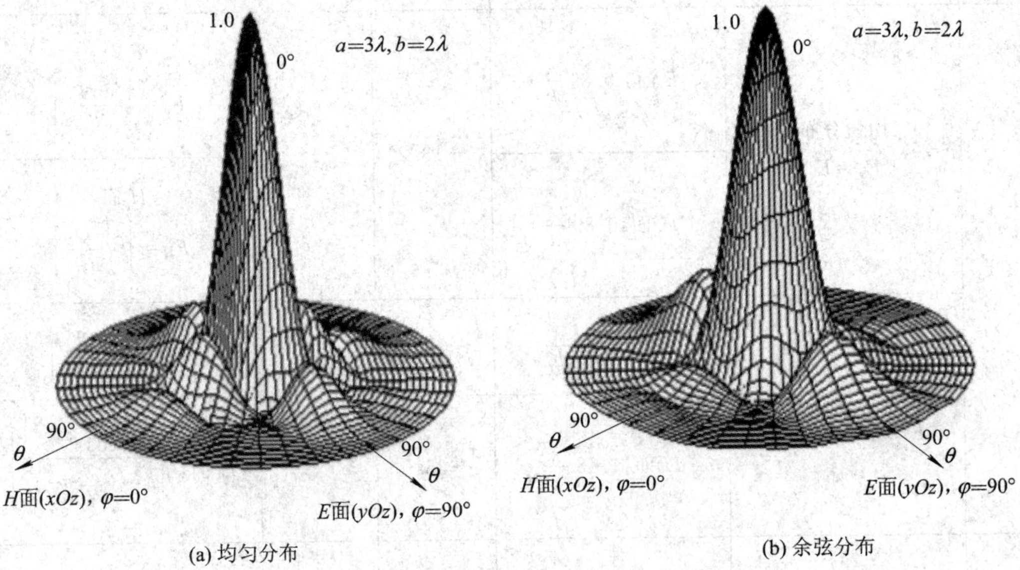

图 12-3-4　矩形口径立体方向图

从图 12-3-5 可以分别直接读出 $|F(\Psi)|=0.707$ 所对应的 Ψ 值，根据 Ψ 的具体表达式和变化范围，可求出特定口径的平面方向图参数。

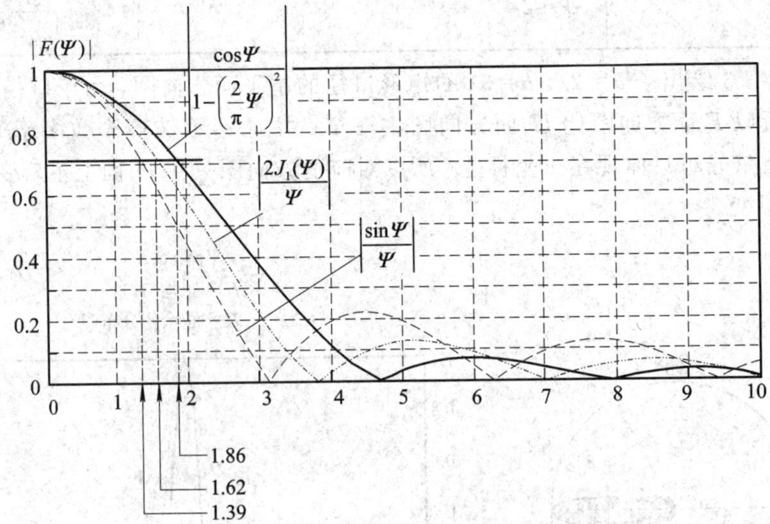

图 12-3-5　平面口径的方向函数

对平面同相口径而言，可归纳出如下的重要结论：

(1) 平面同相口径的最大辐射方向一定位于口径面的法线方向；

(2) 在口径场分布规律一定的情况下，口径面的电尺寸越大，主瓣越窄，方向系数越大；

(3) 当口径电尺寸一定时，口径场分布越均匀，其面积利用系数越大，方向系数越大，但是副瓣电平越高；

(4) 口径辐射的副瓣电平以及面积利用系数只取决于口径场的分布情况，而与口径的电尺寸无关。

12.3.3 相位偏移对口径辐射场的影响

由于天线制造或安装的技术误差，或者为了得到特殊形状的波束或实现电扫描，口径场的相位分布常常按一定的规律分布，这属于非同相平面口径的情况。

假设口径场振幅分布仍然均匀，常见的口径场相位偏移有如下几种：

(1) 直线律相位偏移：

$$E_y = E_0 e^{-j\frac{2x_s}{a}\varphi_m} \tag{12-3-13}$$

(2) 平方律相位偏移：

$$E_y = E_0 e^{-j\left(\frac{2x_s}{a}\right)^2\varphi_m} \tag{12-3-14}$$

(3) 立方律相位偏移：

$$E_y = E_0 e^{-j\left(\frac{2x_s}{a}\right)^3\varphi_m} \tag{12-3-15}$$

直线律相位偏移相当于一平面波倾斜投射到平面口径上，平方律相位偏移相当于球面波或柱面波的投射。图 12-3-6、图 12-3-7 和图 12-3-8 分别计算了以上三种情况的 H 面方向图。从计算结果可以分析出，直线律相位偏移带来了最大辐射方向的偏移，可以利用此特点产生电扫描效应。平方律相位偏移带来了零点模糊、主瓣展宽、主瓣分裂以及方向系数下降，在天线设计中应力求避免。立方律相位偏移不仅产生了最大辐射方向偏转，而且还会导致方向图不对称，在主瓣的一侧产生了较大的副瓣，对雷达而言，此种情况极易混淆目标。

应该指出，实际天线口径的相位偏移往往比较复杂，其理论分析也比较困难，但是计算机的数值分析易于实现，所以在面天线的设计中，计算机辅助设计显得尤为重要。

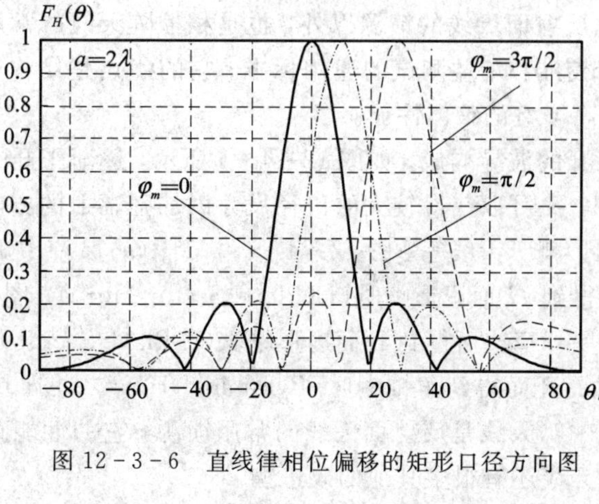

图 12-3-6 直线律相位偏移的矩形口径方向图

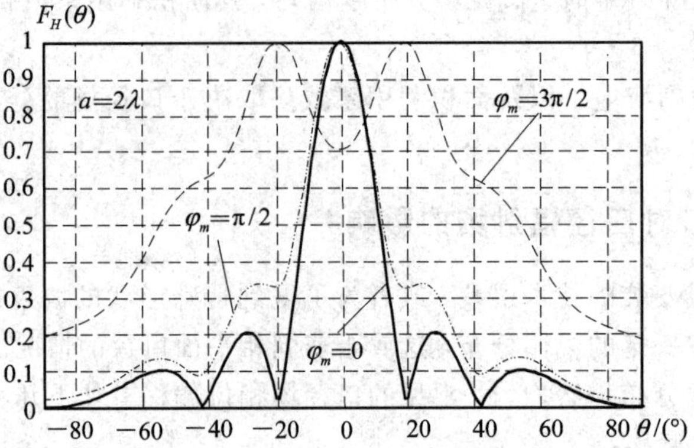

图 12-3-7 平方律相位偏移的矩形口径方向图

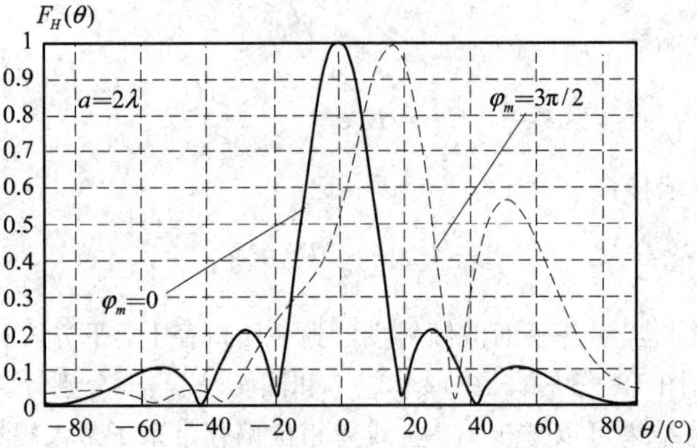

图 12-3-8 立方律相位偏移的矩形口径方向图

12.4 喇叭天线(Horn Antenna)

喇叭天线是最广泛使用的微波天线之一。它的出现与早期应用可追溯到 19 世纪后期。喇叭天线除了大量用作反射面天线的馈源以外，也是相控阵天线的常用单元，还可以用作对其他高增益天线进行校准和增益测试的通用标准。它的优点是结构简单、馈电简便、频带较宽、功率容量大和高增益的整体性能。

喇叭天线由逐渐张开的波导构成。如图 12-4-1 所示，逐渐张开的过渡段既可以保证波导与空间的良好匹配，又可以获得较大的口径尺寸以加强辐射的方向性。根据口径的形状有矩形喇叭天线和圆形喇叭天线等。图 12-4-1 中，图(a)保持了矩形波导的窄边尺寸不变，逐渐展开宽边而得到 H 面扇形喇叭(H-Plane Sector Horn)；图(b)保持了矩形波导的宽边尺寸不变，逐渐展开窄边而得到 E 面扇形喇叭(E-Plane Sector Horn)；图(c)为矩形波导的宽边和窄边同时展开而得到角锥喇叭(Pyramidal Horn)；图(d)为圆波导逐渐展开形成的圆锥喇叭。由于喇叭天线是反射面天线的常用馈源，它的性能直接影响反射面天线的整体性能，所以喇叭天线还有很多其他的改进型。

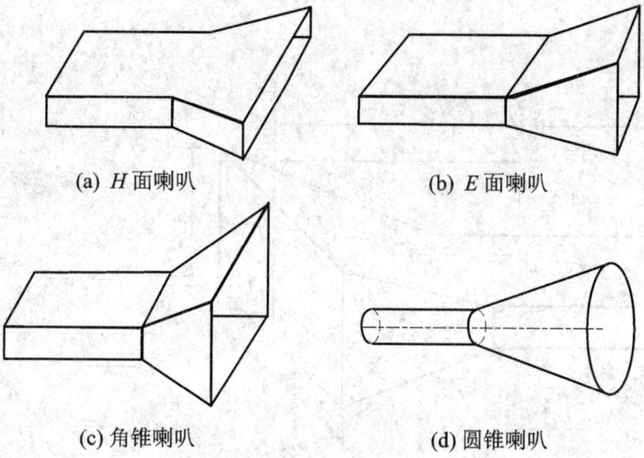

图 12-4-1　普通喇叭天线

12.4.1　矩形喇叭天线的口径场与方向图

喇叭天线可以作为口径天线来处理。图 12-4-2 显示了角锥喇叭的尺寸和坐标，图中 L_E、L_H分别为 E 面和 H 面的长度，a、b 为波导的宽边和窄边尺寸，a_h、b_h为相应的口径尺寸。当 $L_E \neq L_H$时，为楔形角锥喇叭；当 $L_E = L_H$时，为尖顶角锥喇叭；当 $a_h = a$ 或 $L_H = \infty$时，为 E 面喇叭；当 $b_h = b$ 或 $L_E = \infty$时，为 H 面喇叭。喇叭天线的口径场可近似地由矩形波导至喇叭结构波导的相应截面的导波场来决定。在忽略波导连接处及喇叭口径处的反射及假设矩形波导内只传输 TE_{10} 模式的条件下，喇叭内场结构可以近似看做与波导的内场结构相同，只是因为喇叭是逐渐张开的，所以扇形喇叭内传输的为柱面波，尖顶角锥喇叭内传输的近似为球面波。因此，在一级近似的条件下，喇叭口径上场的相位分布为平方律，角锥喇叭口径场为

$$\begin{cases} E_s = E_y = E_0 \cos\left(\dfrac{\pi x_s}{a_h}\right) e^{-j\frac{\pi}{\lambda}\left(\frac{x_s^2}{L_H}+\frac{y_s^2}{L_E}\right)} \\ H_s = H_x \approx -\dfrac{E_y}{120\pi} \end{cases} \tag{12-4-1}$$

口径场的最大相位偏移发生在口径顶角，其值为

$$\varphi_m = \frac{\pi}{4\lambda}\left(\frac{a_h^2}{L_H} + \frac{b_h^2}{L_E}\right) \tag{12-4-2}$$

有了口径场的表达式，根据式(12-3-3)和式(12-3-4)就可以分别计算角锥喇叭的 E 面和 H 面的辐射场。尽管写出其解析表达式比较困难，但是却可以依靠计算软件求出数值解，画出方向图。

图 12-4-3 和图 12-4-4 分别计算了角锥喇叭的通用 E 面和 H 面方向图，图中的参数 s、t 反映了喇叭口径的 E 面、H 面的相位偏移的严重程度。s、t 越大，相位偏移越严重，方向图上零点消失，主瓣变宽，甚至 $\theta = 0°$方向不再是最大辐射方向，呈现出马鞍形状态，而这是不希望看到的情况。该图可以转换成极坐标方向图，只要根据喇叭天线的具体尺寸计算出横坐标的变换范围($\theta = 0° \sim 90°$)，便可将该区域内的直角坐标方向图转换成极坐标方向图。

角锥喇叭天线方向图随口径宽边和窄边的变化可扫码查看。

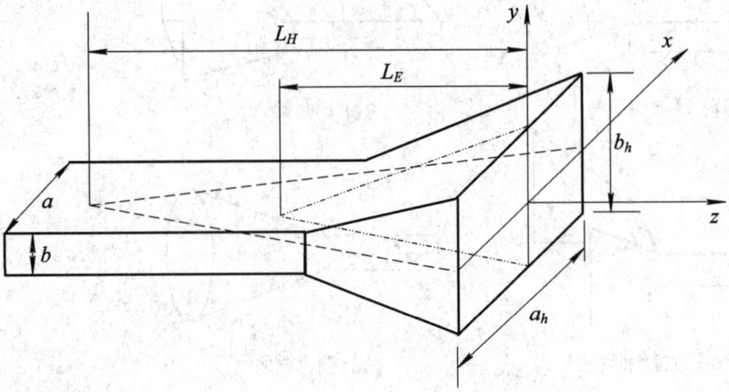

图 12-4-2　角锥喇叭的尺寸与坐标

宽边方向图

窄边方向图

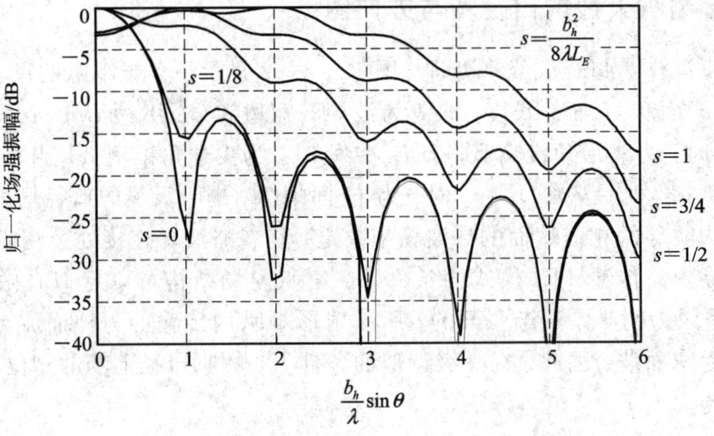

图 12-4-3　E 面喇叭和角锥喇叭的通用 E 面方向图

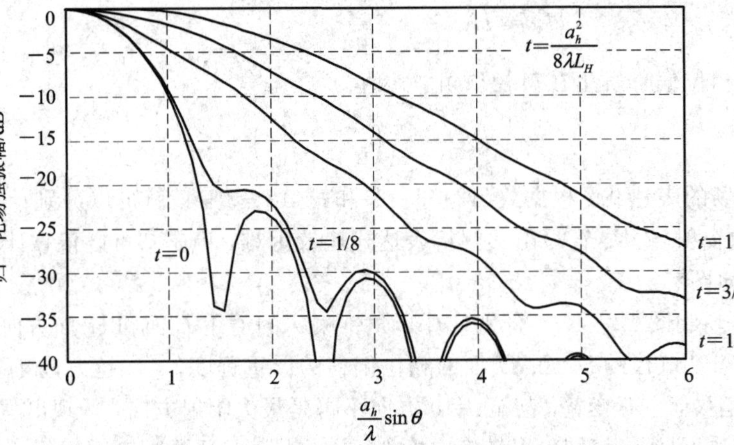

图 12-4-4　H 面喇叭和角锥喇叭的通用 H 面方向图

为了获得较好的方向图，工程上通常规定 E 面允许的最大相差为

$$\varphi_{mE}=\frac{\pi b_h^2}{4\lambda L_E}\leqslant\frac{\pi}{2},\ b_h\leqslant\sqrt{2\lambda L_E} \tag{12-4-3}$$

H 面允许的最大相差为

$$\varphi_{mH}=\frac{\pi a_h^2}{4\lambda L_H}\leqslant\frac{3\pi}{4},\ a_h\leqslant\sqrt{3\lambda L_H} \tag{12-4-4}$$

由于 H 面的口径场为余弦分布，边缘场幅小，所以 φ_{mH} 可大于 φ_{mE}。

图 12-4-5 和图 12-4-6 分别为依据式(12-3-7)而计算的矩形喇叭天线的方向系数。

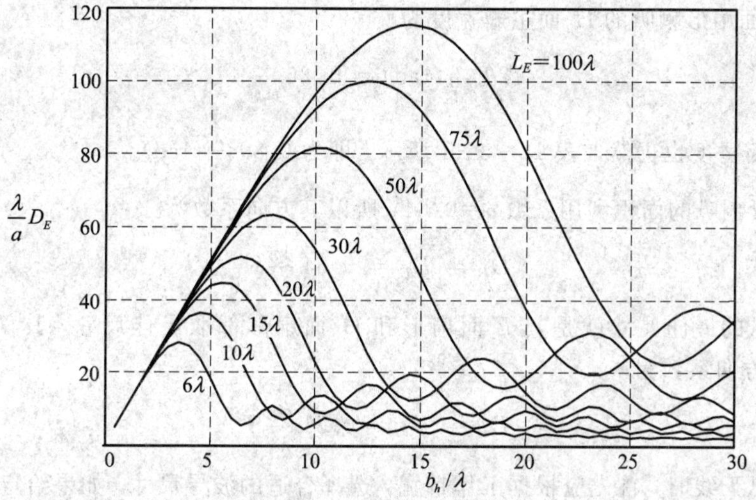

图 12-4-5　E 面喇叭方向系数

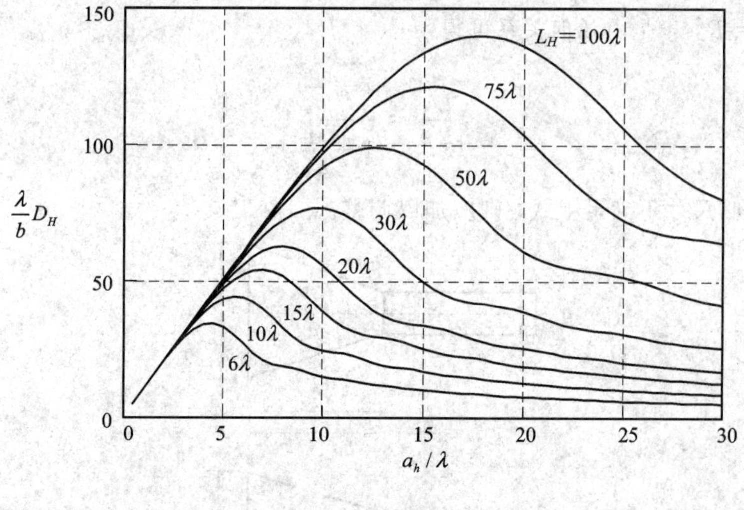

图 12-4-6　H 面喇叭方向系数

从图中可以看出，在喇叭长度一定的条件下，起初增大口径尺寸可以增大口径面积，进而增大了方向系数；但是当口径尺寸增大到超过某定值后，继续再增大口径尺寸，方向系数反而减小。这表明扇形喇叭存在着最佳喇叭尺寸(L_E，b_{hopt})(L_H，a_{hopt})，对于此尺寸，可以得到最大的方向系数。实际上，最佳尺寸即为 E 面和 H 面分别允许的最大相差尺寸，

表示为

$$b_{hopt} = \sqrt{2\lambda L_E} \tag{12-4-5}$$

$$a_{hopt} = \sqrt{3\lambda L_H} \tag{12-4-6}$$

满足最佳尺寸的喇叭称为最佳喇叭。此时最佳 E 面扇形喇叭的 E 面主瓣宽度为

$$2\theta_{0.5E}(\mathrm{rad}) = 0.94\frac{\lambda}{b_h} \tag{12-4-7}$$

而其 H 面主瓣宽度仍然如表 12-3-1 所示，即为 $1.18\frac{\lambda}{a}$(rad)。

最佳 H 面扇形喇叭的 H 面主瓣宽度为

$$2\theta_{0.5H}(\mathrm{rad}) = 1.36\frac{\lambda}{a_h} \tag{12-4-8}$$

而其 E 面主瓣宽度也仍然如表 12-3-1 所示，即为 $0.89\frac{\lambda}{b}$(rad)。

最佳扇形喇叭的面积利用系数 $\nu=0.64$，所以其方向系数为

$$D_H = D_E = 0.64\frac{4\pi}{\lambda^2}S \tag{12-4-9}$$

角锥喇叭的最佳尺寸就是其 E 面扇形和 H 面扇形都取最佳尺寸，其面积利用系数 $\nu=0.51$，其方向系数为

$$D_H = D_E = 0.51\frac{4\pi}{\lambda^2}S \tag{12-4-10}$$

设计喇叭天线时，首先应根据工作带宽，选择合适的波导尺寸。如果给定了方向系数，则应根据方向系数曲线，将喇叭天线设计成最佳喇叭。

对于角锥喇叭，还必须做到喇叭与波导在颈部的尺寸配合。由图 12-4-7 可看出，必须使 $R_E=R_H=R$，于是由几何关系可得

$$\frac{L_H}{L_E} = \frac{1-\dfrac{b}{b_h}}{1-\dfrac{a}{a_h}} \tag{12-4-11}$$

若所选择的喇叭尺寸不满足上式，则应加以调整。

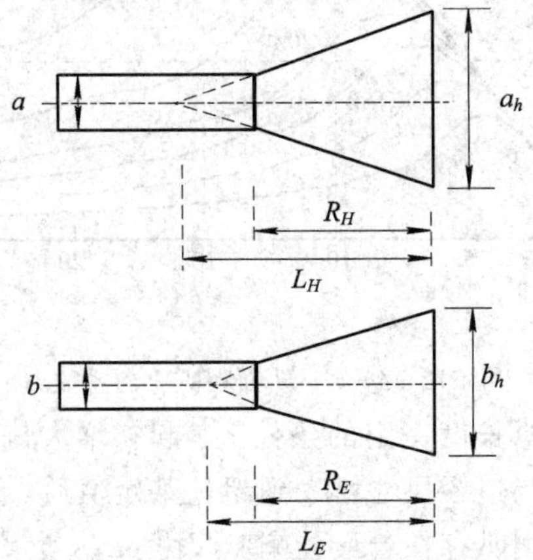

图 12-4-7　角锥喇叭的尺寸

12.4.2 圆锥喇叭(Conical Horn)

如图 12-4-8 所示，圆锥喇叭一般用圆波导馈电，描述圆锥喇叭的尺寸有口径直径 d_m、喇叭长度 L。圆锥喇叭的口径场的振幅分布与圆波导中的 TE_{11} 相同，但是相位按平方律沿半径方向变化。尽管分析方法与矩形喇叭相似，但数学过程比较复杂，这里只介绍其基本特性。

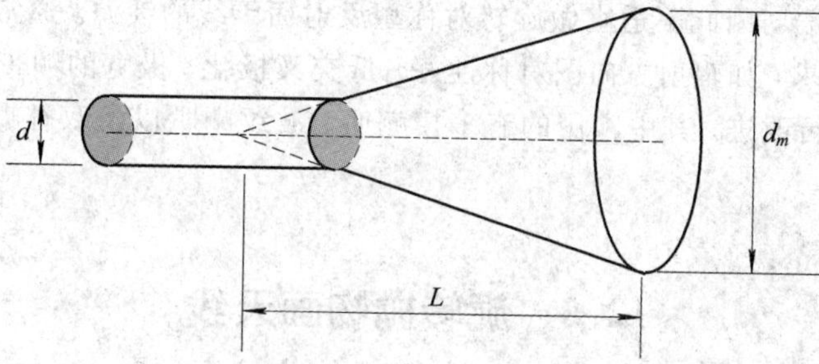

图 12-4-8 圆锥喇叭尺寸

图 12-4-9 给出了不同轴向长度圆锥喇叭的方向系数与口径直径的关系。从图中可以看出，圆锥喇叭仍然存在着最佳尺寸。与矩形喇叭类似，当轴向长度一定时，增大口径尺寸的效果将以增大口径面积为优势逐渐地转向以平方相位偏移为优势。

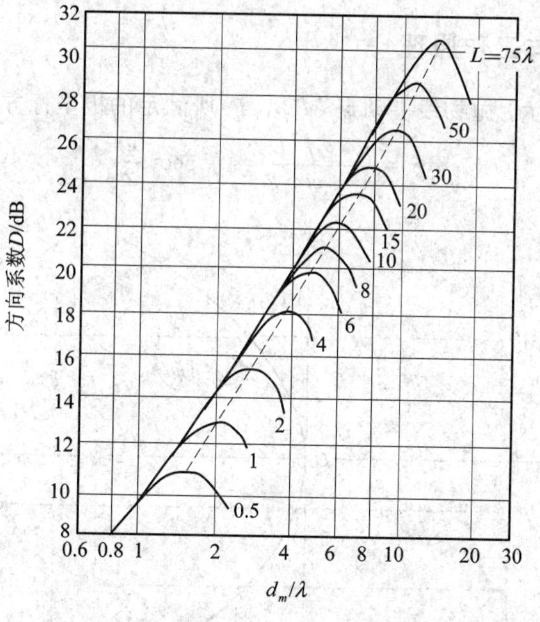

图 12-4-9 圆锥喇叭的方向系数

最佳圆锥喇叭的主瓣宽度与方向系数可以由以下公式近似计算：

$$\begin{cases} 2\theta_{0.5H}(\text{rad}) = 1.22\dfrac{\lambda}{d_m} \\ 2\theta_{0.5E}(\text{rad}) = 1.05\dfrac{\lambda}{d_m} \\ D = 0.5\left(\dfrac{\pi d_m}{\lambda}\right)^2 \end{cases} \tag{12-4-12}$$

普通喇叭天线由于口径场的不对称性，因此其两主平面的方向图也不对称，两主平面的相位中心也不重合，因此不适宜做旋转对称型反射面天线的馈源。通常要针对反射面天线对馈源的特殊要求，如辐射方向图对称性好、低交叉极化、极宽的频带特性以及圆极化等，对喇叭天线进行改进。其中常用的有多模喇叭、波纹喇叭以及双脊喇叭等，读者可自行查阅相关文献。

12.5 旋转抛物面天线

旋转抛物面天线(Paraboloidal Reflector Antenna)是应用最广泛的天线之一，它由馈源和反射面组成。天线的反射面由形状为旋转抛物面的导体表面或导线栅格网构成，馈源是放置在抛物面焦点上的具有弱方向性的初级照射器，它可以是单个振子或振子阵、单喇叭或多喇叭、开槽天线等。利用抛物面的几何特性，抛物面天线可以把方向性较弱的初级辐射器的辐射反射为方向性较强的辐射。

12.5.1 几何特性与工作原理

如图 12-5-1 所示，抛物线上动点 $M(\rho, \Psi)$所满足的极坐标方程为

$$\rho = \frac{2f}{1+\cos\Psi} = f\sec^2\frac{\Psi}{2} \tag{12-5-1}$$

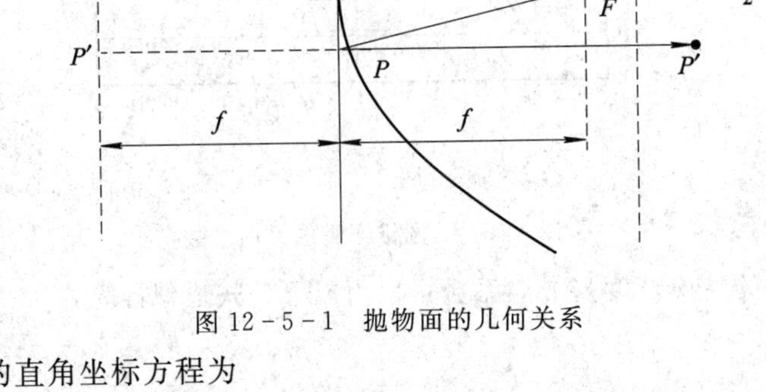

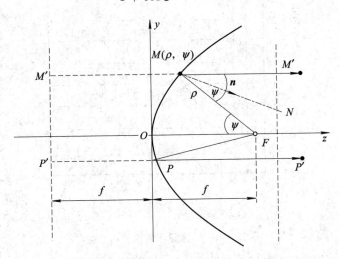

图 12-5-1 抛物面的几何关系

$M(y, z)$所满足的直角坐标方程为

$$y^2 = 4fz \tag{12-5-2}$$

式中，f 为抛物线的焦距；Ψ 为抛物线上任一点 M 到焦点的连线与焦轴(oz)之间的夹角；ρ 为点 M 与焦点 F 之间的距离。

一条抛物线绕其焦轴(oz)旋转所得的曲面就是旋转抛物面。旋转抛物面所满足的方程为

$$x^2 + y^2 = 4fz \tag{12-5-3}$$

旋转抛物面天线具有以下两个重要性质：

(1) 点 F 发出的光线经抛物面反射后，所有的反射线都与抛物面轴线平行，即

$$\angle FMN = \angle NMM' = \frac{\Psi}{2} \Rightarrow MM' \parallel OF \tag{12-5-4}$$

(2) 由点 F 发出的球面波经抛物面反射后成为平面波。等相面是垂直 OF 的任一平面。即

$$FMM' = FPP' \tag{12-5-5}$$

式(12-5-5)的证明可以根据抛物线上任一点到焦点的距离等于其到准线的距离的性质得到。

以上两个光学性质是抛物面天线工作的基础。如果馈源是理想的点源，抛物面尺寸无限大，则馈源辐射的球面波经抛物面反射后，将成为理想的平面波。考虑到一些实际情况，如反射面尺寸有限，口径边缘的绕射和相位畸变，尽管馈源的辐射经抛物面反射以后不是理想的平面波，但是反射以后的方向性也会大大加强。

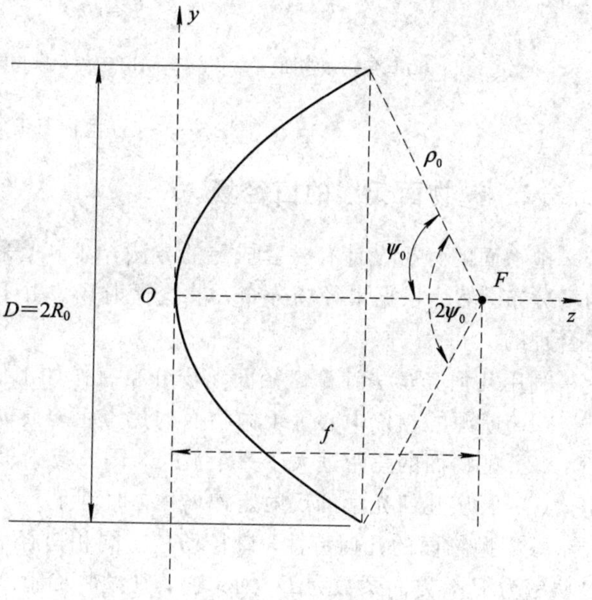

图 12-5-2　抛物面的口径与张角

如图 12-5-2 所示，抛物面天线常用的结构参数有 f：抛物面焦距；$2\Psi_0$：抛物面口径张角；R_0：抛物面反射面的口径半径；$D=2R_0$：抛物面反射面的口径直径。

另根据极坐标方程 $\rho=\dfrac{2f}{1+\cos\Psi}$得

$$\rho_0 = \frac{2f}{1+\cos\Psi_0} \tag{12-5-6}$$

又因为图 12-5-2 所示的几何关系，有

$$\sin\Psi_0 = \frac{R_0}{\rho_0} = \frac{R_0(1+\cos\Psi_0)}{2f} \tag{12-5-7}$$

由上式，$\dfrac{R_0}{2f}=\dfrac{\sin\Psi_0}{1+\cos\Psi_0}=\tan\dfrac{\Psi_0}{2}$，可以得到焦距口径比为

$$\frac{f}{D}=\frac{1}{4}\cot\frac{\Psi_0}{2} \tag{12-5-8}$$

根据抛物面张角的大小，抛物面的形状分为如图 12-5-3 所示的三种。一般而言，长焦距抛物面天线电特性较好，但天线的纵向尺寸太长，使机械结构复杂。焦距口径比 f/D 是一个重要的参数，从增益出发确定口径 D 以后，如再选定 f/D，则抛物面的形状就可以确定了。根据式(12-5-8)，再求出馈源需要照射的角度 $2\Psi_0$，也就给定了设计馈源的基本出发点。

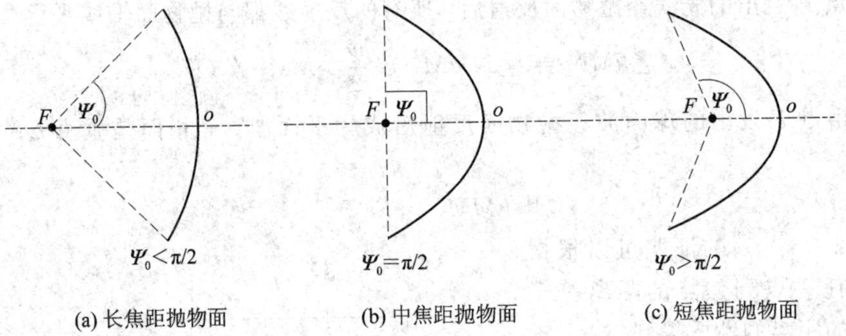

图 12-5-3 抛物面张角的类型

12.5.2 抛物面天线的口径场

抛物面的分析设计有一套成熟的方法，基本上采用几何光学和物理光学导出口径面上的场分布，然后依据口径场分布，求出辐射场。由于抛物面是电大尺寸，用这种方法计算是合理的。

利用几何光学法计算口径面上场分布时作如下假定：

(1) 馈源的相位中心置于抛物面的焦点上，且辐射球面波；

(2) 抛物面的焦距远大于一个波长，因此反射面处于馈源远区，且对馈源的影响忽略；

(3) 服从几何光学的反射定律($f\gg\lambda$ 时满足)。

根据抛物面的几何特性，口径场是一同相口径面。如图 12-5-4 所示，设馈源的总辐射功率为 P_r，方向系数为 $D_f(\Psi, \xi)$，则抛物面上 M 点的场强为

$$E_i(\Psi, \xi)=\frac{\sqrt{60P_rD_f(\Psi, \xi)}}{\rho} \tag{12-5-9}$$

因而由 M 点反射至口径上 M' 的场强为(平面波不扩散)

$$E_s(R, \xi)=E_i(\Psi, \xi)=\frac{\sqrt{60P_rD_{f\max}(0, \xi)}}{\rho}F(\Psi, \xi) \tag{12-5-10}$$

式中，$F(\Psi, \xi)$是馈源的归一化方向函数。将式(12-5-1)代入上式，得

$$E_s(R, \xi)=\frac{\sqrt{60P_rD_{f\max}}}{2f}(1+\cos\Psi)F(\Psi, \xi) \tag{12-5-11}$$

上式即为抛物面天线口径场振幅分布的表示式，可以看出，口径场的振幅分布是 Ψ 的函数。口径边缘与中心的相对场强为

$$\frac{E_s(R_0, \Psi_0)}{E_0}=F(\Psi_0, \xi)\frac{1+\cos\Psi_0}{2} \tag{12-5-12}$$

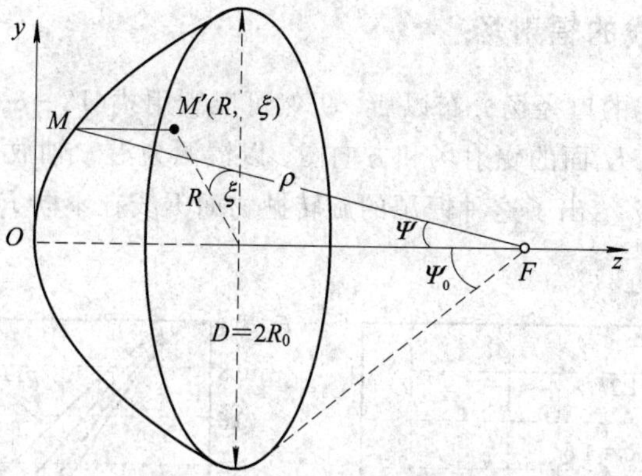

图 12-5-4 抛物面天线的口径场及其计算

其衰减的分贝数为

$$20\ \lg \frac{E_s(R_0,\ \Psi_0)}{E_0} = 20\ \lg F(\Psi_0,\ \xi) + 20\ \lg \frac{1+\cos\Psi_0}{2} \qquad (12-5-13)$$

由于馈源方向图 $F(\Psi, \xi)$一般是随着 Ψ 增大而下降，而上式中 $20\ \lg \frac{1+\cos\Psi_0}{2}$ 空间衰减因子又表示仅仅由于入射到抛物面边缘的射线长于入射到中心的射线也会导致边缘场扩散，使得边缘场较中心场强下降，因此抛物面口径场沿径向的减弱程度超过馈源的方向图即下降得更快。这种情况，在短焦距抛物面天线中更为突出。

口径场的极化情况决定于馈源类型与抛物面的形状、尺寸。一般口径场有两个垂直极化分量。如图 12-5-5 所示，如果馈源的极化为 y 方向极化，口径场的极化为 x 和 y 两个极化方向。通常在长焦距情况下，口径场 E_y 分量远大于 E_x 分量，E_y 为主极化分量，而 E_x 为交叉极化(Cross Polarization)分量。如图 12-5-6 所示，如果是短焦距抛物面天线，口径上还会出现反向场区域，它们将在最大辐射方向起抵消主场的作用，这些区域称为有害区，因此一般不宜采用短焦距抛物面。如因某种特殊原因必须采用短焦距抛物面天线，则最好切去有害区。如果馈源方向图具有理想的轴对称，口径场无交叉极化分量。

由于对称的关系，交叉极化分量 E_x 在两个主平面内的贡献为零，而在其他平面内，交叉极化的影响必须考虑。

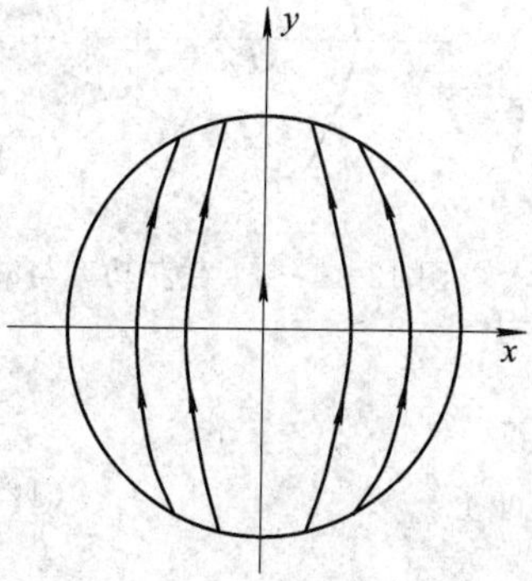

图 12-5-5 抛物面口径场的极化

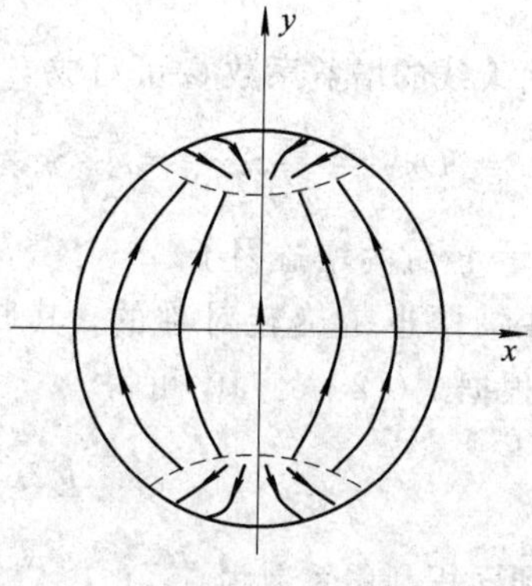

图 12-5-6 短焦距抛物面口径场的极化

12.5.3 抛物面天线的辐射场

求出了抛物面天线的口径场分布以后，仍然可以利用式(12-3-3)和式(12-3-4)来计算抛物面天线 E 面、H 面的辐射场和方向图。以馈源为沿 y 轴放置的带圆盘反射器的偶极子为例，图 12-5-7 给出了这种馈源的旋转抛物面天线在不同 R_0/f 条件下两主平面方向图。

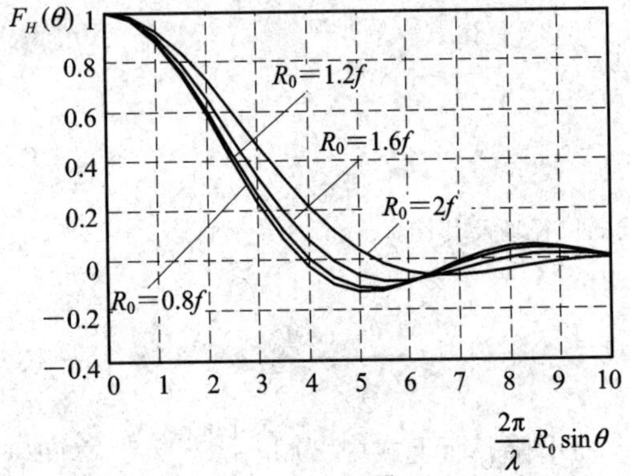

(a) H 面

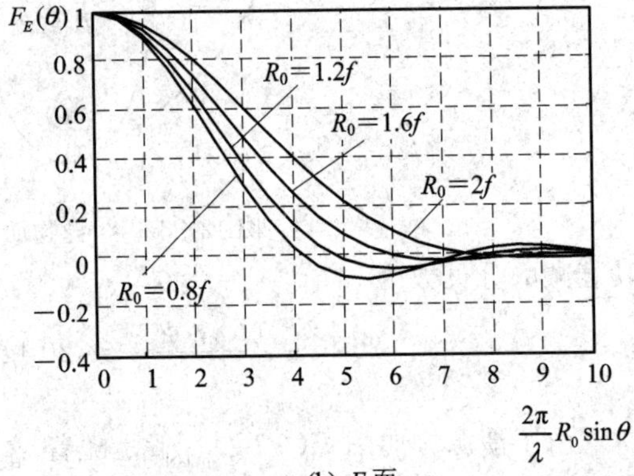

(b) E 面

图 12-5-7　馈源为带圆盘反射器的偶极子的抛物面天线方向图

从图中可以看出，由于馈源在 E 面方向性较强，对抛物面 E 面的照射不如 H 面均匀，故抛物面天线的 H 面方向性反而强于 E 面方向性。

抛物面天线的方向系数仍然由式 $D=\frac{4\pi}{\lambda^2}S\nu$ 来计算。其中，ν 为面积利用系数，$S=\pi R_0^2=4\pi f^2\tan^2\frac{\Psi_0}{2}$ 为抛物面的口径面积。

超高频天线中，由于天线本身的损耗很小，可以认为天线效率 $\eta_A\approx1$，所以 $G\approx D$，但在抛物面天线中，天线口径截获的功率 P_{rs} 只是馈源所辐射的总功率 P_r 的一部分，还有一部分为漏射损失。

如图 12-5-8 所示，定义口径截获效率为

$$\eta_A=\frac{P_{rs}}{P_r}\qquad(12-5-14)$$

则抛物面天线的增益系数 G 可写成

$$G=D\eta_A=\frac{4\pi}{\lambda^2}S\nu\eta_A=\frac{4\pi}{\lambda^2}Sg\qquad(12-5-15)$$

式中，$g=\nu\eta_A$ 称为增益因子。

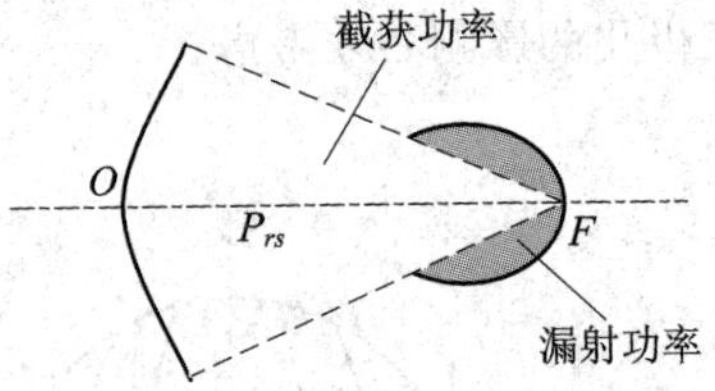

图 12-5-8　截获功率与漏射功率

如果馈源也是旋转对称的，其归一化方向函数为 $F(\Psi)$，根据式(12-5-10)可得

$$E_s=\frac{\sqrt{60P_rD_{f\max}}}{\rho}F(\Psi)\qquad(12-5-16)$$

可以得到面积利用系数为

$$\nu = \frac{\left|\iint_S E_s \mathrm{d}S\right|^2}{S\iint_S |E_s|^2 \mathrm{d}S} = 2\cot^2\frac{\Psi_0}{2}\frac{\left|\int_0^{\Psi_0} F(\Psi)\tan\frac{\Psi}{2}\mathrm{d}\Psi\right|^2}{\int_0^{\Psi_0} F^2(\Psi)\sin\Psi\mathrm{d}\Psi} \tag{12-5-17}$$

口径截获效率为

$$\eta_A = \frac{P_{rs}}{P_r} = \frac{\int_0^{\Psi_0} F^2(\Psi)\sin\Psi\mathrm{d}\Psi}{\int_0^{\pi} F^2(\Psi)\sin\Psi\mathrm{d}\Psi} \tag{12-5-18}$$

在多数情况下，馈源的方向函数近似地表示为下列形式

$$\begin{cases} F(\Psi) = \cos^{\frac{n}{2}}\Psi & 0 \leqslant \Psi \leqslant \frac{\pi}{2} \\ F(\Psi) = 0 & \Psi \geqslant \frac{\pi}{2} \end{cases} \tag{12-5-19}$$

其中，n 越大表示馈源方向图越窄，反之则越宽。

图 12-5-9 给出了抛物面天线的面积利用系数、效率及增益因子随口径张角的变化曲线。从图中可以看出，由于面积利用系数、效率与口径张角之间的变化关系恰好相反，所以存在着最佳张角，使得增益因子对应着最大值 $g_{max} \approx 0.83$。尽管最佳张角与馈源方向性有关，但是和此最佳张角对应的口径边缘的场强都比中心场强低 10～20 dB。因此可以得到如下结论：不论馈源方向如何，当口径边缘电平比中心低 11 dB 时，抛物面天线的增益因子最大。考虑到实际的安装误差、馈源的旁瓣以及支架的遮挡等因素，增益因子比理想值要小，通常取 $g \approx 0.5$～0.6，使用高效率馈源时，g 可达 0.7～0.8。

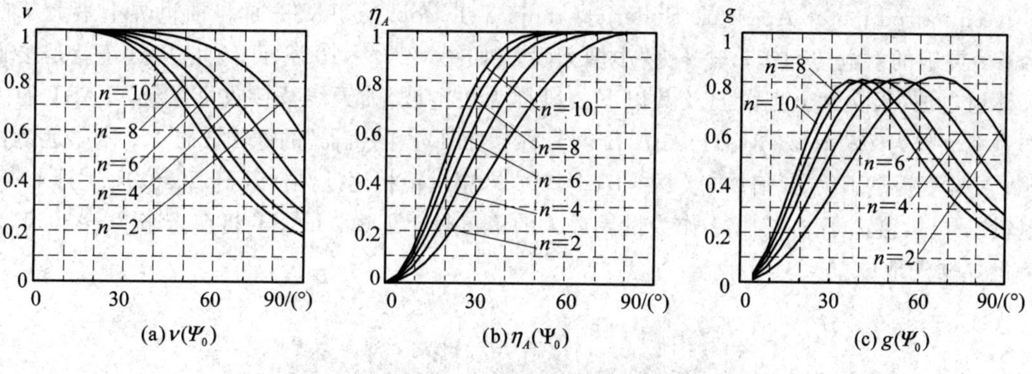

(a) $\nu(\Psi_0)$　(b) $\eta_A(\Psi_0)$　(c) $g(\Psi_0)$

图 12-5-9　抛物面天线的面积利用系数、效率及增益因子随口径张角的计算曲线

在最大增益因子条件下，抛物面天线的半功率波瓣宽度可按下列公式近似计算

$$2\theta_{0.5} = (70^\circ \sim 75^\circ)\frac{\lambda}{2R} \tag{12-5-20}$$

12.5.4　抛物面天线的馈源(Feeds)

馈源是抛物面天线的基本组成部分，它的电性能和结构对天线有很大的影响，为了保证天线性能良好，对馈源有以下基本要求：

(1) 馈源应有确定的相位中心，并且此相位中心置于抛物面的焦点，以使口径上得到等相位分布。

(2) 馈源方向图的形状应尽量符合最佳照射，同时副瓣和后瓣尽量小，因为它们会使得天线的增益下降，副瓣电平抬高。

(3) 馈源有较小的体积，减少其对抛物面的口面的遮挡。

(4) 馈源应具有一定的带宽，因为抛物面天线的带宽主要取决于馈源的带宽。

馈源的形式很多，所有弱方向性天线都可作抛物面天线的馈源，例如振子天线、喇叭天线、对数周期天线、螺旋天线等。馈源的设计是抛物面天线设计的核心问题。现在的通信体制多样化，所以对馈源的要求也不尽相同，例如超宽频带、双极化以及双波束等，高效率的馈源势必会有效地提高抛物面天线的整体性能。

由于安装等工程或设计上的原因，馈源的相位中心不与抛物面的焦点重合，这种现象称为偏焦。对普通抛物面天线而言，偏焦会使得天线的电性能下降，但是偏焦也有可利用之处。偏焦分为两种：馈源的相位中心沿抛物面的轴线偏焦，称为纵向偏焦；馈源的相位中心垂直于抛物面的轴线偏焦，称为横向偏焦。纵向偏焦使得抛物面口径上发生旋转对称的相位偏移，方向图主瓣变宽，但是最大辐射方向不变，有利于搜索目标。正焦时方向图主瓣窄，有利于跟踪目标。这样一部雷达可以同时兼作搜索与跟踪两种用途。而当小尺寸横向偏焦时，抛物面口径上发生直线律相位偏移，天线的最大辐射方向偏转，但波束形状几乎不变。如果馈源以横向偏焦的方式绕抛物面的轴线旋转，则天线的最大辐射方向就会在空间产生圆锥式扫描，扩大了搜索空间。

12.5.5　FAST

中国科学院国家天文台主导建设完成的 500 米口径球面射电望远镜，简称 FAST (Five-hundred-meter Aperture Spherical radio Telescope)。FAST 是目前世界上最大单口径、最灵敏的射电望远镜，被誉为“中国天眼”，如图 12-5-10 所示。射电望远镜就是接收天体射电波(天文学上把微波及其以下波段称为射电波)的天线及接收机系统，FAST 的工作频率范围为 70 MHz～3 GHz。FAST 与号称“地面最大的机器”的德国波恩 100 米望远镜相比，灵敏度提高了约 10 倍；与美国 Arecibo 300 米望远镜相比(已损坏，于 2020 年 11 月 19 日退役)，灵敏度高了 2.25 倍。作为世界最大的单口径望远镜，FAST 将在未来 20～30 年保持世界领先地位。

图 12-5-10　500 米口径球面射电望远镜

FAST 工程利用贵州大窝凼天然喀斯特洼地作为台址，于 2011 年 3 月 25 日开工建设，2016 年 9 月 25 日竣工，2021 年 3 月 31 日正式对全球科学界开放。

FAST 由主动反射面系统、馈源支撑系统、测量与控制系统、接收机与终端及观测基地等几大部分构成，下面主要介绍与本课程有关的前两个系统。

(1) 主动反射面系统：包括一个口径 500 米由近万根钢索组成的反射面索网主体、反射面单元、促动器装置、地锚、圈梁等。反射面索网安装在环形圈梁上，在索网上安装 4450 块三角形反射面单元，索网的 2225 个节点下方连接下拉钢索和促动器装置，促动器再与地锚连接，形成了完整的主动反射面系统。索网采取主动变位的独特工作方式，即根据观测天体的方位，利用促动器控制下拉索，在 500 米口径反射面的不同区域形成口径为 300 米的抛物面，以实现天体观测。

(2) 馈源支撑系统：在洼地周边山峰上建造 6 个百米高的支撑塔，安装钢索柔性支撑体系及其导索、卷索机构，以实现馈源舱的一级空间位置调整；馈源舱的直径约 13 米，重 30 吨，馈源舱内安装精调系统，用于二级调整；利用两级调整机构之间的转向机构辅助调整馈源舱的姿态角。

FAST 的天线工作原理就是前面介绍的抛物面天线的原理，那么，为什么称 FAST 为球面射电望远镜呢？

我们知道，星体每时每刻都在运动，辐射过来的射电波方向也会发生变化，因此反射面也需要跟着一起转动才能保证接收到的是同一颗星体的信号。但要即时精确地转动 500 米大口径的天线，难度可想而知。

FAST 设计了主动反射面系统，如前面介绍，用可拉动的大小精确到毫米的 4450 块三角形面板拼接成整个反射球面，当星体运动过来时，通过计算机控制钢索把小反射面单元往下拉，将球面拉扁，形成口径 300 米的抛物面，如图 12-5-11 所示；当星体离开时，将抛物面恢复成球面，再将另一个方向拉成抛物面，整个球面镜跟着星体的运动不断变形、恢复。如此一来，FAST 最终在保证大口径和良好观测的同时即可完成跟踪。FAST 最大的技术成就是解决了球面镜随时变抛物面这一难点。

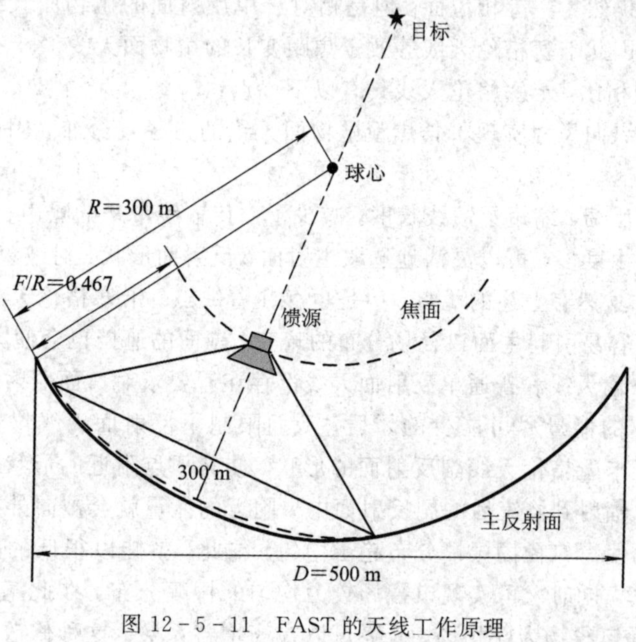

图 12-5-11　FAST 的天线工作原理

FAST 把空间观测能力延伸至人类目前可观测的宇宙范围边界，其科学目标包括：巡视宇宙中的中性氢，研究宇宙大尺度物理学，以探索宇宙起源和演化；观测脉冲星；探测星际分子；搜索可能的星际通信信号。自启用以来，FAST 发现的脉冲星数量已超过 300 颗。

12.6　卡塞格伦天线

卡塞格伦天线是由卡塞格伦光学望远镜发展起来的一种微波天线，它在单脉冲雷达、卫星通信以及射电天文等领域中得到了广泛的应用。

如图 12-6-1 所示，标准的卡塞格伦天线由馈源、主反射面以及副反射面组成。主反射面为旋转抛物面 M，副反射面为双曲面 N。主、副反射面的对称轴重合，双曲面的实焦点位于抛物面的顶点附近，馈源置于该位置上，其虚焦点和抛物面的焦点重合。

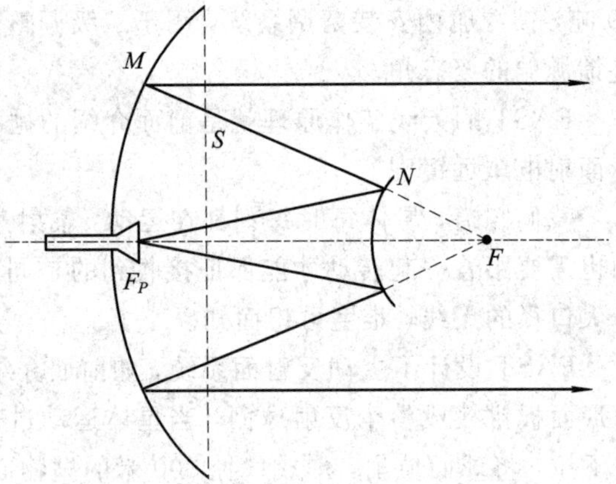

图 12-6-1　卡塞格伦天线的结构

根据双曲线的几何性质，置于其实焦点 F_P 上的馈源向双曲面辐射球面波，经双曲面反射后，所有的反射线的反向延长线汇聚于虚焦点 F，并且反射波的等相位面为以 F 点为中心的球面。由于此点重合于抛物面的焦点，因此对于抛物面而言，相当于在其焦点处放置了一个等效球面波源，抛物面的口径仍然为一等相位面。但是相对于单反射面的抛物面天线而言，由馈源到口径的路程变长，因此卡塞格伦天线等效于焦距变长的抛物面天线。

与抛物面天线相比，卡塞格伦天线具有以下优点：

(1) 以较短的纵向尺寸实现了长焦距抛物面天线的口径场分布，因而具有高增益，锐波束；

(2) 由于馈源后馈，缩短了馈线长度，减少了由传输线带来的噪声；

(3) 设计时自由度多，可以灵活地选取主射面、反射面形状，对波束赋形。

卡塞格伦天线虽然有上述的优点，但是也存在着缺点。卡塞格伦天线的副反射面的边缘绕射效应较大，容易引起主面口径场分布的畸变，副面的遮挡也会使方向图变形。

标准的卡塞格伦天线和普通单反射面天线都存在着要求对口面照射尽可能均匀和要求从反射面边缘溢出的能量尽可能少的矛盾，从而限制了反射面天线增益因子的提高。不过，可以通过修正卡塞格伦天线副反射面的形状，使其顶点附近的形状较标准的双曲面更凸起一些，则馈源辐射到修正后的副反射面中央附近的能量就会被向外扩散到主反射面的非中央部分，从而使得口径场振幅分布趋于均匀。如此，就能以很低的副面边缘电平来保证较大的截获效率，同时又可实现口径场较为均匀的振幅分布。在此基础上，再进一步修正主面形状以确保口径场为同相场，最终可以提高增益系数。这种修改主、副面形状后的天线，称为改进型卡塞格伦天线，它是可以提高天线增益因子的研究成果之一。改进型卡塞格伦天线与高效率馈源相结合，将可使天线增益因子达到0.7～0.85，在实践中已得到较多的应用。

习 题

12-1 何谓惠更斯元的辐射？它的辐射场及辐射特性如何？

12-2 推导同相平面口径的方向系数的计算公式(12-3-9)，并分析此公式的意义。

12-3 计算余弦分布的矩形口径的面积利用系数。

12-4 均匀同相的矩形口径尺寸 $a=8\lambda$，$b=6\lambda$，利用图12-3-5求出 H 面内的主瓣宽度 $2\theta_{0.5H}$，零功率点波瓣宽度 $2\theta_{0H}$ 以及第一副瓣位置和副瓣电平 SLL(dB)。

12-5 设矩形口径尺寸为 $a\times b$，口径场振幅同相但沿 a 边呈余弦分布，欲使两主平面内主瓣宽度相等，求 a/b 应为多少？

12-6 同相均匀圆形口径的直径等于同相均匀方形口径的边长，哪种口径的方向系数大？为什么？

12-7 口径相位偏差主要有哪几种？它们对方向图的影响如何？

12-8 角锥喇叭、E 面喇叭和 H 面喇叭的口径场各有什么特点？

12-9 何谓最佳喇叭？喇叭天线为什么存在着最佳尺寸？

12-10 工作波长 $\lambda=3.2$ cm 的某最佳角锥喇叭天线的口径尺寸为 $a_h=26$ cm，$b_h=18$ cm，试求 $2\theta_{0.5E}$，$2\theta_{0.5H}$ 以及方向系数 D。

12-11 设计一个工作于 $\lambda=3.2$ cm 的 E 面喇叭天线，要求它的方向系数为 $D=70$，馈电波导采用 BJ—100 标准波导，尺寸为 $a=22.86$ mm，$b=10.16$ mm。

12-12 设计一个工作于 $\lambda=3.2$ cm 的角锥喇叭，要求它的 E 面、H 面内主瓣宽度均为 $10°$，求喇叭的口径尺寸，喇叭长度及其方向系数。

12-13 计算最佳圆锥喇叭的口径直径为 7 cm 并工作于 $\lambda=3.2$ cm 时的主瓣宽度及方向系数。

12-14 简述旋转抛物面天线的结构及工作原理。

12-15 要求旋转抛物面天线的增益系数为 40 dB，并且工作频率为 1.2 GHz，如果增益因子为 0.55，试估算其口径直径。

12-16 某旋转抛物面天线的口径直径 $D=3$ m，焦距口径比 $f/D=0.6$，求：

(1) 抛物面半张角 Ψ_0。

(2) 如果馈源的方向函数为 $F(\Psi)=\begin{cases}\cos^2\Psi, & \Psi\leqslant\dfrac{\pi}{2}\\ 0, & \Psi>\dfrac{\pi}{2}\end{cases}$，求出面积利用系数 υ、口径截获效率 η_A 和增益因子 g。

(3) 求频率为 2 GHz 时的增益系数。

12-17 对旋转抛物面天线的馈源有哪些基本要求？

12－18　何谓抛物面天线的偏焦？它有哪些应用？

12－19　卡塞格伦天线有哪些特点？

习题解答

第13章　电 波 传 播

13.1 引　言

天线将传输线送来的高频电流能量转换为电波能量，电波的传输并非在理想的自由空间进行，而是在一定的媒质中传输。不同的媒质对无线电波的影响是不一样的，在通常的传输距离上，电波传播的损耗也是非常大的。在计算给定的通信线路时，必须对电波传播的分析给予足够的重视，否则无法确保通信系统具有足够的信噪比余量。

13.1.1 电磁波谱

人类正在观测研究和利用的电磁波，其频率低至千分之几赫兹(地磁脉动)，高达 10^{30} 赫兹量级(宇宙射线)，相应的波长从 10^{11}(m)缩至 10^{-20}(m)以下。按序排列的频率分布称为波谱(或频谱)，在整个电磁波谱中，无线电波频段(Radio-frequency Band)的划分见表 13-1-1。

表 13-1-1　无线电波频段的划分

波段名	亚毫米波(Sub-mm)	毫米波	厘米波	分米波	超短波(Metric wave)	短波(SW)	中波(MW)	长波(LW)	甚长波	特长波	超长波	极长波
		微波(Microwave)										
波长 λ	0.1～1 mm	1～10 mm	1～10 cm	10～100 cm	1～10 m	10～100 m	100～1000 m	1～10 km	10～100 km	100～1000 km	10^3～10^4 km	10^4 km 以上
频率 f	3000～300 GHz	300～30 GHz	30～3 GHz	3000～300 MHz	300～30 MHz	30～3 MHz	3000～300 kHz	300～30 kHz	30～3 kHz	3000～300 Hz	300～30 Hz	30 Hz 以下
频段名		EHF 极高频	SHF 超高频	UHF 特高频	VHF 甚高频	HF 高频	MF 中频	LF 低频	VLF 甚低频	ULF 特低频	SLF 超低频	ELF 极低频

从电波传播特性出发，并考虑到系统技术问题，频段的典型应用如下：

超低频：典型应用为地质结构探测，电离层与磁层研究，对潜通信，地震电磁辐射前兆检测。超低频由于波长太长，所以辐射系统庞大且效率低，人造系统难于建立，主要由太阳风与磁层相互作用、雷电及地震活动所激发。近年来在此频段高端已有人造发射系统用于对潜艇发射简单指令和地震活动中深地层特性变化的检测。

极低频：典型应用为对潜通信、地下通信、极稳定的全球通信、地下遥感、电离层与磁层的研究。由于频率低，因而信息容量小，信息速率低(约为 1 bit/s)。该频段中，垂直极化的天线系统不易建立，并且受雷电干扰强。

甚低频：Omega(美)、α(俄)超远程及水下相位差导航系统，全球电报通信及对潜指挥通信，时间频率标准传递，地质探测。该波段难于实现电尺寸高的垂直极化天线和定向天线，传输数据率低，雷电干扰也比较强。

低频：Loran-C(美)及我国长河二号远程脉冲相位差导航系统，时间频率标准传递，远程通信广播。该频段不易实现定向天线。

中频：广播、通信、导航(机场着陆系统)。采用多元天线可实现较好的方向性，但是天线结构庞大。

高频：远距离通信广播，超视距天波及地波雷达，超视距地-空通信。

米波：语音广播，移动(包括卫星移动)通信，接力(约为 50 km 跳距)通信，航空导航信标。容易实现具有较高增益系数的天线系统。

分米波：电视广播，飞机导航、着陆，警戒雷达，卫星导航，卫星跟踪、数传及指令网，蜂窝无线电。

厘米波：多路语音与电视信道，雷达，卫星遥感，固定及移动卫星信道。

毫米波：短路径通信，雷达，卫星遥感。此波段及以上波段的系统设备和技术有待进一步发展。

亚毫米波：短路径通信。

13.1.2　电波传播的主要方式

电波传播特性同时取决于媒质结构特性和电波特征参量。对于一定频率和极化的电波与特定媒质条件相匹配，将具有某种占优势的传播方式。常用的电波传播方式分为以下几种：

(1) 地面波传播。如图 13-1-1 所示，电波沿着地球表面传播的方式为地面波传播。此种方式要求天线的最大辐射方向沿着地面，采用垂直极化，工作的频率多位于超长波、长波、中波和短波波段，地面对电波的传播有着强烈的影响。这种传播方式的优点是传播的信号质量好，但是频率越高，地面对电波的吸收越严重。

(2) 天波传播。如图 13-1-2 所示，发射天线向高空辐射的电波在电离层内经过连续折射而返回地面到达接收点的传播方式称为天波传播。尽管中波、短波都可以采用这种传播方式，但是仍然以短波为主。它的优点是能以较小的功率进行可达数千千米的远距离传播。天波传播的规律与电离层密切相关，由于电离层具有随机变化的特点，因此天波信号的衰落现象也比较严重。

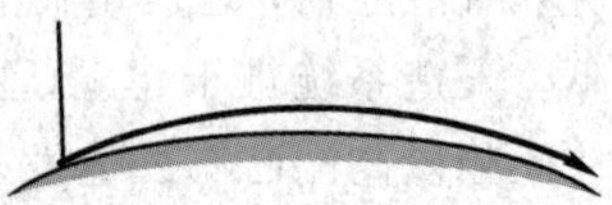

图 13-1-1　地面波传播

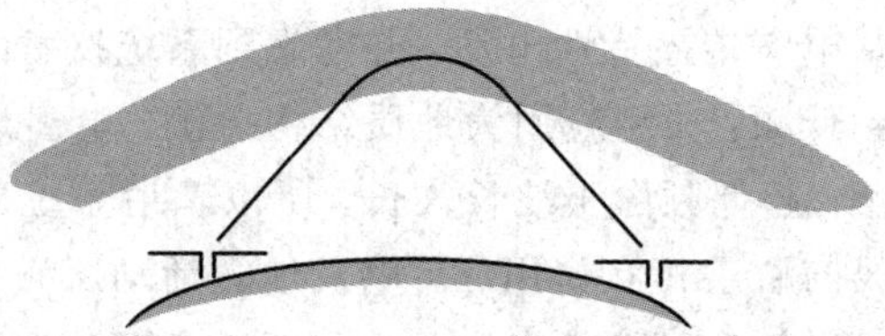

图 13-1-2　天波传播

(3) 视距传播。如图 13-1-3 所示，电波依靠发射天线与接收天线的直视的传播方式称为视距传播。它可以分为地-地视距传播和地-空视距传播。视距传播的工作频段为超短波及微波波段。此种工作方式要求天线具有强方向性并且有足够高的架设高度。信号在传播中所受到的主要影响是视距传播中的直射波和地面反射波之间的干涉。在几千兆赫和更高的频率上，还必须考虑雨和大气成分的衰减及散射作用。在较高的频率上，山、建筑物和树木等对电磁波的散射和绕射作用变得更加显著。

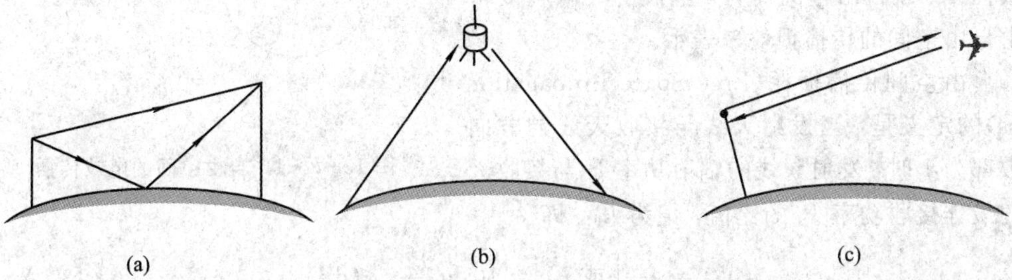

图 13-1-3　视距传播

(4) 散射传播。除了上述三种基本的传播方式外，还有散射传播。如图 13-1-4 所示，散射传播是利用低空对流层、高空电离层下缘的不均匀的"介质团"对电波的散射特性以达到传播目的。散射传播的距离可以远远超过地-地视距传播的视距。对流层散射主要用于 100 MHz～10 GHz 频段，传播距离 $r<800$ km；电离层散射主要用于 30～100 MHz 频段，传播距离 $r>1000$ km。散射通信的主要优点是距离远，抗毁性好，保密性强。

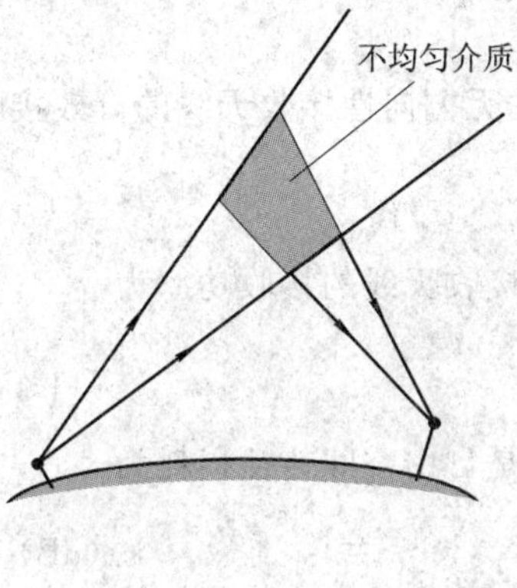

图 13-1-4　散射传播

在各种传播方式中，媒质的电参数(包括介电常数，磁导率与电导率)的空间分布和时间变化及边界状态，是传播特性的决定性因素。

13.2　自由空间电波传播

不同的电波传播方式反映在不同传输媒质对电波传播的影响不同，从而带来的损耗不同。但是即使在自由空间传播，电波在传播的过程中的功率密度也不断衰减。为了便于对各种传播方式进行定量的比较，有必要先进行电波在自由空间传播的讨论。

13.2.1　自由空间传播损耗计算

如图 13-2-1 所示，有一天线置于自由空间 A 处，其辐射功率为 P_r，方向系数为 D，在最大辐射方向上距离为 r 的点 M 处产生的场强振幅为

$$E=\frac{\sqrt{60P_rD}}{r} \tag{13-2-1}$$

在实际的通信系统设计中，为了对发射机功率和发射天线增益、接收机灵敏度和接收天线增益合理地提出要求，一般要预先进行电道计算，电道计算的内容主要是计算电波在传播过程中的衰减程度。就自由空间而言，电波的衰减程度可以由自由空间的传播损耗来表示。

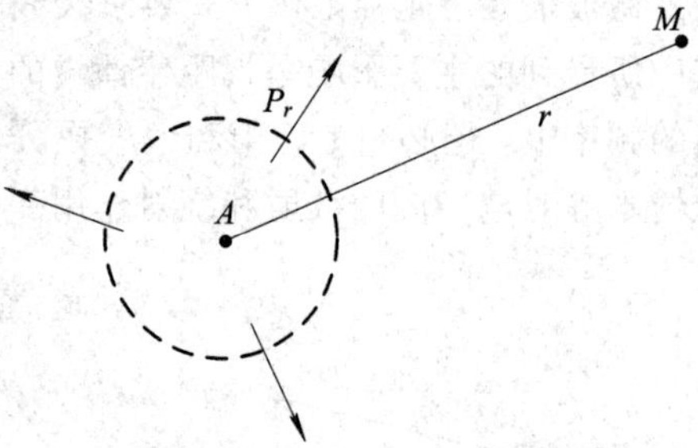

图 13-2-1　自由空间的电波传播

自由空间传播损耗(Free Space Propagation Loss)的定义是：当发射天线与接收天线的方向系数都为1时，发射天线的辐射功率 P_r 与接收天线的最佳接收功率 P_L 的比值，记为 L_0，即

$$L_0=\frac{P_r}{P_L}\left[\text{或 } L_0=10\ \lg\frac{P_r}{P_L}\quad(\text{dB})\right] \tag{13-2-2}$$

$D=1$ 的无方向性发射天线产生的功率密度为

$$S_{av}=\frac{P_r}{4\pi r^2} \tag{13-2-3}$$

$D=1$ 的无方向性接收天线的有效接收面积为

$$A_e=\frac{\lambda^2}{4\pi} \tag{13-2-4}$$

所以该接收天线的接收功率为

$$P_L=S_{av}A_e=\left(\frac{\lambda}{4\pi r}\right)^2P_r \tag{13-2-5}$$

于是自由空间传播损耗为

$$L_0(\text{dB})=10\ \lg\frac{P_r}{P_L}=20\ \lg\left(\frac{4\pi r}{\lambda}\right) \tag{13-2-6}$$

或

$$\begin{aligned}L_0(\text{dB})&=32.45+20\ \lg f(\text{MHz})+20\ \lg r(\text{km})\\&=121.98+20\ \lg r(\text{km})-20\ \lg\lambda(\text{cm})\end{aligned} \tag{13-2-7}$$

虽然自由空间是一种理想介质，是不会吸收能量的，但是随着传播距离的增大导致发射天线的辐射功率分布在更大的球面上，因此自由空间传播损耗是一种扩散式的能量自然损耗。从上式可见，当电波频率提高一倍或传播距离增加一倍时，自由空间传播损耗分别增加 6 dB。对于波长 $\lambda=100$ m，传播距离 $r=50$ km 而言，$L_0=76$ dB 是一个不小的数字。

实际的传输媒质对电波有吸收作用，这将导致电波的衰减。如果实际情况下的接收点的场强为 E，而自由空间传播的场强为 E_0，定义比值 $|E/E_0|$ 为衰减因子(Attenuation Factor)，记为 A，于是有

$$A=|E/E_0| \tag{13-2-8}$$

相应的衰减损耗为

$$L_F(\text{dB})=20\ \lg\frac{1}{A}=20\ \lg\left|\frac{E_0}{E}\right| \tag{13-2-9}$$

A 与工作频率、传播距离、媒质电参数、地貌地物、传播方式等因素有关。

考虑了上述路径带来的衰减以后，为了表明传输路径的功率传输情况，常常引入路径传输损耗(Propagation Path Loss)(或称为基本传输损耗)，记为 L_b，即

$$L_b(\text{dB}) = L_0(\text{dB}) + L_F(\text{dB}) \tag{13-2-10}$$

如果发射天线的输入功率为 P_{in}，增益系数为 G_r，接收天线的增益系数为 G_L，则相应的功率密度和最佳接收功率分别为

$$S_{\text{av}} = \frac{P_{\text{in}}G_r}{4\pi r^2}A^2 \tag{13-2-11}$$

$$P_L = S_{\text{av}}A_e = \left(\frac{\lambda}{4\pi r}\right)^2 P_{\text{in}}A^2G_rG_L \tag{13-2-12}$$

对于这样实际的传输电道，定义发射天线输入功率与接收天线输出功率(满足匹配条件)之比为该电道的传输损耗(Propagation Loss)L，即

$$L = \frac{P_{\text{in}}}{P_L} = \left(\frac{4\pi d}{\lambda}\right)^2 \frac{1}{A^2G_rG_L} \tag{13-2-13}$$

或

$$L(\text{dB}) = L_0(\text{dB}) + L_F(\text{dB}) - G_r(\text{dB}) - G_L(\text{dB}) \tag{13-2-14}$$

在路径传输损耗 L_b 为客观存在的前提下，降低传输损耗 L 的重要措施就是提高收、发天线的增益系数。

例 13-2-1　设微波中继通信的段距 $r=50$ km，工作波长为 7.5 cm，收、发天线的增益系数都为 45 dB，馈线及分路系统一端损耗为 3.6 dB，该路径的衰减因子 $A=0.7$，若发射天线的输入功率为 10 W，求其收信电平。

解　首先利用式(13-2-7)求出自由空间传播损耗为

$$\begin{aligned} L_0(\text{dB}) &= 121.98 + 20\ \lg d(\text{km}) - 20\ \lg\lambda(\text{cm}) \\ &= 121.98 + 20\ \lg 50 - 20\ \lg 7.5 \\ &= 121.98 + 33.98 - 17.5 = 138.46(\text{dB}) \end{aligned}$$

于是，考虑到馈线及分路系统一端损耗后，该电道的总传输损耗 L 为

$$\begin{aligned} L(\text{dB}) &= L_0(\text{dB}) + L_F(\text{dB}) - G_r(\text{dB}) - G_L(\text{dB}) + 2\times 3.6 \\ &= 138.46 - 20\ \lg 0.7 - 2\times 45 + 2\times 3.6 \\ &= 58.8(\text{dB}) \end{aligned}$$

因发射天线的输入功率为 $P_{\text{in}}=10(\text{W})=40(\text{dBm})$(注：dBm 为分贝毫瓦)，于是收信电平即接收天线的输出功率为

$$P_L(\text{dBm}) = P_{\text{in}}(\text{dBm}) - L(\text{dB}) = 40 - 58.8 = -18.8(\text{dBm})$$

13.2.2　菲涅尔区概念

理想的自由空间应是无边际的，但是这样的空间是不存在的。而对某一特定方向而言，却存在着能否视为自由空间传播的概念，更有其实际的意义。对此，需要介绍电波传播的菲涅尔区概念。

如图 13-2-2 所示，空间 A 处有一球面波源，为了讨论它的辐射场的大小，根据惠更斯-菲涅尔原理，可以做一个与之同心、半径为 R 的球面，该球面上所有的同相惠更斯源对

于远区观察点 P 来说，可以视为二次波源。如果 P 点与 A 点相距 $d=R+r_0$，为了计算方便起见，我们将球面 S 分成许多环形带 $N_n(n=1, 2, 3, \cdots)$，并使相邻两带的边缘到观察点的距离相差半个波长(物理学上称这种环带为菲涅尔带(Fesnel Zone))，即

$$\begin{cases} R+r_1=R+r_0+\lambda/2 \\ R+r_2=R+r_0+2(\lambda/2) \\ \quad\vdots \\ R+r_n=R+r_0+n(\lambda/2) \end{cases} \tag{13-2-15}$$

在这种情况下，相邻两带的对应部分的惠更斯源在 P 点的辐射将有 $\lambda/2$ 的波程差，因而具有 $180°$ 的相位差，起着互相削弱的作用。

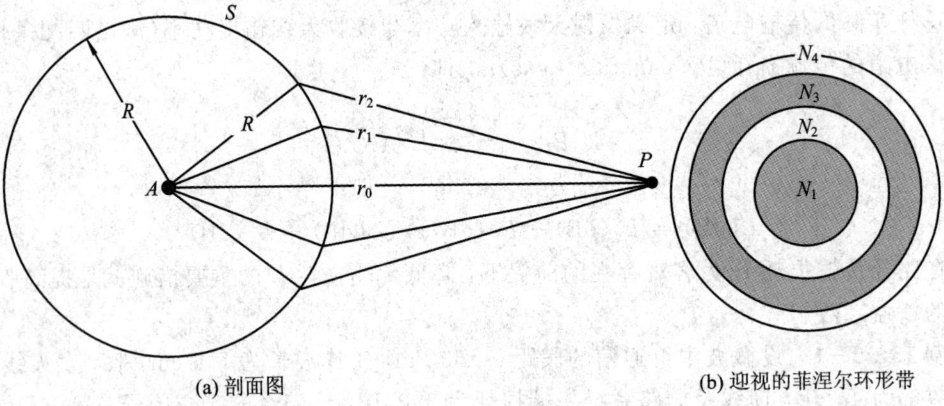

图 13-2-2　菲涅尔半波带

可以证明，当 $r_0 \gg \lambda$ 时各带的面积大致相等。设第 n 个菲涅尔半波带在 P 点产生的场强振幅为 $E_n(n=1, 2, 3, \cdots)$，由于每个菲涅尔半波带的辐射路径不一样，因此有以下的关系式

$$E_1 > E_2 > E_3 > \cdots > E_n > E_{n+1} > \cdots \tag{13-2-16}$$

从平均角度而言，相邻两带对 P 点的贡献反相，于是 P 点的合成场振幅为

$$E = E_1 - E_2 + E_3 - E_4 + \cdots \tag{13-2-17}$$

如果将上式的奇数项拆成两部分，即 $E_n=E_n/2+E_n/2$，则式(13-3-3)可以重新写为

$$E = \frac{E_1}{2} + \left(\frac{E_1}{2} - E_2 + \frac{E_3}{2}\right) + \left(\frac{E_3}{2} - E_4 + \frac{E_5}{2}\right) + \left(\frac{E_5}{2} - E_6 + \frac{E_7}{2}\right) + \cdots \tag{13-2-18}$$

仔细观察上式，如果总带数足够大，利用式(13-2-16)的结论，可以认为

$$E \approx \frac{E_1}{2} \tag{13-2-19}$$

上式给了我们一个重要的启示，尽管在自由空间从波源 A 辐射到观察点 P 的电波，从波动光学的观点看可以认为是通过许多菲涅尔区传播的，但起最重要作用的是第一菲涅尔区。作为粗略近似，只要保证第一菲涅尔区的一半不被地形地物遮挡，就能得到自由空间传播时的场强。所以在实际的通信系统设计中，对第一菲涅尔区的尺寸非常关注，下面我们就来求出第一菲涅尔区半径。

令第一菲涅尔区的半径为 F_1，则当各参数如图 13-2-3 所示时，根据第一菲涅尔区半径的定义有

$$\sqrt{F_1^2+d_1^2}+\sqrt{F_1^2+d_2^2}=d+\lambda/2 \tag{13-2-20}$$

通常 $d_1 \gg F_1$、$d_2 \gg F_1$，因此将上式作一级近似，可得

$$F_1=\sqrt{\frac{d_1 d_2 \lambda}{d}} \tag{13-2-21}$$

显然，该半径在路径的中央 $d_1=d_2=d/2$ 处达到最大值，即

$$F_{1\max}=\frac{1}{2}\sqrt{d\lambda} \tag{13-2-22}$$

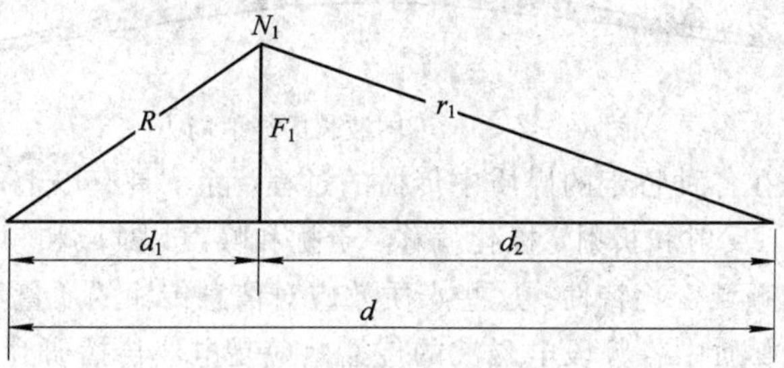

图 13-2-3　第一菲涅尔区半径

实际上，划分菲涅尔半波带的球面是任意选取的，因此当球面半径 R 变化时，尽管各菲涅尔区的尺寸也在变化，但是它们的几何定义不变。而它们的几何定义恰恰就是以 A、P 两点为焦点的椭圆定义。如图 13-2-4 所示，如果考虑到以传播路径为轴线的旋转对称性，不同位置的同一菲涅尔半波带的外围轮廓线应是一个以收、发两点为焦点的旋转椭球。我们称第一菲涅尔椭球为电波传播的主要通道。

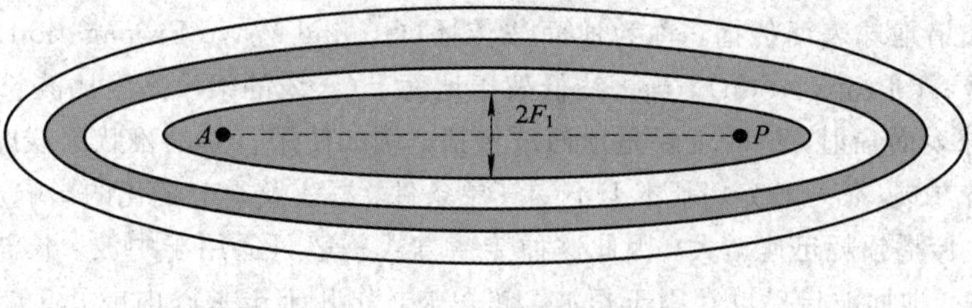

图 13-2-4　菲涅尔椭球

由式(13-2-21)可知，波长越短，第一菲涅尔区半径越小，对应的第一菲涅尔椭球越细长。对于波长非常短的光学波段，椭球体更加细长，因而产生了光学中研究过的纯粹的射线传播。

由于电波传播的主要通道并不是一条直线，所以即使某凸出物并没有挡住收、发两点间的几何射线，但是已进入了第一菲涅尔椭球，此时接收点的场强已经受到影响，该收、发两点之间不能视为自由空间传播。而当凸出物未进入第一菲涅尔椭球，即电波传播的主要通道，此时才可以认为该收、发两点之间被视为自由空间传播，说得更通俗一点，才可以用式(13-2-1)计算接收点的场强振幅。

如图 13-2-5 所示，即使在地面上的障碍物遮住收、发两点间的几何射线的情况下，

由于电波传播的主要通道未被全部遮挡住，因此接收点仍然可以收到信号，此种现象被称为电波具有绕射能力。在地面上的障碍物高度一定的情况下，波长越长，电波传播的主要通道的横截面积越大，相对遮挡面积就越小，接收点的场强越大，因此频率越低，绕射能力越强。

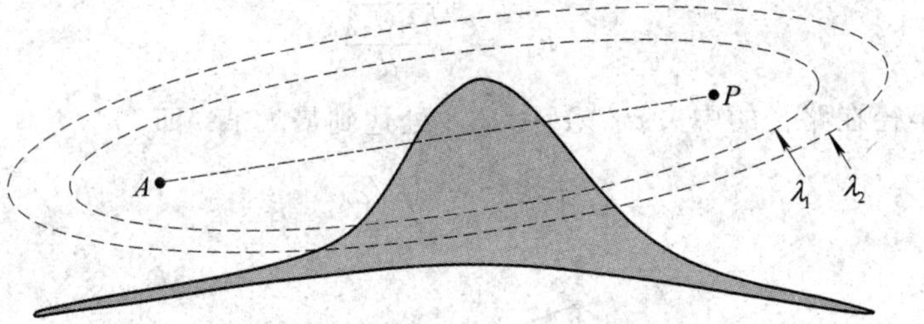

图 13-2-5　不同波长的绕射能力

实际上电磁信号在各种特定的媒质中传播的过程，除了具有以上所介绍的基本特性之外，还可能具有衰落、反射和折射、极化偏移、干扰和噪声、时域和频域畸变等效应，并因此而具有复杂的时空频域变化特性。这些媒质效应对信息传输的质量和可靠性常常产生严重的影响，因此各种媒质中各频段电磁波的传播效应是电波传播研究的主要对象。鉴于本书篇幅有限，将只对地面波传播、天波传播和视距传播进行初步的探讨。至于更深入的研究，读者除了查阅有关电波传播的专著之外，还可查阅国际无线电咨询委员会(CCIR)的有关报告或建议等专门的资料。

13.3　地面波传播

无线电波沿地球表面传播，称为地面波传播(Ground Wave Propagation)或表面波传播(Surface-Wave Propagation)。当天线低架于地面上(天线的架设高度比波长小得多)，电波主要沿地球表面辐射，这时主要是地面波传播，例如使用直立的鞭状天线时就是这种情况。这种传播方式，信号稳定，基本上不受气象条件、昼夜及季节变化的影响。但随着电波频率的增高，传播损耗迅速增大，因此这种传播方式一般只适用于中波、长波和超长波传播。在军事中，地面波传播也常用于短波、超短波，作几十千米以内或几千米内的近距离通信、侦察和干扰。

由于地面的性质、地貌、地物等情况都会影响电波传播，因此要了解地面波的传播，首先必须了解地球表面与电磁现象有关的物理性能。

13.3.1　地球表面电特性

地球形似一略扁的球体，平均半径为 6370 km。地球从里到外可分为地核、地幔和地壳三层，如图 13-3-1 所示。表层 70～80 km 厚的坚硬部分，称为地壳。地壳各处的厚度不同，海洋下面较薄，最薄处约 5 km，陆地处的地壳较厚，总体的平均厚度约 33 km。地壳的表面是电导率较大的冲积层。由于地球内部作用(如地壳运动、火山爆发等)，以及外部的风化作用，使得地球表面形成高山、深谷、江河、平原等地形地貌，再加上人为所创建的城镇田野等，这些不同的地质结构及地形地物，在一定程度上影响着无线电波的传播。

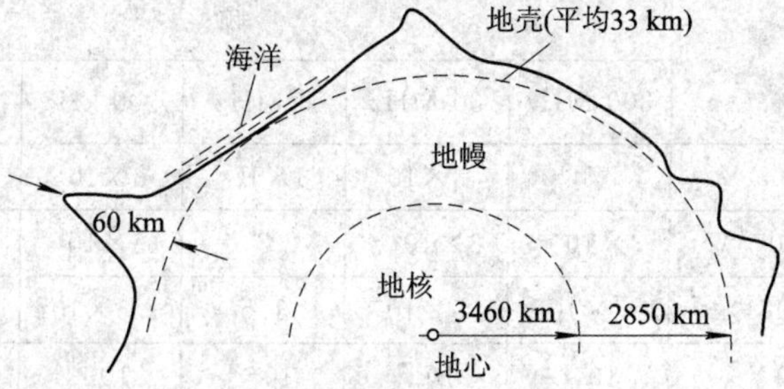

图 13-3-1　地球结构示意图

由于地面波是沿着空气与大地交界面传播的，因此传播情况主要取决于地面条件。概括地说，地面对电波传播的影响主要表现为两个方面：

(1) 地面的不平坦性。当地面起伏不平的程度相对于电波波长来说很小时，地面可近似看成是光滑地面。对于长波和中波传播，除高山外均可视地面为平坦的。

(2) 地质的情况，我们主要研究它的电磁特性。描述大地电磁特性的主要参数是：介电常数 ε(或相对介电常数 ε_r)、电导率 σ 和磁导率 μ。根据实际测量，绝大多数地面介质(磁性体除外)的磁导率都近似等于真空中的磁导率 μ_0，表 13-3-1 给出了几种不同地质的电参数。

为了既反映媒质的介电性 ε_r，又反映媒质的导电性 σ，可采用相对复介电常数，表示为

$$\tilde{\varepsilon}_r = \varepsilon_r - \mathrm{j}\frac{\sigma}{\omega\varepsilon_0} = \varepsilon_r - \mathrm{j}60\lambda\sigma \tag{13-3-1}$$

怎样判断某种地面介质是呈现导电性还是介电性呢？通常把传导电流密度 J_f 与位移电流密度 J_D 之比

$$\frac{J_f}{J_D} = \frac{\sigma}{\omega\varepsilon_0\varepsilon_r} = 60\lambda\sigma/\varepsilon_r \tag{13-3-2}$$

作为衡量标准。当传导电流比位移电流大得多即 $60\lambda\sigma/\varepsilon_r \gg 1$ 时，则大地具有良导体性质；反之，当位移电流比传导电流大得多即 $60\lambda\sigma/\varepsilon_r \ll 1$ 时，可将大地视为电介质；而二者相差不大时，称为半电介质。表 13-3-2 给出了各种地质中 $60\lambda\sigma/\varepsilon_r$ 随频率的变化情况。

表 13-3-1　地面的电参数

地面类型	ε_r		$\sigma/\mathrm{S\cdot m^{-1}}$	
	平均值	变化范围	平均值	变化范围
海水	80	80	4	0.66～6.6
淡水	80	80	10^{-3}	10^{-3}～2.4×10^{-2}
湿土	20	10～30	10^{-2}	3×10^{-3}～3×10^{-2}
干土	4	2～6	10^{-3}	1.1×10^{-5}～2×10^{-3}

表 13-3-2　各种地质的 $60\lambda\sigma/\varepsilon_r$ 值

地　质	频　率					
	300 MHz	30 MHz	3 MHz	300 kHz	30 kHz	3 kHz
海水($\varepsilon_r=80$，$\sigma=4$)	3	3×10	3×10^2	3×10^3	3×10^4	3×10^5
湿土($\varepsilon_r=20$，$\sigma=10^{-2}$)	3×10^{-2}	3×10^{-1}	3	3×10^1	3×10^2	3×10^3
干土($\varepsilon_r=4$，$\sigma=10^{-3}$)	1.5×10^{-2}	1.5×10^{-1}	1.5	1.5×10^1	1.5×10^2	1.5×10^3
岩石($\varepsilon_r=6$，$\sigma=10^{-7}$)	10^{-6}	10^{-5}	10^{-3}	10^{-3}	10^{-2}	10^{-1}

由表 13-3-2 可见，对海水来说，在中、长波波段是良导体，只有到微波波段才呈现介质性质；湿土和干土在长波波段呈良导体性质，在短波以上就呈现介质性质；而岩石则几乎在整个无线电波段都呈现介质性质。

13.3.2　波前倾斜现象

地面波传播的重要特点之一是存在波前倾斜现象。波前倾斜现象是指由于地面损耗造成电场向传播方向倾斜的一种现象，如图 13-3-2 所示。波前倾斜现象可作如下解释。

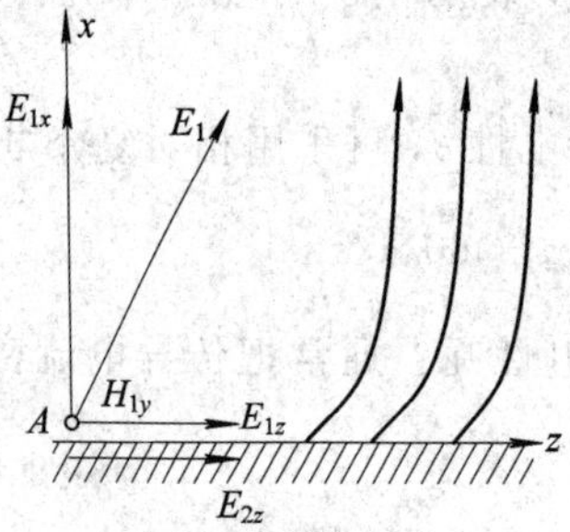

(a) 电场方向

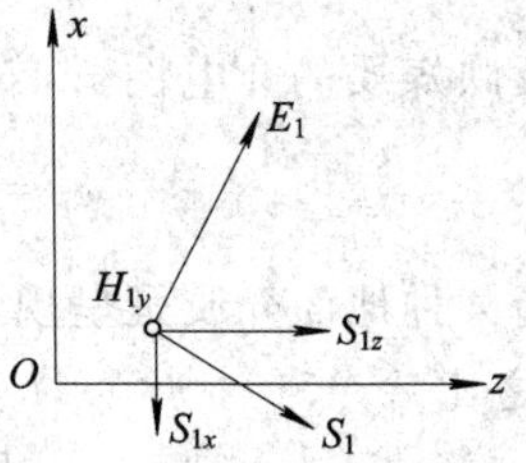

(b) 坡印廷矢量方向

图 13-3-2　波前倾斜现象

设有一直立天线沿垂直地面的 x 轴放置，辐射垂直极化波，电波能量沿 z 轴方向即沿地表面传播，其辐射电磁场为 E_{1x} 和 H_{1y}，如图 13-3-2(a)所示。当某一瞬间 E_{1x} 位于 A 点时，在地面上必然会感应出电荷。当波向前传播时，便产生了沿 z 方向的感应电流，由于大地是半导电媒质，有一定的地电阻，故在 z 方向产生电压降，也即在 z 方向产生新的水平分量 E_{2z}。根据边界电场切向分量连续即存在 E_{1z}，这样靠近地面的合成场 E_1 就向传播方向倾斜。

从能量的角度看，由于地面是半导电媒质，电波沿地面传播时产生衰减，这就意味着有一部分电磁能量由空气层进入大地内。坡印廷矢量 $S_1=\dfrac{1}{2}\mathrm{Re}(\boldsymbol{E}_1\times\boldsymbol{H}_1^*)$的方向不再平行于地面而发生倾斜，如图 13-3-2(b)所示，而是出现了垂直于地面向地下传播的功率流密度 S_{1x}，这一部分电磁能量被大地所吸收。由电磁场理论可知，坡印廷矢量是与等相位面即波前垂直的，故当存在地面吸收时，在地面附近的波前将向传播方向倾斜。显然，地面吸收越大，S_{1x} 越大，倾斜将越严重，只有沿地面传播的 S_{1z} 分量才是有用的。

可以根据边界条件求得水平分量 E_{1z} 与垂直分量 E_{1x} 之间的关系为

$$E_{1z}=\frac{E_{1x}}{\sqrt[4]{\varepsilon_r^2+(60\lambda\sigma)^2}}e^{j\frac{\phi}{2}} \tag{13-3-3}$$

式中

$$\phi=\arctan\frac{60\lambda\sigma}{\varepsilon_r} \tag{13-3-4}$$

13.3.3　地面波传播特性

根据前面的讨论，可以得出地面波传播的一些重要特性。

(1) 地面波传播采用垂直极化波。地面波的传播损耗与波的极化形式有很大关系，计算表明，电波沿一般地面介质传播时，水平极化波比垂直极化波的传播损耗要高数十分贝。所以地面波传播采用垂直极化波，天线则多采用直立天线的形式。

(2) 波前倾斜现象具有很大的实用意义。可以采用相应形式的天线，有效地接收各场强分量。

在一般地质的条件下，电场的垂直分量远大于水平分量；在地面下，则电场的水平分量远大于其垂直分量。因此，地面上接收时，宜采用直立天线，接收天线附近地质宜选用湿地。若受条件限制，也可采用低架或水平铺地天线接收，并且接收天线附近地质宜选用 ε_r 和 σ 较小的干地。还可采用水平埋地天线接收，由于地下波传播随着深度的增加，场强按指数规律衰减，因此天线的埋地深度不宜过大，浅埋为好，附近地质宜选用干地。

(3) 地面上电场为椭圆极化波，如图 13-3-3 所示，这是由于紧贴地面大气一侧的电场横向分量 E_{1x} 远大于纵向分量 E_{1z}，且相位不等，合成场为一狭长椭圆极化波。

在短波、超短波段 E_{1z} 虽较大，但相位差由式(13-3-4)可见趋于零，所以可近似认为电场是与椭圆长轴方向一致的线极化波。图 13-3-3 中波前倾斜角为

$$\Psi=\arctan\sqrt[4]{\varepsilon_r^2+(60\lambda\sigma)^2} \tag{13-3-5}$$

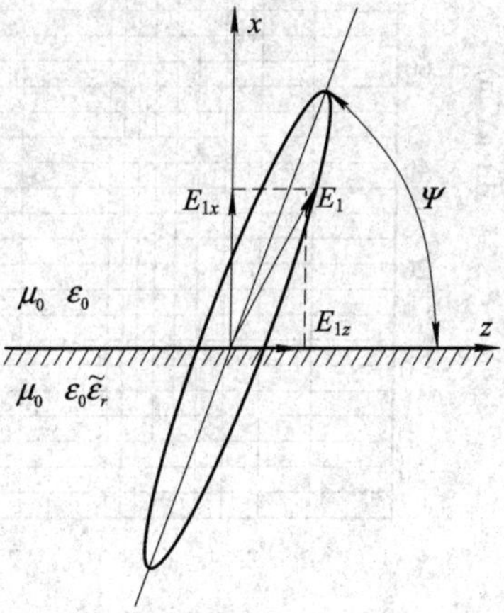

图 13-3-3　地面上传播椭圆极化波

(4) 地面波在传播过程中有衰减。地面波沿地表传播时，由于大地是半导电媒质，对电波能量的吸收产生了电场纵向分量 E_{1z}，相应地沿 $-x$ 方向传播的功率流密度 $S_{1x}=\frac{1}{2}\mathrm{Re}(E_{1z}H_{1y}^*)$ 代表着电波的传输损耗。地面电导率越大，频率越低，地面对电波的吸收越小。因此，地面波传播方式特别适用于长波、超长波波段。

(5) 传播较稳定。这是由于大地的电特性、地貌地物等不会随时改变，并且地面波基本上不受气候条件的影响，故地面波传播信号稳定。

(6) 有绕射损耗。障碍物越高，波长越短，则绕射损耗越大。长波绕射能力最强，中波次之，短波较弱，而超短波绕射能力最弱。

13.3.4　地面波场强的计算

地面波传播过程中存在地面吸收损耗，当传播距离较远，超出 $80/\sqrt[3]{f(\text{MHz})}$ km 时，还必须考虑球面地造成的绕射损耗。一般计算 E_{1x} 有效值的表达式为

$$E_{1x} = \frac{173\sqrt{P_r(\text{kW})D}}{r(\text{km})}A(\text{mV/m}) \tag{13-3-6}$$

其中，A 为地面的衰减因子；P_r 为辐射功率；D 为方向系数；r 为传播距离。地面衰减因子 A 的严格计算是非常复杂的。

从工程应用的观点，本节介绍国际电信联盟(ITU)推荐的一组曲线：ITU-R P. 368－9 频率在 10 kHz 和 30 MHz 间的地波传播曲线，现摘录其中部分内容，如图 13-3-4～图 13-3-6 所示的一组称为布雷默(Bremmer)计算曲线，用以计算 E_{1x}。其使用条件是：

(1) 假设地面是光滑的，地质是均匀的；

(2) 发射天线使用短于 $\lambda/4$ 的直立天线(其方向系数 $D\approx3$)，辐射功率 $P_r=1$ kW；

(3) 计算的是 E_{1x} 的有效值。

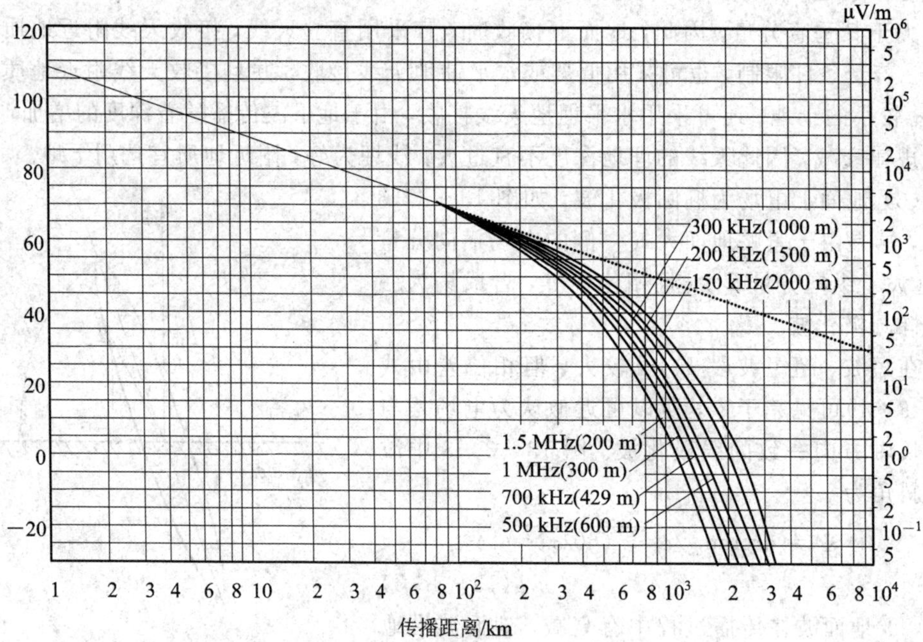

图 13-3-4　地面波传播曲线 1(海水：$\sigma=4$ S/m，$\varepsilon_r=80$)

将 $P_r=1$ kW、$D=3$ 代入式(13-3-6)，得

$$E_{1x} = \frac{173\sqrt{1\times3}}{r(\text{km})}A(\text{mV/m}) = \frac{3\times10^5}{r(\text{km})}A(\mu\text{V/m}) \tag{13-3-7}$$

图 13-3-4～图 13-3-6 中衰减因子 A 值已计入大地的吸收损耗及球面地的绕射损耗。从图中可以看出，对于中波和长波，传播距离超过 100 km 后，场强值急剧衰减，这主要是绕射损耗增大所致。

当 $P_r\neq1$ kW、$D\neq3$ 时，换算关系为

$$E_{1x} = E_{1x查表}\sqrt{P_r(\text{kW})D/3} \tag{13-3-8}$$

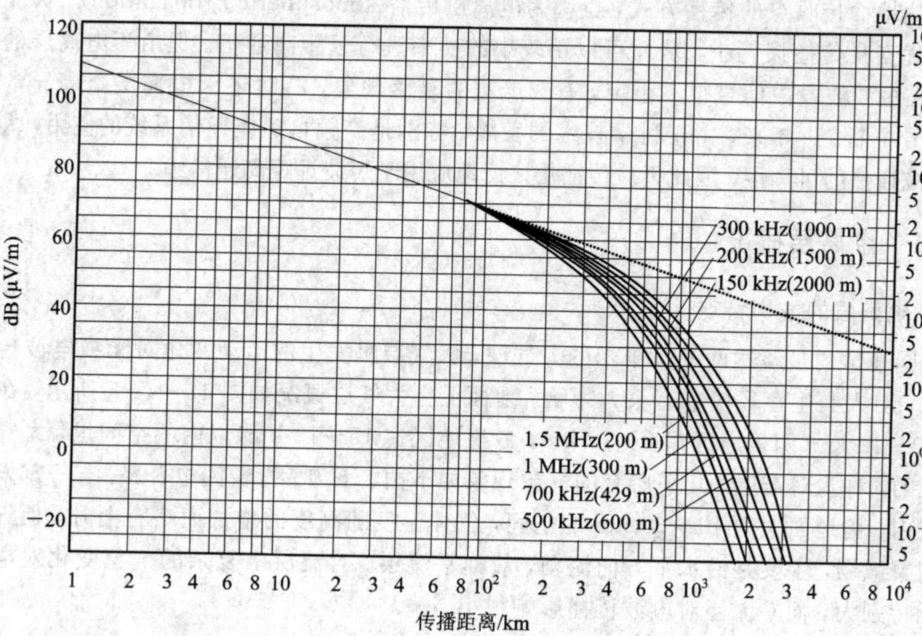

图 13-3-5　地面波传播曲线 1(陆地：$\sigma=10^{-2}$ S/m，$\varepsilon_r=4$)

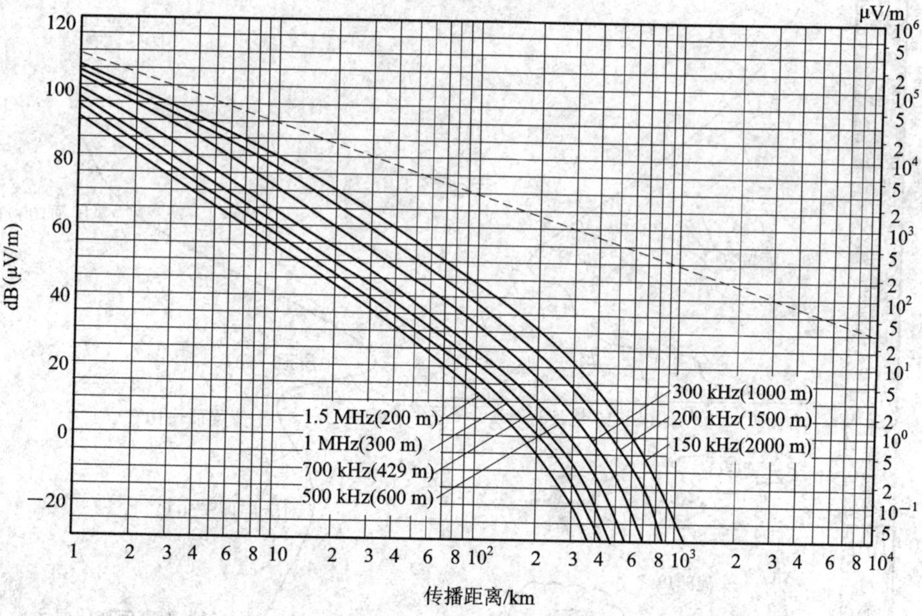

图 13-3-6　地面波传播曲线 2(陆地：$\sigma=10^{-4}$ S/m，$\varepsilon_r=4$)

13.4　天 波 传 播

天波传播(Sky Wave Propagation)是指电波由发射天线向高空辐射，经高空电离层反射后到达地面接收点的传播方式，也称为电离层传播(Ionospheric Propagation)。天波传播的主要优点是传播损耗小，从而可以用较小的功率进行远距离通信。但由于电离层的经常变化，在短波波段内信号很不稳定，有较严重的衰落现象，有时还因电离层暴等异常情况造成信号中断。近年来，由于科学技术的发展，特别是高频自适应通信系统的使用，大大提高了短波通信的可靠性，因此天波传播仍广泛地应用于短波远距离通信中。

13.4.1 电离层概况

1. 电离层的结构特点

包围地球的是厚达两万多千米的大气层，大气层里发生的运动变化对无线电波传播影响很大，对人类生存环境也有很大影响。地面上空大气层概况如图 13-4-1 所示，在离地面约 10～12 km(两极地区为 8～10 km，赤道地区达 15～18 km)以内的空间里，大气是相互对流的，称为对流层。几乎所有的气象现象如下雨、下雪、打雷闪电、云、雾等都发生在对流层内。离地面大约 10～60 km 的空间，气体温度随高度的增加而略有上升，但气体的对流现象减弱，主要是沿水平方向流动，故称平流层。对流层中复杂的气象变化对电波传播影响特别大，而平流层对电波传播影响很小。

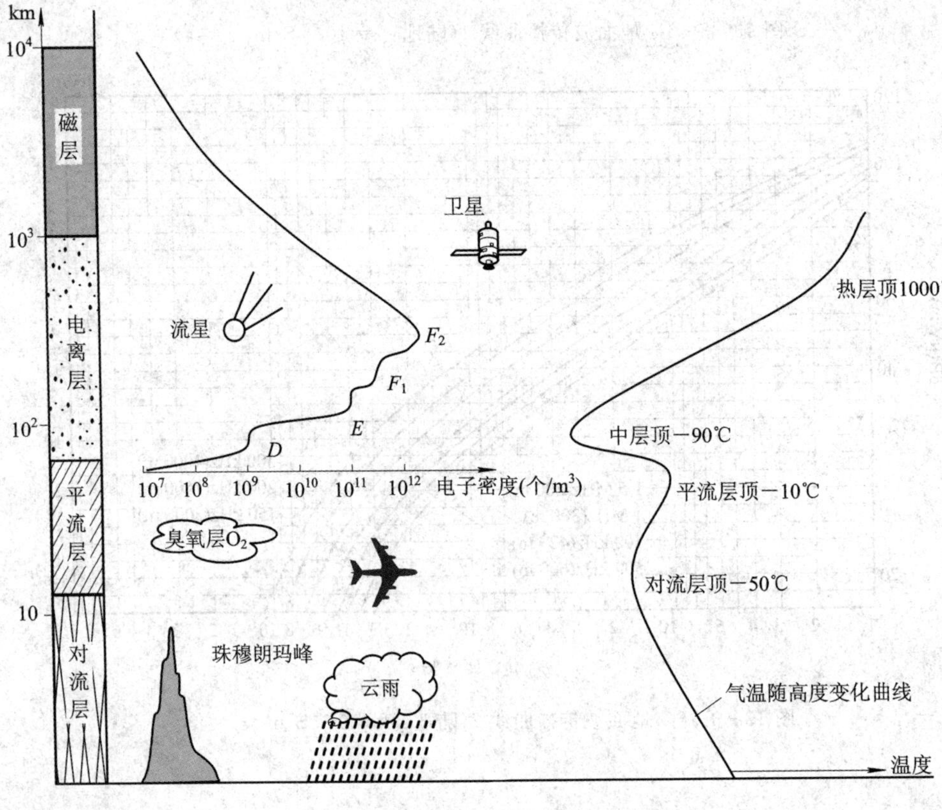

图 13-4-1　地面上空大气层概况

从平流层以上直到 1000 km 的区域称为电离层，是由自由电子、正离子、负离子、中性分子和原子等组成的等离子体。使高空大气电离的主要电离源有太阳辐射的紫外线、X 射线、高能带电微粒流、为数众多的微流星、其他星球辐射的电磁波以及宇宙射线等，其中最主要的电离源是太阳光中的紫外线。该层虽然只占全部大气质量的2%左右，但因存在大量带电粒子，所以对电波传播有极大影响。

大气电离的程度以电子密度 N(电子数/m^3)来衡量，根据地面电离层观测站的间接探测和利用探空火箭、卫星等进行直接探测的结果证实，电离层的电子密度随高度的分布如图 13-4-1 所示。电子密度的大小与气体密度及电离能量有关，气体在 90 km 以上的高空按其分子的重量分层分布，如在 300 km 高度上面主要成分是氮原子，在离地面 90 km 以下的空间，由于大气的对流作用，各种气体均匀混合在一起，如图 13-4-2 所示。对每层气体而言，气体密度是上疏下密，而太阳照射则上强下弱，因而被电离出来的最大电子密度将出现在几个不同的高度上，每一个最大值所在的范围叫做一个层，由下而上我们分别以 D、E、F_1、F_2 等符号来表示，电离层各层的主要数据见表 13-4-1。

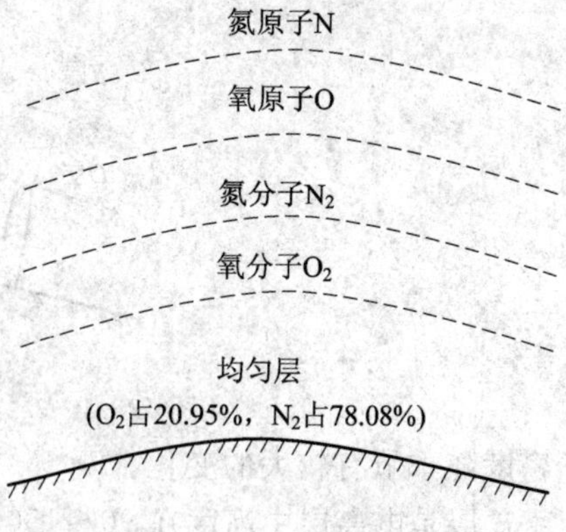

图 13-4-2 大气的分层现象

表 13-4-1 电离层各层的主要参数

层的名称	D 层	E 层	F_1 层	F_2 层
夏季白天高度/km	60～90	90～150	170～200	200～450
夏季夜间高度/km	消失	90～140	消失	150 以上
冬季白天高度/km	60～90	90～150	160～180(经常消失)	170 以上
冬季夜间高度/km	消失	90～140	消失	150 以上
白天最大电子密度/(个/m^3)	2.5×10^9	2×10^{11}	$2\times10^{11}\sim4\times10^{11}$	$8\times10^{11}\sim2\times10^{12}$
夜间最大电子密度/(个/m^3)	消失	5×10^9	消失	$10^{11}\sim3\times10^{11}$
电子密度最大值的高度/km	80	115	180	200～350
碰撞频率/(次/s)	$10^6\sim10^8$	$10^5\sim10^6$	10^4	$10\sim10^3$
白天临界频率/MHz	<0.4	<3.6	<5.6	<12.7
夜间临界频率/MHz	—	<0.6	—	<5.5
半厚度/km	10	20～25	50	100～200
中性原子及分子密度/(个/m^3)	2×10^{21}	6×10^{18}	10^{16}	10^{14}

表 13-4-1 中的半厚度是指电子密度下降到最大值一半时之间的厚度，临界频率是指垂直向上发射的电波能被电离层反射下来的最高频率。各层反射电波的大致情况如图 13-4-3 所示。

D 层是最低层，因为空气密度较大，电离产生的电子平均仅几分钟就与其他粒子复合而消失，因此到夜间没有日照时 D 层就消失了。D 层在日出后出现，并在中午时达到最大电子密度，之后又逐渐减小。由于该层中的气体分子密度大，被电波加速的自由电子和大气分子之间的碰撞使电波在这个区域损耗较多的能量。D 层变化的特点是在固定高度上电

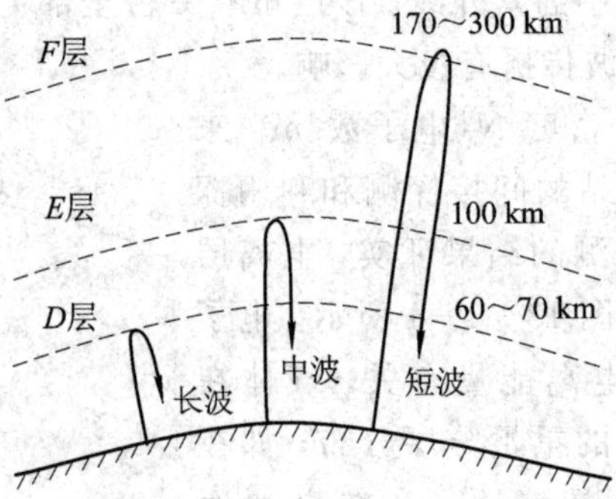

图 13-4-3 长波、中波、短波从不同高度反射

子密度随季节有较大的变化。

E 层是电离层中高度在 90～150 km 的区域，可反射几兆赫的无线电波，在夜间其电子密度可以降低一个量级。

F 层在夏季白天又分为上下两层，170～200 km 高度为 F_1 层，200 km 高度以上称 F_2 层。在晚上，F_1 与 F_2 合并为一层。F_2 层的电子密度是各层中最大的，在白天可达 $2\times10^{12}/m^3$，冬天最小，夏天达到最大。F_2 层空气极其稀薄，电子碰撞频率极低，电子可存在几小时才与其他粒子复合而消失。F_2 层的变化很不规律，其特性与太阳的活动性紧密相关。

由于大气结构和电离源的随机变化，电离层是一种随机、色散、各向异性的半导电媒质，它的参数如电子密度、分布高度、厚度等都是随机量。电离层的变化可以区分为规则变化和不规则变化两种情况，这些变化都与太阳上发生的各种过程、地球相对太阳运动、地球磁场等因素有关。由于电离层各层的化学结构、热结构不同，各层的变化情况也不尽相同。

电离层的规则变化包括：日夜变化、季节变化、随太阳黑子 11 年周期变化和随地理位置变化。在电离层中除了上述几种规则变化外，有时还会发生一些电离状态随机的、非周期的、突发的急剧变化，称这些变化为不规则变化或异常变化。电离层的不规则变化主要包括：突发 E 层、电离层骚扰和电离层暴等。出现不规则变化时，往往会造成通信中断。详细介绍可以参阅文献[20]。

2. 电离层的等效电参数

电离层是弱电离的等离子体，由电子、正离子和中性分子等组成。在电波未入射到电离层之前，它们一起进行着无规则的热运动。一旦电波进入电离层，受电场的作用，在不规则的运动上会叠加由电波电场所给予的强迫振荡运动(注：由于正离子的质量远大于电子的质量，可以忽略离子的运动)。这样当电波通过电离层时，除引起位移电流外，还有由于电子运动所引起的徙动电流。同时，运动中的电子还会与气体中的中性分子碰撞消耗部分能量(注：由于弱电离，可以忽略电子与离子的碰撞)，使电波能量受到吸收损耗。因此电离层的等效电参数与半导电媒质的电参数相似，具有复数形式，参见 3.3 节。为了简明，可省略数学推导，直接给出在忽略地磁场的影响时等效相对复介电常数的表达式：

$$\tilde{\varepsilon}_r = \varepsilon_r - j\frac{\sigma}{\omega\varepsilon_0} \tag{13-4-1}$$

$$\varepsilon_r = 1 - \frac{Ne^2}{m\varepsilon_0(\upsilon^2 + \omega^2)} \tag{13-4-2}$$

$$\sigma = \frac{Ne^2\upsilon}{m(\upsilon^2 + \omega^2)} \tag{13-4-3}$$

式中：ε_r 是等效相对介电常数；σ 是等效电导率；e 为电子电量；m 为电子质量；υ 为碰撞频率，表示电子每秒与中性分子的平均碰撞次数。详细过程可以参阅文献[1]、[3]、[7]。

在高频(HF)以上频段通常满足 $\omega \gg \upsilon$，式(13-4-2)与式(13-4-3)可以近似为

$$\varepsilon_r = 1 - \frac{80.8N}{f^2} \tag{13-4-4}$$

$$\sigma = 2.82 \times 10^{-8}\,\frac{N\upsilon}{\omega^2} \tag{13-4-5}$$

根据以上两式可知，电离层的等效相对介电常数 $\varepsilon_r < 1$，并且是频率和电子密度的函数，而电子密度又是高度的函数，因此可以预计，频率一定的电波在电离层不同高度传播时将具有不同的相速，射线将发生弯曲，这就是天波传播的物理基础；等效电导率的存在表明电波在电离层中传播时将遭受吸收，吸收的大小不仅和路径长度有关，还和电子密度、碰撞频率以及电波频率有关。

如果考虑地磁场的影响(这是客观存在的)，则情况将复杂一些。对于不同传播方向的电波，电离层将具有不同的等效电参数，即电离层呈现各向异性。此时向任意方向传播的一个无线电波可以看成是两个无线电波的叠加：一个的电场与地磁场平行，另一个的电场与地磁场垂直，因为地磁场对它们的影响不同，使它们的传播速度也变得不同，因而这两个波在电离层中有不同的折射率和传播轨迹，这种现象称为双折射。

13.4.2　无线电波在电离层中的传播

在讨论无线电波在电离层中的传播问题时，为了使问题简化而又能建立起基本概念，可作如下假设：① 不考虑地磁场的影响即认为电离层是各向同性媒质；② 电子密度 N 随高度 h 的变化较之沿水平方向的变化大得多，即认为 N 只是高度的函数；③ 在各层电子密度最大值附近，$N(h)$分布近似为抛物线状。

1. 反射条件

电离层的折射率为

$$n = \sqrt{\varepsilon_r} = \sqrt{1 - \frac{80.8N}{f^2}} \tag{13-4-6}$$

假设电离层是由许多厚度极薄的平行薄片构成，每一薄片内电子密度是均匀的。设空气中电子密度为零，而后由低到高，在 N_{max} 以下的空域，各薄片层的电子密度依次为

$$0 < N_1 < N_2 < N_3 < \cdots < N_{n-1} < N_n$$

则相应的折射率为

$$n_0 > n_1 > n_2 > n_3 > \cdots > n_{n-1} > n_n$$

如图 13-4-4 所示，当频率为 f 的无线电波以一定的入射角 θ_0 由空气射入电离层后，电波在通过每一薄片层时折射一次，当薄片层数目无限增多时，电波的轨迹变成一条光滑的曲线。根据折射定理，可得

$$n_0 \sin\theta_0 = n_1 \sin\theta_1 = n_2 \sin\theta_2 = \cdots = n_n \sin\theta_n \tag{13-4-7}$$

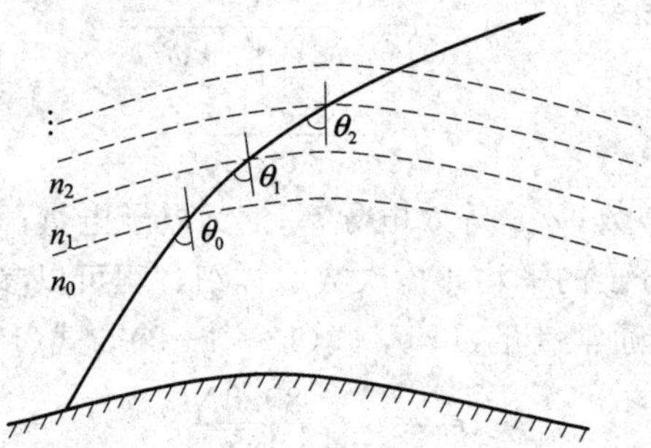

图 13-4-4　电波在电离层内连续折射

由于随着高度的增加 n 值逐渐减小，因此电波将连续地沿着折射角大于入射角的轨迹传播。当电波深入到电离层的某一高度 h_n时，恰使折射角 $\theta_n=90°$，即电波经过折射后其传播方向成了水平的，它的等相位面成为垂直的，这时电波轨迹到达最高点。在等相位面的高处相速大，而在等相位面的低处相速小，这就会形成电波向下弯曲的传播轨迹，继续应用折射定律，射线沿着折射角逐渐减小的轨迹由电离层深处逐渐折回。由于电子密度随高度的变化是连续的，所以电波传播的轨迹是一条光滑的曲线。将 $n_0=1$，$\theta_n=90°$代入式(13-4-7)，可得电波从电离层内反射下来的条件为

$$\sin\theta_0=\sqrt{\varepsilon_n}=\sqrt{1-80.8N_n/f^2} \tag{13-4-8}$$

式中，N_n是反射点的电子密度。上式表明了电波能从电离层返回地面时，电波频率 f、入射角 θ_0 和反射点的电子密度 N_n之间必须满足的关系。由该式可得出如下结论：

(1) 电离层反射电波的能力与电波频率有关。在入射角 θ_0 一定时，电波频率越低，越易反射。因为当频率越低时，所要求的反射点电子密度就越小，因此电波可以在电子密度较小处得到反射。与此相反，频率越高，反射条件要求的 N_n越大，电波需要在电离层的较深处才能折回，如图 13-4-5 所示。如果频率过高，致使反射条件所要求的 N_n大于电离层的最大电子密度 N_{max}值，则电波将穿透电离层进入太空而不再返回地面。一般而言，长波可在 D 层反射下来，在夜晚由于 D 层消失，长波将在 E 层反射；中波将在 E 层反射，但白天 D 层对电波的吸收较大，故中波仅能夜间由 E 层反射；短波将在 F 层反射；而超短波则穿出电离层。

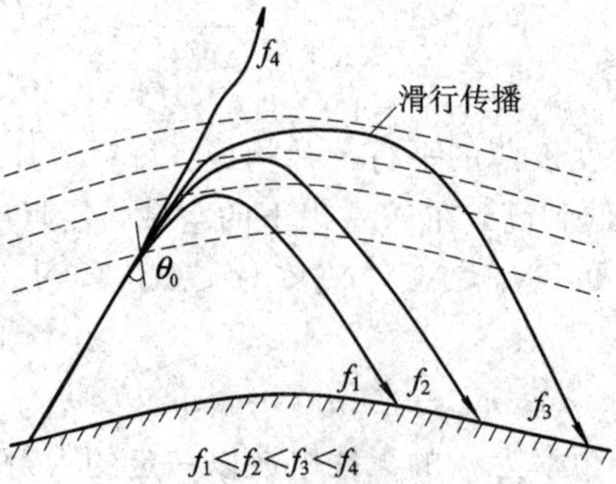

图 13-4-5　不同频率的电波传播轨迹(入射角相同)

(2) 电波在电离层中的反射情况还与入射角 θ_0 有关。当电波频率一定时，入射角越

大，越易反射。这是因为入射角越大，则相应的折射角也越大，稍经折射电波射线就能满足 $\theta_n=90°$ 的条件，从而使电波从电离层中反射下来，如图 13-4-6 所示。

当电波垂直向上发射即 $\theta_0=0°$ 时，能从电离层反射回来的最高频率称为临界频率(Critical Frequency)，用 f_c 表示。将 $\theta_0=0°$，$N_n=N_{max}$ 代入式(13-4-8)，可得临界频率为

$$f_c=\sqrt{80.8N_{max}} \tag{13-4-9}$$

对于以某一 θ_0 斜入射的电波，能从电离层最大电子密度 N_{max} 处反射回来的最高频率由式(13-4-8)和式(13-4-9)可得

$$f_{max}=\sqrt{\frac{80.8N_{max}}{\cos^2\theta_0}}=f_c\sec\theta_0 \tag{13-4-10}$$

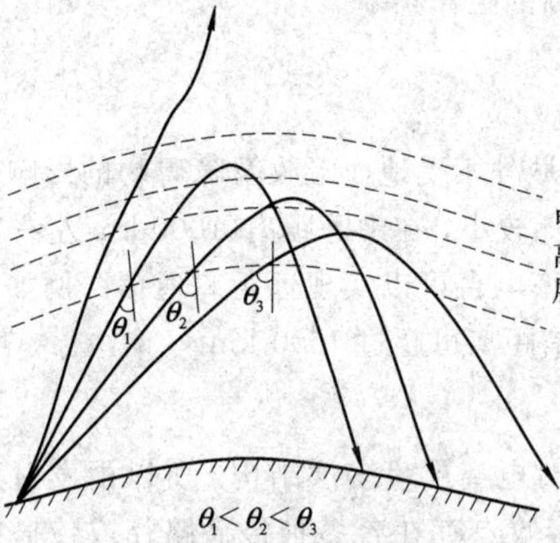

图 13-4-6　不同入射角时电波的轨迹(电波频率相同)

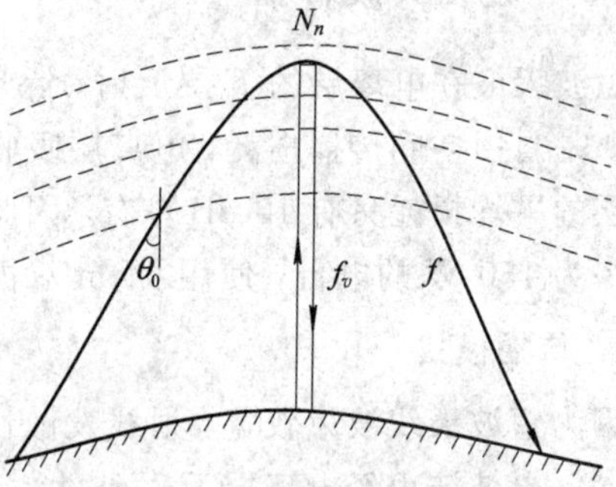

图 13-4-7　正割定律

对于一般的斜入射频率 f 及在同一 N 处反射的垂直入射频率 f_v 之间，也有类似的关系

$$f=f_v\sec\theta_0 \tag{13-4-11}$$

上式称为电离层的正割定律，如图 13-4-7 所示。它表明当反射点电子密度一定时(f_v一定时)，通信距离越大(即 θ_0 越大)，允许频率越高。

(4) 由于电离层的电子密度有明显的日变化规律，白天电子密度大，临界频率高，则允许使用的频率就高；夜间电子密度小，则必须降低频率才能保证天波传播。

2. 电离层的吸收

前面已经指出，由于受电波电场作用而发生强迫振荡的自由电子与中性分子碰撞引起了电离层对电波的吸收。电离层吸收可分为非偏移吸收和偏移吸收。

非偏移区是指电离层中折射率接近 1 的区域，在这个区域电波射线几乎是直线，故得名非偏移区。例如，在短波波段，当电波由 F_2 层反射时，D、E、F_1 层便是非偏移区。在 D 层、E 层和 F 层下缘，特别是 D 层，虽然电子密度较低，但存在大量中性分子，碰撞频率很高，因此电波通过 D 层时受到的吸收较大，也就是说，D 层吸收对非偏移吸收有着决定性的作用。

偏移区主要是指接近电波反射点附近的区域，在该区域内电波射线弯曲，故称偏移

区，其折射率很小，F 层或 E 层反射点附近的吸收就是偏移吸收(又称反射吸收)。对于短波天波传播，通常在 F 层反射，该层碰撞频率很低，因此它比非偏移吸收小得多。

综上所述，电离层对电波的吸收与频率、入射角及电离层电子密度等有关，其基本规律总结如下：

(1) 电离层的碰撞频率越大或者电子密度越大，则电离层对电波的吸收越大。这是因为总的碰撞机会增多则吸收也就越大。一般而言，夜晚电离层对电波的吸收要小于白天的吸收。

(2) 电波频率越低，吸收越大。这是因为电波的频率越低，其周期就越长，自由电子受单方向电场力的作用时间越长，运动速度也就越大，走过的路程也更长，与其他粒子碰撞的机会也越大，碰撞时消耗的能量也就越多，因此电离层对电波的吸收就越大。所以短波天波工作时，在能反射回来的前提下，尽量选择较高的工作频率。

13.4.3 短波天波传播

短波天波在电离层的 F 层反射，除地面反射区域外不受地面吸收及障碍物的影响，损耗主要是自由空间传播损耗，电离层吸收及地面损耗较小，在中等距离(1000 km 左右)上，电离层的平均损耗只有 10 dB 左右，因此利用小功率电台可以实现远距离通信。例如，发射功率为 150 W 的电台，使用 64 m 双极天线，通信距离可超过 1000 km。

1. 传播模式

因为短波天线波束较宽，射线发散性较大，同时电离层呈多层结构，所以由发射点发出的同一电波波束经电离层反射到达一定距离的接收点存在着多种传播路径或传播模式(Propagation Mode)，通常以 $mXnY$ 形式标记，其中 X、Y 代表反射层，m、n 代表不同层的反射次数。例如，$1F$ 表示 F 层 1 跳模式，$1E2F$ 表示 E 层 1 跳 F 层 2 跳的混合模式。到达接收点的不同模式电波有不同的时延和相位，这是引起短波场强衰落的主要原因之一。

短波传播在特定的条件下存在远距离滑行传播，如图 13-4-5 所示。吕保维院士于 1961 年在关于卫星式飞船与地面间短波无线电联络中传播问题的研究中，创造性地提出并建立了天地短波超视距通信的“滑行波”模式理论，是我国学者在电波传播理论上作出的突出贡献。

2. 工作频率的选择

对于短波天波传播，需正确选择工作频率。若选用频率太高，虽然电离层的吸收小，但电波容易穿出电离层；若选用频率太低，虽然能被电离层反射，但电波将受到电离层的强烈吸收。

选用工作频率时，既不能高于最高可用频率 f_{MUF}，也不能低于最低可用频率 f_{LUF}，即

$$f_{\mathrm{LUF}} < f < f_{\mathrm{MUF}} \tag{13-4-12}$$

式中：f_{MUF} 是指当工作距离一定时，能被电离层反射回来的最高频率；f_{LUF} 是指能保证通信所需的信噪比的频率。

应尽量接近电波能折回的最高频率，通常取最高频率的 80%～90%作为工作频率，称为最佳工作频率 f_{OWF}，即

$$f_{\mathrm{OWF}} = (80\% \sim 90\%) f_{\mathrm{MUF}} \tag{13-4-13}$$

这样，一方面避免了当电离层变化时电波有穿过电离层的可能；另一方面，频率若取得太高，电波深入电离层的距离加大，有时反而会使总吸收增大，也不一定恰当。

由于电离层的情况昼夜不同，因此实际工作时白天与夜晚需采用不同的频率，分别称为“日频”与“夜频”，通常选用2～3个工作频率，一昼夜改变2～3次。对换频时间要特别注意，通常是在电子密度急剧变化的黎明和黄昏时刻适时地改变工作频率。例如，在清晨时分，若过早地将夜频换为日频，则有可能由于频率过高，而电离层的电子密度仍较小，致使电波穿出电离层而使通信中断。若改频时间过晚，则有可能频率太低，而电离层电子密度已经增大，致使对电波吸收太大，接收点信号电平过低，从而不能维持通信。

为了适应电离层的时变特点，使用技术先进的实时选频系统即时地确定信道的 f_{OWF}，可极大地提高短波通信的质量。

3. 可能存在静区

对于短波通信，在有些地区可能收不到信号，而在离发射机较近或较远的地区却都可以收到信号，这种现象称为越距；收不到信号的地区称为静区(Silent Zone)。

短波静区形成的原因并不深奥。短波可以通过地波和天波两个途径传播。内陆地区地面电导率小，对电波吸收很强，所以在我国北方，地波传播不到20 km就损耗殆尽；而在南方水网地区能传播稍远一些。而天波传播，通信距离越近，要求电波射线的仰角越大，当距离太近时，仰角过大，电波将穿出电离层。通常从发射点到天波最近落地点的距离约为80～120 km，可见在20～120 km这个区间内，地波和天波都覆盖不到，形成短波通信的静区。

频率越低，地波能传播更远的距离，天波也能到达更近的落地点，因而静区范围缩小。增大发射功率，地波也可以传播更远的距离，使静区范围缩小。

短波天波传播受电离层的影响大，信号不稳定。即使工作频率选择正确，有时也难以正常工作。影响其正常工作的主要问题还包括：多径效应导致信号衰落现象严重、电离层骚扰和电离层暴使电离层正常结构遭到破坏可能造成通信中断等。

尽管新型无线电系统不断涌现，短波这一古老而传统的通信方式仍然受到全世界普遍重视，不仅没有被淘汰，还在不断快速发展。因为它有着其他通信系统不具备的优点。首先，短波天波通信是唯一不受网络枢纽和有源中继体制约的远程通信手段，抗毁性强，在现在和将来都是不可替代的战时和灾时应急通信手段。其次，在山区、戈壁、海洋等超短波和微波覆盖不到的地区，主要依靠短波天波通信。此外，与卫星通信相比，短波远距离通信设施部署灵活方便，运行维护成本低。

13.5 视距传播

在超短波及以上波段，电离层对其是透明的，因此所采用的传播方式为视距传播(Propagation over the Line of Sight)，即直接的、对视的传播方式，这也是微波中继通信、雷达以及移动通信等采用的电波工作方式。对于这样的传播方式，既要考虑传输媒质也要考虑地面对其的影响。

13.5.1 地面对视距传播的影响

1. 视线距离

如图 13-5-1 所示，在给定的发射天线和接收天线高度 h_1、h_2 的情况下，由于地球表面的弯曲，当收发两点 B、A 之间的直视线与地球表面相切时，存在着一个极限距离。在通信工程中常常把由 h_1、h_2 限定的极限地面距离 $\overline{A'B'}=d_0$ 称为视线距离。当 h_1、h_2 远小于地球半径 R 时，d_0 也就趋近于 B、A 之间的距离 r_0，即 $d_0\approx r_0$。

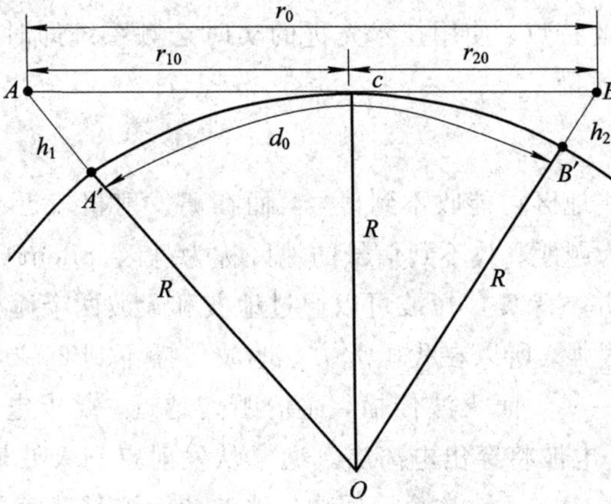

图 13-5-1 视线距离

根据图 13-5-1 所示的几何关系，若 c 点为 $\overline{AB}$ 与地球的切点，则有

$$r_{10}=\sqrt{(R+h_1)^2-R^2}=\sqrt{2Rh_1+h_1{}^2} \tag{13-5-1}$$

$$r_{20}=\sqrt{(R+h_2)^2-R^2}=\sqrt{2Rh_2+h_2{}^2} \tag{13-5-2}$$

由于常满足 $R\gg h_1$，$R\gg h_2$，所以视线距离可写为

$$r_0=r_{10}+r_{20}\approx\sqrt{2R}(\sqrt{h_1}+\sqrt{h_2}) \tag{13-5-3}$$

将地球半径 $r=6370$ km 代入上式并且 h_1、h_2 均以米为单位时有

$$r_0\approx 3.57(\sqrt{h_1(\mathrm{m})}+\sqrt{h_2(\mathrm{m})})\quad(\mathrm{km}) \tag{13-5-4}$$

在标准大气折射时，视线距离将增加到

$$r_0\approx 4.12(\sqrt{h_1(\mathrm{m})}+\sqrt{h_2(\mathrm{m})})\quad(\mathrm{km}) \tag{13-5-5}$$

在收、发天线架高一定的条件下，实际通信距离 d 与 r_0 相比，有如下三种情况：$d<0.7r_0$，接收点处于亮区；$d>1.2r_0$，接收点处于阴影区；$0.7r_0<d<1.2r_0$，接收点处于半阴影区。实际的视距传播工程设计应满足亮区条件，否则地面绕射损失将会加大电波传播的总损耗，这也是为什么微波中继通信以及移动通信基站尽量借助于楼房或者高山提高天线架高的原因。本节以下所讨论的视距传播中的场强计算只适用于亮区以及收发点之间无障碍物遮挡的情况。

2. 光滑平面地上接收场强的计算

如图 13-5-2 所示，当满足亮区条件以及收发点之间无障碍物遮挡时，收、发点之间除了有直接波(Direct Wave)外还有地面反射波，接收点 B 处场强应为直接波与地面反射波的叠加。为了简化讨论，首先假设地面为光滑平面地来讨论地面对视距传播的影响，尽管只有在极少数的情况下才可以这样认为，但是其分析的结论却有着普遍意义。

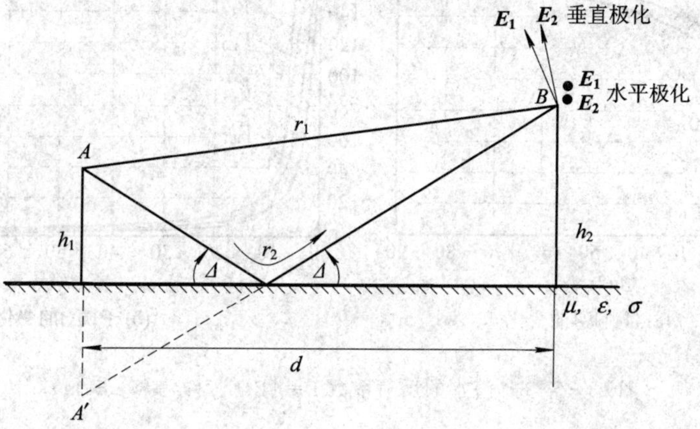

图 13-5-2　平面地的反射

假设发射天线 A 的架高为 h_1，接收点 B 的高度为 h_2。直接波的传播路径为 r_1，地面反射波的传播路径为 r_2 且与地面之间的投射角为 Δ，收发两点间的水平距离为 d。在传播路径远大于天线架高的情况下，两路波在 B 处的场强视为相同极化。在实际问题中，如果沿 r_1 路径在 B 处产生的场强振幅为 E_1，沿 r_2 路径在 B 处产生的场强振幅为 E_2，在忽略方向系数的差异，忽略强度上的差异后，B 处的总场强为

$$E = E_1 + E_2 = E_1(1 + \Gamma e^{-jk(r_2 - r_1)}) \tag{13-5-6}$$

式中，$r_2 - r_1$ 为两条路径之间的路程差，它可以表示为

$$\Delta r = r_2 - r_1 = \sqrt{(h_2 + h_1)^2 + d^2} - \sqrt{(h_2 - h_1)^2 + d^2} \approx \frac{2h_1 h_2}{d} \tag{13-5-7}$$

Γ 为地面的反射系数，它与电波的投射角 Δ、电波的极化和波长以及地面的电参数有关，一般可表示为 $\Gamma = |\Gamma| e^{-j\varphi}$。对于水平极化波有

$$\Gamma_H = \frac{\sin\Delta - \sqrt{(\varepsilon_r - j60\lambda\sigma) - \cos^2\Delta}}{\sin\Delta + \sqrt{(\varepsilon_r - j60\lambda\sigma) - \cos^2\Delta}} \tag{13-5-8a}$$

对于垂直极化波有

$$\Gamma_V = \frac{(\varepsilon_r - j60\lambda\sigma)\sin\Delta - \sqrt{(\varepsilon_r - j60\lambda\sigma) - \cos^2\Delta}}{(\varepsilon_r - j60\lambda\sigma)\sin\Delta + \sqrt{(\varepsilon_r - j60\lambda\sigma) - \cos^2\Delta}} \tag{13-5-8b}$$

图 13-5-3 和图 13-5-4 分别计算了海水和陆地的反射系数(图中 V 代表垂直极化，H 代表水平极化)。由此图中的计算曲线可以看出，水平极化波反射系数的模在低投射角约为 1，相角几乎可以被看作 180°常量，也就是说，对于水平极化波来讲，实际地面的反射比较接近于理想导电地 $\Gamma = -1$，特别是在波长较长或投射角较小的区域更是如此。因此在估计地面反射的影响时，可粗略地将实际地面等效为理想导电地。但是对于垂直极化波情况就比较复杂。垂直极化波反射系数的模存在着一个最小值，对应此值的投射角称为布鲁斯特角(Brewster)，记作 Δ_B。在 Δ_B 两侧，反射系数的相角发生 180°突变。尽管垂直极化波的反射系数随投射角的变化起伏较大，但在很低投射角时，仍然可以将其视为 -1。

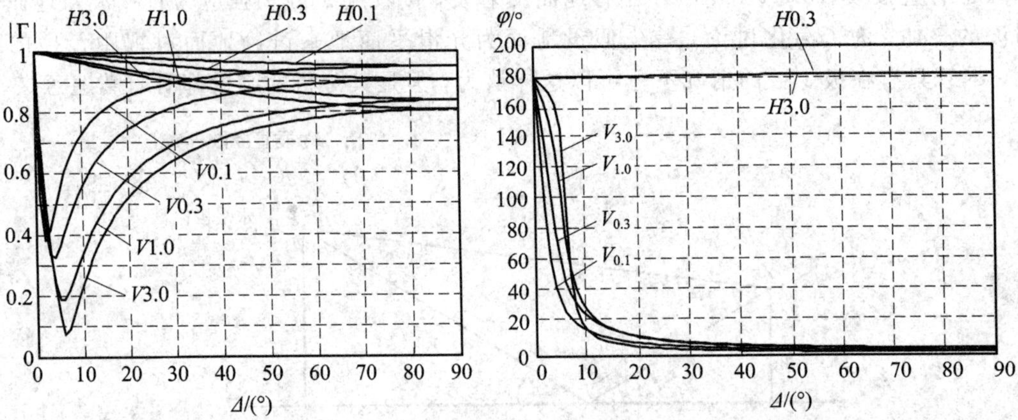

(a) |Γ|随Δ的变化　　(b) φ随Δ的变化

图 13-5-3　海水的反射系数 $\Gamma=|\Gamma|e^{-j\varphi}(\varepsilon_r=80, \sigma=4)$

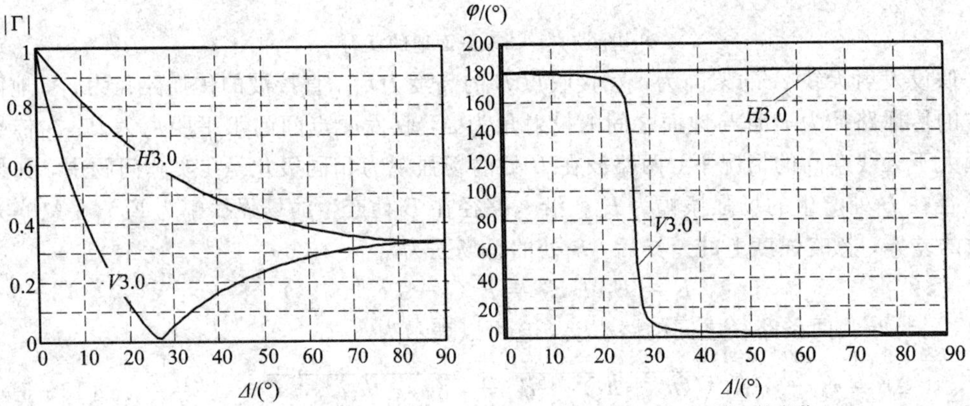

(a) |Γ|随Δ的变化　　(b) φ随Δ的变化

图 13-5-4　干土的反射系数 $\Gamma=|\Gamma|e^{-j\varphi}(\varepsilon_r=4, \sigma=0.001)$

当 Δ 很小时，将式(13-5-7)代入式(13-5-6)中，则合成场可以做如下简化：

$$E = E_1 + E_2 = E_1(1-e^{jk(r_2-r_1)}) = E_1 2\sin\left(\frac{k\Delta r}{2}\right) = E_1 2\sin\left(\frac{2\pi h_1 h_2}{\lambda d}\right) \tag{13-5-9}$$

综合以上分析，不论是式(13-5-6)和简化公式(13-5-9)均反映了直接波与地面反射波的干涉情况，由于这两束波之间存在着相位差，而相位差又与天线的架高、电波波长以及传播距离有关，所以波的干涉体现在随着上述三个参量的变化干涉。图 13-5-5 以 E/E_1 为纵坐标计算了垂直极化波在海平面上的干涉效应，在实际的视距传播分析中，应该考虑到这种效应。

当$\frac{2\pi h_1 h_2}{\lambda d} \leqslant \frac{\pi}{9}$时，$\sin\left(\frac{2\pi h_1 h_2}{\lambda d}\right) \approx \frac{2\pi h_1 h_2}{\lambda d}$，$E_1 = \frac{\sqrt{60 P_r D}}{d}$，则得到维建斯基反射公式为

$$E(\mathrm{mV/m}) = \frac{2.18}{\lambda(\mathrm{m}) d^2(\mathrm{km})} h_1(\mathrm{m}) h_2(\mathrm{m}) \sqrt{P_r(\mathrm{kW}) D} \tag{13-5-10}$$

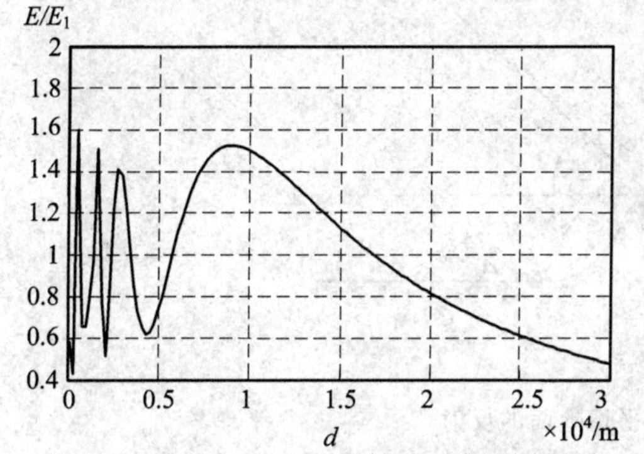

(a) f=0.1 GHz，h_1=50 m，h_2=100 m

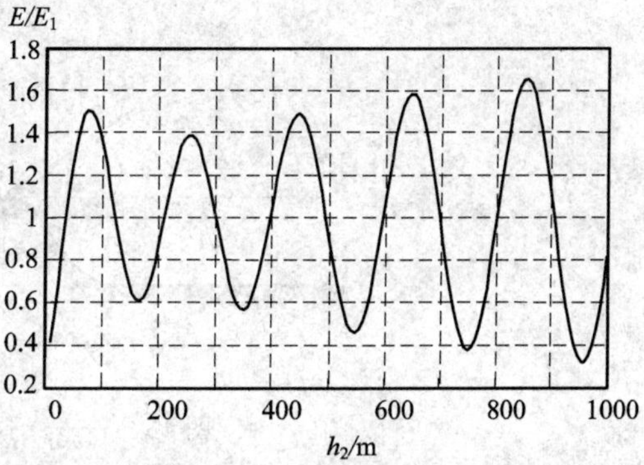

(b) f=0.1 GHz，d=7000 m，h_1=50 m

图 13-5-5 垂直极化波在海平面上的干涉效应($\varepsilon_r=80$，$\sigma=4$)

例 13-5-1 某通信线路，工作频率 $\lambda=0.05$ m，通信距离 $d=50$ km，发射天线架高 $H_1=100$ m。若选接收天线架高 $h_2=100$ m 时，在地面可视为光滑平面地的条件下，此时接收点的 E/E_1 是多少？今欲使接收点场强为最大值，而调整后的接收天线高度是多少(应使调整范围最小)？

解 因为此题所对应的地面反射波与直接波之间的相位差为

$$\Psi=-\pi-k\Delta r=-\pi-\frac{2\pi}{\lambda}\frac{2h_1h_2}{d}=-\pi-\frac{2\pi}{0.05}\times\frac{2\times100\times100}{50\ 000}=-17\pi$$

所以接收点处的 $E/E_1=0$，此时接收点无信号。若欲使接收点场强为最大值，可以调整接收天线高度使得接收点处地面反射波与直接波同相叠加，接收天线高度最小的调整应使得 $\Psi=-16\pi$。

若令 $\Psi=-\pi-k\Delta r=-\pi-\dfrac{2\pi}{\lambda}\dfrac{2h_1h_2}{d}=-\pi-\dfrac{2\pi}{0.05}\times\dfrac{2\times100\times h_2}{50\ 000}=-16\pi$，可以解出 $h_2=93.75$ m，接收天线高度可以降低 6.25 m。

3. 光滑平面地的判别准则

以上介绍的接收场强的计算方法是在光滑平面地的前提下进行的，那么什么是光滑平面地呢？判断光滑平面地的尺度需要从发射点一直延伸到接收点吗？以下的讨论将回答这两个问题。

光滑平面地意味着地面足够平坦，反射波较强，这只是一种理想情况，实际地面却是起伏不平的。如果地面的电参数相同，粗糙地面的反射系数将小于光滑地面的反射系数。

如图 13-5-6 所示，假设地面的起伏高度为 Δh，对于投射角为 Δ 方向的反射波，在凸出部分(c 处)反射的电波 a 与原平面地(c'处)反射的电波 b 之间具有相位差：

$$\begin{aligned}\Delta\varphi&=k\Delta r=k(cc'-cc_1)\\&=k[cc'-cc'\cos(2\Delta)]\\&=k\frac{\Delta h}{\sin\Delta}[1-\cos(2\Delta)]\\&=2k\Delta h\sin\Delta\end{aligned}\qquad(13-5-11)$$

为了能近似地将反射波仍然视为平面波即仍有足够强的定向反射，要求 $\Delta\varphi<\dfrac{\pi}{2}$，相应

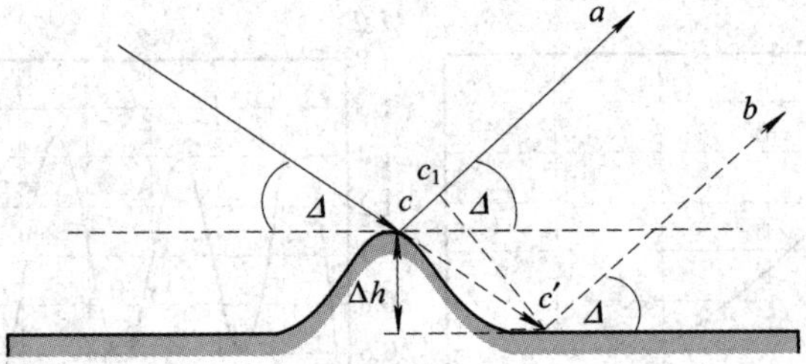

图 13-5-6　不平坦地面的反射

地要求

$$\Delta h < \frac{\lambda}{8 \sin\Delta} \qquad (13-5-12)$$

上式即为判别地面光滑与否的依据，也叫瑞利准则。当满足这个判别条件时，地面可被视为光滑；当不满足这个判别条件时，地面被视为粗糙，反射具有漫散射特性，反射能量呈扩散性。如表 13-5-1 计算所示，波长越短，投射角越大，越难视为光滑地面，地面起伏高度的影响也就越大。

表 13-5-1　Δh 的实际计算数据

波长 λ	投射角 Δ/(°)		
	10	30	60
10 m	7.2 m	2.5 m	1.45 m
1 m	0.72 m	0.25 m	0.145 m
10 cm	7.2 cm	2.5 cm	1.45 cm
1 cm	0.72 cm	0.25 cm	0.145 cm

那么对于相隔一定距离的收、发两点，究竟在多大的区域内应用瑞利准则以判断反射地面是否足够平坦呢？让我们应用菲涅尔区的概念确定地面的有效反射区域的大小及位置。

在入射电波的激励下，反射面上将产生电流。尽管所有的电流元的辐射都对反射波做出贡献，但是根据电波传播的有效区概念，反射面上只有有效反射区内的电流元对反射波起主要的贡献。

有效反射区的大小可以通过镜像法及电波传播的菲涅尔区来决定。如图 13-5-7 所示，认为反射波射线由天线的镜像 A' 点发出，根据电波传播的菲涅尔区概念，反射波的主要空间通道是以 A' 和 B 为焦点的第一菲涅尔椭球体，而这个椭球体与地平面相交的区域为一个椭圆，由这个椭圆所限定的区域内的电流元对反射波具有重要意义，这个椭圆也被称为地面上的有效反射区。

在图 13-5-7 的坐标下，根据第一菲涅尔椭球的尺寸，可以计算出该椭圆（有效反射区）的中心位置 C 的坐标为

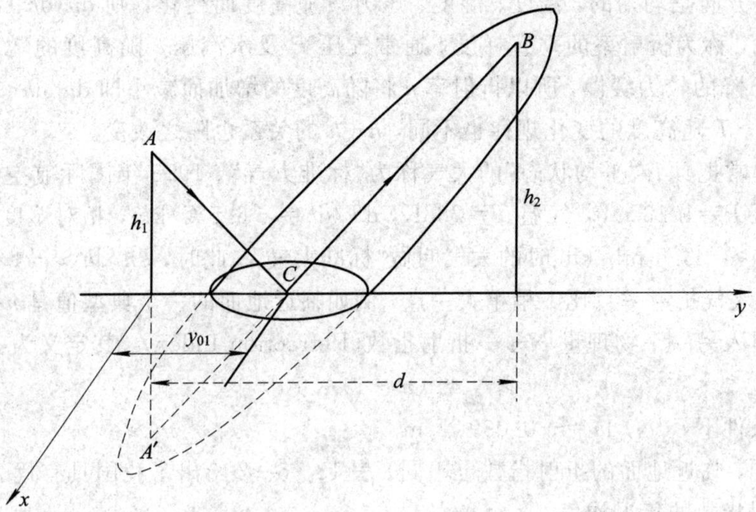

图 13-5-7　地面上的有效反射区

$$\begin{cases} x_{01}=0 \\ y_{01}\approx \dfrac{d}{2}\dfrac{\lambda d+2h_1(h_1+h_2)}{\lambda d+(h_1+h_2)^2} \end{cases} \tag{13-5-13a}$$

该椭圆的长轴在 y 方向，短轴在 x 方向。长轴的长度为

$$b\approx \frac{d}{2}\frac{[\lambda d(\lambda d+4h_1h_2)]^{\frac{1}{2}}}{\lambda d+(h_1+h_2)^2} \tag{13-5-13b}$$

短轴的长度为

$$a\approx \frac{b}{d}[\lambda d+(h_1+h_2)^2]^{\frac{1}{2}} \tag{13-5-13c}$$

式(13-5-13)是计算地面有效反射区的重要公式，可以根据该区地质的电参数确定反射系数以判定地面反射波的大小及相位。

实际的视距传播条件为地面是球面，在考虑球面地的前提下，反射系数以及直接波与反射波之间的路径差都需要略加修正，但是以上的分析对理解视距传播的场强特性仍具有重要的意义。

13.5.2　对流层大气对视距传播的影响

在前述的分析中，都假定电波按直线传播，这种情况只有在均匀大气中才可能存在。实际的对流层(Troposphere)大气，压力、温度及湿度都随地区及离开地面的高度而变化，因此是不均匀的，会使电波产生折射、散射及吸收等物理现象。

1. 电波在对流层中的折射(Troposphere Radio Refraction)

1) 大气的折射率

大量的实验证实大气折射率 n 近似满足下面的关系式：

$$(n-1)\times 10^6=\frac{77.6}{T}P+\frac{3.73\times 10^5}{T^2}e \tag{13-5-14}$$

式中，P 为大气压强(mb，毫巴)；T 为大气的绝对温度(K)；e 为大气的水汽压强(mb)。假定大气沿水平方向是均匀的，温度、湿度、压力只随高度而变化，则 dn/dh 反映了折射率随高度的变化，称为折射率的垂直梯度。通常气压 P 及水汽压 e 随高度的增加下降很快，而温度 T 则下降的较为缓慢，所以折射率 n 将随高度的增加而减小即 $dn/dh<0$。气象条件不同时，P、e、T 随高度的变化规律也不同，$n-h$ 的关系也随之改变。

工作中常常把具有"平均状态"的大气称为"标准大气"。1925 年国际航空委员会规定：当海面上气压 $P=1013$ mb，气温 $T=288$K，$dT/dh=-6.5$°C/km，相对湿度为 60%，$e=10$ mb，$de/dh\approx-3.5$ mb/km 时的大气叫做"标准大气"。此时，$dn/dh\approx-4\times10^{-8}\,\mathrm{m}^{-1}$。

实际上，大气折射率只比 1 稍稍大一点，例如临近地面的一个典型值是 $n=1.0003$。于是工程上又引入另一个物理量 N——折射指数(Refraction Index)，其定义为

$$N=(n-1)\times10^6 \tag{13-5-15}$$

在标准大气条件下，$dN/dh=-0.039$ N/m。

地区不同，临近地面的折射指数也不同。表 13-5-2 给出了我国具有代表性的八个地区的地面折射指数的年平均值。

表 13-5-2　折射指数数据

地　区	N	地　区	N
海南岛	350～380	东北	280～320
华南、华东	330～360	云南、贵州	260～320
四川盆地	320～340	内蒙古、新疆	260～300
华北	310～330	青海、西藏	170～220

2）大气折射及类型

由于对流层的折射率随高度而变，因此电波在对流层中传输时会发生不断的折射，从而导致轨迹弯曲，这种现象称为大气折射。

如图 13-5-8 所示，根据射线弯曲的情况可以将大气折射分为三类：

(1) 零折射。此时 $dn/dh=0$，意味着对流层大气为均匀大气，电波射线轨迹为直线，射线的曲率半径为∞。

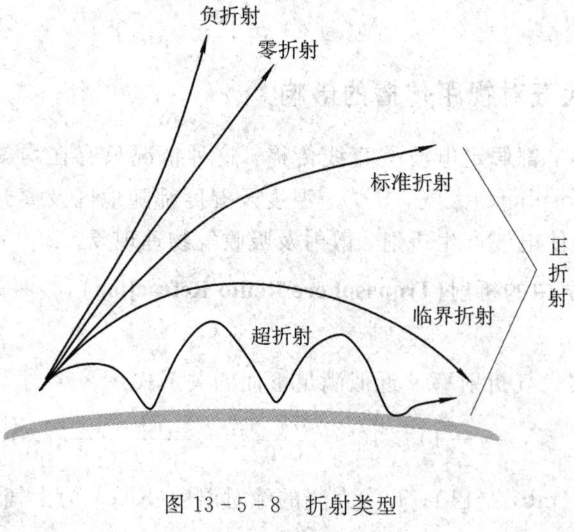

图 13-5-8　折射类型

(2) 负折射。此时 $dn/dh>0$，射线上翘，曲率半径为负值。

以上两种情况实际上很少发生。

(3) 正折射。此时 $dn/dh<0$，射线向下弯曲这是最经常发生的情况，此种情况加大了视线距离，这也是式(13-5-5)对式(13-5-4)进行修正的原因。正折射中又可根据特殊的 dn/dh 值有三种特殊的折射：标准大气折射，$dn/dh=-4\times10^{-8}\,m^{-1}$，射线的曲率半径 $\rho=2.5\times10^{7}$ m；临界折射，$dn/dh=-15.7\times10^{-8}\,m^{-1}$，射线的曲率半径 $\rho=6.37\times10^{6}$ m，刚好等于地球的半径，水平发射的电波射线将与地球同步弯曲，形成一种临界状态；超折射，$dn/dh<-15.7\times10^{-8}\,m^{-1}$，射线的曲率半径小于地球半径，此时大气的折射能力特别强，电波靠大气折射与地面反射向前传播，构成所谓的大气波导。临界折射和超折射可使电波传播距离远远超过视距，特别是海上的大气波导，这也是有时能收到远地的超短波信号的主要原因。

2. 大气衰减(Attenuation by Atmospheric Gases)

大气是一种成分不均匀的半导电媒质。大气对电波的衰减有两个内容，一个是云、雾、雨等小水滴对电波的热吸收以及水分子、氧分子对电波的谐振吸收；另一个是云、雾、雨等小水滴对电波的散射，导致对原方向传播的电波衰减。热吸收与小水滴的密度有关，例如大雨比小雨对电波的吸收要大。如图 13-5-9 所示，谐振吸收与工作波长有关，水分子的谐振吸收发生在 1.35 cm 与 1.6 mm 的波长上，氧分子的谐振吸收发生在 5 mm 与 2.5 mm 的波长上。在选择工作频率时，要注意避开这些谐振吸收频率，工作于吸收最小的频率附近(通常将这些频率称为大气窗口)。散射衰减和小水滴半径的 6 次方成正比和波长的 4 次方成反比，图 13-5-10 显示了不同强度的雨对电波的衰减率，在频率低于 3 GHz 时衰减很小，一般可以忽略不计。当频率进一步增高时，电波在雨中的衰减将随着频率的增高迅速增大，并且雨的强度越大，电波受到的衰减越大。

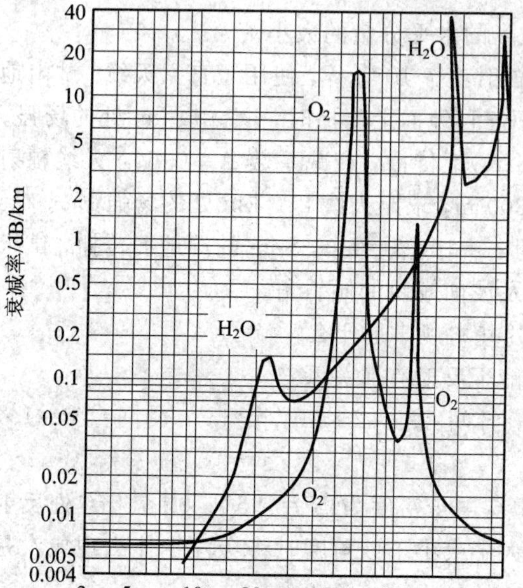

图 13-5-9　氧和水汽的衰减系数

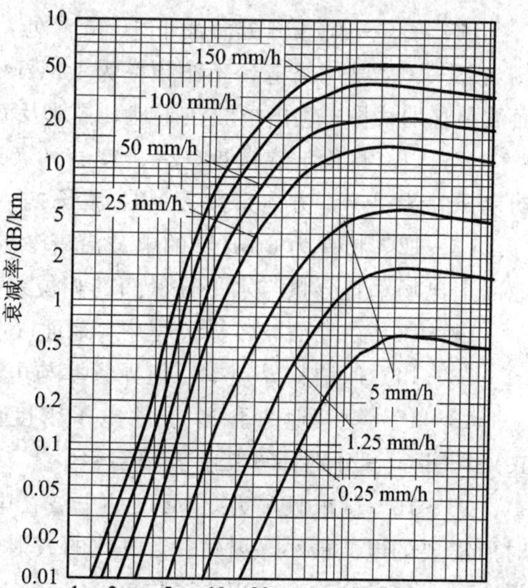

图 13-5-10　雨的衰减系数

习 题

13-1 推导自由空间传播损耗的公式，并说明其物理意义。

13-2 有一广播卫星系统，其下行线中心工作频率为 $f=700$ MHz，卫星发射功率为 200 W，发射天线在接收天线方向的增益系数为 26 dB，接收点至卫星的距离为 37 740 km，接收天线的增益系数为 30 dB，试计算接收机的最大输入功率。

13-3 在同步卫星与地面的通信系统中，卫星位于 36 000 km 高度，工作频率为 4 GHz，卫星天线的输入功率为 26 W，地面站抛物面接收天线增益系数为 50 dB，假如接收机所需的最低输入功率是 1 pW，这时卫星上发射天线在接收天线方向上的增益系数至少应为多少？

13-4 什么是电波传播的主要通道？它对电波传播有什么影响？

13-5 求在收、发天线的架高分别为 50 m 和 100 m，水平传播距离为 20 km，频率为 80 MHz 的条件下，第一菲涅尔区半径的最大值。计算结果意味着什么？

13-6 为什么说电波具有绕射能力？绕射能力与波长有什么关系？为什么？

13-7 为什么地面波传播会出现波前倾斜现象？波前倾斜的程度与哪些因素有关？为什么？

13-8 当发射天线为辐射垂直极化波的鞭状天线，在地面上和地面下接收地面波时，各应用何种天线比较合适？为什么？

13-9 某发射台的工作频率为 1 MHz，使用短直立天线。电波沿着海面（$\sigma=4$ S/m，$\varepsilon_r=80$）传播时，在海面上 100 km 处产生的垂直分量场强为 8 mV/m。试求：

(1) 该发射台的辐射功率。

(2) 在 $r=100$ km 处海面下 10 m 深处，电场的水平分量的大小。

13-10 某广播电台工作频率为 1 MHz，辐射功率 100 kW，使用短直立天线。试由地面波传播曲线图，算出电波在干地、湿地及海面三种地面上传播时，$r=100$ km 处的场强。

13-11 地面波在湿地（$\varepsilon_r=10$，$\sigma=0.01$ S/m）上传播，衰减系数 $A=0.67$，天线辐射功率 $P_r=10$ kW，方向系数 $D=3$，波长 $\lambda_0=1200$ m，求距天线 250 km 处的场强 E_{1x}。

13-12 频率为 6 MHz 的电波沿着参数为 $\varepsilon_r=10$，$\sigma=0.01$ S/m 的湿地面传播，试求地面上电场垂直分量与水平分量间的相位差以及波前倾斜的倾斜角。

13-13 在地面波传播过程中，地面吸收的基本规律是什么？

13-14 何谓临界频率？临界频率与电波能否反射有何关系？

13-15 设某地冬季 F_2 层的电子密度为，日间：$N=2\times10^{12}$ 个/m^3；夜间：$N=1\times10^{11}$ 个/m^3，试分别计算其临界频率。

13-16 试求频率为 5 MHz 的电波在电离层电子密度为 $N=1.5\times10^{11}$ 个/m^3 处反射时所需要的电波最小入射角。当电波的入射角大于或小于该角度时将会发生什么现象？是否小到一定角度就会穿出电离层？

13-17 设某地某时的电离层临界频率为 5 MHz，电离层等效高度 $h=350$ km，试求：

(1) 该电离层的最大电子密度是多少？

(2) 当电波以怎样的方向发射时，可以得到电波经电离层一次反射时最长的地面距离？

(3) 求上述情况下能反射回地面的最短波长。

13-18　若一电波的波长 $\lambda=50$ m，入射角 $\theta_0=45°$，试求能使该电波反射回来的电离层的电子密度。

13-19　已知某电离层在入射角 $\theta=30°$ 的情况下的最高可用频率为 6×10^6 Hz，试计算该电离层的临界频率。

13-20　在短波天波传播中，频率选择的基本原则是什么？为什么在可能条件下频率尽量选择得高一些？

13-21　在短波天波传播中，傍晚时分若过早或过迟地将日频改为夜频，接收信号有什么变化，为什么？

13-22　什么叫静区？短波天波静区的大小随频率和昼夜时间有什么关系？为什么？

13-23　什么叫衰落？短波天波传播中产生衰落的主要原因有哪些？克服衰落的一般方法有哪些？

13-24　某一通信线路的工作频率为 300 MHz。发射天线和接收天线架高分别为 25.5m 和 255 m。试绘出接收点的场强振幅随距离 d 的变化曲线，d 的变化范围为 8.05～40.25 km。

13-25　为什么存在着地面有效反射区？在其他条件都相同的情况下，有效反射区的大小与电波频率的关系如何？

13-26　判断地面是否光滑的依据是什么？如果地面的起伏高度为 7.2 cm，在电波投射角为 25°时，什么样的频率范围可以将该地面视为平面地？

13-27　某一微波中继通信线路的工作频率为 5 GHz，两站的天线架高均为 100 m，试求标准大气下的视线距离和亮区距离。

13-28　什么是大气折射效应？大气折射有哪几种类型？

习题解答

附　　录

附录 1　矢量恒等式

1. 矢量和与积

$$\boldsymbol{A}+\boldsymbol{B}=\boldsymbol{B}+\boldsymbol{A}$$

$$\boldsymbol{A}\cdot\boldsymbol{B}=\boldsymbol{B}\cdot\boldsymbol{A}$$

$$\boldsymbol{A}\times\boldsymbol{B}=-\boldsymbol{B}\times\boldsymbol{A}$$

$$(\boldsymbol{A}+\boldsymbol{B})\cdot\boldsymbol{C}=\boldsymbol{A}\cdot\boldsymbol{C}+\boldsymbol{B}\cdot\boldsymbol{C}$$

$$(\boldsymbol{A}+\boldsymbol{B})\times\boldsymbol{C}=\boldsymbol{A}\times\boldsymbol{C}+\boldsymbol{B}\times\boldsymbol{C}$$

$$\boldsymbol{A}\cdot(\boldsymbol{B}\times\boldsymbol{C})=\boldsymbol{B}\cdot(\boldsymbol{C}\times\boldsymbol{A})=\boldsymbol{C}\cdot(\boldsymbol{A}\times\boldsymbol{B})$$

$$\boldsymbol{A}\times(\boldsymbol{B}\times\boldsymbol{C})=(\boldsymbol{A}\cdot\boldsymbol{C})\boldsymbol{B}-(\boldsymbol{A}\cdot\boldsymbol{B})\boldsymbol{C}$$

2. 矢量微分

$$\nabla(u+v)=\nabla u+\nabla v$$

$$\nabla\cdot(\boldsymbol{A}+\boldsymbol{B})=\nabla\cdot\boldsymbol{A}+\nabla\cdot\boldsymbol{B}$$

$$\nabla\times(\boldsymbol{A}+\boldsymbol{B})=\nabla\times\boldsymbol{A}+\nabla\times\boldsymbol{B}$$

$$\nabla(uv)=v\nabla u+u\nabla v$$

$$\nabla\cdot(u\boldsymbol{A})=u\nabla\cdot\boldsymbol{A}+\boldsymbol{A}\cdot\nabla u$$

$$\nabla\times(u\boldsymbol{A})=u\nabla\times\boldsymbol{A}+\nabla u\times\boldsymbol{A}$$

$$\nabla(\boldsymbol{A}\cdot\boldsymbol{B})=\boldsymbol{A}\times(\nabla\times\boldsymbol{B})+\boldsymbol{B}\times(\nabla\times\boldsymbol{A})+(\boldsymbol{A}\cdot\nabla)\boldsymbol{B}+(\boldsymbol{B}\cdot\nabla)\boldsymbol{A}$$

$$\nabla\cdot(\boldsymbol{A}\times\boldsymbol{B})=\boldsymbol{B}\cdot\nabla\times\boldsymbol{A}-\boldsymbol{A}\cdot\nabla\times\boldsymbol{B}$$

$$\nabla\times(\boldsymbol{A}\times\boldsymbol{B})=\boldsymbol{A}(\nabla\cdot\boldsymbol{B})-\boldsymbol{B}(\nabla\cdot\boldsymbol{A})+(\boldsymbol{B}\cdot\nabla)\boldsymbol{A}-(\boldsymbol{A}\cdot\nabla)\boldsymbol{B}$$

$$\nabla\cdot\nabla u\equiv\nabla^2 u$$

$$\nabla\times\nabla u\equiv 0$$

$$\nabla\cdot(\nabla\times\boldsymbol{A})\equiv 0$$

$$\nabla\times(\nabla\times\boldsymbol{A})=\nabla(\nabla\cdot\boldsymbol{A})-\nabla^2\boldsymbol{A}$$

3. 矢量积分

$$\int_\tau \nabla\cdot\boldsymbol{A}\,\mathrm{d}\tau=\oint_s \boldsymbol{A}\cdot\mathrm{d}\boldsymbol{S}$$

$$\int_s (\nabla\times\boldsymbol{A})\cdot\mathrm{d}\boldsymbol{S}=\oint_l \boldsymbol{A}\cdot\mathrm{d}\boldsymbol{l}$$

$$\int_{\tau} \nabla u \mathrm{d}\tau = \oint_{s} u \mathrm{d}\boldsymbol{S}$$

$$\int_{\tau} \nabla \times \boldsymbol{A} \mathrm{d}\tau = -\oint_{s} \boldsymbol{A} \times \mathrm{d}\boldsymbol{S}$$

$$\int_{s} \nabla u \times \mathrm{d}\boldsymbol{S} = -\oint_{l} u \mathrm{d}\boldsymbol{l}$$

4. 梯度、散度、旋度和拉普拉斯运算

在直角坐标系中：

$$\nabla u = \frac{\partial u}{\partial x}\boldsymbol{e}_x + \frac{\partial u}{\partial y}\boldsymbol{e}_y + \frac{\partial u}{\partial z}\boldsymbol{e}_z$$

$$\nabla \cdot \boldsymbol{A} = \frac{\partial A_x}{\partial x} + \frac{\partial A_y}{\partial y} + \frac{\partial A_z}{\partial z}$$

$$\nabla \times \boldsymbol{A} = \begin{vmatrix} \boldsymbol{e}_x & \boldsymbol{e}_y & \boldsymbol{e}_z \\ \dfrac{\partial}{\partial x} & \dfrac{\partial}{\partial y} & \dfrac{\partial}{\partial z} \\ A_x & A_y & A_z \end{vmatrix}$$

$$\nabla^2 u = \frac{\partial^2 u}{\partial x^2} + \frac{\partial^2 u}{\partial y^2} + \frac{\partial^2 u}{\partial z^2}$$

在柱坐标系中：

$$\nabla u = \frac{\partial u}{\partial \rho}\boldsymbol{e}_\rho + \frac{1}{\rho}\frac{\partial u}{\partial \varphi}\boldsymbol{e}_\varphi + \frac{\partial u}{\partial z}\boldsymbol{e}_z$$

$$\nabla \cdot \boldsymbol{A} = \frac{1}{\rho}\frac{\partial}{\partial \rho}(\rho A_\rho) + \frac{1}{\rho}\frac{\partial A_\varphi}{\partial \varphi} + \frac{\partial A_z}{\partial z}$$

$$\nabla \times \boldsymbol{A} = \frac{1}{\rho}\begin{vmatrix} \boldsymbol{e}_\rho & \rho\boldsymbol{e}_\varphi & \boldsymbol{e}_z \\ \dfrac{\partial}{\partial \rho} & \dfrac{\partial}{\partial \varphi} & \dfrac{\partial}{\partial z} \\ A_\rho & \rho A_\varphi & A_z \end{vmatrix}$$

$$\nabla^2 u = \frac{1}{\rho}\frac{\partial}{\partial \rho}\left(\rho\frac{\partial u}{\partial \rho}\right) + \frac{1}{\rho^2}\frac{\partial^2 u}{\partial \varphi^2} + \frac{\partial^2 u}{\partial z^2}$$

在球坐标系中：

$$\nabla u = \frac{\partial u}{\partial r}\boldsymbol{e}_r + \frac{1}{r}\frac{\partial u}{\partial \theta}\boldsymbol{e}_\theta + \frac{1}{r\sin\theta}\frac{\partial u}{\partial \varphi}\boldsymbol{e}_\varphi$$

$$\nabla \cdot \boldsymbol{A} = \frac{1}{r^2\sin\theta}\left[\frac{\partial}{\partial r}(r^2\sin\theta A_r) + \frac{\partial}{\partial \theta}(r\sin\theta A_\theta) + \frac{\partial}{\partial \varphi}(rA_\varphi)\right]$$

$$\nabla \times \boldsymbol{A} = \frac{1}{r^2\sin\theta}\begin{vmatrix} \boldsymbol{e}_r & r\boldsymbol{e}_\theta & r\sin\theta\boldsymbol{e}_\varphi \\ \dfrac{\partial}{\partial r} & \dfrac{\partial}{\partial \theta} & \dfrac{\partial}{\partial \varphi} \\ A_r & rA_\theta & r\sin\theta A_\varphi \end{vmatrix}$$

$$\nabla^2 u = \frac{1}{r^2}\frac{\partial}{\partial r}\left(r^2\frac{\partial u}{\partial r}\right) + \frac{1}{r^2\sin\theta}\frac{\partial}{\partial \theta}\left(\sin\theta\frac{\partial u}{\partial \theta}\right) + \frac{1}{r^2\sin^2\theta}\frac{\partial^2 u}{\partial \varphi^2}$$

附录 2　常用导体材料的特性

材料	电导率/$S \cdot m^{-1}$(20℃)	趋肤深度/m	表面电阻率/Ω
银	6.173×10^{7}	$0.0641/\sqrt{f}$	$2.529\times10^{-7}\sqrt{f}$
铜	5.813×10^{7}	$0.0660/\sqrt{f}$	$2.606\times10^{-7}\sqrt{f}$
金	4.098×10^{7}	$0.0786/\sqrt{f}$	$3.104\times10^{-7}\sqrt{f}$
铬	3.846×10^{7}	$0.0812/\sqrt{f}$	$3.204\times10^{-7}\sqrt{f}$
铝	3.816×10^{7}	$0.0815/\sqrt{f}$	$3.216\times10^{-7}\sqrt{f}$
黄铜	2.564×10^{7}	$0.0994/\sqrt{f}$	$3.924\times10^{-7}\sqrt{f}$
青铜	1.00×10^{7}	$0.1592/\sqrt{f}$	$6.283\times10^{-7}\sqrt{f}$
钨	1.825×10^{7}	$0.1178/\sqrt{f}$	$4.651\times10^{-7}\sqrt{f}$
锌	1.67×10^{7}	$0.1232/\sqrt{f}$	$4.862\times10^{-7}\sqrt{f}$
镍	1.449×10^{7}	$0.1322/\sqrt{f}$	$5.220\times10^{-7}\sqrt{f}$
铁	1.03×10^{7}	$0.1568/\sqrt{f}$	$6.191\times10^{-7}\sqrt{f}$
铂	9.52×10^{6}	$0.1631/\sqrt{f}$	$6.440\times10^{-7}\sqrt{f}$
硅钢	2×10^{6}	$0.3559/\sqrt{f}$	$1.405\times10^{-6}\sqrt{f}$
不锈钢	1.1×10^{6}	$0.4799/\sqrt{f}$	$1.894\times10^{-6}\sqrt{f}$
焊料	7.0×10^{6}	$0.1902/\sqrt{f}$	$7.510\times10^{-7}\sqrt{f}$
石墨	7.0×10^{4}	$1.9023/\sqrt{f}$	$7.510\times10^{-6}\sqrt{f}$

注：f 是频率，单位为 Hz。

附录 3　一些材料的介电常数和损耗角正切(10 GHz 时)

材　料	电 性 能	
	介电常数 ε_r	tanδ (25℃)
氧化铝(99.5%)	9.5～10	0.0003
氧化铍	6.4	0.0003
熔凝石英	3.78	0.0001
砷化镓	13	0.006
涂釉陶瓷	7.2	0.008
有机玻璃	2.56	0.005
蓝宝石	9.3～11.7	0.0001
二氧化钛(D－100)	96±5%	0.001
钇铁氧体	15	0.0002
石蜡	2.24	0.0002
硅	11.9	0.004
聚苯乙烯	2.54	0.00033
聚乙烯	2.25	0.0004
聚四氟乙烯	2.08	0.0004

附录 4　微带线常用导体材料的特性

材料	特　性				
	趋肤深度 δ/μm (2 GHz 时)	表面电阻率/ $\Omega\times10^{-7}\sqrt{f/\text{Hz}}$	热胀系数 $\frac{aT}{℃}\times10^{-6}$	对基片的黏附性	沉积方法[①]
银	1.4	2.5	21	差	E，Sc
铜	1.5	2.6	18	很差	E，P
金	1.7	3.1	15	很差	E，P
铝	1.8	3.2	26	很差	E
钨	2.6	4.7	4.6	好	Sp
钼	2.7	4.7	6.0	好	Sp
铬	1.8	3.2	9.0	好	E
钽	4.4	7.9	6.6	很好	Sp

① E＝真空蒸发；Sp＝溅射；P＝电镀；Sr＝印刷和烧结。

参考文献

[1] 毕德显. 电磁场理论. 北京：电子工业出版社，1985.

[2] 钟顺时. 电磁场基础. 北京：清华大学出版社，2006.

[3] 孙玉发，等. 电磁场与电磁波. 合肥：合肥工业大学出版社，2006.

[4] GURU B S，HIZIROGLU H R. 电磁场与电磁波. 周克定，等译. 北京：机械工业出版社，2000.

[5] 雷银照. 时谐电磁场解析方法. 北京：科学出版社，2000.

[6] 杨儒贵. 电磁场与电磁波. 北京：高等教育出版社，2003.

[7] 谢处方，饶克谨. 电磁场与电磁波. 北京：高等教育出版社，1987.

[8] 毛钧杰，刘荧，朱建清. 电磁场与微波工程基础. 北京：电子工业出版社，2004.

[9] 晁立东，仵杰，王仲奕. 工程电磁场基础. 西安：西北工业大学出版社，2002.

[10] 廖承恩. 微波技术基础. 西安：西安电子科技大学出版社，1995.

[11] 阎润卿，李英惠. 微波技术基础. 北京：北京理工大学出版社，2004.

[12] 孟庆鼐. 微波技术. 合肥：合肥工业大学出版社，2005.

[13] 李绪益. 电磁场与微波技术(下册). 广州：华南理工大学出版社，2002.

[14] 董金明，林萍实，邓晖. 微波技术. 北京：机械工业出版社，2010.

[15] 顾继慧. 微波技术. 北京：科学出版社，2004.

[16] POZAR D M. 微波工程. 张肇仪，等译. 北京：电子工业出版社，2006.

[17] CHANG K. RF And Microwave Engineering. New Jersey：WILEY，2005.

[18] WADELL B C. Transmission Line Design Handbook. Boston：Artech House，Inc，1991.

[19] MATTHAEI G L. Microwave Filters，Impedance-Matching Networks，and Coupling Structures. Boston：Artech House，Inc，1985.

[20] 宋铮，张建华，黄冶. 天线与电波传播. 西安：西安电子科技大学出版社，2003.

[21] 马汉炎. 天线技术. 哈尔滨：哈尔滨工业大学出版社，1997.

[22] 熊浩，等. 无线电波传播. 北京：电子工业出版社，2002.

[23] 周朝栋，王元坤，杨恩耀. 天线与电波. 3版. 西安：西安电子科技大学出版社，2016.

[24] 总参通信部. 电波传播与通信天线. 北京：解放军出版社，1985.

[25] R. E. 柯林. 天线与无线电波传播. 大连：大连海运学院出版社，1987.

[26] 蔡南先. 电波与天线. 北京：中国广播电视出版社，1992.

[27] 董维仁. 天线与电波传播. 北京：人民邮电出版社，1986.

[28] 程新民. 无线电波传播. 北京：人民邮电出版社，1982.

[29] 徐坤生. 天线与电波传播. 北京：中国铁道出版社，1987.

[30] 任朗. 天线理论基础. 北京：人民邮电出版社，1979.

[31] 刘克成，宋学诚. 天线原理. 长沙：国防科技大学出版社，1989.

[32] LAW & KELTON. Electromagnetics with Application. 北京：清华大学出版社，2001.

[33] 张德齐. 微波天线. 北京：国防工业出版社，1987.

[34] 李世智. 电磁辐射与散射问题的矩量法. 北京：电子工业出版社，1985.

[35] 沈爱国，宋铮. 双频微带天线新进展. 电波科学学报，2000-9-15.

[36] 宋铮，沈爱国，等. PML吸收边界条件在微带天线计算中的应用. 微波学报，2002，18(3)：43-48.

[37] 500米口径球面射电望远镜. https://baike.baidu.com/，引用日期2021-4-11.